普通高等教育“十二五”规划教材

Pro/ENGINEER野火5.0 机械设计基础及应用

全国计算机辅助技术认证管理办公室 ◎ 组编
武志明 姚涵珍 ◎ 主编 张克义 武月明 康艳旗 ◎ 副主编

教育部CAXC项目指定教材

人民邮电出版社
北京

图书在版编目（CIP）数据

Pro/ENGINEER野火5.0机械设计基础及应用 / 武志明，姚涵珍主编 ; 全国计算机辅助技术认证管理办公室组编. -- 北京 : 人民邮电出版社, 2013.10
教育部CAXC项目指定教材
ISBN 978-7-115-32668-3

Ⅰ. ①P… Ⅱ. ①武… ②姚… ③全… Ⅲ. ①机械设计—计算机辅助设计—应用软件—教材 Ⅳ. ①TH122

中国版本图书馆CIP数据核字(2013)第216152号

内 容 提 要

本书共有 14 章，包括参数化草图建模、基础特征建模、曲面造型、零件装配、机构运动仿真、工程图生成、方程式曲线等内容，采用图文结合的方式，通过案例进行讲解，内容直观、易懂，注意结合实际操作。在编写过程中注意实用性与系统性，教材中的案例在 Pro/ENGINEER 野火版 3.0、4.0、5.0 中都可以制作，通用性强能让读者快速掌握 Pro/ENGINEER 的精髓。

本书适合作为高等院校本科、专科院校学生的教学用书，也可作为高职高专、成人高校、技工学校等机械类、近机类专业的教学用书，还可作为 Pro/ENGINEER 培训教程及有关工程技术人员的参考用书。

◆ 组　　编　全国计算机辅助技术认证管理办公室
主　　编　武志明　姚涵珍
副 主 编　张克义　武月明　康艳旗
责任编辑　吴宏伟
执行编辑　刘　佳
责任印制　张佳莹　焦志炜

◆ 人民邮电出版社出版发行　　北京市丰台区成寿寺路 11 号
邮编　100164　　电子邮件　315@ptpress.com.cn
网址　http://www.ptpress.com.cn
北京捷迅佳彩印刷有限公司印刷

◆ 开本：787×1092　1/16
印张：20.75　　2013 年 10 月第 1 版
字数：523 千字　　2024 年 9 月北京第 13 次印刷

定价：54.00 元

读者服务热线：(010) 81055256　印装质量热线：(010) 81055316
反盗版热线：(010) 81055315
广告经营许可证：京东市监广登字 20170147 号

全国计算机辅助技术认证项目专家委员会

党的十八大报告明确提出："坚持走中国特色新型工业化、信息化、城镇化、农业现代化道路，推动信息化和工业化深度融合、工业化和城镇化良性互动、城镇化和农业现代化相互协调，促进工业化、信息化、城镇化、农业现代化同步发展"。

在我国经济发展处于由"工业经济模式"向"信息经济模式"快速转变时期的今天，计算机辅助技术（CAX）已经成为工业化和信息化深度融合的重要基础技术。对众多工业企业来说，以技术创新为核心，以工业信息化为手段，提高产品附加值已成为塑造企业核心竞争力的重要方式。

围绕提高产品创新能力，三维 CAD、并行工程与协同管理等技术迅速得到推广；柔性制造、异地制造与网络企业成为新的生产组织形态；基于网络的产品全生命周期管理（PLM）和电子商务（EC）成为重要发展方向。计算机辅助技术越来越深入地影响到工业企业的产品研发、设计、生产和管理等环节。

2010 年 3 月，为了满足国民经济和社会信息化发展对工业信息化人才的需求，教育部教育管理信息中心立项开展了"全国计算机辅助技术认证"项目，简称 CAXC 项目。该项目面向机械、建筑、服装等专业的在校学生和社会在职人员，旨在通过系统、规范的培训认证和实习实训等工作，培养学员系统化、工程化、标准化的理念，和解决问题、分析问题的能力，使学员掌握 CAD/CAE/CAM/CAPP/PDM 等专业化的技术、技能，提升就业能力，培养适合社会发展需求的应用型工业信息化技术人才。

立项 3 年来，CAXC 项目得到了众多计算机辅助技术领域软硬件厂商的大力支持，合作院校的积极响应，也得到了用人企业的热情赞誉，以及院校师生的广泛好评，对促进合作院校相关专业教学改革，培养学生的创新意识和自主学习能力起到了积极的作用。CAXC 证书正在逐步成为用人企业选聘人才的重要参考依据。

目前，CAXC 项目已经建立了涵盖机械、建筑、服装等专业的完整的人才培训与评价体系，课程内容涉及计算机辅助设计（CAD）、计算机辅助工程（CAE）、计算机辅助制造（CAM）、计算机辅助工艺计划（CAPP）、产品数据管理（PDM)等相关技术，并开发了与之配套的教学资源，本套教材就是其中的一项重要成果。

本套教材聘请了长期从事相关专业课程教学，并具有丰富项目工作经历的老师进行编写，案例素材大多来自支持厂商和用人企业提供的实际项目，力求科学系统地归纳学科知识点的相互联系与发展规律，并理论联系实际。

在设定本套教材的目标读者时，没有按照本科、高职的层次来进行区分，而是从企业的实际用人需要出发，突出实际工作中的必备技能，并保留必要的理论知识。结构的组织既反映企业的实际工作流程和技术的最新进展，又与教学实践相结合。体例的设计强调启发性、针对性和实用性，强调有利于激发学生的学习兴趣，有利于培养学生的学习能力、实践能力和创新能力。

希望广大读者多提宝贵意见，以便对本套教材不断改进和完善。也希望各院校老师能够通过本套教材了解并参与 CAXC 项目，与我们一起，为国家培养更多的实用型、创新型、技能型工业信息化人才！

教育部教育管理信息中心处长
高级工程师 薛玉梅
2013 年 6 月

本书编委会

BENSHUBIANWEIHUI

前言 PREFACE

Pro/ENGINEER是美国PTC公司的优秀产品，在航空航天、汽车制造和电子产品领域的设计和制造企业中有着广泛的应用。该软件以使用方便、参数化造型和系统的全相关性而著称，在目前的三维造型软件领域中占有着重要地位。熟练使用该产品可极大地提高产品的设计效率与换代周期，熟悉掌握该软件的使用对于机械工程师、产品设计师、高校学生设计能力的培养与提高有着重要的意义。

全书共有14章，包括参数化草图建模、基础特征建模、曲面造型、零件装配、机构运动仿真、工程图生成、方程式曲线等内容，采用图文结合的方式，通过案例进行讲解，内容直观、易懂，注意结合实际操作。在编写过程中注意实用性与系统性，能让读者快速掌握Pro/ENGINEER的精髓。

教材第1章由武志明编写，第2章由白文斌编写，第3章由武月明编写，第4章、第5章由张克义编写，第6章、第7章由康艳旗编写，第8章、第14章由孟巧荣编写，第9章、第10章由姚涵珍编写，第11章由张兰编写，第12章由吴亚丽编写，第13章由王洪波编写。

本书的部分范例和习题的源文件，请到网站http://www.ptpedu.com.n，输入书号“32668”查找下载，以方便读者学习。

本教材非常适合作为高等院校本科、专科院校学生的教学用书，也可作为高职高专、成人高校、技工学校等机械类、近机类专业的教学用书，还可作为Pro/ENGINEER培训教程及有关工程技术人员的参考用书。

由于作者水平和经验有限，书中难免存在不当之处，恳请各位读者批评指正，更欢迎广大读者和专家对我们的工作提出宝贵意见！

编者

2013年6月

目录

CONTENTS

第1章 Pro/ENGINEER简介

Pro/E 是 Pro/ENGINEER 的简称。Pro/ENGINEER 是美国参数技术公司（Parametric Technology Corporation，PTC）的优秀产品，在目前的三维造型软件领域中占有着重要地位。它提供了集成产品的三维模型设计、加工、分析及绘图等功能的完整的 CAD/CAE/CAM 解决方案。该软件以使用方便、参数化造型和系统的全相关性而著称，是现今主流的模具和产品设计三维 CAD/CAE/CAM 软件之一。

1.1 Pro/E 的主要特性

Pro/E 第一个提出了参数化设计的概念，采用单一数据库来解决特征的相关性问题，安装程序采用模块化方式，用户可以根据自身的需要进行选择，而不必安装所有模块。Pro/E 的基于特征的参数化造型方式，能够将设计至生产全过程集成到一起，实现并行工程设计。

1．基于特征的参数化造型

将一些具有代表性的几何形体定义为特征，并将其所有尺寸作为可变参数，如拉伸、旋转、扫描、倒圆角、倒直角等。Pro/E 以特征为基础进行更为复杂的几何形体构造，产品的生成过程实质上就是多个特征的叠加过程。对于产品而言，无论是多么复杂的几何模型，都可以分解成有限数量的构成特征，而每一种构成特征，都可以用有限的参数完全约束，这就是参数化的基本概念。

2．全尺寸约束

将特征的形状与尺寸结合起来，通过尺寸约束对几何形状进行控制。造型必须具有完整的尺寸，不能漏标尺寸（欠约束），也不能多标尺寸（过约束）。

3．尺寸驱动设计修改

通过修改尺寸可以很容易地进行多次设计迭代，实现产品修改与开发。

4．全相关特征

Pro/E 的所有模块都是全相关的，这意味着在产品开发过程中对某一处进行的修改能够扩展到整个设计中，同时自动更新所有的工程文档，包括装配体、设计图以及制造数据。这样可以极大缩短资料转换的时间，提高设计效率。

1.2 启动 Pro/E 的方法

与所有的 Windows 软件一样，启动 Pro/E 软件有以下 4 种方法：

（1）双击桌面上 Pro/ENGINEER Wildfire 快捷方式图标。

（2）单击任务栏上的“开始”→“程序”→PTC→Pro ENGINEER→Pro ENGINEER。

（3）找到 Pro/E 安装位置，双击 proe.exe 图标。

（4）单击任务栏上的“开始”→“运行”，在运行对话框中输入启动文件的名字，包括路径名和后缀名，如“D:\PTC\proeWildfire 5.0\bin\proe.exe”。

1.3 Pro/ENGINEER 操作环境

Pro/ENGINEER Wildfire 操作环境主要由标题栏、选单栏、工具栏、信息栏、导航栏、绘图区和过滤器等组成，如图 1.1 所示。

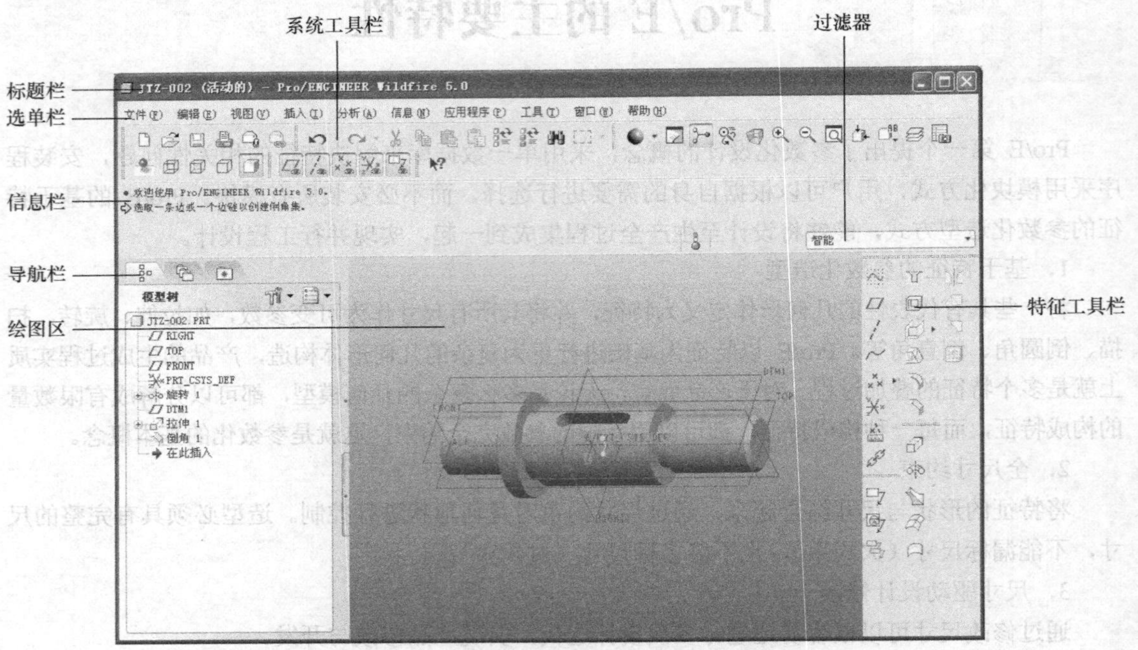

图 1.1　Pro/E 操作环境

（1）标题栏是屏幕顶部的水平条，它显示的是当前运行的 Pro/ENGINEER Wildfire 应用程序名称以及打开的文件名和文件状态等信息。

（2）选单栏位于标题栏的下方，提供了开发产品设计与开发所需要的操作命令。系统默认共有 10 个选单项，包括“文件”、“编辑”、“视图”、“插入”、“分析”、“信息”、“应用程序”、“工具”、“窗口”和“帮助”。调用不同的模块，显示的选单栏项目会有所不同。

（3）工具栏是 Pro/E 为用户提供的一种快捷调用命令的方式。单击工具栏图标按钮，即可执行该图标按钮对应的 Pro/E 命令。位于绘图区顶部的为系统工具栏，位于绘图区右侧的为特征工具栏。

（4）导航栏位于绘图区的左侧，在导航栏顶部依次排列着“模型树”、“文件夹浏览器”、“收藏夹”和“连接”4 个选项卡面板。模型树以树状结构按创建的顺序显示当前活动模型所包含的特征或零件，可以利用模型树对需要重新编辑、排序或重定义的特征进行操作。单击导航栏右侧的符号“<”，隐藏导航栏，再单击“>”，显示导航栏。

（5）信息栏用于显示在当前窗口中操作的相关信息与提示 。在学习 Pro/E 时要多注意信息栏显示的信息，这对于初学者非常重要。

（6）过滤器位于工作区的右上角。利用过滤器可以设置要选取特征的类型，这样可以快捷地选取到要进行操作的对象。Pro/E 中的几何是指用户绘制出来的图形，包括平面几何和立体几何，就是点、线、面、实体等基本图形。

（7）绘图区是界面中间的空白区域。在默认情况下，背景颜色是灰色，用户可以在该区域绘制、编辑和显示模型。单击下拉选单执行“视图”→“显示设置”→“系统颜色”命令，弹出如图 1.2 所示“系统颜色”对话框，在该对话框中单击下拉菜单执行“布置”命令，选择默认的背景颜色，如图 1.3 所示，再单击“确定”按钮，则绘图区背景颜色改变为刚才设置的颜色。

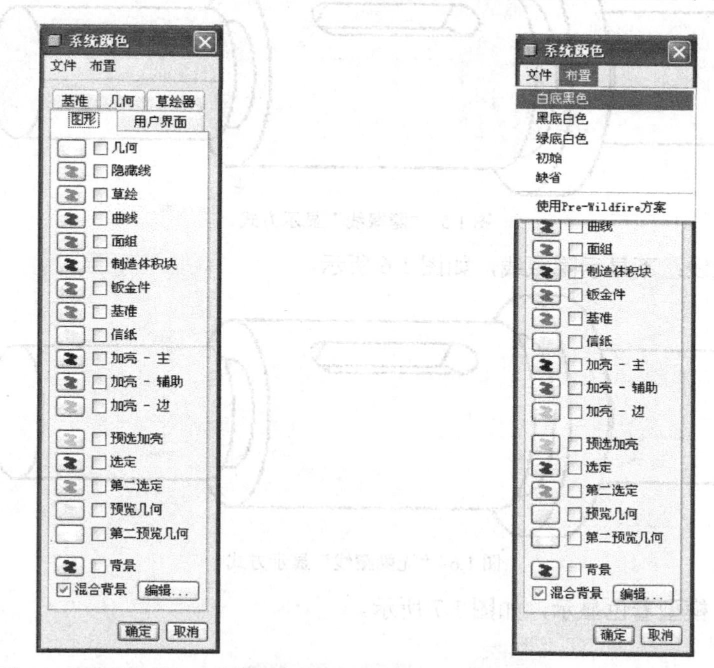

图 1.2 “系统颜色”对话框　　　　图 1.3 默认背景选项

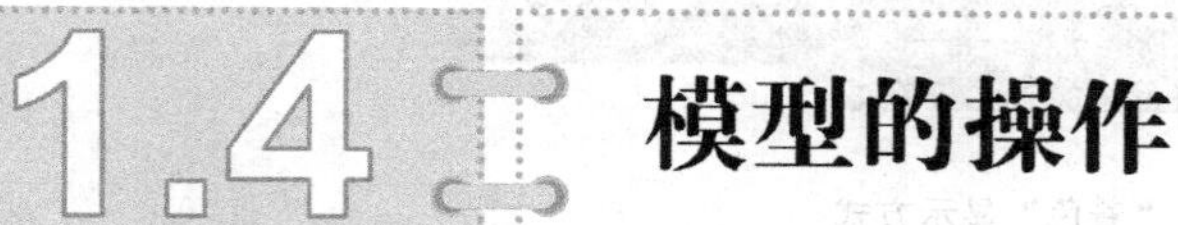

1.4 模型的操作

模型的操作包括模型显示、视图、定向等。

1.4.1 模型显示

Pro/E 中模型的显示方式有 4 种，可以单击下拉菜单“视图”→“显示设置”→“模型显示”

命令，在“模型显示”对话框中设置，也可以单击系统工具栏中模型显示工具栏图标按钮来控制。

（1）线框：使隐藏线显示为实线，如图 1.4 所示。

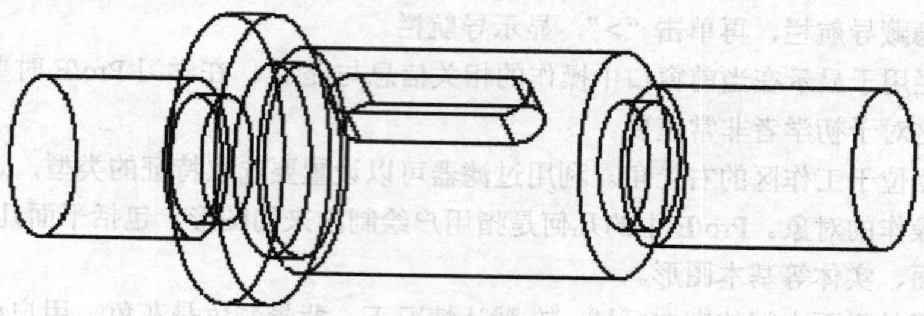

图 1.4 “线框”显示方式

（2）隐藏线：使隐藏线以灰色显示，如图 1.5 所示。

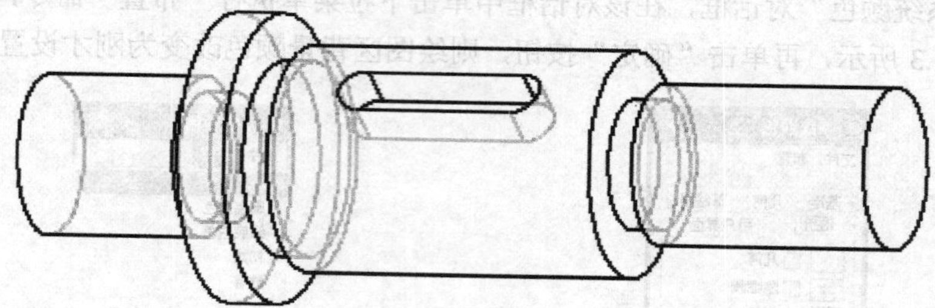

图 1.5 “隐藏线”显示方式

（3）无隐藏线：不显示隐藏线，如图 1.6 所示。

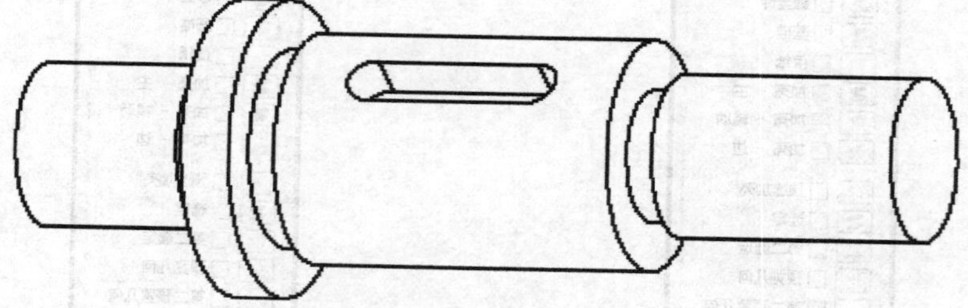

图 1.6 “无隐藏线”显示方式

（4）着色：模型着色显示，如图 1.7 所示。

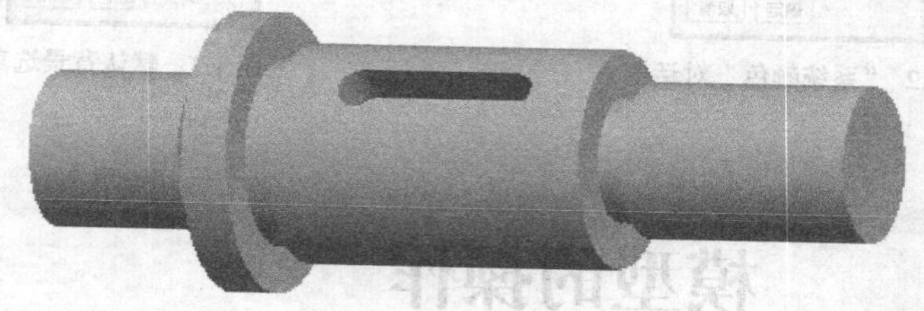

图 1.7 “着色”显示方式

1.4.2 模型视图

用户在建立 Pro/E 模型的过程中，需要从不同角度、距离、方式观察模型局部细节，需要放大、缩小、平移和旋转模型，有时还需要按照工程需求来设置特定的观察视角。Pro/E 的视图工具条包括各种视角控制，如图 1.8 所示。Pro/E 需要三键鼠标来完成不同的操作。

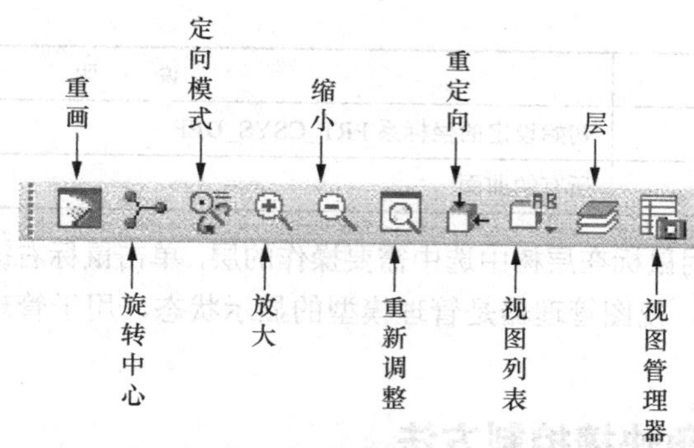

图 1.8 视图工具条

（1）重画，当用户完成操作后，视图或者模型的状况没有发生改变，需要刷新绘图区，就需要执行该命令。

（2）旋转中心，旋转中心开关用于控制在绘图区中的显示与隐藏。

（3）定向模式，使用鼠标中键确定视图旋转的中心，按下鼠标中键在绘图区中移动模型，以方便用户观察，此时在绘图区中右击鼠标，提供了 4 种操作模式：动态、固定、延迟和速度。

（4）放大，窗口放大模型，在模型中框选要观察的模型区域，则可放大显示该区域。

（5）缩小，窗口缩小模型，点击缩小按钮后，绘图区中的模型自动缩小一次。

（6）重新调整，重新调整对象使其完全显示在屏幕上。

（7）重定向，用户可以根据需要定义自己的视角，设置好视角后在名称中输入视角名称，单击保存，即可保存当前模型视角，“方向”对话框如图 1.9 所示。

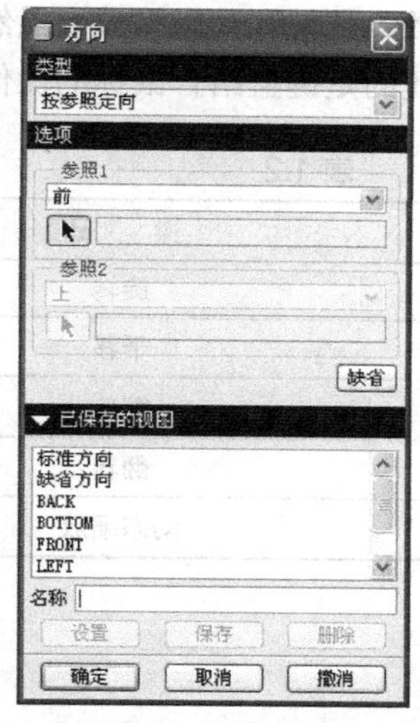

图 1.9 “方向”对话框

（8）视图列表，视图列表中提供了几张常见视角的视图，包括标准方向、缺省方向、后视图（BACK）、俯视图（BOTTOM）、前视图（FRONT，即主视图）、左视图（LEFT）、右视图（RIGHT）、仰视图（TOP）。

（9）层，当模型复杂时，有时需要暂时隐藏不需要的几何对象，层按照类别来分类，默认零件模型的层如表 1.1 所示。

表 1.1 Pro/E 默认层名

层 名	说 明
PRT_ALL_DTM_PLN	所有的基准面
PRT_DEF_DTM_PLN	初始设定的基准面，包括 FRONT、TOP 和 RIGHT
PRT_ALL_AXES	所有的基准轴
PRT_ALL_CURVES	所有的基准曲线
PRT_ALL_ DTM_PNT	所有的基准点
PRT_ALL_ DTM_CSYS	所有的坐标系

续表

层　名	说　明
PRT_DEF_DTM_CSYS	初始设定的坐标系 PRT_CSYS_DEF
PRT_ALL_SURFS	所有的曲面

如需对层进行操作，用鼠标在层树中选中需要操作的层，单击鼠标右键，即可执行相应的操作。

（10）视图管理器，视图管理器是管理模型的显示状态，用于管理方向、剥面、层、组件分解视图、样式等。

1.4.3 常用模型视角快捷控制方法

最常用的视角控制方法是在绘图区中改变模型的显示方向和大小，即模型的旋转、平移、缩放、翻转和动态缩放。虽然视图工具条中提供了相应的命令按钮，但在实际的操作过程中，更快捷的是键盘结合鼠标的操作方法，如表 1.2 所示。

表 1.2　视角控制

操　作	说　明
旋转	按住鼠标中键拖动
平移	按住鼠标中键+Shift 键+移动鼠标
缩放	按住鼠标中键+Ctrl 键+垂直移动鼠标
翻转	按住鼠标中键+Ctrl 键+水平移动鼠标
动态缩放	转动中键滚轮

1.5 文件的管理

因为 Pro/E 最初的版本是在 UNIX 平台上开发的，所以 Pro/E 在文件操作方面与普通的 Windows 程序有很大的差别，文件管理的命令集中在文件选单中。在使用文件管理命令之前，需要理解一个新的概念“进程”，这对 Pro/E 的操作有重要的意义。

1.5.1 进程的概念

进程是一个操作系统的概念，每个程序对应一个进程，每个进程又具有独立的内存操作空间。对于 Pro/E 而言，可以理解为每打开一个文件，就占用系统一部分内存空间。

1.5.2 新建文件

利用“新建”命令调用相关的功能模块，用于创建不同类型的新文件，调用新建文件的方法可采用选单命令和图标命令两种方法。

（1）选单命令：执行“文件”→“新建”命令。

（2）单击系统工具栏中□的图标按钮。

1.5.3 打开文件

利用“打开”命令可以打开已保存的文件，在打开零件文件和组件文件时，可以单击文件打开对话框右下角的“预览功能”，预览模型的形状，调用新建文件的方法可采用选单命令和图标命令两种方法：

（1）选单命令：执行“文件”→“打开”命令。

（2）单击系统工具栏中的图标按钮。

1.5.4 保存文件

调用“保存”命令，系统弹出“保存对象”对话框，指定文件保存的路径，如需要修改文件名，则在模型名称内输入文件名，然后单击“确定”按钮。需要注意的是 Pro/E 不支持汉字作为文件名，文件名中也不允许有空格，只能用英文字母、数字和下划线的组合来命名文件。用户第一次保存文件，生成文件的第一个版本，如 GZG.part.1，再次保存文件，系统不替换原先保存的文件，而是生成新的版本 GZG.part.2，以后以此类推。

需要特别指出的是，有时候当用户关闭了未保存的文件后，此时要保存文件需要执行的操作是单击打开按钮，在打开对话框中有一个命令是“在会话中”，点击该命令以后，对话框中出现在系统进程中的所有文件，单击要保存的文件名，此时即可打开保存。

1.5.5 保存副本和备份

Pro/E 没有设置另存为命令，但是提供了保存副本和备份两种命令。保存副本类似于另存为命令，此时用户可以重新设置当前文件的保存文件夹和文件名，但是保存副本命令执行以后，当前文件并不会转变为保存的副本文件，这个命令与 Office 中的另存为命令完全不同，在保存副本时，用户可以在“类型”中选择需要保存为的文件类型，如图片文件等。备份是在其他目录生成当前文件的复制过程，文件备份操作同样不改变当前操作的文件对象。

1.5.6 删除文件

Pro/E 提供的“文件”→“删除”命令包括“旧版本”与“所有版本”两个选项。执行“文件”→“删除”→“旧版本”命令后，消息区中出现“输入其旧版本要被删除的对象”，如果消息区中的文件名是需要被删除旧版本的对象，单击接受值，系统删除该文件的旧版本，只保留最新版本；执行“文件”→“删除”→“所有版本”命令时，系统出现删除所有确认对话框，单击“是”按钮，此时彻底删除该文件的所有版本，执行此命令一定要小心，因为删除后的文件并不在回收站中，要找回来是比较麻烦的，关于恢复删除所有版本文件命令操作后的文件将在 trail 文件和建模过程回放中讲解，“删除所有确认”对话框如图 1.10 所示。

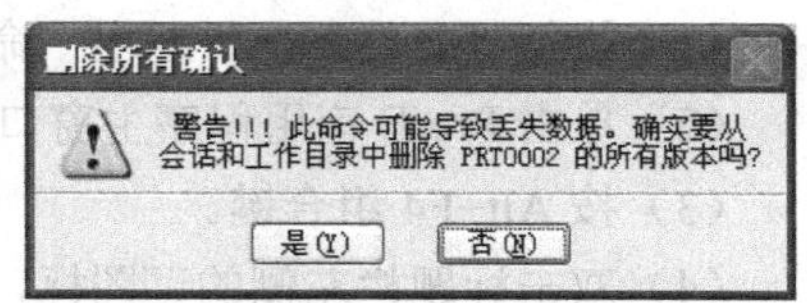

图 1.10 “删除所有确认”对话框

1.5.7 拭除文件

打开过的 Pro/E 文件，会暂时地保存在内存中，即使你关闭了其窗口，其也还存在。为了减少内存的占用，或者是为了对新文件的命名不受影响，一般将其拭除，拭除命令对文件不会有任何影响。如果用户希望关闭的文件从当前 Pro/E 进程中去除，可选择“文件”→“拭除”→“不显示”命令，此时系统出现拭除未显示的对话框，单击“确定”按钮，则将其从进程中删除。如果执行“文件”→“拭除”→“当前”命令，则系统关闭当前文件并将其从进程中拭除。

1.5.8 trail 文件和建模过程回放

每次启动一个 Pro/E 后，都会同时生成一个新的 trail（轨迹）文件来记录整个 Pro/E 进程操作过程，其命名为 trail.txt.#（#为一个自然数，Pro/E 根据系统里已经存在的最新的 trail 文件的这个数字自动加 1 来作为新的 trail 文件后缀）。trail 文件一般保存在 Pro/E 的启动目录里，如果另行设置过 trail 文件保存目录，则它会放在所设置的目录里。trail 文件为文本格式的文件，可以采用记事本、写字板等文件打开编辑，因此，熟练掌握 Pro/E 的用户可以采用编辑 trail 文件的方式来改变 Pro/E 的操作结果。

用户退出 Pro/E 后，在工作目录中选取刚产生的 trail 文件，如 trail.txt.2，右击鼠标，选择“打开方式”→“记事本”命令，打开 trail 文件，里面记录了刚才 Pro/E 操作的全部过程。恢复被误删文件的操作过程为：

（1）将轨迹文件重命名，例如，命名为 A1.txt。

（2）用记事本打开此文件，分析数据内容，找到需要进行删除操作的操作轨迹记录内容并删除，保存并关闭文件。一般来说，只需把最后几行去掉就可以了，但认真看一下 trail 文件的结构及记录特点，对分析 Pro/E 数据大有好处。删除末尾语句的时候一定要把 close 的那个语句删掉，否则运行完之后 Pro/E 还是会自动关闭的。

（3）启动 Pro/E，执行“工具”→“播放跟踪/培训文件”命令，选择刚才保存的文件，Pro/E 按照文件中的过程进行演示。在轨迹文件里，任何一个空行都被当作文件结束，并且在空行后面不能再有任何内容，即使是另一个空行都不可以。

Pro/E 还提供了建模过程回放功能，选择“工具”→“模型播放器”命令，出现“模型播放器”对话框，单击⏮按钮，回到建模起始点，然后单击▶按钮，单步观看建模过程。

1.6 退出 Pro/E 的方法

退出 Pro/E 的方法与常用的 Windows 软件相同，主要有以下 4 种方法：

（1）执行“文件”→“退出”命令。

（2）单击 Pro/E 应用程序主窗口标题栏右端的☒图标按钮。

（3）按 Alt+F4 组合键。

（4）双击标题栏左侧的回图标，或者单击标题栏左侧的回图标，打开系统选单，选择关闭。

1.7 Pro/E 系统模块

Pro/E 的主要工作模块有：草绘模块、零件模块、组件模块、制造模块、工程图模块、格式模块、报表模块、图表模块、布局模块、标记模块等，下面分别简单介绍个模块的功能。

1．Pro/SKETCH 草绘模块

二维草绘是 Pro/E 最基本的独立功能模块。所有的二维图形都是由点、直线、矩形、弧、圆等基本图元组成的。Pro/E 是一款基于特征造型的实体建模软件，各实体模型是由一个个简单的特征累计而成的。在创建特征前，首先要建立二维草绘截面图，草绘是特征创建的基础，草绘贯穿于实体建模的整个过程，是实体造型的第一步。

2．Pro/PART 零件模块

零件模块分为实体、复合、钣金件、主体、线束 5 个子模块，常用的就是实体和钣金件两个模块。实体零件的众多的几何特征组合而成，几何特征包括实体特征、曲面特征、曲线特征及基准特征等。钣金件是实体模型，可表示为钣金件成形或平整模型，钣金件设计提供特殊的钣金件环境特征，可创建壁、切口、裂缝、凹槽、冲孔、折弯、展平、折弯回去、成形和拐角止裂槽。钣金件不连接壁是设计中的第一个特征，创建壁之后，可在设计中添加其他任何特征。

3．Pro/ASSEMBLY 组件模块

Pro/ASSEMBLY 是一个参数化组装管理系统，其扩展名为.asm，能提供用户自定义手段去生成一组组装系列及可自动地更换零件。Pro/ASSEMBLY 是 Pro/ADSSEMBLY 的一个扩展选项模块，只能在 Pro/E 环境下运行。

4．Pro/HARDNESS-MFG 制造模块

Pro/HARDNESS-MFG 是一套功能很强的工具，是电子线体及电缆生产工序中专用以生成所需的加工制造数据。Pro/DIAGRAM 及 Pro/CABLING 提供的功能贯彻了整个从设计至加工的制造过程。Pro/HARDNESS- MFG 提供了指板、数字工程图、零件表以及线体方位表。设计人员只需通过一个快速“触按式”界面，就可以将三维的电缆拉直生成一个弄平的电缆。Pro/HARNESS -MFG 具备完整的关联性，它可以改变三维电缆的长度或形状，自动生成一张平的电缆。

5．Pro/DRAWING 工程图模块

Pro/DRAWING 提供了强大的工程图功能，可以将三维模型自动生成所需的各种视图，并且工程图与模型之间是全相关的，无论何时修改了模型，其工程图自动更新，反之亦然。Pro/E 还提供多种图形输入输出格式，如 DWG、DXF、IGS、STP 等，可以和其他二维软件交换数据，从而快速建立符合工程标准的工程图。

6．Pro/FRAME 格式模块

Pro/FRAME 是 2D 工图的图框模块。在工程图的绘制中通常都要向其中添加工程图图框，以使其更加符合国家的制图标准。另外此模块在完成了工程图的绘制后，也可以将它输出到绘图机上进行打印输出。在绘制一张完整的工程图时，图框是必不可少的，为了节省时间，可将图框制作成图样文件，在需要时将其引入到工程图中即可。

7．Pro/REPORT 报表模块

Pro/REPORT 是 Pro/E 的一个选项模块，它提供了一个将字符、图形、表格和数据组合在一起的动态报告格式环境，能使用户方便地生成自己的材料报表（BOM），并可根据数据的多少自动改变表格的大小。

8．Pro/DIAGRAM 图表模块

Pro/DIAGRAM 是将图表上的图块信息制成图表记录并装备成说明图的工具，应用范围包括

电子线体、导管、HVAC、流程图及作业流程管理等。

9. Pro/LAYOUT 布局模块

Pro/LAYOUT 布局模块是设计过程中的一个功能强大的工具，特别是在一些大型设计场合，它配上其他的一些工具，如骨架、主模型等，可以很好地管理数据。优化设计流程。布局，是一种在“布局”模式下创建的用于以概念方式记录和注释零件和组件的二维草绘。是实体模型的一种概念化图表或参照草绘，用于建立尺寸和位置的参数和关系，以便于成员的自动装配或数据传递。布局与工程图类似，但它不是精确比例的绘图，而且与实际的三维模型几何不相关。

10. Pro/MARK 标记模块

Pro/MARK 标记模块为零件、装配组建、工程图等建立注释文件，包括自动尺寸标注、参数特征生成、全尺寸修饰，以及自动生成投影面、辅助面、截面和局部视图，扩展了 Pro/ENGINEER 的一些基本功能，允许直接从 Pro/E 的实体造型产品中绘制 ANSI、ISO、JIS、DIN 标准注释图形。

1.8 Pro/E 适用配置文件——Config.pro 文件

Pro/E 里的所有设置，都是通过配置文件来完成的。设置好的 Config.pro 需要放在恰当的位置，才能正确调用。Config.pro 可以放在启动目录下，也可以放在 Pro/E 安装目录的 text 目录下面，建议把 Config.pro 放在启动目录下，不要放在 Pro/E 安装目录的 text 目录下面，以免造成管理混乱、重装 Pro/E 后又没有备份等问题。建议用户把所配置文件全部放在一个文件夹中，再把启动目录指向这个文件。

Pro/E 中的选项分两种，一种是显示选项，另一种是隐藏选项。显示选项直接可以显示出来，隐藏选项就是用查找也找不到的，但却可以增加的选项。隐藏选项一般不推荐使用，它是软件开发人员预留的选项或是未完全开发成功的选项，又或者是会引起系统冲突未解决好的选项。例如 text height factor，该选项是设置基准平面、基准轴等标签（top、right 等）字体大小的选项，是隐藏选项，查找不到，但可以在直接输入选项名称、值以后成功添加。配置 Config.pro 文件的步骤如下。

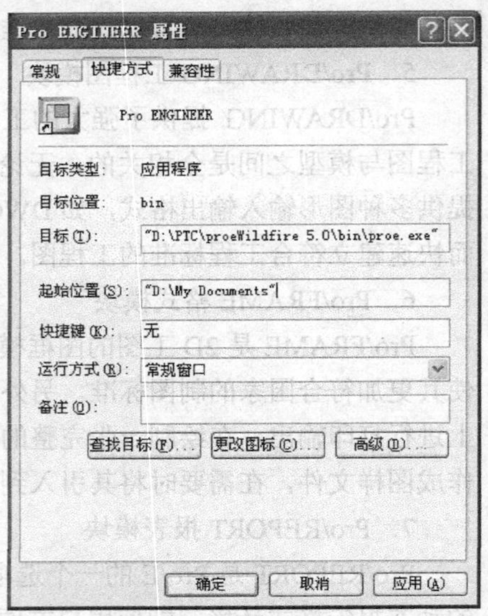

图 1.11 属性对话框

（1）在 Pro/E 的启动图标上右击鼠标，单击“属性”命令，打开“属性”对话框，在“起始位置”输入框内设置或记录启动目录，属性对话框如图 1.11 所示。

（2）启动 Pro/E，执行“工具”→“选项”命令，打开 Config 配置选项的对话框，如图 1.12 所示。

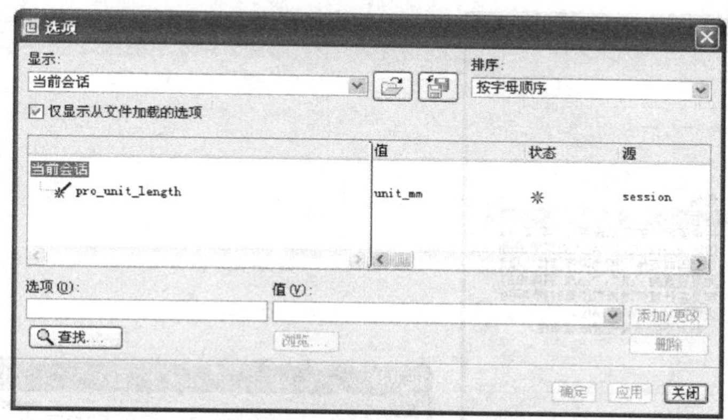

图 1.12 Config 配置选项的对话框

（3）在“选项”输入框内输入需要添加的选项并选择或输入对应的选择值，单击“添加/应用”，即可添加该选项。如果修改的是显示选项，在“选项”输入框内输入后没有显示出来，取消勾选“仅显示从文件加载的选项”复选框的选择状态，让系统显示选项显示出来。如修改设置缺省单位系统选项 pro_unit_sys，输入后，在“值”下拉列表框中可选择合适的值进行设置，单击“添加/更改”命令按钮，应用设置，如图 1.13 所示。

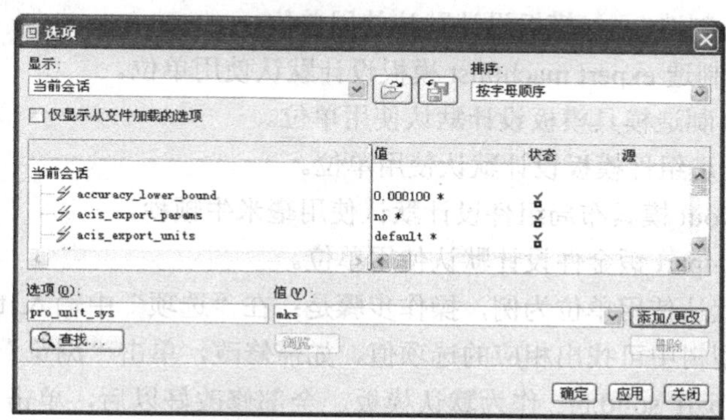

图 1.13 修改 Config 配置选项的对话框

（4）如果记不清选项或只有模糊印象名的选项，可以单击“查找”按钮激活查找对话框，并在输入框内输入要查找的关键词，然后进行搜索，可以从搜索结果中找到自己需要的选项，输入时。可在关键词前后添加“*”号，其中“*”号代表任意长度的字符，包括空字符，查找 Config 配置选项的对话框如图 1.14 所示。

（5）配置好所有选项后，点击底部“应用”按钮，然后点击顶部的图标保存当前显示的配置文件的副本，把配置选项保存到第一步所查到的目录内，文件名设为 Config.pro，也可以保存到你的 Pro/E 安装目录 text 子目录内，保存设置对话框如图 1.15 所示。

有一些重要的选项建议用户自己进行设置，以更方便自己的使用，如精度和单位、模板文件、文件输入输出选项、打印设置选项和各类目录选项。需要特别指出的是，最好不要直接使用别人的 Config.pro，有些不恰当的选项可能会导致 Pro/E 无法启动或产生严重错误，直接在高版本 Pro/E 中使用低版本的配置文件，需要检查失效的选项并添加必要的新选项。下面是设置创建文件的默认使用单位的命令，供学习参考。

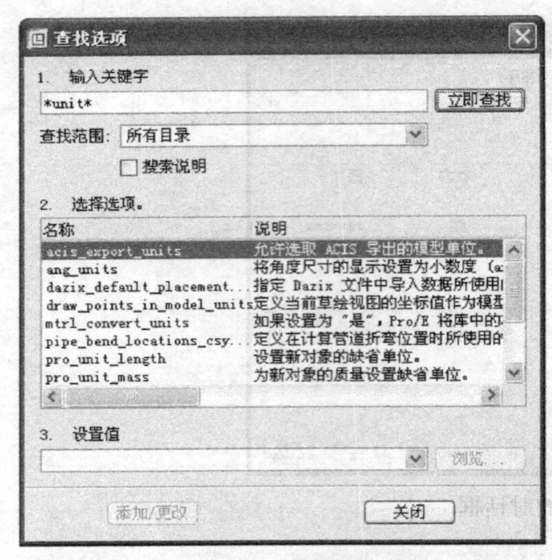

图 1.14 查找 Config 配置选项的对话框

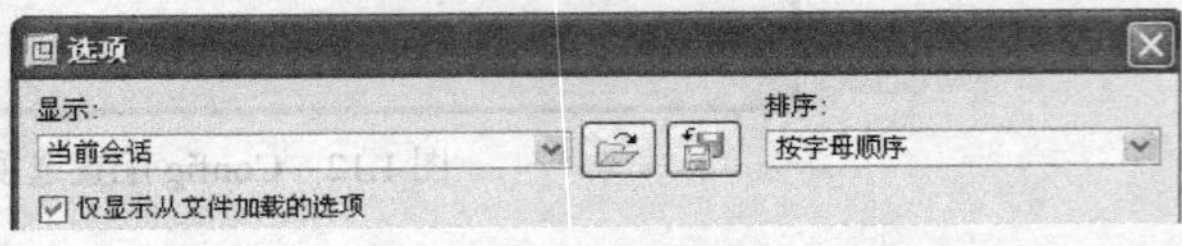

图 1.15 保存 Config 配置选项的对话框

template_solidpart 零件设计默认使用单位。

template_designasm 组件设计默认使用单位。

template_drawing 工程图默认使用纸张。

template_mfgcast 制造铸件模板设计默认使用单位。

template_mfgcmm 制造 cmm 模板设计默认使用单位。

template_mfgemo 制造 expert machinist 模板设计默认使用单位。

template_mfgmold 制造模具模板设计默认使用单位。

template_mfgnc 制造组件模板设计默认使用单位。

template_mold_layout 模具布局组件设计默认使用毫米牛顿秒。

template_sheetmetalpart 钣金件设计默认使用单位。

以修改零件设计默认使用单位为例，操作步骤是：在“选项”中输入 template_solidpart，按回车键，在选项的模型树中可找出相应的选项值，如需修改，单击“浏览”按钮，找到软件的安装位置，选取 mmns_part_solid.prt 作为默认模板，全部修改好以后，单击图标，保存名字为 Config.pro。以 Pro/E 的安装位置为 D:\proeWildfire 5.0 为例，修改默认零件模板 Config 配置选项的对话框如图 1.16 所示，设置零件设计默认使用单位为毫米牛顿秒的模板位置的路径为 D:\proeWildfire 5.0\templates\mmns_part_solid.prt。

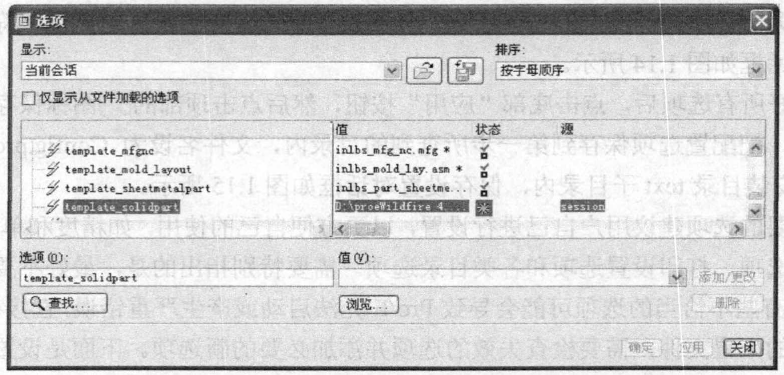

图 1.16 修改默认零件模板 Config 配置选项的对话框

还有一些配置文件选项的值采用从下拉列表中选取的方式进行修改，如：

pro_unit_length　　unit_mm——设置长度缺省单位为 mm

pro_unit_mass　　unit_kilogram——设置质量缺省单位为 kg

pro_unit_sys　　mmks——设置默认单位系统为 mmks（毫米千克秒）

default_dec_places　　3——设置所有模型模式中非角度尺寸的缺省小数位数

default_ang_dec_places　　2——设置角度尺寸小数位数

sketcher_dec_places　　2——设置草绘时的尺寸小数位数

配置项目包括 3 种类型，由配置项目前面的标志来区别，⚡表示此配置项目的更改马上生效，✱表示此配置项目的更改不在当前环境下生效，而是在新建文件后再生效，▣表示此配置项目必需在重新启动 Pro/E 后才生效。

1.9 Pro/E 第一视角的修改

Pro/E 默认的是第三视角，与中国的国家标准不符，修改视图方向的几种方法如下。

（1）首先新建绘图进入绘图模块，执行“文件”→“属性”命令，此时在 Pro/E 右侧出现菜单管理器，在文件属性中选取“绘图选项”，出现选项对话框，在选项中输入 projection_type，然后在值下拉列表里选 first_angle 或 third_angle，其中 first_angle 为以第一角投影方式创建视图，third_angle 为以第三角投影方式创建视图。

（2）用写字板打开 Pro/E 安装目录下的 Text 文件夹里面的 prodetail.dtl 文件，更改 projection_type third_angle 为 projection_type first_angle 保存退出。

（3）在绘图区中右击鼠标，按下鼠标右键 3 秒钟后，在弹出式选单中选取“属性”命令，在工程图窗口空白处右击 3 秒，此时在 Pro/E 右侧出现菜单管理器，在文件属性中选取“绘图选项”，出现选项对话框，在选项中输入 projection_type，然后在值下拉列表里选 first_angle 或 third_angle。

（4）在 Config 文件中设置 projection_type 为 first_angle，在 Config.pro 配置选项中设置第一视角时，先在 Config.pro 中设置默认的 DTL 文件，在 Config.pro 中加入 drawing_setup_file X:\X.dtl，其中 X:\X.dtl 为你计算机中实际的 DTL 文件路径名与文件名，接着在上面设置的 DTL 文件中加入下句：projection_type first_angle，此时，工程图中就设置为第一视角投影。

1.10 定制用户界面

1.10.1 设置 Pro/E 浏览器

默认环境下，启动 Pro/E 会自动打开 PTC 公司的相关网页，修改浏览器设置分为设置浏览器界面的宽度以及默认主页。

1．设置浏览器界面的宽度

进入 Pro/E，选择“工具”→“选项”，进入定制对话框，在对话框中默认的是命令标签。此时单击浏览器选项卡，在初始设置的下面可以看到有一行“窗口宽度（%）”，默认的窗口宽度为 100，可以拖动按钮来调节窗口宽度，也可以直接在后面的方框中输入数值，如果想启动的时候不显示浏览器的界面，可以把定制对话框浏览器选项卡中“缺省情况下，加载 Pro/E 时展开浏览器”前面复选框中的对勾取消。然后自动保存到起始目录的 config.win 文件中，再点击确定就可以了。

2．设置浏览器默认主页

进入 Pro/E，选择“工具”→“选项”，出现选项对话框，在查找上面的方框中输入 web_browser_homepage，点击查找，出现查找选项对话框，在查找选项对话框里“值”文本框中输入需要设置的主页，然后点击添加更改。然后关闭查找选项按钮中的“关闭”按钮，此时配置选项就添加到了选项对话框中，点击▣按钮，即可把此项配置保存到起始目录的 Config.pro 中，然后点击“OK”按钮确定操作，关闭选项对话框，重启 Pro/E，这时候浏览器中的网址就已经改变成新设置的主页。

1.10.2 设置 Pro/E 导航选项卡和模型树

进入 Pro/E，导航选项卡和模型树大多位于窗口的左边。下面分别介绍设置导航选项卡和模型树的位置和尺寸以及保存导航选项卡和模型树的配置。

1．设置导航选项卡的位置和尺寸

进入 Pro/E，点击“工具”→“定制屏幕”，进入定制对话框，点击导航选项卡，默认的放置位置是放在左边，点击放置右侧的下拉列表框选择右侧，然后点击应用设置，导航选项卡级出现在 Pro/E 窗口的右侧。导航窗口的宽度（%）默认的值是 10，可以直接通过在可调节按钮上增加或减少数值改变宽度，也可以在后面的方框中直接输入，然后点击应用设置即可改变为新设置的值。缺省情况下显示历史，默认的复选框中没有勾选，如果选中该复选框，就会在缺省的情况下将历史记录选项卡显示为导航器选项卡之一。

2．设置模型树的位置和尺寸

在定制对话框中，导航选项卡标签中还有模型树设置，默认的位置是作为导航选项卡的一部分，还有另外两种放置的位置，即图形区域上方、图形区域下方，若选择“模型树设置”→“放置（放在图形区域上方）”，在放置的下面出现了高度一行。默认的高度为 15，可以修改默认，然后点击应用设置，这时模型树就在图形区域的上方了。

3．保存导航选项卡和模型树的配置

设置好导航选项卡和模型树后，只要默认保存到起始目录的 Config.win 文件中，然后点击“确定”按钮即可。

1.10.3 在 Pro/E 工具栏中添加分隔按钮命令

许多用户喜欢把更多的命令调到工具栏上，以方便使用，但工具栏的位置有限，为了解决这个问题，就需要使用分隔按钮。

1．分隔按钮的定义

分隔按钮是一系列包含紧密相关命令的工具栏按钮，它存储在一组中。在这些工具栏按钮中，只有第一个命令按钮可视，此按钮包含一个箭头，单击它时可显示其他的命令按钮。使用分隔按钮可以节省空间或将相关命令紧密组合在一起，而不必为每个命令创建单个工具栏按钮。

2．在工具栏中添加分隔按钮命令

进入 Pro/E，单击“工具”→“定制屏幕”，进入定制对话框，在目录中选择新建菜单，在命令下单击“新建快捷方式”按钮，并将其拖动到 Pro/E 窗口上所需的工具栏上。拖动时，插入指示器预览此按钮的拖放位置，可将按钮插入到现有工具栏的任意位置，但不能插入到另一个分隔按钮中或作为单独的工具栏。释放鼠标键，将“新建快捷方式”按钮放置在指示的位置。然后再向分隔按钮中添加命令，添加命令的时候可以在定制窗口中的命令标签中直接把所需要的图标拖到按钮上，此时该图标自动打开下拉列表，把命令放入下拉列表中即可，也可以把 Pro/E 窗口中现有的菜单项目或工具栏按钮拖到复合按钮上。必须将命令添加到按钮中，如果按钮是空的，则退出“定制”对话框时，系统会将其从工具栏区域移除，然后直接自动保存到起始目录的 Config.win 中，点击“确定”按钮即可。

1.10.4 定制 Pro/E 选单栏的选单

进入 Pro/E，用户可以新建选单栏选单和重命名选单栏，下面分别介绍这两种功能。

1．重命名 Pro/E 选单栏的选单名称

进入 Pro/E，点击“工具”→“定制屏幕”，进入定制对话框。然后用鼠标右键单击“信息”选单项，选择“重命名”出现重命名对话框，此时重命名对话框出现“信息（&N）”，选单栏上出现“信息（N）”。这两者之间的区别是在进行程序设计时快捷键的设计方法，要在快捷键字母前加上（&）符号，命名后，特定的字母下面会加上下划线，若把“信息（&N）”改为“提示（&X）”，此时窗口中的“信息（N）”就改变为“提示（X）”了，点击“确定”按钮。系统会将其在定制窗口中自动保存到起始目录的 Config.win 文件中，点击“确定”完成操作。

2．新建 Pro/E 选单栏的选单

在使用 Pro/E 的过程中，如果需要添加菜单，用户可以使用如下操作来完成。进入 Pro/E，点击“工具”→“定制屏幕”，进入定制对话框，在目录中选取新建菜单，在右边的命令列表框中选中新建菜单，把新建菜单拖动到选单栏上，在 Pro/E 选单条中，右击“新建菜单”选择“重命名”，出现重命名对话框，并把选单名改为“常用命令”，然后单击确定。如果想在选单栏的下拉菜单中添加命令，直接在定制窗口选中命令拖到需要添加的下拉菜单上，此时该选单自动打开下拉选项，把命令放入下拉选项中即可。如果需要删除这个选单，直接选中这个选单，右击鼠标，选择删除即可，最后在定制窗口中自动保存到起始目录的 Config.win 文件中，单击“确定”按钮完成操作。如果需要恢复系统默认选单，单击“缺省”按钮即可恢复。

1.10.5 在 Pro/E 中添加和删除工具栏上的命令

如果需要在 Pro/E 中添加和删除工具栏上的命令，以方便操作，可以通过定制屏幕把经常用的工具都调到窗口中或者删除不经常使用的按钮。

1．在工具栏添加命令

进入 Pro/E，点击“工具”→“定制屏幕”，进入定制对话框，在目录列表中选择需要添加

的命令所属的项目，在右侧的命令中选中需要添加的命令，然后按下左键将移除命令拖放到 Pro/E 窗口的工具栏中，单击确定将其自动保存到起始目录的 Config.win 文件中。

2．删除工具栏上的命令

进入 Pro/E，点击“工具”→“定制屏幕”，进入定制对话框，选择要删除的命令，在 Pro/E 窗口工具栏直接选中后，按下左键将其拖出菜单条或者是工具栏即可，单击确定将其自动保存到起始目录的 Config.win 文件中。

1.10.6 添加或删除工具栏

在 Pro/E 工具栏中有许多常用的基础命令，通过添加或删除工具栏，定制自己熟悉的界面可以方便操作，提高工作效率，下面介绍如何添加和删除工具栏。

1．添加或删除工具栏

进入 Pro/E，点击“工具”→“定制屏幕”，进入定制对话框，单击工具栏选项卡。在工具栏选项卡界面中的每一个工具栏名称前面都有一个复选框，选中该复选框，该工具栏就会出现在 Pro/E 界面中，取消选中，该工具栏将不会出现在 Pro/E 界面中。

2．定制工具栏选项的位置

在右侧位置列表中有顶部、左侧、右侧 3 个选项来制定工具栏在 Pro/E 窗口中的位置，系统默认工具栏在 Pro/E 窗口的顶部位置，可以通过选取位置调整其在窗口中的位置。

3．保存设置

屏幕定制成功后，要想下次打开的时候还是定制好界面，必须把该设置进行保存，有两种保存的方法。第一种方法，在定制窗口的下方有一个“自动保存到”，单击“自动保存到”前面的复选框，接受缺省的 Config.win 文件，一定要保存到起始目录的 Config.win 中，然后单击“确定”按钮即可。第二种方法，在定制窗口中，点击“文件”→“保存设置”，就会出现保存窗口配置设置对话框，可接受缺省文件名和路径，单击“确定”按钮即可。然后关闭 Pro/E 重新进入，若工具栏出现在刚才设置的位置，说明保存成功。

前面介绍了定制用户界面的一些操作，建议用户合理使用这些功能，尽量保留 Pro/E 软件原有的风格，不要随心所欲地修改，那样会导致用户不熟悉系统默认的环境。

1.11 帮助的使用

用户在使用 Pro/E 的过程中可以通过帮助中心获取帮助，获取帮助的方法如下。

（1）单击工具栏中的 ↖? 按钮，用变成 ↖? 形状的鼠标指针在想要得到帮助的区域上单击，打开帮助中心的相应内容，例如单击工具栏中的 ▢▢▢▢ 图标，出现如图 1.17 所示的帮助中心的内容。

（2）选择“帮助”→“帮助中心”，打开如图 1.18 所示的帮助中心首页。

Pro/E 的使用需要用户在使用过程中不断加以积累和总结，并且随时查阅帮助文件，随着经验的积累，用起来就会逐渐熟悉。

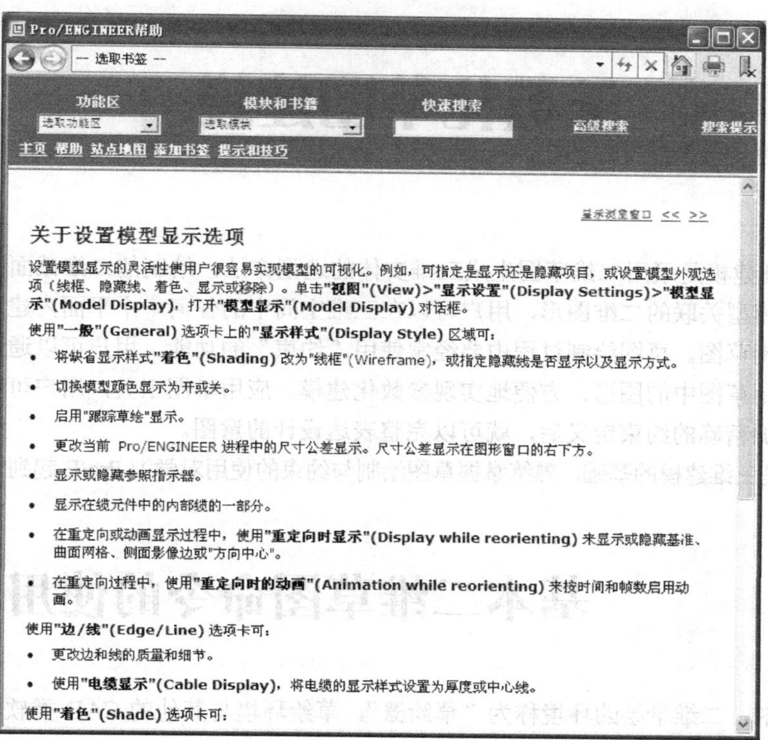

图 1.17 帮助中心内容

图 1.18 帮助中心首页

第2章 参数化草图建模

Pro/E 特征建模是采用二维草图生成三维实体的造型方法，绘制的二维截面图形称为草图，草图是与实体模型关联的二维图形，用户可以在三维空间中的任何一个平面内建立草图平面，并在该平面内绘制草图。草图绘制过程中要经常使用“约束”的功能，用户可以通过添加几何约束与尺寸约束控制草图中的图形，方便地实现参数化建模。应用草图工具，用户可以绘制近似的曲线轮廓，再添加精确的约束定义后，就可以完整表达设计的意图。

草图绘制是三维建模的基础，熟练掌握草图绘制与约束的使用对学习 Pro/E 起到非常重要的作用。

2.1 基本二维草图命令的使用

在 Pro/E 中，二维草绘的环境称为“草绘器”，草绘环境与其他的 CAD 类软件环境类似，草绘文件的后缀名为“.sec”，进入草绘环境有以下两种方法：

（1）由“草绘”模块直接进入草绘环境；

（2）由“零件”模块进入草绘环境。

2.1.1 草绘环境的设置

进入草绘环境后，系统显示 11 个下拉选单，这些菜单内容包括 Pro/E 二维草绘环境所提供的所有命令。在此环境中，仅亮显的菜单项才能在活动的草绘窗口中使用。进入草绘环境后，用户可在工具栏所在的位置右击鼠标，根据需要控制项目显示与否，在绘制二维草图时，应显示“草绘器”和“草绘器工具”工具栏，草绘环境如图 2.1 所示。

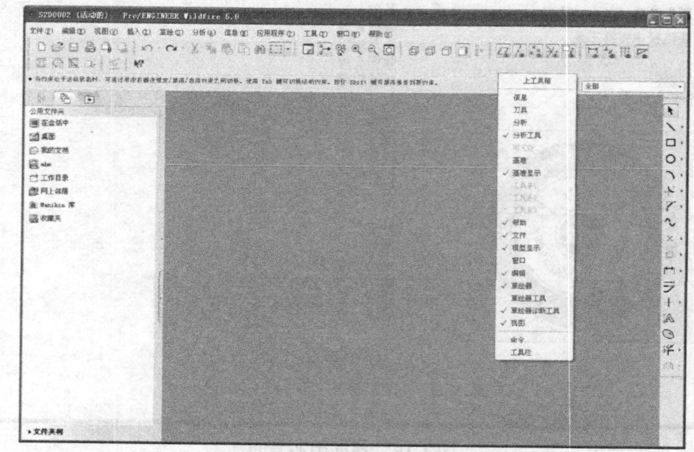

图 2.1 系统草绘环境

2.1.2 "草绘器工具"工具栏的显示

"草绘器工具"工具栏如图 2.2 所示，该工具栏提供了绘制二维草图时几何图元的创建与编辑命令。Pro/E 默认工具栏位于窗口的顶部，用户可以按照自己的习惯采用拖动的方式改变工具栏的位置。工具栏可位于窗口的顶部、右侧和左侧。

图 2.2 "草绘器工具"工具栏

当用户在工具栏区域内右击鼠标，选择"工具栏…"选项时，系统将打开"定制"对话框的"工具栏"选项卡，在其中也可以设置工具栏的显示与位置，如图 2.3 所示。

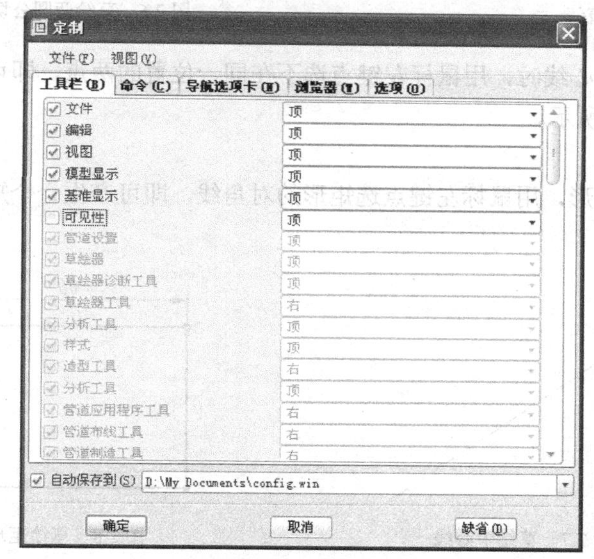

图 2.3 "定制"对话框

2.1.3 基本二维草图的绘制

在绘制草图时，系统默认的背景是黑色，若用户想修改系统颜色，可执行"视图"→"显示设置"→"系统颜色"，打开系统颜色对话框，在对话框的选项卡里面设置图元颜色，在布置选单中设置背景色。在练习草绘时，如果不希望系统标注的尺寸显示，用户可以通过"草绘器"工具栏来控制标注尺寸的显示。"草绘器"工具栏如图 2.4 所示。

图 2.4 "草绘器"工具栏

命令用于切换尺寸的显示（开/关），用于切换约束的显示（开/关），用于切换网格的显示（开/关），用于切换剖面顶点的显示（开/关）。

1．线条的绘制

该命令组可用于创建两点线、与两个图元相切的线、两点中心线。

命令用于创建两点线时，用鼠标左键点选不在同一位置的两点，即可产生一条直线。绘制完成后点击鼠标滚轮或者鼠标左键点击结束直线的绘制，一般采用单击鼠标滚轮的操作来结束命令，草绘直线示例如图 2.5 所示。

使用创建与两个图元相切的线时，用鼠标点选两个圆弧，即可产生一条与圆或者圆弧相切的公切线，公切线形式与鼠标单击的位置有关，草绘两图元公切线的示例如图 2.6 所示。

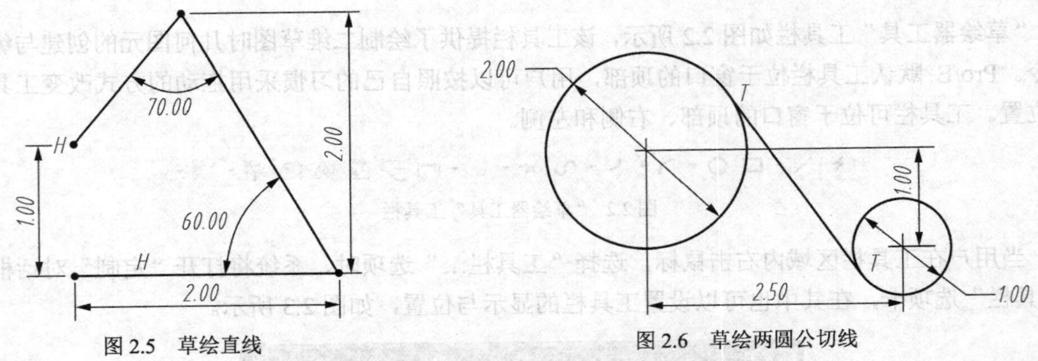

图 2.5　草绘直线　　图 2.6　草绘两圆公切线

使用⁝创建两点中心线时，用鼠标左键点选不在同一位置的两点，即可产生一条中心线，草绘中心线示例如图 2.7 所示。

2．矩形的绘制□

该命令用于创建矩形，用鼠标左键点选矩形的对角线，即可产生一个矩形，草绘矩形示例如图 2.8 所示。

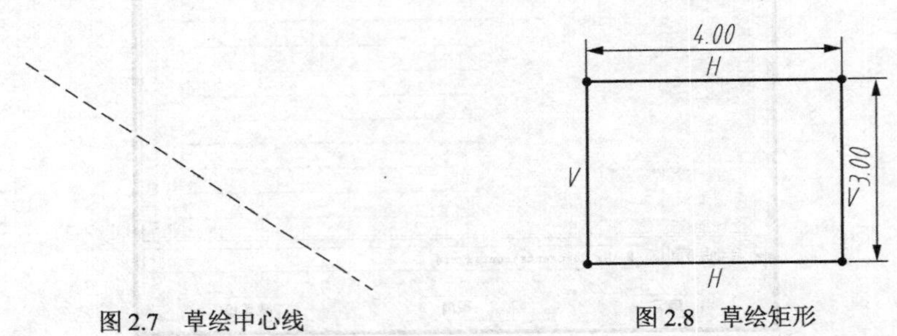

图 2.7　草绘中心线　　图 2.8　草绘矩形

3．圆的绘制○

该组命令采用不同的命令绘制圆。○命令采用圆心与半径的方式来绘制圆，该命令通过拾取圆心和圆上一点来创建圆。以鼠标左键确定圆心位置，然后移动光标，以鼠标左键确定圆上的点，即可产生圆，草绘圆的示例如图 2.9 所示。

◎命令用于创建一组同心圆。首先点选现有圆或者圆弧的圆心，然后移动光标，即可产生圆，直到单击鼠标滚轮终止同心圆的绘制，草绘同心圆示例如图 2.10 所示。

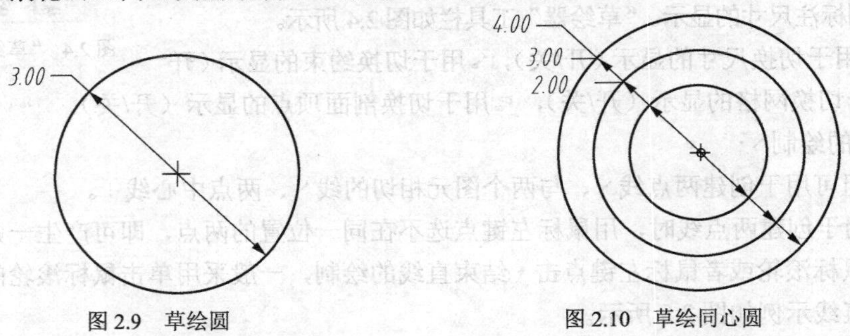

图 2.9　草绘圆　　图 2.10　草绘同心圆

○命令使用圆弧上的 3 点来绘制圆。用鼠标左键点选 3 点，即可产生通过这 3 点的圆，草绘过3点的圆如图2.11所示。

命令用于绘制与3个图元相切的公切圆。以鼠标左键点选3个图元，即可产生与这3个图元相切的圆，草绘与3个图元相切的圆如图2.12所示。

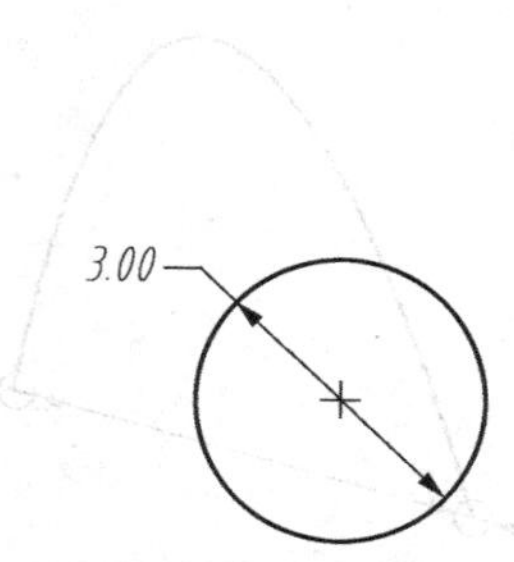

图2.11 草绘过三点的圆

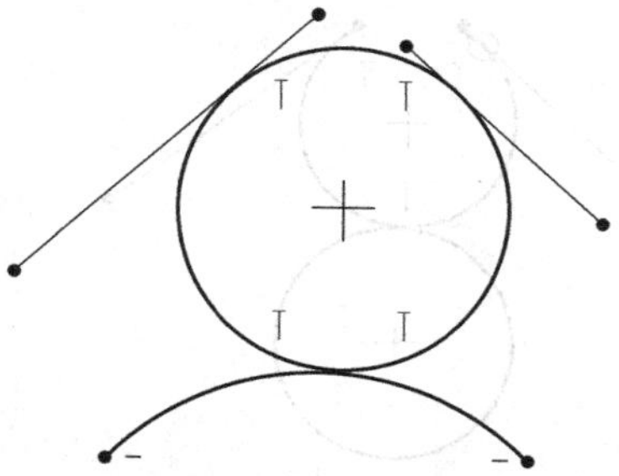

图2.12 草绘与3个图元相切的圆

命令使用长轴与短轴半径绘制椭圆。以鼠标左键点选圆心，然后移动光标，确定椭圆上的点，即可产生椭圆，用户可以通过修改Rx与Ry来确定椭圆的形状，草绘的椭圆如图2.13所示。

4．圆弧的绘制

该组命令采用不同的命令绘制圆弧。命令通过3点或在其端点与图元相切来创建圆弧，该命令通过点选圆弧起点与终点，然后移动光标，以鼠标左键确定圆弧上的点，即可产生圆弧，3点草绘圆弧的示例如图2.14所示。

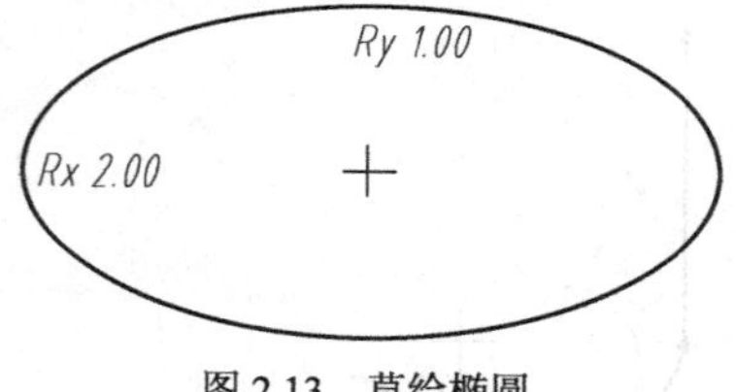

图2.13 草绘椭圆

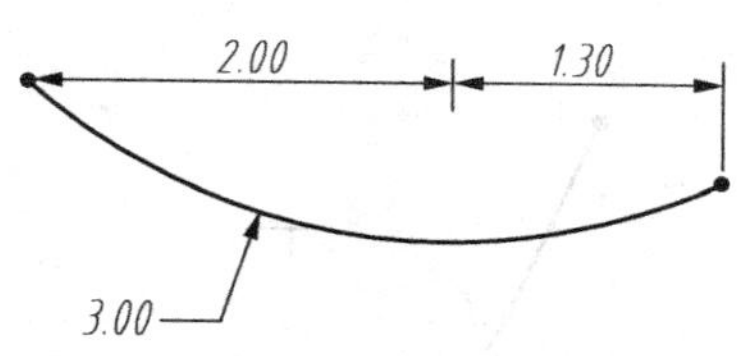

图2.14 3点草绘圆弧

命令用于创建一组同心弧。首先点选现有圆或者圆弧的圆心，然后移动光标，以鼠标左键确定圆弧上的起点与终点，即可确定圆弧，直到点击鼠标滚轮终止同心圆弧的绘制，草绘同心弧示例如图2.15所示。

命令通过选取圆心和端点来创建圆弧。首先以鼠标左键确定圆弧圆心，然后移动光标，以鼠标左键确定圆弧上的起点与终点，即可确定圆弧，草绘圆心、起点与终点的圆弧示例如图2.16所示。

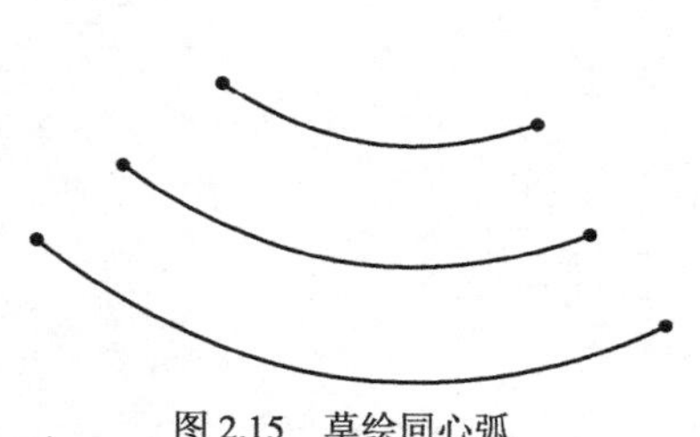

图2.15 草绘同心弧

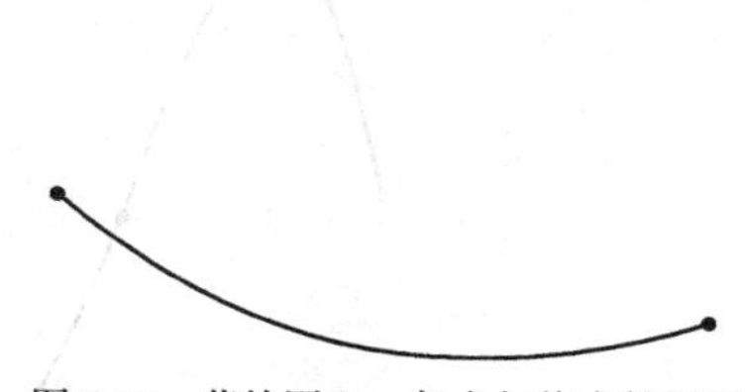

图2.16 草绘圆心、起点与终点的圆弧

命令用于创建与3个图元相切的圆弧，以鼠标左键点选3个图元，即可产生与这3个图元相切的圆弧，草绘与 3 个图元相切的圆弧如图 2.17 所示。

命令用于创建圆锥弧。以鼠标左键确定圆锥弧上的起点与终点，然后移动光标，用鼠标左键点选圆锥弧上的点，即可产生圆锥弧，草绘圆锥弧的示例如图 2.18 所示。

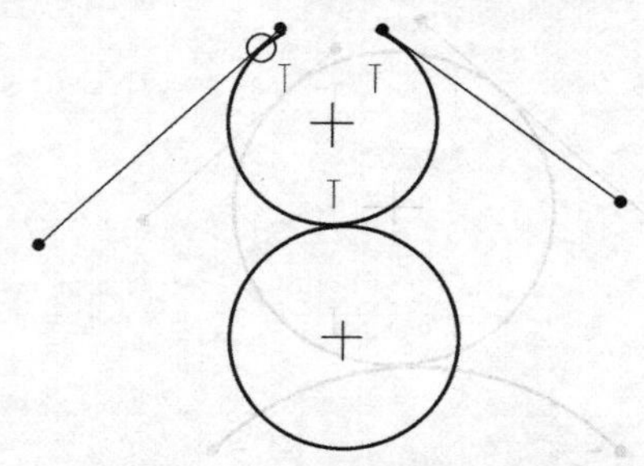

图 2.17　草绘与 3 个图元相切的圆弧

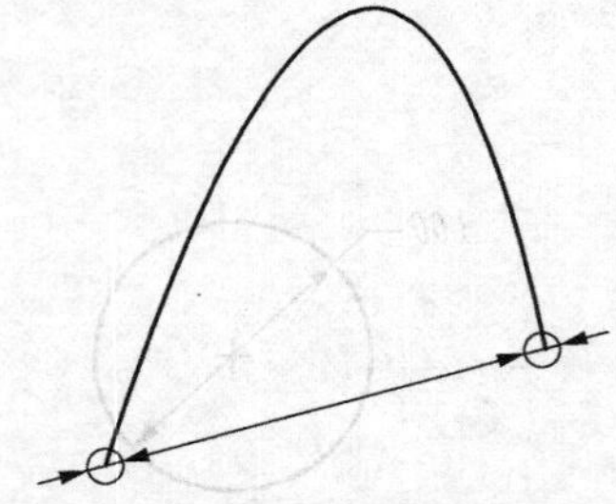
图 2.18　草绘圆锥弧

5．圆角的创建

命令用于在两图元之间创建一个圆角。利用鼠标左键点选两个图元，即可产生一个圆弧形圆角。圆角生成后，用户可以通过修改圆弧的半径来确定圆角的形状。创建圆角的示例如图 2.19 所示。

命令用于在两图元之间创建一个椭圆角。利用鼠标左键点选两个图元，即可产生一个椭圆形圆角。椭圆角生成后，用户可以通过修改椭圆的长轴与短轴半径来确定椭圆角的形状。创建椭圆角的示例如图 2.20 所示。

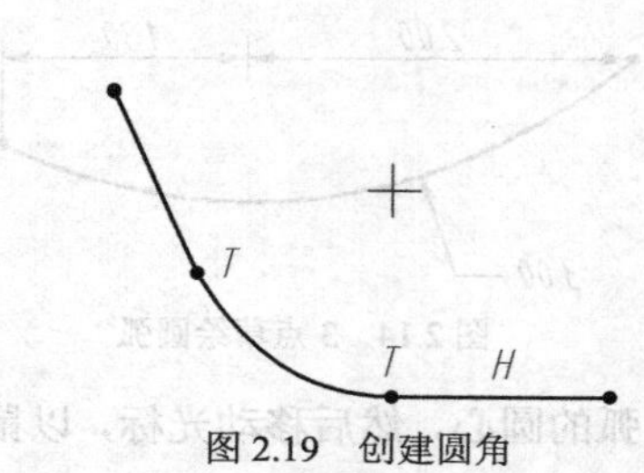

图 2.19　创建圆角

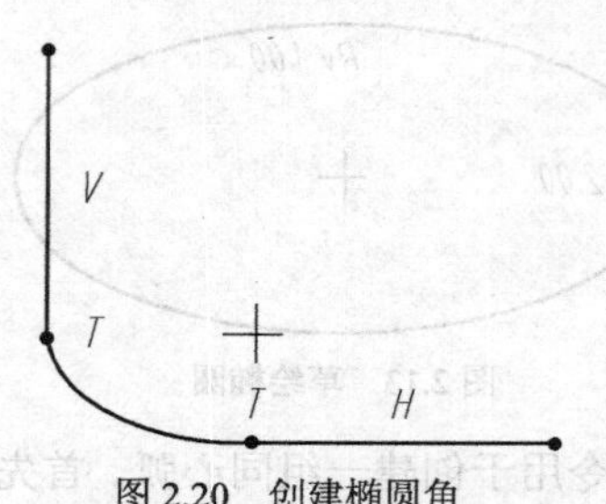

图 2.20　创建椭圆角

6．样条曲线的绘制

命令用于绘制样条曲线。用鼠标左键在绘图区点选数个点，单击鼠标滚轮，即可产生通过这些点的样条曲线，绘制样条曲线的示例如图 2.21 所示。

7．点的绘制

命令用于创建一个点。以鼠标在绘图区选取点的位置单击，即可产生一个点，草绘点的示例如图 2.22 所示。

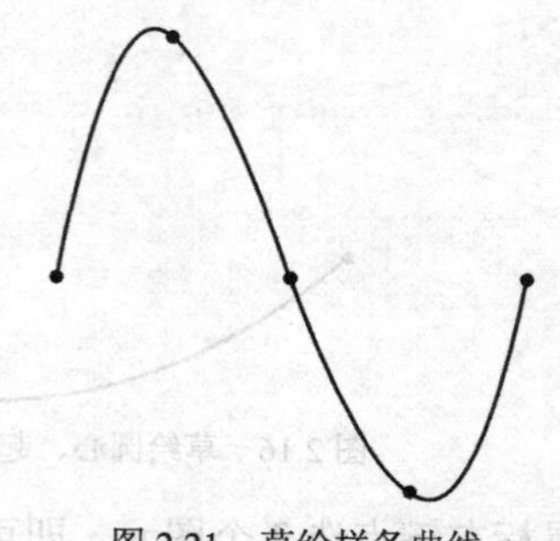
图 2.21　草绘样条曲线

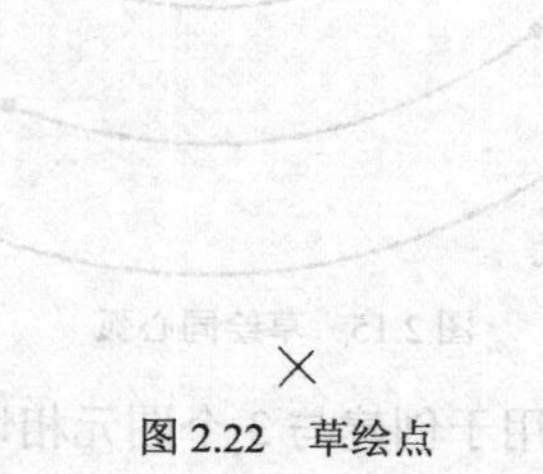
图 2.22　草绘点

⅄命令用于产生坐标系。以鼠标在绘图区选取坐标圆点的位置单击，即可产生一个坐标系，创建参照坐标系的示例如图2.23所示。

图2.23 创建参照坐标系

8．文本的创建

命令用于创建文本。以鼠标左键拉一直线确定文字的起点和方向，然后输入文本内容，即可产生文本。文本的编辑可以通过调整文本的长宽比、斜角高度和文字高度来确定文本的样式，“文本”属性对话框如图2.24所示，创建文本的示例如图2.25所示。

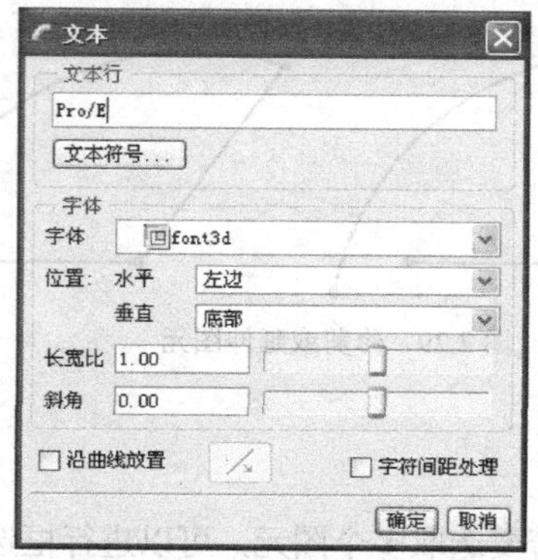

图2.24 “文本”对话框

2.25 创建文本

9．调色板

命令用于调用系统预绘制好的多边形、轮廓、形状与星形图形。以鼠标左键双击所需图形，然后在绘图区点选图形摆放的中心位置，在缩放旋转对话框中输入图形的缩放比例及旋转角度，单击按钮，接受更改并关闭对话框，调色板属性对话框如图2.26所示，“缩放旋转”对话框如图2.27所示。

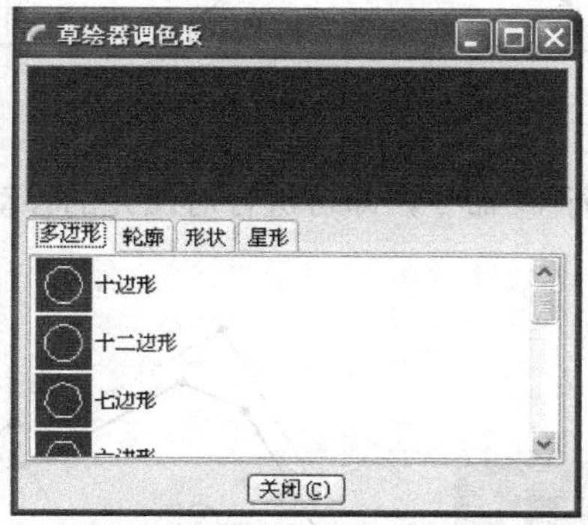

图2.26 “草绘器调色板”对话框

图2.27 “缩放旋转”对话框

2.1.4 二维草图的编辑

1．动态修剪剖面图元

命令用于修剪剖面绘制过程中的多余图元。用鼠标左键点选需要修剪的图元，则点选的图元即被删除，或者按住鼠标左键画出曲线，和该曲线相交的图元即被删除，删除多余图元的示例如

图 2.28 所示。

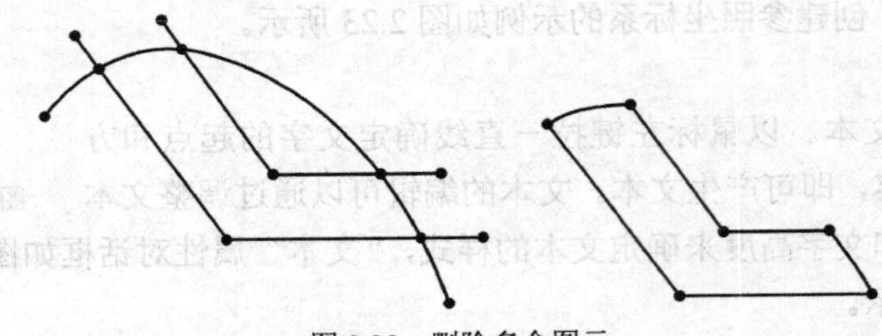
图 2.28　删除多余图元

⊢命令用于将图元修剪（剪切或延伸）到其他图元或几何。用鼠标选取两图元，则系统自动修剪或延伸量图元，修剪或延伸图元示例如图 2.29 所示。

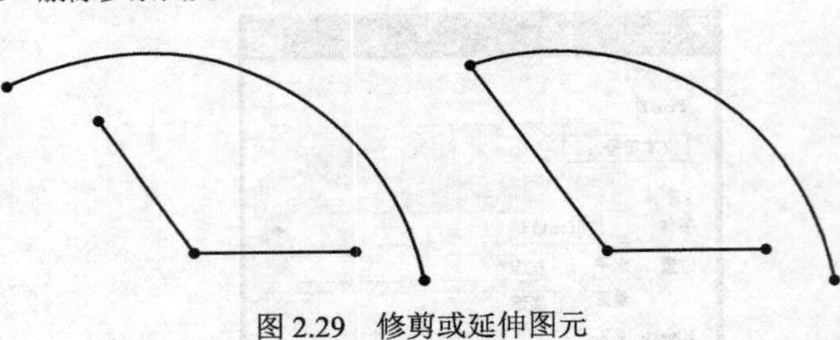
图 2.29　修剪或延伸图元

⌐用于在选取点的位置处分割图元。在图元上所需分割位置点选，即可把图元进行分割，在选取点的位置分割图元示例如图 2.30 所示。

2. 镜像命令

命令用于镜像选定的图元。选取需要镜像的图元，若要选取多个图元，可以进行框选或者按下 Ctrl 键选择图元，执行镜像命令，然后选取中心线，则可将所选取的图元镜像至中心线另一侧，镜像图元示例如图 2.31 所示。

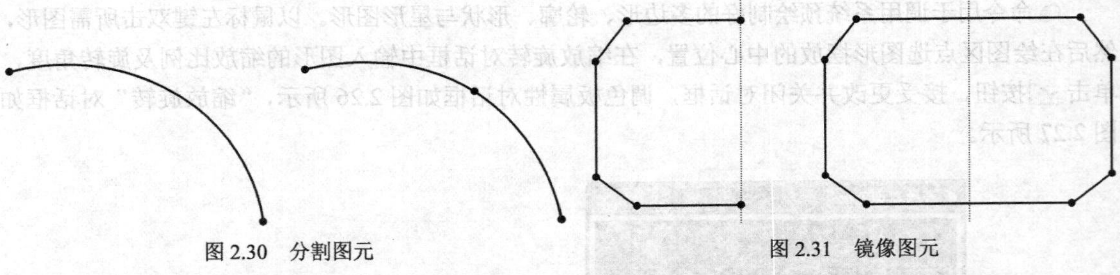
图 2.30　分割图元　　图 2.31　镜像图元

用于旋转并缩放选定图元。选定图元，执行命令，即可进行对图元的移动、旋转和缩放，缩放、旋转图元示例如图 2.32 所示。

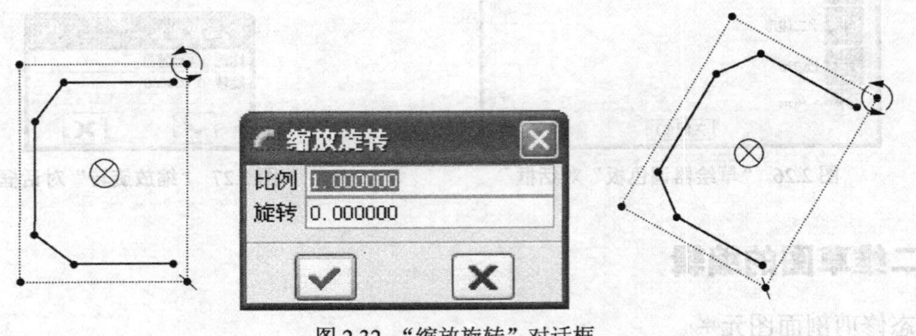

图 2.32　“缩放旋转”对话框

3. 创建定义尺寸

草绘图形结束以后，Pro/E 系统会自动标注尺寸，若所标注的尺寸不是所需标注的尺寸，则需执行⊢命令，标注所需尺寸。在 Pro/E 草绘环境中标注圆的半径，用鼠标点选⊢命令，然后单击要标注的圆或者圆弧，则以半径的方式标注，如果双击圆或者圆弧，则以直径的形式标注，圆的标注示例如图 2.33 所示。

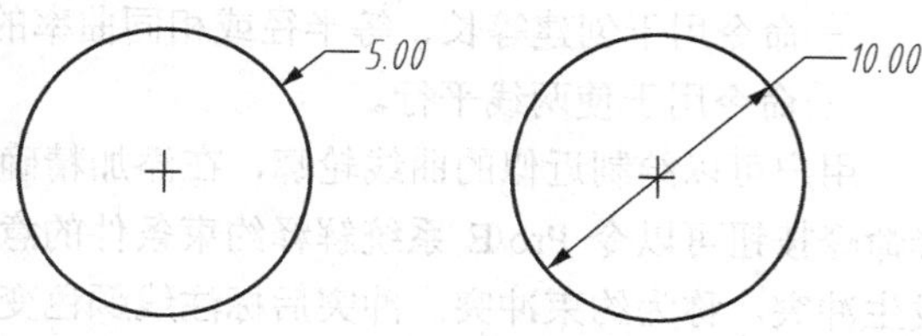

图 2.33 圆的标注

在绘制草图的过程中，如果感觉 Pro/E 绘图区中的文本显示太小，可以通过设置系统的 text_height_factor 选项来控制。文本高度由整个图形区高度除以该选项的数值而定，text_height_factor 的数值越大，显示文本就越小。该选项是隐藏选项，在选项列表中无法查到。设定方法是直接输入，选择“工具”→“选项”命令，在选项中输入“text_height_factor”，直接设定数值，单击“添加/更改”命令按钮，完成设定。该选项的设定结果不影响当前文件，新建文件后才会起作用。尺寸标注的小数点后面位数通过草图选项设定，设定方法是选择“草绘”→“选项”命令，在弹出的“草绘器优先选项”对话框中选择“参数”选项卡，在“精度”框架中设置小数位数。

4．修改

绘制草图结束以后，标注的尺寸形式正好为所需的尺寸的标注，选取所需修改的尺寸，执行命令，在文本框中把尺寸修改为所需尺寸。在修改过程中，建议用户取消再生复选框按钮，这样在修改尺寸的过程中，图形的基本形状不发生改变，利于操作。修改尺寸对话框如图 2.34 所示。

5．约束

约束就是对图元以及图元之间的相互关系进行设置。绘制草图以后，用户可以设置图元的水平、铅垂属性，还可设置图元之间的相切、垂直、平行等关系，“约束”对话框如图 2.35 所示。

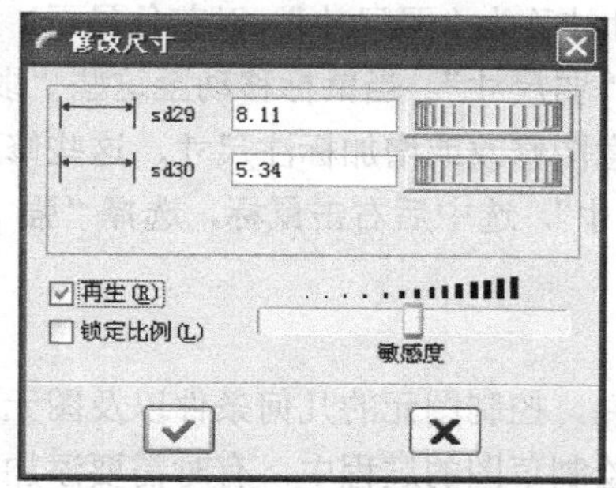

图 2.34 “修改尺寸”对话框

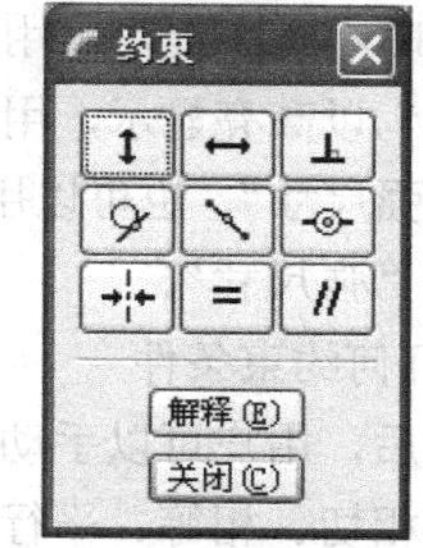

图 2.35 “约束”对话框

命令用于使线或两顶点垂直。用鼠标选取一条直线，使其变为铅垂线，或者选取两个点，这两个点铅垂对齐。

命令用于使线或两顶点水平。用鼠标选取一条直线，使其变为水平线，或者选取两个点，这两个点水平对齐。

命令用于使两图元正交。

命令用于使两图元相切。

命令用于将点放在线或者弧的中间。

命令用于创建相同点、图元上的点或共线约束。

命令用于使两点或顶点关于中心线对称。

[=]命令用于创建等长、等半径或相同曲率的约束。

[//]命令用于使两线平行。

用户可以绘制近似的曲线轮廓，在添加精确的约束定义后，就可以完整表达设计的意图，解释命令按钮可以令 Pro/E 系统解释约束条件的意义。如果所施加尺寸与其他几何约束或尺寸约束发生冲突，称为约束冲突。冲突后标注线颜色变为红色，同时出现解决草绘对话框，用户按需保留标注尺寸，也可以把尺寸转换为参照，此时尺寸后面自动添加 REF 3 个字母。约束冲突后，无法对草图对象按约束驱动。

在绘制草图过程中，系统会自动添加约束，用户要注意此功能，如果添加了不需要的约束，可以选中约束，按下 Delete 键，去除该约束。

2.2 草绘示例

在 Pro/E 创建草图过程中，不需要严格定义曲线的参数，只需大概描绘出图形的形状即可，再利用相应的几何约束和尺寸约束进行精确控制草图的形状，草图创建完全是参数化的过程。

2.2.1 草绘操作步骤

Pro/E 一般按如下步骤绘制二维草图：

1．绘制草图几何形状，即“草绘”

在绘制草图时，系统自动标注尺寸，这些尺寸被称为“弱尺寸”，以灰色显示。系统在自动创建“弱尺寸”时不给予提示，用户不能手动删除“弱尺寸”。当鼠标移动至这些“弱尺寸”上时，这些“弱尺寸”以高亮显示，用户可以按照设计意图修改或增加标注尺寸，这些修改或增加的标注尺寸称为“强尺寸”，也可以用鼠标点选“弱尺寸”，选中后右击鼠标，选择“强（S）”，把“弱尺寸”转换为“强尺寸”。

2．添加几何约束条件

草绘完成后，用户可以手动添加几何约束条件，控制图元的几何条件以及图元之间的几何关系，如水平、相切、相等、平行等约束条件。在绘制草图的过程中，有时需要添加辅助线，这时我们可以把需要的辅助线画出，选中需要作为辅助线的图元，右击鼠标，选择“构建”，在草绘过程中，构建线就是辅助线。

3．根据需要，手动添加“强”尺寸

手动添加的“强尺寸”，系统默认以白色显示。

4．修改几何图元的尺寸

修改几何图元尺寸包括强尺寸和弱尺寸，精确控制几何图元的大小、位置，系统将按实际尺寸再生图形，最终得到精确的二维草图。

2.2.2 草绘示例

使用草绘命令，完成如图 2.36 所示的草绘图形。

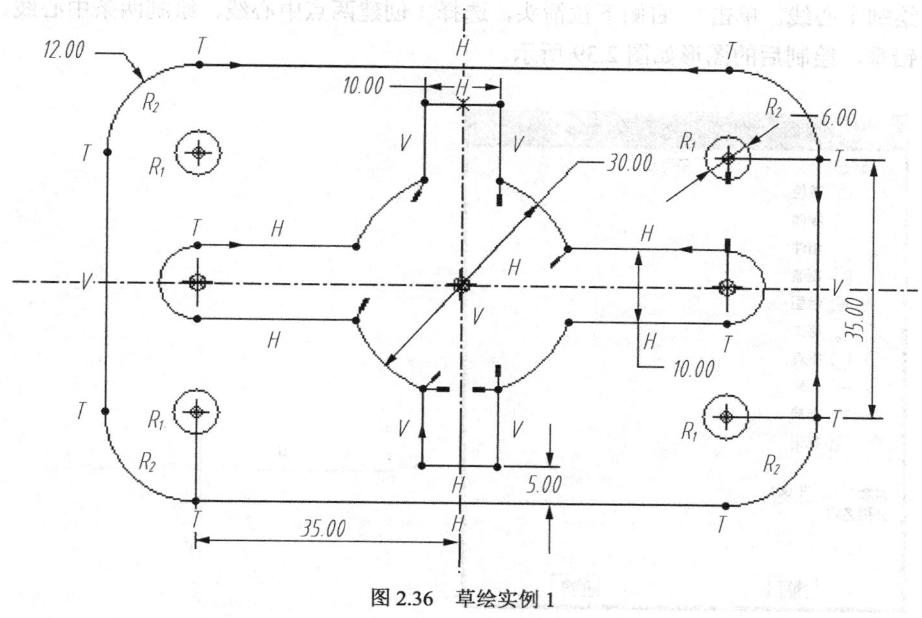

图 2.36 草绘实例 1

具体操作步骤如下。

（1）设置工作目录。选取“文件”→“设置工作目录”选单命令，出现“选取工作目录”对话框，如图 2.37 所示，选取合适的工作目录以保存文件，然后单击“确定”按钮。

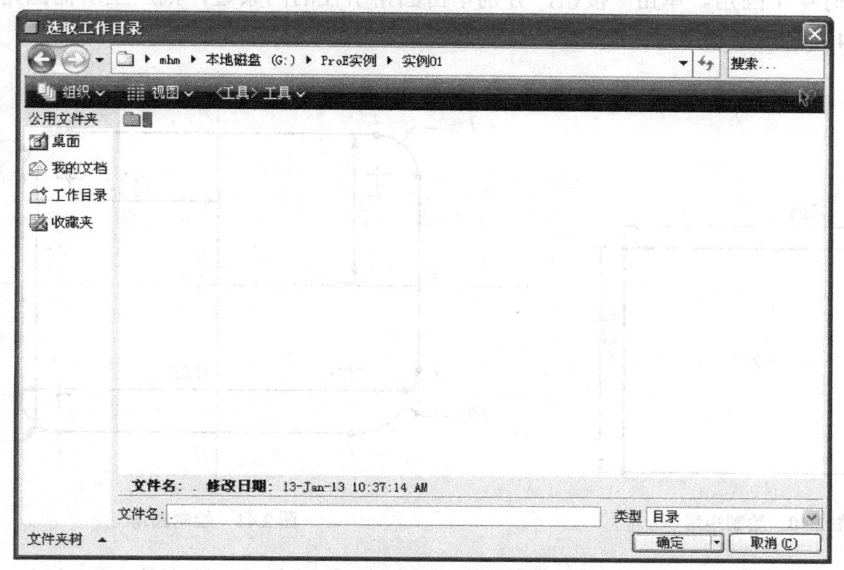

图 2.37 设置工作目录对话框

（2）新建零件文件。选择“文件”→“新建”选单命令，出现“新建”对话框，在“类型”框架中选取“草绘”单选按钮，在名称文本框内输入“CH-001”，单击“确定”按钮，如图 2.38 所示。

（3）绘制中心线。单击⋱右侧下拉箭头，选择⁝创建两点中心线，绘制两条中心线、一条水平、一条铅垂，绘制后的图形如图 2.39 所示。

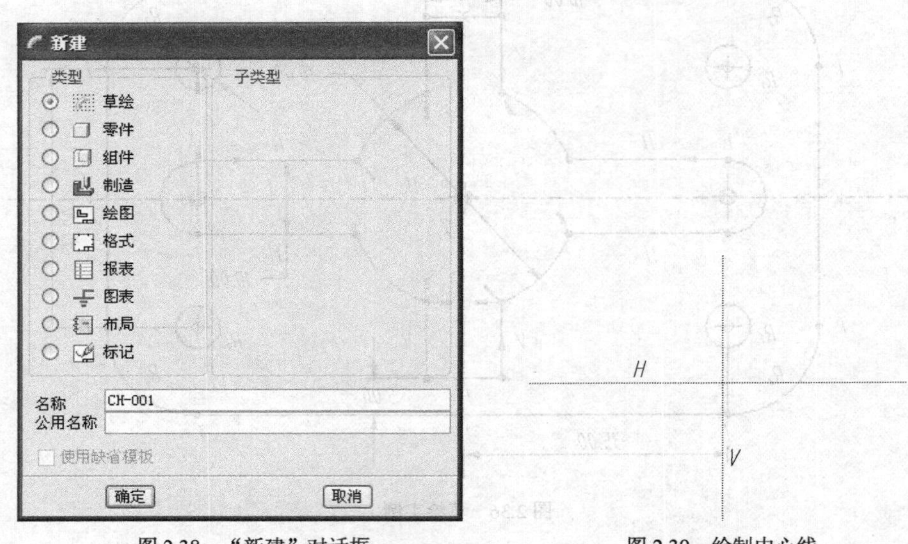

图 2.38 “新建”对话框　　图 2.39 绘制中心线

（4）绘制左右且上下对称的矩形。单击□按钮，绘制时，要注意系统自动出现的对称符号，运用此约束功能，绘制好的矩形如图 2.40 所示。

（5）绘制 4 个圆角。单击⌐按钮，分别单击圆角所在的两条边，则产生所需圆角，绘制好的圆角如图 2.41 所示。

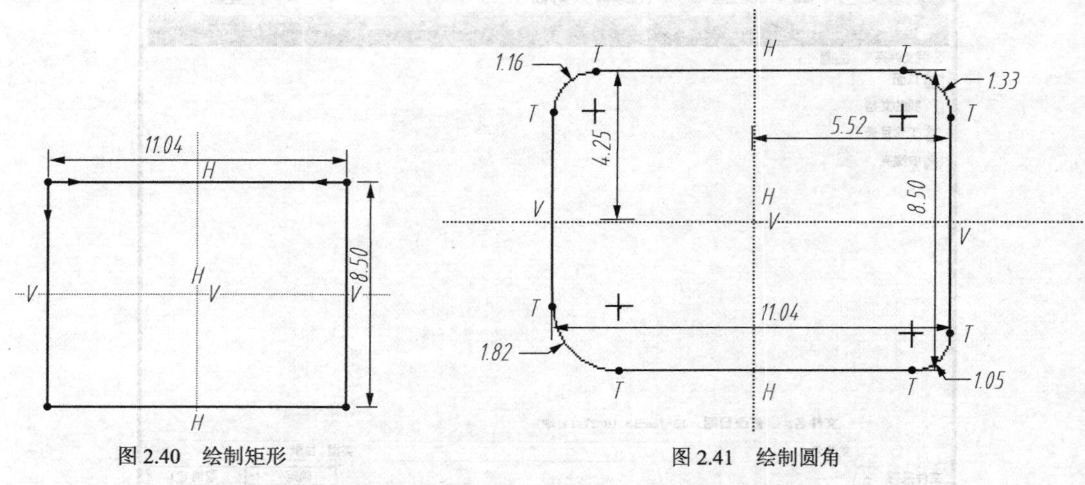

图 2.40 绘制矩形　　图 2.41 绘制圆角

（6）设置半径相等约束条件。单击⊡命令，在出现的约束对话框中单击⊟命令，分别两两单击 4 个圆弧，使 4 个圆弧半径相等，设置后的结果如图 2.42 所示。

（7）设置对称约束条件。单击⊡命令，在出现的约束对话框中单击⊞命令，选择竖直中心线，然后单击矩形上面一条边两个切点，使其左右对称。单击水平中心线，然后单击矩形右侧一条边两个切点，使其上下对称，设置后的结果如图 2.43 所示。

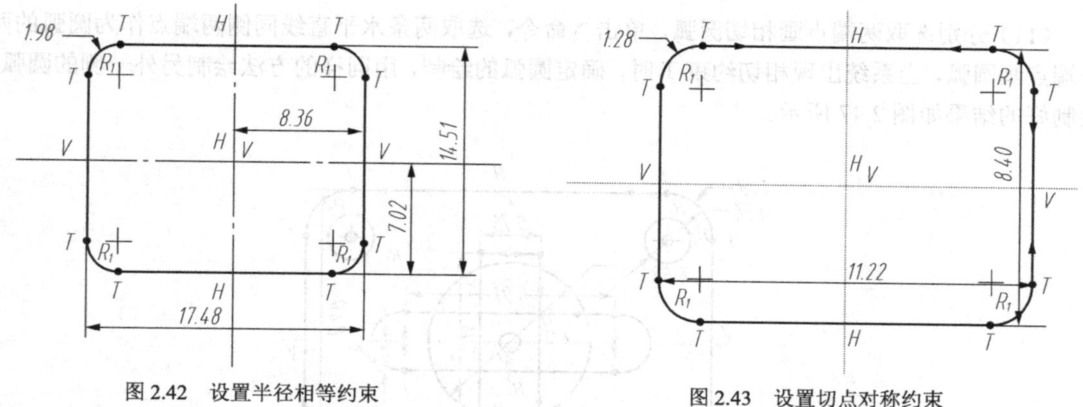

图 2.42 设置半径相等约束　　图 2.43 设置切点对称约束

（8）绘制中心大圆与四周 4 个小圆。单击○命令，绘制中心大圆，然后绘制四周 4 个小圆，注意绘制小圆时，圆心要在 4 个圆角的圆心上，利用系统的相等约束，使 4 个小圆半径相等，绘制好的图形如图 2.44 所示。

（9）绘制两个左右上下对称的矩形。单击□命令，绘制时，要注意系统自动出现的对称符号，绘制好的图形如图 2.45 所示。

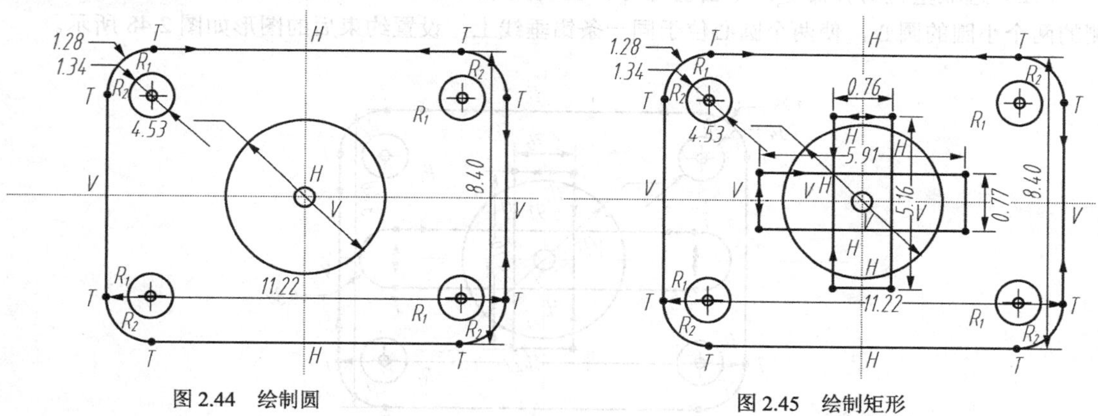

图 2.44 绘制圆　　图 2.45 绘制矩形

（10）删除如图 2.45 所示矩形的两条边。单击✂命令，点击要删除的矩形边，系统即删除点选的边。要注意，在 Pro/E 中，如果要删除的图元和别的图元相交，系统认为该图元被分割，在删除时要分别删除，删除后的结果如图 2.46 所示。

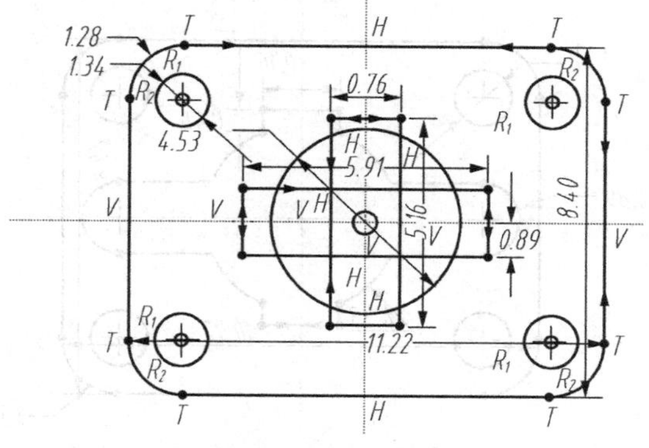

图 2.46 删除矩形边

（11）分别选取两端点画相切圆弧，单击⌒命令，选取两条水平直线同侧两端点作为圆弧的两个端点画圆弧，当系统出现相切约束T时，确定圆弧的绘制，用同样的方法绘制另外一侧的圆弧，绘制好的结果如图2.47所示。

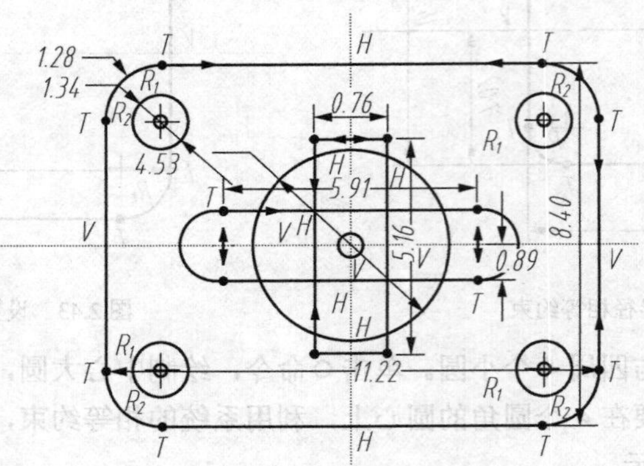

图2.47　绘制相切圆弧

（12）选取垂直对齐命令，单击▣命令，出现约束对话框，单击⊡命令按钮，点选右侧或左侧的两个小圆的圆心，使两个圆心位于同一条铅垂线上，设置约束后的图形如图2.48所示。

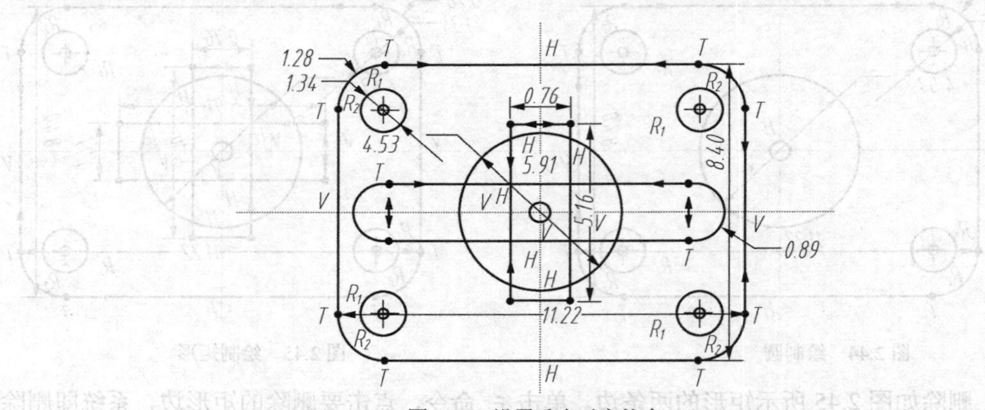

图2.48　设置垂直对齐约束

（13）删除多余图元，单击⌿命令，按照下图删除多余的图元，删除后的结果如图2.49所示。

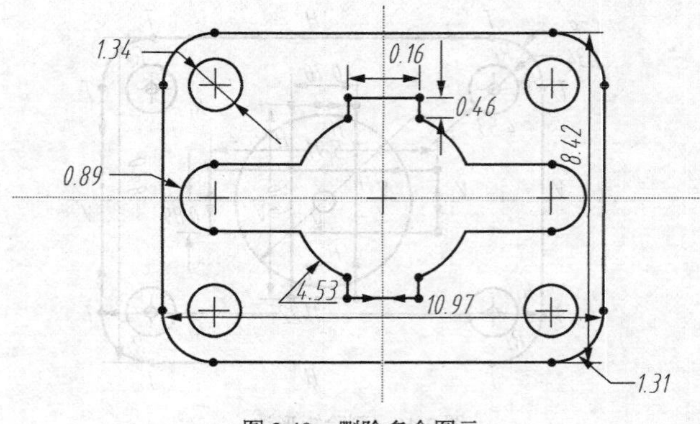

图2.49　删除多余图元

（14）标注尺寸，单击命令，标注如图 2.50 所示的尺寸，注意此图共需标注 8 个尺寸，标注后的结果如图 2.49 所示。

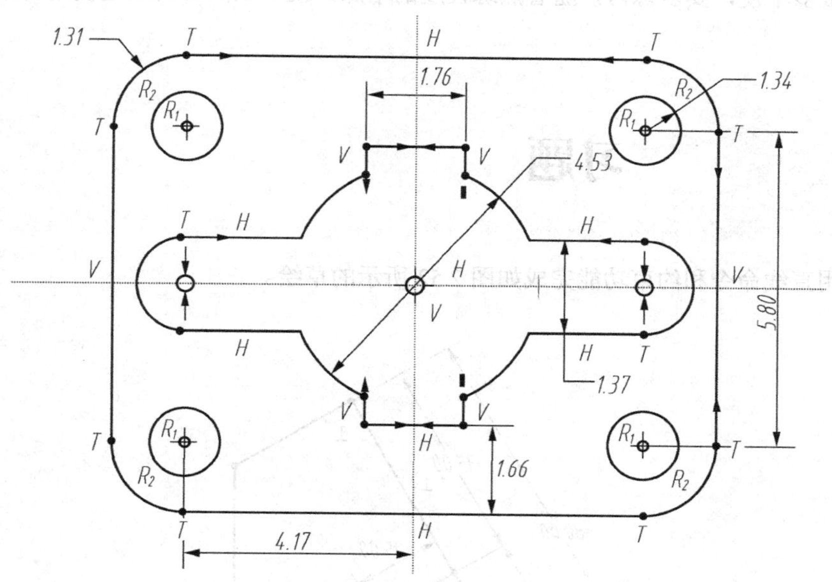

图 2.50 设置半径相等约束

（15）修改尺寸数值，按下 Ctrl 键依次单击所需修改的尺寸，或者框选所有尺寸，单击按钮，按照图 2.51 所示尺寸对草绘图形进行修改。在使用命令时，一般在修改尺寸时取消系统的再生功能，也可以依次单击每个尺寸进行修改，最终结果如图 2.51 所示。

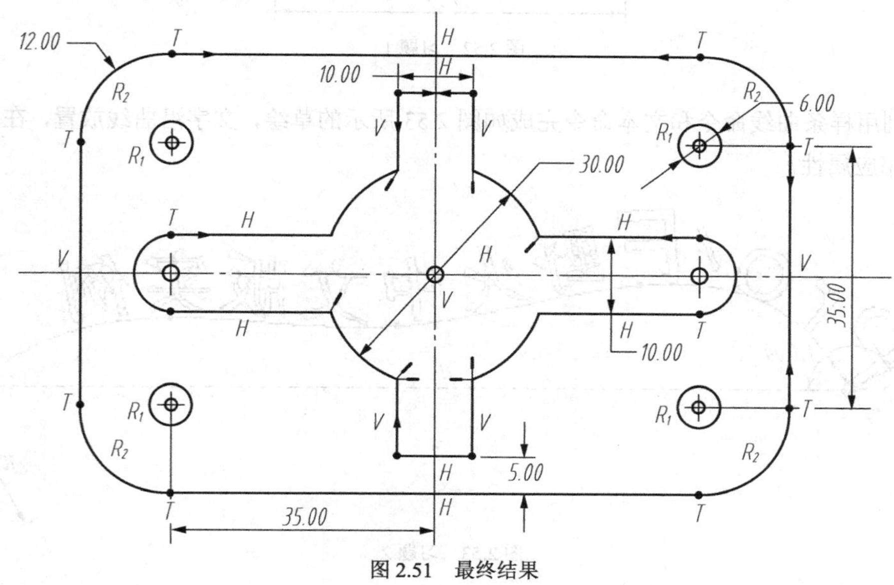

图 2.51 最终结果

（16）保存文件，将所绘制的草绘图形进行存盘。

在 Pro/E 绘制草图过程中，约束功能给绘制过程带来了很大的方便，但是有时候约束功能也给绘图带来很多不便，要多练习，随着熟练程度的增加，就可以随心所欲地使用约束功能，提高绘图效率。

2.3 习题

（1）利用直线命令和约束功能完成如图 2.52 所示的草绘。

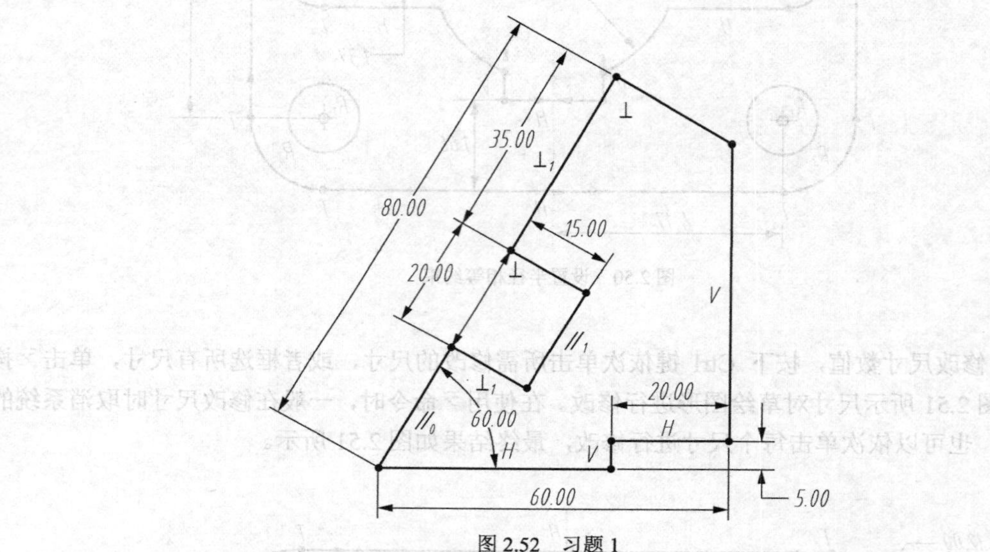

图 2.52　习题 1

（2）利用样条曲线命令和文本命令完成如图 2.53 所示的草绘，文字沿曲线放置，在文本对话框中设置相应属性。

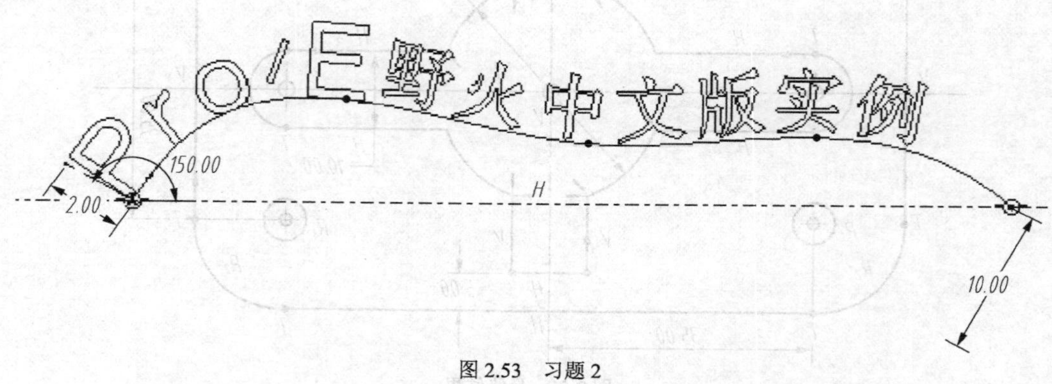

图 2.53　习题 2

（3）利用直线命令、圆命令和约束功能完成如图 2.54 所示的草绘。

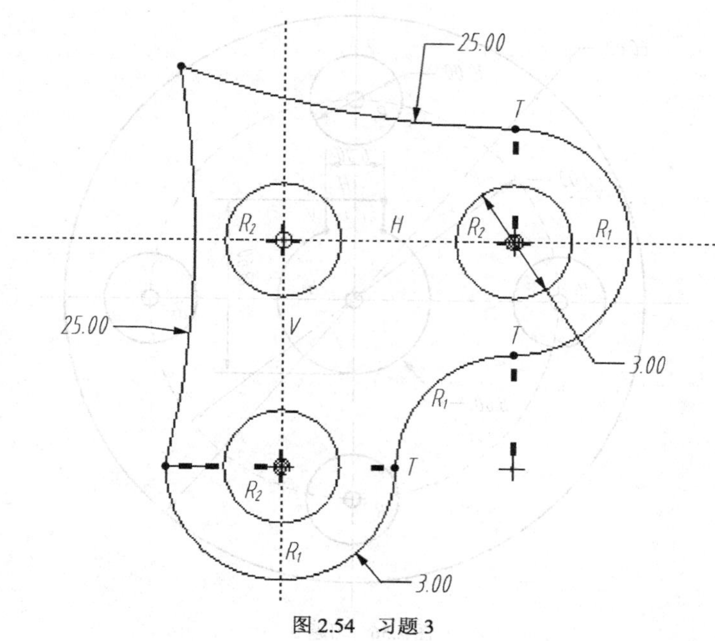

图 2.54 习题 3

（4）利用直线命令、圆命令和约束功能完成如图 2.55 所示的草绘。

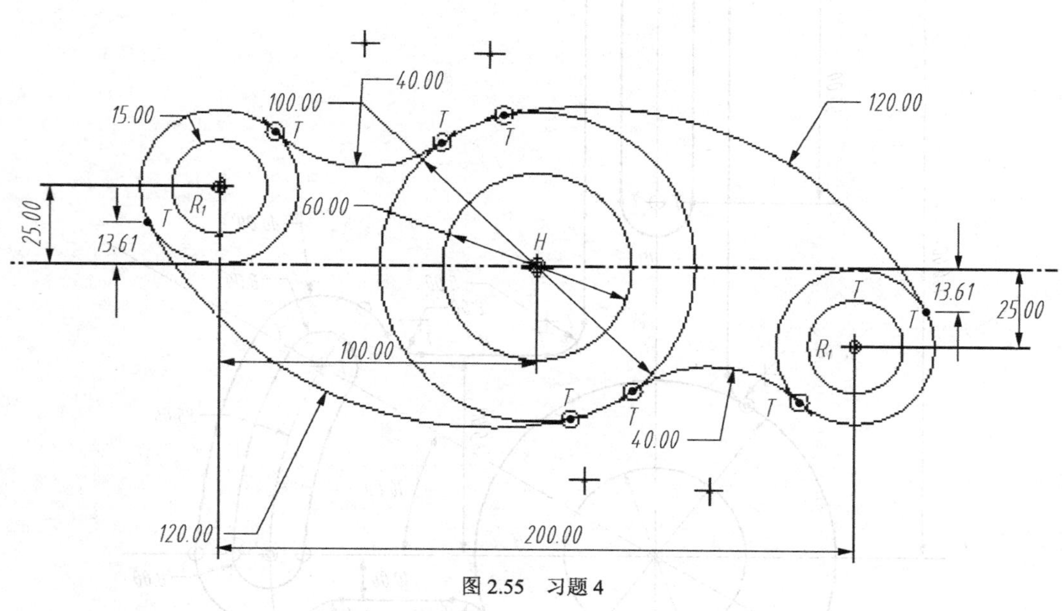

图 2.55 习题 4

（5）利用直线命令、圆命令和约束功能完成如图 2.56 所示的草绘。

（6）利用直线命令、圆命令和约束功能完成如图 2.57 所示的草绘。

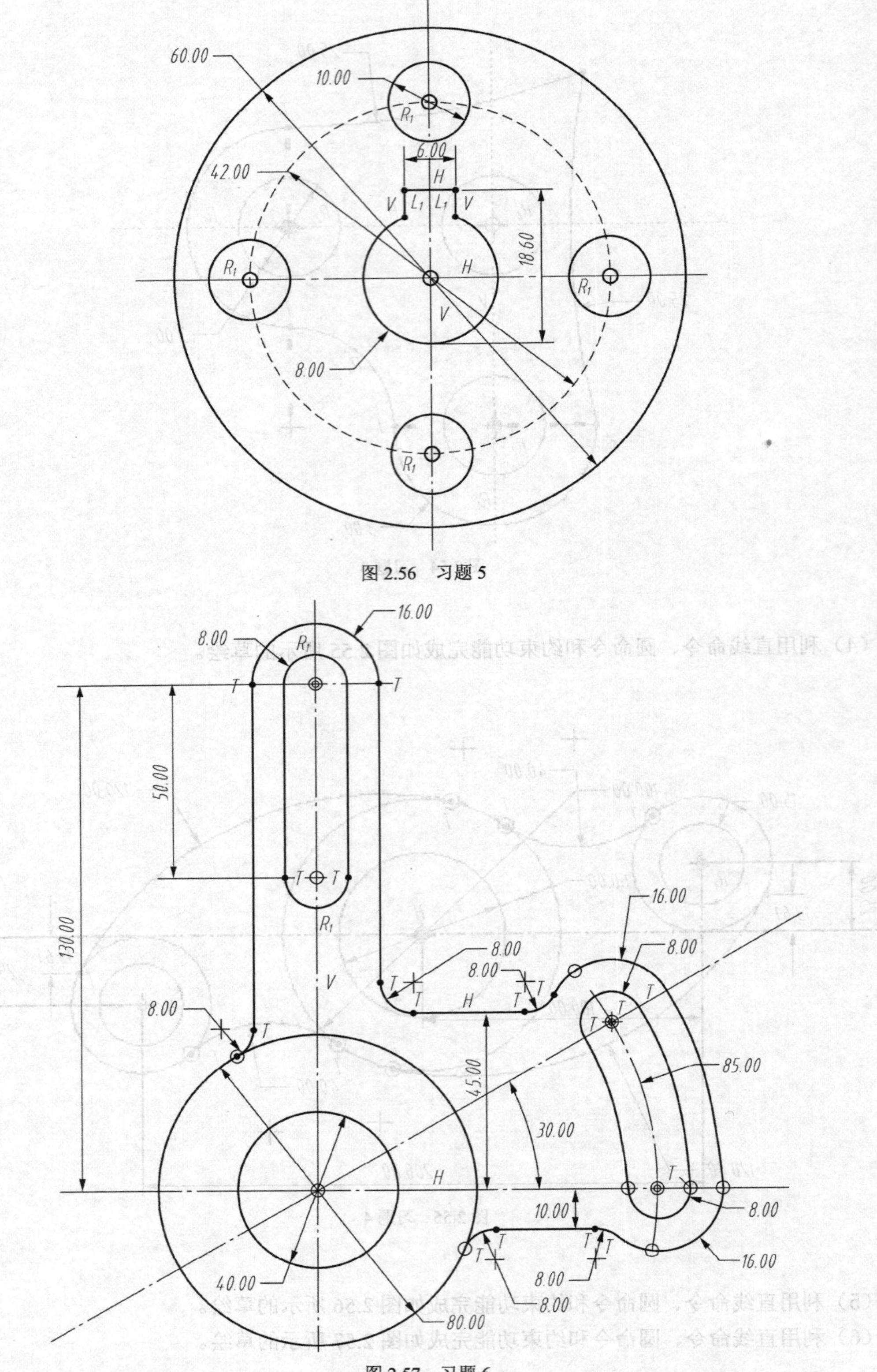

图 2.56 习题 5

图 2.57 习题 6

第3章 基础特征建模

Pro/E 是以特征为基础进行参数化造型的软件。它将一些具有代表性的几何形体定义为特征，并将其所有尺寸作为可变参数。特征的本质是由二维截面进行基本的三维几何操作，产品的生成过程实质上就是多个特征的叠加过程。

基础特征是基本的实体及曲面的构建方法。在 Pro/E 中，基础特征包括拉伸、旋转、扫描、混合、螺旋扫描、扫描混合等造型方法。利用基础特征进行造型，首先要在三维空间中的任何一个平面内建立草图平面，然后在该平面内绘制草图，对绘制好的草图进行特征操作。

3.1 拉伸特征建模

拉伸特征是将二维特征截面沿垂直于草绘平面的方向拉伸而生成的特征，是最简单也是最常用的特征造型方法之一，工程实践中的很多产品可以看作是多个拉伸特征相互叠加和切除的结果。拉伸特征分为增加材料的拉伸特征与去除材料的拉伸特征，用户可根据需要对这两种拉伸特征进行选择性使用。调用拉伸特征命令的方法可采用选单命令和图标命令两种方法：

（1）选单命令：执行“插入”→“拉伸”命令。

（2）图标命令：单击“工程特征”工具条中的“□”图标按钮。

3.1.1 拉伸特征的操作步骤

拉伸特征的操作步骤如下。

1．选择拉伸类型

Pro/E 将类似的实体造型和曲面造型命令融合在一起，因此拉伸特征既可以建立拉伸实体，也可以建立拉伸曲面，用户可以在“拉伸特征”操控面板中选取不同的命令进行操作，其中薄壁厚度和薄壁延伸方向在选择薄壁按钮后出现。

2．绘制拉伸截面

建议用户尽量在拉伸模式下进行草绘，不建议选择草绘基准曲线作为拉伸的草图。这种方法的缺点是草绘的基准曲线和拉伸特征之间没有关联性，针对草绘基准曲线的修改不会引起拉伸特征的变化。

3．设定拉伸特征高度

4．改变拉伸方向

3.1.2 拉伸特征示例

使用拉伸特征，完成如图 3.1 所示的 10 号工字钢零件模型。

具体操作步骤如下。

（1）设置工作目录，选取“文件”→“设置工作目录”选单命令，出现“选取工作目录”对话框，如图 3.2 所示，选取合适的工作目录以保存文件，然后单击“确定”按钮。

图 3.1 工字钢零件模型

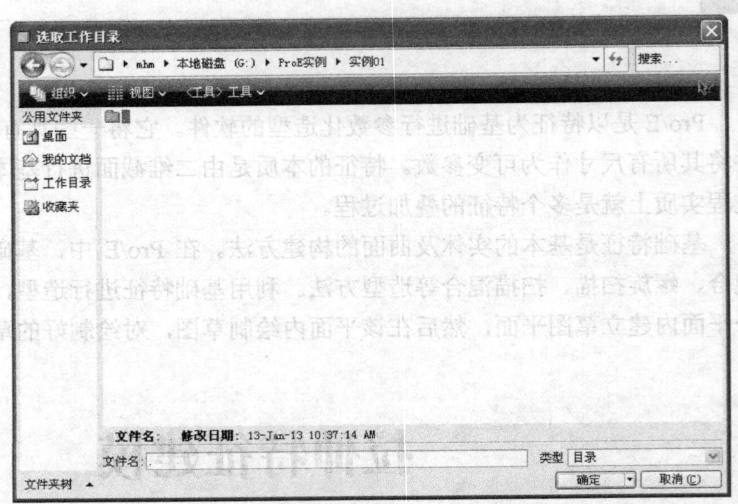

图 3.2 “选取工作目录”对话框

（2）新建零件文件，选取“文件”→“新建”选单命令，出现“新建”对话框，在“类型”框架中选取“零件”单选按钮，在“子类型”框架中选取“实体”单选按钮，环境默认的选项就是这两个选项，在名称文本框内输入“GZG-001”，取消系统默认的“使用缺省模板”复选框的选择，如图 3.3 所示，单击“确定”按钮。

（3）在新文件选项列表框中选取“mmns_part_solid”作为模板，如图 3.4 所示，单击“确定”按钮。

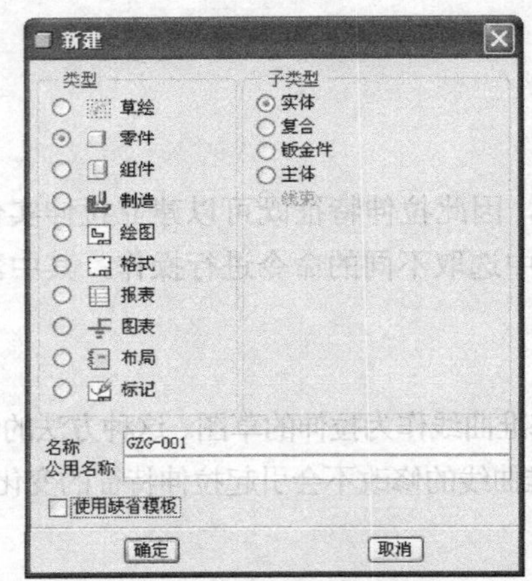

图 3.3 “新建“对话框

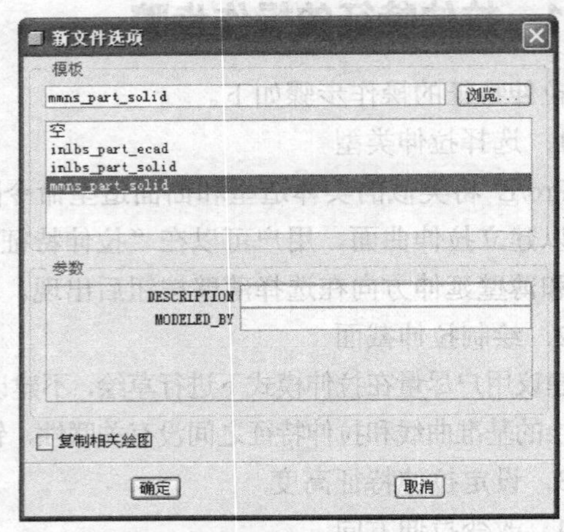

图 3.4 “新文件选项”对话框

注意：Pro/E 缺省的零件模板是 inlbs_part_solid（英寸-磅-秒），中国采用公制，因此，在使用时需要把模板设定为 mmns_part_solid（毫米-牛顿-秒）。除了上述的修改方法外，还可以选择“工具”→“选项”选单命令，在“选项”对话框中输入“template_solidpart”，单击“浏览”命令按钮，选择 Pro/E 安装目录下的 templates 文件夹中的“mmns_part_solid.part”文件，将其作为缺省模板，最好的方法是配置“Config.pro”文件。另外需要注意的是，Pro/E 的文件名不支持汉字，也不允许有空格。

（4）在零件模式中，单击“工程特征”工具条中的“⊡”图标，打开“拉伸特征”操控面板，如图 3.5 所示。

（5）单击“放置”按钮，在弹出的上滑面板中，如图 3.6 所示，单击“定义”按钮。

图 3.5 拉伸特征操控面板　　图 3.6 放置上滑面板

（6）系统弹出“草绘”对话框，在“模型树”面板中选取“FRONT”平面作为草绘平面，其他选项采用系统默认，如图 3.7 所示，然后单击“确定”按钮。

（7）草绘截面，在草绘环境中绘制工字钢的截面图形，绘制好的截面图形如图 3.8 所示。

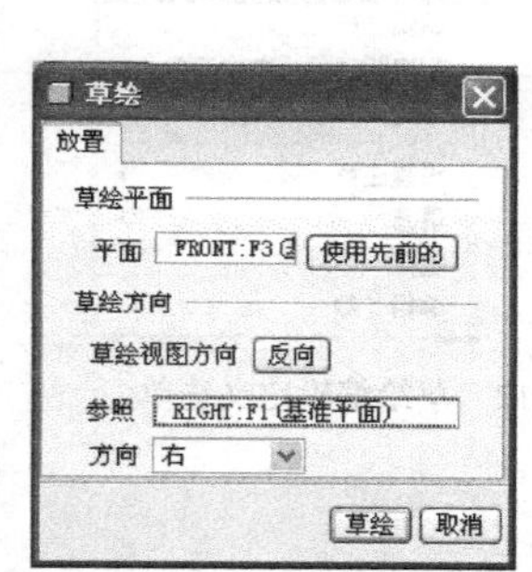

图 3.7 “草绘”对话框

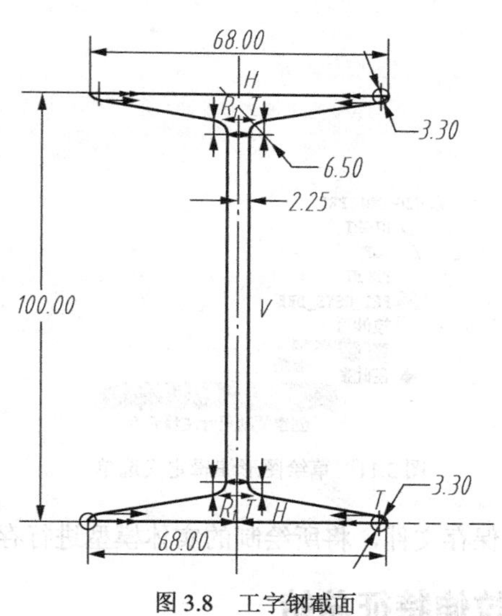

图 3.8 工字钢截面

注意：草绘过程中，草绘图形截面必须是闭合面域，初学者容易忽略图元连接处的细节问题，要注意图元连接处多余图元的删除。

（8）单击“✔”按钮，继续当前部分，此时如果信息栏提示“此特征的截面必须闭合”，同时出现“不完整截面”对话框，如图 3.9 所示，说明该草绘图形有误，用户需要对草绘图形做仔细检查，比较多的错误是有多余图元出现在不同图元的连接处，修改完成以后单击“✔”按钮。

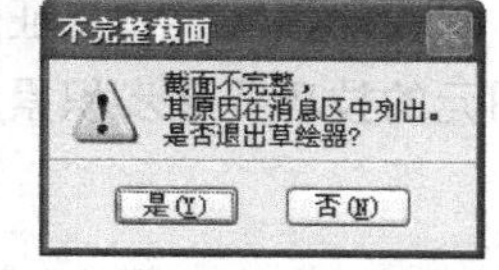

图 3.9 “不完整截面”对话框

（9）在“拉伸特征”操控面板中输入拉伸深度值，本例为 300，如图 3.10 所示，然后单击“☑“按钮，应用并保存在工具中所做的所有更改，关闭工具操控板，即可生成如图 3.11 所示的工字钢零件图。

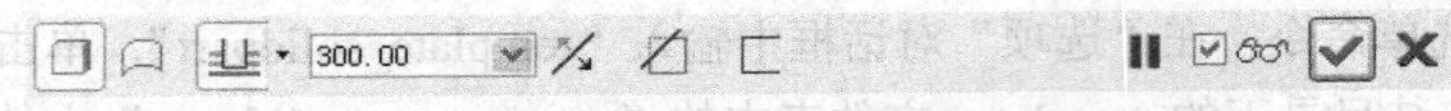

图 3.10 拉伸特征操控面板

注意："拉伸特征"操控面板的选项有拉伸为实体"□"、拉伸为曲面"□"、拉伸方式选项"⊥"、输入深度值文本框"100.00"、反向拉伸"⁄"、去除材料"◿"、加厚草绘"□"、加厚草绘厚度"2.03"、加厚草绘选项"⁄"，用户可根据具体设计意图选择不同的操作。

（10）此时，如果需要修改草绘图形的参数，可以在"模型树"面板中选取"拉伸 1"图标节点下的"✎"草绘图标，单击鼠标右键，在弹出式选单中选取"编辑定义"命令，如图 3.11 所示，则可进入前面的草绘环境中对草绘图形进行编辑。如果选取编辑选单，此时环境中显示三维模式下的尺寸值，这些尺寸值是用于创建驱动尺寸的注释元素，也就是 Pro/E 的三维标注。

（11）如果需要修改实体模型的参数，可以在"模型树"面板中选取"拉伸 1"图标"◱"节点，单击鼠标右键，在弹出式选单中选取"编辑定义"命令，如图 3.12 所示，则可打开如图 3.10 所示的拉伸特征操控面板，对拉伸参数进行编辑。

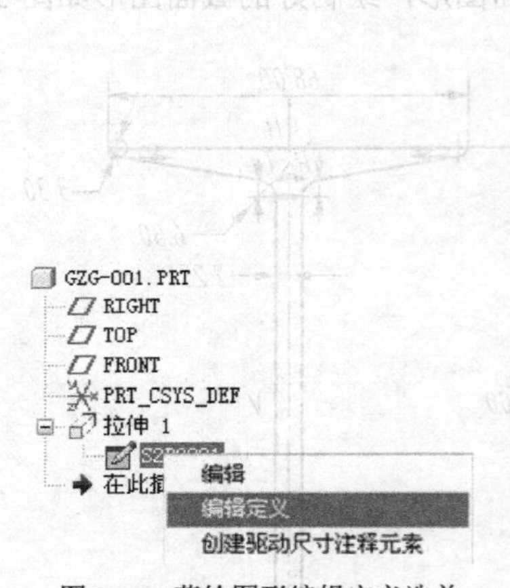

图 3.11 草绘图形编辑定义选单

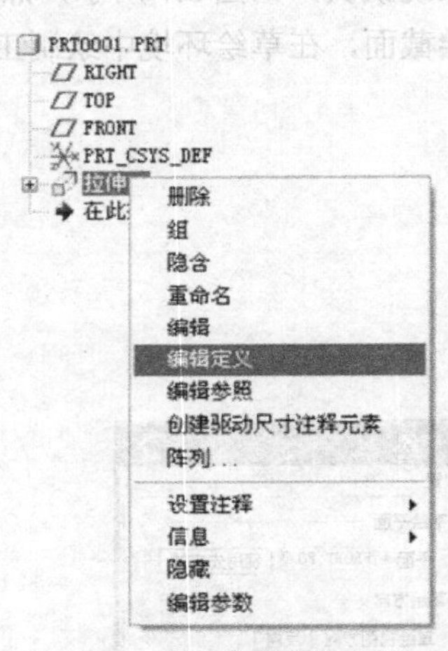

图 3.12 草绘编辑定义选单

（12）保存文件，将所绘制的实体模型进行存盘。

3.1.3 拉伸特征总结

拉伸特征建模时，三维特征截面绘制要点如下。

（1）要注意在新建零件时选取国际单位"毫米・牛顿・秒 mmns_part_solid"作为模板。

（2）拉伸实体特征的截面必须是封闭的，草绘图形中不能有多余图元，去除草绘图形中多余图元的技巧要逐步积累。

3.2 旋转特征建模

旋转特征是将二维特征截面绕中心轴旋转生成的特征，旋转特征适用于生成回转类实体，如轴类零件实体。旋转特征分为创建增加材料旋转特征与去除材料旋转特征，用户可根据需要对这两种拉伸特征进行选择性使用。调用旋转特征命令的方法可采用选单命令和图标命令两种方法。

（1）选单命令：执行“插入”→“旋转”命令。

（2）图标命令：单击“基础特征”工具栏中的“ ”图标按钮。

3.2.1 旋转特征的操作步骤

旋转特征的操作步骤与拉伸特征的操作步骤类似，同样遵循以下步骤。

（1）选择旋转类型。

（2）绘制旋转截面。

（3）设定旋转角度。

3.2.2 旋转特征示例

使用旋转特征，完成图 3.13 所示的旋转轴零件模型。

具体操作步骤如下。

（1）设置工作目录。

（2）新建零件文件“JTZ-002”，取消系统默认的“使用缺省模板”复选框的选择，单击“确定”按钮。

（3）在新文件选项列表框中选取“mmns_part_solid”作为模板。

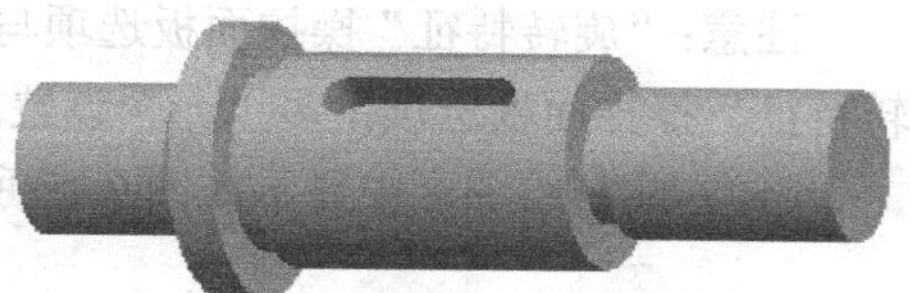

图 3.13 阶梯轴轴零件模型

（4）在零件模式中，单击“工程特征”工具条中的“ ”图标按钮，打开“旋转特征”操控面板，如图 3.14 所示。

（5）单击“放置”按钮，在弹出的上滑面板中，如图 3.15 所示，单击“定义”按钮。

图 3.14 旋转特征操控面板

图 3.15 放置上滑面板

（6）系统弹出“草绘”对话框，在“模型树”面板中选取“FRONT”平面作为草绘平面，其他选项采用系统默认。

（7）草绘截面，在草绘环境中绘制阶梯轴的截面图形，绘制好的截面图形如图 3.16 所示。

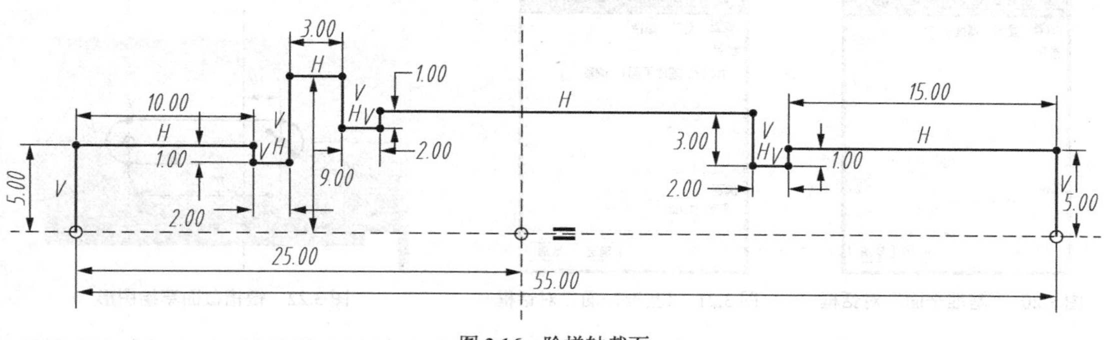

图 3.16 阶梯轴截面

（8）绘制好草绘曲线后，单击“⧵·”命令旁边的“-”下拉箭头，选取“创建 2 点中心线”命令，在阶梯轴截面草绘图形下部的直线的两端绘制一条中心线。

（9）单击“✔”按钮，继续当前部分，此时在“绘图区”中显示默认 360°的旋转结果，如图 3.17 所示。

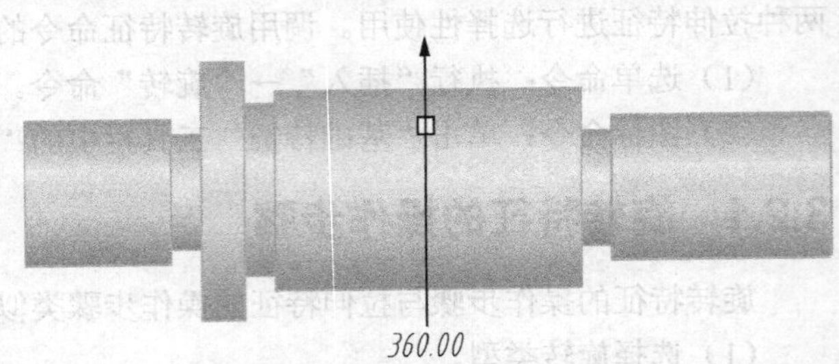

图 3.17 阶梯轴默认旋转结果

（10）在“旋转特征”操控面板中输入旋转角度值，本例为 360，如图 3.18 所示，然后单击“☑”按钮，系统应用并保存在工具中所做的所有更改，然后自动关闭工具操控板。

图 3.18 旋转特征操控面板

注意：“旋转特征”操控面板选项与“拉伸特征”操控面板选项基本一致，主要区别是在“旋转特征”操控面板选项中多了一个设置旋转轴选项“⟲”。

（11）此时绘图区中显示如图 3.19 所示阶梯轴旋转结果。

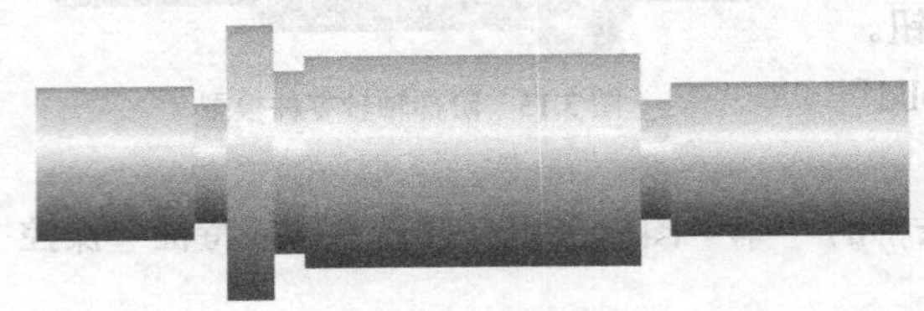

图 3.19 阶梯轴旋转结果

（12）创建基准平面，阶梯轴创建好以后，下一步进行键槽的创建。此时需要新建一个基准平面以绘制键槽截面，单击基准平面工具“▱”按钮，打开“基准平面”对话框，如图 3.20 所示。

（13）在模型树中选取“TOP”平面作为参照平面，在平移文本框中输入“7”，如图 3.21 所示，单击“确定”按钮，此时模型树中就生成了刚添加的基准平面。

注意：设置参照平面时，参照平面的选项有穿过、偏移、平行、法向 4 种，用户可根据不同需要进行设置。

（14）单击“工程特征”工具条中的“⌗”图标按钮，打开“拉伸特征”操控面板，单击“放置”按钮，在弹出的上滑面板中，单击“定义”按钮，系统弹出“草绘”对话框，在“模型树”面板中选取“▱ DTM1”平面作为草绘平面，其他选项采用系统默认，然后单击“确定”按钮，绘制如图 3.22 所示的键槽截面草绘图形。

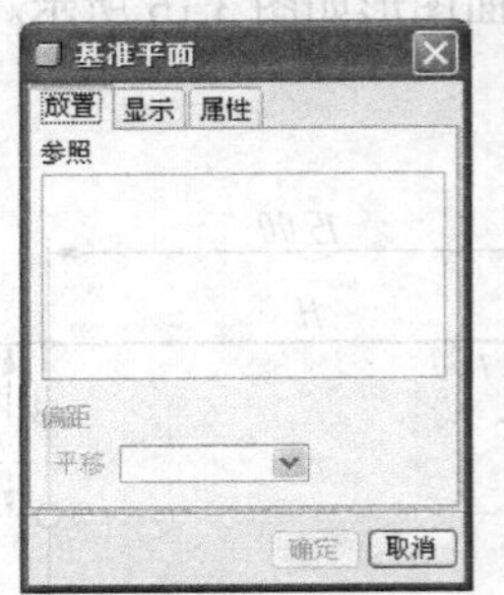

图 3.20 “基准平面”对话框

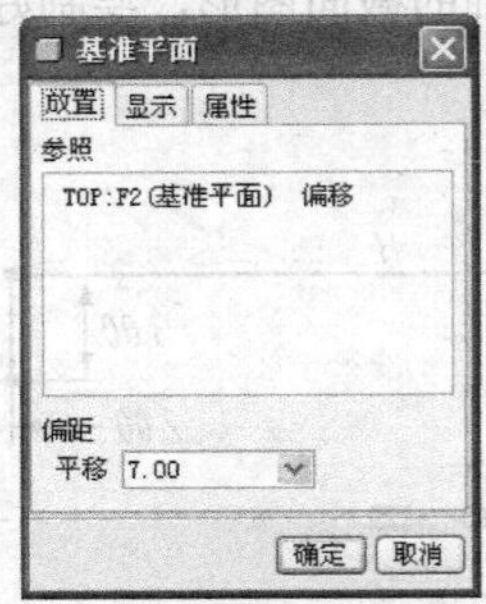

图 3.21 “基准平面”对话框

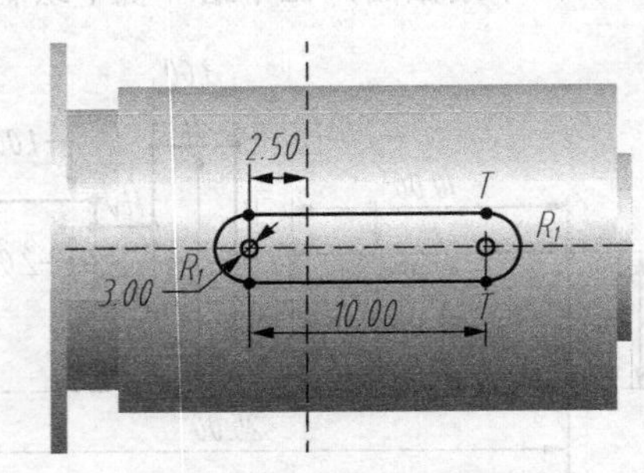

图 3.22 键槽截面草绘图形

（15）单击“✔”按钮，继续当前部分，此时打开“拉伸特征”操控面板，如图 3.23 所示，单击面板上的反向“%”与去除材料“□”按钮。

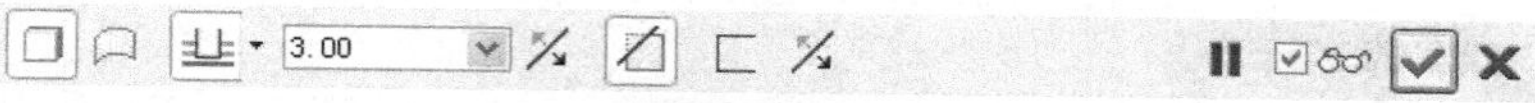

图 3.23 拉伸特征操控面板

（16）然后单击“☑”按钮，系统应用并保存在工具中所做的所有更改，然后自动关闭工具操控板，则生成如图 3.13 所示的阶梯轴模型。

（17）保存文件，将所绘制的实体模型进行存盘。

3.2.3 旋转特征总结

旋转特征建模时，三维特征截面绘制要点如下。

（1）旋转实体特征的截面必须是封闭的，旋转曲面特征的截面可以是不封闭的。

（2）二维特征截面必须在中心线的一侧，否则不能进行旋转操作。

（3）如果二维特征截面中包含多条中心线，则系统以第一条中心线为旋转轴。

3.3 扫描特征建模

扫描特征是将一个二维特征截面沿指定的轨迹曲线进行扫描而生成的特征，可以扫描出实体或者曲面。调用扫描特征命令的方法可采用选单命令和图标命令两种方法。

（1）菜单命令：执行“插入”→“扫描”命令。

（2）图标命令：单击“基础特征”工具栏中的“”图标按钮。

3.3.1 扫描特征的操作步骤

扫描特征的操作步骤如下。

1．确定扫描特征的类型

扫描特征包括可变剖面和恒定剖面两大类，恒定剖面扫描在沿着轨迹曲线扫描时草图截面保持不变。

2．设定扫描轨迹

3．绘制草图截面

在绘制草图截面的过程中，要设定草图与扫描轨迹之间的约束关系，从而实现扫描轨迹对草图截面的控制。

4．设置扫描选项

设定切除或者薄壁选项。

3.3.2 扫描特征示例

使用扫描特征，完成图 3.24 所示的导轨零件模型。

具体操作步骤如下。

（1）在零件模式中，单击下拉菜单“插入”→“扫描”→“伸出项”，系统弹出如图 3.25 所示“伸出项”对话框和瀑布式“菜单管理器”选单。

图 3.24 导轨零件模型

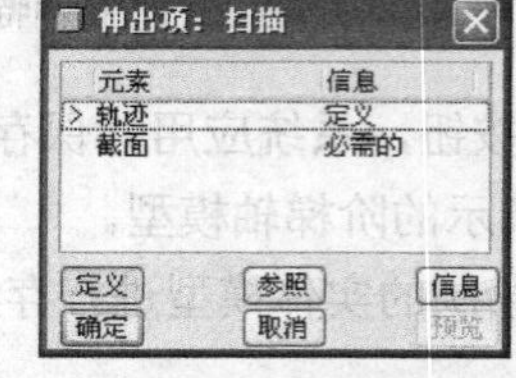

图 3.25 “伸出项”对话框和“扫描轨迹”菜单管理器

（2）在“菜单管理器”选单中单击草绘轨迹，系统打开设置草绘平面对话框，如图 3.26 所示，系统要求设置一个平面作为草绘平面，选择“TOP”平面作为草绘平面。

（3）系统打开设置草绘平面“方向”对话框，如图 3.27 所示，单击“正向”，打开草绘视图对话框，选择“缺省”。

图 3.26 “设置草绘”菜单管理器与“选取”对话框　图 3.27 “设置草绘平面”对话框与“草绘视图”对话框

（4）在 TOP 平面上草绘扫描轨迹，如图 3.28 所示。.

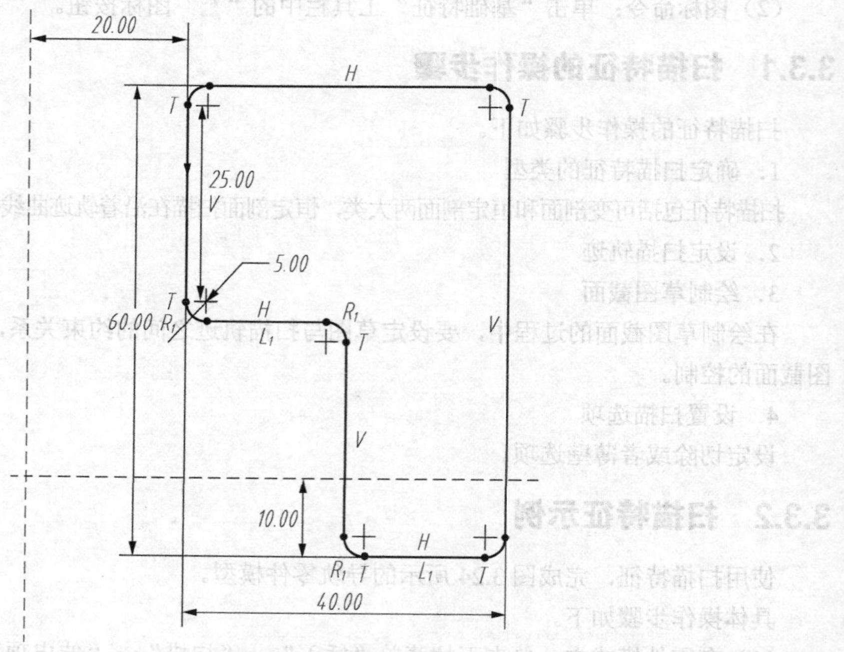

图 3.28 草绘轨迹图形

（5）单击“✔”按钮，继续当前部分，如果用户绘制的扫描轨迹为封闭曲线，系统自动打开“属性”对话框，否则直接进入截面草绘平面，“属性”对话框如图 3.29 所示，本例选择“无内部因素”。

注意：在图 3.29 所示属性选单中，若选择增加内部因素，则扫描出的模型中间部分也是实体。

图 3.29 “属性”选单

（6）系统进入草绘环境，绘制如图 3.30 所示的扫描截面。

（7）单击“✔”按钮，继续当前部分，在“伸出项”对话框中单击“预览”按钮，如图 3.31 所示，观察绘图区中的图形是否形成。

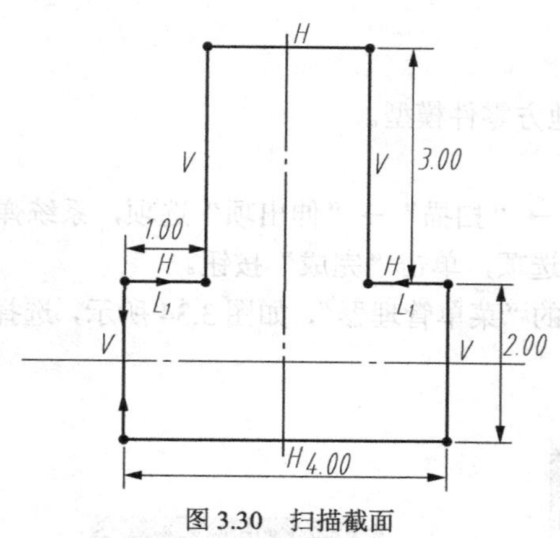

图 3.30 扫描截面

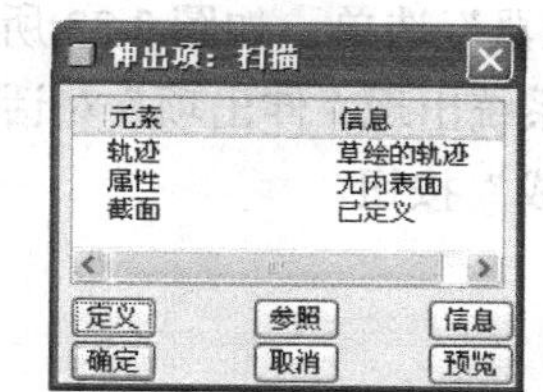

图 3.31 “伸出项：扫描”对话框

（8）单击“确定”按钮，则生成如图 3.24 所示导轨零件图形。

（9）修改模型，在绘制好模型以后，如果需要修改模型，可在模型树中选中“伸出项”节点，单击鼠标右键，在弹出式选单中选取编辑定义，系统弹出如图 3.31 所示扫描伸出项对话框，选中扫描伸出项对话框中要修改的项目，单击定义，则可对对应的项目进行修改。

（10）保存文件，将所绘制的实体模型进行存盘。

3.3.3 扫描特征总结

扫描特征建模时，三维特征截面绘制要点如下。

（1）轨迹线不能自相交。

（2）相对于扫描截面的大小，扫描轨迹线中的弧或样条曲线的半径不能太小，否则会造成扫描失败。

3.4 混合特征建模

扫描特征是单一草图截面沿着一条或者多条扫描轨迹生产实体的方法，在扫描特征中，草图剖面虽然可以按照扫描轨迹的变化而变化，但其基本形体是保持不变的，若需要在一个实体中实现多个形体各异的草图截面，则需使用混合特征。混合特征是将至少两个以上的平面截面在其边处用过渡曲面连接生成的连续特征。调用混合特征命令的方法可采用选单命令的方法，执行“插入”→“混合”命令。

3.4.1 混合特征的操作步骤

（1）选择混合类型。

（2）设定混合属性。

（3）绘制草图剖面。

3.4.2 混合特征示例

使用扫描特征，完成如图3.32所示的天圆地方零件模型。

具体操作步骤如下。

（1）在零件模式中，单击下拉菜单“插入”→“扫描”→“伸出项”选项，系统弹出瀑布式“菜单管理器”选单，如图3.33所示，采用默认选项，单击“完成”按钮。

（2）系统出现“伸出项”对话框与设置属性的“菜单管理器”，如图3.34所示，选择“光滑”，单击“完成”按钮。

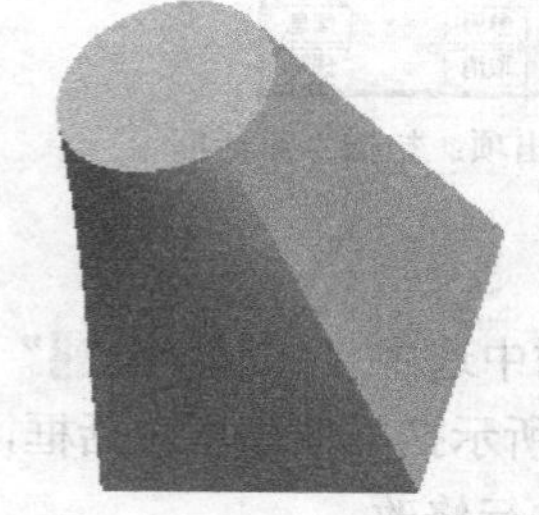

图3.32 天圆地方零件模型

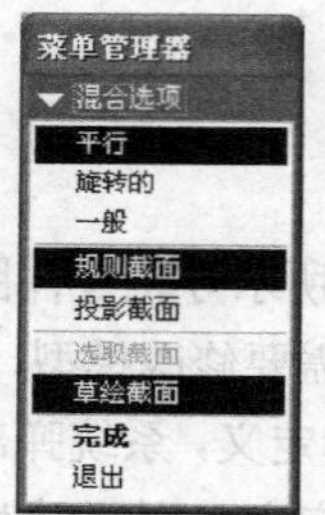

图3.33 “混合选项”菜单管理器

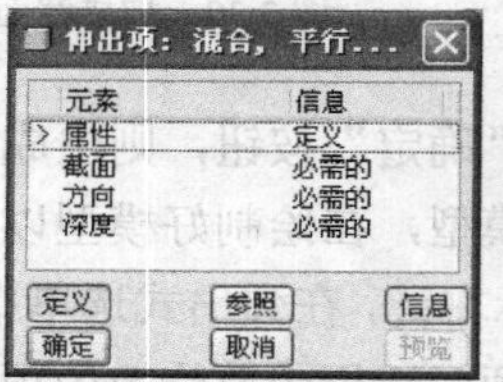

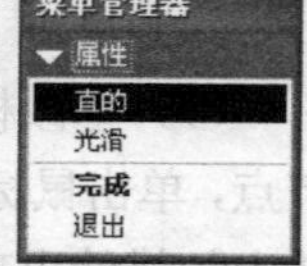

图3.34 伸出项对话框与属性菜单管理器

（3）此时“菜单管理器”改变为设置平面，系统要求设置一个平面作为草绘平面，如图3.35所示，选择“模型树”中的“TOP”平面作为草绘平面。

（4）此时“菜单管理器”改变为设置平面方向，如图3.36所示，选择正向，“菜单管理器”要求设置草绘视图，选择“缺省”。

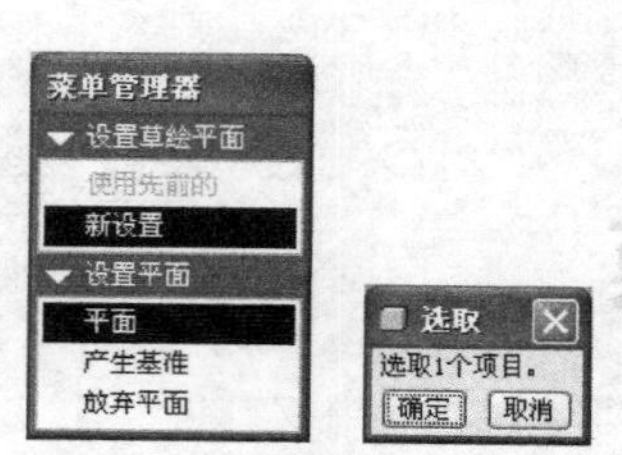

图3.35 “设置平面”菜单管理器

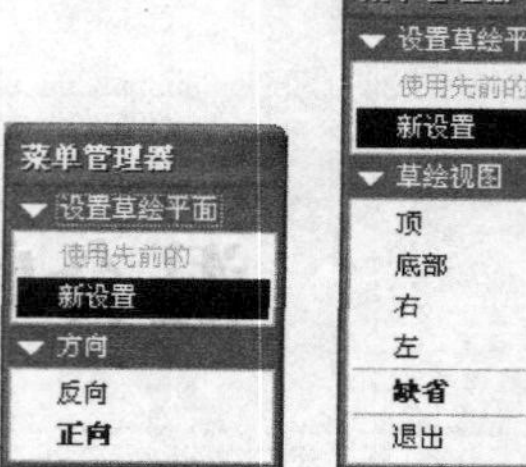

图3.36 “设置草绘平面”菜单管理器

（5）此时进入草绘环境，绘制如图3.37所示的第一个混合剖面。

（6）绘制完成后，执行“草绘”→“特征工具”→“切换剖面”命令，此时第一个混合剖面颜色转换为暗灰色，接着绘制如图3.38所示的第二个混合剖面。

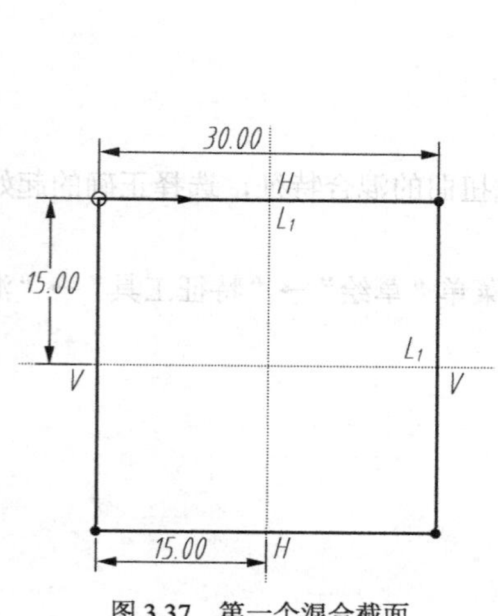

图3.37 第一个混合截面

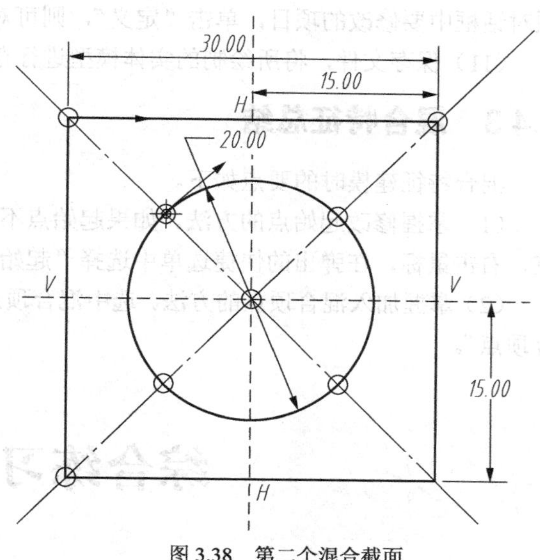

图3.38 第二个混合截面

注意：在绘制第二个剖面后，系统要求每个截面的图元数必须相等，由于第一个剖面共有4个图元，故需要添加两条中心线把第二个圆分割为4段图元，此时中心线起定位作用，接着使用分割命令在中心线与圆的交点处把圆分割为4段图元。

（7）在图元分割完成后，如果圆上的图元起始点与前面图形的图元起始点不一致，此时需要用户选中正确的起始点（圆分割后的断点），右击鼠标，在弹出式选单中选取起始点，如图3.39所示。

（8）单击“✔”按钮，继续当前部分，此时系统要求输入截面2的深度，输入40，单击接受值“☑”或者按回车键，此时“伸出项”对话框的“预览”按钮变为可用，单击预览，如图3.40所示。

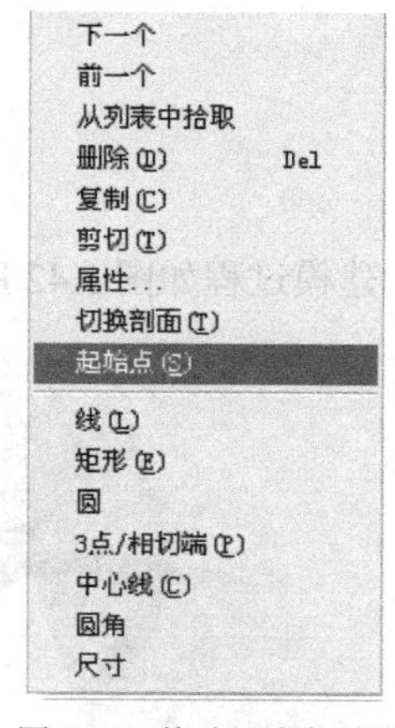

图3.39 修改混合起始点

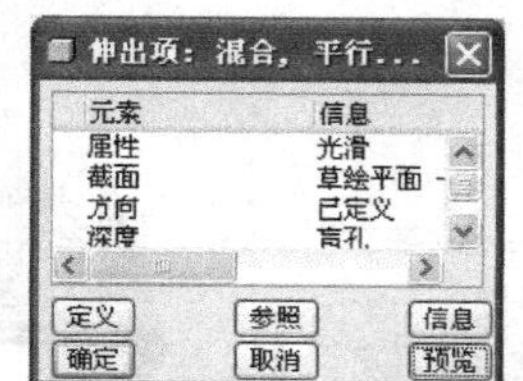

图3.40 修改混合起始点

（9）观察混合后的模型，如果无误，单击“确定”按钮，则生成如图3.32所示的天圆地方模型。

（10）修改模型，在绘制好模型以后，如果需要修改模型，可在模型树中选中“伸出项”节点，单击鼠标右键，在弹出式选单中选取编辑定义，弹出“混合伸出项”对话框，选中扫描伸出项对话框中要修改的项目，单击“定义”，则可对对应的项目进行修改。

（11）保存文件，将所绘制的实体模型进行存盘。

3.4.3 混合特征总结

混合特征建模时的要点如下。

（1）掌握修改起始点的方法。如果起始点不一致，则生成扭曲的混合特征，选择正确的起始点，右击鼠标，在弹出的快捷选单中选择“起始点”命令。

（2）掌握加入混合顶点的方法。选中混合顶点，单击下拉菜单“草绘”→“特征工具”→“混合顶点”。

3.5 综合练习

熟练掌握Pro/E的绘制方法与技巧，建立如图3.41所示的支座模型。

图3.41 支座零件模型

3.5.1 建模分析

通过对本模型进行分析可知，该模型为叠加式组合体，建模过程如图3.42所示。

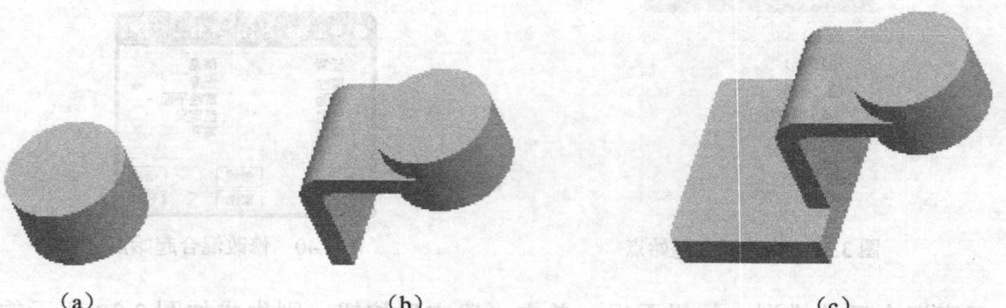

图3.42 建模过程分析

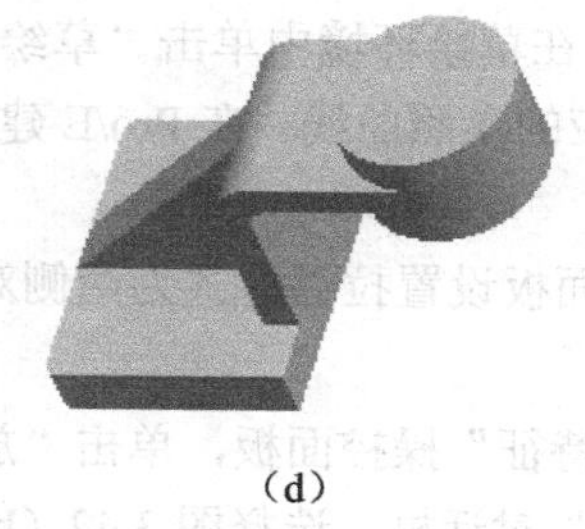
（d）

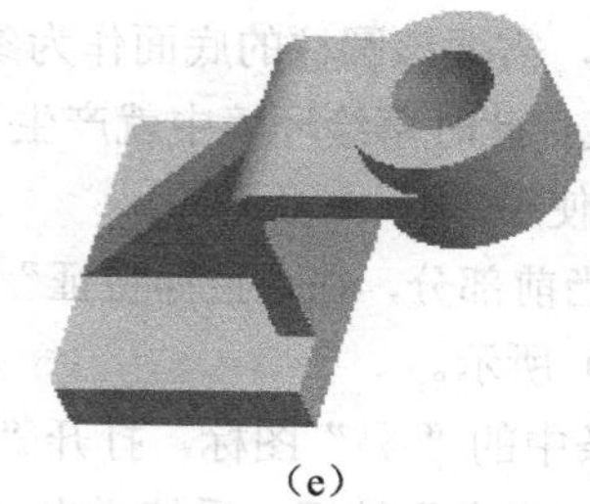
（e）

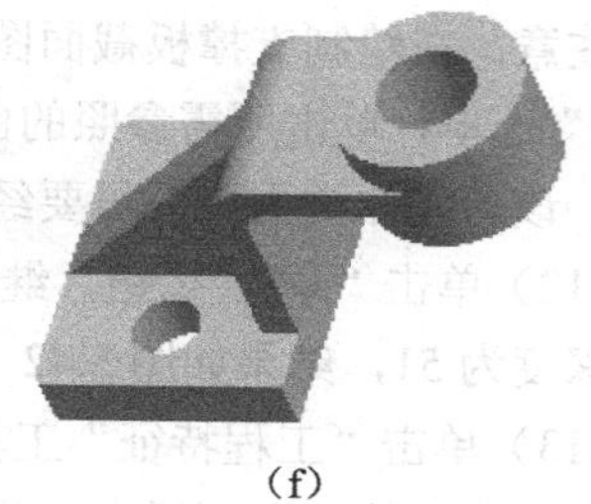
（f）

图 3.42 建模过程分析（续）

3.5.2 操作步骤

（1）设置工作目录。

（2）新建零件文件“ZZ-005”，取消系统默认的“使用缺省模板”复选框的选择，单击“确定”按钮。

（3）在新文件选项列表框中选取“mmns_part_solid”作为模板。

（4）在零件模式中，单击“工程特征”工具条中的“⌗”图标，打开“拉伸特征”操控面板。

（5）单击“放置”按钮，在弹出的上滑面板中，单击“定义”按钮。

（6）系统弹出“草绘”对话框，在“模型树”面板中选取“TOP”平面作为草绘平面，其他选项采用系统默认。

（7）草绘截面，在草绘环境中绘制如图 3.42（a）所示的截面图形，绘制好的截面图形如图 3.43 所示。

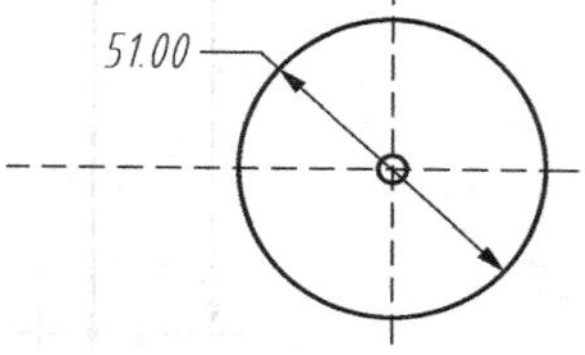

图 3.43 圆柱截面图

（8）单击“✔”按钮，继续当前部分，在“拉伸特征”操控面板设置拉伸深度为 32，此时在“绘图区”中显示拉伸结果，如图 3.42（a）所示。

（9）单击“工程特征”工具条中的“⌗”图标，打开“拉伸特征”操控面板。

（10）单击“放置”按钮，在弹出的上滑面板中，单击“定义”按钮。

（11）系统弹出“草绘”对话框，在“模型树”面板中选取“FRONT”平面作为草绘平面，其他选项采用系统默认，在“FRONT”平面内草绘如图 3.44 所示的图形。

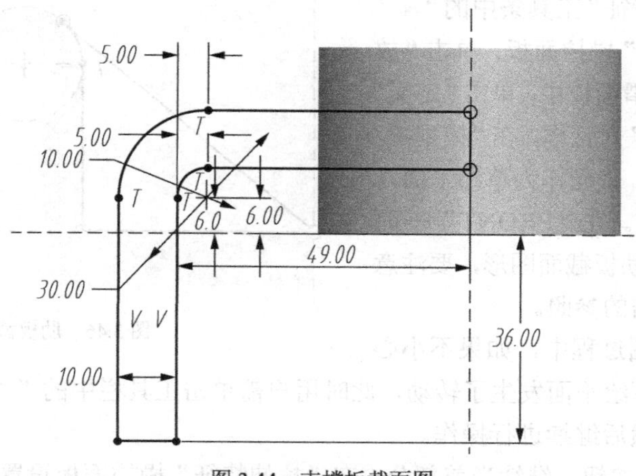

图 3.44 支撑板截面图

注意：在绘制支撑板截面图时，需要该圆柱的底面作为参照，在草绘环境中单击“草绘”→“参照”选单，单击所需参照的曲线，此时草绘环境中就产生了对应的参照曲线。在Pro/E建模过程中，该功能非常重要，需要经常使用。

（12）单击“✔“按钮，继续当前部分，在“拉伸特征”操控面板设置拉伸方式为两侧对称，拉伸深度为51，结果如图3.42（b）所示。

（13）单击“工程特征”工具条中的“🗗”图标，打开“拉伸特征”操控面板，单击“放置”按钮，在弹出的上滑面板中，单击“定义”按钮，系统弹出“草绘”对话框，选择图3.42（b）所绘制的支撑板下表面作为草绘平面，其他选项采用系统默认，在支撑板下表面平面内草绘如图3.45所示的底板截面草图。

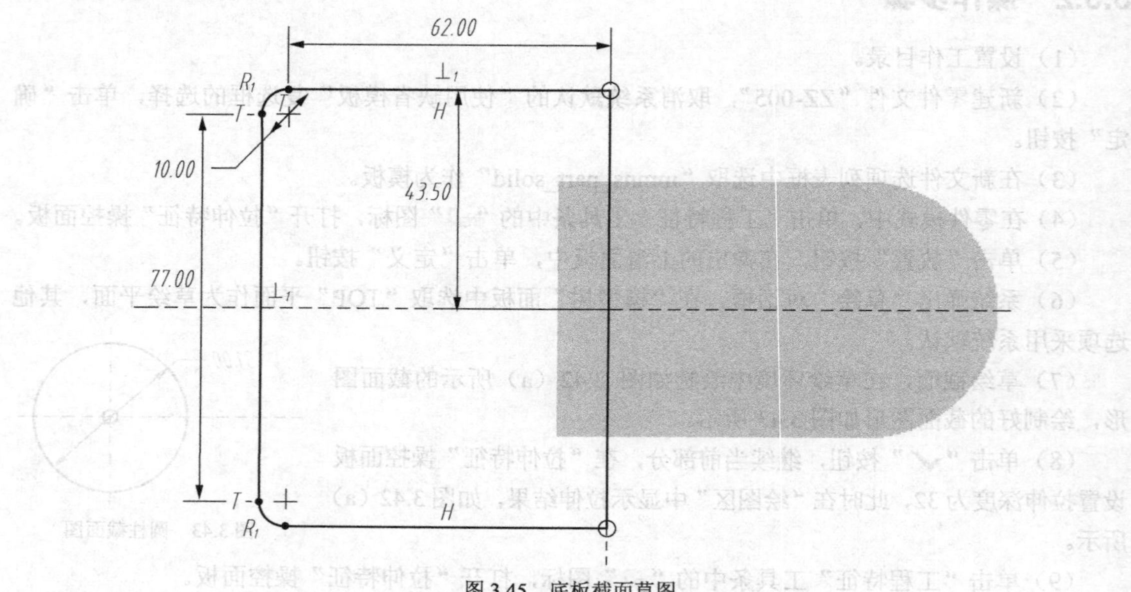

图3.45 底板截面草图

（14）单击“✔”按钮，继续当前部分，在“拉伸特征”操控面板设置拉伸深度为14，结果如图3.42（c）所示。

（15）单击“工程特征”工具条中的“🗗”图标，打开“拉伸特征”操控面板，单击“放置”按钮，在弹出的上滑面板中，单击“定义”按钮，系统弹出“草绘”对话框，在“模型树”面板中选取“FRONT”平面作为草绘平面，其他选项采用系统默认。在“FRONT”平面内草绘如图3.46所示肋板截面图形，要注意在草绘过程中添加所需的参照。

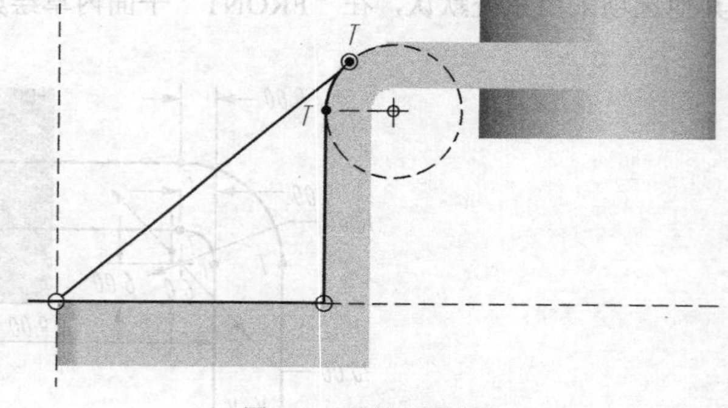

图3.46 肋板截面草图

注意：在绘制草图过程中，如果不小心移动了零件模型，使草绘平面发生了转动，此时用户需单击工具栏中的“🖱”按钮，定向草绘平面使其与屏幕平行，然后继续进行操作。

（16）单击“✔”按钮，继续当前部分，在“拉伸特征”操控面板设置拉伸方式为两侧对称，拉伸深度为 15，结果如图 3.42（d）所示。

（17）单击“工程特征”工具条中的“ ”图标，打开“拉伸特征”操控面板，单击“放置”按钮，在弹出的上滑面板中，单击“定义”按钮，系统弹出“草绘”对话框，选择“TOP”平面或者如图 3.42 所示的圆柱体上表面作为草绘平面，其他选项采用系统默认，绘制如图 3.47 所示的顶部通孔草图。

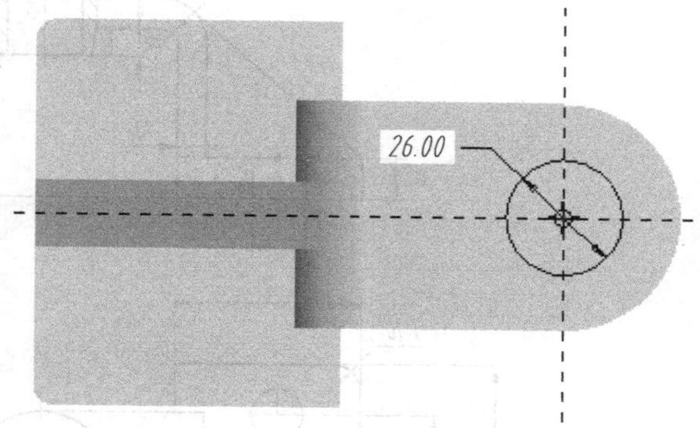

图 3.47 顶部通孔草图

（18）单击“ ”按钮，继续当前部分，在“拉伸特征”操控面板设置拉伸深度为 32，或者选择拉伸至指定位置，结果如图 3.42（e）所示。

（19）单击“工程特征”工具条中的“ ”图标，打开“拉伸特征”操控面板，单击“放置”按钮，在弹出的上滑面板中，单击“定义”按钮，系统弹出“草绘”对话框，选择底板的上表面作为草绘平面，其他选项采用系统默认，绘制如图 3.48 所示的底板定位孔草图。

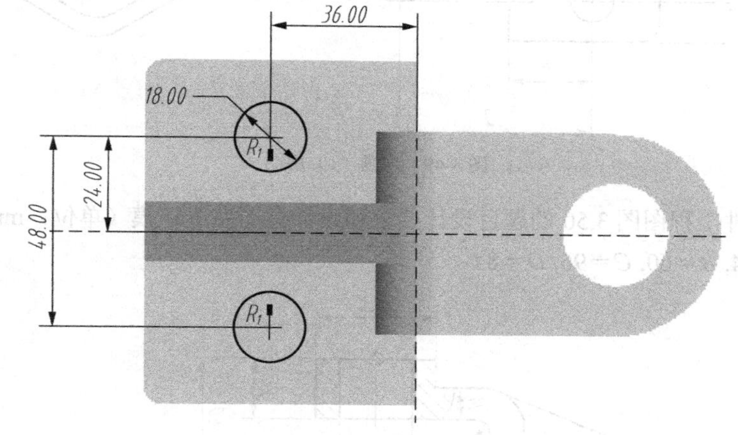

图 3.48 底板定位孔草图

（20）单击“ ”按钮，继续当前部分，在“拉伸特征”操控面板设置拉伸深度为 14，或者选择拉伸至指定位置，结果如图 3.41 所示。

（21）保存文件，将所绘制的实体模型进行存盘。

在 Pro/E 进行实体造型过程中，用户要多加练习，Pro/E 入门难一些，上手对于初学者相对困难一些，但是上手后学习起来就简单了。

3.6 习题

（1）根据零件工程图图 3.49 的题目设计要求和设计意图完成建模（单位：mm）。

已知：$A = 51, B = 67, C = 87, D = 85$。

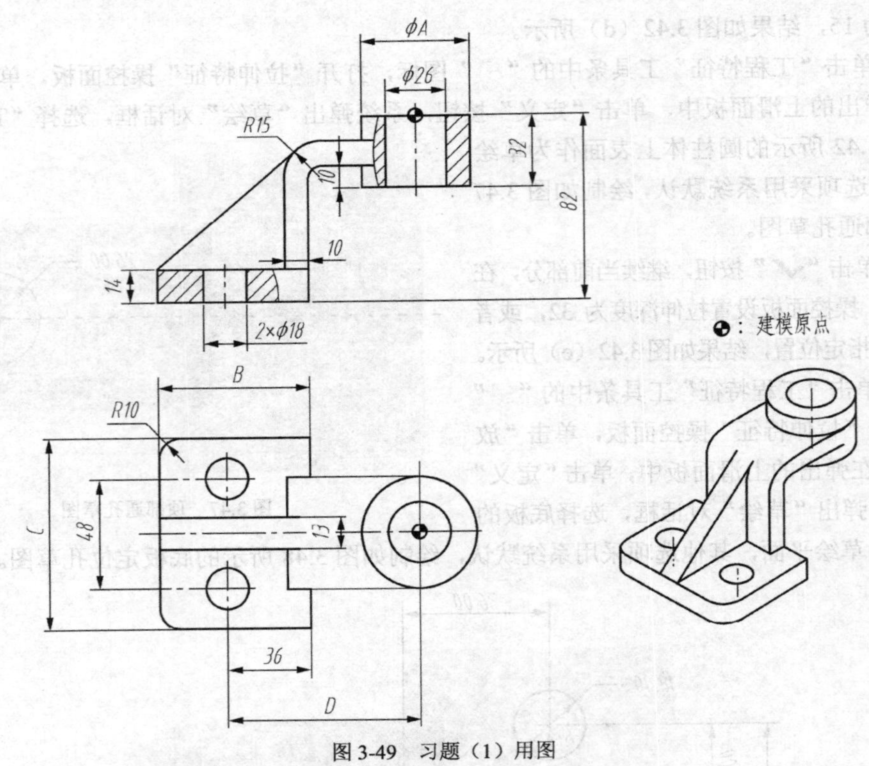

图 3-49　习题（1）用图

（2）根据零件工程图图 3.50 的题目设计要求和设计意图完成建模（单位：mm）。

已知：$A = 54, B = 60, C = 96, D = 84$。

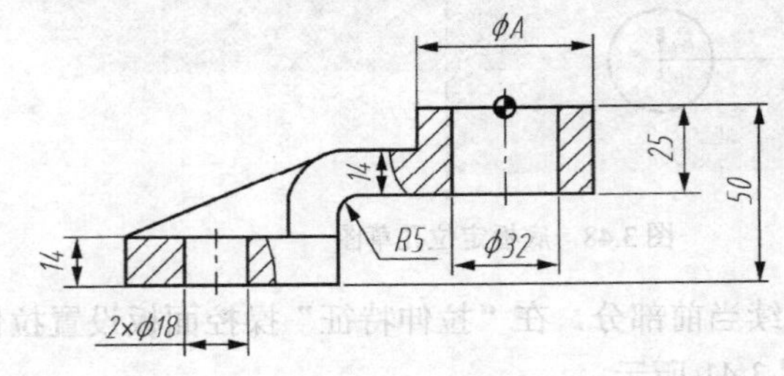

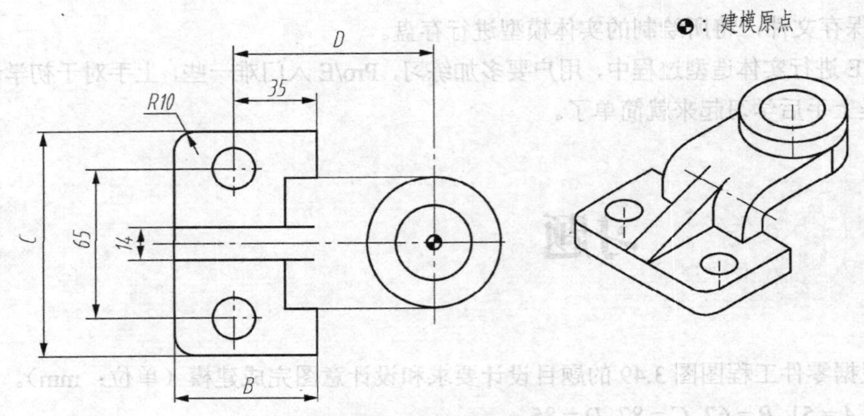

图 3-50　习题（2）用图

（3）根据零件工程图图 3.51 的题目设计要求和设计意图完成建模（单位：mm）。已知：A=83, B=59, C=99, D=23。

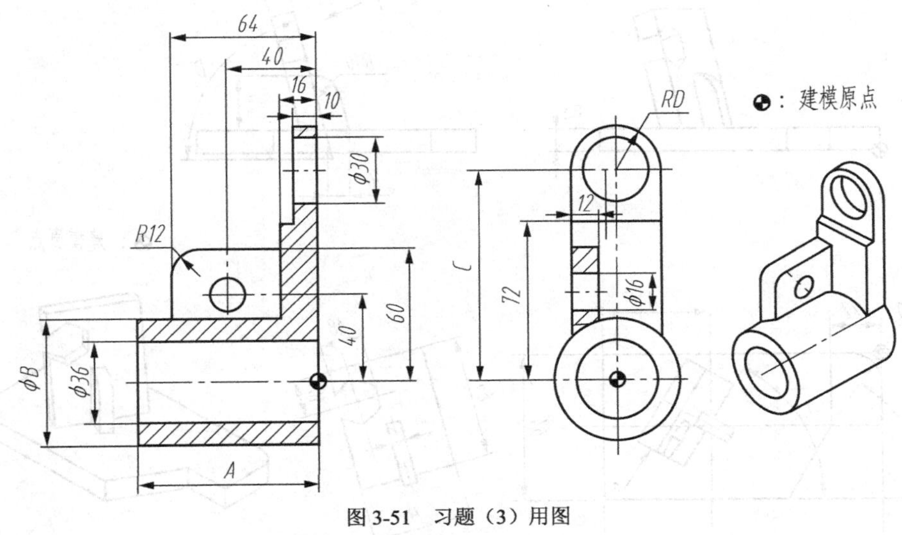

图 3-51 习题（3）用图

（4）根据零件工程图图 3.52 的题目设计要求和设计意图完成建模（单位：mm）。已知：A = 121, B = 59, C = 33, D = 61。

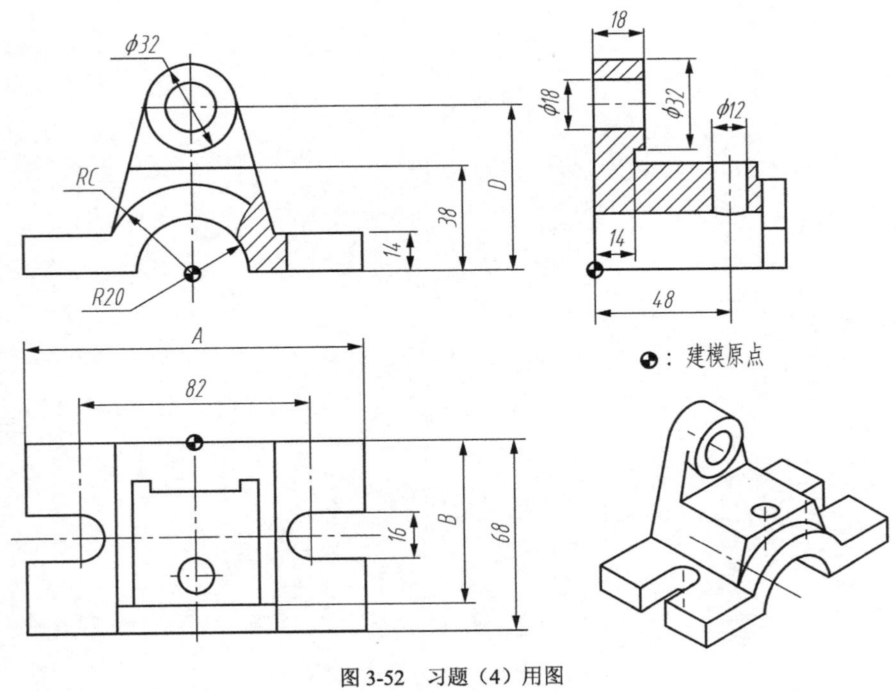

图 3-52 习题（4）用图

（5）根据零件工程图图 3.53 的题目设计要求和设计意图完成建模（单位：mm）。已知：A = 49, B = 45, C = 63, D = 78。

图 3-53　习题（5）用图

基准特征

在绘制二维图形时，往往需要借助参照系，同样在创建三维模型时也需要参照，如在进行旋转时要有一个旋转轴，这里的旋转轴称为基准。基准是特征的一种，但其不构成零件的表面或边界，只起一个辅助的作用。基本特征没有质量和体积等物理特征，可根据需要随时显示或隐藏，以防止基准特征过多而引起混乱。

在 Pro/E 中有两种创建基准的方式：一是通过“基准”命令单独创建，采用此方式创建的基准在“模型树”选项卡中以一个单独的特征出现；另外一种是在创建其他特征过程中临时创建的特征，采用此方式创建的特征包含在特征之内，作为特征组的一个成员存在。

Pro/E 中有多种基准特征，图 4.1 所示为“基准”工具栏，在该工具栏中显示了各种基准的创建工具。

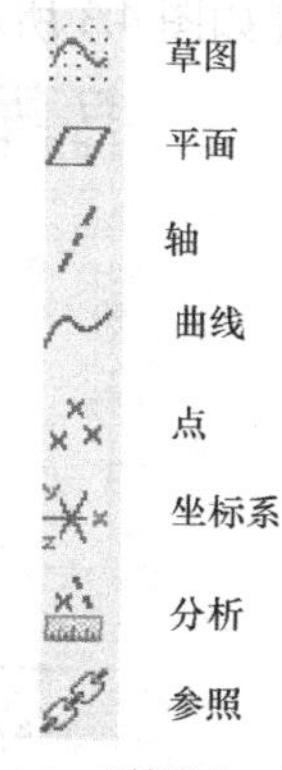

图 4.1 “基准”工具栏

在 Pro/E 中常用的基准创建工具介绍如下。

4.1 基准平面

基准平面是指在建立模型时用到的参考平面。它是二维无限延伸，没有质量和体积的 Pro/E 实体特征。基准平面是零件建模过程中使用最多的基准特征，它既可用作特征的草绘平面和参考平面，也可用于放置特征的放置平面。基准平面还可以作为尺寸标注基准、零件装配基准等。

4.1.1 基准平面基本知识

新建一个零件文件时，若使用系统默认的模板，会出现默认的 3 个相互正交的平面“FRONT”、“TOP”和“RIGHT”基准平面，如图 4.2 所示。

注意：这三个平面即为基准平面，我们所绘制出的几何模型都直接或间接地以它们作为参考。随后建立的基准平面以 DTM1、DTM2……来表示。用户也可以在创建的过程中改变基准平面的名称。

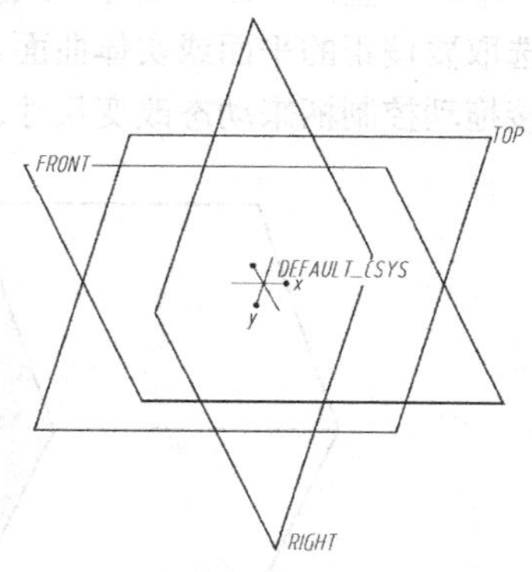

图 4.2 系统默认的基准平面

基准平面有两侧，以褐色和灰黑色来区分。视角不同基准平面的边界线显示的颜色也不同。法向方向箭头指向观察者时，其边界显示为褐色；当法向方向箭头背离观察者时，其边界显示为灰黑色。当装配元件、定向视图和草绘参照时，应使用颜色。

要选择一个基准平面，可以选择其一条边界线，或选择其文字名称。当难以用鼠标直接选择时，还可以从模型树中通过平面名称来选定。

4.1.2 基准平面的创建

基准平面的创建方法如下。

（1）单击“基准平面”图标▱或执行下拉菜单“插入”→“模型基准”→“平面”命令，就可打开如图 4.3 所示“基准平面”对话框。

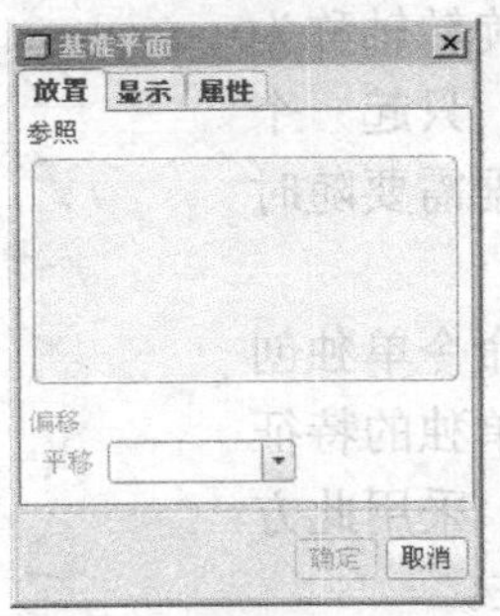

（a）“放置”选项卡

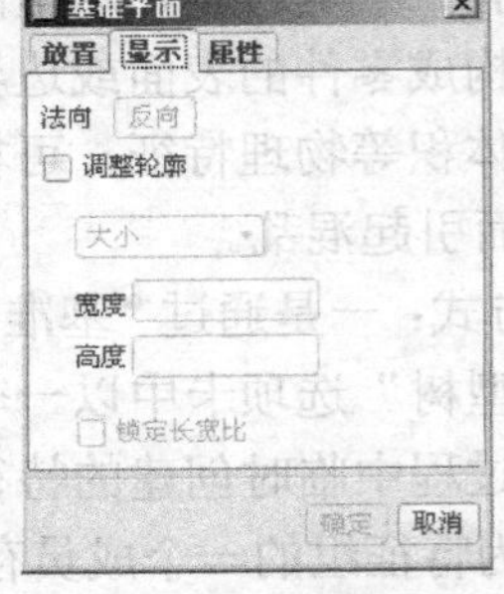

（b）“显示”选项卡

（c）“属性”选项卡

图 4.3 “基准平面”对话框

（2）在“放置”选项卡的“参照”区域中单击鼠标左键，然后用鼠标在绘图区中选择建立基准平面的参考图元。选择多个图元时，可以按住 Ctrl 键，然后用鼠标左键单击图元。

（3）在“放置”选项卡的“偏距”区域中的“平移”输入框中输入基准平面的平移距离。

（4）在“显示”选项卡的“法向”处更改基准平面的法线方向。

（5）单击“基准平面”对话框中的“确定”按钮，即可完成基准平面的建立。

基准平面是通过约束进行创建的。在 Pro/E 中，创建基准平面的完整约束方法有很多，主要有通过、垂直、平行、偏移、角度、相切和混合界面等等。在选择点、线及面作参照时，会出现不同的选项，这些选项表示将要建立的基准平面与此参照的关系。

下面介绍几种主要的创建基准平面的约束方法。

1．创建偏距平面

单击“基准平面”图标▱或执行下拉菜单“插入”→“模型基准”→“平面”命令，在绘图区选取要偏距的平面或实体曲面，在对话框中输入偏距值或在绘图区中双击尺寸值修改，也可以直接拖动控制柄来动态改变尺寸。如图 4.4 所示，单击“确定”按钮完成基准平面特征的创建。

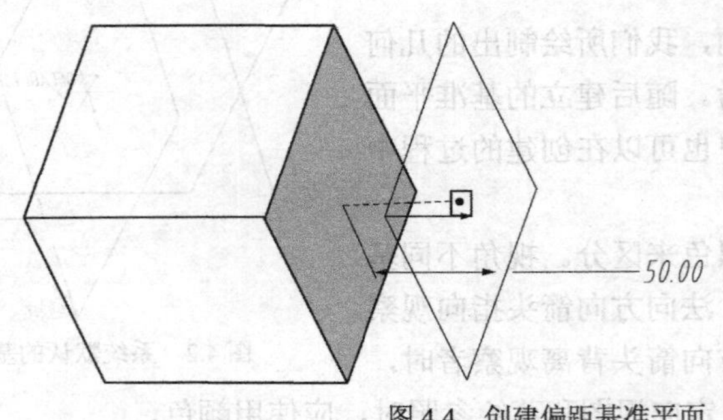

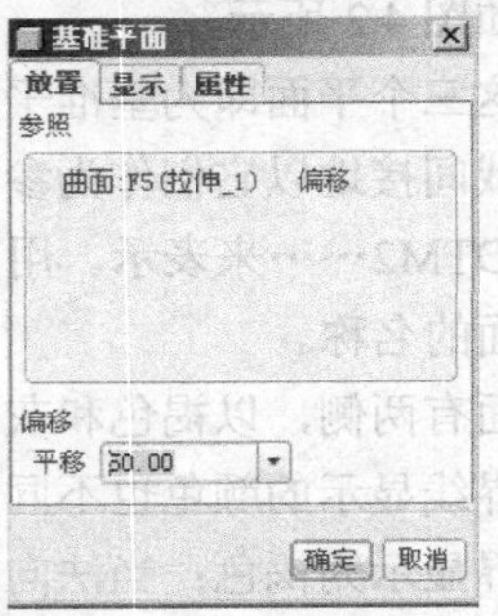

图 4.4 创建偏距基准平面

2．通过几何图素来创建平面

（1）通过直线和点创建基准平面。在过滤器中选择几何，单击“基准平面”图标▱，选择直线、顶点、曲面或其他几何图素来创建平面，在选取多个几何对象时可以按Ctrl键来选取，如图4.5、图4.6所示。图4.5、图4.6所示分别为通过两条直线和通过3点创建基准平面。

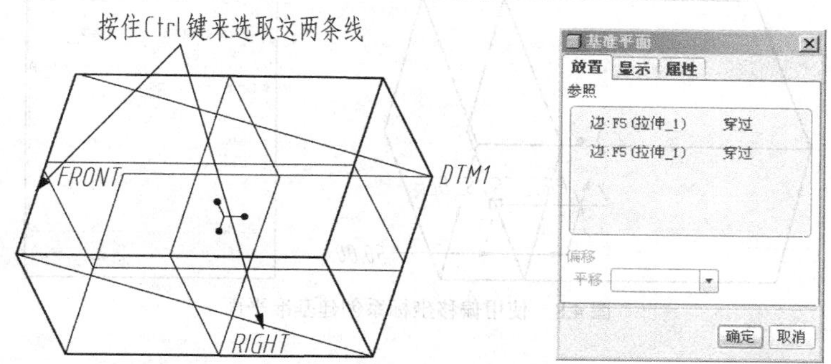

图4.5 通过两条直线创建平面

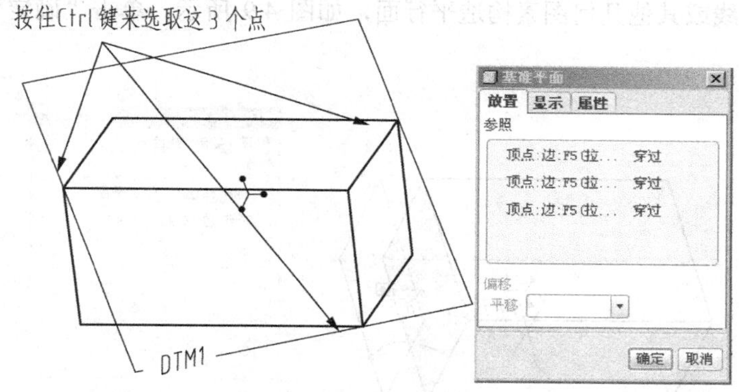

图4.6 通过三点创建平面

（2）通过混合截面创建基准平面。在过滤器中选择特征，单击基准平面图标，选择混合特征，若有多个截面，在对话框中选择截面号，单击“确定”按钮完成特征的创建，如图4.7所示。

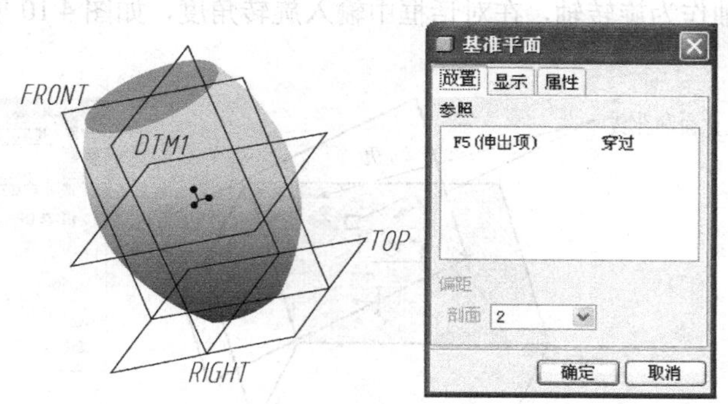

图4.7 通过混合截面创建基准平面

(3) 使用偏移坐标系创建基准平面。创建一个垂直于一个坐标轴并偏离坐标原点的基准平面。单击“基准平面”图标▱，选取坐标系，在对话框中选取平移轴向，并输入偏距值，如图 4.8 所示。单击“确定”按钮完成特征的创建。

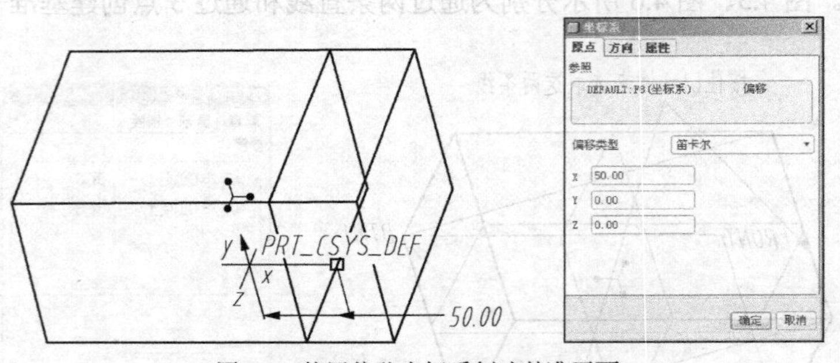

图 4.8　使用偏移坐标系创建基准平面

3．创建平行平面

单击“基准平面”图标▱，弹出“基准平面”对话框，按住 Ctrl 键选择已存在的平面或实体表面，选取点、直线或其他几何图素构造平行面，如图 4.9 所示。单击“确定”按钮完成特征的创建。

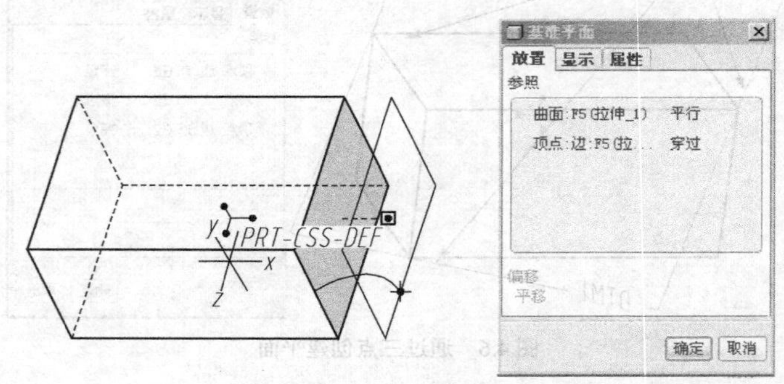

图 4.9　过点做平行面

4．创建角度平面

单击“基准平面”图标▱，弹出“基准平面”对话框，按住 Ctrl 键来选取一个已存在的平面，选取一条直线或基准轴作为旋转轴，在对话框中输入旋转角度，如图 4.10 所示。单击“确定”按钮完成特征的创建。

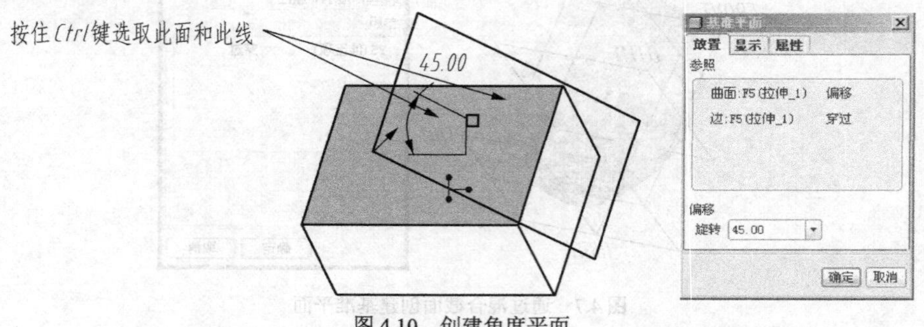

图 4.10　创建角度平面

5．创建法向平面

单击“基准平面”图标▱，弹出“基准平面”对话框，按住Ctrl键来选取与所创建平面垂直的平面和法向平面中的几何图素，在对话框“参照”下拉菜单中选择“法向”，如图4.11所示。单击“确定”按钮完成特征的创建。

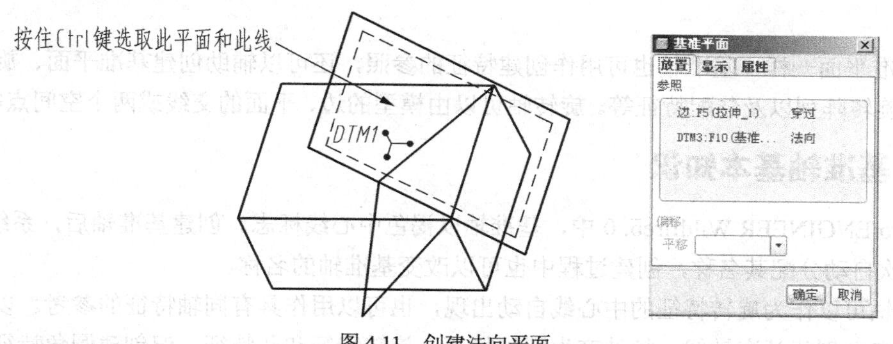

图4.11 创建法向平面

6．创建相切平面

单击“基准平面”图标▱，弹出“基准平面”对话框，按住Ctrl键来选取圆柱面或圆锥面，选取其他几何图素或基准平面，在从对话框参照下拉菜单中选择“相切”，如图4.12所示。单击“确定”按钮完成特征的创建。

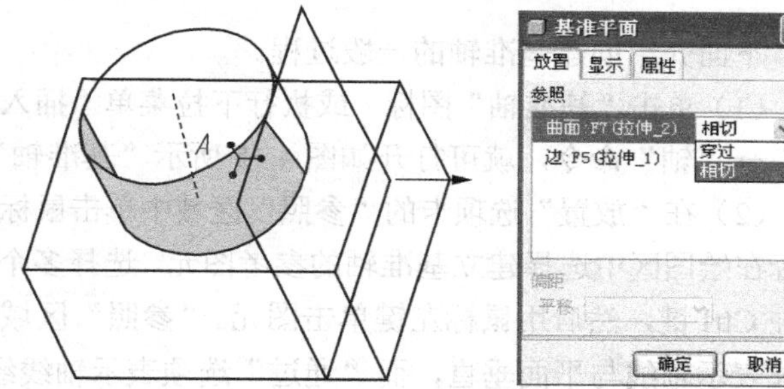

图4.12 创建相切平面

注意：在Pro/ENGINEER Wildfire5.0中，支持用户预先选取参考，再点取基准平面命令，系统将会根据选取的参照来自动创建基准。这种方式将会在后面的综合例题中具体说明创建过程。

7．基准平面的显示控制

基准平面是一个无限大的面，在Pro/ENGINEER Wildfire5.0中，可以方便地控制基准平面的显示大小，以适合于建立的参考特征。方法是在基准平面创建好后，对话框没有关闭时，单击“显示”选项卡，如图4.13所示，选择“调整轮廓”选项，直接输入尺寸来控制平面的大小，也可以在下拉列表中选择“参照”来控制其大小，如图4.14所示。

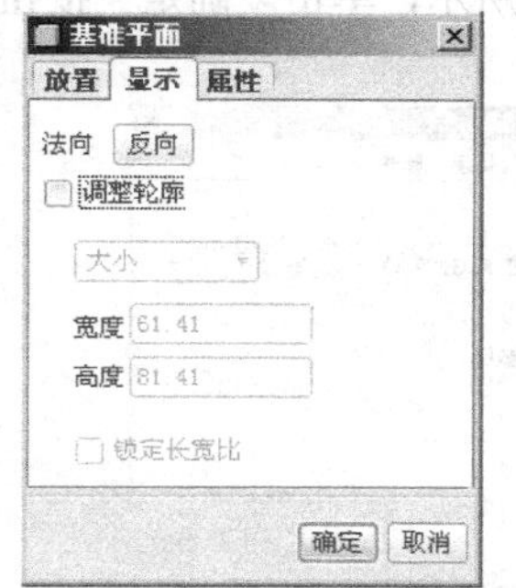

图4.13 基准平面的显示控制一

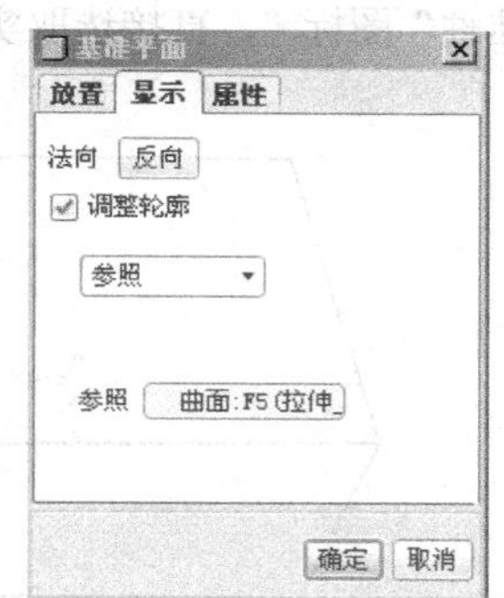

图4.14 基准平面的显示控制二

4.2 基准轴

同基准平面一样，基准轴也可用作创建特征的参照，还可以辅助创建基准平面、旋转特征、同轴孔、旋转阵列以及装配特征等。旋转轴可以由模型的边、平面的交线或两个空间点等来确定。

4.2.1 基准轴基本知识

在 Pro/ENGINEER Wildfire5. 0 中，基准轴以褐色中心线标志。创建基准轴后，系统用 A_1、A_2…依次自动分配其名称，创建过程中也可以改变基准轴的名称。

基准轴可以作为旋转特征的中心线自动出现，也可以用作具有同轴特征的参考。以下几种特征系统会自动创建基准轴线：拉伸产生圆柱特征、旋转特征和孔特征。但创建圆角特征时，系统不会自动创建基准轴。要选取一个基准轴，可选择基准轴线或其名称。

4.2.2 基准轴的创建

下面介绍创建基准轴的一般过程。

（1）单击“基准轴”图标 / 或执行下拉菜单“插入”→“模型基准”→“轴”命令，就可打开如图 4.15 所示“基准轴”对话框。

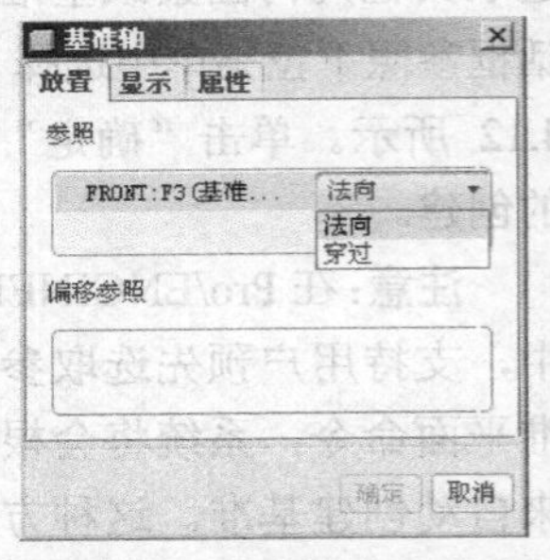

图 4.15 “基准轴”对话框

（2）在“放置”选项卡的“参照”区域中单击鼠标左键，然后用鼠标在绘图区中选择建立基准轴的参考图元。选择多个图元时，可以按住 Ctrl 键，然后用鼠标左键单击图元。“参照”区域中的“法向”选项表示轴线与平面垂直，而“通过”选项表示轴线经过平面。

（3）单击“基准轴”对话框中的“确定”按钮，即可完成基准轴的建立。

与创建基准平面的过程类似，存在多种方法来创建基准轴。下面介绍几种主要的创建基准轴约束方法。

1. 过边界

要创建的基准轴通过模型上的一个直边。

单击“基准轴”图标 /，直接选取实体边，如图 4.16 所示，单击“确定”按钮，关闭对话框。

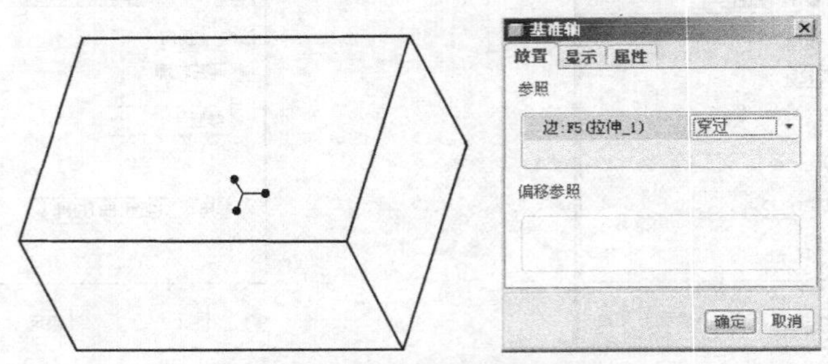

图 4.16 过边界创建基准轴

2．垂直平面

要创建的基准轴垂直于一个平面。

单击“基准轴”图标 ，直接选取曲面，可以在曲面中看到基准轴，如图 4.17 所示。拖动控制柄到参照平面或实体边线，双击尺寸修改尺寸值，如图 4.18 所示。单击“确定”按钮，关闭对话框。

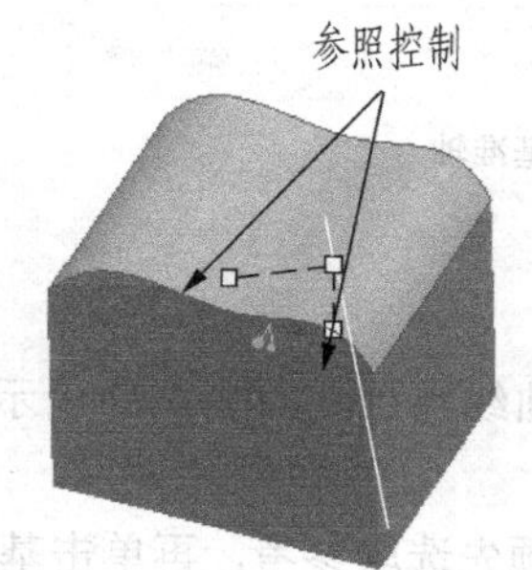

图 4.17 创建垂直平面的基准轴

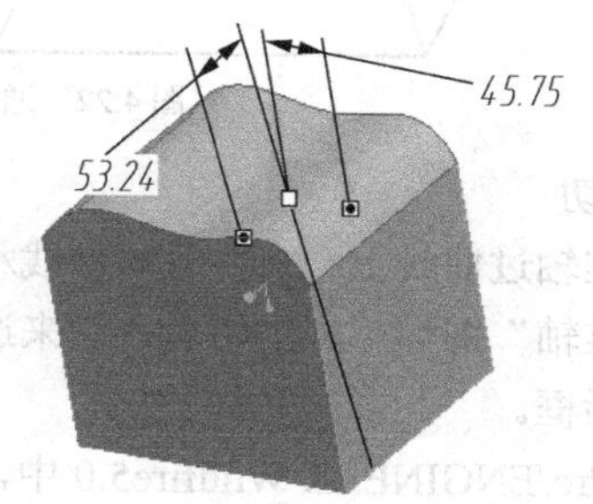

图 4.18 修改基准轴的位置尺寸

也可以先创建好基准点，按住 Ctrl 键来选取曲面和基准点，即可出现过基准点且垂直曲面的基准轴，如图 4.19 所示。

3．过圆柱面

要创建的基准轴通过模型上的一个旋转曲面的中心轴。

单击“基准轴”图标 ，直接选择圆柱曲面，如图 4.20 所示。单击“确定”按钮，关闭对话框。

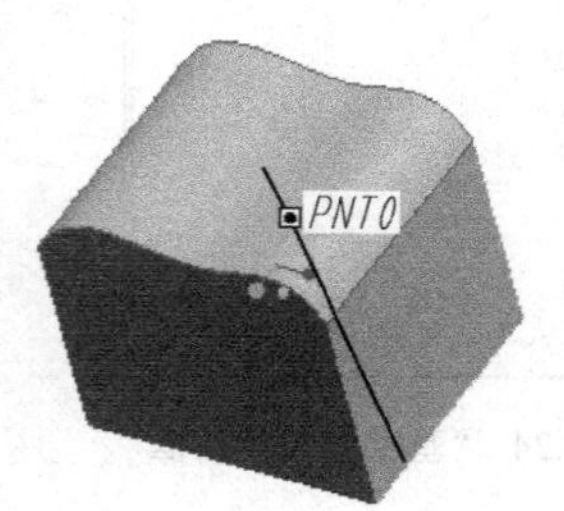

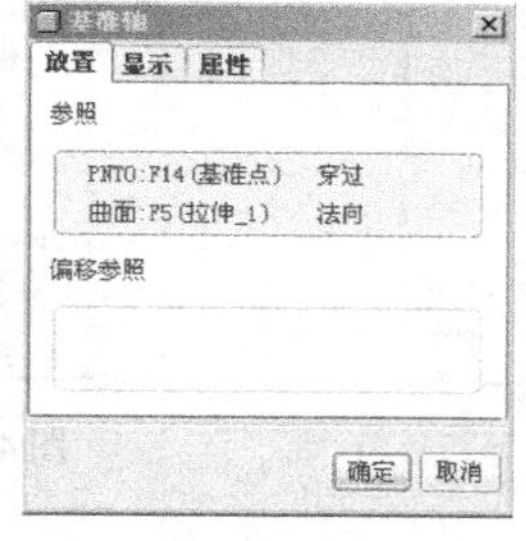

图 4.19 过点创建垂直平面的基准轴

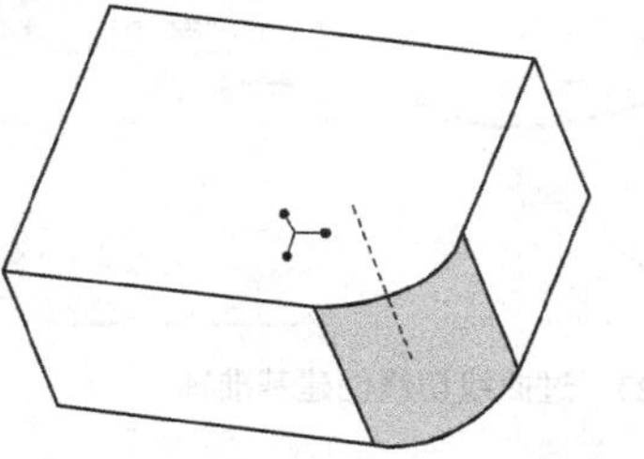

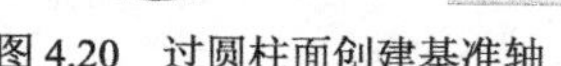

图 4.20 过圆柱面创建基准轴

4．两平面相交

在两平面的相交处创建基准轴。

单击“基准轴”图标 ，按住 Ctrl 键选取两基准平面或曲面，如图 4.21 所示。单击“确定”按钮，关闭对话框。

5．两个点/顶点

创建的基准轴通过两个点，这两个点既可以是基准点也可以是模型上的顶点。

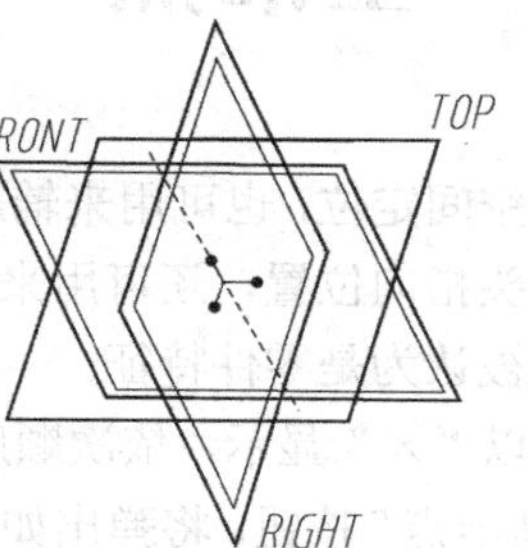

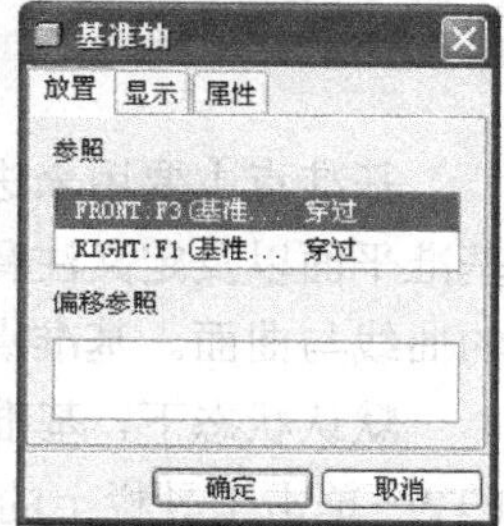

图 4.21 在两平面相交处创建基准轴

单击“基准轴”图标 ，按住 Ctrl 键来选取两个点，如图 4.22 所示。单击“确定”按钮，关闭对话框。

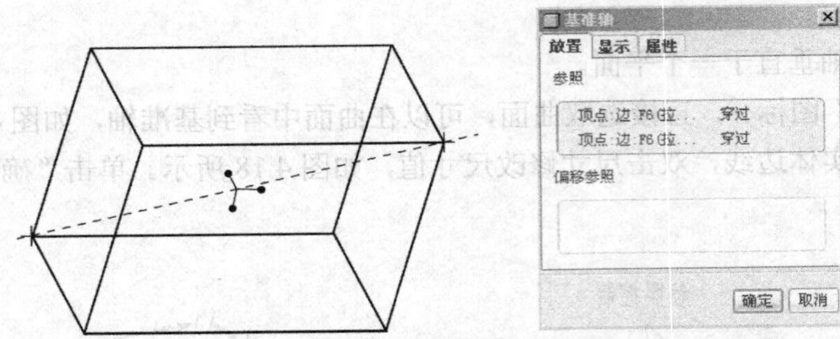

图 4.22 通过两个点创建基准轴

6．曲线相切

创建的基准轴过曲线上一点并且与曲线相切。

单击“基准轴”图标 /，按住 Ctrl 键来选取曲线和曲线起点，如图 4.23 所示。单击“确定”按钮，关闭对话框。

注意：在 Pro/ENGINEER Wildfire5.0 中，支持用户预先选取参考，再单击基准轴命令，系统将会根据选取的参照自动创建基准轴。

7．基准轴的显示控制

同基准平面一样，用户也可以方便控制基准轴的显示长度。方法是在基准轴创建好后，对话框没有关闭时，单击“显示”选项卡，选择“调整轮廓”选项，直接输入长度尺寸来控制基准轴的长度，如图 4.24 所示。

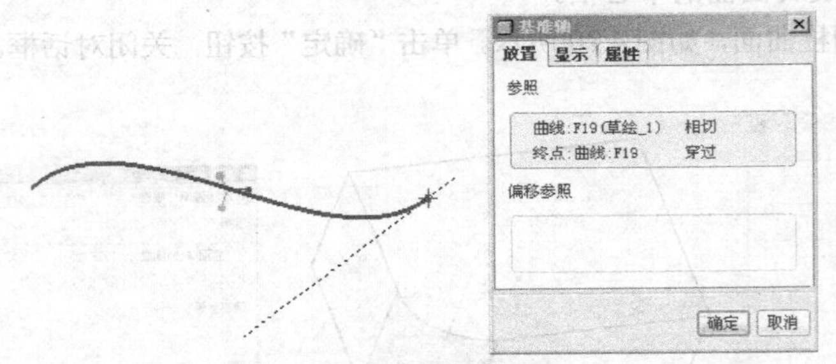

图 4.23 过曲线切线创建基准轴

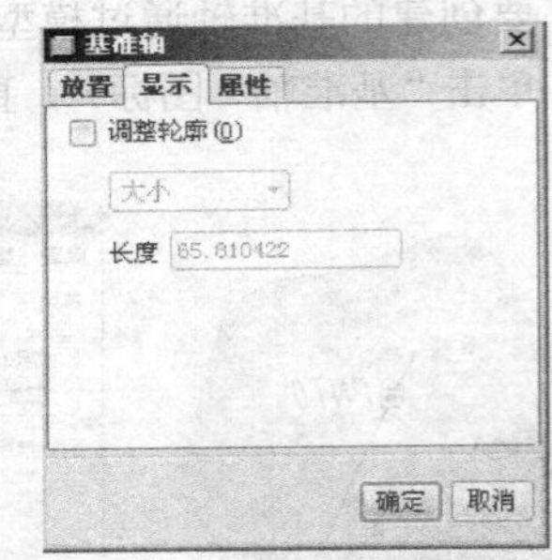

图 4.24 “基准轴”对话框

4.3 基准点

基准点主要用来进行空间定位，也可用来辅助创建其他基准特征，如利用基准点放置基准轴、基准平面以及定义注释箭头指向位置，还可用来放置孔等实体特征，另外还可用来辅助创建复杂的曲线与曲面。基准点也被认为是零件特征。

默认状态下，基准点以“×”显示，依次顺序命名为 PT0、PT1、PT2…单击工具栏上的“基准点”按钮，将弹出如图 4.25 所示的按钮。这些按钮功能如下。

图 4.25 基准点生成工具按钮

×：一般基准点，用于创建平面、曲面或曲线上的点，其位置可以通过拖动控制柄或输入数值确定。

：草绘基准点，与普通草绘图元一样，进入草绘器绘制点并标注点的位置尺寸，以创建基准点。

：偏移坐标系基准点，根据选择的坐标系，利用坐标标注的方法来创建基准点。

：域基准点，直接在实体或曲面上单击鼠标左键创建的基准点。

要选取一个基准点，可以在基准点文本或自身上单击选取，也可以在模型树上选择基准点的名称进行选取。

4.3.1　一般基准点

一般基准点是运用最广泛的基准点，使用起来非常灵活。一般基准点的创建过程如下。

（1）单击一般基准点图标按钮或执行“插入”→“模型基准”→“点”→命令，打开如图 4.26 所示“基准点”对话框。

（2）在“放置”选项卡的“参照”区域中单击鼠标左键，然后用鼠标在绘图区中选择建立基准点的参考图元。选择多个图元时，可以按住 Ctrl 键，然后用鼠标左键单击基准点所在的面或线。

（3）单击“基准点”对话框中的“确定”按钮，即可完成基准点的建立。

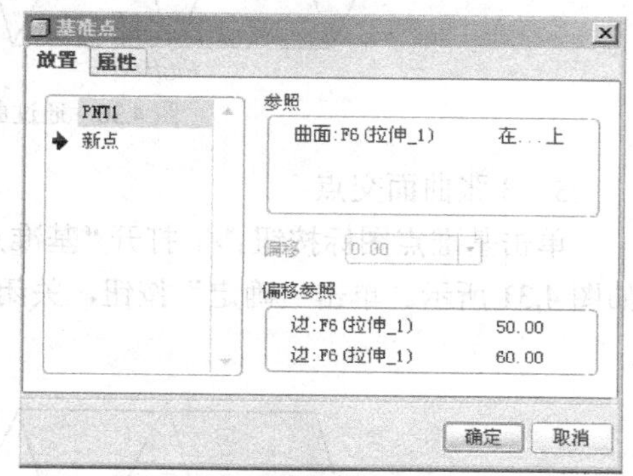

图 4.26　“基准点”对话框

下面介绍几种常见的一般基准点创建方法。

1．在曲面上

单击基准点图标按钮，打开“基准点”对话框，选择放置曲面，曲面上出现了基准点以及 3 个控制柄，如图 4.27 所示。拖动控制柄到参照曲面并修改尺寸值，如图 4.28 所示。单击“确定”按钮，关闭“基准点”对话框。

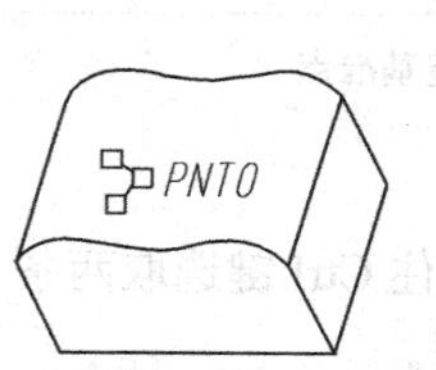

图 4.27　在曲面上创建一般基准点

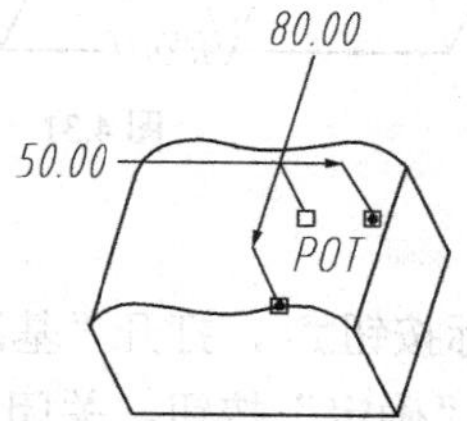

图 4.28　修改基准点位置尺寸

若是在“基准点”对话框的“参照”下拉列表中选择“偏移”，对话框中的“偏移”文本编辑框将被激活，输入偏移值就可以创建偏距曲面基准点，如图 4.29 所示。

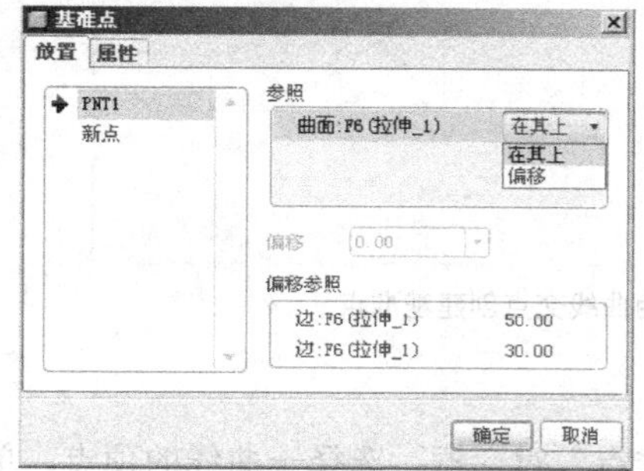

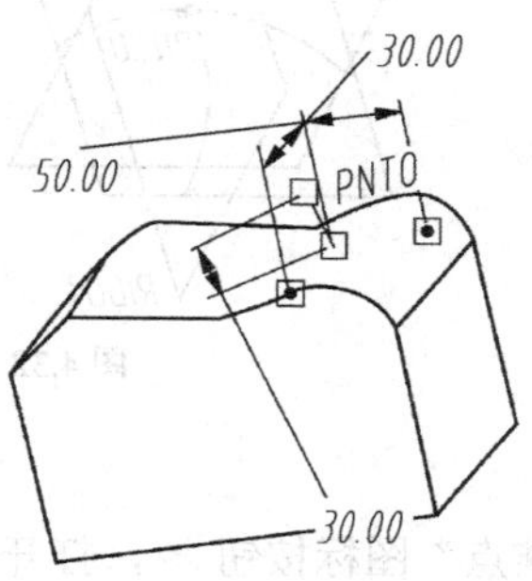

图 4.29　偏移基准点

2．曲线与曲面、基准平面的交点

单击基准点图标按钮，打开“基准点”对话框，按住 Ctrl 键选取曲线、曲面或基准曲面，如图 4.30 所示。单击“确定”按钮，关闭“基准点”对话框。

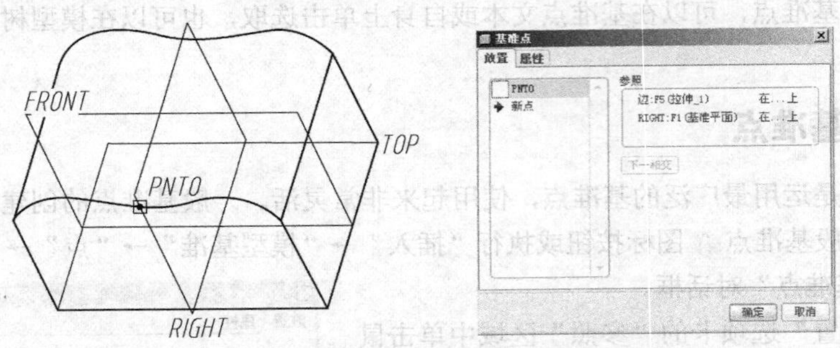

图 4.30　通过曲线、基准平面交点创建基准点

3．3 张曲面交点

单击基准点图标按钮，打开“基准点”对话框，按住 Ctrl 键选取 3 个基准平面或 3 张曲面，如图 4.31 所示。单击“确定”按钮，关闭“基准点”对话框。

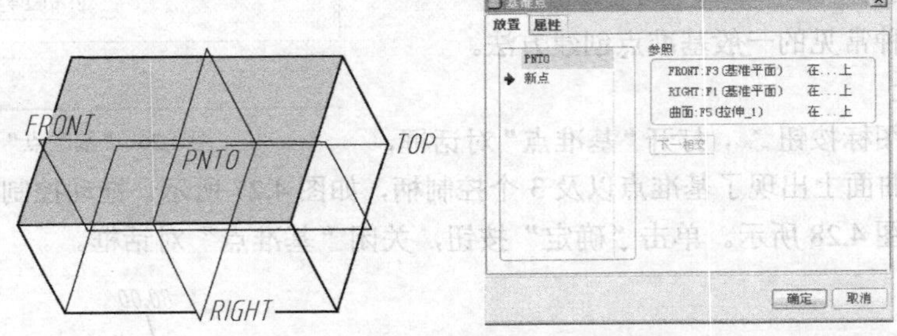

图 4.31　通过 3 张曲面交点创建基准点

4．两曲线交点

单击基准点图标按钮，打开“基准点”对话框，按住 Ctrl 键选取两条相互交叉的曲线，如图 4.32 所示。单击“确定”按钮，关闭“基准点”对话框。

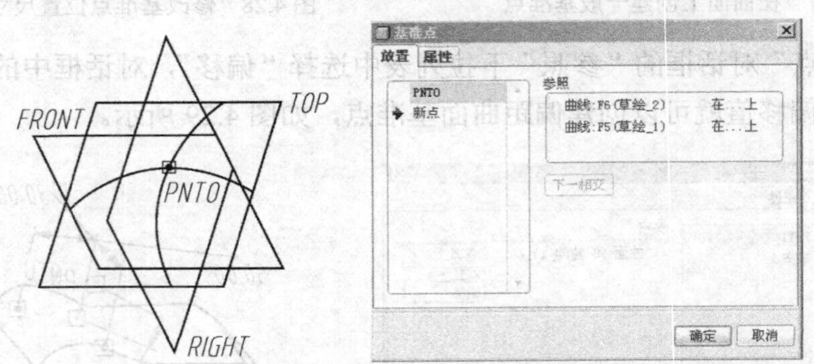

图 4.32　通过两曲线交点创建基准点

5．顶点

单击“基准点”图标按钮，打开“基准点”对话框，选择一曲线的顶点，单击“确定”按钮，关闭“基准点”对话框。

6．在曲线上的基准点

单击“基准点”图标按钮 ，打开“基准点”对话框，选择曲线，曲线上出现了控制柄，在对话框中输入尺寸值或直接在绘图区双击修改，修改后如图 4.33 所示。单击“确定”按钮，关闭“基准点”对话框。

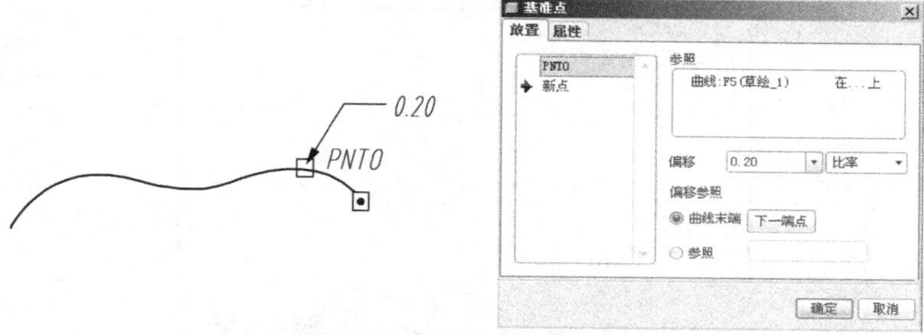

图 4.33　创建曲线上的基准点

除此之外，在对话框下拉列表中可以选择“实数”选项，输入具体尺寸来确定基准点在曲线中的位置，如图 4.34 所示。

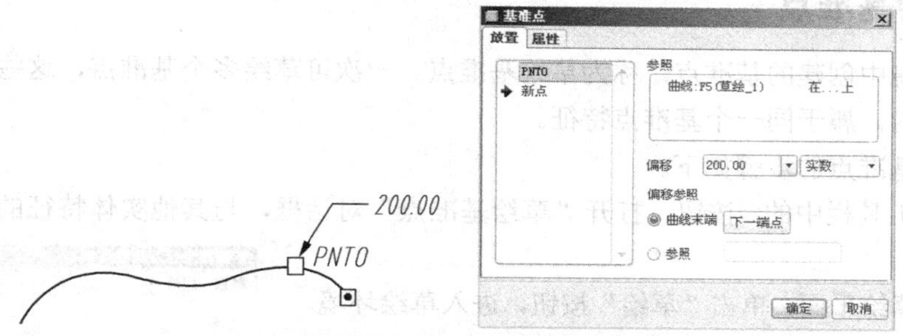

图 4.34　利用具体尺寸创建曲线上的基准点

7．中心点（圆弧圆心点）

单击“基准点”图标按钮 ，打开“基准点”对话框，选择圆弧曲线，在对话框参照下拉列表中选择“居中”，如图 4.35 所示。单击“确定”按钮，关闭“基准点”对话框。

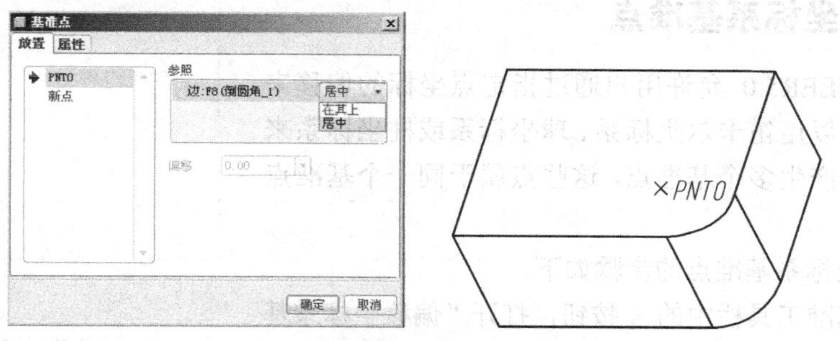

图 4.35　利用圆弧圆心点创建基准点

注意：在 Pro/ENGINEER Wildfire5.0 中，一般基准点的创建同样支持用户预先选取参考，再点取一般基准点命令，系统将会根据选择的参照自动进行创建基准点。

8．一般基准点的属性

在“基准点”对话框中单击“属性”选项，出现如图 4.36 所示对话框，便可显示当前基准特征的信息，在此可以对基准点的名称进行重命名。

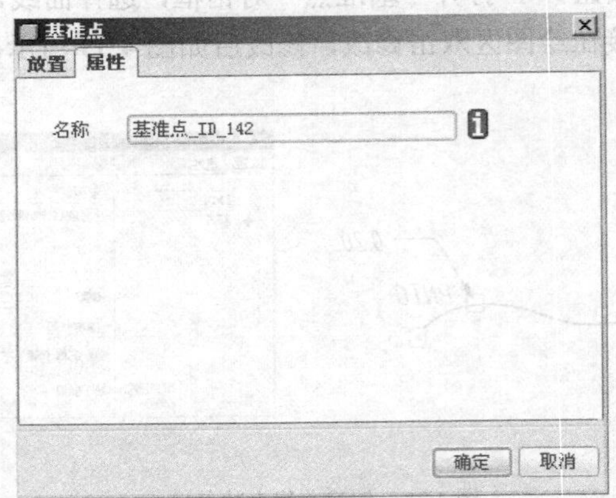

图 4.36 “基准点”对话框中“属性”选项卡

4.3.2 草绘基准点

在草绘环境中创建的基准点，称为草绘基准点。一次可草绘多个基准点，这些基准点位于同一个草绘平面内，属于同一个基准点特征。

创建草绘基准点的步骤如下。

（1）单击工具栏中的※按钮，打开“草绘基准点”对话框，与其他实体特征的“草绘”对话框相同。

（2）选择草绘平面，单击“草绘”按钮，进入草绘环境。

（3）单击草绘命令条中的 × 按钮放置一个点，如果需要可连续放置多个点。

（4）单击草绘命令条中的☑按钮，退出草绘环境，系统显示基准点创建成功。

4.3.3 偏移坐标系基准点

Pro/ENGINEER5.0 允许用户通过指定点坐标的偏移来产生基准点，可以用笛卡尔坐标系、球坐标系或柱坐标系来实现。一次可以产生多个基准点，这些点属于同一个基准点特征。

创建偏移坐标系基准点的步骤如下。

（1）单击基准工具栏中的※按钮，打开“偏移坐标系基准点”对话框，如图 4.37 所示。

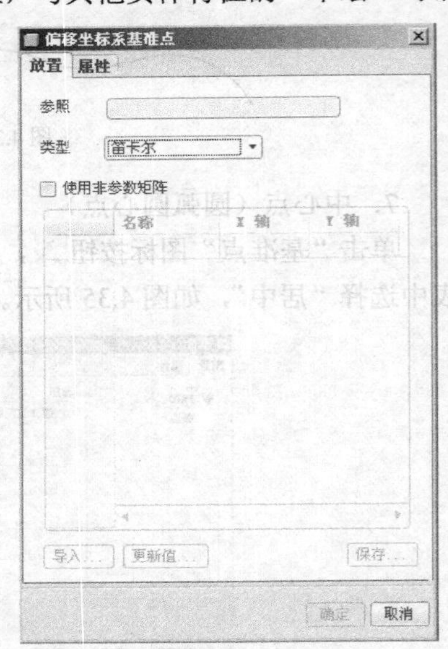

图 4.37 “偏移坐标系基准点”对话框

（2）在图形窗口中，选择放置点的坐标。

（3）在“类型”列表中，选择使用的坐标系类型。

（4）如果要添加一个点，单击“偏移坐标系基准点”对话框中的单元框，然后输入相应的坐标值。

（5）完成点的添加后，单击“确定”按钮，或单击“保存”按钮，保存添加的点。

4.4 基准曲线

基准曲线可以用来创建和修改曲面，也可以作为扫描特征的轨迹，作为建立圆角、拔模、骨架、折弯等特征的参照，还可以辅助创建复杂曲面。基准曲线允许创建二维截面，这个截面可以用于创建许多其他特征，例如，拉伸和旋转。

基准曲线的自由度较大，它的创建方法有多种。较常用的方法有以下几种。

（1）通过草绘方式创建基准曲线。

（2）通过曲面相交创建基准曲线。

（3）通过多个空间点创建基准曲线。

（4）利用数据文件创建基准曲线。

（5）用几条相连的曲线或边线创建基准曲线。

（6）用剖面的边线创建基准曲线。

（7）用投影创建位于指定曲面上的基准曲线。

（8）利用已有曲线或曲面偏移一定距离，创建基准曲线。

（9）利用公式创建基准曲线。

如果在基准特征工具栏中，单击图标按钮或执行“插入”→“模型基准”→“草绘”命令，将打开“草绘”对话框。设置完草绘平面与草绘参照后进入草绘环境，可绘制草绘基准曲线。如果单击基准特征工具栏中的图标按钮或执行“插入”→“模型基准”→“曲线”命令，将打开“曲线选项”菜单，如图 4.38 所示。

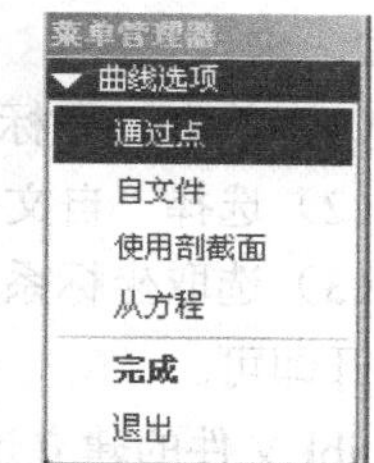

图 4.38 “曲线选项”菜单

“曲线选项”菜单中各命令功能如下。

- “经过点”：通过一系列参考点建立基准曲线。
- “自文件”：通过编辑一个“ibl”文件，绘制一条基准曲线。
- “使用剖截面”：用截面的边界来建立基准曲线。
- “从方程”：通过输入方程式来建立基准曲线。

下面介绍几种常用的基准曲线创建方法。

4.4.1 草绘曲线的绘制

（1）单击图标，打开“草绘”对话框。

（2）选择草绘平面及参照平面，单击“草绘”按钮进入草绘工作环境。

（3）利用草绘工具绘制曲线。

（4）单击草绘工具栏中的✓按钮，退出草绘工作环境，图形窗口显示完成的基准曲线。

4.4.2 基准曲线的绘制

1．经过点创建曲线

（1）单击图标按钮，打开“曲线选项”菜单。

（2）选择“经过点”→“完成”命令，打开“连接类型”菜单，如图 4.39 所示。

“连接类型”菜单中各命令功能如下：

- “样条”：使用通过选定基准点和顶点的三维样条构建曲线。
- “单一半径”：使用贯穿所有折弯的同一半径来构建曲线。
- “多重半径”：通过指定每个折弯的半径来构建曲线。
- “单个点”：选择单独的基准点和顶点，可以单独创建或作为基准点阵列创建这些点。
- “整个阵列”：以连续顺序，选择“基准点/偏距坐标系”特征中的所有点。
- “增加点”：向曲线定义增加一个该曲线将通过的现存点、顶点或曲线端点。
- “删除点”：从曲线定义中删除一个该曲线当前通过的已存在点、顶点或曲线端点。
- “插入点”：在已选定的点、顶点和曲线端点之间插入一个点，该选项可修改曲线定义要通过的插入点。系统提示需要选择一个要在其前面插入点的点或顶点。

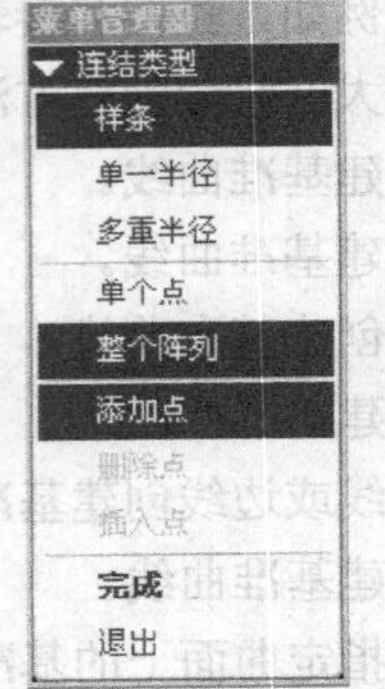

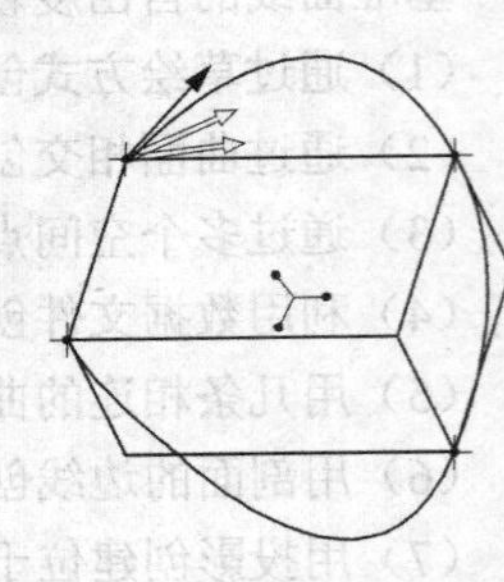

图 4.39 “连接类型”菜单及点的选取

（3）执行“样条”→“整个阵列”→“增加点”命令，选择曲线经过的点，如图 4.39 所示。

（4）单击“完成”按钮，退出“连接类型”菜单。

（5）单击“确定”按钮关闭对话框，基准曲线创建完成。

2. 来自文件

（1）单击～图标按钮，打开“曲线选项”菜单。

（2）选择“自文件”→“完成”命令

（3）选取坐标系，弹出文件“打开”对话框，在文件类型中选择“.ibl 格式”文件，找到文件打开即可。

.ibl 文件的建立过程如下。

（1）首先将系统隐藏的扩展名类型打开。

（2）新建一个记事本文件，输入文件名和后缀名“.ibl”。

（3）打开文件，开始编辑文件，文件格式如下：

```
Open Arclength
   Begin section!
   Begin curve!
   1 0 0 0
   2 8 20 30
   3 20 15 10
   4 50 40 40
   5 60 30 60
```

在文件中，“open”表示开氏曲线，第一列表示点的序号，第二列、第三列、第四列分别表示点坐标的 X 值、Y 值、Z 值。上述格式是创建单根曲线，若是创建多根曲线，则需要在 Begin section 后面加数字 1，第一条曲线的点输完后，在创建第二条曲线时，需将 Begin section 后面加数字 2。在创建曲线时，就将 Begin section 后面的数字递增。具体格式如下：

```
Open Arclength
Begin section!1
   Begin curve!1
   1   -2.53  0.59  0
   2   -2.35  0.59  0.35
-2.24  0.59  0.47
Begin curve!2
   1   -1.62  0.24  -0.5
   2   -1.69  0.68  1.12
Begin section!2
   Begin curve!1
   1   -2.62  1.18  0
   2   -2.59  1.18  0.12
   3   -2.47  1.18  0.47
```

3．使用剖截面

（1）单击～图标按钮，打开“曲线选项”菜单。

（2）选择“使用剖截面”→“完成”命令，选择剖截面的名称，绘图区中立刻出现了截面曲线，如图 4.40 所示。

4．从方程

对于复杂的曲线，例如正弦曲线、渐开线等，可以使用此命令来创建。

（1）单击～图标按钮，打开“曲线选项”菜单。

（2）选择“来自方程”→“完成”命令，选择坐标系，系统弹出“设置坐标类型”菜单，如图 4.41 所示。

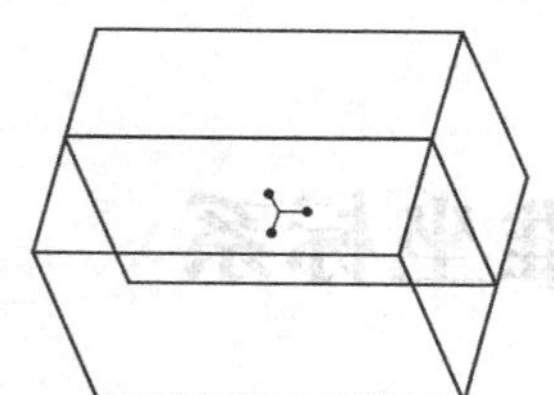

图 4.40 使用剖截面创建基准曲线

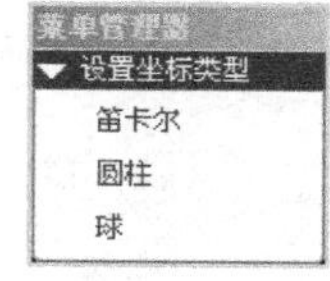

图 4.41 “设置坐标类型”菜单

（3）选择坐标系类型，例如选择球坐标系，系统弹出文本编辑器，输入方程，将文件保存，最后结果如图 4.42 所示。

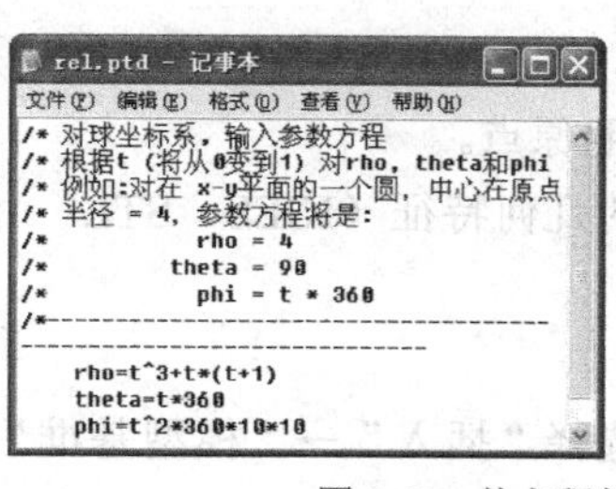

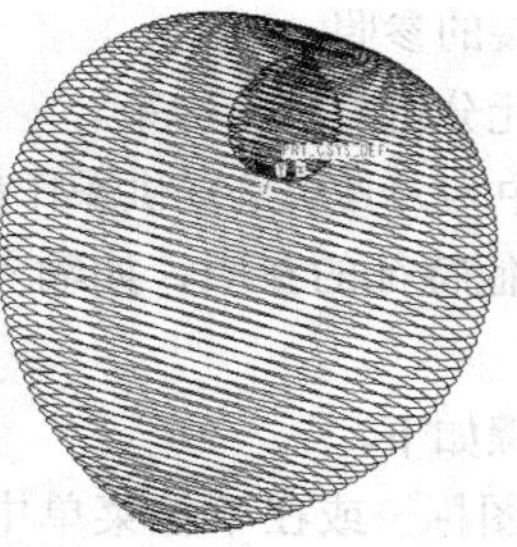

图 4.42 从方程创建基准曲线

下面列出利用笛卡尔坐标系、圆柱坐标系创建曲线的范例，大家可以试一下。

（1）圆柱坐标系。

```
r = 5
theta = t*720
z =(sin(3.5*theta－90))＋2
```

生成的基准曲线如图 4.43 所示。

（2）笛卡尔坐标系。

```
x=5*cos(t*(5*360))
y=5*sin(t*(5*360))
z=10*t
```

生成的基准曲线如图 4.44 所示。

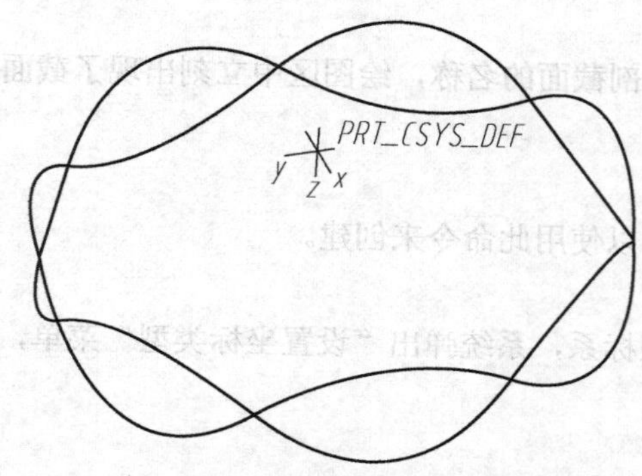

图 4.43 在圆柱坐标系下从方程创建基准曲线

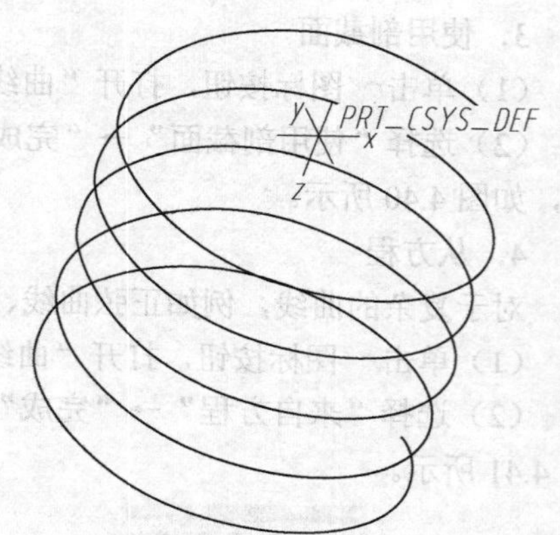

图 4.44 在笛卡尔坐标系下从方程创建基准曲线

4.5 基准坐标系

在 Pro/ENGINEER5. 0 三维建模中，坐标系用得较少，坐标系常用在以下方面。

（1）计算零件的全部属性。

（2）进行零件组装的参照。

（3）在进行有限元分析时放置约束。

（4）在 NC 加工中为刀具轨迹提供操作参照原点。

（5）用作定位其他特征的参照，如输入的几何特征（IGES、STL 格式）。

图 4.45 “坐标系”对话框

创建坐标系的步骤如下。

（1）单击坐标系图标※或在下拉菜单中选择“插入”→“模型基准”→“※坐标系”命令，打开“坐标系”对话框，如图 4.45 所示。

（2）在“原始”选项卡的“参照”编辑框中单击鼠标左键，然后在绘图区中选择建立基准坐标系原点的参考图元。

（3）在“定向”选项卡中定义 X 轴、Y 轴的方向，在“属性”选项卡中修改基准坐标系名称，以及其他相关信息。

（4）在“坐标系”对话框中单击“确定”按钮，结束基准坐标系的建立。

下面介绍几种常用的坐标系创建方法。

（1）3 个平面。选取 3 个平面或实体表面的交点作为坐标系原点，如果 3 个平面两两相交，系统会以选定的第一个平面的法向作为一个轴的法向，第二个平面的法向作为另一个轴的方向，系统使用右手定则确定第三轴。当 3 个平面不是两两正交时，系统会自动产生近似的坐标系。

单击坐标系图标，弹出“坐标系”对话框，按住 Ctrl 键依次选取 3 个平面，选取结果及对话框如图 4.46 所示，若想修改坐标轴的轴向，可以单击“定向”选项进行修改。单击“确定”按钮，关闭对话框。

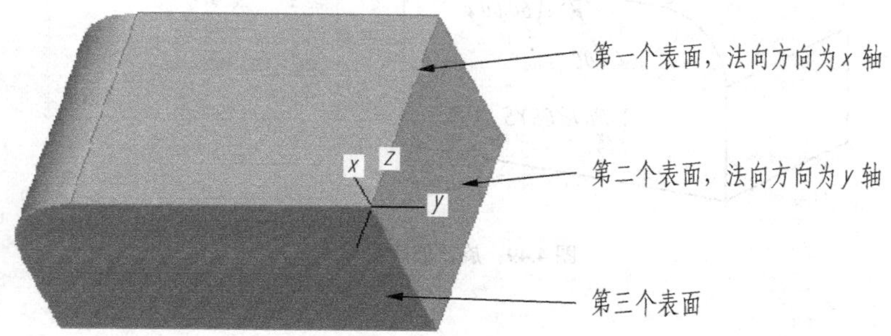

图 4.46 利用三个平面创建坐标系

（2）两条边线。使用两条边或两个轴线来创建坐标系。

单击坐标系图标，弹出“坐标系”对话框，按住 Ctrl 键依次选取两条边线，先选的边默认为 *x* 轴，如图 4.47 所示。单击“确定”按钮，关闭对话框。

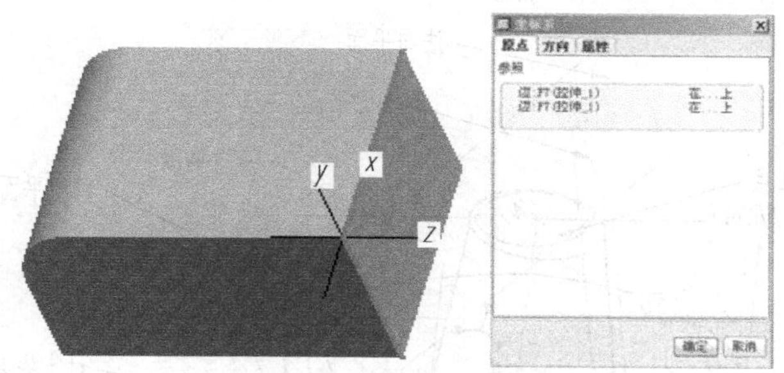

图 4.47 利用两条边创建坐标系

（3）偏距。把原始坐标系作为参照，在空间偏移一定的距离，得到新的坐标系。

单击坐标系图标，弹出“坐标系”对话框，选择参考坐标系，在对话框“偏移类型”中选择坐标系，本例选择“笛卡尔坐标”，在对话框中输入尺寸或是在绘图区中双击尺寸修改，结果如图 4.48 所示。单击“定向”选项卡，可以在偏距的同时旋转坐标系，结果如图 4.49 所示。单击“确定”按钮，关闭对话框。

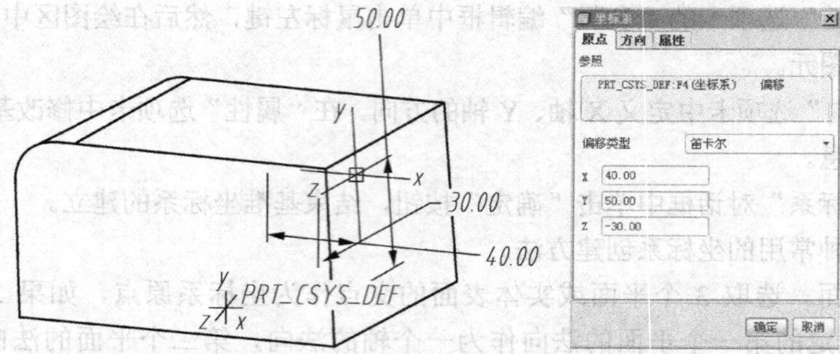

图 4.48 利用偏距创建坐标系

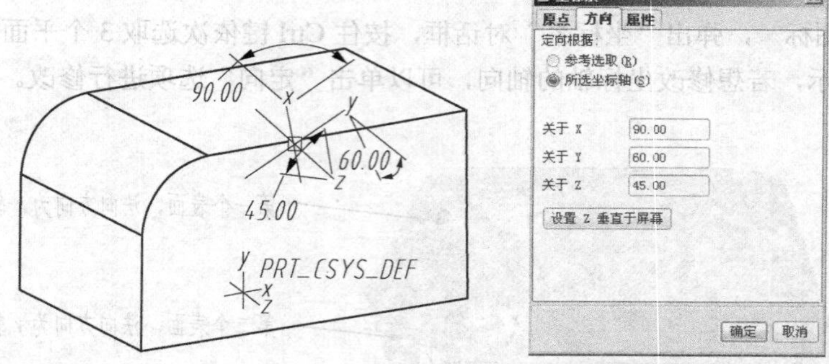

图 4.49 旋转偏距坐标系

4.6 实战练习

创建如图 4.50 所示的基准特征。

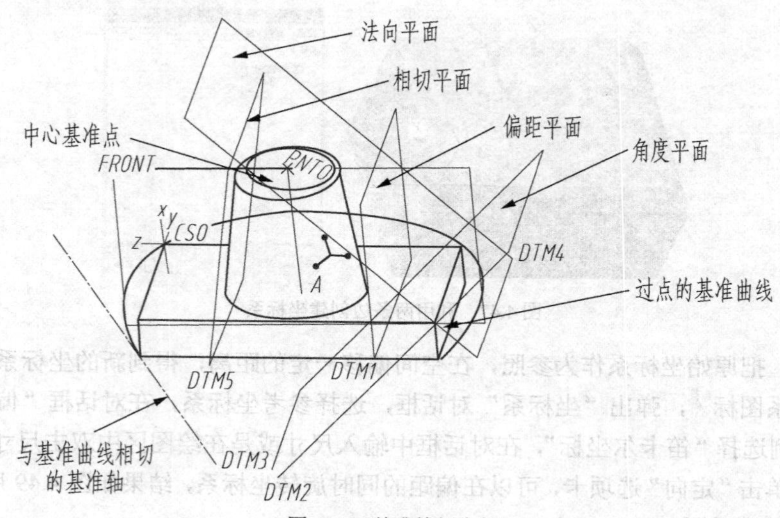

图 4.50 基准特征实例

本例题中的基准特征均采用第二种方式来创建，即先选取参照，再点取命令。

1．创建基本模型

创建新文件 ex5_1.prt，用前面章节中讲述的基础特征，绘制上图中的基本模型。

2．创建偏距平面

选择模型中的“RIGHT”基准平面，单击基准平面图标▱按钮，弹出“基准平面”对话框，在对话框中输入偏距尺寸，如图 4.51 所示，或在绘图区中双击修改尺寸。单击“确定”按钮，关闭对话框。

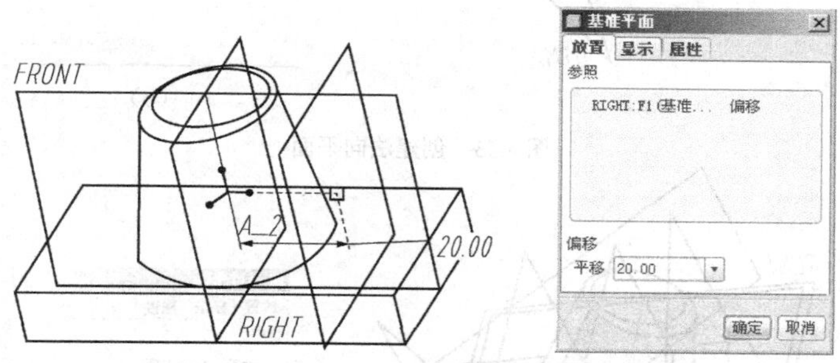

图 4.51　创建偏距基准面

3．创建角度平面

按住 Ctrl 键配合过滤器在模型中选取如图 4.52 所示平面及边线作为旋转轴。单击基准平面图标▱按钮，弹出“基准平面”对话框，如图 4.52 所示，在对话框中输入角度尺寸或在绘图区中双击修改尺寸值。单击“确定”按钮，关闭对话框。

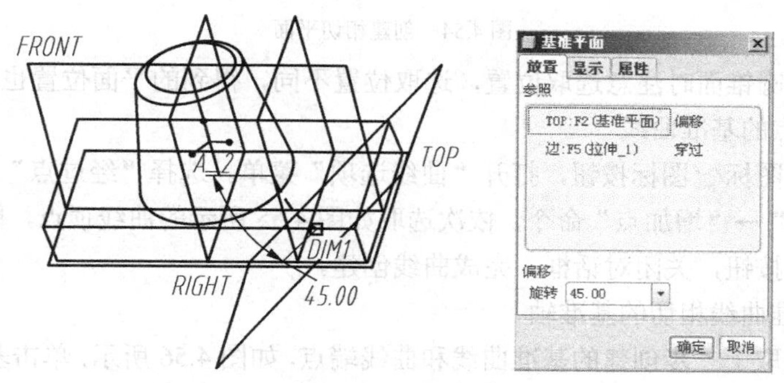

图 4.52　创建角度平面

4．创建法向平面

按住 Ctrl 键配合过滤器在模型中选取图 4.53（a）中刚刚创建的角度面，再选取图中的边线，单击基准平面图标▱按钮，弹出“基准平面”对话框，在对话框参照下拉列表中选择“法向”，如图 4.53（b）所示。单击“确定”按钮，关闭对话框。

5．创建相切平面

按住 Ctrl 键配合过滤器在模型中选取如图 4.54（a）所示的圆锥面和“FRONT”面，单击基准平面图标按钮▱，弹出“基准平面”对话框，在对话框参照下拉列表中选择“相切”，如图 4.54（b）所示。单击“确定”按钮，关闭对话框。

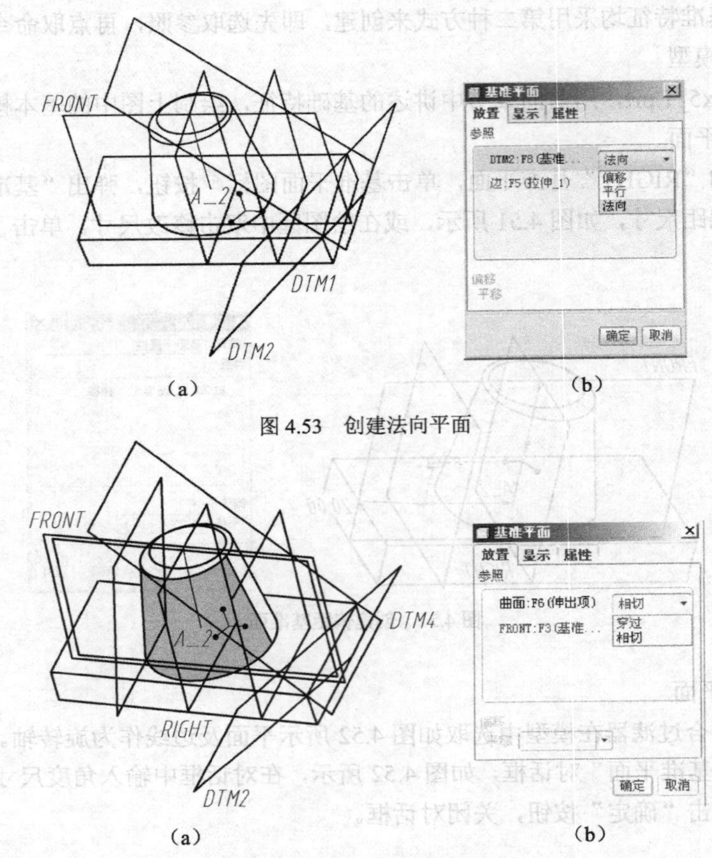

图 4.53　创建法向平面

图 4.54　创建相切平面

注意：在选取圆锥面时注意选取位置，选取位置不同，得到的平面位置也不同。

6．创建经过点的基准曲线

单击基准曲线图标～图标按钮，打开“曲线选项”菜单。选择“经过点”→“完成”→“样条”→“整个阵列”→“增加点”命令，依次选取如图 4.55 所示的曲线顶点，单击“完成”按钮，最后单击“确定”按钮，关闭对话框，完成曲线创建。

7．创建与基准曲线相切的基准轴

按住 Ctrl 键选取上一步创建的基准曲线和曲线端点，如图 4.56 所示，单击基准轴图标 / 即可。

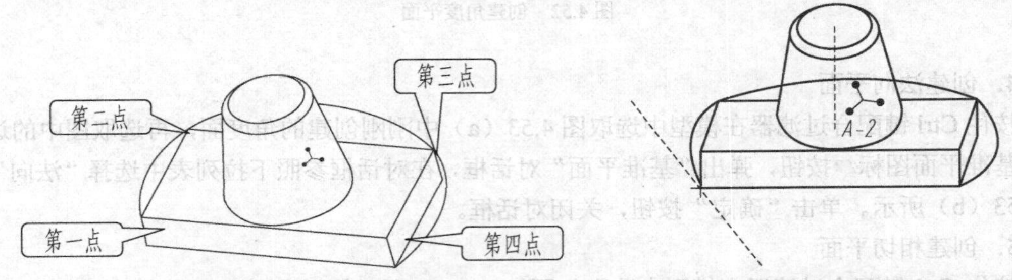

图 4.55　创建经过点的基准曲线　　　图 4.56　创建与基准曲线相切的基准轴

8．创建过圆心的基准点

在过滤器中选择“几何”，选取模型中的圆弧，单击一般基准点图标，弹出“一般基准点创建”

对话框，在对话框参照下拉列表中选择“居中”，如图 4.57 所示。最后单击“确定”按钮，关闭对话框。

文件建立完毕，保存文件。

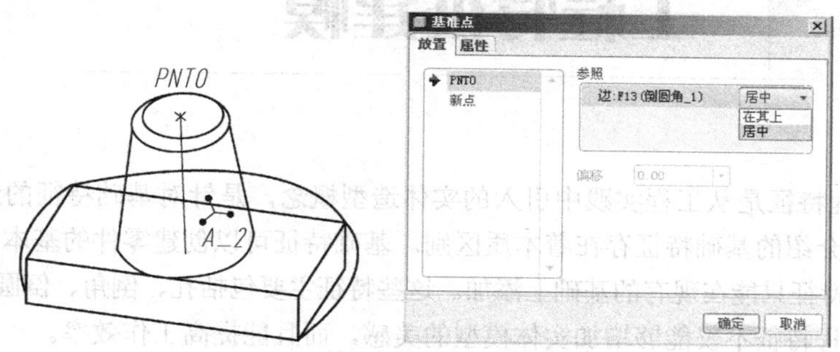

图 4.57 创建过圆心的基准点

4.7 习题

1．思考题

（1）简述基准平面的定义。

（2）比较几种基准特征创建步骤的区别。

（3）思考创建基准平面时各种创建方式的区别以及各自的特点。

2．练习题

结合基准特征的创建和第 3 章中的知识来完成如图 4.58 所示的模型。

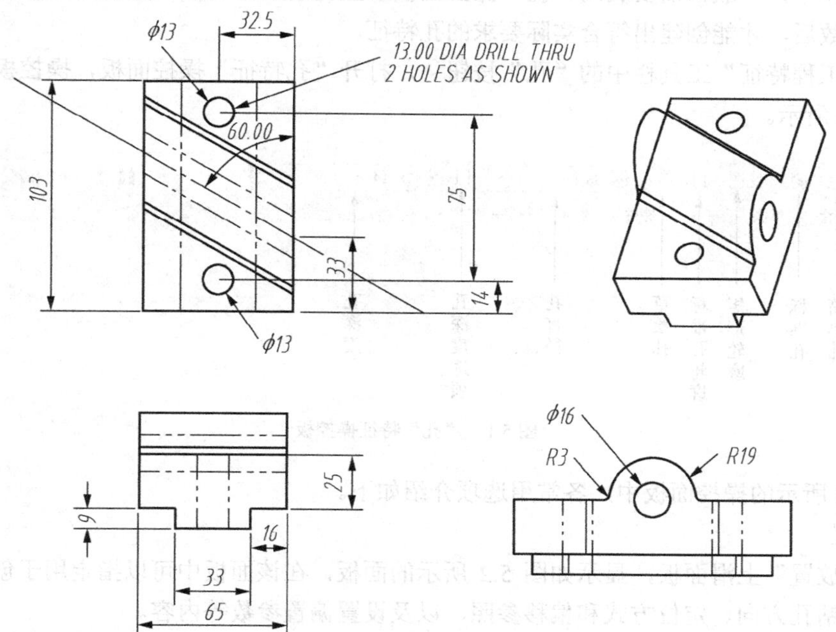

图 4.58 练习题

第5章 工程特征建模

Pro/E 的工程特征是从工程实践中引入的实体造型概念，是针对基础特征的进一步加工。此类特征和前面所介绍的基础特征存在着本质区别。基础特征可以创建零件的基本实体差，可以单独应用，而工程特征只能在现有的基础上添加。这些特征主要包括孔、倒角、倒圆角、筋、抽壳、拔模等。使用工程特征不仅能够增加实体模型的美感，而且能提高工作效率。

5.1 孔特征

Pro/E 把孔分为简单孔、草绘孔和标准孔三类。除使用前面讲述的减料功能制作孔外，还可直接使用 Pro/E 提供的“孔”命令，从而更方便、快捷地制作孔特征。

在使用孔命令制作孔特征时，只需指定孔的放置平面，并给定孔的定位尺寸及孔的直径、深度即可。

5.1.1 “孔”特征操控板

在 Pro/E 中，一般都需要利用“孔”操控面板设置孔的放置位置、定位方式、类型以及直径和深度等参数后，才能创建出符合实际要求的孔特征。

单击“工程特征”工具栏中的“孔”按钮，打开“孔特征”操控面板，操控板中各图标的功能如图 5.1 所示。

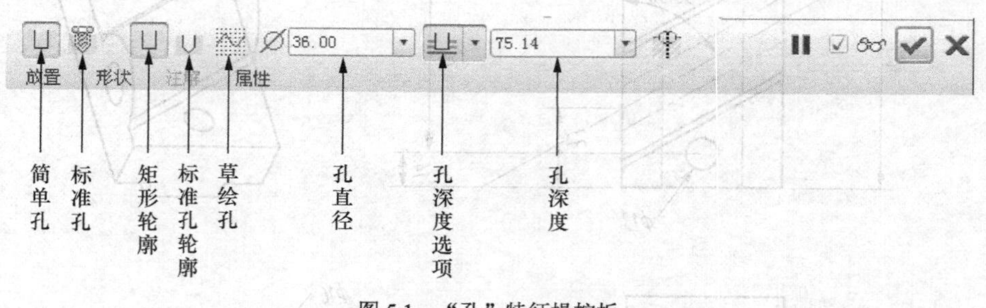

图 5.1 “孔”特征操控板

在图 5.1 所示的操控面板中，各常用选项介绍如下。

1．放置

单击“放置”上滑面板，显示如图 5.2 所示的面板，在该面板中可以指定用于创建孔特征的放置曲面、钻孔方向、定位方式和偏移参照，以及设置偏置参数等内容。

放置：该选项可以指定放置孔特征的参照曲面，参照曲面可以是基准面、实体模型的平面或圆柱面等类型的曲面。单击可激活收集器，即可添加或删除放置参照。利用收集器右侧的“反向”按钮，可以改变孔相对于放置面的放置方向，如图 5.3 所示。

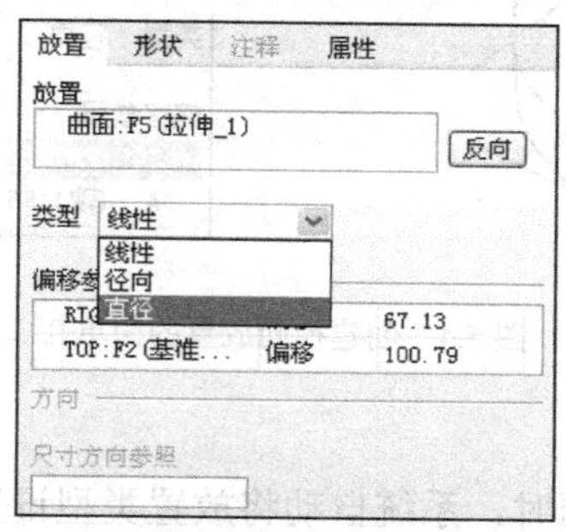

图 5.2 “放置”上滑面板

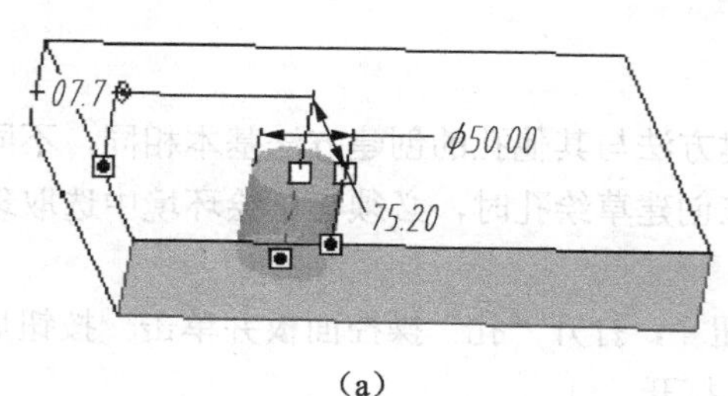

（a）

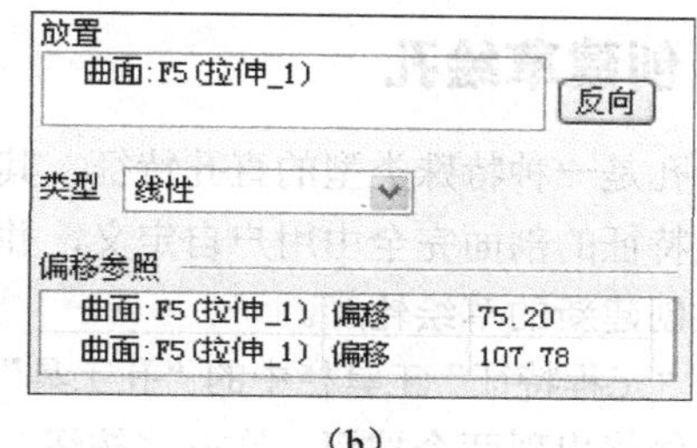

（b）

图 5.3 创建线性放置的简单孔

2．注释与属性

选择“注释”选项后，可以预览正在建立或重新定义的标准孔特征的特征注释。“螺纹注释”显示在模型树和图形窗口中，而且会在打开“注释”上滑面板时出现在嵌入对话框中，但“注释”上滑面板只适用于“标准”孔特征。选择“属性”选项，可以参看孔特征的参数信息，并且能够重命名孔特征。

5.1.2 创建简单孔

在 Pro/E 中，简单孔是常用的孔创建方式。简单孔是指具有单一半径的直孔，横向截面为固定大小的圆形。此外，使用拉伸、旋转特征中的切除材料功能可以创建简单直孔。

简单孔的绘制根据其放置参照可以分为“线性”、“径向”、“直径”和“同轴”四种类型，其中“径向”、“直径”的绘制方法比较相似，可以归结为一种。

1．线性放置孔

线性是最常用的一种放置类型。使用这种方式，需要在模型上定义一个用于放置孔的放置参照和两个用于定位孔位置的偏移参照，然后设置偏移参数和孔的形状等参数，即可完成简单孔的创建，如图 5.3 所示。

2．径向和直径放置孔

径向和直径都是利用“平面极坐标系”来定义孔的位置的。因此，在选择放置面后，必须选择用于确定角度值的参考平面和确定径向值的中心参考，最后指定具体偏移尺寸、孔径以及孔深等参数，即可完成此类孔的绘制，如图 5.4 所示。

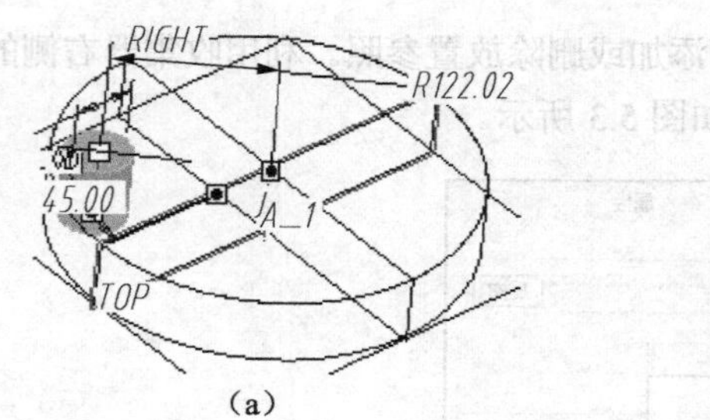

（a）

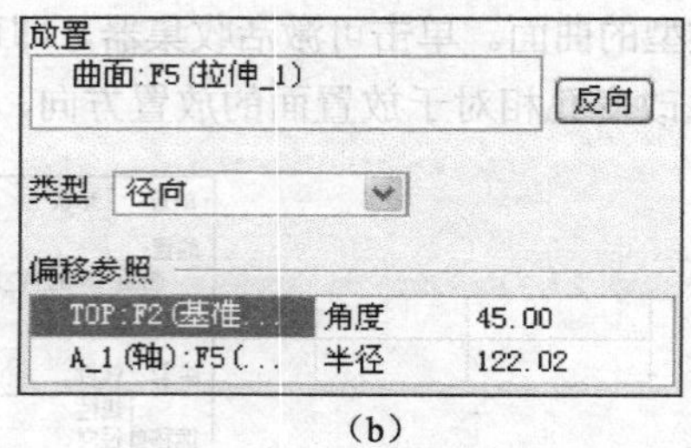

（b）

图 5.4　创建径向放置的简单孔

3．同轴放置孔

当所选放置参照为轴线和曲面时，系统自动将放置类型设置为同轴，使孔的轴线与实体中已有的轴线共线，在轴和曲面的交点处放置孔。

5.1.3　创建草绘孔

草绘孔是一种特殊类型的直孔特征，其创建方法与其他孔的创建方法基本相同，不同之处在于此类孔特征的剖面完全由用户自定义，并且在创建草绘孔时，必须在草绘环境中选取现有的草绘轮廓或创建新的草绘轮廓。

单击“工程特征”工具栏中的“孔工具”按钮，打开“孔”操控面板并单击按钮后，在该按钮的右侧将出现两个按钮。单击按钮，可以打开现有的草绘文件作为草绘孔的侧向截面；单击按钮，可以进入草绘环境，在草绘环境中绘制出孔的剖面轮廓后，单击“草绘器工具”工具栏中的按钮，即可按照上面介绍的简单直孔创建方法，绘制出草绘孔特征，如图 5.5 所示。

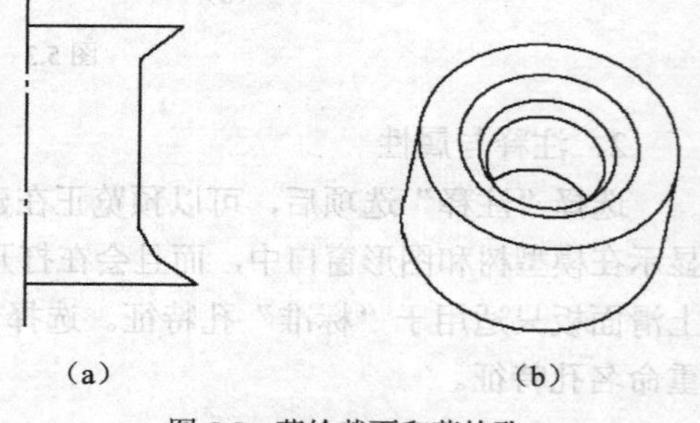
（a）　（b）

图 5.5　草绘截面和草绘孔

注意：草绘截面必须满足以下条件：一条中心线，所有图元位于中心线的同一侧，至少有一个图元与中心线垂直，包含无相交的封闭图元。

5.1.4　创建标准孔

标准孔是指利用现有工业标准规格建立的、可以具有螺纹的孔。在 Pro/E 中，可以利用“孔”工具创建 ISO、UNC 和 UNF 三种通用规格的标准孔。其中，ISO 与我国的国标最为接近。

标准孔的定位方式与直孔相似，在此就不再赘述。不同之处在于标准孔的形状已经标准化。利用“孔”操控面板中的“螺钉尺寸”下拉菜单和“形状”上滑面板，可以选择孔的标准，并且可以对标准孔的具体形状做进一步修改，如图 5.6 所示。

在利用螺栓进行零件之间的连接时，为了使螺栓紧固牢靠或在螺栓所在平面上安装其他零件，往往需要在安装螺栓的平面上加工出直径大于螺孔头的矩形盲孔特征，以达到使螺栓的头都低于连接表面的目的。

标准孔中的螺纹孔、埋头孔、沉孔以及标准底孔等孔的形状和参数设置介绍如下。

1．攻丝

攻丝是所有标准孔子类型孔的默认创建方式，该按钮处于激活状态时，可以创建出具有螺纹特征的标准孔。

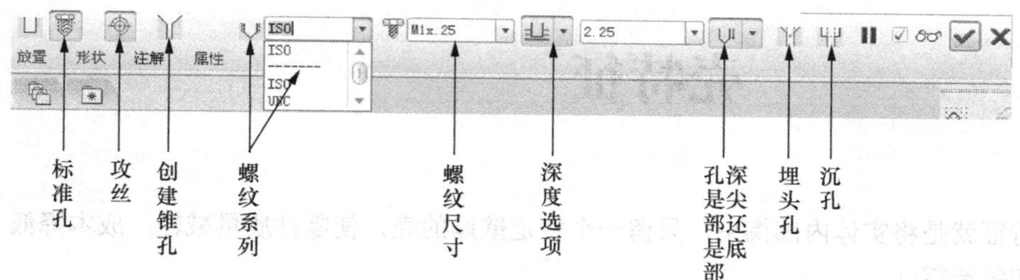

图 5.6 创建标准孔操控板

单击“标准孔”操控面板中的按钮，即可启用或者关闭螺纹孔。螺纹孔的形状可在“形状”上滑面板中设置，如图 5.6 所示。其中，虚线表示螺纹顶径。如果启用“不通孔”形式，那么将无法取消攻丝选项。

2．埋头孔

在利用埋头螺钉进行连接的连接件中，连接件的螺孔部位一般都需要加工出具有一定锥度的埋头孔特征。该特征不仅可以便于螺钉的进入，还可以使螺钉头部与埋头孔配合，从而使其与安装表面平齐，或略低于安装表面，以达到连接表面美观，不影响其他零件正常工作的目的。

单击“标准孔”操控面板上的“埋头孔”按钮，利用“形状”上滑面板对孔的形状和尺寸进行设置，并进行孔的放置和定位，即可完成埋头孔的创建，如图 5.7 所示。

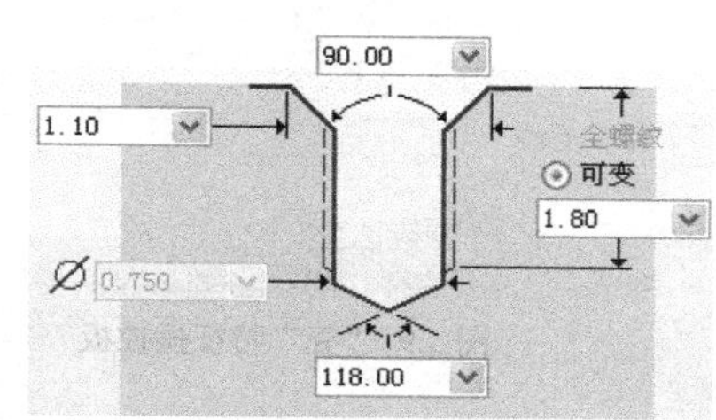

图 5.7 “埋头孔”对应的形状上滑板

3．沉孔

单击“沉孔”按钮，在“形状”上滑面板中对孔的形状、尺寸进行设置，并进行孔的放置和定位，即可完成沉孔的创建。

4．矩形孔和不通孔

利用“孔”工具创建矩形孔和标准底孔是 Pro/E 的新增功能。其中，矩形孔是孔底面为平面的孔特征，其创建方法同简单直孔相同，在此就不再赘述。

不通孔是以标准孔的轮廓为钻孔轮廓的孔特征，可分为埋头孔和沉孔两种类型。其创建方法与标准孔基本相同，不同之处在于创建标准孔时，孔的径向尺寸只能在“螺钉尺寸”下拉菜单中选取，不能任意设置，但创建不通孔时，可以利用“形状”上滑面板任意设置孔的尺寸，效果如图 5.8 所示。

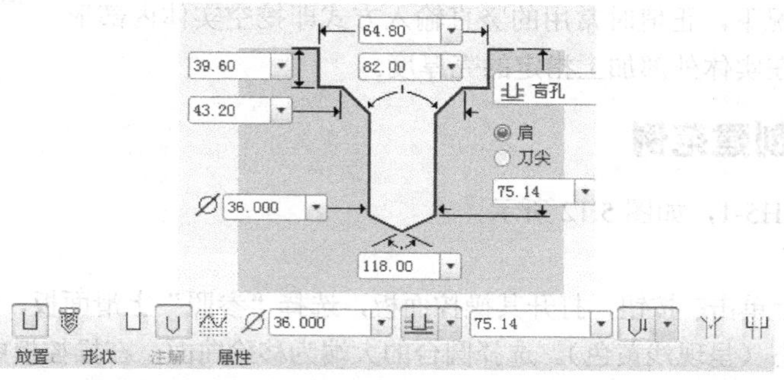

图 5.8 “不通孔”对应的形状上滑板可方便修改各处尺寸

5.2 壳特征

壳特征就是将实体内部掏空，只留一个特定壁厚的壳，使零件质量减轻，成本降低，主要用于塑料和铸造零件。

5.2.1 壳特征的使用方法

单击“工程特征”工具栏中的“壳工具”按钮▣，打开“壳特征”操控面板，如图 5.9 所示。下面介绍操控面板中的各个常用选项。

参照：在“参照”上滑面板中包括两个用于指定参照对象的收集器，如图 5.10 所示。“移除的曲面”收集器用于选取需要移除的曲面或曲面组，按住 Ctrl 键可以选择多个曲面作为移除面。如果不选择任何曲面作为移除面，则可以由实体中建立一个封闭的壳，整个实体内部呈现挖空状态。“非缺省厚度”收集器用于选取需要指定不同厚度的曲面，并且可以对收集器中的每一个曲面分别指定厚度。

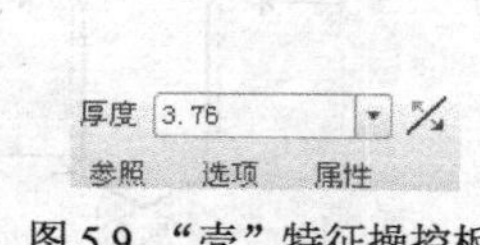

图 5.9 “壳”特征操控板

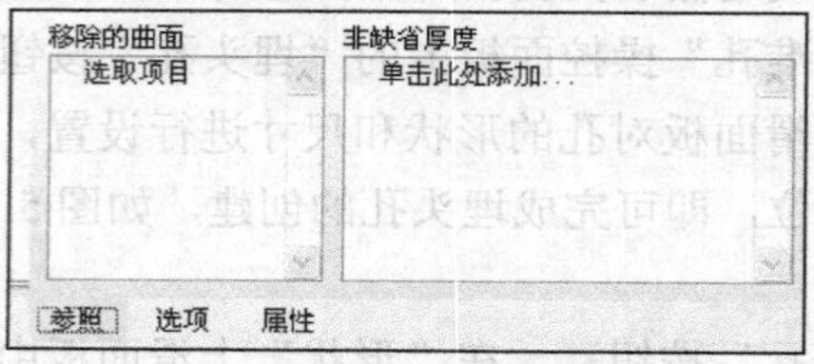

图 5.10 “参照”上滑面板

选项：利用“选项”上滑面板，可以对抽壳对象中的排除曲面以及抽壳操作与其他凹角或凸角特征之间的切削穿透特征进行设置，如图 5.11 所示。

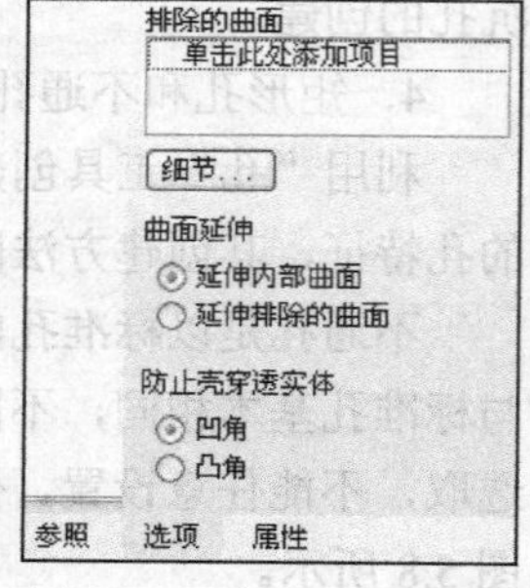

图 5.11 “选项”上滑面板

属性：在“属性”上滑面板中，包含“名称”文本框，可在其中为壳特征键入定制名称，以替换自动生成的名称。它还包含ℹ图标，单击它可以显示关于特征的信息。

厚度和方向：在“厚度”文本框中可以指定所创建壳体的厚度，利用“反向”按钮⁄可以在参照的另一侧创建壳体，其效果与输入负值的厚度相同。一般情况下，正值时常用的竖直输入方式即挖空实体内部形成壳，而负值则是在实体外部加上指定的壳厚度。

5.2.2 壳特征创建范例

1．打开零件 CH5-1，如图 5.12 所示

2．创建壳特征

在特征工具栏上单击▣按钮，打开其操控面板，选择“参照”上滑面板，此时“移除的曲面”收集器处于激活状态（呈现浅黄色）。选择圆台的大端为移除曲面，在操控板中更改厚度数值为 2，并按下 Enter 键。单击“参照”上滑面板中的“非缺省厚度”收集器，使之处于激活状态（呈现

浅黄色）。选择圆台的小端面，并将非缺省厚度的值改为5。单击操控板右侧的☑👓，观察零件；发现其在杯子手柄部位出现“破洞”，这是因为壳特征自动把茶杯手柄“钻空”了。这不符合设计要求，需要重新进行修改。

单击操控板右侧的▶按钮，退出暂停模式。选择操控板中的“选项”命令，弹出其上滑面板，激活该面板中的“排除曲面”收集器，选择手柄曲面，单击操控板右侧的☑按钮，完成壳特征的建立，结果如图5.13所示。

图5.12 打开后的CH5-1

图5.13 创建完成后的壳特征和切开后的茶杯

5.3 筋特征

筋是机械设计中为了增加产品刚度而添加的一种辅助性实体特征。其创建方法与拉伸特征基本相似，不同点在于筋特征的截面草图不是封闭的，筋的截面只是一条链，而且链的两端必须与接触面对齐。

根据相邻面的类型不同，生成的筋分为直筋和旋转筋两种形式。相邻的两个面均为平面时，生成的筋称为直筋，即筋的表面是1个平面；相邻的两个面中有1个为回转面时，草绘筋的平面必须通过回转面的中心轴，生成的筋为旋转筋，其表面为回转面。

5.3.1 “筋”特征操控板

单击“工程特征”工具栏中的“筋”特征按钮◺，打开“筋”特征操控面板，然后指定筋的放置面、截面形态以及筋的厚度等参数，即可完成筋特征的创建，如图5.14所示。

“筋”特征操控面板中包含下列选项。

参照：“参照”上滑面板用于指定筋的放置平面，并可以进入草绘环境进行截面绘制。在指定筋的截面后，还可以利用该上滑面板中的“编辑”和“反向”工具，对该截面进行重新修改，或改变筋特征的生成方向，如图5.15所示。

属性：在“属性”上滑面板中，可以通过单击按钮ℹ预览筋特征的草绘平面、参照、厚度以及方向等参数信息，并且能够对筋特征进行重命名。

厚度和厚度方向：筋特征的厚度可以通过“厚度”文本框设置，或直接拖动图中的厚度调整柄进行设置。单击“厚度方向”按钮⨯，可以更改筋的两侧面相对于放置平面之间的厚度。在指定筋的厚度后，连续单击⨯按钮，可在对称、正向和反向三种厚度效果之间切换，如图5.16所示。

注意：有效的筋特征草绘必须满足如下规则。

（1）单一的开放环。

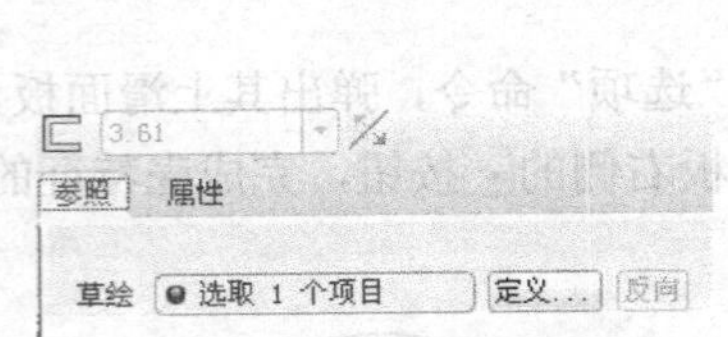

图 5.14 “筋特征”操控面板

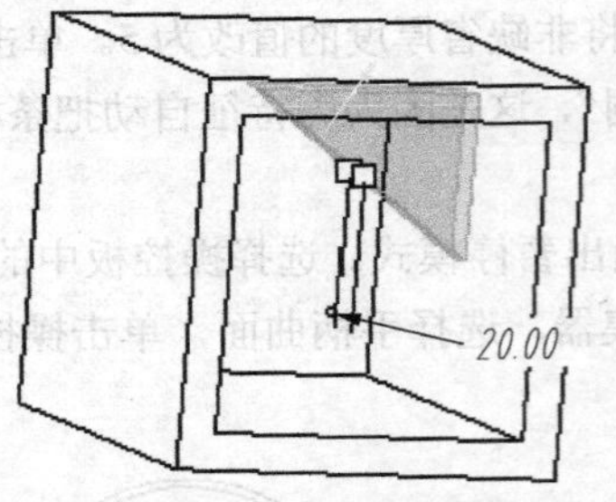

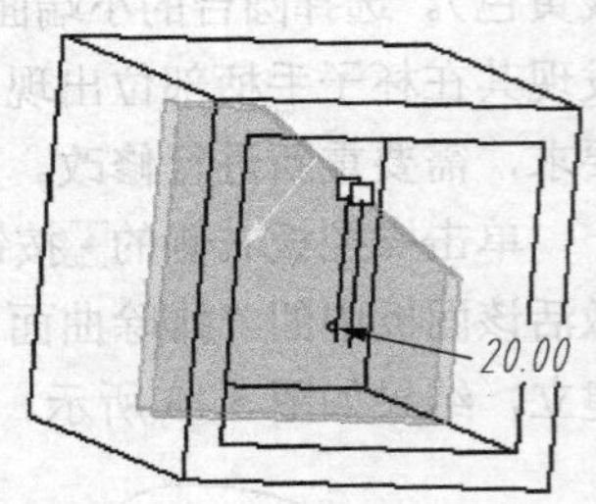

图 5.15 改变筋的生成方向

（2）连续的非相交草绘图元。

（3）草绘端点必须与形成封闭区域的连接曲面对齐。

直的筋特征草绘只要线端点连接到曲面上，形成一个要填充的区域即可；对旋转筋而言，必须在通过旋转曲面的旋转轴的平面上创建草绘，并且其线端点必须连接到曲面，以形成一个要填充的区域。

（a）草绘平面右侧

（b）草绘平面左侧

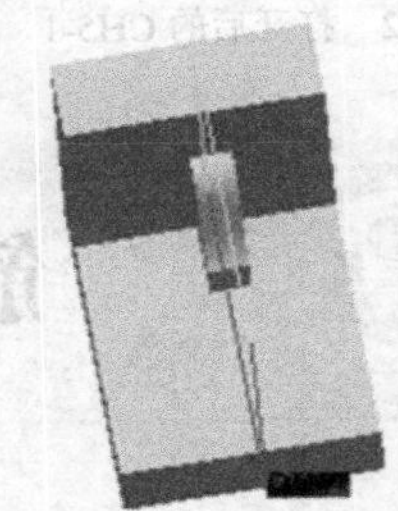

（c）关于草绘面对称（缺省方向）

图 5.16 筋的生成方向

5.3.2 “筋”特征创建实例

1．打开零件 CH5-2，如图 5.17 所示

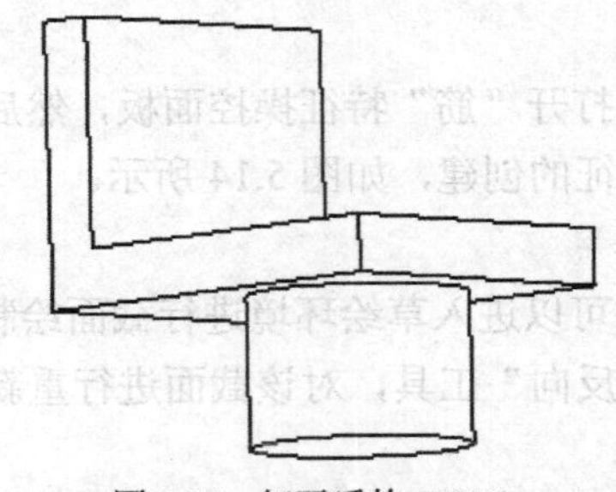

图 5.17 打开后的 CH5-2

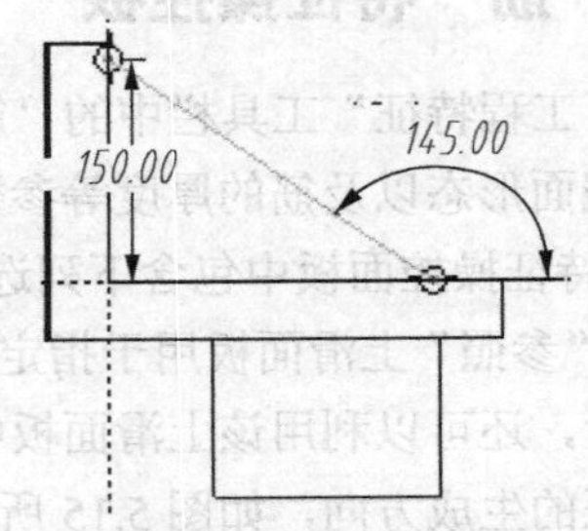

图 5.18 直筋的草绘截面

2．创建直筋特征

单击“筋”特征按钮，选择“参照”→“定义”选项，选择“TOP”面为筋的放置平面，并以筋的接触面为参照绘制如图 5.18 所示截面，然后指定筋的厚度为 40，方向指向已有实体表面，即可完成此类筋特征的创建，如图 5.19 所示。

3．创建旋转筋特征

继续单击“筋特征”按钮，选择“参照”→“定义”选项，选择“TOP”面为筋的放置平面，并以筋的接触面为参照绘制如图 5.20 所示截面，然后指定筋的厚度为 40，方向指向已有实体表面，即可完成此类筋特征的创建，如图 5.21 所示。

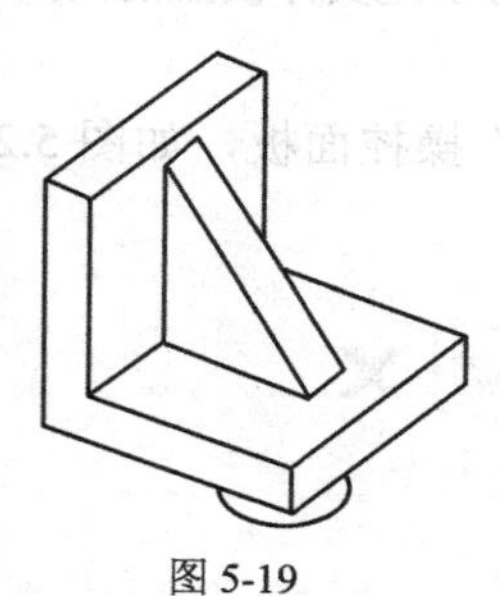
图 5-19

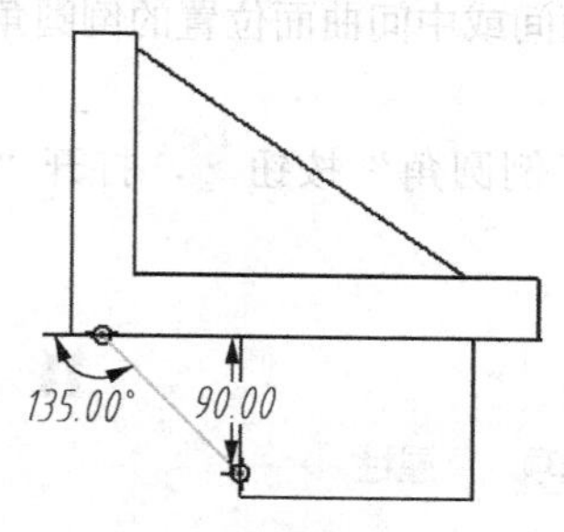

图 5.20 旋转筋的草绘截面和旋转筋特征

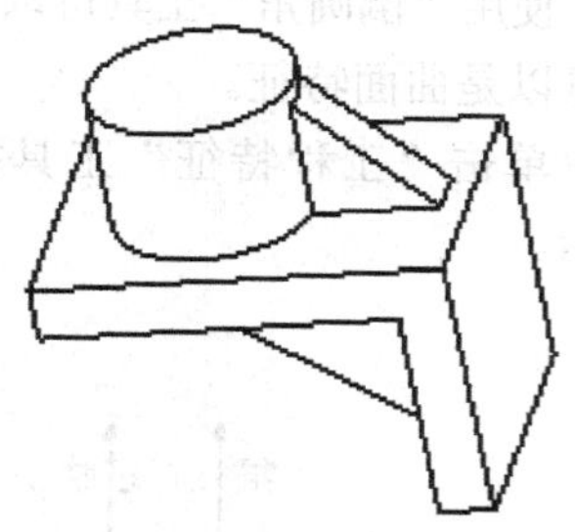
图 5.21 创建结果

5.4 倒圆角特征

圆角特征在零件设计中必不可少。它有助于模型设计中造型的变化或产生平滑的效果，从而达到提高产品外观美感、防止模型由于应力集中而开裂、保障使用安全性的目的。图 5.22 所示为四种常用圆角类型的示意图。

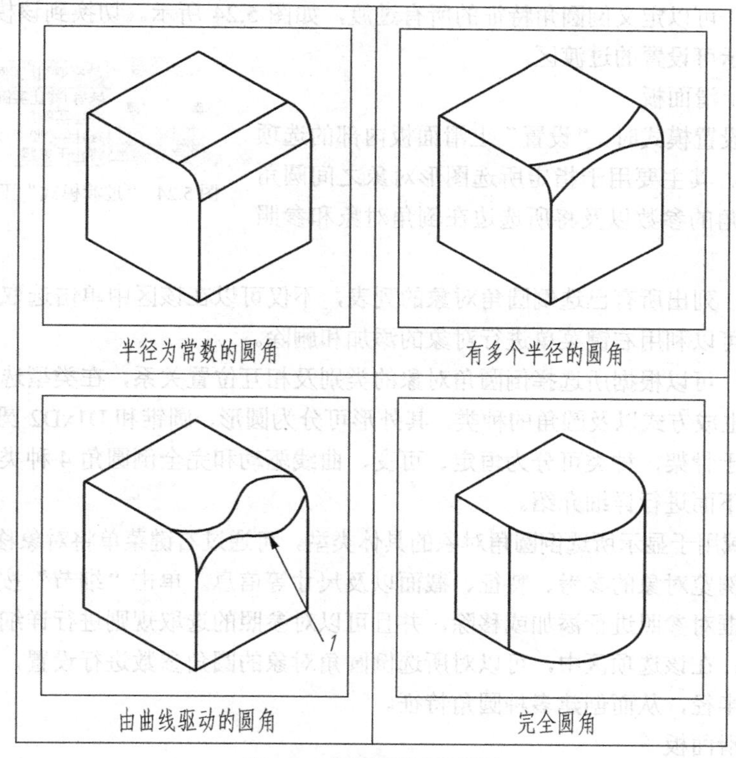

图 5.22 四种常用圆角类型

5.4.1 “倒圆角”特征操控面板

使用“倒圆角”工具可以创建曲面间或中间曲面位置的倒圆角，曲面可以是实体模型的曲面，也可以是曲面特征。

单击“工程特征”工具栏中的“倒圆角”按钮，打开“倒圆角”操控面板，如图5.23所示。

图5.23 “倒圆角”特征操控面板

在该面板中，各选项的作用及操作方法介绍如下。

1.“设置模式”

设置模式又称为集合模式，为系统默认的模式。在该模式下，可以选取倒圆角的参照，控制倒圆角的各项参数以及处理倒圆角的组合，这是一种比较常用的模式。

2.“过渡模式”

通过该模式，可以定义倒圆角特征的所有过渡，如图5.24所示。切换到该模式后，Pro/E会自动在模型中显示可设置的过渡区。

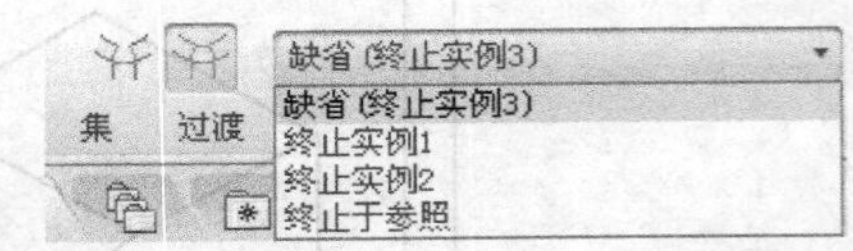

图5.24 “过渡模式”下的圆角特征操控板

3.“设置”上滑面板

只有在使用设置模式时，“设置”上滑面板内部的选项才处于激活状态。其主要用于指定所选图形对象之间圆角的类型，设置圆角的参数以及将所选边在倒角对象和参照之间转换等。

对象控制区：列出所有已选倒圆角对象的列表，不仅可以在该区中单击选取所选倒角对象中的任意对象，还可以利用右键菜单进行对象的添加和删除。

类型选择区：可以根据所选择倒圆角对象的类别及相互位置关系，在类型选择区中选择圆角面的截面形状、生成方式以及圆角的种类。其外形可分为圆形、圆锥和D1xD2圆锥，生成方式可分为滚球和垂直于骨架，种类可分为恒定、可变、曲线驱动和完全倒圆角4种类型。各类型圆角的创建方法将在下面进行详细介绍。

参照：该区域用于显示所选倒圆角对象的具体类型，可通过右键菜单将对象移除，或打开“信息窗口”窗口，例览对象的参考、特征、截面以及尺寸等信息。单击“细节”按钮，可以利用打开的“链”对话框对参照进行添加或移除，并且可以对参照的选取规则进行详细编辑。

参数设置区：在该选项区中，可以对所选倒圆角对象的圆角参数进行设置，并且可以利用右键菜单添加圆角半径，从而创建多种圆角特征。

4.“段”上滑面板

在“段”上滑面板中，可以显示所有已选的圆角对象以及圆角对象所包含曲线段的对话框。

5．“选项”上滑面板

在“选项”上滑面板中，包括“实体”和“曲面”两个单选按钮。选择前者时，圆角生成为实体；选择后者时，圆角生成为曲面。

6．“属性”上滑面板

在“属性”上滑面板中，可以创览圆角特征的类型、参照以及半径等参数信息，并且能够重命名圆角特征。

5.4.2 “倒圆角”特征创建实例

1．打开零件 CH5-3

2．普通倒圆角

单击“工程特征”工具栏中的“倒圆角”按钮，打开“倒圆角”操控面板。保持操控面板中的缺省设置模式，依次选择图 5.25（a）中长方体的两条边线，更改半径值为 50。单击操控板右侧的按钮，完成该圆角特征的建立，结果如图 5.25（b）所示。

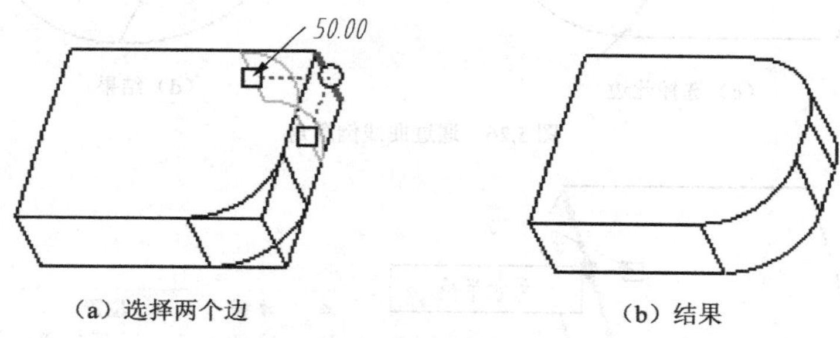

（a）选择两个边　　（b）结果

图 5.25　普通倒圆角

3．通过曲线倒圆角

单击“工程特征”工具栏中的“倒圆角”按钮，打开“倒圆角”操控面板。保持操控面板中的缺省设置模式，选择图 5.26（a）所示的边。在图 5.26（b）所示的操控面板选择“集”命令，在其上滑面板中单击“通过曲线”按钮，在绘图窗口选择加亮的圆周（先选择一段边线，按住 Shift 键再选择另一段边线），如图 5.26（c）所示。选择后可以在绘图窗口观察倒圆角的预览显示状态，结果如图 5.26（d）所示。

4．变半径倒圆角

在绘图窗口右击，在弹出的快捷菜单中选择“添加组”命令。选择所加亮的边，如图 5.27（a）所示。在操控面板中选择“集”命令，在弹出的上滑面板下方的“半径”收集器中鼠标右键单击，在弹出的命令菜单中选择“添加半径”命令，如图 5.27（b）所示。在“半径”收集器中选择第 1 个半径选项，在控制位置的下拉列表中选择“参照”选项，在绘图窗口选择所指的顶点，更改半径为 40。再在“半径”收集器中选择第 2 个半径选项，仍然在控制位置下拉列表框中选择“参照”选项，在绘图窗口选择所指的顶点，更改半径值为 20，如图 5.27（c）所示。

继续在“半径”收集器添加半径，并把新的半径参照到该边按逆时针方向连续的顶点还剩 2 个顶点，在“半径”收集器中分别输入半径 30、10。单击操控面板右侧的按钮，完成该圆角特征的建立，如图 5.27（d）所示。

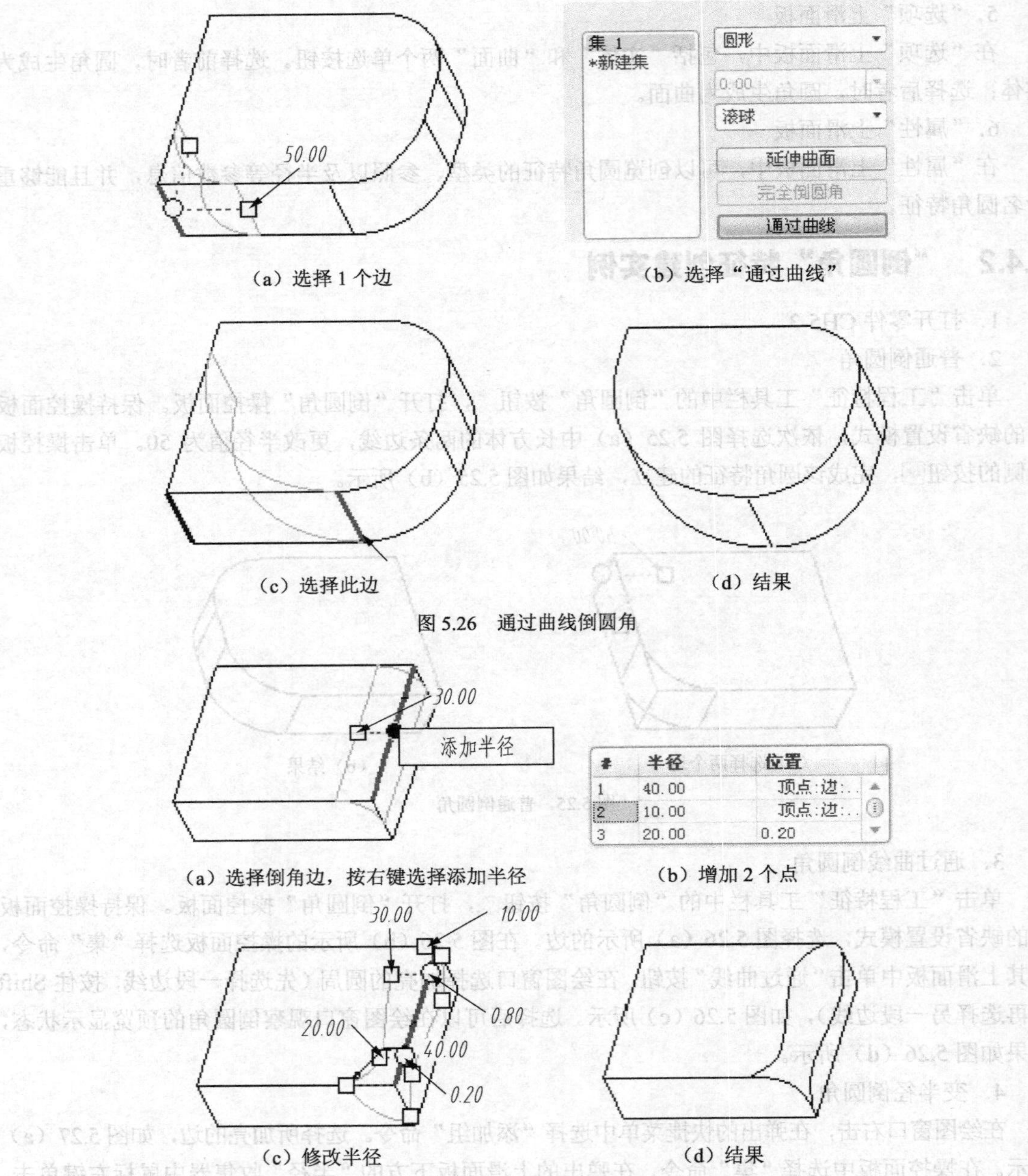

（a）选择 1 个边　（b）选择“通过曲线”

（c）选择此边　（d）结果

图 5.26　通过曲线倒圆角

#	半径	位置
1	40.00	顶点:边:...
2	10.00	顶点:边:...
3	20.00	0.20

（a）选择倒角边，按右键选择添加半径　（b）增加 2 个点

（c）修改半径　（d）结果

图 5.27　变半径倒圆角

5．完全倒圆角

单击“工程特征”工具栏中的“倒圆角”按钮，打开“倒圆角”操控面板；保持操控面板中的缺省设置模式；按住 Ctrl 键选择图 5.28（a）所示的边 1、2，在操控面板的“集”上滑面板中单击“完全倒圆角”按钮，如图 5.28（b）所示，建立一个完全倒圆角特征，如图 5.28（c）所示。

在绘图窗口右击，在弹出的快捷菜单中选择“添加组”命令；按住 Ctrl 键选择曲面 1、2，（曲面 1 为曲面 2 的对立曲面），此时“设置”上滑面板中的“驱动曲面”收集器处于激活状态，选择曲面 3 为驱动曲面，单击操控面板右侧的按钮，完成该完全圆角特征的建立。

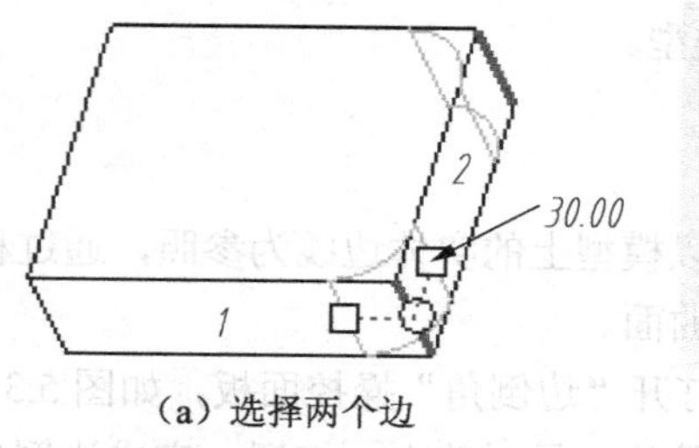

(a) 选择两个边

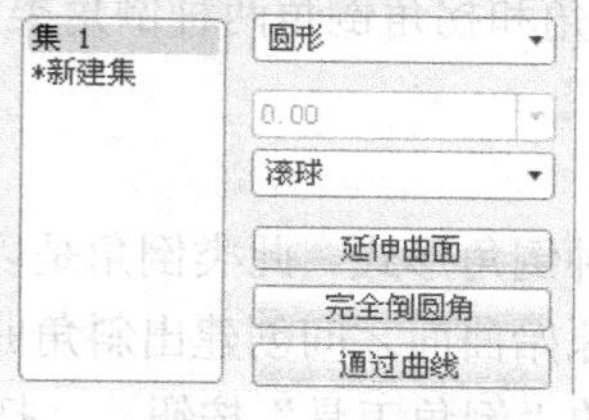

(b) 选择完全倒圆角

(c) 结果

图 5.28 变半径倒圆角

6．选择曲面倒圆角

单击“工程特征”工具栏中的“倒圆角”按钮，打开“倒圆角”操控面板；保持操控面板中的缺省设置模式；按住 Ctrl 键选择如图 5.29（a）所示的曲面 1、曲面 2，更改半径为 15，单击操控板右侧的☑按钮，完成该圆角特征的建立，结果如图 5.29（b）所示。

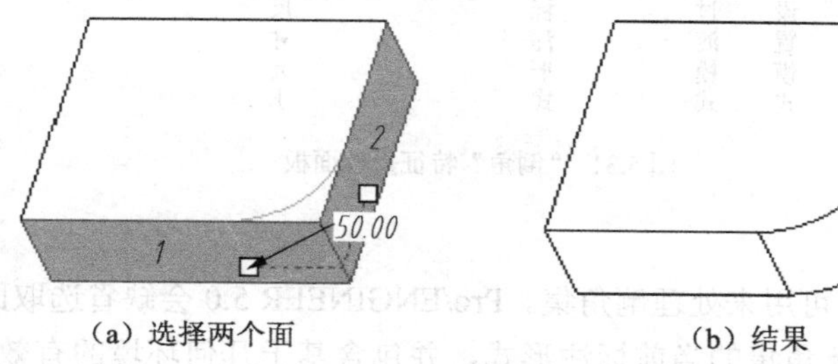

(a) 选择两个面 (b) 结果

图 5.29 选择曲面倒圆角

7．D1xD2 圆锥圆角

单击“工程特征”工具栏中的“倒圆角”按钮，打开“倒圆角”操控面板；保持操控面板中的缺省设置模式；选择图 5.30（a）所示的加亮边，在操控面板的“集”上滑面板中更改倒圆角方式为“D1×D2 圆锥”，更改 D 1 值为 10，D 2 值为 30，如图 5.30（b）所示。

单击操控板右侧的☑按钮，完成该圆角特征的建立，如图 5.30（c）所示。

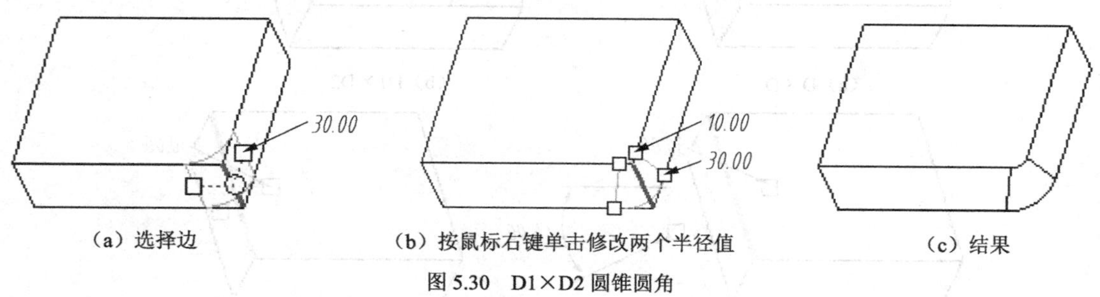

(a) 选择边 (b) 按鼠标右键单击修改两个半径值 (c) 结果

图 5.30 D1×D2 圆锥圆角

5.5 倒角特征

倒角又称为倒斜角或去角特征，是处理模型周围棱角的方法之一，其操作方法与倒圆角操作方法基本相同。Pro/E 提供了边倒角和拐角倒角两种倒角类型。

5.5.1 边倒角

边倒角是 Pro/E 中常用的一种倒角形式。此类倒角是以模型上的实体边线为参照，通过移除材料的方式在共有该边线的两个原始曲面之间创建出斜角曲面。

单击“工程特征”工具栏中的“倒角工具”按钮，打开“边倒角”操控面板，如图 5.31 所示。然后在实体模型上选取边线，设置倒角类型并输入参数值。最后单击按钮，完成边倒角特征的创建。

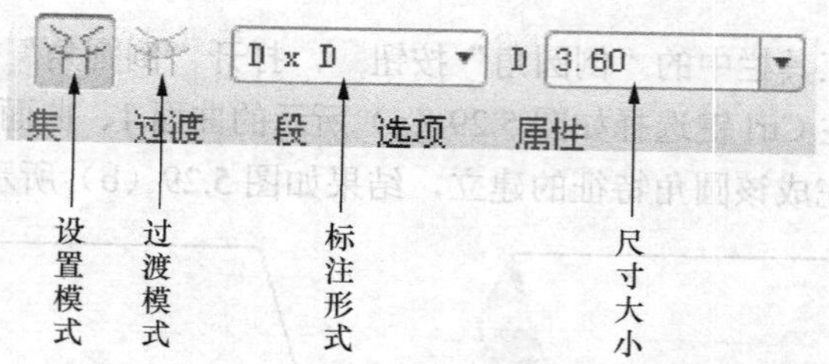

图 5.31 “倒角”特征操控面板

1．集模式

-激活“集”模式，可用来处理倒角集。Pro/ENGINEER 5.0 会缺省选取此选项。

“标注形式”框显示倒角集的当前标注形式，并包含基于几何环境的有效标注形式的列表。使用此框可改变活动倒角集的标注形式，Pro/E 包括下列几种标注形式，不同倒角方式效果对比如图 5.32 所示。

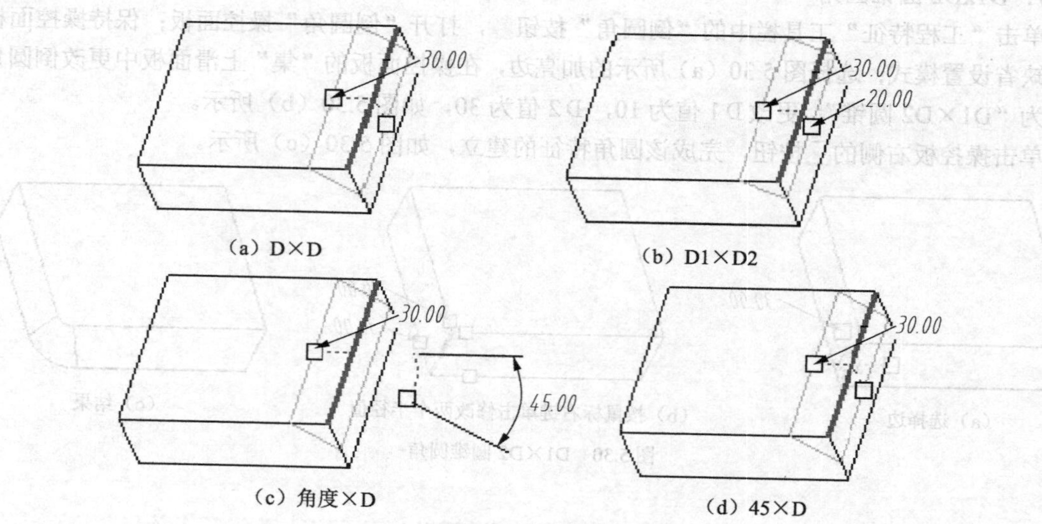

（a）D×D （b）D1×D2 （c）角度×D （d）45×D

图 5.32 倒角方式

（1）D x D：在各曲面上与边相距（D）处创建倒角。Pro/E 会缺省选取此选项。

注意：只有符合下列条件时，才使用“偏移曲面”创建方法。对“边”倒角，边链的所有成员必须正好由两个 90° 平面或两个 90° 曲面（例如，圆柱的端面）形成。对“曲面到曲面”倒角，必须选取恒定角度平面或恒定 90° 曲面。

（2）D1 x D2：在一个曲面距选定边（D1），在另一个曲面距选定边（D2）处创建倒角。

注意：只有符合下列条件时，此方案才可使用“偏移曲面”创建方法。对“边”倒角，边链的所有成员必须正好由两个 90° 平面或两个 90° 曲面（例如，圆柱的端面）形成。对“曲面到曲面”倒角，必须选取恒定角度平面或恒定 90° 曲面。

（3）角度 x D：创建一个倒角，它距相邻曲面的选定边距离为（D），与该曲面的夹角为指定角度。

注意：只有符合下列条件时，此方案才可使用“偏移曲面”创建方法：对“边”倒角，边链的所有成员必须正好由两个 90° 平面或两个 90° 曲面（例如，圆柱的端面）形成。对“曲面到曲面”倒角，必须选取恒定角度平面或恒定 90° 曲面。

（4）45 x D：创建一个倒角，它与两个曲面都成 45° 角，且与各曲面上的边的距离为（D）。

注意：此方案仅适用于两正交面相交边一处的倒角操作。

2．“集”上滑面板

利用“边倒角”操控面板上的“集”上滑面板，可以一次同时定义多个倒角的参数、添加或删除倒角参照以及倒角生成方式等内容，如图 5.33 所示。

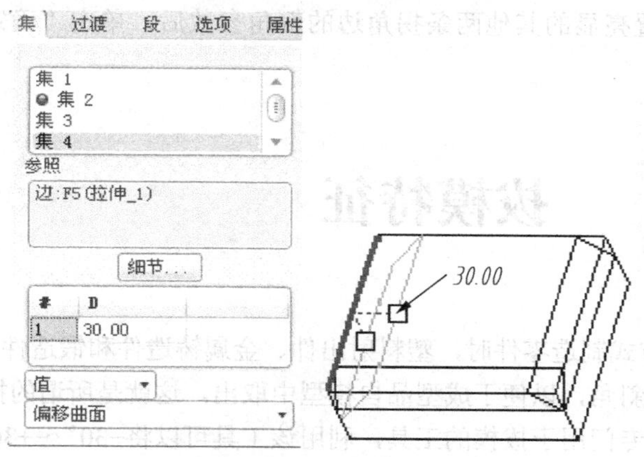

图 5.33 定义多个倒角

（1）参照选择区：多次选择“新组”选项，然后选取模型的边定义参照。利用“设置”选项的右键菜单，可以添加或删除倒角参照。按住 Ctrl 键可选取多个边线，然后单击“细节”按钮，则可利用打开的“链”对话框精确定义倒角参照。

（2）参数设置区：在该设置区中可以对所选参照对象的倒角尺寸进行详细设置，其中的参数选项随倒角类型的不同而变化。利用下部下拉菜单中的“值”和“参照”选项，可以选择倒角距离的驱动方式。

（3）生成方式：利用该选项可以指定倒角生成的方式，其中包括“偏移曲面”和“相切距离”两个选项。前者通过偏移相邻两曲面确定倒角距离，后者是指以相邻曲面相切线的交点为起点测量的倒角距离。

3．边倒角过渡设置

在实际制作过程中，如果有多组倒角相接时，在相接处常常会发生故障，或者需要修改过渡类型。此时可单击操控面板中的“过渡”按钮，切换为过渡显示模式，允许用户定义倒角特征的所有过渡，“过渡类型”如图 5.34 所示。

“过渡类型”框显示当前过渡的缺省过渡类型，并包含基于几何环境的有效过渡类型的列表。此框可用来改变当前过渡的过渡类型，过渡类型如下：

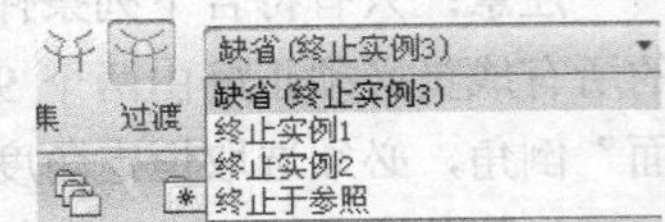

图 5.34 “过渡类型”框

（1）**缺省**：Pro/ENGINEER 5.0 确定最适合几何环境的过渡类型。过渡类型括在圆括号中。

（2）**曲面片**：在三个或四个倒角段重叠的位置处创建修补曲面。

（3）**拐角平面**：使用平面对由三个重叠倒角段形成的拐角过渡进行倒角。

注意：并非列出的所有过渡类型在给定环境下都可用。

5.5.2 拐角倒角

利用“拐角倒角”工具，可以从零件的拐角处去除材料，从而形成拐角处的倒角特征。

选择“插入”→“倒角”→“拐角倒角”选项，打开“倒角（拐角）：拐角”对话框。在模型中选取顶点的一条边线，确定要倒角的拐角，并在打开的“菜单管理器”对话框中选择“输入”选项，在信息栏中输入倒角距离。单击按钮☑，即可完成第一条拐角边的设置。然后根据信息栏提示，依次设置亮显的其他两条拐角边的倒角参数后，单击“确定”按钮，完成拐角倒角的创建。

5.6 拔模特征

使用注塑或铸造方式制造零件时，塑料射出件、金属铸造件和锻造件与模具之间一般会保留 1°～10°或者更大的倾斜角，以便于成型品自模型中取出，这就是所谓的拔模处理。

Pro/E 提供了一个专门用于拔模的工具，利用该工具可以将−30°～+30°之间的拔模角度添加到单独的曲面或一系列曲面中。仅当曲面由圆柱面或平面形成时，才能进行拔模操作。曲面边的边界周围有圆角时不能拔模，但可以先拔模，再对边进行圆角操作。

5.6.1 “拔模特征”操控面板

在“工程特征”工具栏中，单击“拔模”按钮，打开“拔模特征”操控面板，如图 5.35 所示。

1.“参照”上滑面板

“拔模曲面”表示要进行拔模操作的模型表面。另外，拔模曲面可以由拔模枢轴、曲面或者草绘曲线分割成多个区域，而且可分别设定各个区域是否参与拔模，以及定义不同的拔模角度。

“拔模枢轴”表示拔模过程中的参考，包括拔模曲面上的曲线或模型平面。拔模枢轴是拔模操作的参照，拔模围绕拔模枢轴进行，但不影响拔模枢轴自身的形态。该选项与操控板中的选项作用相同。

“拖拉方向”表示用于测量拔模角度的参照，可通过选取平面、直边、基准轴、两点及坐标系对其进行定义。此外，拖动方向一般都垂直于拔模枢轴，因此 Pro/E 一般会自动设定。该选项与操控板中的选项作用相同。

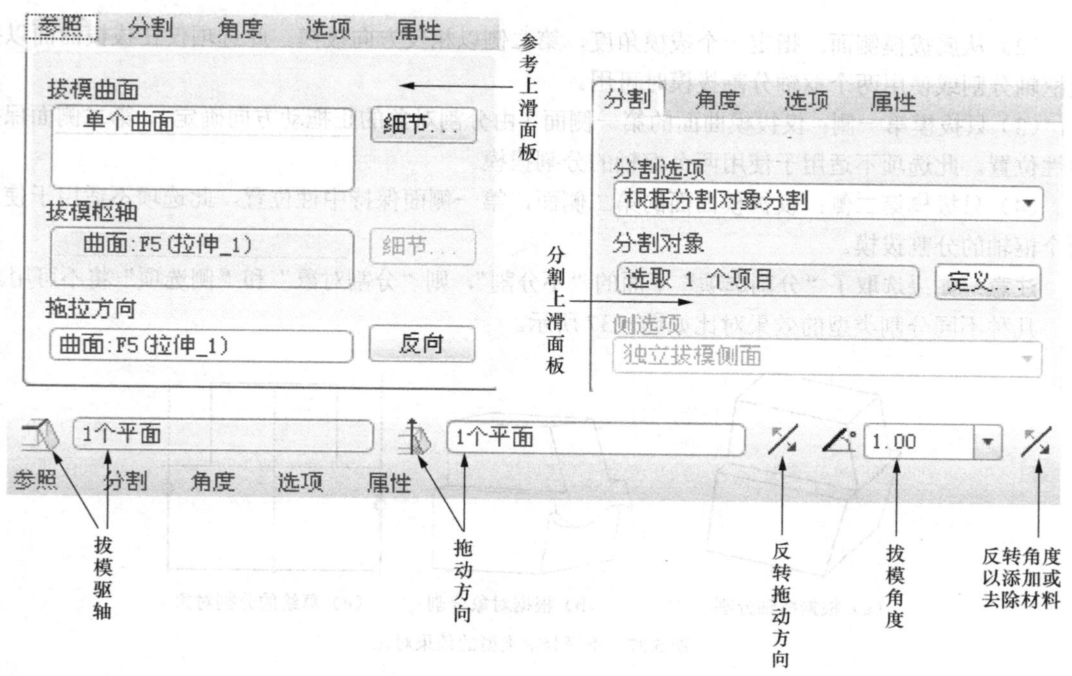

图 5.35 “拔模特征”操控板

“反向”用来反转拖拉方向，以黄色箭头标明。

注意：以上三个内容为拔模特征的三要素，拔模效果如图 5.36 所示。

2．“分割”上滑面板

分割选项可选取下列选项之一。

（1）不分割：不分割拔模曲面。整个曲面绕拔模枢轴旋转。

（2）根据拔模枢轴分割：沿拔模枢轴分割拔模曲面。

（3）根据分割对象分割：使用面组或草绘分割拔模曲面。如果使用不在拔模曲面上的草绘分割，Pro/E 会以垂直于草绘平面的方向将其投影到拔模曲面上。如果选取此选项，则 Pro/E 会激活“分割对象”收集器。

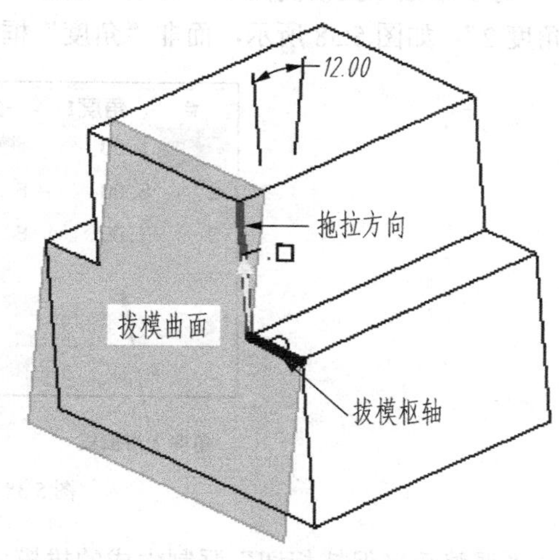

图 5.36 拔模特征三要素

（4）分割对象：只有在选择“根据分割对象分割”选项时，该选项才处于激活状态。单击该选项下部的收集器，可以选取模型上现在的草绘、平面或面组作为拔模曲面的分割区域；单击“定义”按钮可以指定拔模曲面作为草绘平面，绘制封闭的草绘轮廓，为拔模曲面的分割区域。

侧选项可选取下列选项之一。

（1）独立拔模侧面：为拔模曲面的每一侧指定独立的拔模角度。

（2）从属拔模侧面：指定一个拔模角度，第二侧以相反方向拔模。此选项仅在拔模曲面以拔模枢轴分割或使用两个枢轴分割拔模时可用。

（3）只拔模第一侧：仅拔模曲面的第一侧面（由分割对象的正拖动方向确定），第二侧面保持中性位置。此选项不适用于使用两个枢轴的分割拔模。

（4）只拔模第二侧：仅拔模曲面的第二侧面，第一侧面保持中性位置。此选项不适用于使用两个枢轴的分割拔模。

注意：如果选取了“分割选项”下面的“不分割”，则“分割对象”和“侧选项”将不可用。

几种不同分割类型的效果对比如图5.37所示。

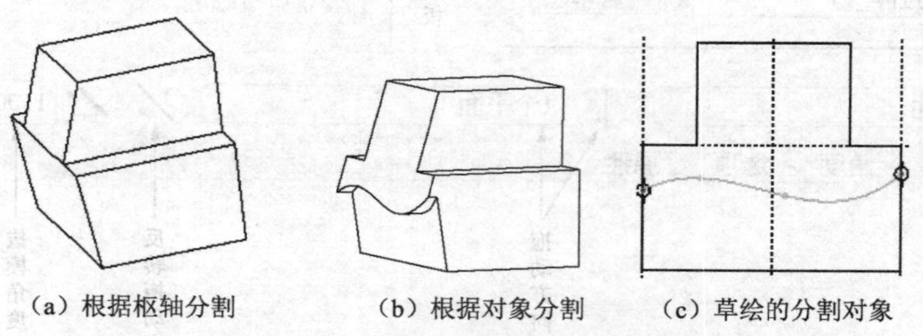

图5.37 不同分割类型的效果对比

3．“角度”上滑面板

对于“恒定”拔模，是一行包含带有拔模角度值的“角度”框。

对于“可变”拔模，每一附加拔模角会附加一行。每行均包含带拔模角度值的“角度”框、带参照名称的“参照”框和指定沿参照的拔模角度控制位置的“位置”框。

对于带独立拔模侧面的“分割”拔模（“恒定”和“可变”），每行均包含两个框“角度1”和“角度2”，如图5.38所示，而非“角度”框。

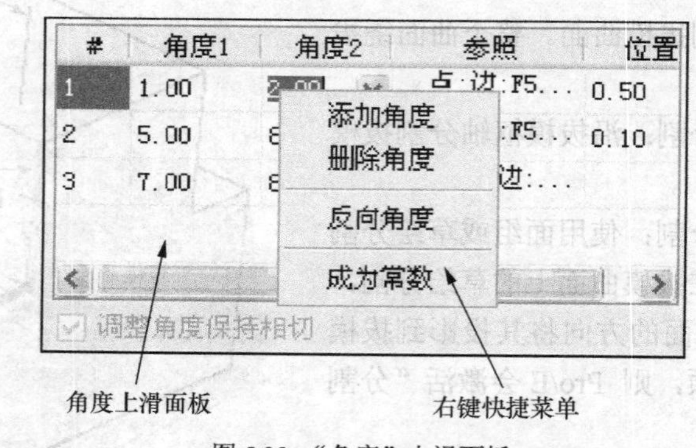

图5.38 “角度”上滑面板

“调整角度保持相切”强制生成的拔模曲面相切，不适用于“可变”拔模。“可变”拔模始终保持曲面相切。

如果用鼠标右键单击“角度”上滑面板，则会出现一个快捷菜单，其中包含以下命令。

（1）添加角度：在缺省位置添加另一角度控制并包含最近使用的拔模角度值。角度值和位置均可修改。

（2）删除角度：删除所选的角度控制，仅在指定了多个角度控制时可用。

（3）反向角度：在选定角度控制位置处反向拔模方向。对于带独立拔模侧面的“分割”拔模，要使用此选项，必须在单独的角度单元格中右键单击。

（4）成为常数：删除第一角度控制外的所有角度控制项。此选项只对于“可变”拔模可用。

4．“选项”上滑面板

（1）排除环：可用来选取要从拔模曲面排除的轮廓，仅在所选曲面包含多个环时可用。

（2）拔模相切曲面：如选中，Pro/E 会自动延伸拔模，以包含与所选拔模曲面相切的曲面。此复选框在缺省情况下被选中。如果生成的几何无效，请将其清除，如图 5.39 所示。

（3）延伸相交曲面：如选中，Pro/E 将试图延伸拔模以与模型的相邻曲面相接触。如果拔模不能延伸到相邻的模型曲面，则模型曲面会延伸到拔模曲面中。如果以上情况均未出现，或未选中该复选框，则 Pro/E 将创建悬于模型边上的拔模曲面。

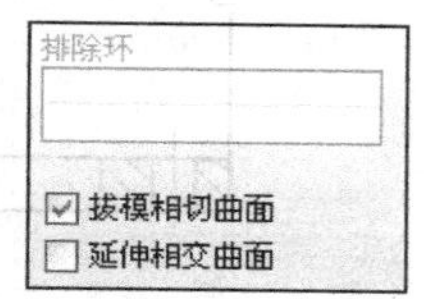

图 5.39 选项上滑面板

5．“属性”上滑面板

包含“名称”文本框，可在其中键入拔模特征的定制名称，以替换自动生成的名称。它还包含图标，可单击它以显示关于特征的信息。

5.6.2 “拔模特征”创建实例

（1）打开模型 CH5-4，如图 5.40 所示。

（2）不可分割拔模特征。

（3）分割拔模特征。

（4）在拔模中排除环的应用。

（5）可变拔模特征。

完成该拔模特征的建立，如图 5.41 所示。

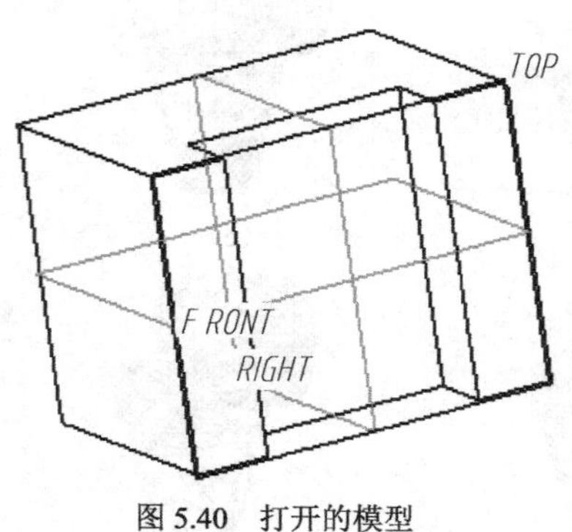

图 5.40 打开的模型

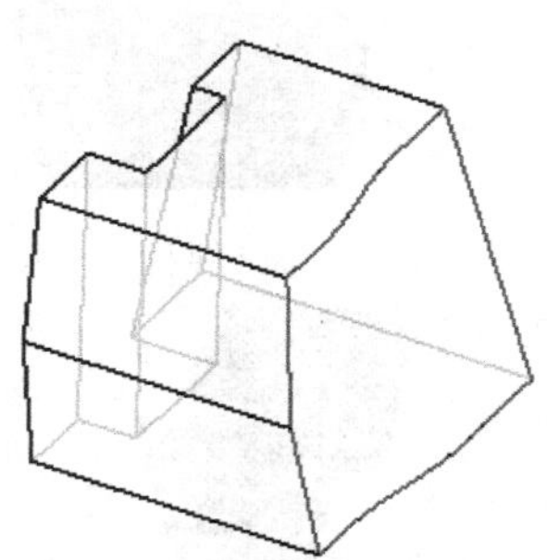
图 5.41 可变拔模特征

5.7 实战练习

熟练掌握 Pro/E 的工程特征绘制方法与技巧，建立如图 5.42 所示的支座立体模型。

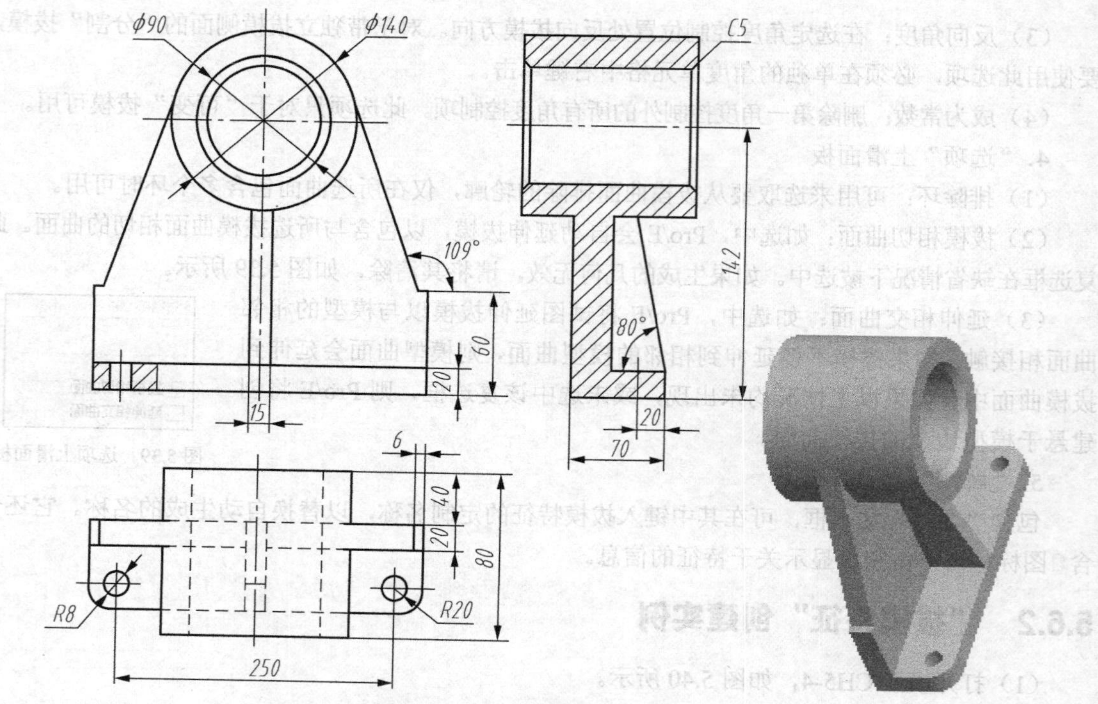

图 5.42　支座的三视图和立体模型

5.7.1　建模分析

通过对支座模型进行分析可知，该模型为叠加式组合体，建模过程如图 5.43 所示。

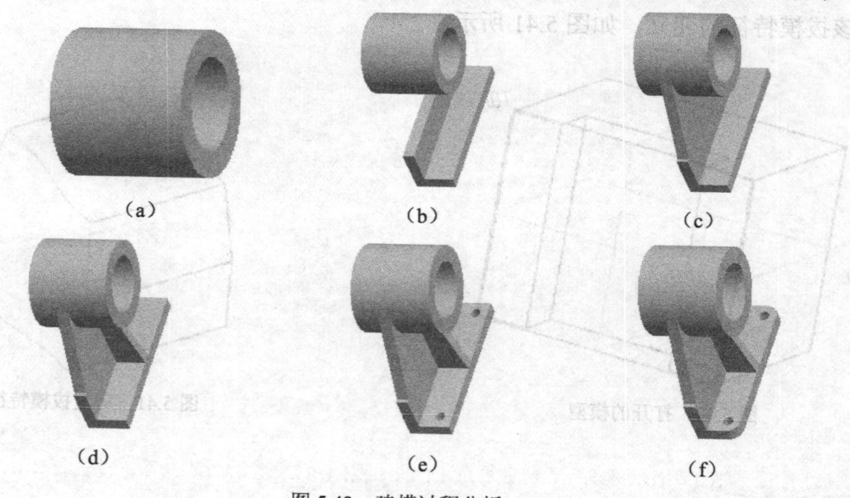

图 5.43　建模过程分析

5.7.2　操作步骤

1．新建零件文件“CH5-5”，取消系统默认的“使用缺省模板”复选框的选择，单击“确定”按钮

2．创建旋转体

（1）选取草绘面。单击旋转按钮 ，弹出主滑板。单击“草绘”，进入“草绘”副滑板后，

单击“放置”→“定义”按钮，弹出“草绘”对话框，选择“FRONT”平面为草绘平面，具体设置使用默认设置，进入草绘环境。

（2）绘制二维草绘截面。进入二维草绘环境后，单击矩形按钮，绘制尺寸如图 5.44 所示。

（3）生成三维实体。单击✔按钮，完成截面草绘，返回旋转特征主滑板，设置旋转角度为 360°，完成后单击☑按钮，如图 5.45 所示。

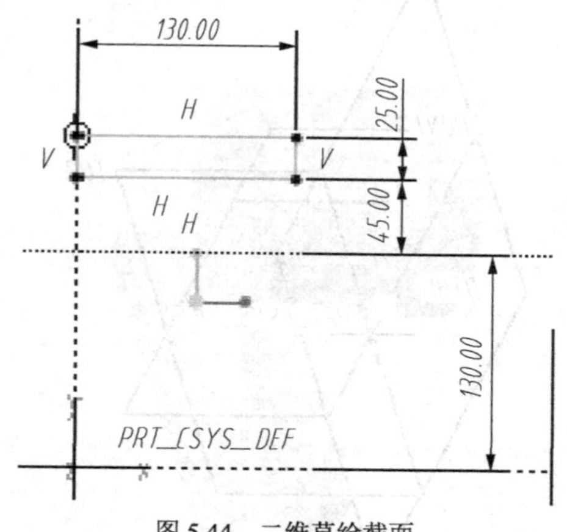

图 5.44 二维草绘截面

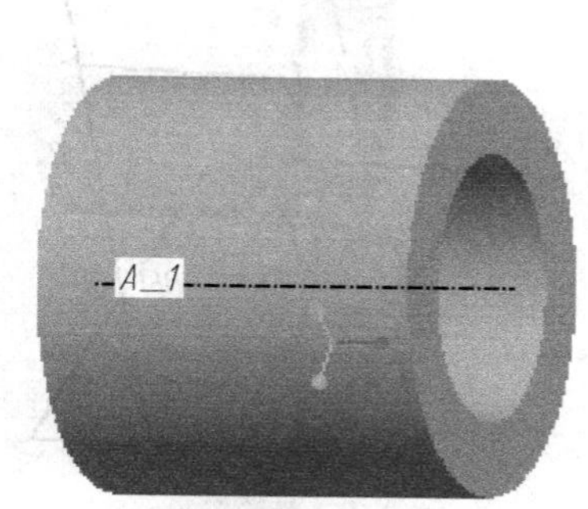

图 5.45 旋转体实体

3．创建底座

（1）选取草绘面。单击拉伸按钮，弹出主滑板，单击“草绘”，进入“草绘”副滑板后，单击“放置”→“定义”按钮，弹出“草绘”对话框，选择“FRONT”平面为草绘平面，具体设置使用默认设置，进入草绘环境。

（2）绘制二维草绘截面。进入二维草绘环境后，单击直线按钮，在第四象限绘制“L”形截面，如图 5.46 所示。

（3）生成三维实体。单击✔按钮，完成截面草绘，返回拉伸特征主滑板，设置拉伸方式为，拉伸厚度为 250，单击☑按钮，完成底座三维实体的创建，如图 5.47 所示。

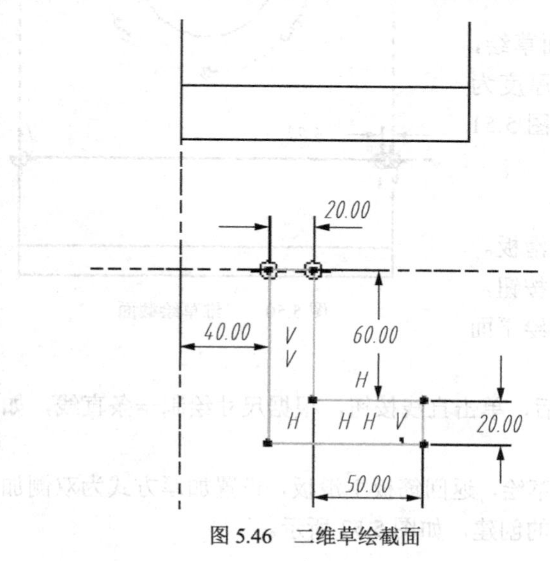

图 5.46 二维草绘截面

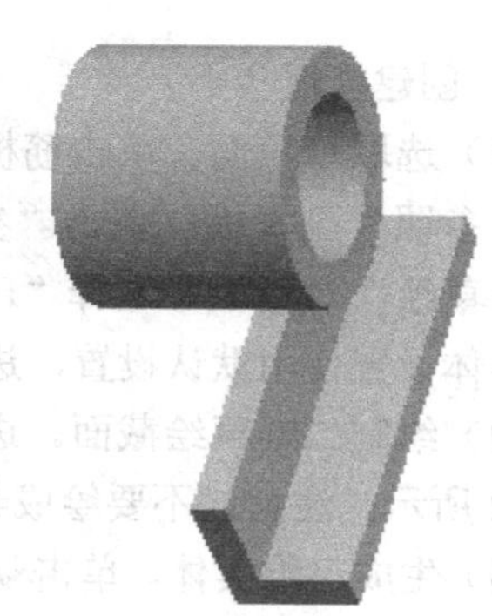

图 5.47 生成底座三维实体

4．插入基准面，为创建筋板做准备

（1）启动插入基准平面命令。单击“基准”工具栏上的▱按钮，弹出“基准平面”对话框。

（2）选择参照面。在绘图区中单击“参考面”，如图 5.48 所示，以此面作为基准面向右偏移 10，单击“确定”按钮后完成基准面的插入，如图 5.49 所示。

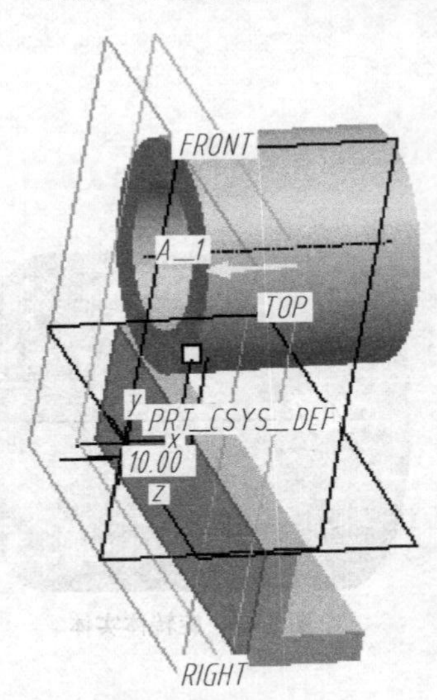

图 5.48 参考面的选择

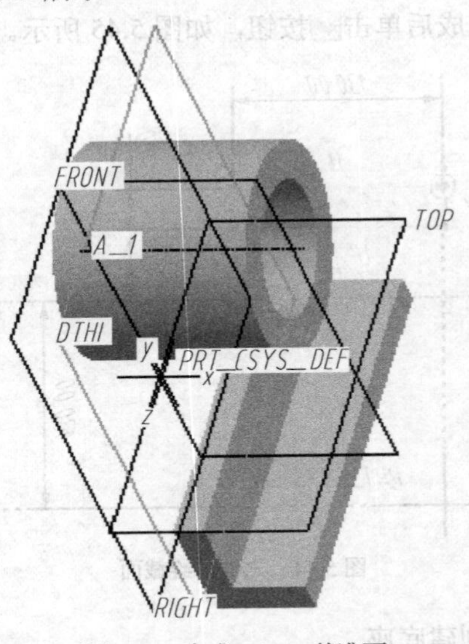

图 5.49 生成 DTM1 基准面

5．创建筋板（大）

（1）选取草绘面。单击筋板按钮，弹出主滑板。打开“参照”副滑板，单击“参照”→“定义”按钮，弹出“草绘”对话框，选择“DTM1”平面为草绘平面后，具体设置使用默认设置，进入草绘环境。

（2）绘制二维草绘截面。进入二维草绘环境后，单击直线按钮，根据尺寸绘制三条直线，如图 5.50 所示。注意：不要绘成封闭的区域。

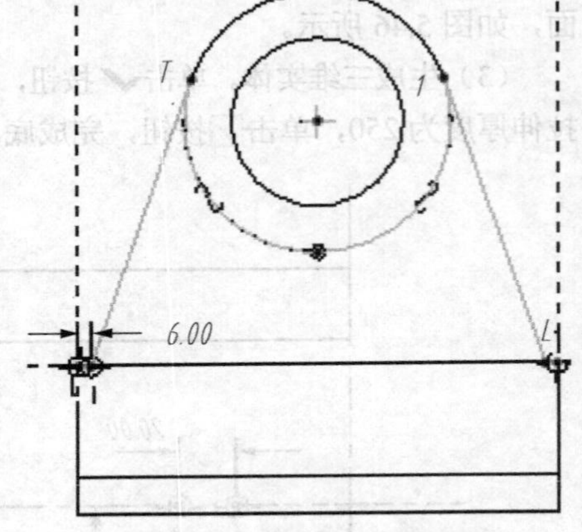

图 5.50 二维草绘截面

（3）生成三维实体。单击✔按钮，完成截面草绘，返回筋板主滑板，设置加厚方式为双侧加厚，厚度为 20，单击☑按钮，完成底座三维实体的创建，如图 5.51 所示。

6．创建筋板（小）

（1）选取草绘面。单击筋板按钮，弹出主滑板。打开“参照”副滑板，单击“参照”→“定义”按钮，弹出“草绘”对话框，选择“FRONT”平面为草绘平面后，具体设置使用默认设置，进入草绘环境。

（2）绘制二维草绘截面。进入二维草绘环境后，单击直线按钮，根据尺寸绘制一条直线，如图 5.52 所示。注意：不要绘成封闭的区域。

（3）生成三维实体。单击✔按钮，完成截面草绘，返回筋板主滑板，设置加厚方式为双侧加厚，厚度为 15，单击☑按钮，完成底座三维实体的创建，如图 5.53 所示。

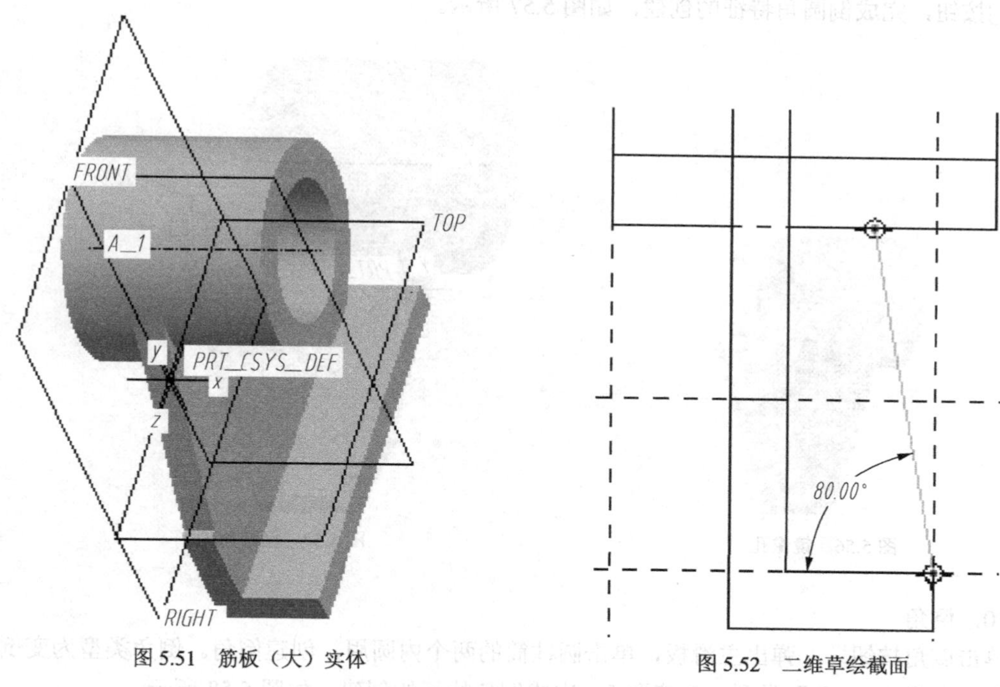

图 5.51 筋板（大）实体　　图 5.52 二维草绘截面

7．创建通孔

（1）单击打孔按钮，选择底板上表面作为孔放置的表面，如图 5.54 所示。

（2）生成三维实体。拖动孔的两个“动态编辑拾取点”到相互垂直的两条边，修改其尺寸均为 20，主滑板上输入直径为ϕ16，选择深度方式为通孔，单击按钮，生成通孔，完成底座三维实体的创建，如图 5.55 所示。

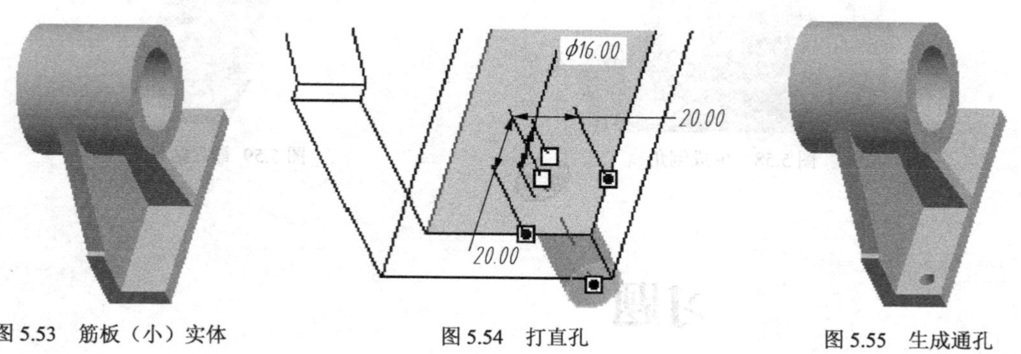

图 5.53 筋板（小）实体　　图 5.54 打直孔　　图 5.55 生成通孔

8．镜像

对上一步生成的沉头孔以“FRONT”面进行镜像。选择所要镜像的沉头孔，打开“镜像”主滑板，选择“FRONT”面为镜像面，单击按钮，生成另一个通孔，如图 5.56 所示。

9．倒圆角

单击倒圆角按钮，弹出主滑板，单击底板要倒圆角的直边，连续选择另一条，输入值为 20，单击☑按钮，完成倒圆角特征的创建，如图 5.57 所示。

图 5.56　镜像孔

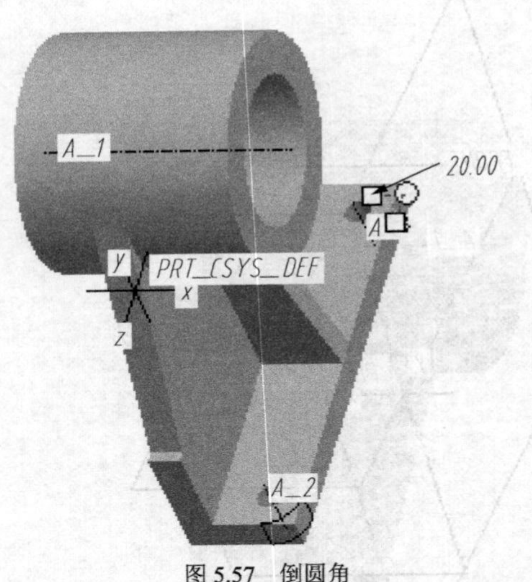

图 5.57　倒圆角

10. 倒角

单击倒角按钮，弹出主滑板，单击圆柱筒的两个内圆周，创建倒角。倒角类型为变倒角，标注尺寸选择“D×D”类型，D 值取 5，完成倒角特征的创建，如图 5.58 所示。

11. 最后结果如图 5.59 所示，保存文件。

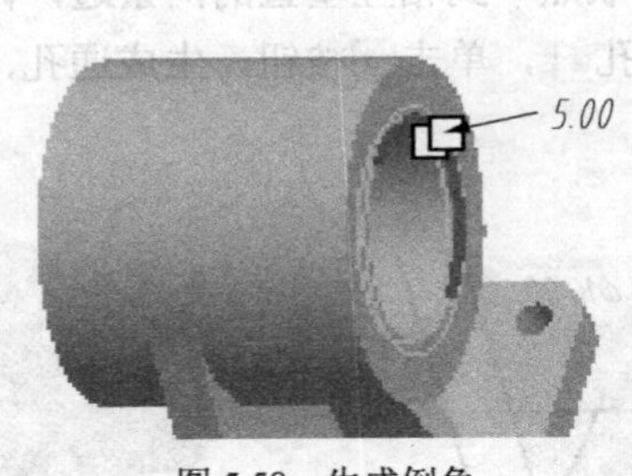

图 5.58　生成倒角

图 5.59 最后结果

5.8 习题

（1）用工程特征绘制方法与技巧，建立如图 5.60 所示的支座立体模型。

（2）用工程特征绘制方法与技巧，建立如图 5.61 所示的烟灰缸立体模型。

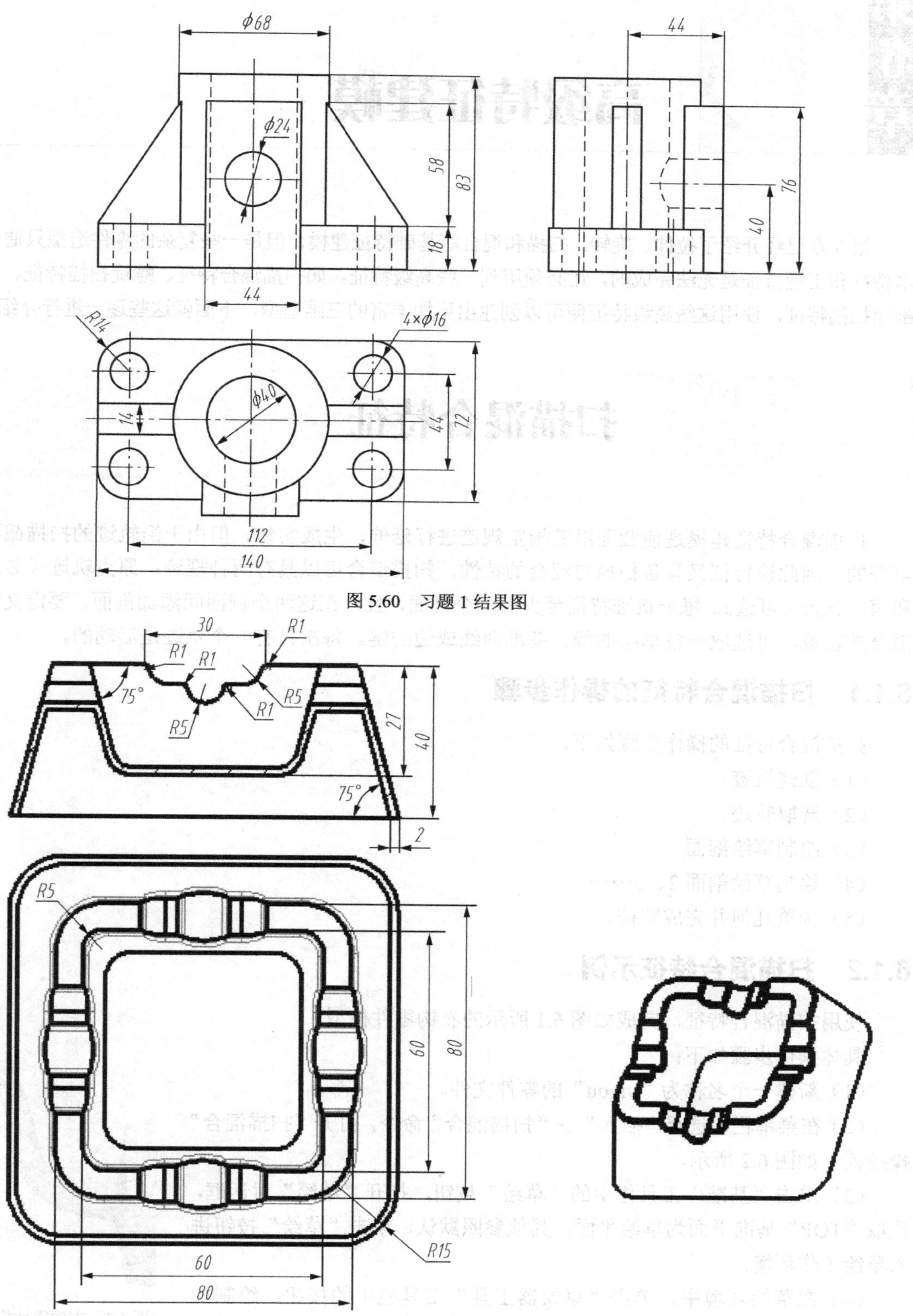

图 5.60 习题 1 结果图

图 5.61 习题 2 结果图

第6章 高级特征建模

第3章已经介绍了拉伸、旋转、扫描和混合等基础特征建模，但是一些复杂的零件造型只通过基本特征和工程特征是无法完成的，还必须用到一些高级特征，如扫描混合特征、螺旋扫描特征、可变剖面扫描特征，使用这些高级特征便可以创建出更加丰富的三维造型，下面就这些逐一进行介绍。

6.1 扫描混合特征

扫描混合特征建模是使截面沿着指定规迹进行延伸，生成实体，但由于沿轨迹的扫描截面是可变的，因此该特征又具备扫描与混合的特性。扫描混合可以具有两种规迹：原点轨迹（必选）和第二轨迹（可选）。每个轨迹特征至少有两个剖面，且可在这两个剖面间添加剖面。要定义扫描混合的轨迹，可选取一条草绘曲线、基准曲线或边的链。每次只有一个轨迹是活动的。

6.1.1 扫描混合特征的操作步骤

扫描混合特征的操作步骤如下：

（1）创建轨迹。

（2）选取轨迹。

（3）绘制草绘剖面1。

（4）绘制草绘剖面2、3……

（5）预览几何并完成特征。

6.1.2 扫描混合特征示例

使用扫描混合特征，完成如图6.1所示的衣钩零件模型。

具体操作步骤如下：

（1）新建一个名称为“yigou”的零件文件。

（2）在菜单栏中选择“插入”→“扫描混合”命令，打开“扫描混合”操控板，如图6.2所示。

（3）单击“基准”工具栏中的“草绘”按钮，打开“草绘”对话框，选取“TOP”基准平面为草绘平面，其他参照默认，单击“草绘”按钮进入草绘工作环境。

（4）在草绘环境中，单击“草绘器工具”工具栏中的按钮，绘制如图6.3所示的扫描轨迹，单击“草绘器工具”工具栏中的“完成”按钮退

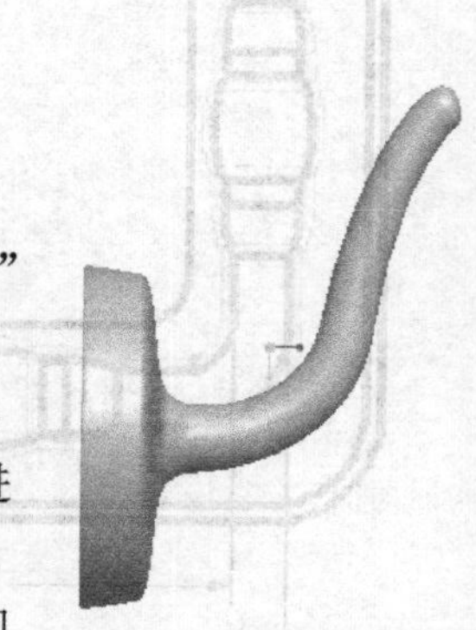

图6.1　衣钩零件模型

出草绘工作环境。

图 6.2 扫描混合特征操控面板

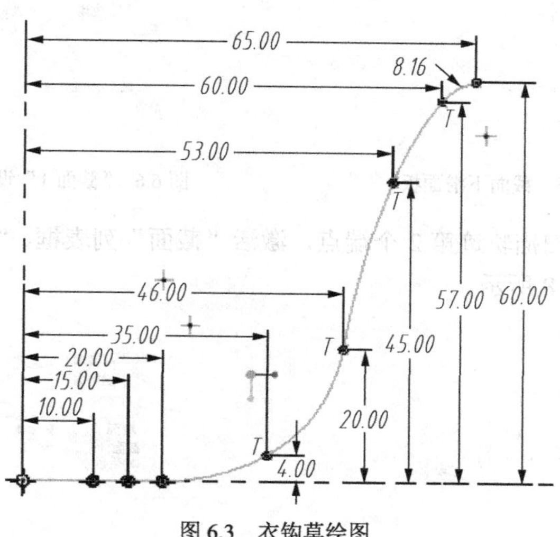

图 6.3 衣钩草绘图

（5）系统返回“扫描混合”操控板后处于不可编辑状态，此时单击操控板中的“继续”按钮，即可变为编辑状态。

（6）单击操控面板中的“参照”按钮，在打开的“参照”下滑面板中单击“轨迹”列表将其激活，在绘图区选取草绘的扫描轨迹，其他选项的设置如图 6.4 所示。

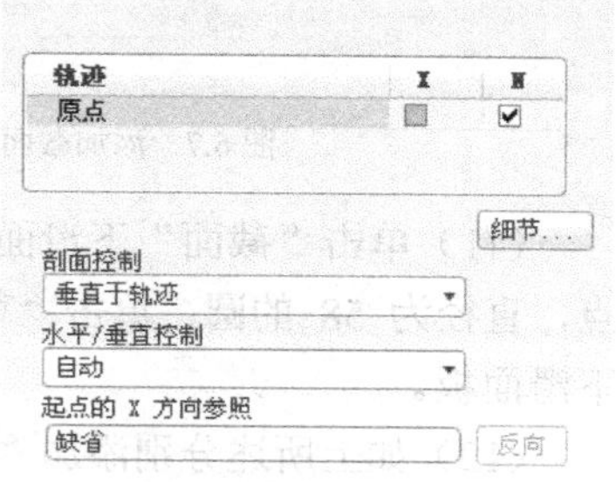

图 6.4 参照下滑面板设置

在“参照”下滑面板的“剖面控制”下拉列表中包含“垂直于轨迹”、“垂直于投影”和“恒定法向”3 个选项，如图 6.4 所示，各选项的含义如下：

垂直于轨迹：截面平面在整个长度上保持与原点轨迹垂直，为普通（默认）扫描。

垂直于投影：从投影方向看去，截面平面保持与原点轨迹垂直，z 轴与指定方向上原点轨迹的投影相切。选择该选项必须指定方向参照。

恒定法向：z 轴平行于指定方向参照向量。选择该选项必须指定方向参照。

（7）单击“截面”按钮，打开如图 6.5 所示的“截面”下滑面板，点选“草绘截面”单选钮。

（8）在绘图区选取扫描轨迹第 1 个端点，激活“截面”列表框，“截面位置”显示开始，旋转默认显示 0.00，如图 6.6 所示。

（9）单击“截面”下滑面板的右侧“草绘”按钮，进入草绘工作环境。绘制一个圆心在原点，直径为 60 的圆，单击“草绘工具器”完成按钮退出草绘工作环境。系统自动弹出“截面”下滑面板，单击面板上的“插入”按钮，添加“截面 2”，如图 6.7 所示。

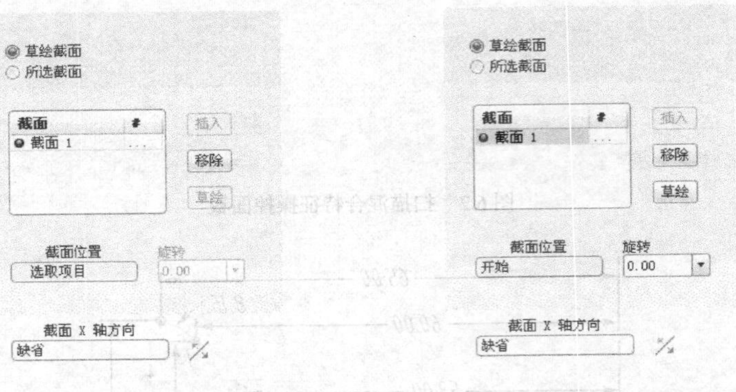

图 6.5　截面下滑面板　　　　图 6.6 “截面 1”设置列表框

（10）在绘图区选取扫描轨迹第 2 个端点，激活“截面”列表框，“截面位置”显示开始，旋转默认显示 0.00，如图 6.8 所示。

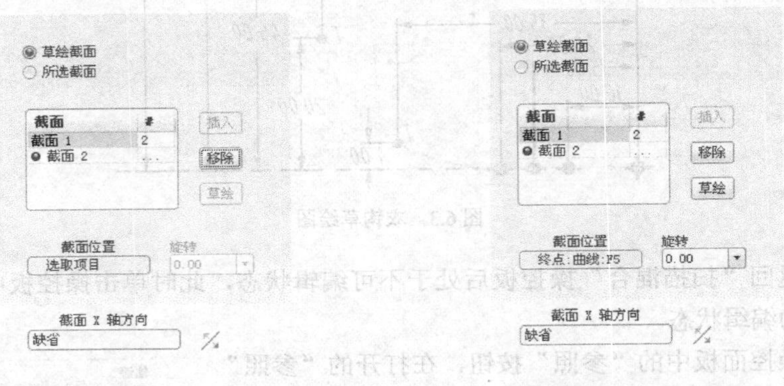

图 6.7　添加截面 2 列表框　　　　图 6.8　截面 2 设置列表框

（11）单击“截面”下滑面板的右侧“草绘”按钮，进入草绘工作环境。绘制一个圆心在原点，直径为 58 的圆，单击“草绘工具器”完成按钮退出草绘工作环境。系统自动弹出“截面”下滑面板。

（12）如上所述分别添加“截面 3”、“截面 4”、“截面 5”，直径分别为 16、12、8。添加完成后，单击操控板中的“完成”按钮，完成扫描混合特征的创建，如图 6.9 所示。

（13）在衣钩的小端头加入倒圆角特征，圆角半径为 3，完成衣钩模型，如图 6.10 所示。

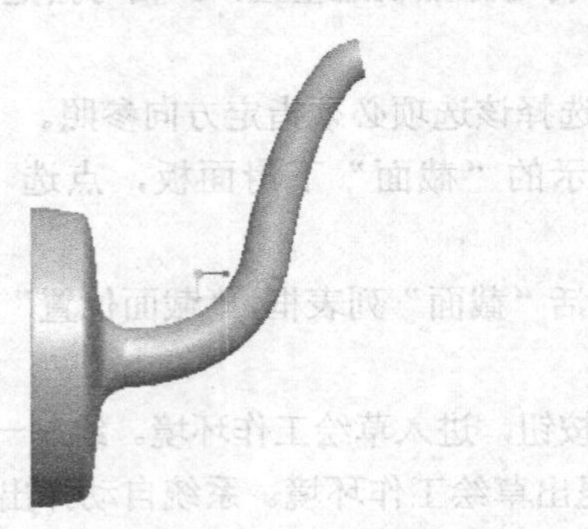

图 6.9　扫描混合完成后零件模型

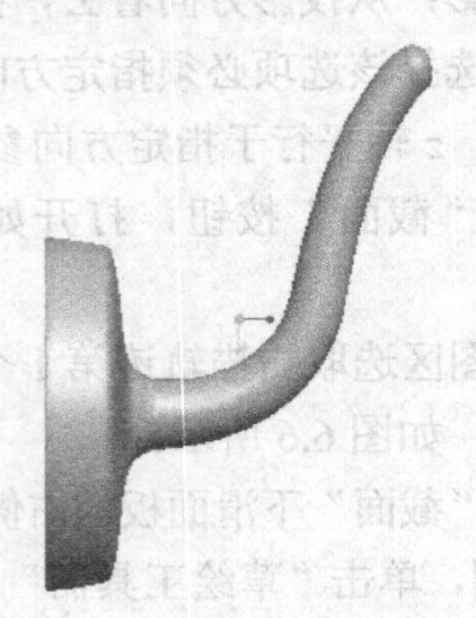

图 6.10　衣钩实体

（14）保存文件到指定的目录并关闭当前对话框。

6.2 螺旋扫描特征

螺旋是通过沿螺旋轨迹扫描截面创建螺旋的扫描特征。轨迹由旋转曲面的轮廓（定义螺旋特征的截面原点到其旋转轴的距离）和螺距（螺圈间的距离）定义。通过“螺旋扫描”命令可创建实体特征、薄壁特征以及其对应的剪切材料特征。创建薄壁特征和剪切材料的特征基本与实体特征一致，只需用户根据自身需要选择相应的类型即可。

6.2.1 螺旋扫描特征的操作步骤

螺旋扫描特征的操作步骤如下：

（1）定义螺旋扫描属性。

（2）创建螺旋扫描引导轨迹。

（3）设定节距值。

（4）定义扫描截面。

（5）预览几何并完成特征。

6.2.2 螺旋扫描特征示例

使用螺旋扫描特征，完成如图6.11所示弹簧零件模型。

具体操作步骤如下：

（1）新建一个名称为“louxuansm.prt”的零件文件。

（2）在菜单栏中选择“插入”→“螺旋扫描”→“伸出项”命令，打开“伸出项：螺旋扫描”对话框和“属性”菜单，如图6.12、图6.13所示。

图6.11 弹簧零件模型

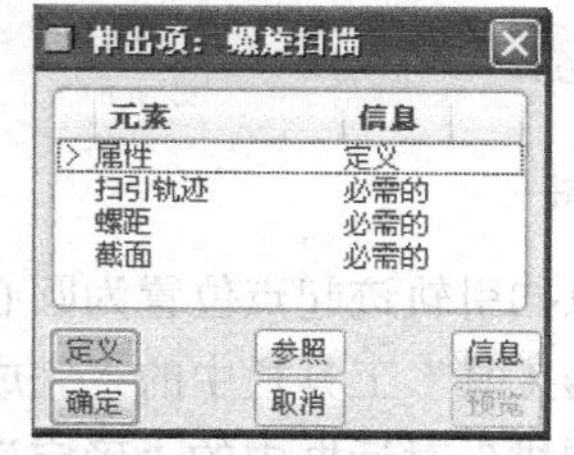

图6.12 “伸出项：螺旋扫描”对话框

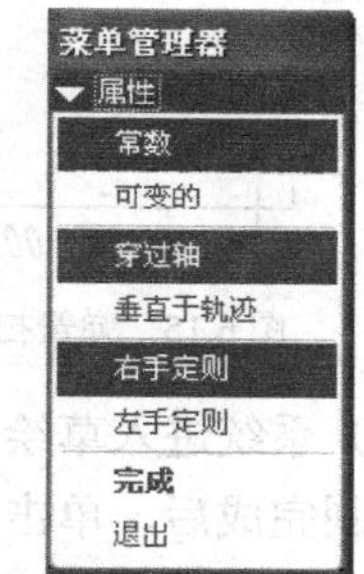

图6.13 属性菜单管理器

（3）在“属性”菜单中依次选择“常数”→“穿过轴”→“右手定则”→“完成”命令。所选择的命令含义如下。

常数：螺旋扫描的螺距为恒定值。

穿过轴：草绘截面围绕旋转中心扫描。

右手定则：扫描方向和螺旋方向的关系符合右手定则。

（4）系统打开“设置草绘平面”菜单管理器，在绘图区域选取“FRONT”基本平面作为草绘平面，点击“确定”按钮，点击“缺省”按钮，如图 6.14 所示。进入草绘环境。

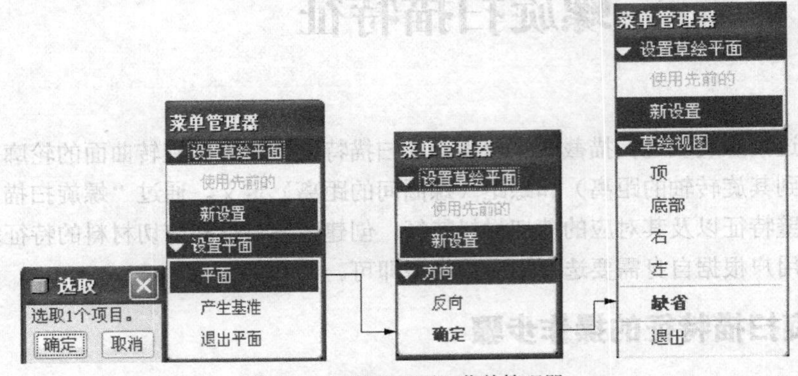

图 6.14 “草绘平面”菜单管理器

（5）单击“草绘器工具”工具栏中的“样条”按钮，绘制如图 6.15 所示的弹簧扫引轨迹和一条中心线。再单击“草绘器工具”工具栏中的“完成”按钮退出草绘环境。

（6）根据系统提示输入节距值为 50，单击“完成”按钮，如图 6.16 所示。

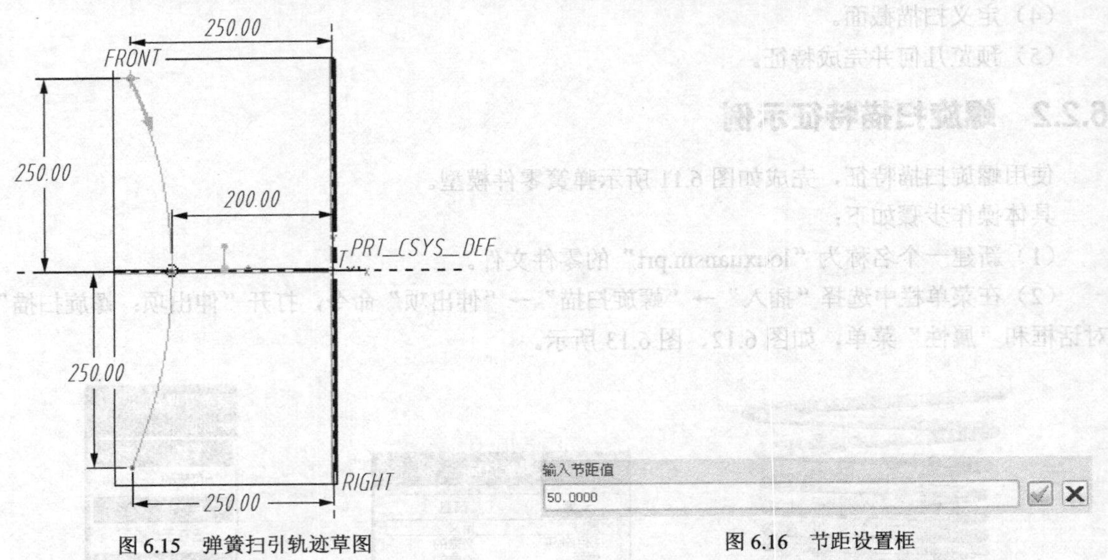

图 6.15 弹簧扫引轨迹草图

图 6.16 节距设置框

（7）系统进入草绘环境，以扫引轨迹起点位置为圆心，绘制一直径为 25 的圆，如图 6.17 所示。绘制完成后，单击“草绘器工具”工具栏中的“完成”按钮退出草绘环境。

（8）单击“伸出项：螺旋扫描”对话框中的“确定”按钮，采用恒定节距创建的螺旋扫描结果如图 6.18 所示。

（9）在“模型树”选项卡中右击刚刚创建的螺旋扫描特征，选择“编辑定义”命令，系统打开“伸出项：螺旋扫描”对话框。

（10）单击“伸出项：螺旋扫描”对话框中的“属性”选项，再单击该对话框下方的“定义”按钮，弹出“属性”菜单管理器，选“可变的、穿过轴、右手定则”，最后选择“完成”，如图 6.19 所示。

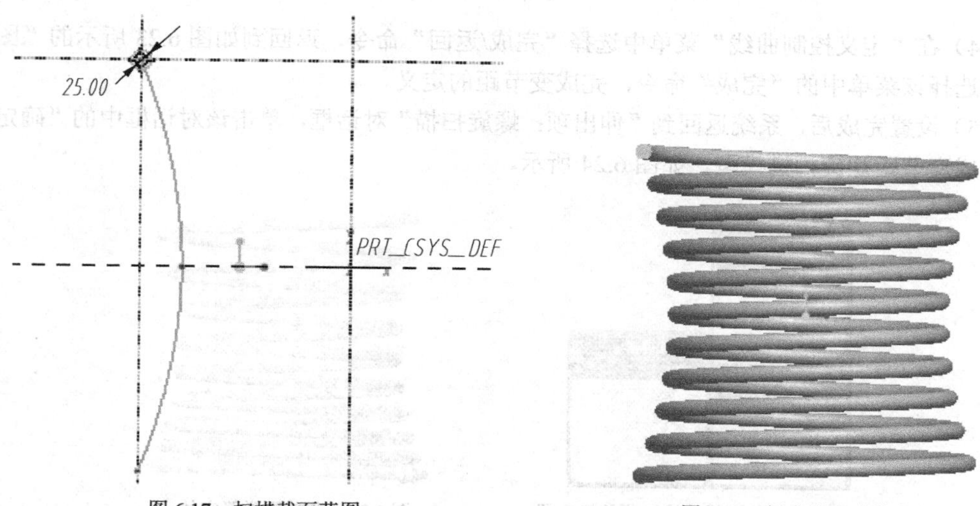

图 6.17 扫描截面草图　　图 6.18 恒定节距弹簧实体

（11）根据系统提示给轨迹输入节距值 80，如图 6.20 所示，单击“完成”按钮☑。

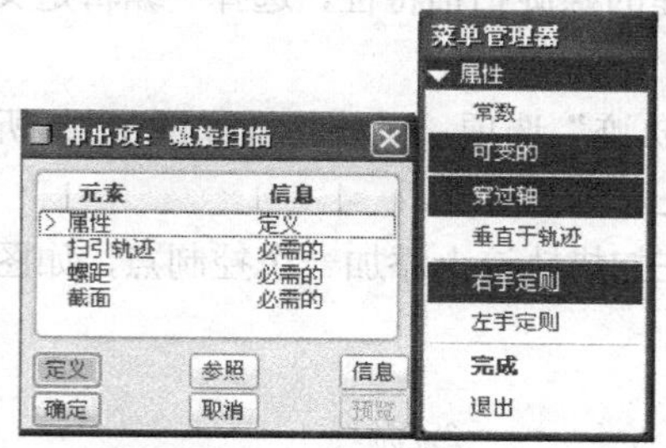

图 6.19 属性定义菜单管理器

图 6.20 轨迹起始节距值设置框

（12）根据系统提示在轨迹末端输入节距值 30，如图 6.21 所示，单击“完成”按钮☑。

（13）系统打开如图 6.22 所示的“PITCH_GRAPH-Pro/ENGINEER”对话框和“定义控制曲线”菜单。

图 6.21 轨迹末端节距值设置框

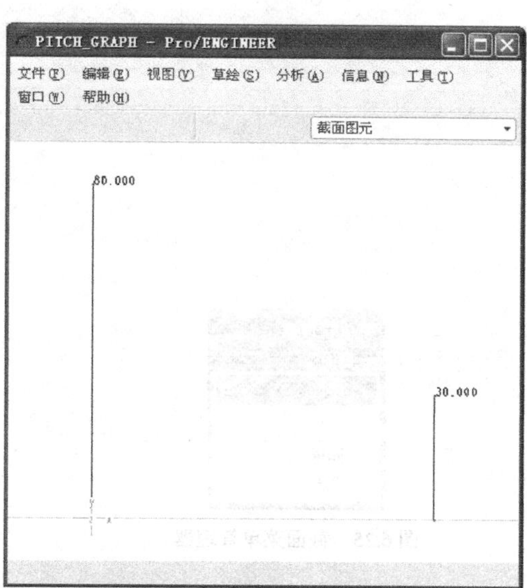

图 6.22 “PITCH_GRAPH-Pro/ENGINEER”对话框

（14）在“定义控制曲线”菜单中选择“完成/返回”命令，返回到如图6.23所示的“图形”菜单，选择该菜单中的“完成”命令，完成变节距的定义。

（15）设置完成后，系统返回到“伸出项：螺旋扫描”对话框，单击该对话框中的“确定”按钮，完成变节距螺旋扫描模型，如图6.24所示。

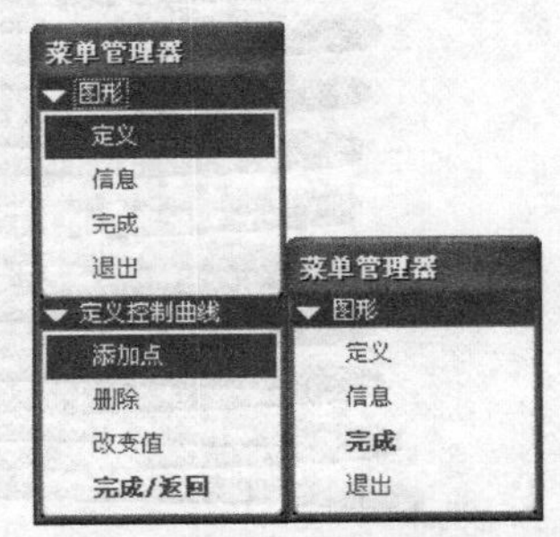

图6.23 “定义控制曲线”菜单管理器

图6.24 变节距弹簧实体

（16）在“模型树”选项卡中用鼠标右键单击刚刚创建的螺旋扫描特征，选择“编辑定义”命令，打开“伸出项：螺旋扫描”对话框。

（17）双击“伸出项：螺旋扫描”对话框中的“扫描轨迹”选项，系统打开如图6.25所示的“截面”菜单管理器，单击“修改”，单击“完成”命令进入草绘环境。

（18）单击“草绘器工具”工具栏中的“点”按钮，在扫描轨迹上添加一个控制点，如图6.26所示。

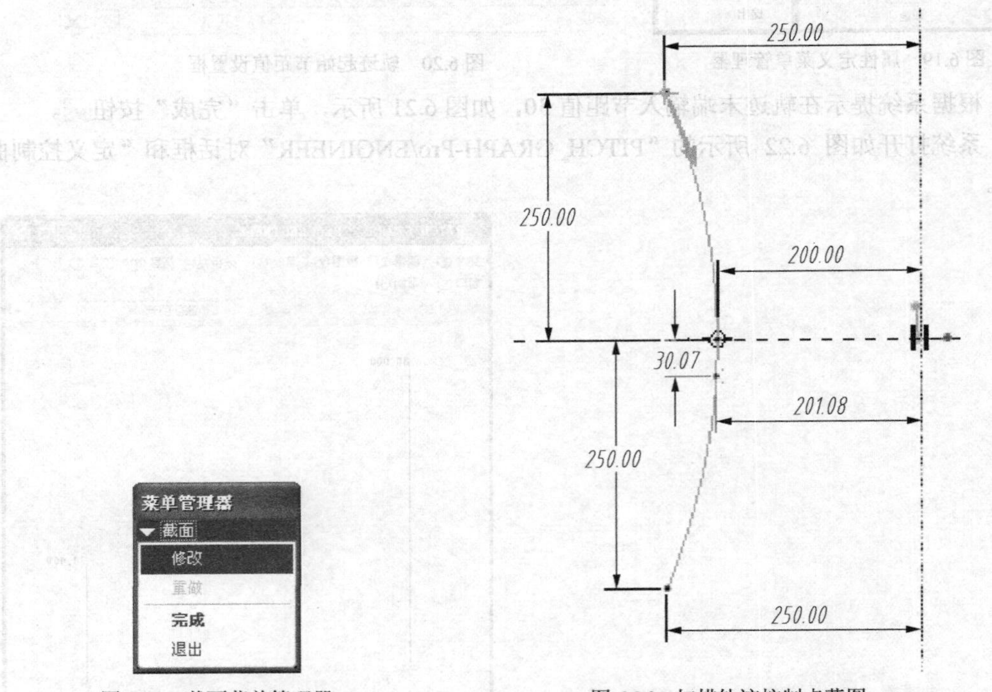

图6.25 截面菜单管理器

图6.26 扫描轨迹控制点草图

（19）单击“草绘器工具”工具栏中的“完成”按钮退出草绘环境。

（20）双击“伸出项：螺旋扫描”对话框中的“螺距”选项，系统打开“PITCH_GRAPH-ENGINEER”对话框和“定义控制曲线”菜单。

（21）在该菜单中选择“添加点”命令，然后在扫引轨迹上选取刚才添加的点，输入节距值 26。单击“改变值”，然后在扫引轨迹处选取末端的点，输入节距值 80。

（22）打开的“PITCH_GRAPH-ENGINEER”对话框中将显示当前扫引曲线上控制点的位置和节距值，如图 6.27 所示。该对话框中的图像会随着控制点和节距值的改变而随时更新。

（23）单击“选取”菜单中的“确定”按钮，单击“图形菜单管理器”的“完成/返回”按钮，单击“图形菜单管理器”完成，单击“伸出项：螺旋扫描对话框”确定按钮，完成添加点变节距螺旋扫描模型，结果如图 6.28 所示。该扫描特征的螺距从下到上逐渐变小后又逐渐变大。

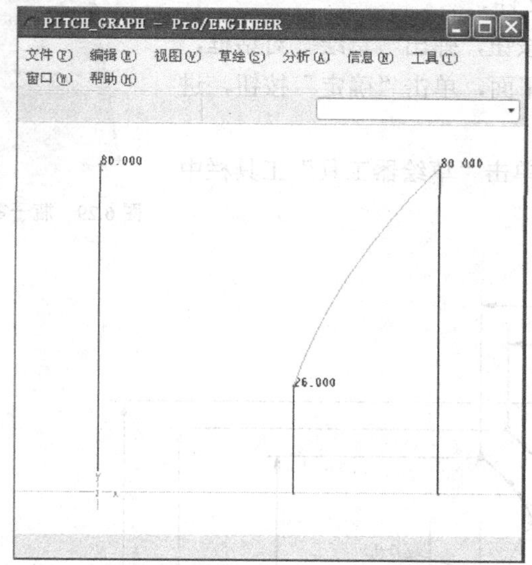

图 6.27　“PITCH_GRAPH-Pro/ENGINEER”对话框

图 6.28　添加点变节距弹簧实体

（24）保存文件到指定的目录并关闭当前对话框。

6.3　可变剖面扫描特征

在第 3 章中已经介绍过扫描特征，与之具有明显区别的就是在可变剖面扫描特征中，截面是可以变化的，而扫描轨迹也是由多条轨迹线来共同组成的，创建出来的模型的形状由界面和轨迹线共同来控制，同时扫描截面也可以不与扫描轨迹的切线方向垂直。所有这些都可以使可变剖面扫描的应用更加灵活，功能更加强大。

6.3.1　可变剖面扫描特征的操作步骤

可变剖面扫描特征的操作步骤如下：

（1）创建多条基准线。

（2）选取轨迹。

（3）绘制草绘剖面 1。

（4）绘制草绘剖面 2、3…

（5）预览几何并完成特征。

6.3.2 可变剖面扫描特征示例

使用可变剖面扫描特征，完成如图 6.29 所示的瓶子零件模型。

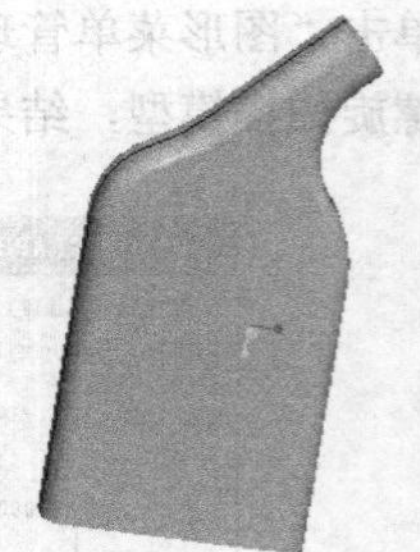

图 6.29 瓶子零件模型

具体操作步骤如下：

（1）新建一个名称为“pingzhi”的零件文件。

（2）单击“基准”工具栏中的“草绘”按钮，弹出“草绘”对话框，在绘图区域选取“TOP”基准平面作为草绘平面，单击“确定”按钮，进入草绘环境。

（3）绘制如图 6.30 所示的曲线，然后再单击“草绘器工具”工具栏中的“完成”按钮退出草绘环境。

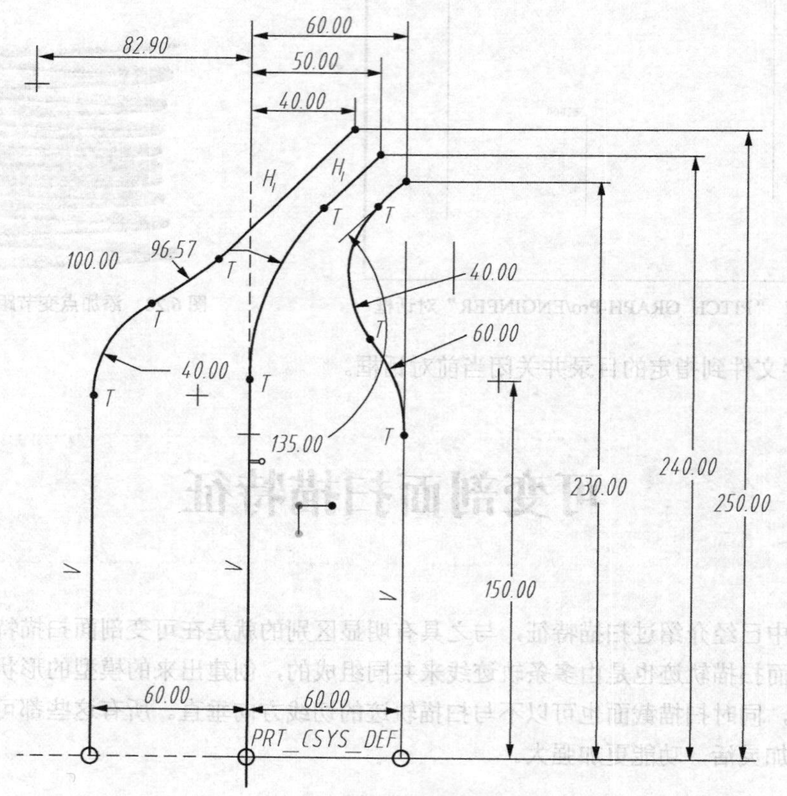

图 6.30 扫描基准线草图

（4）在菜单栏中选择“插入”→“可变截面扫描”命令，或单击“基础特征”工具栏中的“可变截面扫描”按钮，弹出可变截面扫描模型操控面板，如图 6.31 所示。

图 6.31 可变截面扫描操控面板

（5）单击“可变截面扫描”操控板中的“实体”按钮，选取“创建薄板特征”按钮，输入厚度值为 3，再单击“参照”按钮，打开如图 6.32 所示的“参照”下滑面板。

（6）单击“轨迹”选项下的列表框，按住 Ctrl 键在绘图区域依次选取草绘曲线 1、曲线 2、曲线 3。也可以不使用 Ctrl 键，单击列表框下的“细节”按钮，打开如图 6.33 所示“链”对话框。单击绘图区域草绘曲线 1，自动添加到“链”对话框，再单击“添加”按钮选取草绘曲线 2、曲线 3，如图 6.33 所示。

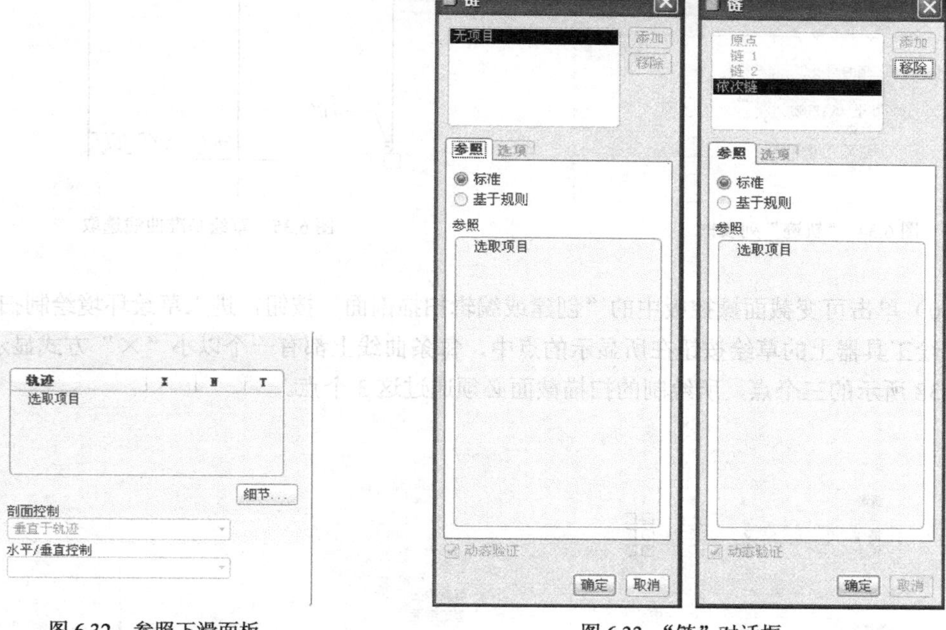

图 6.32 参照下滑面板

图 6.33 “链”对话框

（7）选取完成后，单击“链”对话框中的“确定”按钮，三条草绘曲线自动添加到参照下滑面板的“轨迹”列表框，如图 6.34 所示。3 条草绘曲线在绘图区域呈高亮显示，如图 6.35 所示。

（8）在“轨迹”选项下的列表框中，勾选“原点”选项对应的“N”列复选框，设置原点轨迹为曲面形状控制轨迹。同样勾选与“链 1”选项对应的“X”列复选框，设置“链 1”为 X 轨迹。然后在“剖面控制”下拉列表中选择“垂直于轨迹”选项，设置如图 6.36 所示。

（9）单击操控面板中的“选项”按钮，打开如图 6.37 所示的“选项”下滑面板，点选“可变截面”单选钮。

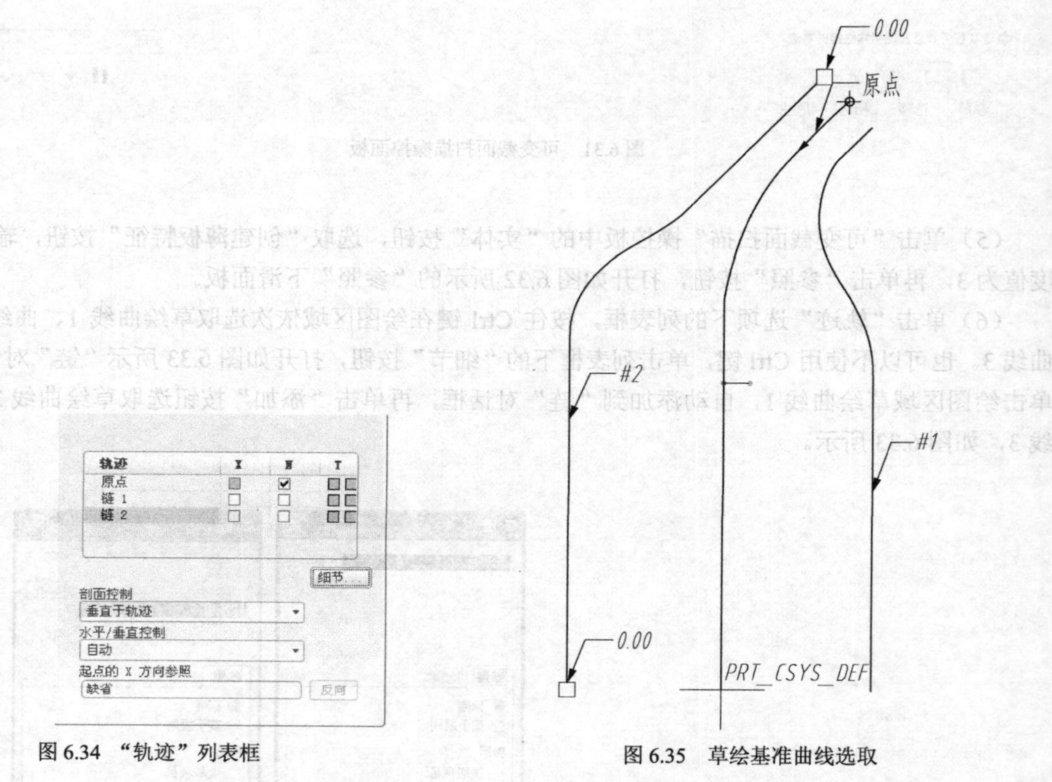

图 6.34 “轨迹”列表框

图 6.35 草绘基准曲线选取

（10）单击可变截面操控板中的“创建或编辑扫描剖面”按钮，进入草绘环境绘制扫描截面。单击草绘工具器上的草绘按钮在所显示的点中，每条曲线上都有一个以小“×”方式显示的点，如图 6.38 所示的三个点，所绘制的扫描截面必须通过这 3 个点。

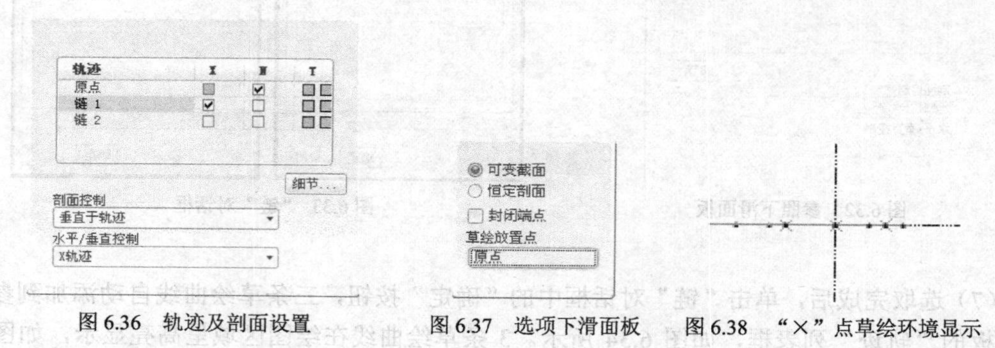

图 6.36 轨迹及剖面设置

图 6.37 选项下滑面板

图 6.38 “×”点草绘环境显示

（11）单击“草绘器工具”工具栏中的按钮，绘制通过 3 个点的截面草图，如图 6.39 所示。然后单击“草绘器工具”工具栏中的“完成”按钮退出草绘工作环境。

（12）单击操控板中的“完成”按钮，可变截面扫描特征如图 6.40 所示。

（13）保存文件到指定的目录并关闭当前对话框。

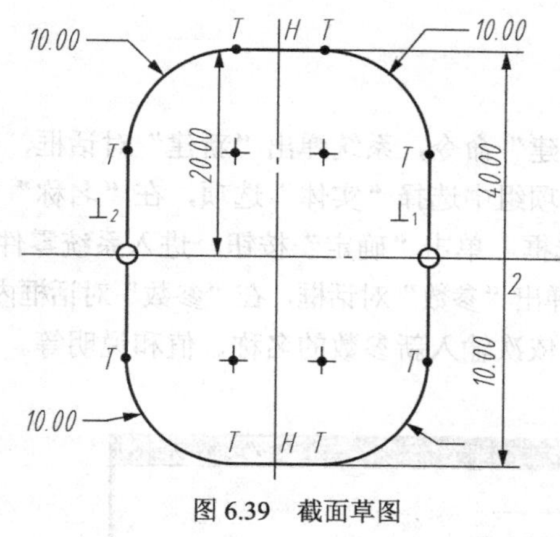

图 6.39 截面草图

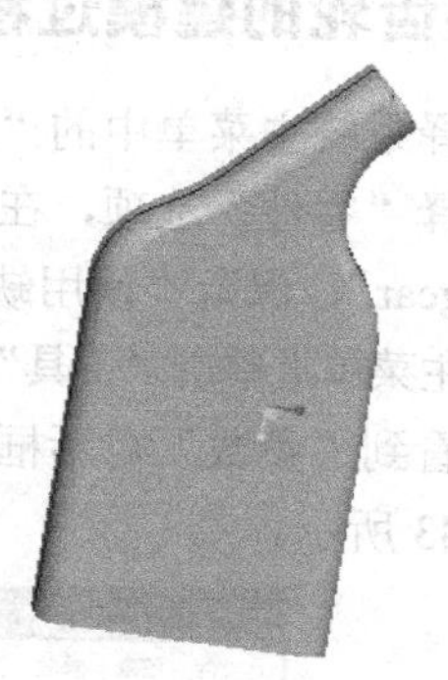

图 6.40 瓶子实体

6.4 实战练习

熟练掌握 Pro/E 的绘制方法与技巧，建立如图 6.41 所示的斜齿轮模型。

图 6.41 斜齿轮模型

6.4.1 建模分析

建模分析如图 6.24 所示。

（1）输入参数、关系式，创建齿轮基本圆。

（2）创建渐开线。

（3）创建扫引轨迹。

（4）创建扫描混合截面。

（5）创建第一个轮齿。

（6）阵列轮齿。

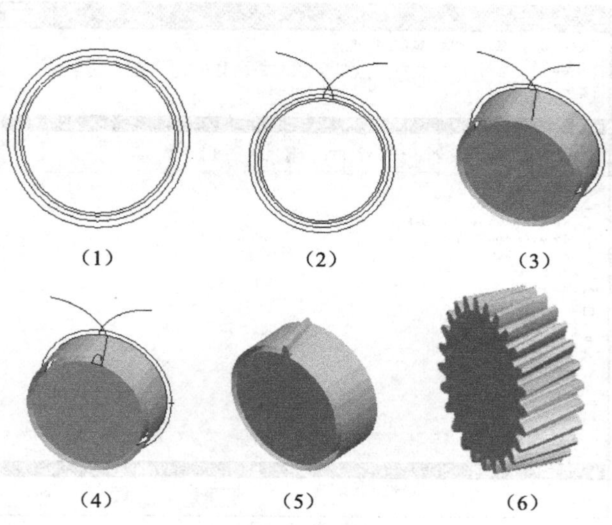

图 6.42 建模分析

6.4.2 斜齿轮的建模过程

（1）选择系统主菜单中的“文件”→“新建”命令，系统弹出“新建”对话框，在“类型”选项组中选择“零件”选项，在“子类型”选项组中选择“实体”选项，在“名称”文本框中输入“helical-gear”，保留“使用缺省模板”复选框，单击“确定”按钮，进入系统零件模式。

（2）在主菜单上单击“工具”→“参数”，弹出“参数”对话框，在“参数”对话框内单击“+”按钮，可以看到“参数”对话框增加了一行，依次输入新参数的名称、值和说明等。需要输入的参数如图 6.43 所示。

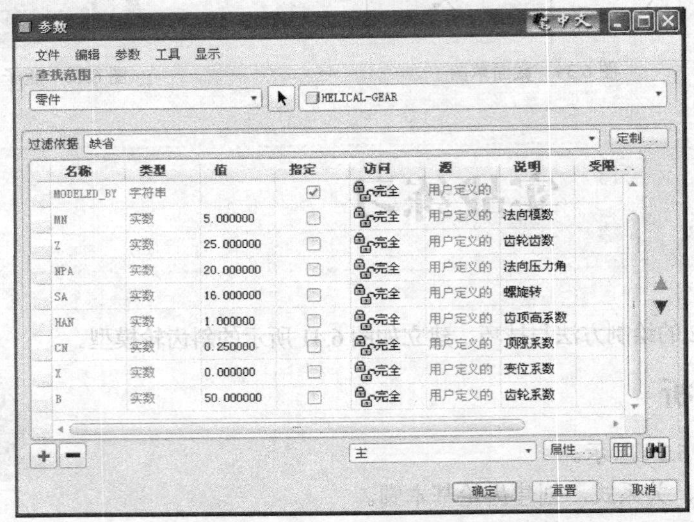

图 6.43 “参数”对话框

（3）在主菜单上依次单击“工具”→“关系”，弹出“关系”对话框，如图 6.44 所示。在“关系”对话框内输入齿轮的分度圆直径关系、基圆直径关系、齿根圆直径关系和齿顶圆直径关系式，单击“确定”按钮，完成关系式的设置。关系式如图 6.44 所示。

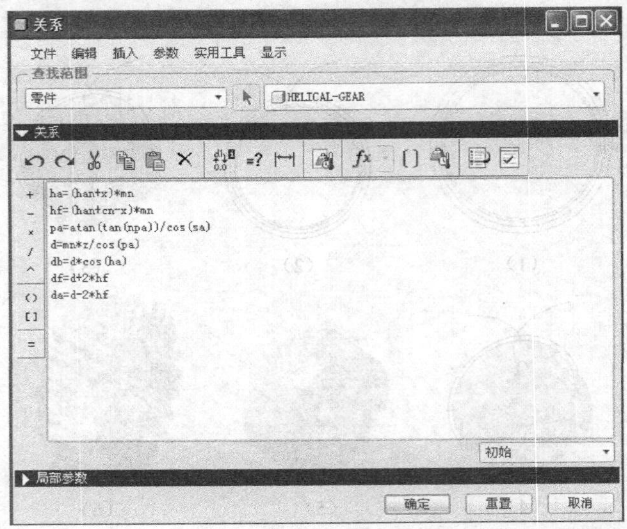

图 6.44 “关系”对话框

（4）在工具栏内单击“”按钮，弹出“草绘”对话框。选择“TOP”基准面作为草绘平面，参考方平面和方向使用缺省，单击“草绘”进入草绘环境。在绘图区以系统提供的原点为圆心，绘制 4 个不同大小的圆，在主菜单上依次单击“工具”→“关系”，系统弹出“关系”对话框，输入关系式“sd0=df sd1=db sd2=d sd3=da”（注意分行输入），以设置齿轮齿根圆、齿顶圆、分度圆、基圆的尺寸驱动值，完成草绘后单击工具栏中的完成工具按钮，绘制图如图 6.45 所示。

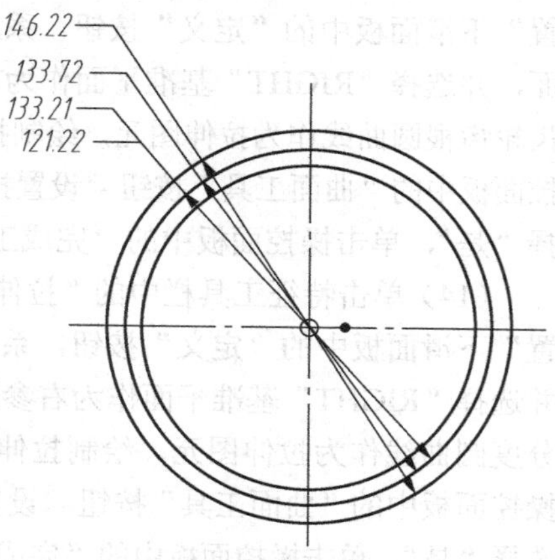

图 6.45 关系式生成草图

（5）退出草绘环境后左键单击分度圆曲线，分度圆加亮显示，单击右键的快捷菜单，选择菜单中的“属性”命令，系统弹出“线造型”对话框，设置分度圆的线型为“CTRLFONT-S-L”。

（6）单击工具栏内的“”按钮，系统弹出“坐标系”对话框，选择模型树中的参照坐标系“PRT-CSYS-DEF”作为原点参照，设置新坐标系“CSO”的方向，绕 y 坐标轴旋转 30°。

（7）单击特征工具栏中的基准线工具按钮“”，系统显示“曲线选项”菜单管理器。选择“从方程”命令，系统弹出“曲线：从方程”对话框，并显示“得到坐标系”菜单管理器。从模型树中选择坐标系“CSO”，坐标系类型设置为“笛卡尔”坐标系，在系统弹出的“rel.ptd-记事本”中输入渐开线方程。

```
r=db/2
theta=t*60
z=r*cos(theta)+r*sin(theta)*theta*pi/180
x=r*sin(theta)-r*cos(theta)*theta*pi/180
y=0
```

保存并关闭记事本，完成渐开线曲线特征的创建，如图 6.46 所示。

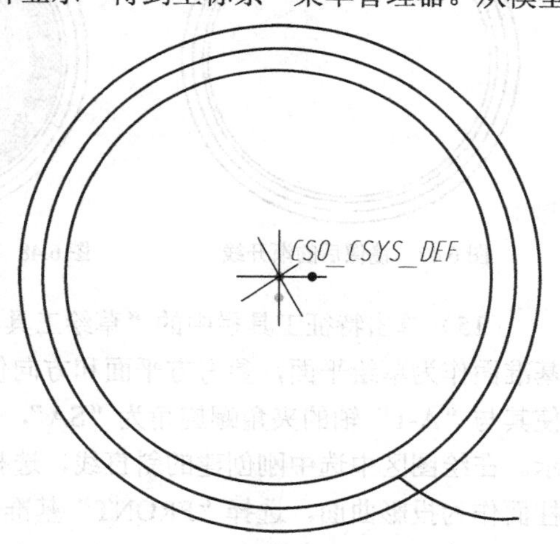

图 6.46 完成后的渐开线

（8）单击特征工具栏中的基准点工具按钮“”，系统弹出“基准点”对话框，选择所绘制的渐开线，再按住 Ctrl 键选择分度圆曲线，创建基准点“PNT0”。

（9）单击特征工具栏中的基准轴工具按钮“”，系统弹出“基准轴”对话框，选择基准平面“RIGHT”和“FRONT”作为参照，以其交线创建基准轴“A-1”。

（10）单击特征工具栏中的基准平面按钮“”，系统弹出“基准平面”对话框，分别选择基准轴“A-1”和基准点“PNT0”作为参照，创建基准面“DTM1”。

（11）单击特征工具栏中的基准平面按钮“”，系统弹出“基准平面”对话框，分别选择基准轴“A-1”和基准面“DTM1”作为参照，创建基准面“DTM2”时在“旋转”文本框中输入“−360/(z*4)”或“360/(z*4)”完成齿数 Z 的参数驱动。单击工具栏中的“再生工具”按钮，再生模型。

（12）单击特征工具栏中的“镜像特征工具”按钮，系统打开镜像特征操控板。选择所创建的“DTM2”基准平面为镜像平面，镜像所创建的渐开线，如图 6.47 所示。

（13）单击特征工具栏中的“拉伸特征工具”按钮，系统打开拉伸特征操控面板。单击“放置”下滑面板中的“定义”按钮，系统弹出“草绘”对话框。选择“TOP”基准平面作为草绘平面，并选择“RIGHT”基准平面作为右参照，进入草绘模式。单击工具栏中的边界按钮，选择齿轮齿根圆曲线作为拉伸图元，绘制拉伸截面。完成草绘后单击工具栏中的完成按钮，单击操控面板中的“曲面工具”按钮设置拉伸方向和拉伸深度为“B”，弹出“添加关系式对话框”，选择“是”，单击操控面板中的“完成工具”按钮，创建的拉伸特征 1 如图 6.48 所示。

（14）单击特征工具栏中的“拉伸特征工具”按钮，系统打开拉伸特征操控面板。单击“放置”下滑面板中的“定义”按钮，系统弹出草绘对话框。选择“TOP”基准平面作为草绘平面，并选择“RIGHT”基准平面作为右参照，进入草绘模式。单击工具栏中的边界按钮，选择齿轮分度圆曲线作为拉伸图元，绘制拉伸截面。完成草绘后单击工具栏中的“完成”按钮，单击操控面板中的“曲面工具”按钮设置拉伸方向和拉伸深度为“B”，弹出“添加关系式对话框”，选择“是”，单击操控面板中的“完成工具”按钮，创建的“拉伸特征 2”如图 6.49 所示。

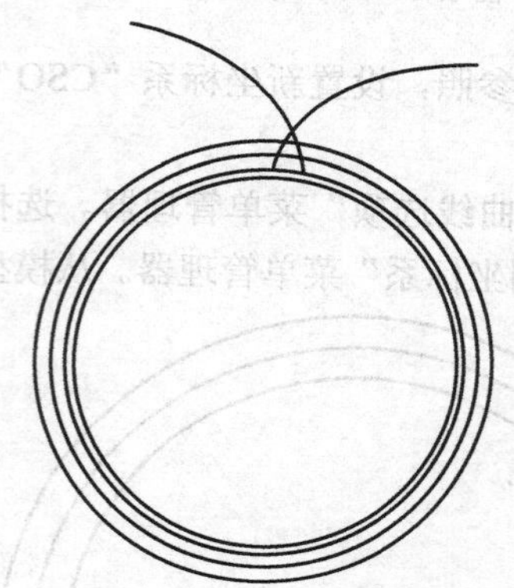
图 6.47　镜像后的渐开线

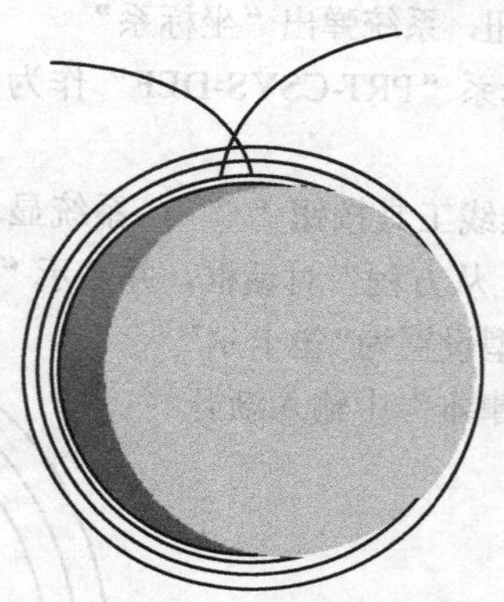
图 6.48　完成后齿根圆拉伸特征

图 6.49　完成后的分度圆拉伸特征

（15）单击特征工具栏中的“草绘工具”按钮，系统弹出“草绘”对话框。选择“FRONT”基准面作为草绘平面，参考方平面和方向使用缺省。单击“草绘”进入草绘环境，绘制斜直线，使其与“A-1”轴的夹角螺旋角为“SA”，弹出“添加关系式对话框”，选择“是”，如图 6.50 所示。在绘图区中选中刚创建的斜直线，选择系统主菜单“编辑”→“投影”命令，选择分度圆圆柱面作为投影曲面，选择“FRONT”基准平面作为方向参照，创建投影曲线，如图 6.51 所示。

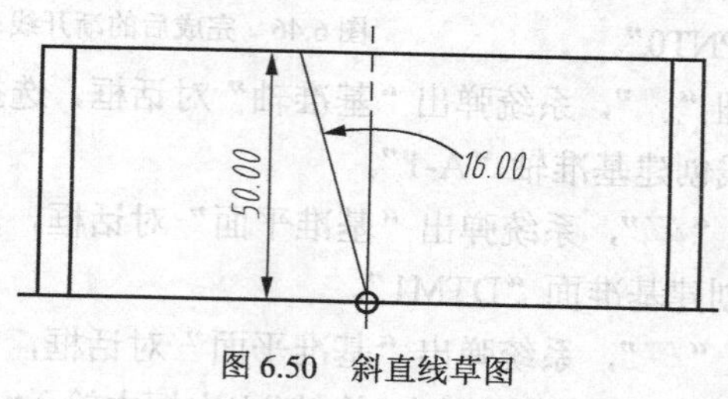

图 6.50　斜直线草图

图 6.51　投影后斜直线

（16）单击特征工具栏中的“草绘工具”按钮，弹出“草绘”对话框。选择“TOP”基准面作为草绘平面，参考方平面和方向使用缺省。单击“草绘”进入草绘环境，在 TOP 面里创建如图 6.52 所示齿廓曲线。

（17）选择系统主菜单“编辑”→“特征操作”命令，显示“特征”菜单管理器，选择“复制”→“移动”→“独立完成”命令。系统显示“选取特征”菜单和“选取”对话框，在绘图区中选择所创建的第一个齿廓线图元，选择“完成”命令。系统显示“移动特征”菜单和“选取”对话框，选择“移动特征”菜单中的“平移”→“选取”→“方向”→“曲线边轴”命令，在绘图区中选择“A-1”基准轴，在消息输入窗口中输入平移距离为“B”，弹出“添加关系式”对话框，选择“是”，选择菜单中的“方向”→“反向”→“确定”→“完成移动”命令。再在“移动特征”菜单中选择“旋转”→“选取方向”→“曲线边轴”命令，在绘图区中选中“方向”的“反向”→“确定”→“完成移动”命令，在绘图区中选择“A-1”基准轴，在消息窗口中输入旋转角度“asin(2*b*tan(sa)/d)”，选择菜单中的“方向”→“反向”→“确定”→“完成移动”命令，系统弹出“组元素”对话框，并显示“组可变尺寸”菜单管理器，选择“完成”命令，单击对话框中的“确定”按钮。完成齿部特征的平移和旋转复制，如图 6.53 所示。

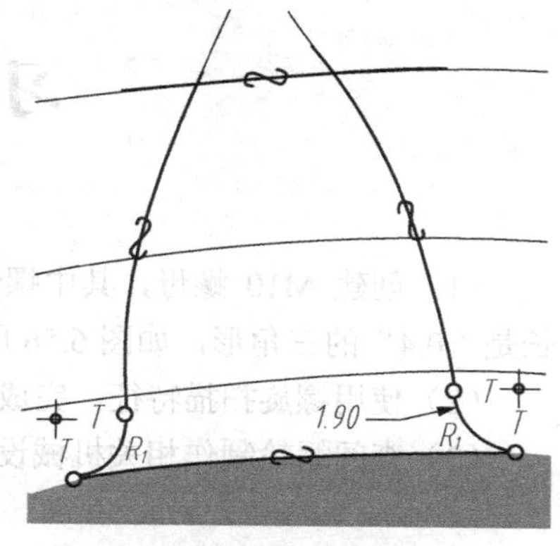

图 6.52 齿廓草图

（18）选择系统主菜单中的“插入”→“混合扫描”命令，选择“投影曲线”作为原点轨迹，剖面控制采用“垂直于轨迹”方式，选择草绘的斜直线作为原点轨迹，再选择草绘直线作为法向轨迹和 X 轨迹。单击“截面”按钮，在“截面”下滑面板中，选择“所选截面”复选框，分别选择两个齿廓曲线图元作为扫描混合截面，创建的单个齿廓特征如图 6.54 所示。

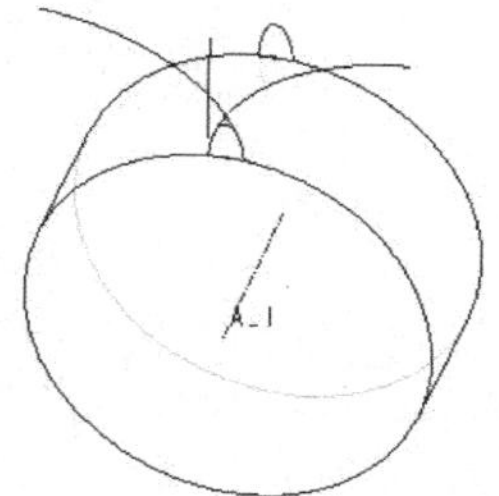

图 6.53 齿廓特征完成复制

图 6.54 完成后的轮齿特征

（19）选择刚创建好的齿廓后单击主菜单上“复制”按钮，再单击“选择性粘贴”按钮，弹出“选择性粘贴”复选框，勾选“对副本应用移动/旋转变换”，弹出“选择性粘贴”操控面板，选取“旋转”按钮，在文本框中输入角度为“360/Z”，弹出“添加关系式对话框”，选择“是”，选取“A-1”轴为旋转轴，单击操控面板的按钮✔，完成第二个齿廓的创建。

（20）在绘图区域中选择刚创建的第二个齿部特征，单击特征工具栏中的阵列工具按钮，系统打开阵列操控面板，选取“轴阵列”，选择“A-1”轴为旋转轴，输入阵列个数为“24”，偏移角度为“14.4”，单击完成按钮✔，完成特征的创建。

（21）单击工具栏中的“层”工具按钮，系统显示模型的层数，选“03-PART-ALL-CURVES”单击鼠标右键，在弹出的快捷菜单中选择“隐藏”命令。再在层树中单击鼠标右键，在弹出的快捷菜单中选择“保存状态”命令，从而完成所有曲线的隐藏，最终创建的斜齿轮模型如图 6.55 所示。

图 6.55 斜齿轮零件模型

（22）保存文件到指定的目录并关闭当前对话框。

6.5 习题

（1）创建 M10 螺母，其中螺母外直径为“16”，厚度为“5”，节距为“0.5”，扫描截面为边长是“0.4”的三角形，如图 6.56 所示。

（2）使用螺旋扫描特征，完成如图 6.57 所示蜗杆的创建。

（3）查阅蜗轮制作相关机械设计知识，完成如图 6.58 所示蜗轮的创建。

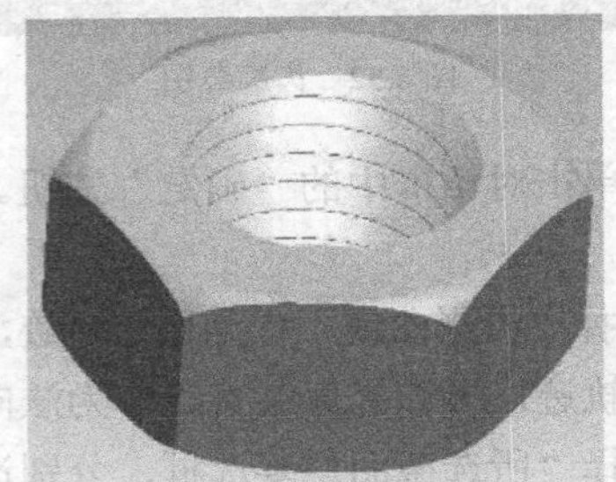

图 6.56　螺母模型

图 6.57　蜗杆模型

图 6.58　蜗轮模型

第7章 特征编辑

Pro/E 提供的是一种全参数化的设计方法，而参数化的设计方法的最大优点就是所定义的零件模型的尺寸参数可以修改，并可以通过再生形成新的模型。此外 Pro/E 设计是基于特征的，可以对特征进行复制、镜像、阵列等编辑操作，使设计的零件达到用户要求。

7.1 特征的复制

复制是一种高效制作多个相同特征的方法。它能够将现有特征复制到新位置，从而实现新特征的创建。此时使用特征复制就可以极大地提高工作效率，并可以对特征进行有规律的变化。通过复制生成的一系列的特征之间可设为独立或从属关系，设为从属后对原始特征的修改，可以快速实现相关联特征的修改，这一点在阵列中也有很好的体现。调用特征复制命令的方法是执行菜单栏“编辑”→“特征操作”→“复制”命令。

7.1.1 特征复制的操作步骤

特征复制的操作步骤如下：

（1）在菜单管理器中选择“编辑”→“特征操作”命令，打开“特征”菜单管理器，单击“复制”打开菜单管理器，指定放置方式、要复制的特征、原特征与复制特征之间的关系。

复制特征各选项命令的功能如下。

- 新参照：使用新的放置面与参考平面来复制特征，此时可以改变复制特征的尺寸和放置位置。
- 相同参考：使用与原模型相同的放置面与参考面来复制特征，此时可以改变复制特征的尺寸和放置位置。
- 镜像：通过一平面或一基准来镜像复制特征。Pro/E 自动镜像特征，不显示对话框。此时的复制特征尺寸不可以改变，放置位置自动确定。
- 选取：直接在图形窗内单击选取要复制的原特征。
- 所有特征：选取模型的所有特征。
- 不同模型：从不同的模型中选取要复制的特征。
- 不同版本：从当前模型中的不同版本中选择要复制的特征。
- 自继承：从继承特征中复制特征。
- 独立：复制特征与原特征的尺寸相互独立，没有从属关系。
- 从属：原特征的尺寸发生了变化，新特征的尺寸也会随之改变。

（2）选取要复制的特征。

（3）选取组可变尺寸，设定组可变尺寸值。

（4）选取主参照和次参照平面。

参照菜单管理器各选项命令的功能如下。

替换：为复制特征选取新参照。

相同：指明原始参照应用于复制特征。

跳过：跳过当前参照。

参考信息：提供解释放置参照的信息。

（5）特征选取特征复制方向，单击“完成”按钮，完成特征的复制。

7.1.2　特征复制、粘贴、选择性粘贴示例

（1）打开如图 7.1 所示特征复制原始模型，对模型上的凸台进行特征复制操作。

（2）在菜单管理器中选择“编辑”→“特征操作”命令，打开“特征操作”菜单管理器，如图 7.2 所示。

图 7.1　复制原始模型

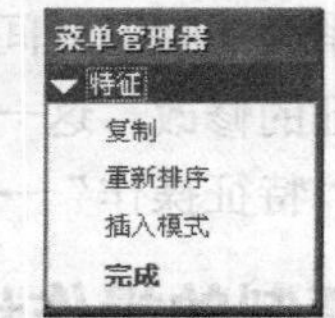

图 7.2　特征操作菜单管理器

（3）单击“复制”按钮，弹出复制特征菜单管理器，如图 7.3 所示。

（4）单击“新参考”→“选取”→“独立”→“完成”按钮，弹出特征选取菜单管理器，如图 7.4 所示。选取模型上的凸台特征（拉伸 2），单击“完成”按钮。

（5）弹出“组元素”、“组可变尺寸”菜单管理器，如图 7.5 所示。选取尺寸“Dim1”，单击“完成”按钮。

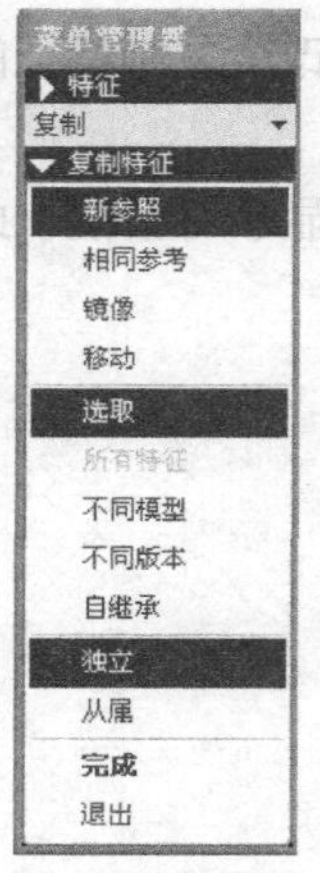

图 7.3　复制特征管理器

图 7.4　特征选取菜单管理器

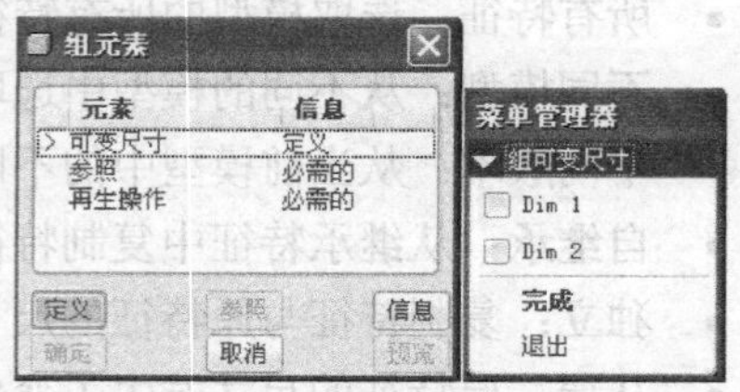

图 7.5　组可变尺寸菜单管理器

（6）输入“Dim1”尺寸值“5”，单击“确定”按钮，如图7.6所示。单击“确定”按钮。

（7）弹出“组元素”参照定义菜单管理器，如图7.7所示。单击“替换”，选取凸台前侧为主参考平面，与凸台前侧相互垂直的平面“RIGHT”和“FRONT”基准平面为次参考平面，单击“确定”按钮。

图7.6 尺寸值输入框

图7.7 参考菜单管理器

（8）弹出方向菜单管理器，如图7.8所示。单击“确定”按钮。

（9）单击“组放置”→“完成”按钮，单击“复制”→“完成”按钮，完成特征的复制，如图7.9所示。

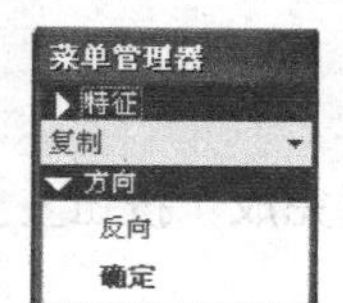

图7.8 “方向”菜单管理器

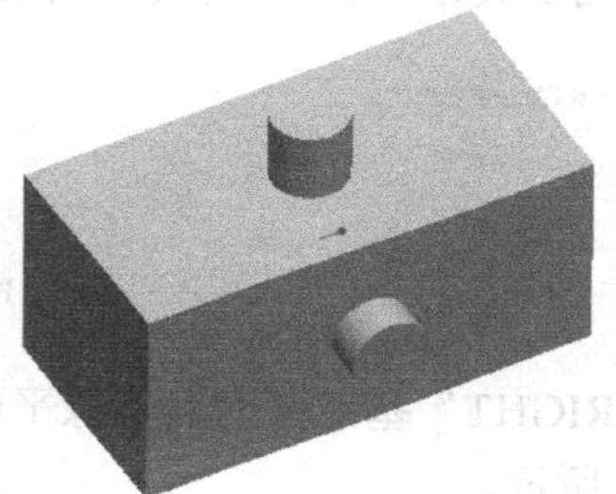
图7.9 特征复制完成后的零件模型

7.2 镜像特征

所谓镜像即根据现实生活人照镜子时会在镜子中呈现出一个完全对称的自己的现象，而在机械设计或机械零件中有时也需要对称结构，利用镜像特征先选取所要镜像的原始特征，再选取一个平面作为镜像面，从而实现特征的对称放置。调用特征镜像命令的方法可采用选单命令和图标命令两种方法：

（1）选单命令：执行“编辑”→“镜像”命令。

（2）图标命令：单击右侧工具栏中的“镜像”按钮。

7.2.1 镜像特征的操作步骤

镜像特征的操作步骤如下：

（1）选取要镜像的一个或多个特征。Pro/E工作区中亮显被选的特征。

（2）在“编辑特征”工具栏中，单击按钮，或单击“编辑”→“镜像”，特征操控面板打开。

（3）选取一个镜像平面。可选择图形窗口中的某个平面或是基准面作为镜像平面。

（4）如果要使镜像特征独立于原始特征，打开特征镜像操控板中的“选项”面板，然后不勾选“复制为从属项”的选项即可。

（5）单击特征镜像操控板中的“完成”按钮，完成“镜像”特征的创建。

7.2.2 镜像特征示例

（1）打开如图7.10所示零件，点选该零件中的孔特征进行镜像操作。

图7.10 镜像零件模型

（2）单击右侧工具栏“”命令，弹出如图7.11所示“镜像”操控面板。

图7.11 镜像操控面板

（3）选择“RIGHT”基准面为其镜像平面。单击操控板中的“完成”按钮，完成特征的镜像，如图7.12所示。

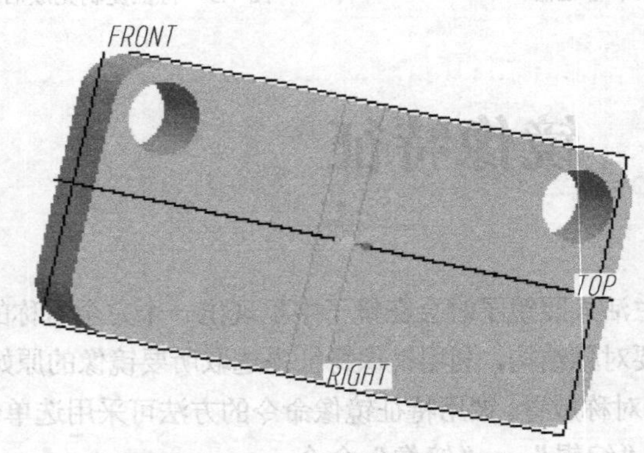

图7.12 镜像完成后的零件模型

（4）保存文件到指定位置并关闭当前对话框。

7.3 阵列特征

阵列特征是按照一定的排列方式复制的特征。在建模过程中，如果需要建立许多相同或类似的特征，如手机的按键、法兰的固定孔等，就需要使用阵列特征。

系统允许只阵列一个单独特征。要阵列多个特征，可创建一个组，然后阵列这个组。创建组阵列后，也可取消阵列或分解组以便对其中的特征进行单独修改。

Pro/E 提供了 8 种阵列类型。

- 尺寸：通过使用驱动尺寸并指定阵列的增量变化来创建阵列。尺寸阵列可以是单向的，也可以是双向的。
- 方向：通过指定方向并使用拖动句柄设置阵列增长的方向和增量来创建阵列，方向阵列也可以是单向或双向的。
- 轴：通过使用拖动句柄设置阵列的角增量和径向增量以创建径向阵列，也可将阵列拖动成为螺旋形。
- 表：通过使用阵列表，并明确每个子特征的尺寸值来完成特征的阵列。
- 参照：通过参考已有的阵列特征创建一个阵列。
- 填充：通过根据选定栅格用实例填充区域来创建阵列。
- 曲线：通过将特征沿着曲线的轨迹放置来创建阵列。
- 点：通过利用基准点的位置来放置特征创建阵列。

调用特征镜像命令的方法可采用选单命令和图标命令两种方法：

（1）选单命令：执行“编辑”→“阵列”命令。

（2）图标命令：单击右侧工具栏中的阵列“▦”图标按钮。

7.3.1 阵列特征的操作步骤

阵列特征的操作步骤如下：

（1）选取要阵列的原始特征。

（2）在“编辑特征”工具栏中单击“▦”按钮，或执行菜单项“编辑”→“阵列”。

（3）选取特征阵列方式。

（4）选取增量方式。

（5）选取阵列尺寸，输入增量尺寸数值。

（6）确定阵列数目。

（7）完成。

7.3.2 尺寸阵列示例

尺寸阵列通过选择特征的定位尺寸进行阵列。创建尺寸阵列时，选取特征尺寸，并指定这些尺寸的增量变化以及阵列中的特征实例数。尺寸阵列可以是单向阵列也可以是双向阵列。即，双向阵将实例放置在行与列中。根据所选取要更改的尺寸，阵列可以是线性的或是角度的。尺寸阵列的示例如下。

（1）打开如图 7.13 所示的零件模型。

（2）选中上面的圆柱凸台特征，在“编辑特征”工具栏中单击“▦”按钮，或执行菜单项“编辑”→“阵列”，此时弹出阵列操控板如图 7.14 所示。系统在图形窗口中显示的这个圆柱体凸台的尺寸如图 7.15 所示。

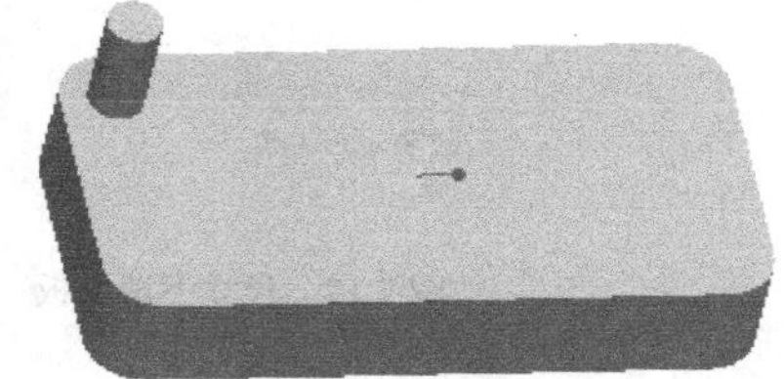

图 7.13 尺寸阵列零件模型

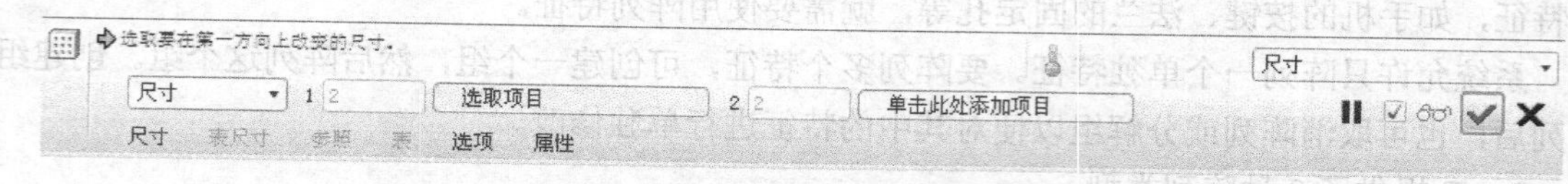

图 7.14　尺寸阵列操控面板

（3）单击操控面板中的“尺寸”按钮，打开“尺寸”下滑面板，如图 7.16 所示。

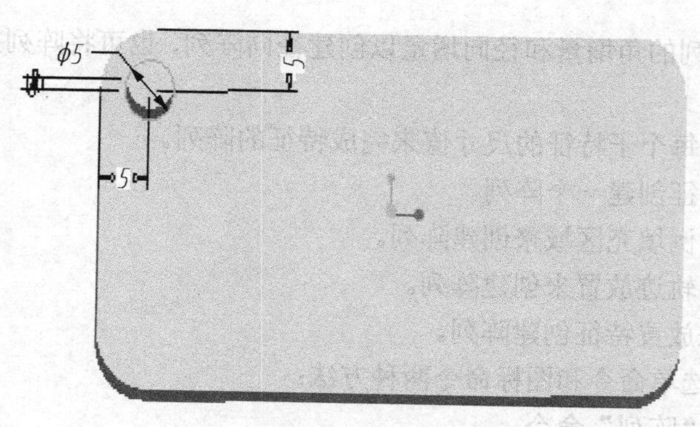

图 7.15　零件模型凸台尺寸显示

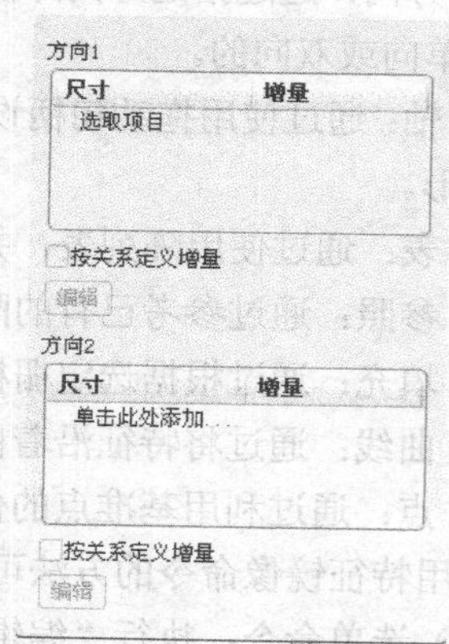

图 7.16　尺寸下滑面板

（4）单击“尺寸”下滑面板“方向 1”下的选取项目，在图形窗口中选取凸台水平尺寸，再在“方向 1”表框“增量”下面的文本框中输入“15”，使矩形阵列水平方向增量为 15。

（5）单击“尺寸”下滑面板“方向 2”下选取项目，在图形窗口中选取凸台列尺寸，再在“方向 2”表框“增量”下面的文本框中输入“10”，使矩形阵列列方向增量为 10，如图 7.17 所示。

（6）在如图 7.14 所示的尺寸阵列操控面板“1”后面文本框中输入数值“4”（默认为 2），表示所成阵列为 4 列，“2”后面文本框中输入数值“3”（默认为 2），表示所成阵列为 3 行。再单击操控板中的“完成”按钮，生成阵列特征如图 7.18 所示。

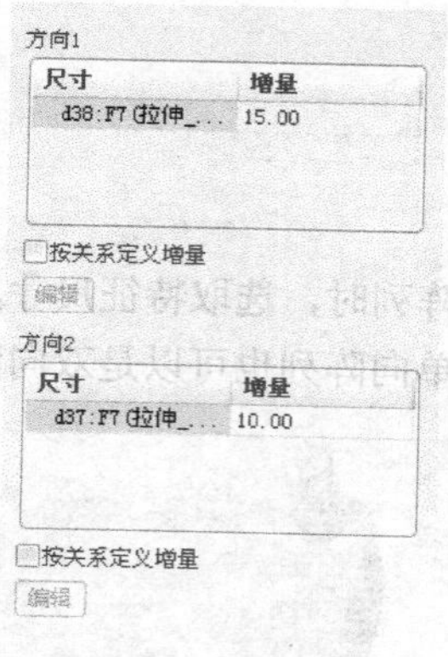

图 7.17　尺寸下滑面板

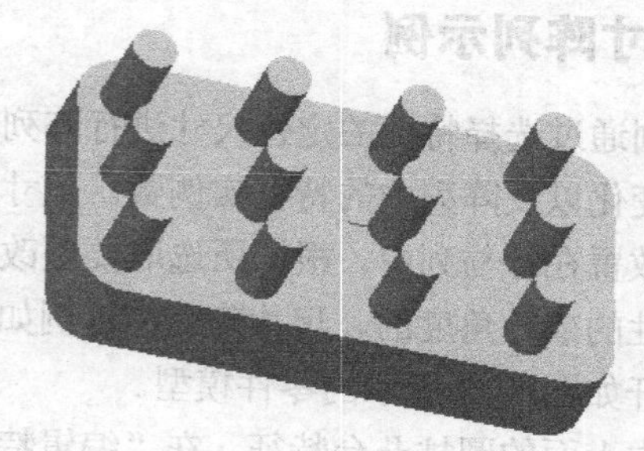

图 7.18　阵列后的零件模型

（7）保存文件到指定位置并关闭当前对话框。

7.3.3 方向阵列示例

方向阵列是指通过指定方向并使用拖动控制滑块设置阵列增长的方向和增量来创建自由形式的阵列，即先指定特征的阵列方向，然后再指定尺寸值和行列数的阵列方式。方向阵列可为单向或双向。方向阵列示例如下。

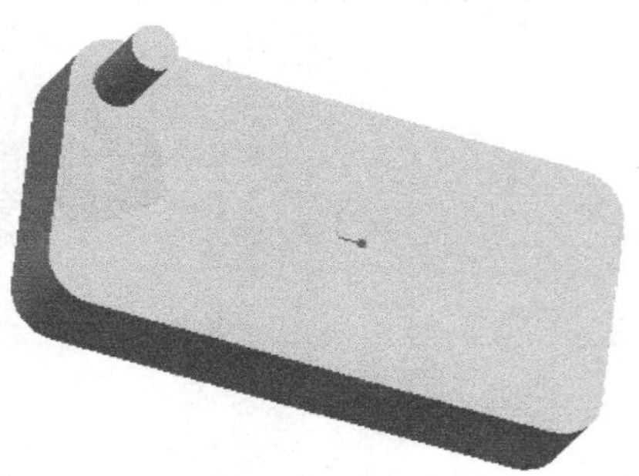
图 7.19 方向阵列零件模型

（1）打开如图 7.19 所示的零件模型。

（2）在“模型树”选项卡中选择“拉伸 2”选项，单击“编辑特征”工具栏中的“阵列”按钮，打开“阵列”操控板，在“阵列类型”下拉列表中选择“方向”选项，如图 7.20 所示。

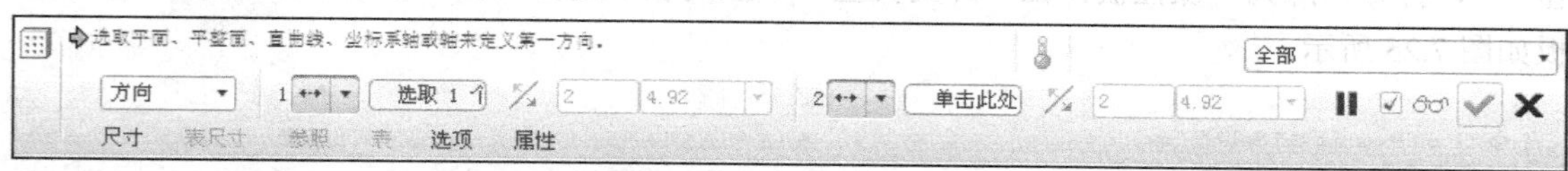

图 7.20 方向阵列操控面板

（3）在第“1”方向参照收集器中，选取如图 7.21 所示的边为第一方向参照，输入第一方向成员数为“6”，输入第“1”方向的阵列成员间的间距为“10”。

（4）在第“2”方向参照收集器中，选取如图 7.22 所示的边为第二方向参照，输入第二方向成员数为“4”，输入第“2”方向的阵列成员间的间距为“7”。

（5）单击操控面板中的“完成”按钮，完成后的阵列如图 7.23 所示。

（6）保存文件到指定位置并关闭当前对话框。

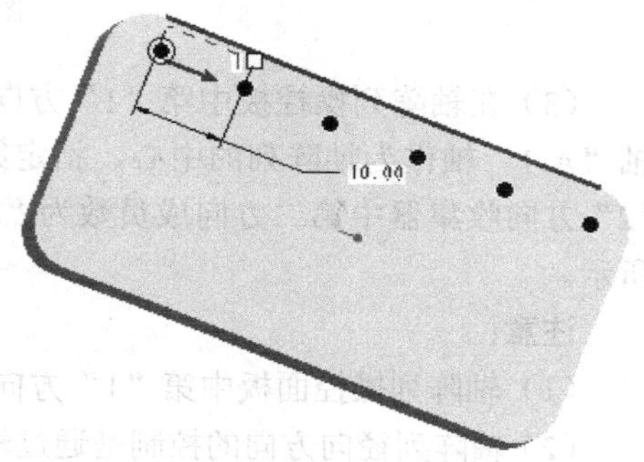

图 7.21 选取第“1”方向阵列显示

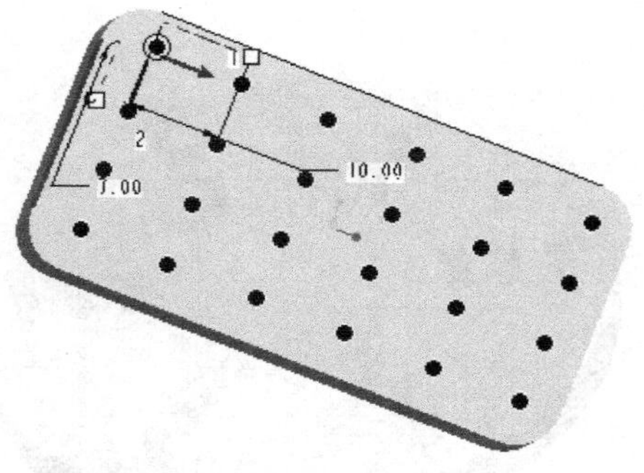

图 7.22 选取第“2”方向阵列显示

图 7.23 阵列后的零件模型

7.3.4 轴阵列示例

轴阵列是指特征绕旋转中心轴在圆周上进行阵列。圆轴阵列第一方向的尺寸用来定义圆周方向上的角度增量。轴阵列的示例如下。

（1）打开如图 7.24 所示的零件模型。

图 7.24　轴阵列零件模型

（2）在“模型树”选项卡中选择“拉伸 2”选项，单击“编辑特征”工具栏中的“阵列”按钮，打开“阵列”操控板，在“阵列类型”下拉列表中选择“轴”选项。弹出轴阵列操控面板如图 7.25 所示。

图 7.25　轴阵列操控面板

（3）在轴阵列操控板中第“1”方向参照器中单击选取 1 个项，单击图形窗口中显示的基准轴“A-1”轴作为轴阵列的中心，指定第一方向成员数量为“6”，角度增量为“60”，再指定第“2”方向收集器中第二方向成员数为“3”，各成员之间的距离为“10”。图形窗口显示如图 7.26 所示。

注意：

（1）轴阵列操控面板中第“1”方向收集器中的图标按钮表示的是沿圆周的旋转方向。

（2）轴阵列径向方向的控制是通过轴阵列操控面板中第“2”方向收集器中各成员之间的输入距离的“+”、“−”号来控制的。

（3）单击操控面板中的完成按钮，阵列结果如图 7.27 所示。

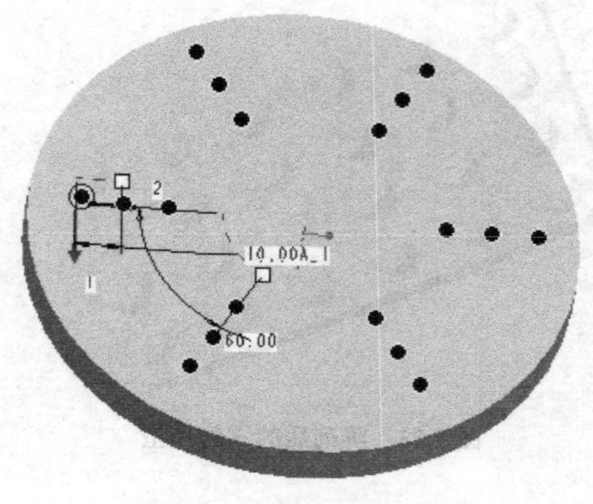

图 7.26　轴阵列图形显示

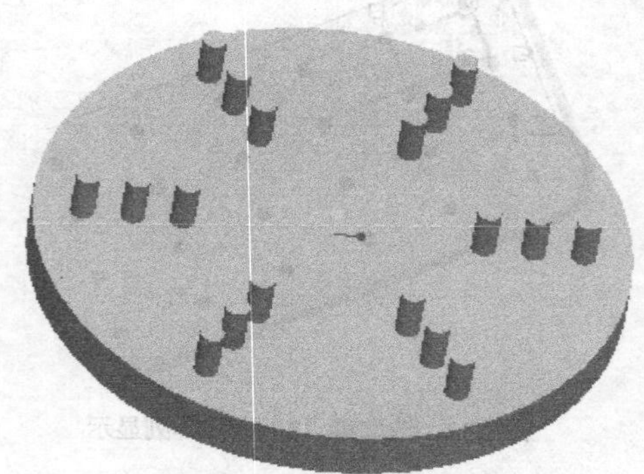

图 7.27　阵列完成后的零件模型

（4）保存文件到指定位置并关闭当前对话框。

7.3.5 填充阵列示例

填充阵列通过指定某个区域来对特征进行阵列，并使特征有规律地布满整个区域对于指定区域的创建可以放在阵列之前，也可放在创建的过程中进行。填充阵列示例如下。

（1）打开如图 7.28 所示的零件模型。

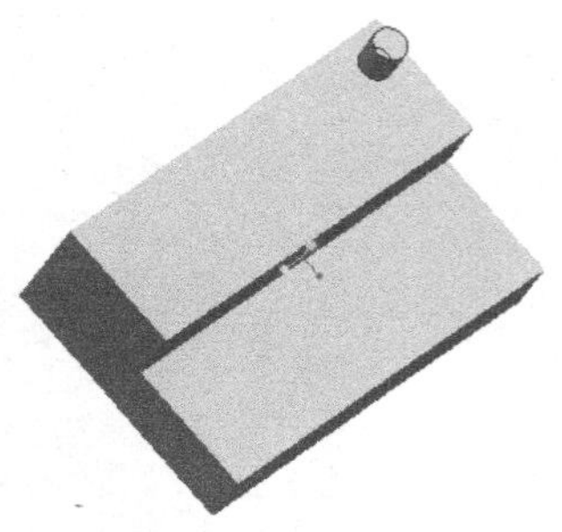

图 7.28 填充阵列零件模型

（2）在“模型树”选项卡中选择“拉伸 2”选项，单击“编辑特征”工具栏中的“阵列”按钮，打开“阵列”操控板。在“阵列类型”下拉列表中选择“填充”选项，如图 7.29 所示。

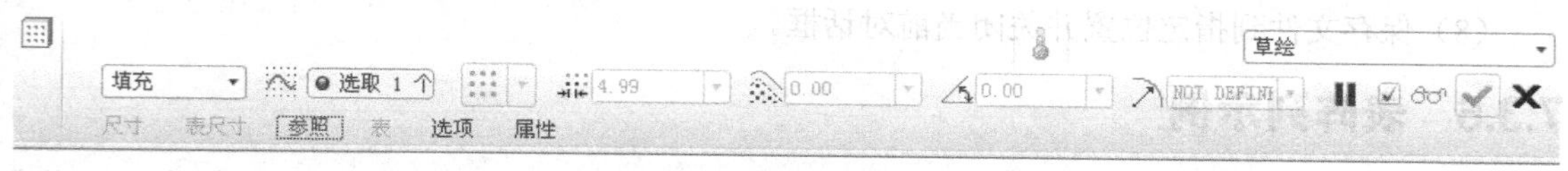

图 7.29 填充阵列操控面板

（3）单击“参照”按钮，弹出如图 7.30 所示下拉对话框。

（4）单击“定义”按钮，打开“草绘”对话框，选取“拉伸 2”的曲面作为草绘平面，单击“草绘”。

（5）系统进入草绘环境，单击“草绘工具器”工具栏中的“边”命令按钮，选择环类型，选中“拉伸 2”草绘平面上的边线。单击“草绘器工具”工具栏中的“完成”按钮退出草绘环境。图形区域显示如图 7.31 所示。

图 7.30 草绘对话框

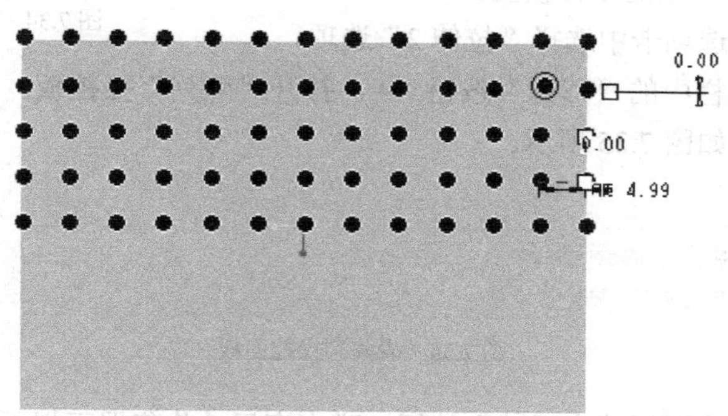

图 7.31 填充阵列图形显示

（6）返回到填充阵列操控板，阵列类型选默认方形，阵列成员间间隔输入“6”，距草绘边界距离输入“2”，栅格关于原点的旋转输入“60”，如图 7.32 所示。

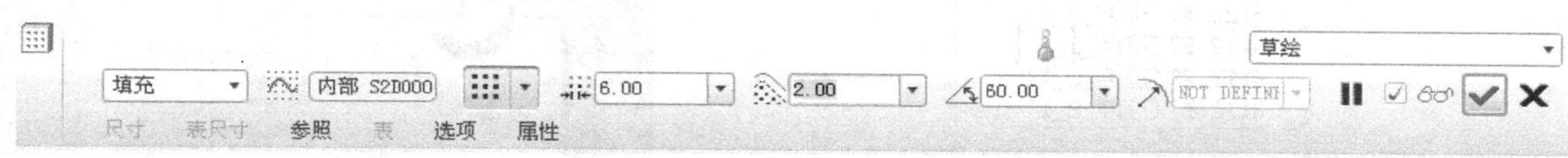

图 7.32 填充阵列操控面板

（7）单击填充操控板中的“完成”按钮，完成填充阵列，如图 7.33 所示。

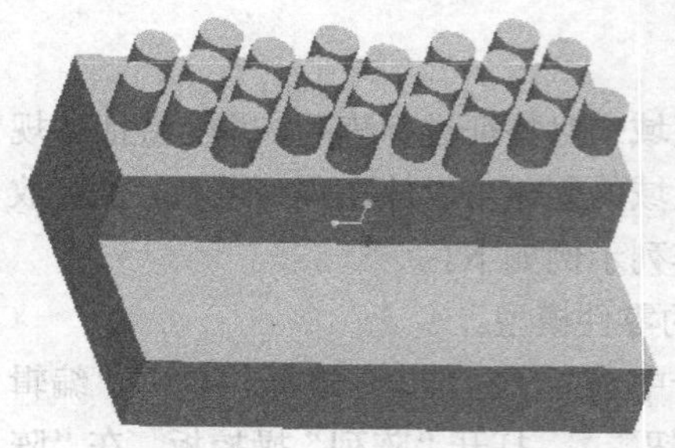

图 7.33 填充阵列完成后的零件模型

（8）保存文件到指定位置并关闭当前对话框。

7.3.6 表阵列示例

表阵列是通过使用阵列表并为每一个阵列特征指定空间位置和本身尺寸来控制阵列的形成的。使用表阵列工具可创建复杂的、不规则的特征阵列或组阵列。表阵列的阵列表是一个可以编辑的表格，其为阵列的每个特征副本都指定了唯一的尺寸，编辑完成后，如果想保存当前设置的表文件，可单击“文件”→“保存”或“另存为”，输入新文件名保存即可。如果在此之前已保存了表文件，也可单击“文件”→“读取”读入需要的表文件。具体表阵列示例如下。

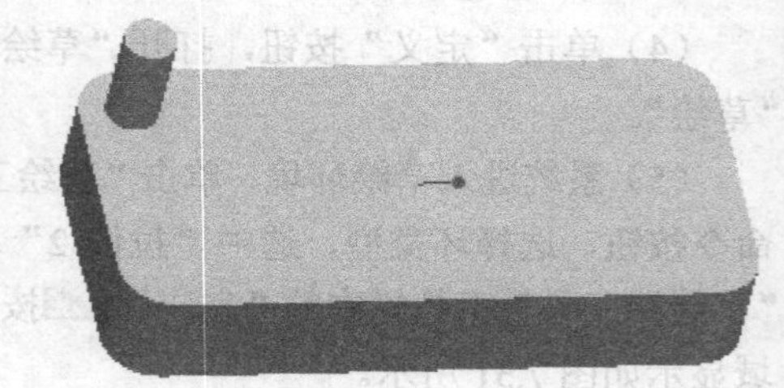

图 7.34 表阵列零件模型

（1）打开如图 7.34 所示的零件模型。

（2）在“模型树”选项卡中选择“拉伸 2”选项，单击“编辑特征”工具栏中的“阵列”按钮，打开“阵列”操控板。在“阵列类型”下拉列表中选择“表”选项，如图 7.35 所示。

图 7.35 表阵列操控面板

（3）单击表阵列操控面板“表尺寸”按钮，弹出表尺寸收集器下滑面板，在图形区域选取凸台的 4 个相关尺寸。如图 7.36、图 7.37 所示。

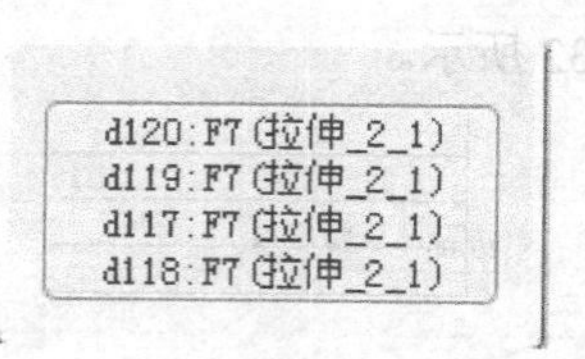

图 7.36 尺寸收集器

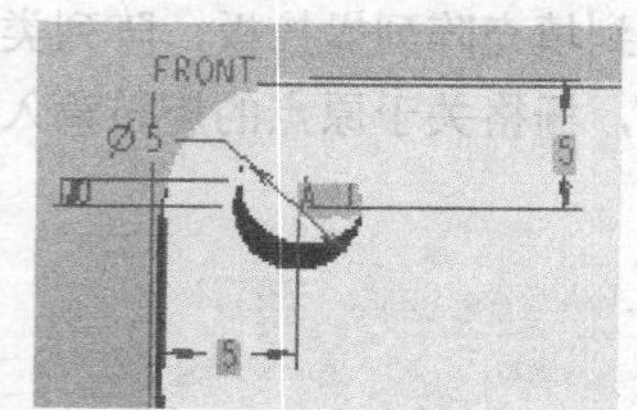

图 7.37 凸台尺寸显示

（4）单击表阵列操控面板“编辑”按钮，打开表编辑器窗口，如图 7.38 所示。

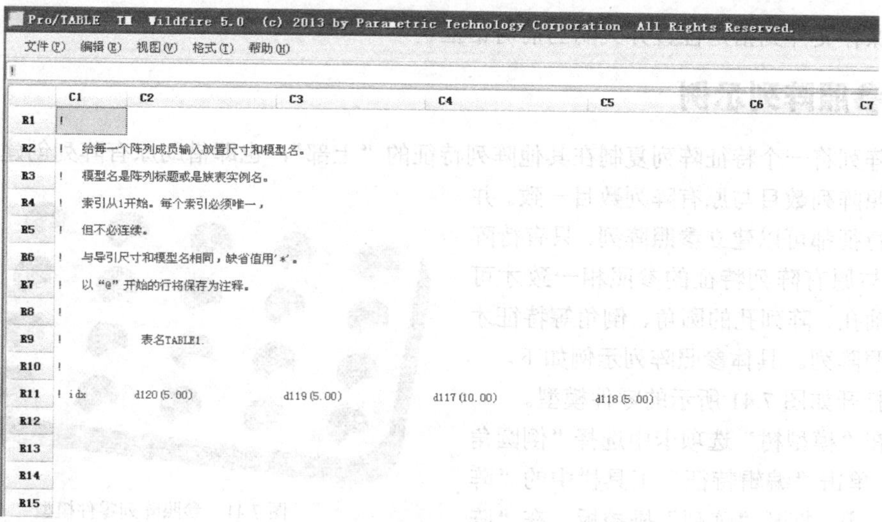
Pro/TABLE TM Wildfire 5.0 (c) 2013 by Parametric Technology Corporation All Rights Reserved.

文件(F) 编辑(E) 视图(V) 格式(T) 帮助(H)

	C1	C2	C3	C4	C5	C6	C7
R1	!						
R2	! 给每一个阵列成员输入放置尺寸和模型名。						
R3	! 模型名是阵列标题或是族表实例名。						
R4	! 索引从1开始。每个索引必须唯一，						
R5	! 但不必连续。						
R6	! 与导引尺寸和模型名相同，缺省值用'*'。						
R7	! 以"@"开始的行将保存为注释。						
R8	!						
R9	! 表名TABLE1.						
R10	!						
R11	! idx	d120(5.00)	d119(5.00)	d117(10.00)	d118(5.00)		
R12							
R13							
R14							
R15							

图 7.38 表编辑器窗口

（5）在编辑器窗口中为各阵列成员输入对应的编号及尺寸值，如图 7.39 所示。然后再选择窗口上的“文件”菜单中的“退出”命令退出编辑窗口。

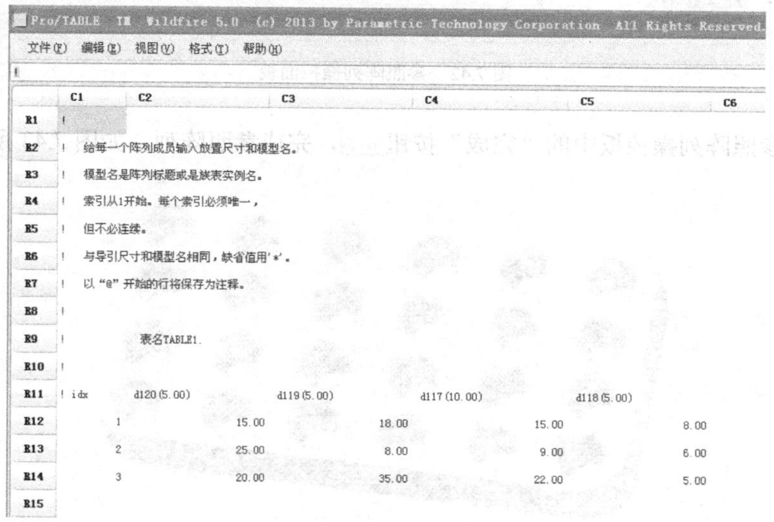
Pro/TABLE TM Wildfire 5.0 (c) 2013 by Parametric Technology Corporation All Rights Reserved.

文件(F) 编辑(E) 视图(V) 格式(T) 帮助(H)

	C1	C2	C3	C4	C5	C6
R1	!					
R2	! 给每一个阵列成员输入放置尺寸和模型名。					
R3	! 模型名是阵列标题或是族表实例名。					
R4	! 索引从1开始。每个索引必须唯一，					
R5	! 但不必连续。					
R6	! 与导引尺寸和模型名相同，缺省值用'*'。					
R7	! 以"@"开始的行将保存为注释。					
R8	!					
R9	! 表名TABLE1.					
R10	!					
R11	! idx	d120(5.00)	d119(5.00)	d117(10.00)	d118(5.00)	
R12	1	15.00	18.00	15.00	8.00	
R13	2	25.00	8.00	9.00	6.00	
R14	3	20.00	35.00	22.00	5.00	
R15						

图 7.39 输入编号及尺寸

（6）单击表阵列操控板“完成”✓按钮，完成表阵列，如图 7.40 所示。

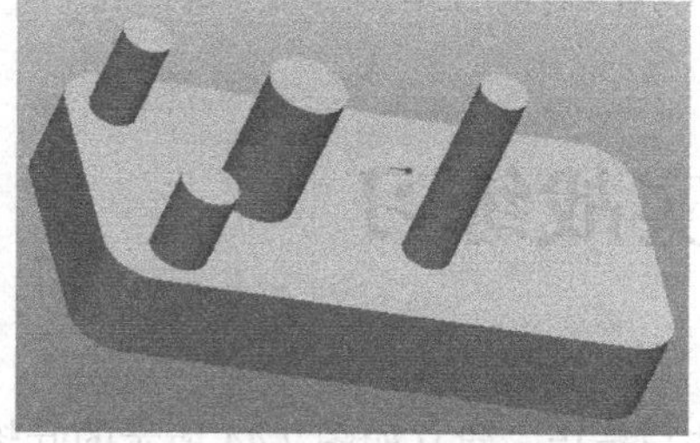

图 7.40 表阵列完成后的零件模型

（7）保存文件到指定位置并关闭当前对话框。

7.3.7 参照阵列示例

参照阵列将一个特征阵列复制在其他阵列特征的“上部”，也即借助原有阵列创建新的阵列，创建的参照阵列数目与原有阵列数目一致。并不是任何特征都可以建立参照阵列，只有待阵列的参照与原有阵列特征的参照相一致才可以，如同轴孔、阵列孔的圆角、倒角等特征才能建立参照阵列。具体参照阵列示例如下。

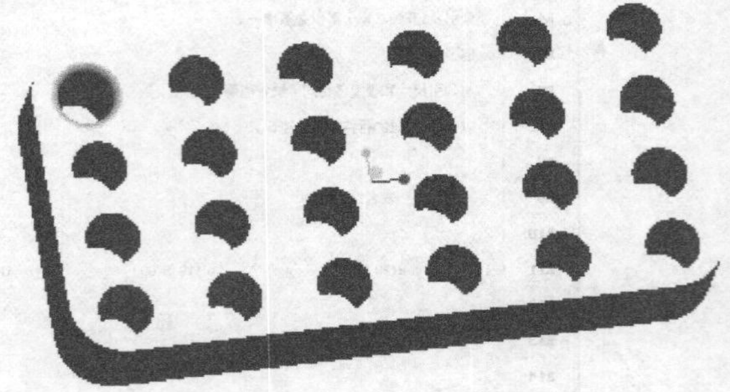

图 7.41 参照阵列零件模型

（1）打开如图 7.41 所示的零件模型。

（2）在“模型树”选项卡中选择“倒圆角1”选项，单击“编辑特征”工具栏中的“阵列”按钮，打开“阵列”操控板，在“阵列类型”下拉列表中选择“参照”选项，打开如图 7.42 所示的操控面板。

图 7.42 参照阵列操控面板

（3）单击参照阵列操控板中的“完成”按钮，完成参照阵列，如图 7.43 所示。

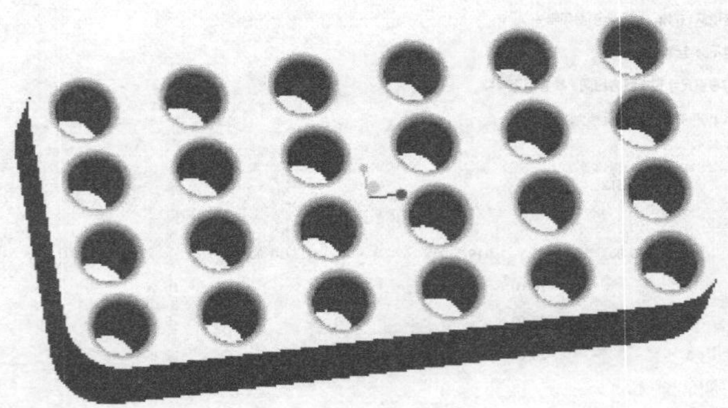

图 7.43 参照阵列完成后的零件模型

（4）保存文件到指定位置并关闭当前对话框。

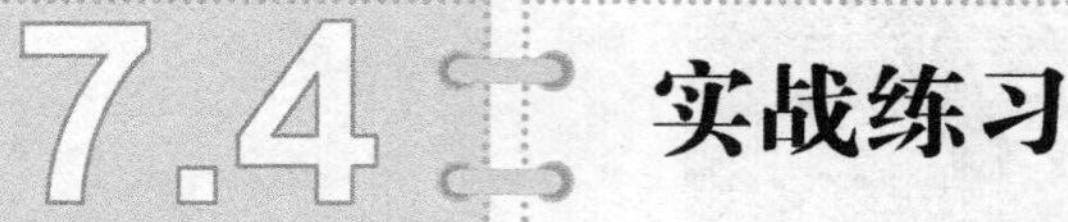

7.4 实战练习

熟练掌握 Pro/E 的绘制方法与技巧，建立如图 7.44 所示的叶轮模型。

图 7.44 叶轮零件模型

7.4.1 建模分析

通过对本模型进行分析可知，该模型为叠加式组合体，建模过程如图 7.45 所示。

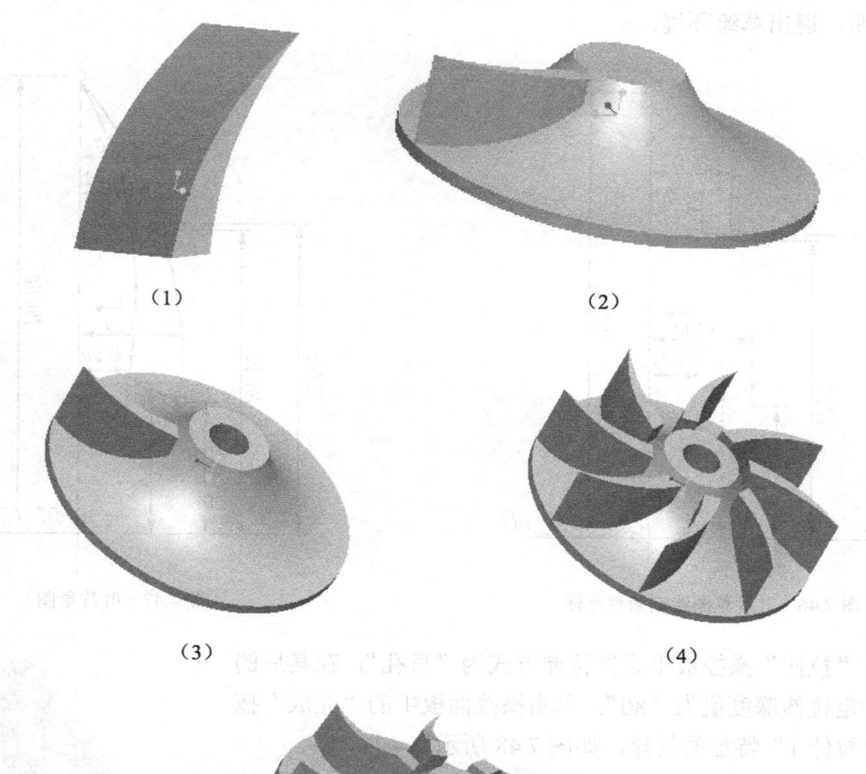

(1) (2)

(3) (4)

(5)

图 7.45 建模过程

7.4.2 操作步骤

（1）单击“文件”工具栏中的“新建”按钮，打开“新建”对话框。在“类型”选项组中点选“零件”单选组，在“子类型”选项组中点选“实体”单选钮，在“名称”文本框中输入“yelun”，其余选项接受系统默认设置，单击“确定”按钮，创建一个新的零件文件。

（2）单击“基准”工具栏中的“轴”按钮。选取“TOP”基准平面和“RIGHT”基准平面作为参照定义基准轴，单击“基准轴”对话框中的“确定”按钮，完成基准轴 A-1 轴的创建。

（3）单击“基础特征”工具栏中的“拉伸”按钮，在打开的“拉伸”操控板中依次单击“放置”→“定义”按钮，选取“FRONT”基准平面作为草绘平面，单击“草绘”按钮，进入草绘环境。

（4）单击“草绘工具器”工具栏中的“点”按钮，先绘制如图 7.46 所示的 5 个点，然后用样条曲线和直线把这 5 个点连接成如图 7.47 所示的草绘图形。再单击“草绘工具器”工具栏中的“完成” 按钮，退出草绘环境。

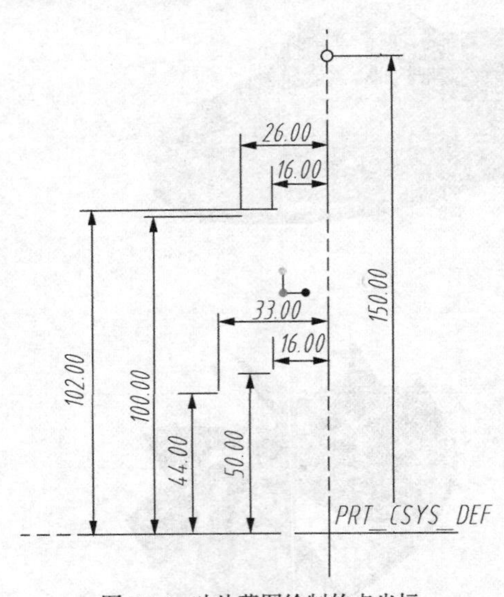

图 7.46 叶片草图绘制的点坐标

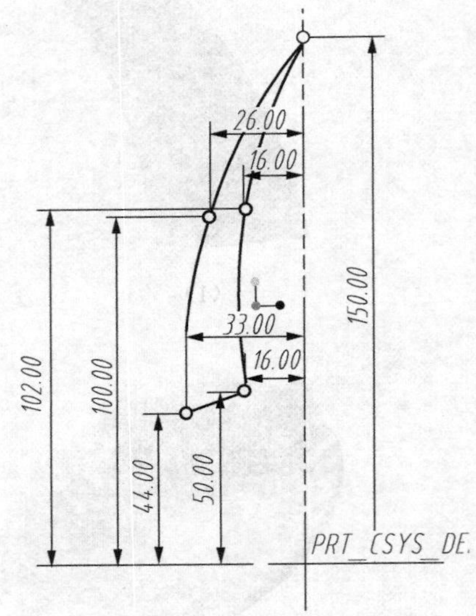

图 7.47 叶片草图

（5）在“拉伸”操控板中设置拉伸方式为“盲孔”，在其后的文本框中给定拉伸深度值为“80”，单击操控面板中的“完成”按钮，完成“拉伸 1”特征的创建，如图 7.48 所示。

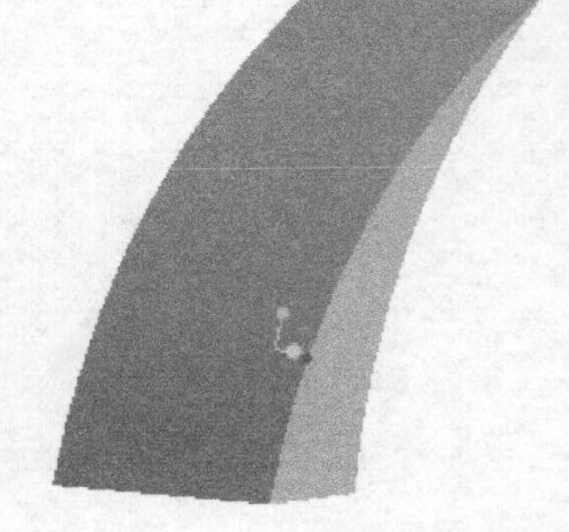

图 7.48 叶片拉伸后的实体模型

（6）单击“基础特征”工具栏中的“旋转”按钮，在打开的“旋转”操控板中依次单击“放置”→“定义”按钮。选取“RIGHT”基准平面作为草绘平面，单击“草绘”按钮，进入草绘环境。

（7）单击“草绘工具器”工具栏中的“线”按钮和“3 点/相切端”按钮，绘制如图 7.49 所示的旋转截面图形。再单击“草绘工具器”工具栏中的“完成” 按钮，退出草绘环境。

（8）在“旋转”操控面板中“设置旋转轴”的“选取一个项目”中选择 A-1 轴为旋转轴，其余默认。单击操控板中“完成” 按钮，完成旋转特征的创建，如

图7.50所示。

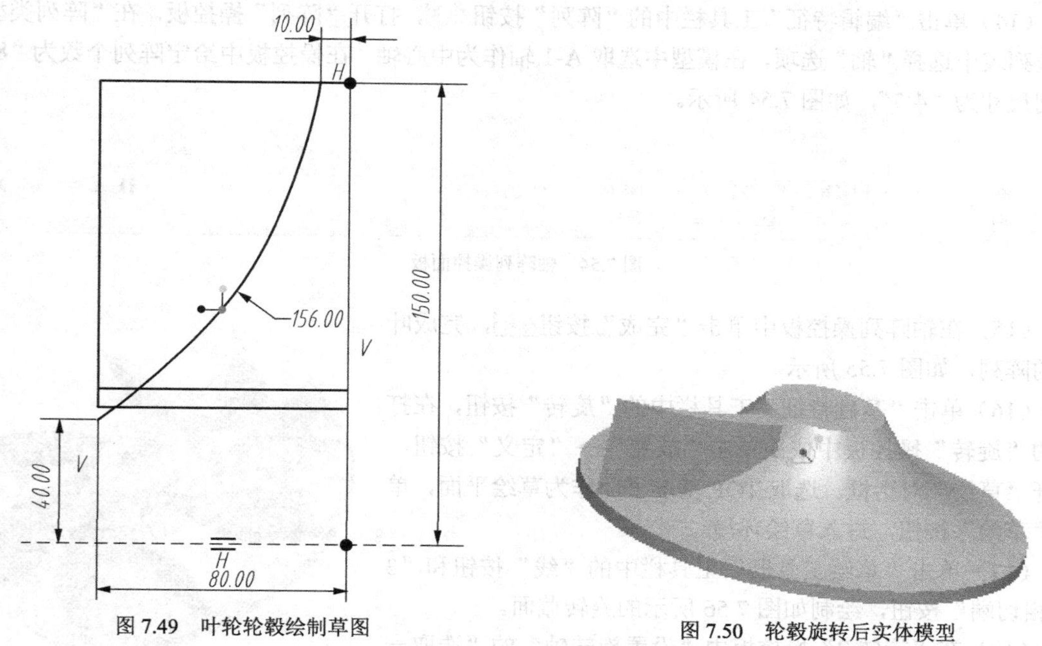

图 7.49 叶轮轮毂绘制草图

图 7.50 轮毂旋转后实体模型

（9）单击“工程特征”工具栏中的“孔”按钮，打开“孔”操控板。在操控板中单击“简单孔”按钮和“矩形孔”按钮作为孔类型。

（10）给定孔的直径为“40”，深度为“穿透”，如图7.51所示。

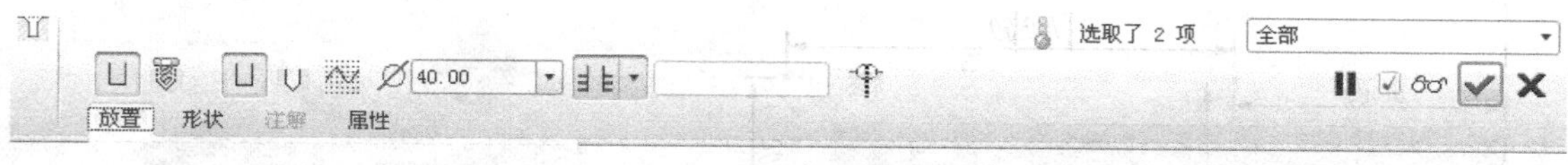

图 7.51 孔特征操控面板

（11）在图元上选取小端面作为放置面，选取A-1轴和RIGHT基准平面作为偏移参考，设置偏移量都为“0”，在“类型”下拉列表中选择“线性”选项，如图7.52所示。

（12）单击“孔特征”操控板中的“完成”按钮，完成孔特征的创建，如图7.53所示。

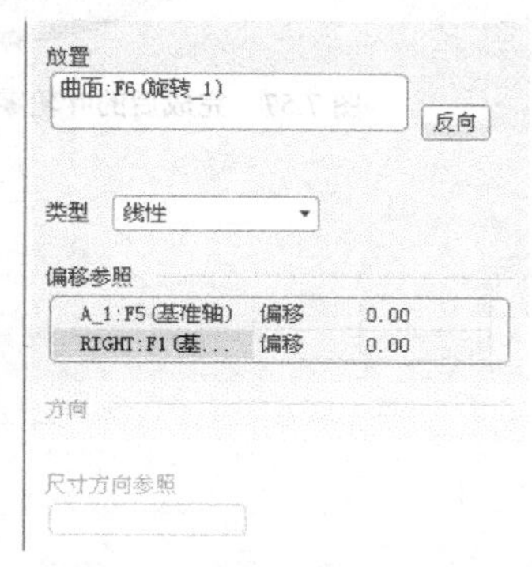

图 7.52 孔放置下滑面板

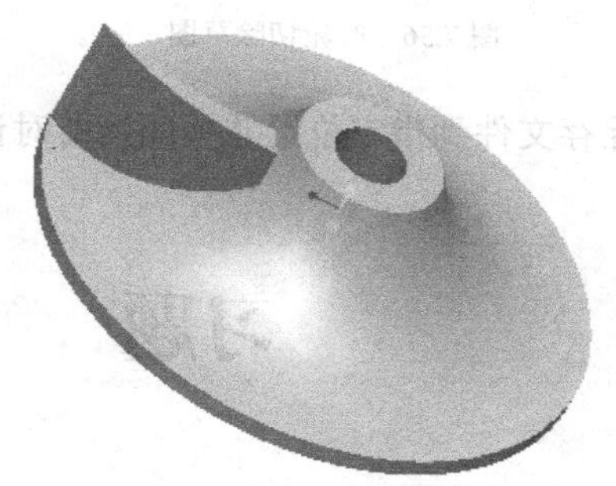

图 7.53 打孔后的零件实体模型

（13）在“模型树”选项卡中选择前面创建的“拉伸 1”特征。

（14）单击“编辑特征”工具栏中的“阵列”按钮，打开“阵列”操控板。在“阵列类型”下拉列表中选择“轴”选项，在模型中选取 A-1 轴作为中心轴，在操控板中给定阵列个数为“8”，阵列尺寸为“4/5”，如图 7.54 所示。

图 7.54　轴阵列操控面板

（15）在轴阵列操控板中单击“完成”按钮，完成叶片的阵列，如图 7.55 所示。

图 7.55　叶片阵列后的实体模型

（16）单击“基础特征”工具栏中的“旋转”按钮，在打开的“旋转”操控板中依次单击“放置”→“定义”按钮，打开“草绘”对话框。选取 TOP 基准平面作为草绘平面，单击“草绘”按钮，进入草绘环境。

（17）单击“草绘工具器”工具栏中的“线”按钮和“3 点/相切端”按钮，绘制如图 7.56 所示的旋转截面。

（18）在“旋转 2”操控板中“设置旋转轴”的“选取一个项目”中选择 A-1 轴为旋转轴，点选移除材料，其余默认。单击“旋转 2”操控板中“完成”按钮，完成叶轮的创建，如图 7.57 所示。

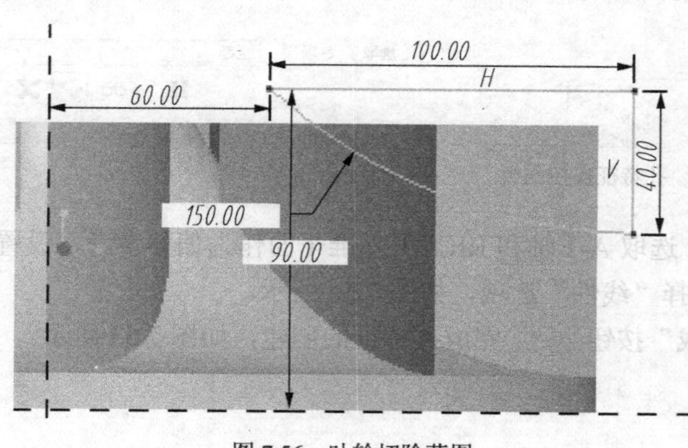

图 7.56　叶轮切除草图

图 7.57　完成后的叶轮零件模型

（19）保存文件到指定位置并关闭当前对话框。

7.5 习题

（1）使用“特征复制”命令复制如图 7.58 所示的孔特征。

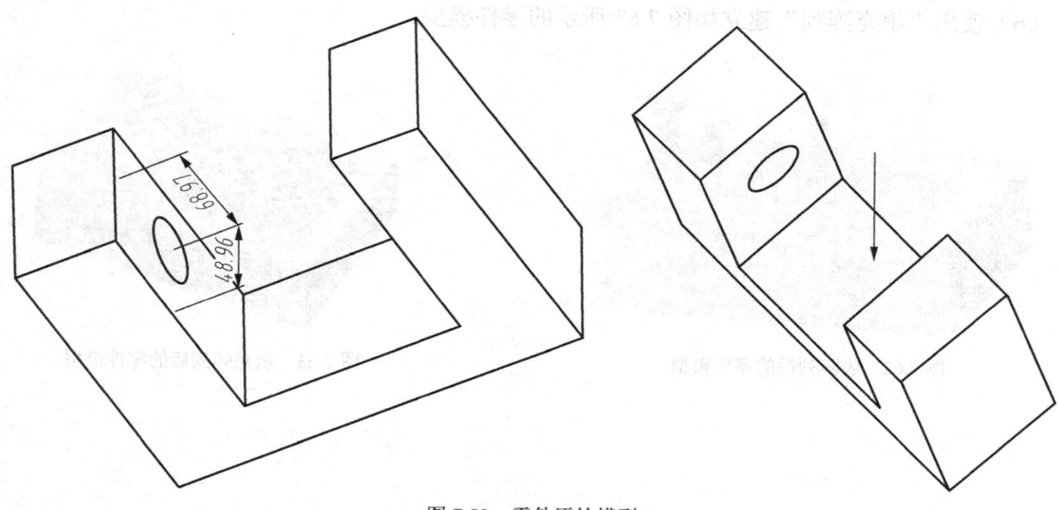

图 7.58 零件原始模型

（2）使用“镜像”命令完成如图 7.59 所示的镜像特征操作。

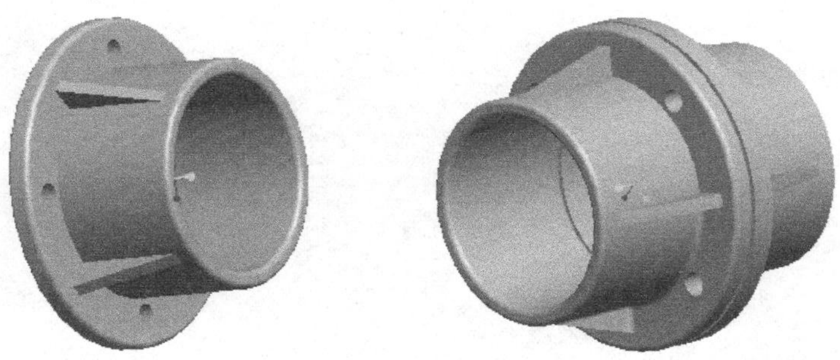

图 7.59 零件镜像特征参考模型

（3）使用“尺寸阵列”建立如图 7.60 所示的零件模型。
（4）使用“轴阵列”建立如图 7.61 所示的零件模型。

图 7.60 尺寸阵列后的零件模型

图 7.61 轴阵列后的零件模型

（5）使用“表阵列”建立如图 7.62 所示的零件模型。

（6）使用“填充阵列”建立如图 7.63 所示的零件模型。

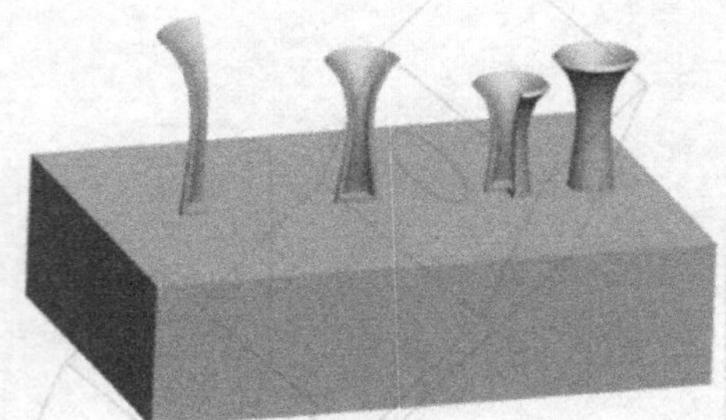

图 7.62　表阵列后的零件模型

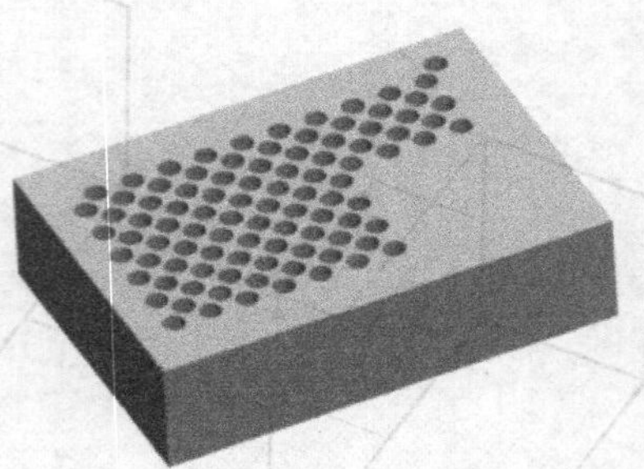

图 7.63　填充阵列后的零件模型

第8章 特征的操作

使用 Pro/E 创建三维模型的过程实际是一个不断修正设计结果的过程。特征创建完成后，根据设计需要还可以对其进行各种操作，熟练掌握这些操作工具能大幅提高设计的效率。

特征操作是对已建特征进行各种修改的一些操作，如修改特征尺寸，修改截面形状，变更父子关系即重定一特征属性，调整生成次序的操作及其他一些操作。

8.1 重定义特征

Pro/E 允许用户重新定义已有的特征，以改变该特征的创建过程。重定义（编辑定义）是指重新定义特征的创建方式，包括特征的几何数据、草绘平面、参照、二维截面等。

选择不同的特征，其重定义的内容也不同。例如，对一个截面经过拉伸或旋转而成的特征，用户可重新定义该截面或重新定义该特征的参照等。

重新定义特征的操作方法有两种：

（1）在模型树中：选中要重定义的特征后单击鼠标右键，选择“编辑定义”命令。

（2）在绘图工作区中：选中要重定义的特征，选择“编辑”菜单中的“定义”命令。

8.1.1 重新定义特征的操作步骤

重新定义特征的操作步骤如下：

（1）选择特征并单击鼠标右键。

（2）在弹出的快捷菜单中单击“编辑定义”选项，打开模型对话框或特征操控板，或者出现“重定义”菜单。

（3）若打开特征操控板，则选择适当的选项，以重定义特征；若打开模型对话框，则双击要进行重定义的项目或单击该项目，然后单击“定义”按钮；若出现“重定义”菜单，则应选择相应的选项，然后单击“完成”选项。

（4）按系统提示进行操作，完成特征重定义。

8.1.2 重新定义特征示例

使用重新定义特征，重定义长方体特征（混合截面间的距离），重定义截面的形状，如图 8.1 所示。具体操作步骤如下。

1．创建特征模型

操作过程略。

2．重定义长方体特征，即深度

（1）在模型树中右击混合特征（伸出项标识 39），在弹出的快捷菜单中单击“编辑定义”选项。

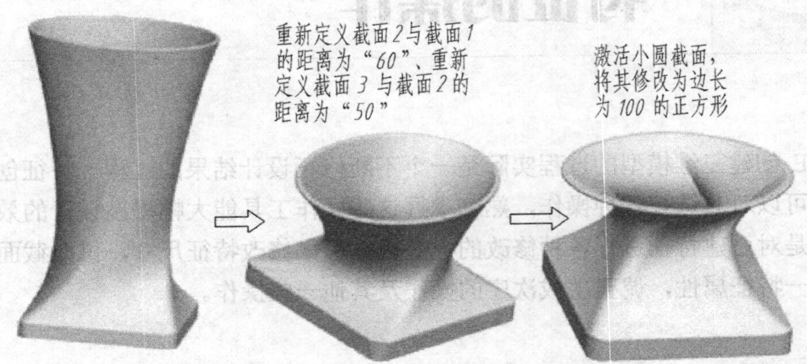

图 8.1　重定义特征操作示意图

（2）在打开的模型对话框中，如图 8.2 所示，单击“元素”栏中的“深度”，单击“定义”按钮。

（3）按系统提示重新定义截面 2 与截面 1 的距离为“60”，重新定义截面 3 与截面 2 的距离为“50”，结果如图 8.3 所示。

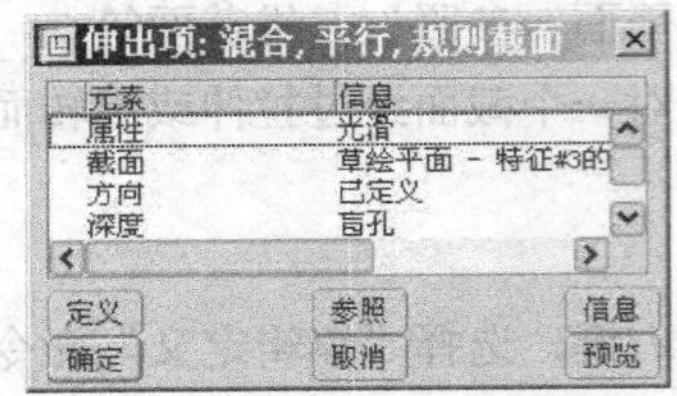

图 8.2　模型对话框

图 8.3　重定义长方体特征

3．重定义截面

（1）在模型对话框中单击“元素”栏中的“截面”，单击“定义”按钮。

（2）单击“截面”菜单中的“草绘”选项，系统进入草绘状态，显示原有的混合截面。

（3）激活小圆截面，将其修改为边长为 100 的正方形，如图 8.4 所示。

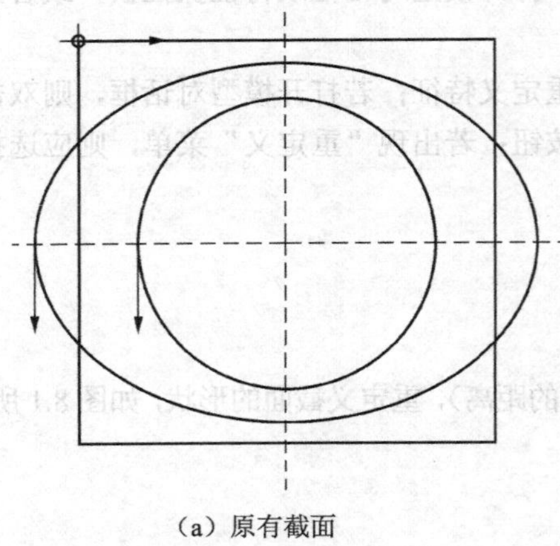

（a）原有截面

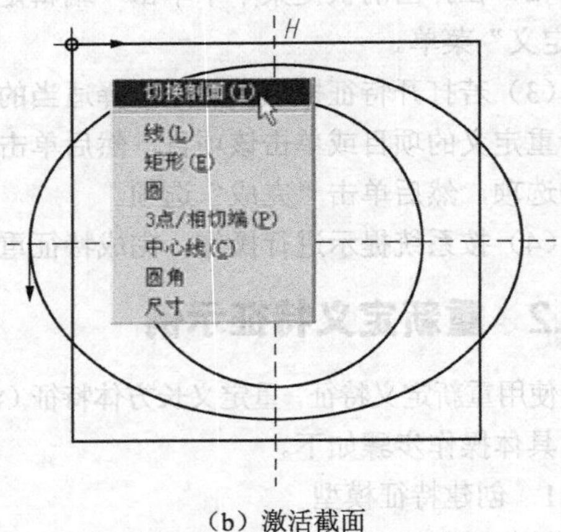

（b）激活截面

图 8.4　重定义截面过程

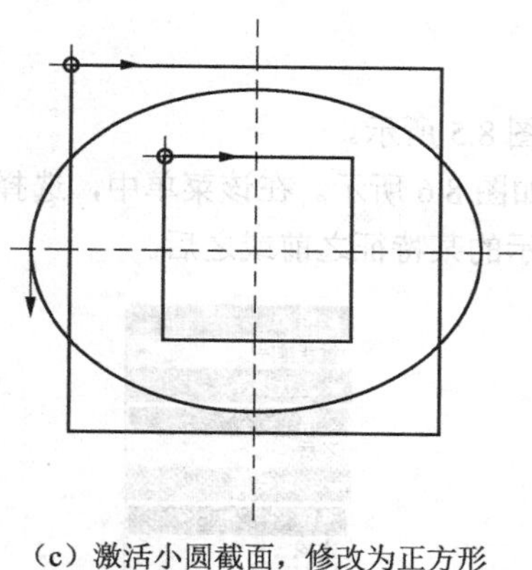

（c）激活小圆截面，修改为正方形

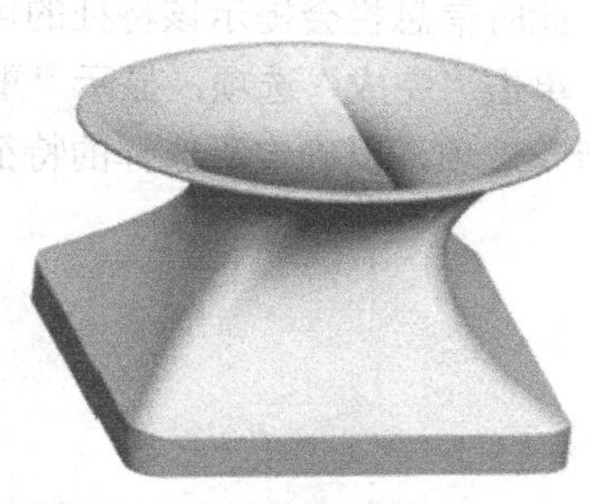

（d）效果图

图 8.4 重定义截面过程（续）

8.1.3 重新定义特征总结

（1）利用重定义特征重定义截面时要注意处于深色状态的截面为激活状态，用户可以对其尺寸、起始点、形状进行修改。要修改处于灰色状态的截面，应单击鼠标右键，在弹出的快捷菜单中单击“切换剖面”选项将其激活。

（2）重定义特征时，有时有些特征不能重定义。这是因为 Pro/E 是参数化设计的，具有子项继承父项特征的功能，假如父项特征（重定义特征）的改变导致了子项特征（以父项特征为参考基准的特征）无法完成变更，就会导致特征重定义失败。解决的办法是修改参照或删除子项特征重新定义。很多时候出现这种情况往往是因为受熟练程度不够和总体规划不足造成的，所以多练习、分析就可以避免这种问题了。

8.2 特征排序

Pro/E 中的实体模型是由独立的特征按照一定的顺序采用搭积木的方式所搭建起来的。要想得到正确的实体模型，必须严格安排各个特征间的相对顺序。但这并不是说特征间的顺序是不可改变的。在一定的前提条件下，用户可以重新安排特征的相对顺序，但请注意，重新安排特征顺序后，整个实体模型可能会发生改变。

特征重新排序的方法非常简单。在模型树窗口中，选中所需要重新排序的特征，使用鼠标左键选中后，按住左键不放，将其拖放到模型树中所需要的相应位置上即可。系统会自动按照调整后的特征顺序更新模型。

8.2.1 特征排序的操作步骤

（1）单击菜单“编辑”→“特征操作”选项，打开“特征”菜单。

（2）在“特征”菜单下，选择“重新排序”选项，系统提示“选取要重排序的特征。多个特征必须是连续顺序。”

（3）在绘图窗口或模型树中选择要调整的特征。

（4）此时信息栏会提示该特征的可能排序范围，如图 8.5 所示。

（5）单击“完成”选项，显示“重新排序”菜单，如图 8.6 所示。在该菜单中，选择“之前”或“之后”选项，以确定所选择的特征要移动到系统提示的某特征之前或之后。

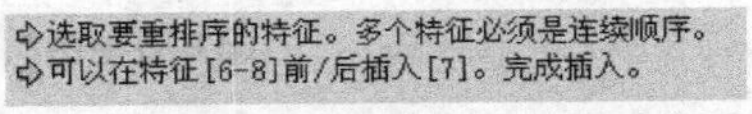

◇选取要重排序的特征。多个特征必须是连续顺序。
◇可以在特征[6-8]前/后插入[7]。完成插入。

图 8.5 信息栏会提示排序特征可能排序的范围

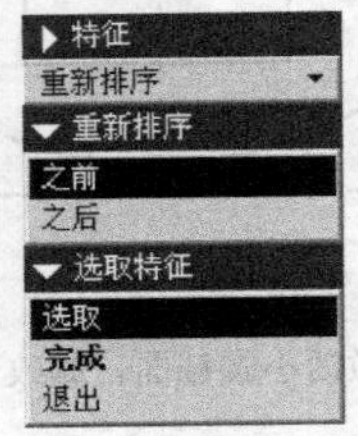

图 8.6 “重新排序”菜单

（6）按系统提示在绘图窗口或模型树中选择一个特征作为特征插入的位置。

8.2.2 特征排序示例

使用特征排序，在模型树中调整特征顺序，完成如图 8.7 所示的模型。

具体操作步骤如下：

1. 创建特征模型

操作过程略。

2. 调整特征顺序

如图 8.8 所示，在模型树中单击抽壳特征（壳标识 116），按住鼠标左键，将其拖到拉伸特征（伸出项标识 39）的后面，结果如图 8.9 所示。

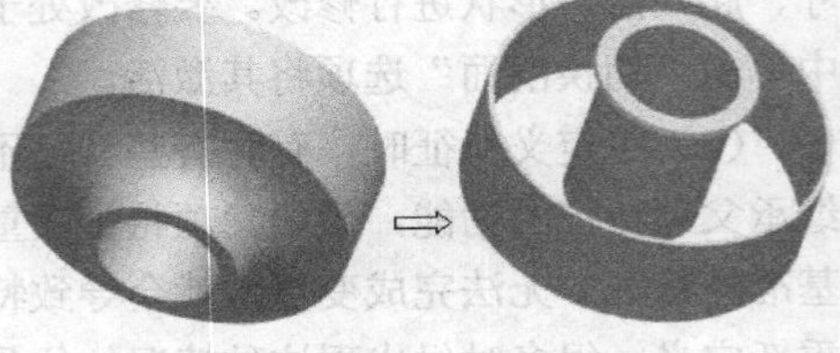

图 8.7 特征排序零件模型

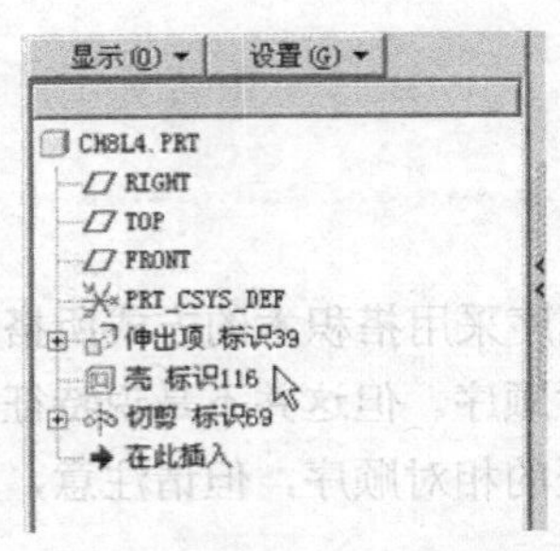

图 8.8 将抽壳特征拖到拉伸特征后

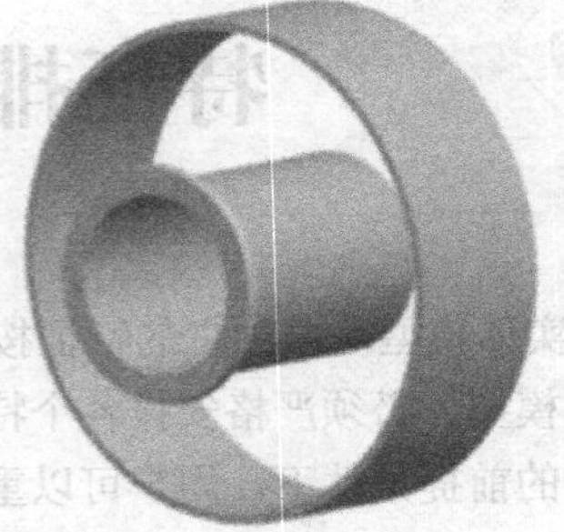

图 8.9 模型显示效果

8.2.3 特征排序总结

（1）在模型树中进行特征排序的操作更快捷。具体方法：将光标移至某个要移动的特征，按下鼠标左键，直接将其拖至欲插入特征之前或之后即可。

（2）特征的重排序是有条件的，条件是不能将子特征拖至其父特征的前面。如果要调整有父子关系特征的顺序，必须解除父子关系。

8.3 隐含和恢复特征

Pro/E 允许用户对产生的特征进行隐含。隐含的特征可通过恢复命令进行恢复。

当零件模型比较复杂时，为了简化零件模型，加速显示及再生速度，可以将一些特征暂时消去，可做隐含操作。

隐含特征的目的是为了提高零件的重新生成速度，可以暂时不显示被隐含的特征，当需要时可以恢复显示。隐含的特征不再参与任何计算和再生。

一般在如下场合对特征进行隐含。

（1）通过隐含、隐藏其他特征，使当前工作区只显示目前的操作状态。

（2）在“零件”模式下，零件中的某些复杂特征，如高级圆角、数组复制（阵列）等，这些特征的产生与显示通常会占据较多系统资源，将其隐含可以节省模型再生或刷新的时间。

（3）使用组件模块进行装配时，使用“隐含”命令，隐含装配件中复杂的特征可减少模型再生时间。

（4）隐含某个特征，在该特征之前添加新特征。

如果隐含的特征具有子特征，则隐含特征后，其相应的子特征也随之隐含。若不想隐含子特征，则可通过使用“编辑”→“参照”命令，重新设定特征的参照，解除特征间的父子关系。

隐含特征的操作方法有 3 种：

（1）在模型树中选择特征，在右键弹出菜单中选择“隐含”命令。

（2）先选择特征，在主菜单中选择“编辑”→“隐含”命令。

（3）在主菜单中选择“编辑→特征操作”，从出现的菜单中选择“隐含”，然后选取特征，单击“完成”按钮。

8.3.1 隐含和恢复特征的操作步骤

隐含特征的操作步骤如下：

（1）在模型树或图形窗口中选择要隐含的特征。

（2）单击鼠标右键，在弹出的快捷菜单中单击“隐含”选项，在模型树中被选择的特征及其子特征高亮显示，同时弹出一个对话框，以确认要隐含的特征，如图 8.10 所示。

（3）单击“隐含”对话框中的“确定”按钮，完成选定特征及其子特征的隐含。若想保留子特征则单击“隐含”对话框中的“选项>>”按钮，打开如图 8.11 所示的“子项处理”对话框。

（4）在“子项处理”窗口中，选定该子特征的相应处理方式。

（5）单击“确定”按钮，完成特征的隐含。

恢复特征的操作步骤如下：选中被隐藏的基准特征后右击，选取取消隐藏命令，如图 8.12 所示。

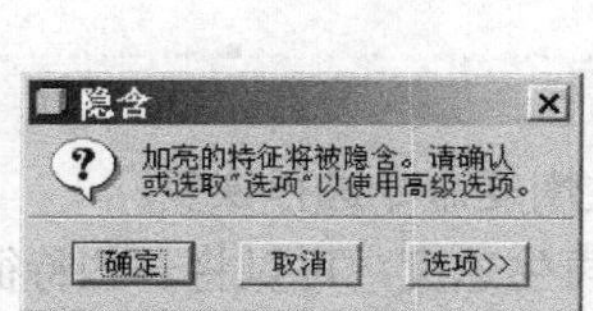

图 8.10 “隐含”对话框

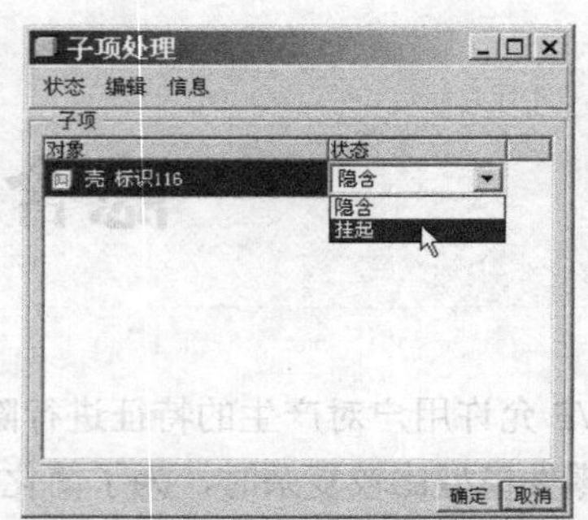

图 8.11 “子项处理”对话框

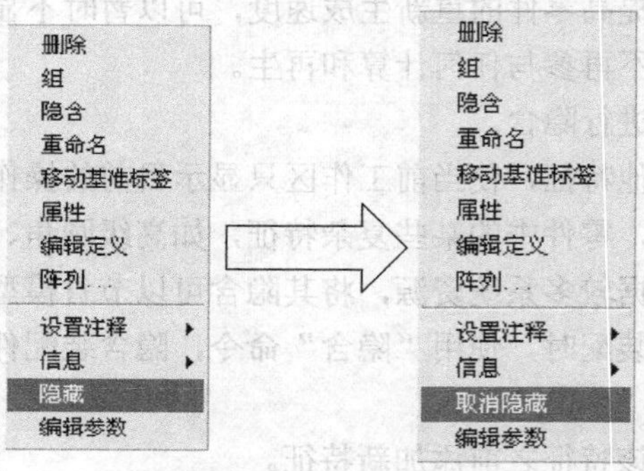

图 8.12 恢复隐藏特征的菜单

8.3.2 隐含和恢复特征示例

使用隐含和恢复特征，完成如图 8.13 所示零件模型的特征隐含。

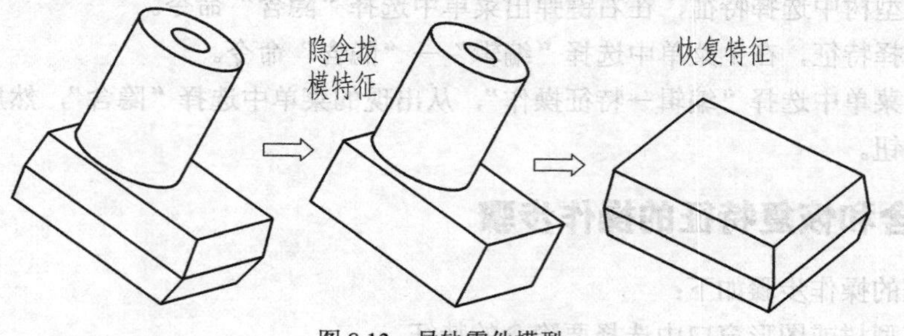

图 8.13 导轨零件模型

具体操作步骤如下：

1．创建特征模型

操作过程略。

2．隐含拔模特征

在模型树中右击拔模特征（拔模标识 111），在弹出的快捷菜单中单击“隐含”选项，在弹出的对话框中单击“确定”按钮。

3．恢复拔模特征

单击菜单“编辑”→“恢复”→“上一个”选项，模型又恢复到最初状态，模型树中又显示拔模特征。

8.3.3 隐含和恢复特征总结

（1）选择特征后，单击菜单“编辑”→“隐含”选项，也可完成对选定特征的隐含。

（2）要恢复被隐含的特征，应单击菜单“编辑”→“恢复”选项，系统弹出如图 8.14 所示的级联菜单，选择其中的一项即可。

- 恢复：恢复选定的特征。
- 恢复上一个集：恢复上次隐含的特征。
- 恢复全部：恢复所有隐含的特征。

恢复(U)
恢复上一个集(L)
恢复全部(A)

图 8.14 级联菜单

8.4 插入特征

在建立新特征时，系统会将新特征建立在所有已建立的特征之后，通过模型树可以了解特征建立的顺序（由上而下代表顺序的前与后）。在特征创建过程中，使用特征插入模式，可以在已有的特征顺序队列中插入新特征，从而改变模型创建的顺序。

8.4.1 插入特征的操作步骤

（1）单击菜单“编辑”→“特征操作”选项，打开“特征”菜单。

（2）单击“插入模式”选项，弹出如图 8.15 所示的菜单，单击“激活”即可进入特征插入模式，绘图区域右下方会出现文字“插入模式”。

（3）系统提示“选取在其后插入的特征”，选择一个特征作为插入的参照，在该特征之后的特征自动被隐含，如图 8.16 所示。被隐含的特征在此处插入新特征。

（4）建立新特征。

（5）完成新特征后，单击菜单“编辑”→“恢复”→“恢复全部”选项，恢复在步骤（3）中隐含的所有特征。

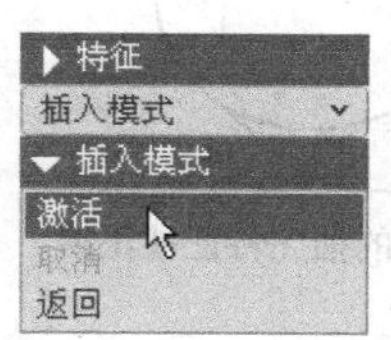

图 8.15 “插入模式”菜单

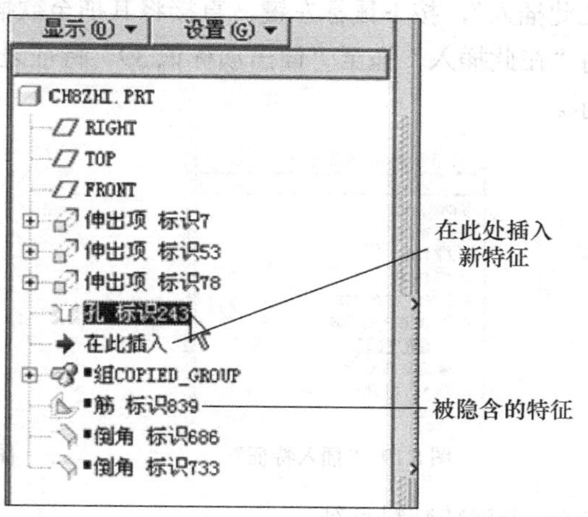

图 8.16 插入新特征

8.4.2 插入特征示例

使用插入特征，按图 8.17 所给尺寸在图 8.16 所示零件模型的抽壳特征之前插入旋转减料特征，最后完成如图 8.18 所示的模型。

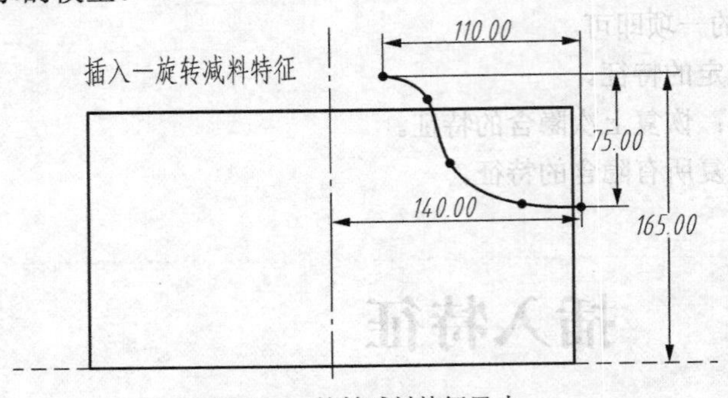

图 8.17 旋转减料特征尺寸

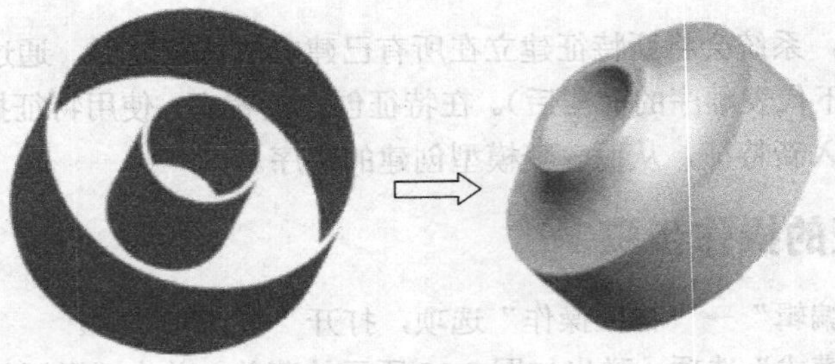

图 8.18 插入特征零件模型

具体操作步骤如下。

1．创建特征模型

操作过程略。

2．进入特征插入模式

（1）可以使用“特征”菜单中的“插入模式”选项进入特征插入模式，也可在模型树中将光标移至“在此插入”，按下鼠标左键，直接将其拖至欲插入特征之后，如图 8.19 所示。

（2）将“在此插入”拖至“伸出项标识 39”特征之后，此时孔特征后的抽壳特征被压缩，如图 8.20 所示。

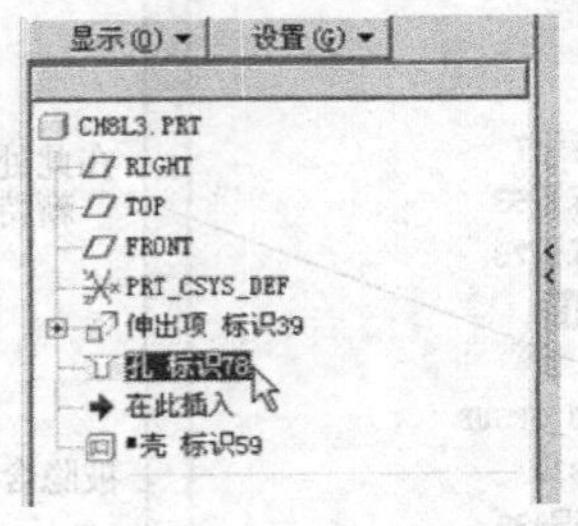

图 8.19 “插入特征”

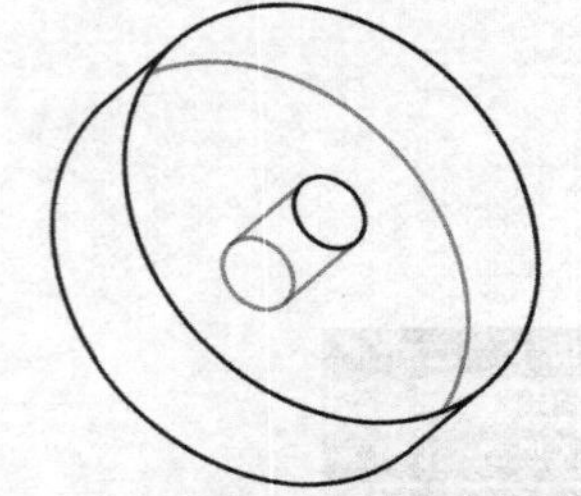

图 8.20 孔特征后的抽壳特征被压缩

3．建立一个旋转减料特征

按图 8.17 所给尺寸画旋转截面，如图 8.20 所示。将截面旋转 360° 后结果如图 8.22 所示。

4．恢复抽壳特征

（1）在模型树中，将光标移至“在此插入”，按下鼠标左键，直接将其拖至模型树的尾部。

（2）隐含的特征自动恢复，系统自动重新生成模型，结果如图 8.23 所示。

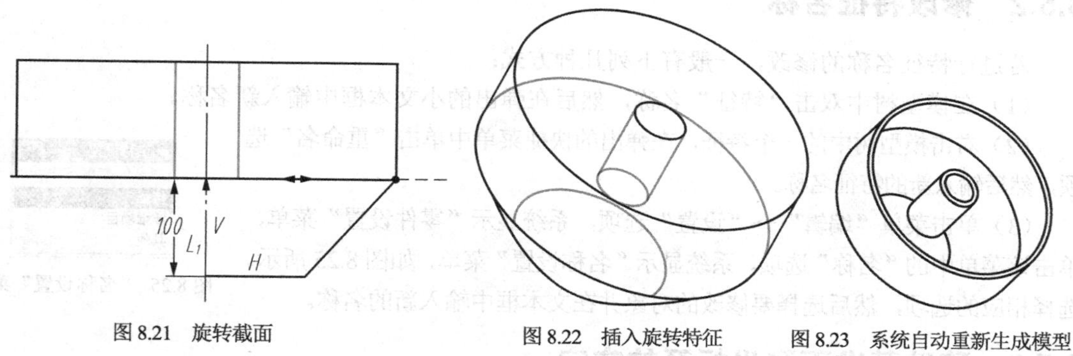

图 8.21 旋转截面　　图 8.22 插入旋转特征　　图 8.23 系统自动重新生成模型

8.4.3 插入特征总结

在模型树中进行插入特征的操作更快捷。具体方法是将光标移至“在此插入”，按下鼠标左键，直接将其拖至欲插入特征之后，然后建立新特征。新特征建立完毕，再将“在此插入”拖至模型树的尾部即可。

8.5 特征编辑

Pro/E 允许用户对零件的特征进行修改，如使特征成为只读方式，修改特征名称、修改特征截面和特征的简化表示等。

8.5.1 特征只读

当要保证特征不被修改时，可将特征设置为只读。

在模型树或绘图区中选择特征后，选择“编辑”菜单中的“只读”命令，系统显示如图 8.24 所示的“只读特征”菜单。使用该菜单可实现对模型特征的只读操作。

菜单管理器
▼ 只读特征
选取
特征号
所有特征
清除
完成/返回

图 8.24 “只读特征”菜单

菜单中各选项说明如下。

- 选取：选择一个特征，使该特征及该特征以前建立的所有特征成为只读方式。
- 特征号：输入一个特征 ID 号，使该特征及该特征以前建立的所有特征成为只读方式。
- 所有特征：使所有特征成为只读方式。
- 清除：从特征中撤销只读方式的设置。

使特征成为只读方式的操作步骤如下。

（1）单击菜单“编辑”→“只读”选项，系统显示“只读特征”菜单。

（2）根据设定只读的要求，选择如下命令之一进行相应操作：“选取”、“特征号”、“所有特征”、

“清除”。

（3）单击“完成”→“返回”选项，选定的特征成为只读。

8.5.2 修改特征名称

若进行特征名称的修改，一般有下列几种方式：

（1）在模型树中双击“特征”名称，然后在弹出的小文本框中输入新名称。

（2）右击模型树中的一个特征，在弹出的快捷菜单中单击“重命名”选项，然后输入新的特征名称。

（3）单击菜单“编辑”→“设置”选项，系统显示“零件设置”菜单，单击该菜单中的“名称”选项，系统显示“名称设置”菜单，如图 8.25 所示。选择相应的选项，然后选择要修改的对象并在文本框中输入新的名称。

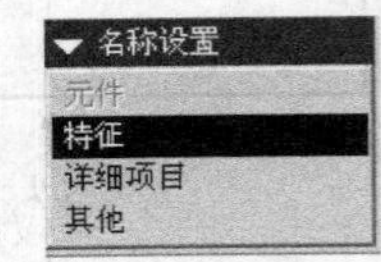

图 8.25 “名称设置”菜单

8.5.3 移动基准面和坐标系的文字

要移动基准面或坐标系的文字，可采用如下两种方法：

（1）在图形窗口中选择基准面或坐标系，然后单击鼠标右键，在弹出的快捷菜单中单击“移动基准标签”选项，然后在图形窗口中单击一点，将基准面和坐标系的文字移到该点。

（2）在模型树中选择基准面或坐标系，然后单击鼠标右键，在弹出的快捷菜单中单击“移动基准标签”选项，然后在图形窗口中单击一点，将基准面和坐标系的文字移到该点。

注意：当基准面垂直于屏幕时，不能移动其文字。

8.5.4 简化表示

针对复杂的零件设计，Pro/E 提供简化表示功能，一般在如下场合使用该功能：

（1）通过包含某些特征或排除某些特征，简化设计模型的显示。

（2）通过明确“工作区”，只显示模型中的一部分。

（3）在模型显示中包括或不包括选中的面。

在进行简化表示时，要使用如图 8.26 所示的“编辑方法”菜单选择简化表示的方式。

其中各选项说明如下。

- 属性：通过设定属性，简化表示模型。选择该项，系统显示如图 8.27 所示的菜单，在该菜单中明确要简化表示的属性。

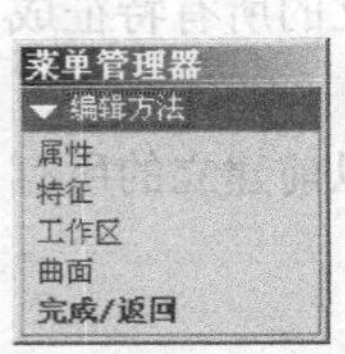

图 8.26 “编辑方法”菜单

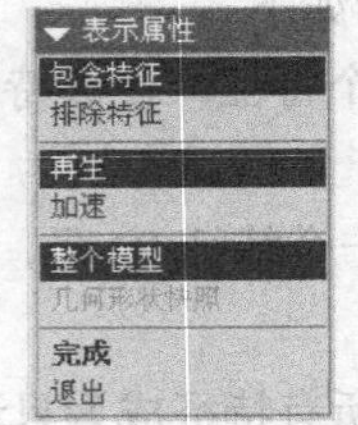

图 8.27 “表示属性”菜单

- 特征：通过定义包括或不包括特征的方式建立模型的简化表示。选择该项，系统显示如图 8.28 所示的菜单。使用该菜单，可选择特征的包括方式及模型的显示方式。
- 工作区：通过添加一个工作区建立模型的简化表示。

● 曲面：通过合并曲面的方式建立模型的简化表示。

建立简化表示的操作步骤如下：

（1）单击菜单“视图”→“视图管理器”选项，或单击按钮 ，打开“视图管理器”对话框，如图 8.29 所示。

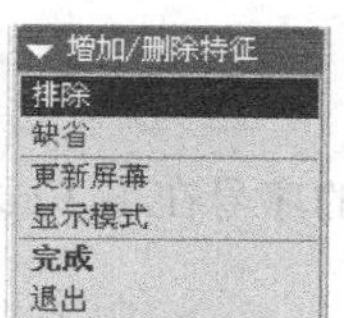

图 8.28 “增加/删除特征”菜单

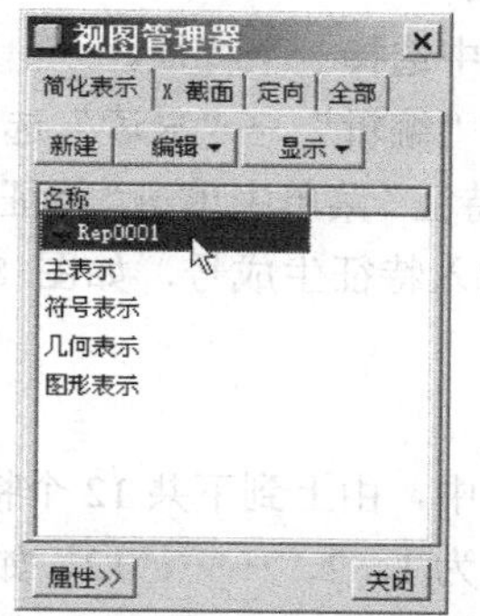

图 8.29 “视图管理器”对话框

（2）单击“新建”按钮，并输入新的简化表示名称，按 Enter 键确认。

（3）右击新建的表示名称，在弹出的快捷菜单中单击“重定义”选项，也可单击“视图管理器”对话框中的菜单“编辑”→“重定义”选项。

（4）系统显示“编辑方法”菜单，选择简化表示的方式然后进行相应操作即可。

注意：要进行简化表示，一般应明确是否包括特征、刷新简化表示的方法和简化表示的数据类型等内容。

8.5.5 特征编辑示例

对图 8.30 所给模型（a）完成只读、修改名称、移动基准面和坐标系文件的特征编辑操作，对（b）使用简化表示将模型依次表示为如图（c）所示的形状。

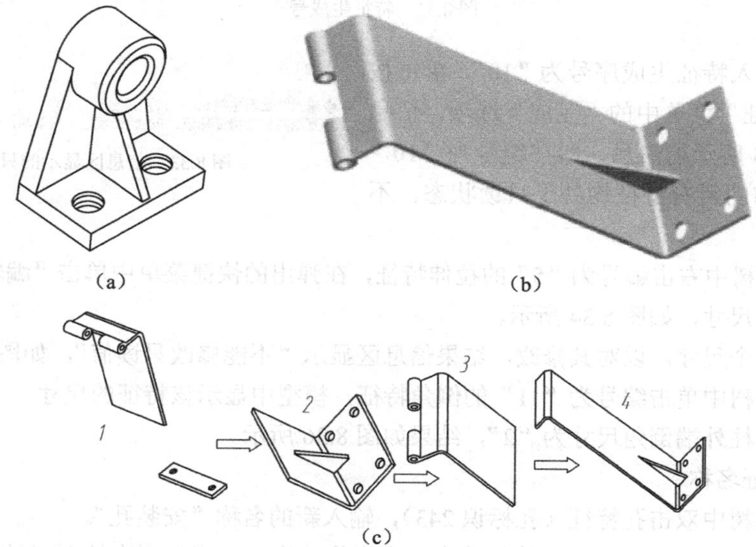

图 8.30 模型

具体操作步骤如下：

1．创建特征模型

操作过程略。

2．特征为只读

（1）在模型树中选择一个特征。

（2）单击菜单“编辑”→“只读”选项。

（3）在“只读特征”菜单中单击“特征号”选项，系统提示输入特征生成号，如图 8.31 所示。

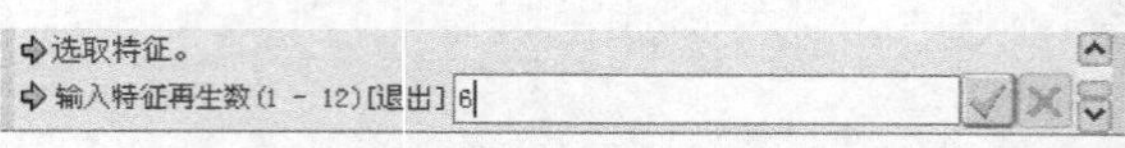

图 8.31　输入特征生成号

注意：

在当前模型树中，由上到下共 12 个特征，因此提示输入的序号在 1~12 之间，各特征的编号顺序从上到下依次为 1，2，……，12，如图 8.32（a）所示。

在模型树中右击某特征，在弹出的快捷菜单中单击“信息”→“特征”选项，在打开的信息窗口中也可看到该特征的生成号，如图 8.32（a）、图 8.32（b）所示。

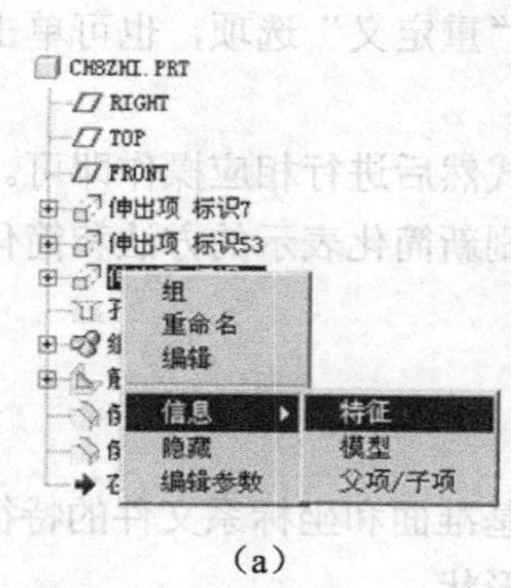

（a）

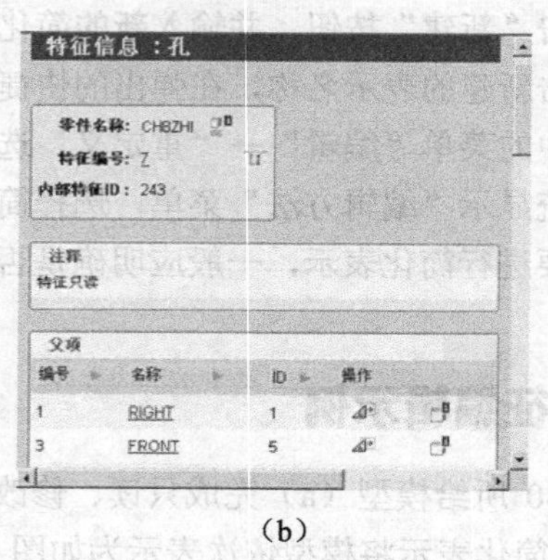

（b）

图 8.32　特征生成号

（4）这里输入特征生成序号为“10”，单击按钮 ，单击“特征”菜单中的“完成”选项，信息区显示如图 8.33 所示的信息，即在编号为“10”的抽壳特征之前的所有特征均处于只读状态，不可修改。

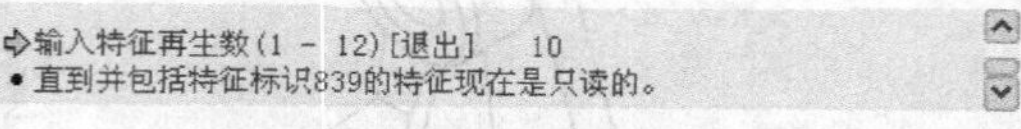

图 8.33　信息区显示的只读状态

（5）在模型树中右击编号为“5”的拉伸特征，在弹出的快捷菜单中单击“编辑”选项，模型中显示该特征的尺寸，如图 8.34 所示。

（6）双击一个尺寸，以对其修改，结果信息区显示“不能修改只读值”，如图 8.35 所示。

（7）在模型树中单击编号为“11”的倒角特征，模型中显示该特征的尺寸。

（8）修改圆柱外端倒角尺寸为“2”，结果如图 8.36 所示。

3．修改特征名称

（1）在模型树中双击孔特征（孔标识 243），输入新的名称“安装孔”。

（2）用同样方法，将三个拉伸特征按先后顺序修改为“底座”、“支柱”、“轴套”，如图 8.37 所示。

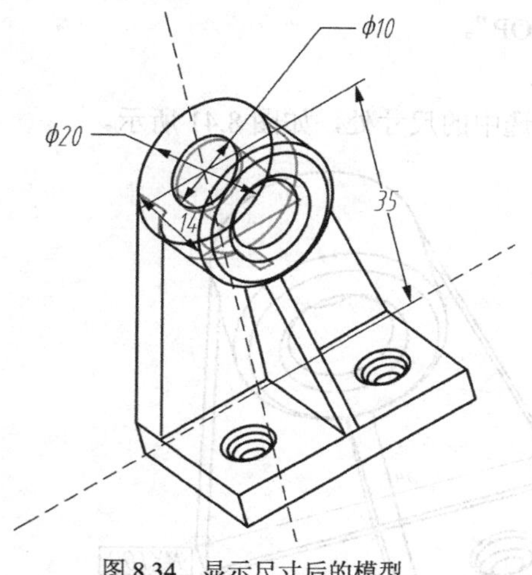

图 8.34 显示尺寸后的模型

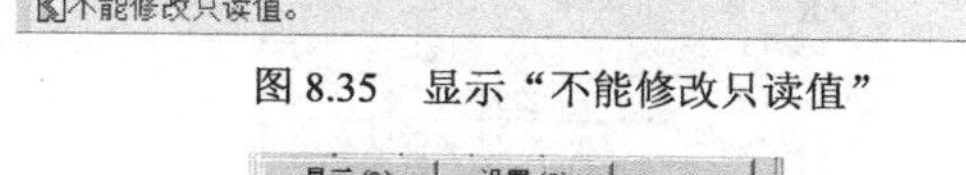

图 8.35 显示"不能修改只读值"

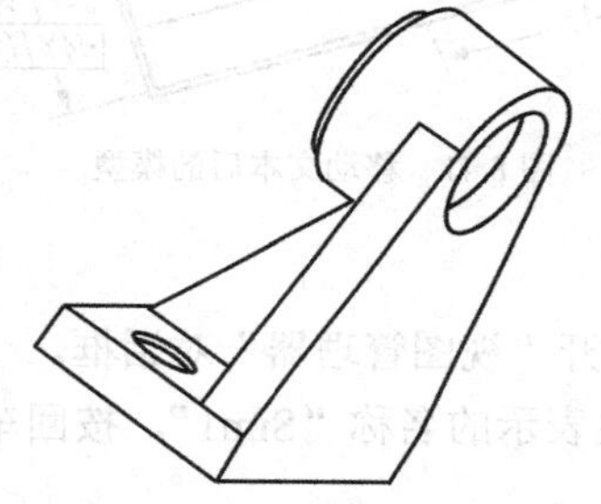

图 8.36 倒角尺寸为"2"的倒角特征

图 8.37 调整顺序后的特征

4．移动基准面的标签文字

（1）单击工具栏中的基准面"显示/隐藏"切换按钮 ，使模型中显示基准面如图 8.38 所示。

（2）选中"FRONT"，然后单击鼠标右键，在弹出的快捷菜单中单击"移动基准标签"选项，系统提示选择一个新的放置点。

（3）在希望放置基准标签的位置单击鼠标左键，该标签被移到光标指定的位置，如图 8.39 所示。

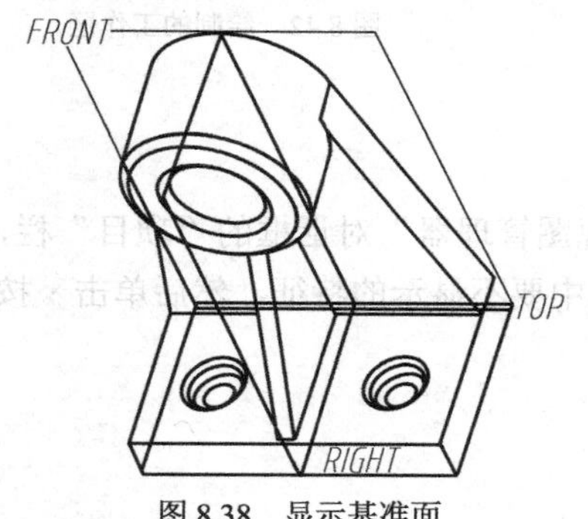

图 8.38 显示基准面

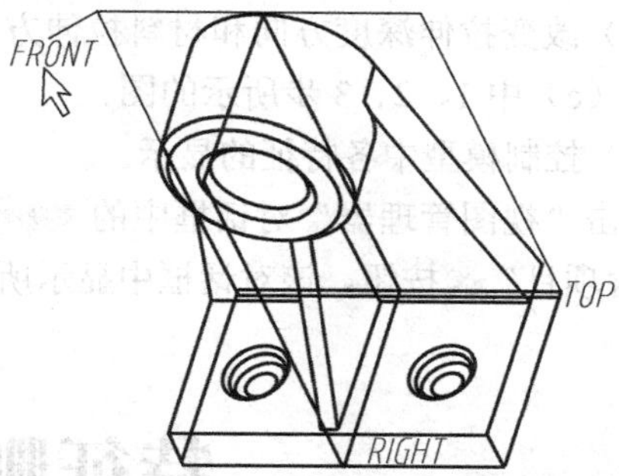

图 8.39 将标签移到光标指定的位置

5．修改基准面 TOP

（1）在模型树中选中基准平面 TOP，单击鼠标右键，在弹出的快捷菜单中单击"属性"选项，系统显示"基准"对话框。

（2）在“基准”对话框中更改 TOP 的名称为“MYTOP”。

（3）选择基准面的类型与放置方式，如图 8.40 所示。

（4）在模型中选择尺寸“22”，该基准面的文本移到选中的尺寸处，如图 8.41 所示。

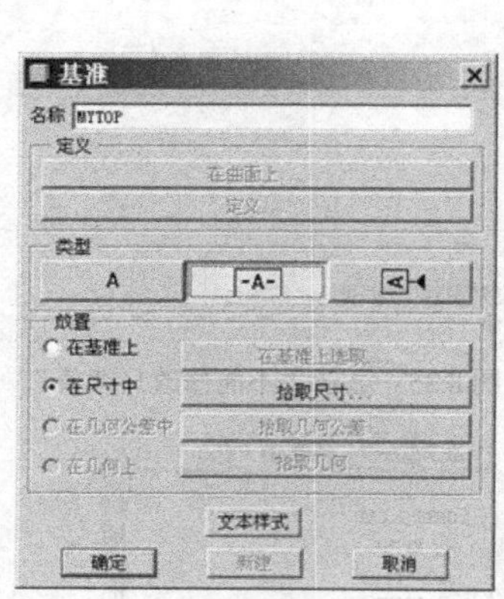

图 8.40 “基准”对话框

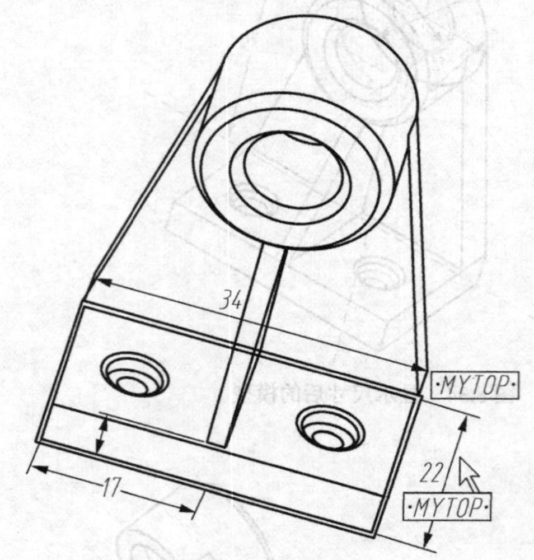

图 8.41　移动文本后的模型

6．建立一个简化表示

（1）单击菜单“视图”→“视图管理器”选项，打开“视图管理器”对话框。

（2）单击“新建”按钮，在“名称”栏中输入简化表示的名称“Sim1”，按回车键确认，图形窗口右下角显示“简化表示：sim1”。

（3）选中新建的“sim1”，单击鼠标右键，在弹出的快捷菜单中单击“重定义”选项。

（4）在弹出的“编辑方法”菜单中单击“工作区”选项。

（5）在草绘工作环境，大致绘制如图 8.42 所示的一个矩形，其中尺寸不作精确要求，所绘图形只需包括图中所示部分即可。

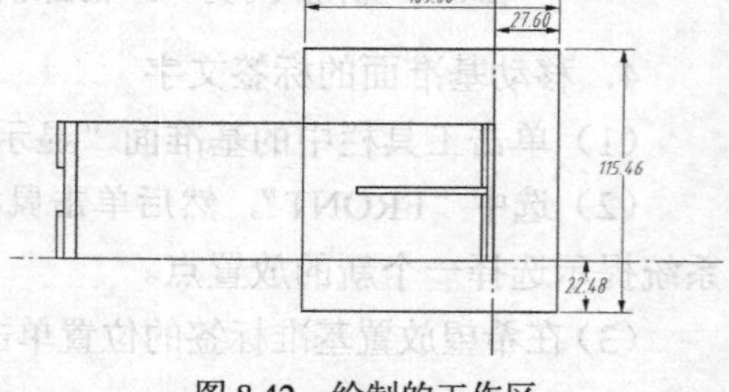

图 8.42　绘制的工作区

（6）改变拉伸深度方向和材料拉伸方向可分别得到图 8.30（c）中 1、2、3 步所示的图。

（7）控制模型中各特征的显示。

单击“视图管理器”对话框中的属性>>按钮，在“视图管理器”对话框的“项目”栏，单击“不包含项目”按钮，该对话框中显示所有的特征，选中要不显示的特征，然后单击按钮。

8.6 特征删除

特征的删除操作与隐含操作十分相似，区别在于隐含的特征可通过恢复命令进行恢复，而被删除的特征不能再恢复。

特征删除的方法有 3 种：

（1）选中特征，选择主菜单“编辑”→“删除”选项。

（2）选中特征，按键盘上的 Delete 键。

（3）在模型树中选取特征，单击鼠标右键，选择弹出菜单中的“删除”。

8.6.1 特征删除的操作步骤

特征删除的操作步骤如下：

（1）在模型树或图形窗口中选择要删除的特征。

（2）单击鼠标右键，在弹出的快捷菜单中单击 “删除”选项，在模型树中被选择的特征及其子特征高亮显示，同时弹出一对话框，以确认要删除的特征。

（3）单击“删除”对话框中的“确定”按钮，完成选定特征及其子特征删除。若想保留子特征则单击 “删除”对话框中的“选项>>”按钮，打开“子项处理”窗口。

（4）在“子项处理”窗口中，选定该子特征的相应处理方式。

（5）单击“确定”按钮，完成特征删除。

8.6.2 特征删除示例

使用隐含和恢复特征，完成图 8.13 所示零件模型的特征删除。

具体操作步骤如下：

1．创建特征模型

操作过程略。

2．删除特征

在模型树中右击第 2 个拉伸特征(伸出项标识 66)，在弹出的快捷菜单中单击“删除”选项，在弹出的“删除”对话框中单击“确定”按钮，完成对选定特征的删除，结果如图 8.43 所示。

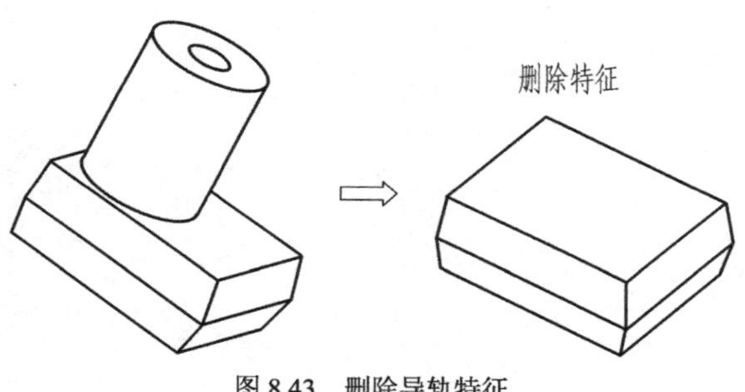

图 8.43 删除导轨特征

8.6.3 特征删除总结

注意：如果要删除复制子特征，须先使用“分解组”命令将特征分解，然后再执行删除操作；如果要删除阵列子特征，则需选择弹出菜单中的“删除阵列”，否则将把父特征一起删除；如果删除父特征，那么子特征也将受到牵连，其操作同隐含操作。

8.7 习题

打开第 3 章图 3.40 支座模型，依次进行以下操作。

（1）将特征 d 向右平移“5”创建新特征。

（2）将特征 b 旋转“15° ”创建新特征。

（3）选用“RIGHT”基准平面为参照镜像复制特征 f。

（4）使用编辑方法修改特征 f 的孔径，使之减小一半。

（5）使用编辑定义方法修改特征 d 的截面形状，将其改为矩形截面。

第9章 曲面特征的造型

曲面是三维造型中创建模型的一种重要手段，现代的许多家用产品和工业模型往往都具有一些流畅的曲面元素。从几何意义上讲，曲面模型和实体模型所表达的结果是完全一致的，通常情况下可交替使用实体和曲面特征，其建模顺序是先曲面后实体。

9.1 基本曲面特征的创建

一般而言，基本曲面特征是指利用“拉伸”、“旋转”、“扫描”、“混合”、“扫描混合”、“螺旋扫描”、“可变剖面扫描”等功能命令来创建的曲面特征。上述的这些功能命令既可以创建实体，也可以创建曲面，当要创建曲面时，需要在相应的操控板上单击（曲面）按钮，或者在相应的菜单上选择“曲面”、“曲面修剪”、“簿曲面修剪”选项。

9.1.1 拉伸曲面

要求创建一个由封闭剖面拉伸而成的曲面，最后将该拉伸曲面的端部重新修改为封闭的形式。其操作步骤如下。

1．创建拉伸曲面

（1）打开“新建”对话框，在“类型”栏中选择“零件”。输入文件名为 T9-4，不使用缺省模板，而采用 mmns_part_solid 模板。

（2）单击按钮，在操控面板上指定要创建的模型（曲面），设置“对称深度为 100，单击“放置”→“定义”，如图 9.1 所示。弹出草绘对话框，选择“TOP”为草绘面，单击“草绘”按钮，进入草绘界面。

图 9.1 “拉伸”工具操控面板

（3）在草绘平面中绘制如图 9.2 所示的草绘截面，单击右侧工具条上的（草绘完成）按钮，单击右上角操控面板中的（绿色）按钮，完成拉伸曲面的造型，如图 9.3 所示。

2．重新定义曲面属性

在导航区模型树上右击刚创建的拉伸曲面特征，从快捷菜单上选择“编辑定义”，在出现的拉伸操控板上展开“选项”下滑面板，选择“封闭端”复选框，如图 9.5 所示，单击右上角操控面板中的✓（绿色）按钮，此时生成如图 9.4 所示的拉伸曲面封闭端。但要注意：内部是空心的，不能做“去除材料”的操作，这是与实体造型的区别。

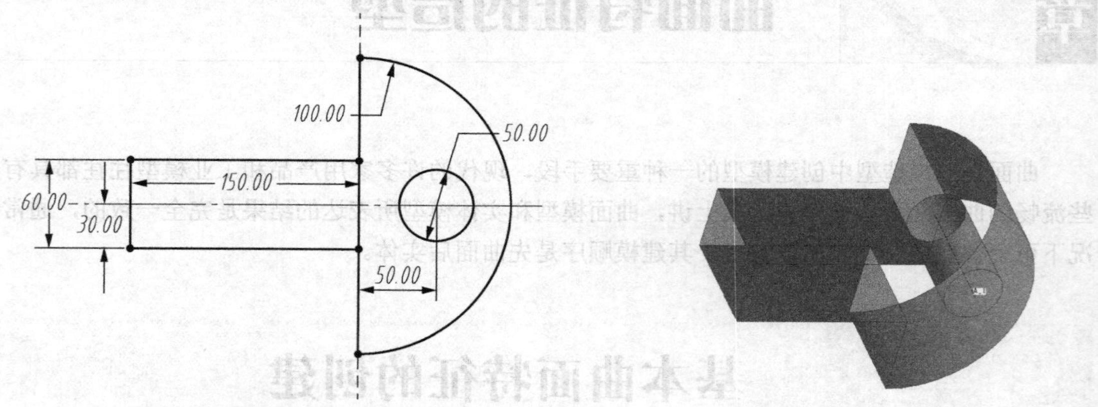

图 9.2 草绘拉伸剖面　　图 9.3 拉伸曲面的开放端

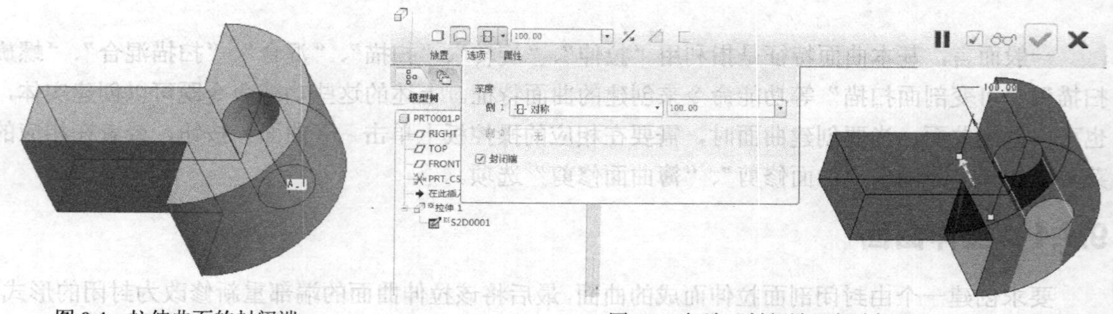

图 9.4 拉伸曲面的封闭端　　图 9.5 勾选“封闭端”复选框

9.1.2 旋转曲面

创建旋转曲面的操作方法及步骤如下：

（1）打开“新建”对话框，在“类型”栏中选择“零件”。输入文件名为 T9-8，不使用默认模板，而采用 mmns_part_solid 模板。

（2）单击按钮，在操控面板上指定要创建的模型（曲面），接受默认的旋转角度为 360→单击“放置”→“定义”，如图 9.6 所示。弹出草绘对话框，选择“TOP”为草绘面，单击“草绘”按钮，进入草绘界面。

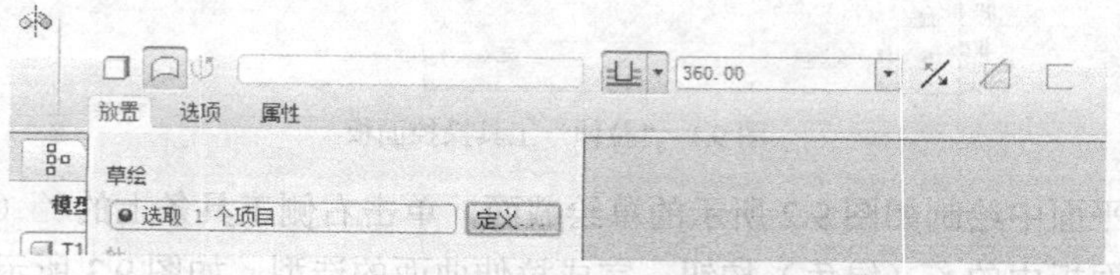

图 9.6 “旋转”工具操控面板

（3）在草绘平面中绘制如图 9.7 所示的草绘截面，单击右侧工具条上的✓（草绘完成）按钮。单击右上角操控面板中的✓（绿色）按钮，完成旋转曲面的造型，如图 9.8 所示。

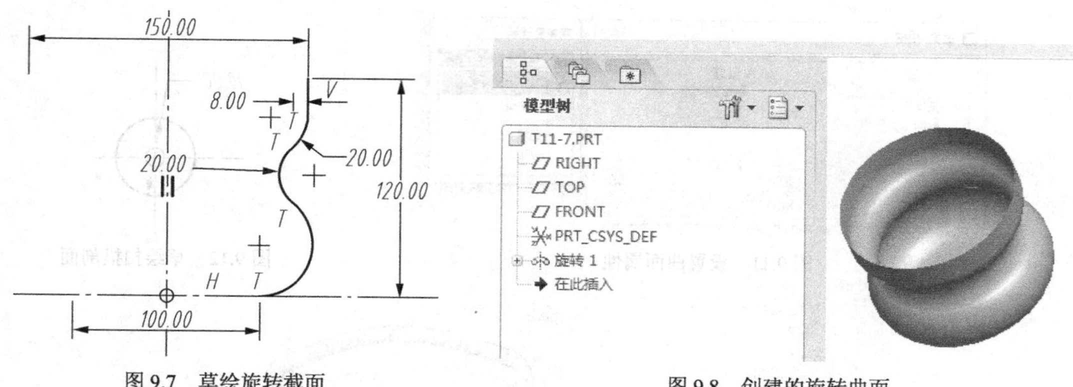

图 9.7　草绘旋转截面　　　　图 9.8　创建的旋转曲面

9.1.3　扫描曲面

“曲面”扫描是将截面沿轨迹线扫掠形成的曲面特征。

下面通过一个操作实例来说明如何创建扫描曲面，具体的步骤和方法如下。

（1）打开“新建”对话框，在“类型”栏中选择“零件”。输入文件名为 T9-19，不使用缺省模板，而采用 mmns_part_solid 模板。

（2）从下拉菜单栏上选择“插入”→“扫描”→“曲面”，此时，弹出“曲面：扫描”对话框和“扫描轨迹”菜单，选择“草绘轨迹”，如图 9.9 所示。

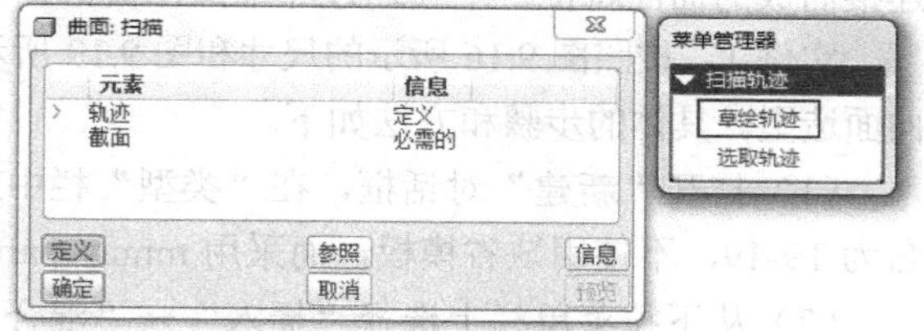

图 9.9　“曲面：扫描”对话框及“扫描轨迹”菜单

（3）选择“FRONT”基准平面为草绘平面，并在菜单管理器中选择“正向”→“缺省”选项。

（4）在草绘平面中绘制如图 9.10 所示的扫描轨迹，单击右侧工具条上的✓（轨迹草绘完成）按钮。

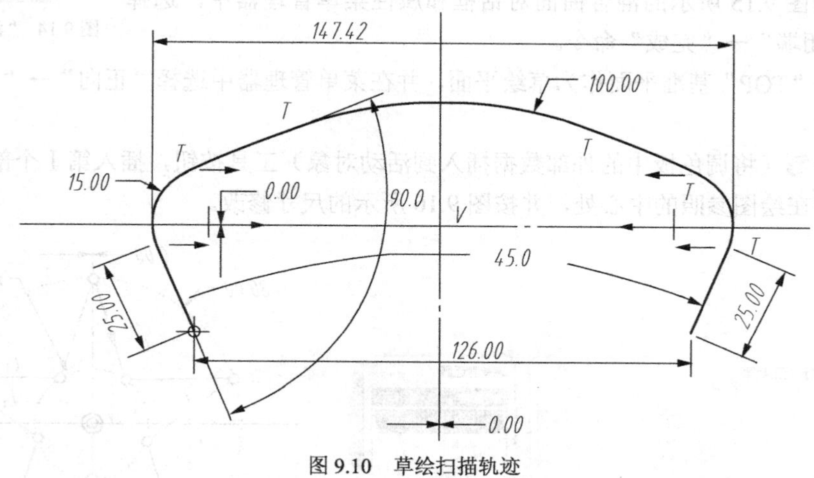

图 9.10　草绘扫描轨迹

（5）在出现如图 9.11 所示的“属性”菜单中，选择“开放端”→“完成”命令。

（6）草绘一个圆作为扫描剖面，如图 9.12 所示。单击右侧工具条上的✓草绘完成按钮，在“曲面：扫描”对话框中单击“确定”按钮，完成扫描曲面特征如图 9.13 所示。

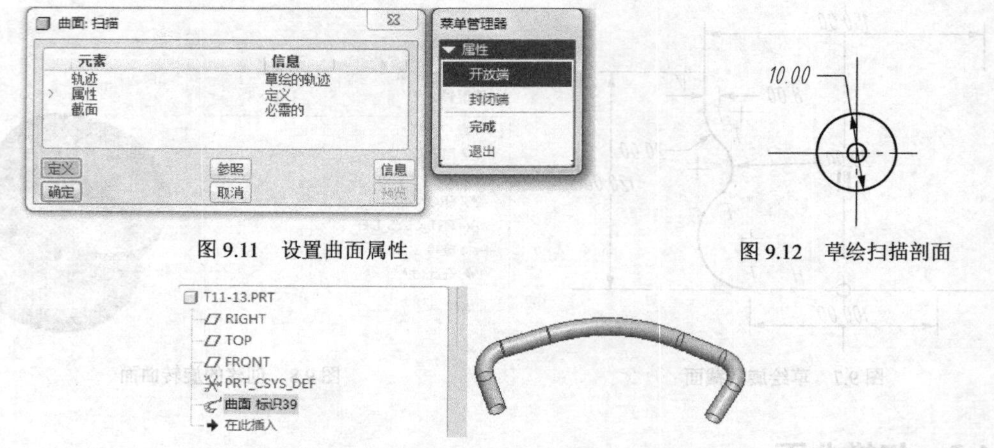

图 9.11 设置曲面属性

图 9.12 草绘扫描剖面

图 9.13 创建的扫描曲面

9.1.4 混合曲面

混合曲面可以看作由不同形状和大小的无限个截面，按照一定的方式（平行、旋转、一般）连接而成的曲面特征，下面通过 3 个操作实例说明如何创建混合曲面。

实例 1，按照图 9.16 所示的尺寸和图 9.19 所示的三维效果，进行三维曲面造型。具体的步骤和方法如下。

（1）打开“新建”对话框，在“类型”栏中选择“零件”。输入文件名为 T9-19，不使用缺省模板，而采用 mmns_part_solid 模板。

（2）从下拉菜单栏上选择“插入”→“混合”→“曲面”，此时，弹出“混合选项”菜单/选择“平行”→“规则截面”→“草绘截面”→“完成”选项，如图 9.14 所示。

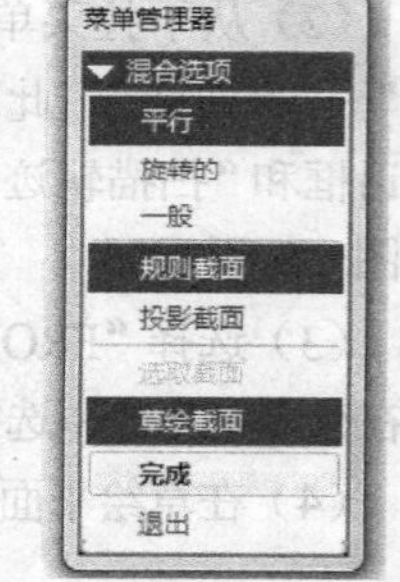

图 9.14 “混合选项”菜单

（3）在如图 9.15 所示的混合曲面对话框和属性菜单管理器中，选择“直”→“封闭端”→“完成”命令。

（4）选择“TOP”基准平面作为草绘平面，并在菜单管理器中选择“正向”→“缺省”选项，进入草绘器中。

（5）使用（将调色板中的外部数据插入到活动对象）工具按钮，插入第 I 个剖面，并将剖面的中心约束在绘图参照的中心处，并按图 9.16 所示的尺寸修改。

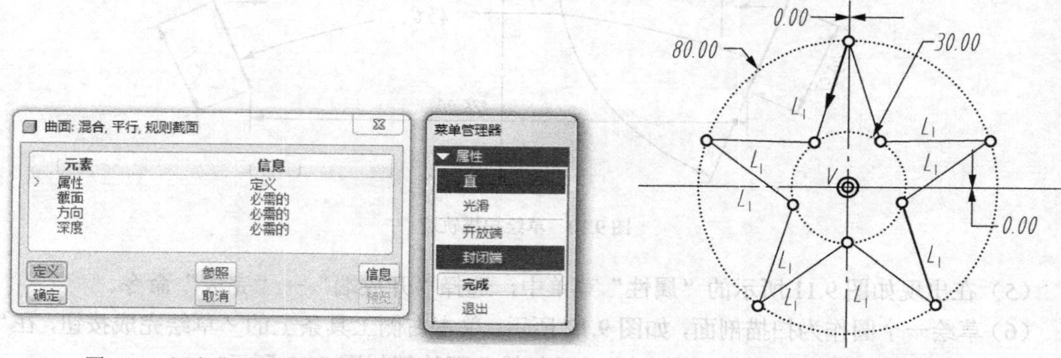

图 9.15 混合曲面对话框和属性菜单管理器

图 9.16 绘制第 I 个剖面

（6）选择下拉菜单“草绘”→“特征工具”→“切换剖面”命令，也可在图形窗口内点击右键，此时第Ⅰ个剖面变为灰色显示。

（7）绘制第Ⅱ个剖面，该剖面只由一个点构成，即只绘制一个草绘点，如图9.17所示。单击右侧工具条上的✓草绘完成按钮，出现如图9.18所示的“深度”菜单，在此菜单上选择“盲孔”→“完成”命令，输入两个剖面间的距离（深度）为15，按回车键确定。

（8）在“混合曲面”对话框上单击“确定”按钮，完成混合曲面的创建工作，效果如图9.19所示。

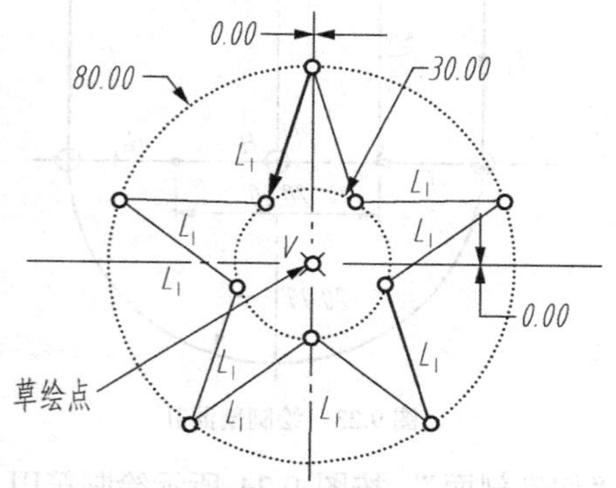

图9.17 绘制第Ⅱ个剖面（点）

图9.18 “深度”菜单

图9.19 创建封闭混合曲面的效果

实例2，按照图9.20所示曲面的形状和尺寸，进行三维曲面造型。具体的步骤和方法如下。

（1）打开“新建”对话框，在“类型”栏中选择“零件”。输入文件名为T9-25，不使用缺省模板，而采用mmns_part_solid模板。

（2）从下拉菜单上选择“插入”→“混合”→“曲面”，此时，弹出“混合选项”菜单，选择“平行”→“规则截面”→“草绘截面”→“完成”选项，如图9.14所示。

（3）在如图9.21所示的混合曲面对话框和属性菜单管理器中，选择“直”→“开放端”→“完成”命令。

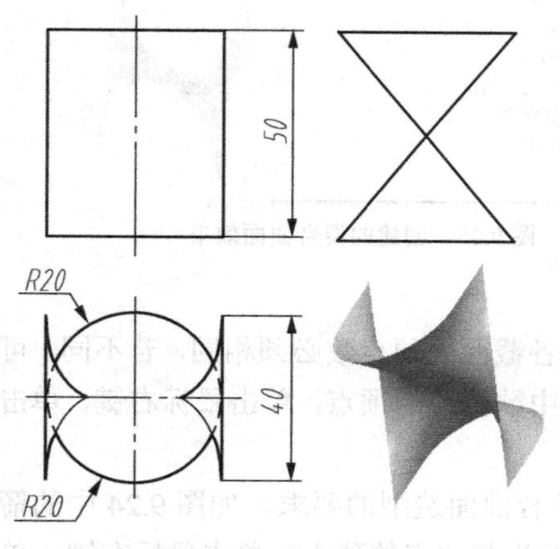

图9.20 三维曲面造型

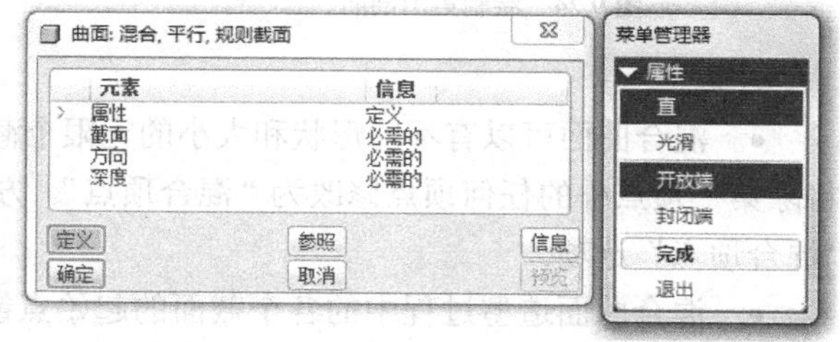

图9.21 混合曲面对话框和属性菜单管理器

（4）选择“TOP”基准平面作为草绘平面，当图形区红色箭头正确时，在菜单管理器中选择“确定”→“缺省”选项，进入草绘器中。

（5）按图9.22所示尺寸绘制第Ⅰ个剖面，在图形区单击右键，在显示的菜单条中选择“切换剖面”，第Ⅰ剖面变灰色。绘制第Ⅱ剖面，先绘制40mm长的直线，再点取分割命令按钮，按图9.23所示的尺寸将直线分割成3段（4个顶点）。注意各截面的顶点数必须相同。

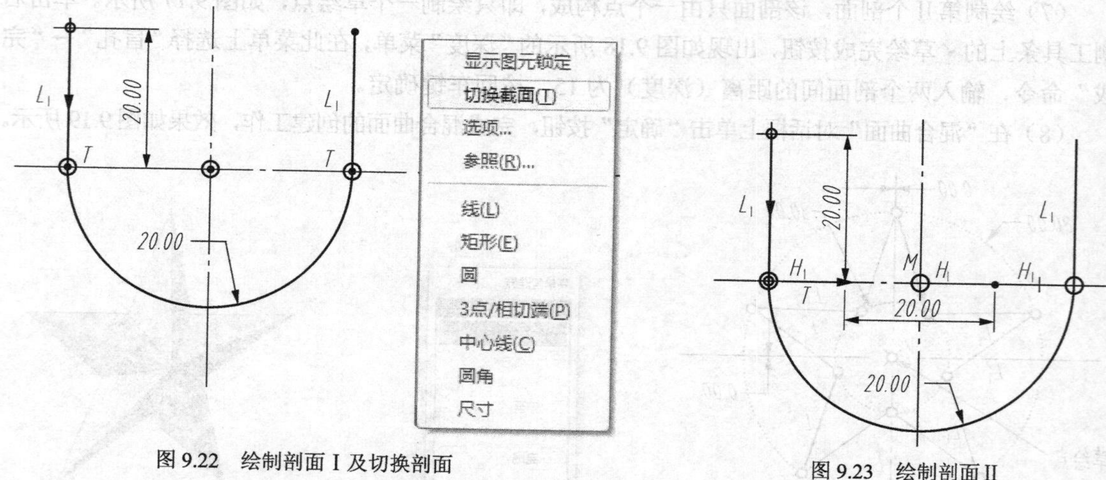

图9.22 绘制剖面Ⅰ及切换剖面

图9.23 绘制剖面Ⅱ

（6）在图形区单击鼠标右键，在显示的菜单条中选择“切换剖面”，按图9.24所示绘制第Ⅲ剖面，单击右侧工具条上的草绘完成按钮，出现如图9.18所示的“深度”菜单，在此菜单上选择“盲孔”→“完成”命令，输入第Ⅰ剖面和第Ⅱ剖面间的距离（深度）为25，按回车键确定，再输入第Ⅱ与第Ⅲ剖面间的距离为25，按回车键确定。

（7）在“混合曲面”对话框上单击“确定”按钮，完成混合曲面的创建工作，效果如图9.25所示。

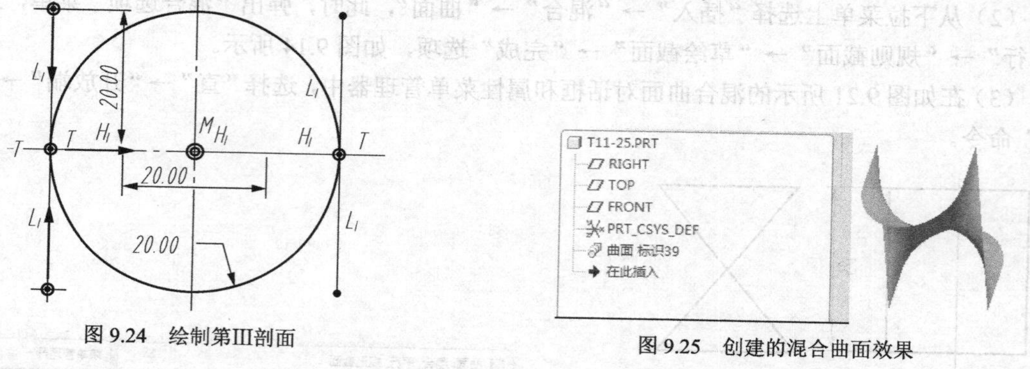

图9.24 绘制第Ⅲ剖面

图9.25 创建的混合曲面效果

注意：

- 混合曲面可以有不同形状和大小的无限个截面，但各截面的顶点数必须相同，若不同，可将除第一顶点外的任何顶点修改为“混合顶点”。方法是选中欲修改的顶点，单击鼠标右键，单击“混合顶点”选项。
- 混合曲面造型过程中的各个截面的起始点箭头应符合曲面造型的要求，如图9.24中的箭头所示。若在绘制各剖面过程中起始点不对，可选择欲修改为起始点的顶点，单击鼠标右键，单击“起始点”选项。

实例三，按照图9.26所示曲面的形状和尺寸，进行三维曲面造型。具体的步骤和方法如下。

（1）打开“新建”对话框，在“类型”栏中选择“零件”。输入文件名为T9-29，不使用缺省模板，而采用mmns_part_solid模板。

（2）从下拉菜单栏上选择“插入”→“混合”→“曲面”，此时，弹出“混合选项”菜单，选择“平行”→“规则截面”→“草绘截面”→“完成”选项，如图9.14所示。

（3）在如图9.27所示的混合曲面对话框和属性菜单管理器中，选择“光滑”→“封闭端”→“完成”命令。

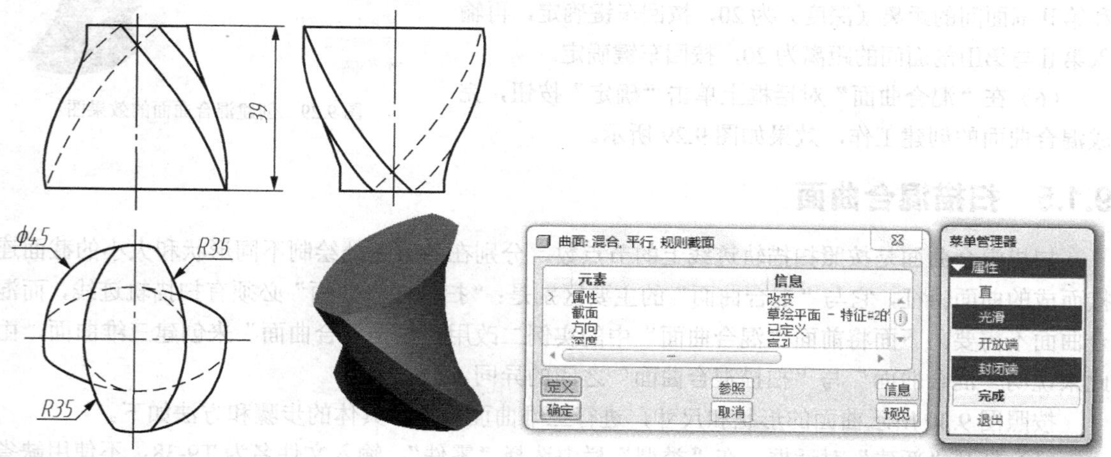

图9.26　三维曲面造型的三视图及其立体图　　图9.27　混合曲面对话框和属性菜单管理器

（4）选择“TOP”基准平面作为草绘平面，当图形区红色箭头正确时，在菜单管理器中选择“确定”→“缺省”选项，进入草绘器中。

（5）按图9.28所示第Ⅰ剖面的尺寸绘制第Ⅰ剖面，并按图示箭头定出起始点，在图形区单击右键，在显示的菜单条中选择“切换剖面”，第Ⅰ剖面变灰色。按图9.28所示第Ⅱ剖面的尺寸绘

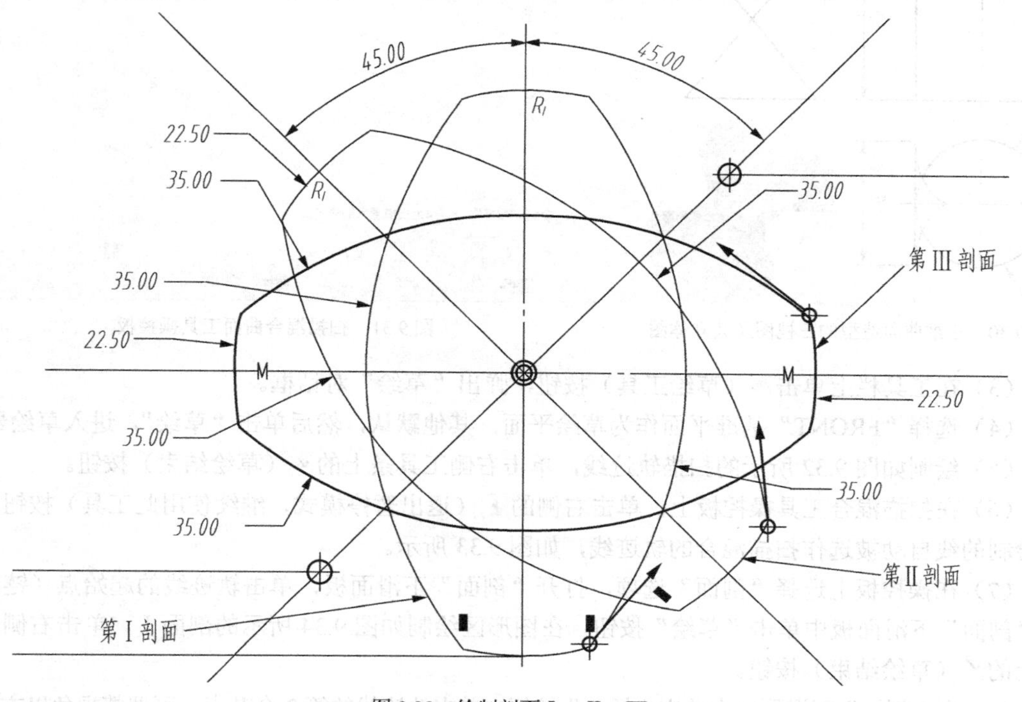

图9.28　绘制剖面Ⅰ、Ⅱ、Ⅲ

制第Ⅱ剖面，并按图示箭头定出起始点，在图形区单击鼠标右键，在显示的菜单条中选择“切换剖面”。按图9.28所示第Ⅲ剖面的尺寸绘制第Ⅲ剖面，并按图示箭头定出起始点，单击右侧工具条上的草绘完成按钮，出现如图9.18所示的“深度”菜单，在此菜单上选择“盲孔”→“完成”命令，输入第Ⅰ剖面和第Ⅱ剖面间的距离（深度）为20，按回车键确定，再输入第Ⅱ与第Ⅲ剖面间的距离为20，按回车键确定。

（6）在“混合曲面”对话框上单击“确定”按钮，完成混合曲面的创建工作，效果如图9.29所示。

图9.29 创建混合曲面的效果图

9.1.5 扫描混合曲面

扫描混合曲面是按照扫描轨迹线上的节点数，分别在各节点处绘制不同形状和大小的截面连接而成的曲面特征，它与“混合曲面”的主要区别是：“扫描混合曲面”必须有扫描轨迹线，而混合曲面不需要。下面将前面“混合曲面”中的实例二改用“扫描混合曲面”来创建三维曲面，由此来说明“混合曲面”与“扫描混合曲面”之间的异同。

按照图9.30所示曲面的形状和尺寸，进行三维曲面造型。具体的步骤和方法如下。

（1）打开“新建”对话框，在“类型”栏中选择“零件”。输入文件名为T9-38，不使用缺省模板，而采用mmns_part_solid模板。

（2）从下拉菜单栏上选择“插入”→“扫描混合”，弹出“扫描混合”工具操控面板，系统默认要创建的模型为（曲面），如图9.31所示。

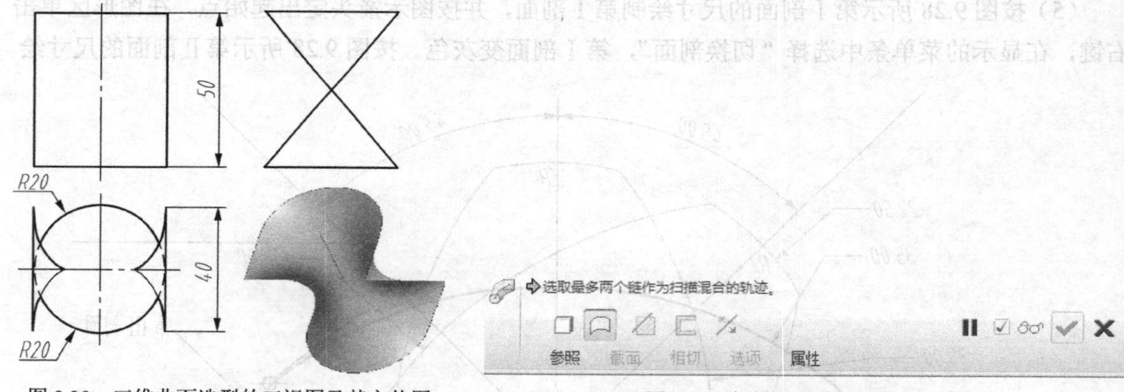

图9.30 三维曲面造型的三视图及其立体图

图9.31 扫描混合曲面工具操控板

（3）在工具栏上单击（草绘工具）按钮，弹出“草绘”对话框。

（4）选择“FRONT”基准平面作为草绘平面，其他默认，然后单击“草绘”，进入草绘器。

（5）绘制如图9.32所示的扫描轨迹线，单击右侧工具条上的（草绘结束）按钮。

（6）在扫描混合工具操控板上，单击右侧的（退出暂停模式，继续使用此工具）按钮，则刚绘制的线自动被选作扫描混合的轨迹线，如图9.33所示。

（7）在操控板上选择“剖面”选项，打开“剖面”下滑面板，单击轨迹线的起始点（链首），在“剖面”下滑面板中单击“草绘”按钮，在图形区绘制如图9.34所示的剖面Ⅰ，单击右侧工具条上的（草绘结束）按钮。

（8）在“剖面”下滑面板中单击“插入”按钮，单击轨迹线的第2个节点，可调整视角以方便单击该节点。在“剖面”下滑面板中单击“草绘”按钮，在图形区绘制如图 9.35 所示的剖面Ⅱ（3 段直线，4 个节点），单击右侧工具条上的✓（草绘结束）按钮，显示如图 9.36 所示的“剖面”下滑面板。

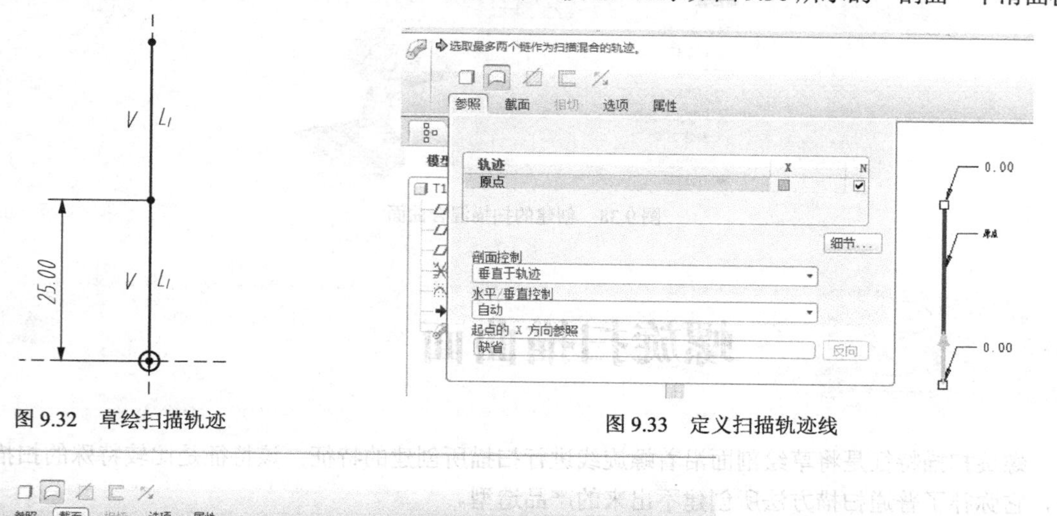

图 9.32 草绘扫描轨迹　　图 9.33 定义扫描轨迹线

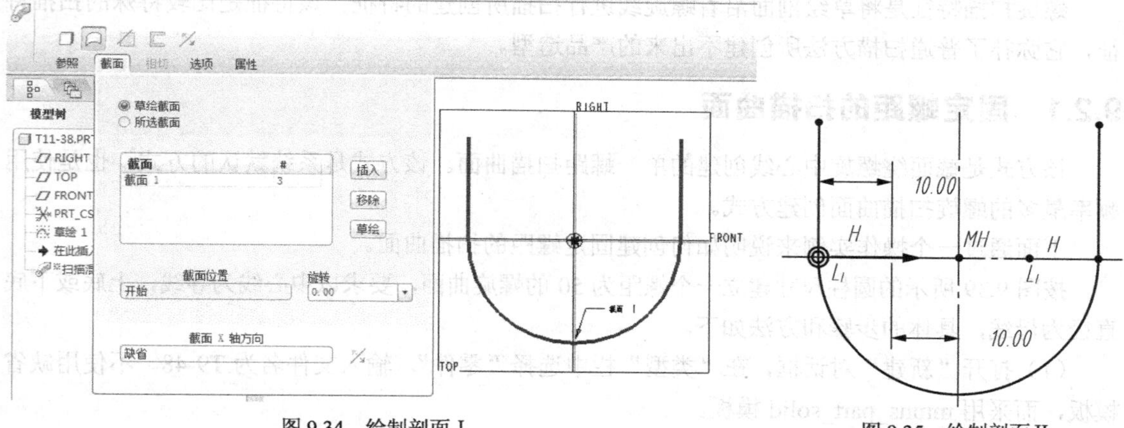

图 9.34 绘制剖面Ⅰ　　图 9.35 绘制剖面Ⅱ

（9）在“剖面”下滑面板中单击“插入”按钮，单击轨迹线的第 3 个节点（链尾），可调整视角以方便单击该节点，在“剖面”下滑面板中单击“草绘”按钮，在图形区绘制如图 9.37 所示的剖面Ⅲ（箭头方向的深色图线），单击右侧工具条上的✓（草绘结束）按钮。

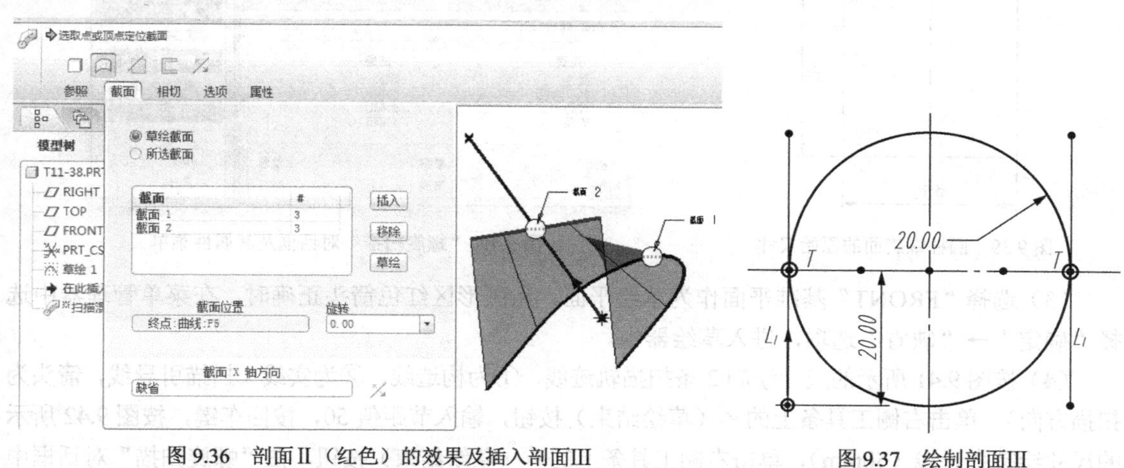

图 9.36 剖面Ⅱ（红色）的效果及插入剖面Ⅲ　　图 9.37 绘制剖面Ⅲ

（10）单击操控面板中的✓（绿色）按钮，完成扫描混合曲面的造型，如图9.38所示。

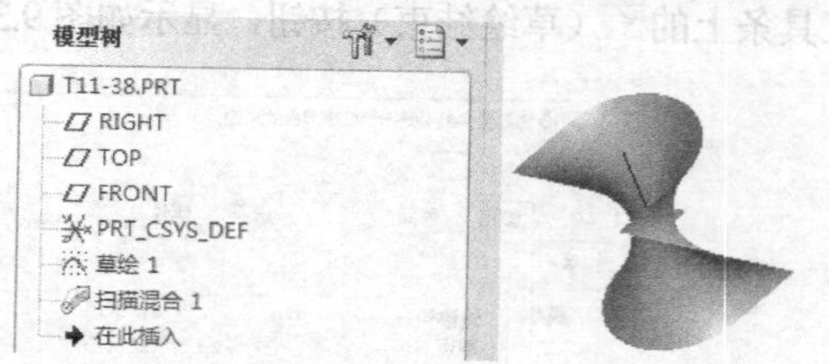

图9.38 创建的扫描混合曲面

9.2 螺旋扫描曲面

螺旋扫描特征是将草绘剖面沿着螺旋线进行扫描所创建的特征。该特征是比较特殊的扫描特征，它弥补了普通扫描方法所创建不出来的产品造型。

9.2.1 固定螺距的扫描曲面

该方式是截面绕螺旋中心线创建的单一螺距扫描曲面。该方式是系统默认的方式，也是使用频率最多的螺旋扫描曲面创建方式。

下面通过一个操作实例来说明如何创建固定螺距的扫描曲面。

按图9.39所示的圆柱尺寸建立一个螺距为50的螺旋曲面，要求以中心线为导线，上底或下底直径为母线，具体的步骤和方法如下。

（1）打开“新建”对话框，在“类型”栏中选择“零件”。输入文件名为T9-48，不使用缺省模板，而采用mmns_part_solid模板。

（2）从下拉菜单栏上选择“插入”→“螺旋扫描”→“曲面”，此时，弹出“曲面：螺旋扫描”对话框及其属性菜单，选择“常数”→“穿过轴”→“右手定则”→“完成”选项，如图9-40所示。

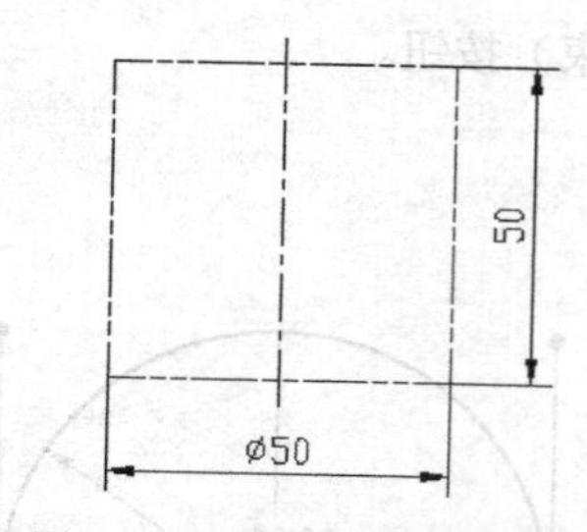

图9.39 圆柱螺旋面的原始尺寸

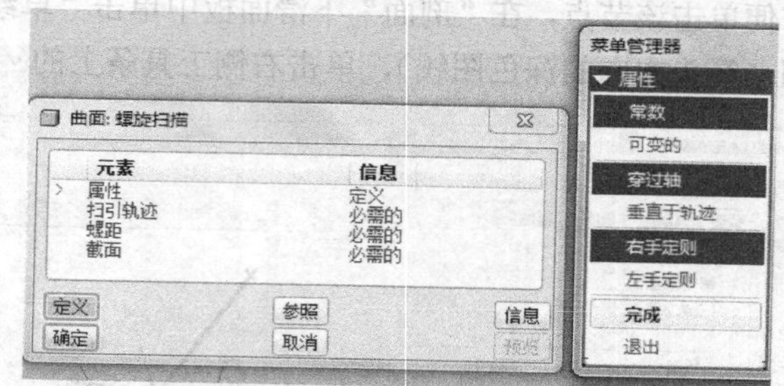

图9.40 “螺旋扫描”对话框及其属性菜单

（3）选择“FRONT”基准平面作为草绘平面，当图形区红色箭头正确时，在菜单管理器中选择“确定”→“缺省”选项，进入草绘器中。

（4）按图9.41所示的尺寸绘制2条扫描轨迹线，①为构造线，②为实线（扫描引导线，箭头为扫描方向），单击右侧工具条上的✓（草绘结束）按钮，输入节距值50，按回车键，按图9.42所示的尺寸绘制直母线（50mm），单击右侧工具条上的✓（草绘结束）按钮，在“螺旋扫描”对话框中单击“确定”按钮，结果如图 9.43 所示。

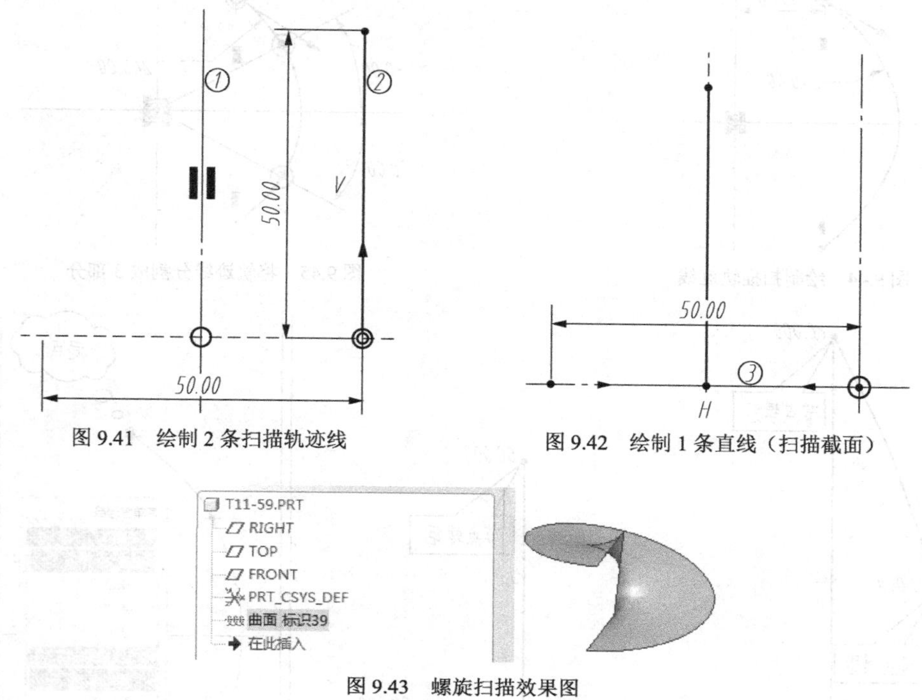

图 9.41　绘制 2 条扫描轨迹线

图 9.42　绘制 1 条直线（扫描截面）

图 9.43　螺旋扫描效果图

9.2.2 可变螺距的扫描曲面

该方式是指截面绕螺旋中心线创建的多个不同螺距扫描曲面。该特征是通过在轨迹起点、中间节点和终点设定不同的螺距，从而创建螺距变化的曲面特征。

下面通过一个操作实例来说明如何创建可变螺距的扫描曲面。

（1）打开“新建”对话框，在“类型”栏中选择“零件”。输入文件名为 T9-48，不使用缺省模板，而采用 mmns_part_solid 模板。

（2）从下拉菜单栏上选择“插入”→“螺旋扫描”→“曲面”，此时，弹出“曲面：螺旋扫描”对话框及其属性菜单，选择“可变的”→“穿过轴”→“右手定则”→“完成”选项，选择“FRONT”基准平面作为草绘平面，当图形区红色箭头正确时，在菜单管理器中选择“确定”→“缺省”选项，进入草绘器中。

（3）按图 9.44 所示的尺寸绘制 1 条扫描轨迹线（圆弧扫描引导线，箭头为扫描方向），单击“在点位置分割图元”按钮，将轨迹线分割成几段（本例为 3 段），单击，效果如图 9.45 所示。

（4）在打开的提示栏中分别输入起始点和终止点的螺距值（40 和 20），分别按回车键确定，在显示的“定义控制曲面”菜单中选择“添加点”选项，并在轨迹线上分别单击中间节点，然后在提示栏中分别输入螺距值 80 和 60，单击“完成/返回”→“完成”，结果如图 9.46 所示。

（5）设置好各节点的螺距值后，再次进入草绘环境，按图 9.47 所示尺寸绘制扫描截面（半径为 15mm 的半圆），单击右侧工具条上的（草绘结束）按钮，在“曲面：螺旋扫描”对话框中单击“确定”，结果如图 9.48 所示。

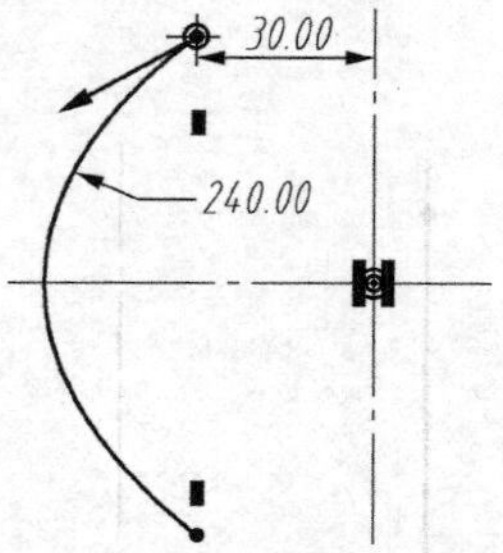

图 9.44 绘制扫描轨迹线

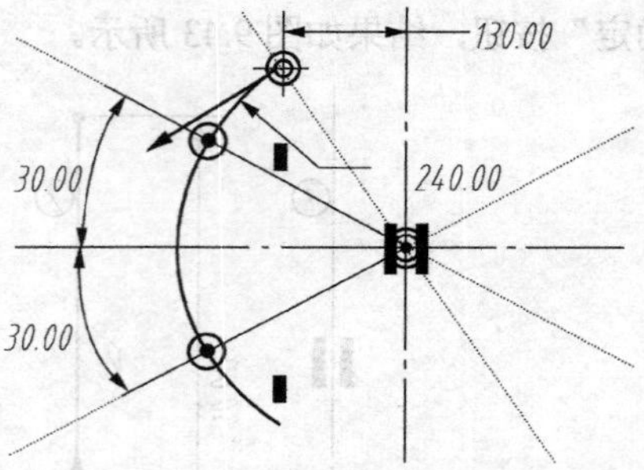

图 9.45 将轨迹线分割成 3 部分

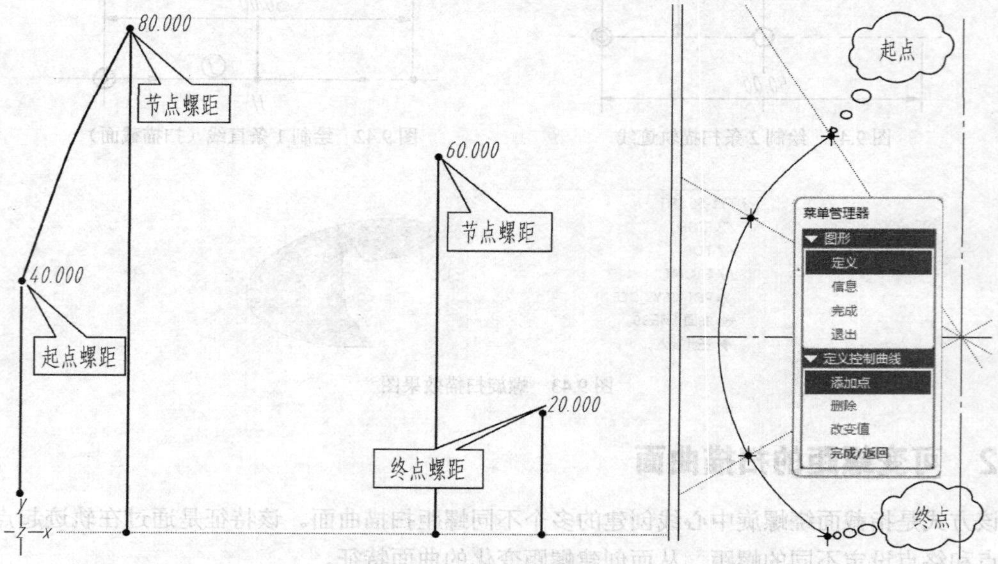

图 9.46 设置起、终点及节点螺距值

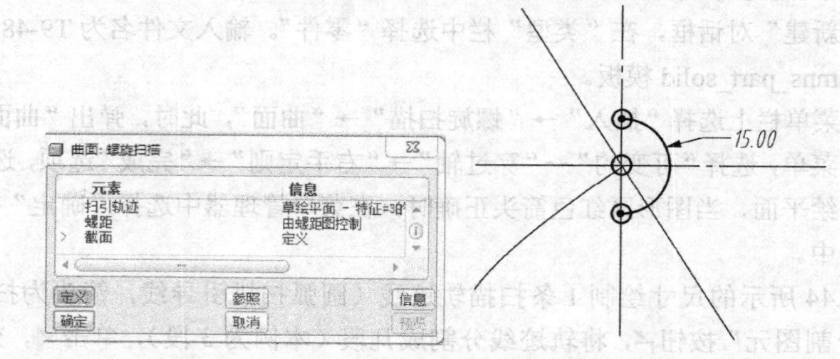

图 9.47 草绘扫描截面

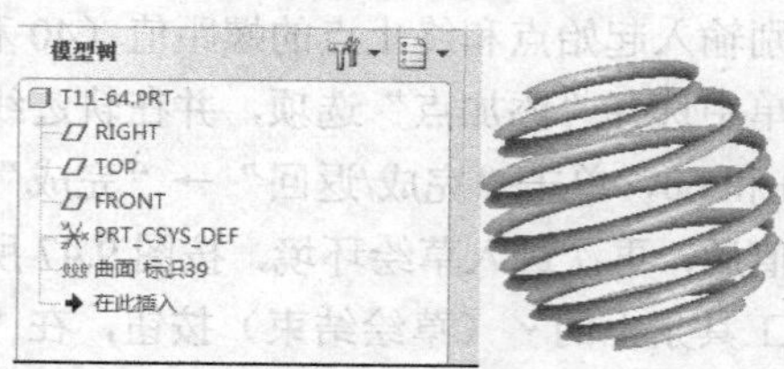

图 9.48 创建可变螺距的扫描曲面特征

9.3 填充曲面

填充曲面是指由平整的闭环边界剖面，即在一个平面内的闭合剖面，生成的平整曲面。创建填充剖面，既可以选择已存在的平整的闭合基准曲线，也可以进入内部草绘器中定义新的闭合剖面。

下面通过一个操作实例来说明如何创建填充曲面。

（1）打开“新建”对话框，在“类型”栏中选择“零件”。输入文件名为 T9-51，不使用缺省模板，而采用 mmns_part_solid 模板。

（2）从下拉菜单栏上选择“编辑”→“填充”命令，打开如图 9.49 所示的填充工具操控面板。

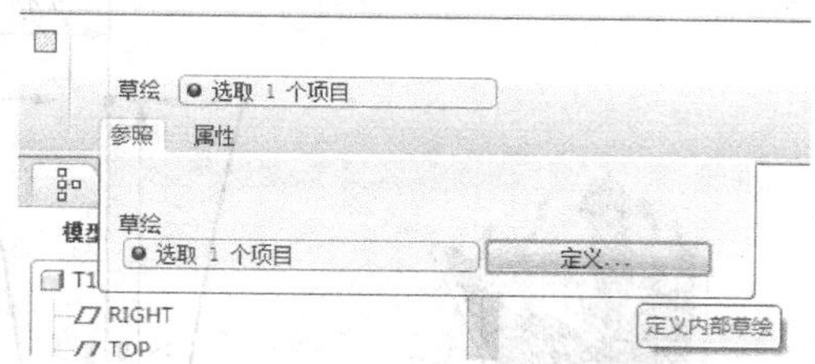

图 9.49 填充工具操控面板

（3）在“参照”的下滑面板中单击“定义”按钮，打开“草绘”对话框，选择“TOP”基准面作为草绘平面，其他默认，单击“草绘”按钮。

（4）草绘填充剖面，如图 9.50 所示。单击✓（草绘结束）按钮，完成剖面的绘制。

（5）在填充工具操控板中，单击✓（绿色）按钮，创建了如图 9.51 所示的填充曲面。

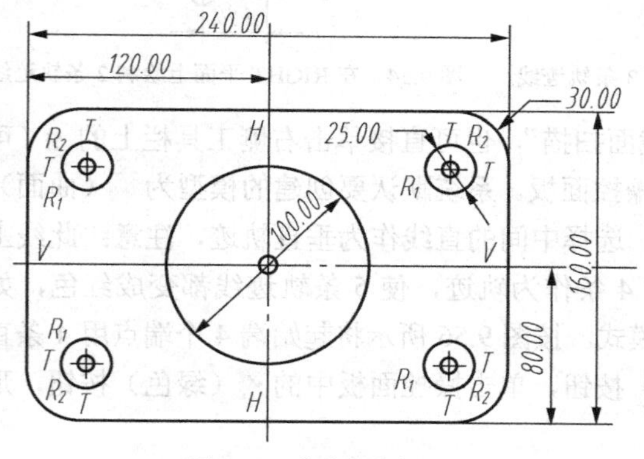

图 9.50 草绘填充剖面

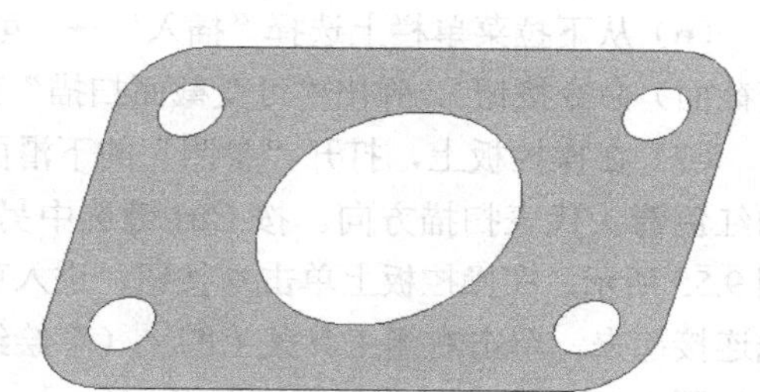

图 9.51 填充曲面

9.4 实战练习

可变截面扫描是指沿着一个或多个选定的轨迹扫描剖面时，通过控制剖面的形状所创建的形态多变的曲面形状。可变截面扫描可以说是扫描和混合特征的综合，兼具两者的长处，使用灵活，功能强大。

下面，通过如图 9.52 所示花瓶制作实例说明如何创建可变截面扫描曲面，具体的步骤和方法如下。

（1）打开“新建”对话框，在“类型”栏中选择“零件”。输入文件名为 T9-52，不使用用缺省模板，而采用 mmns_part_solid 模板。

（2）在右侧工具栏上单击（草绘工具）按钮，弹出“草绘”对话框。

（3）选择“TOP”基准平面作为草绘平面，其他默认，然后单击“草绘”，进入草绘器。

（4）按图 9.53 所示的尺寸绘制 3 条扫描轨迹线，中间为直线，左右为对称的两条圆弧，单击右侧工具条上的✓（草绘结束）按钮。

（5）用同样的方法在“RIGHT”平面上按图 9.54 所示的尺寸用样条曲线命令按钮绘制 2 条曲线。这样，共生成了 5 条扫描轨迹线，如图 9.55 所示。

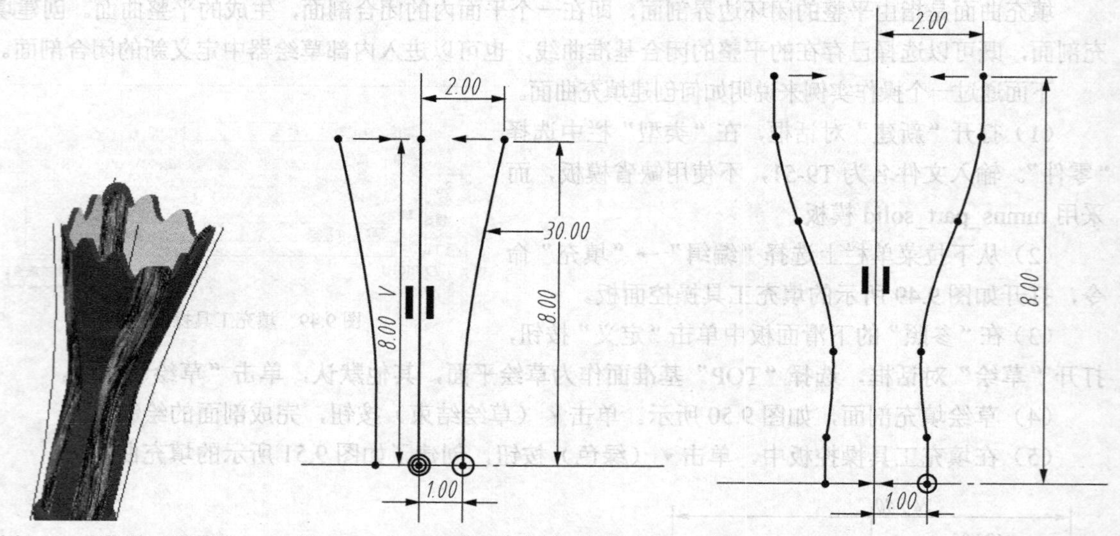

图 9.52 花瓶的三维模型　图 9.53 在 TOP 平面上绘制 3 条轨迹线　图 9.54 在 RIGHT 平面上绘制 2 条轨迹线

（6）从下拉菜单栏上选择“插入”→“可变截面扫描”，也可直接单击右侧工具栏上的（可变截面）命令按钮），弹出“可变截面扫描”工具操控面板。系统默认要创建的模型为（曲面）。

（7）在操控板上，打开“参照”的下滑面板，选择中间的直线作为垂直轨迹，注意：此线上的红色箭头代表扫描方向。按 Ctrl 键选中另外的 4 条作为轨迹，使 5 条轨迹线都变成红色，如图 9.55 所示，在操控板上单击按钮，进入草绘模式。按图 9.56 所示将起始端 4 个端点用 4 条直线连接起来，单击右侧工具条上的✓（草绘结束）按钮，单击操控面板中的✓（绿色）按钮，形成如图 9.57 所示可变截面扫描图形。

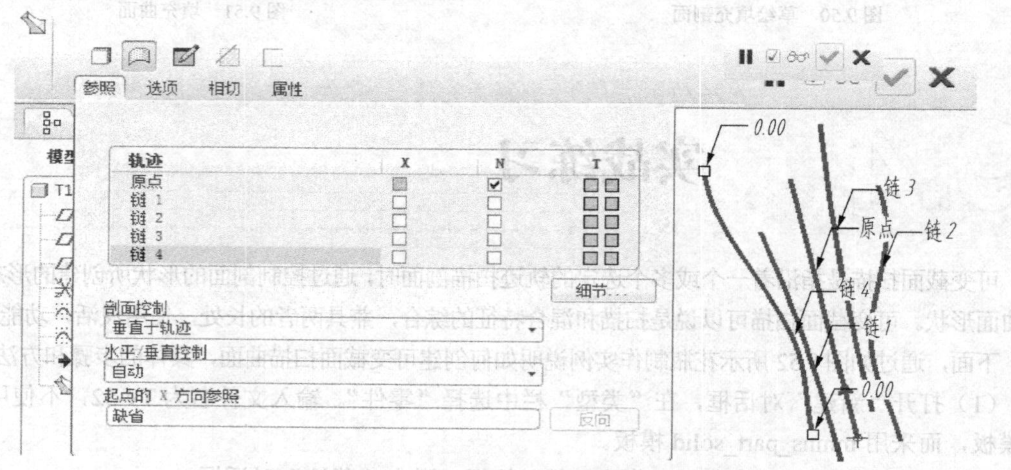

图 9.55 选取 5 条扫描轨迹线及“可变截面扫描”工具操控面板

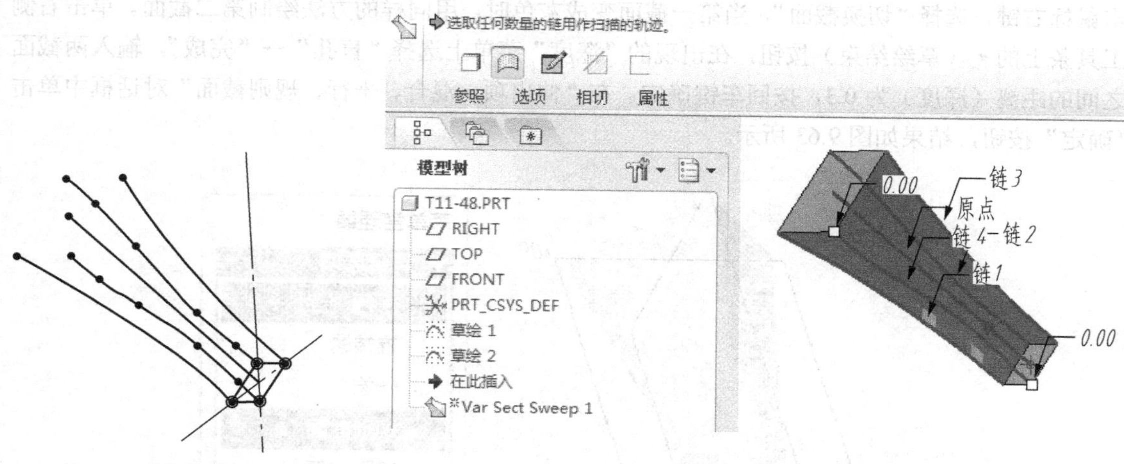

图 9.56 绘制扫描剖面

图 9.57 可变截面扫描曲面的效果

（8）对 4 条棱线建立倒圆角特征。单击工具栏中的圆角按钮，设置倒圆角的半径为 0.5，单击要倒圆角的 4 条棱线，单击操控面板中的（绿色）按钮，完成倒圆角特征创建，如图 9.58 所示。

（9）在导航区选中“草绘 1”和“草绘 2”，单击鼠标右键，在显示的菜单条上选择“隐藏”，使 5 条曲线变成不可见，如图 9.58 所示。

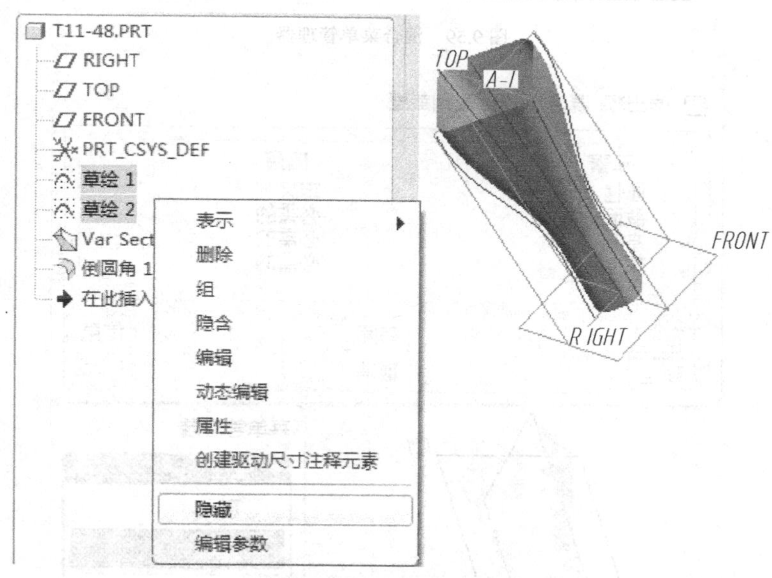

图 9.58 隐藏 5 条扫描轨迹线

（10）用混合特征创建瓶底。单击下拉菜单“插入”→“混合”→“伸出项”，在显示的菜单管理器中选择“完成”（使用缺省设置），如图 9.59 所示。在显示的“属性菜单管理器”中选择“光滑”→“完成”，如图 9.60 所示。以“FRONT”平面作为第一混合截面的草绘平面，单击偏移命令按钮，在类型菜单条中选择“链”，在图形区中点取第 1 条边，按 Ctrl 键点取第 2 条边，在菜单管理器中选择“下一个”，当截面显示一圈红色时选取“接受”，如图 9.61 所示。在“将链转换为环”的对话框中点取“Y”。输入此环箭头方向的偏移深度为 0.1，如图 9.62 所示。在图形区单击鼠标右键，选择“切换截面”，当第一截面变成灰色时，用同样的方法绘制第二截面。单击右侧工具条上的✓（草绘结束）按钮，在出现的“深度”菜单上选择“盲孔”→“完成”，输入两截面之间的距离（深度）为 0.3，按回车键确定。在“伸出项、混合、平行、规则截面”对话框中单击“确定”按钮，结果如图 9.63 所示。

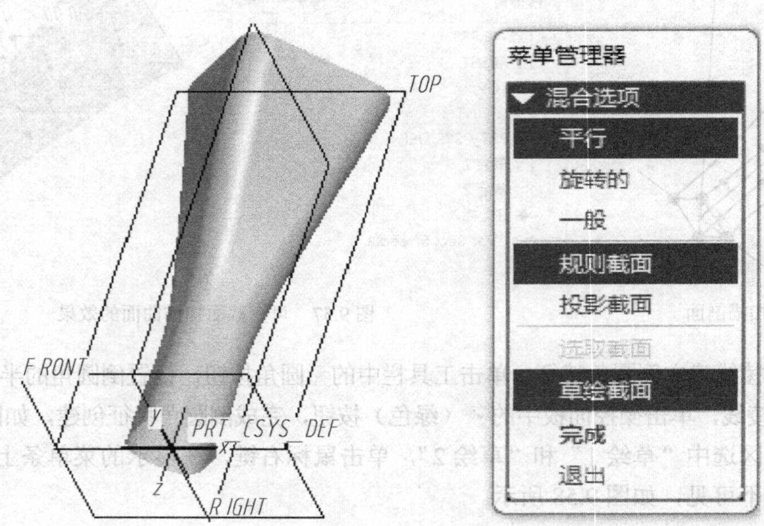

图 9.59　混合菜单管理器

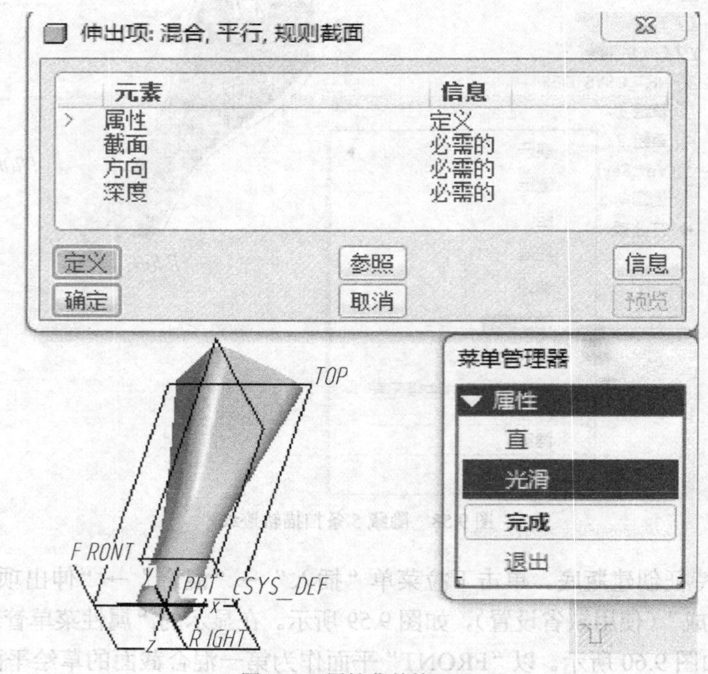

图 9.60　属性菜单管理器

（11）建立倒圆角特征，选取两个混合生成的曲面，倒圆角半径为 0.1，生成的图形如图 9.64 所示。

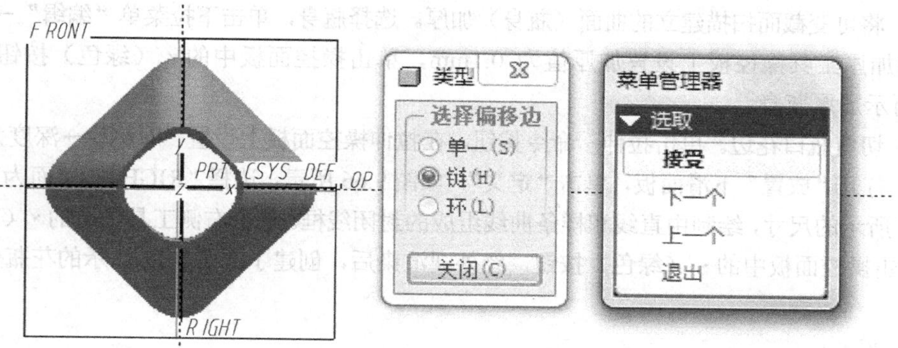

图 9.61 用偏移命令绘制第一截面

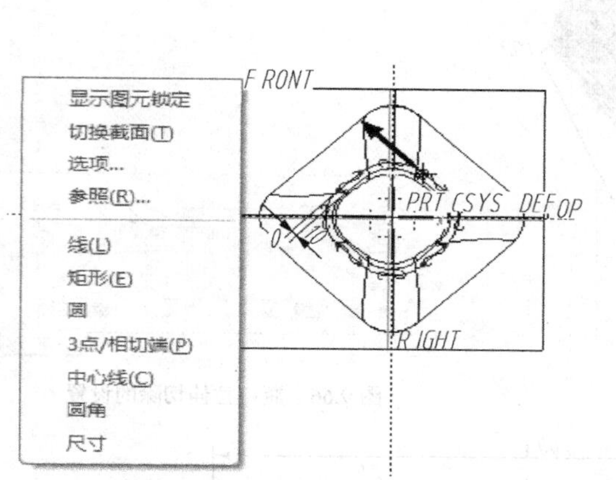

图 9.62 第一截面的偏移量 0.1 及切换剖面

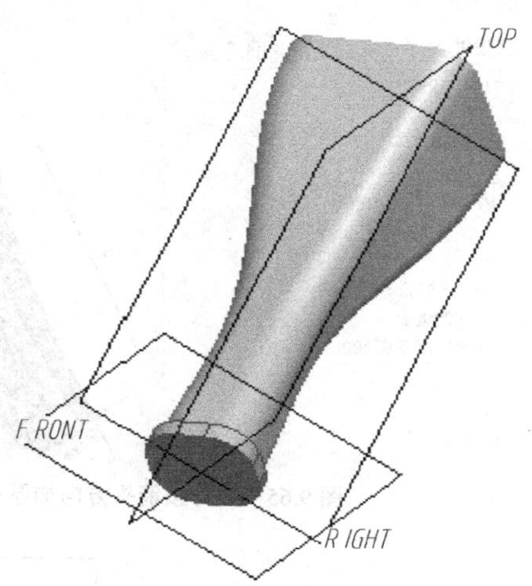

图 9.63 创建瓶底的效果图

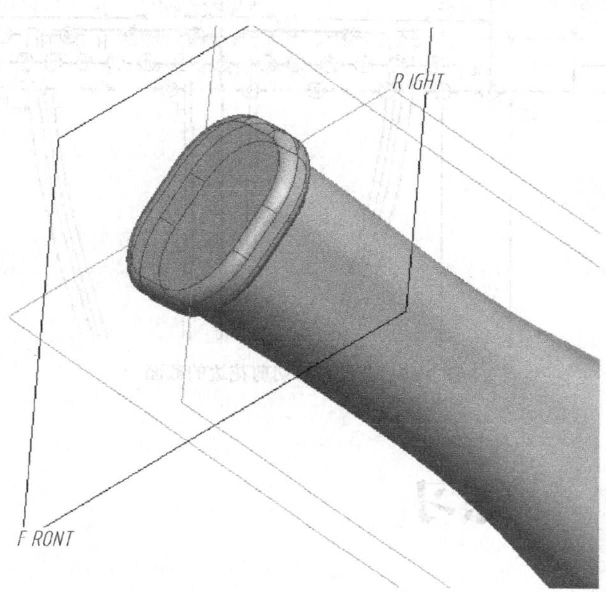

图 9.64 瓶底两个混合曲面的倒圆角

（12）将可变截面扫描建立的曲面（瓶身）加厚。选择瓶身，单击下拉菜单“编辑”→“加厚”，在显示的加厚工具操控板上设置加厚值为 0.1mm，单击操控面板中的✓（绿色）按钮，形成如图 9.65 所示加厚瓶身。

（13）切剪瓶口花边。单击拉伸命令按钮，在拉伸操控面板上设置“对称”→深度为 5→“去除材料”，打开“放置”下滑面板，单击“定义”，如图 9.66 所示，选择“RIGHT”平面为草绘平面，按图 9.67 所示的尺寸，绘制由直线和样条曲线组成的封闭线框。单击右侧工具条上的✓（草绘结束）按钮，单击操控面板中的✓（绿色）按钮，经外观渲染后，创建了如图 9.52 所示的花瓶效果图。

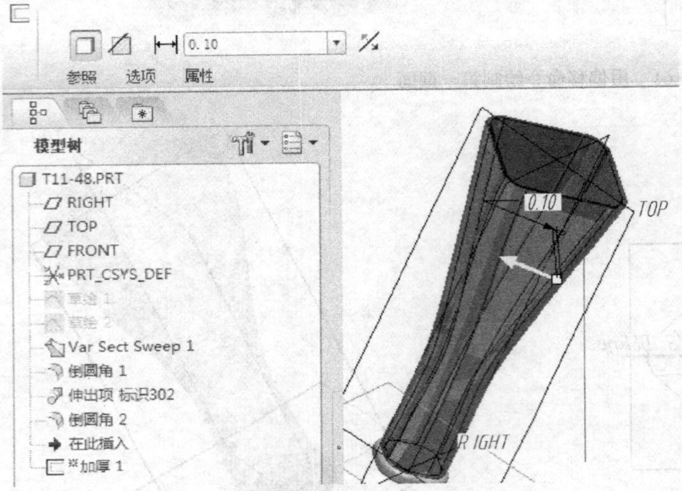

图 9.65　瓶身按箭头方向加厚 0.1mm

图 9.66　瓶口拉伸切除的设置

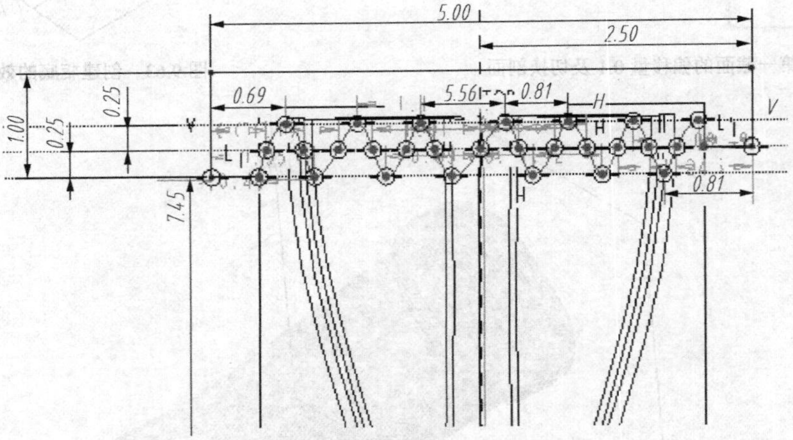

图 9.67　草绘瓶口切剪花边的截面

9.5 练习

创建如图 9.72 所示的实体模型，具体步骤如下。

（1）按图 9.68（a）（b）所示的尺寸，分别用旋转命令生成如图 9.68（c）所示曲面。

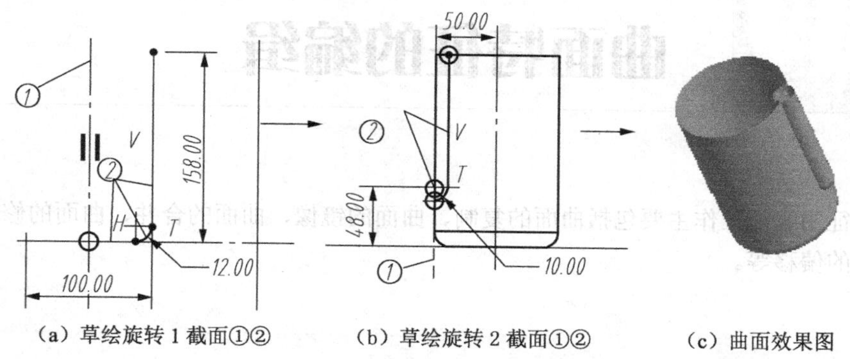

（a）草绘旋转 1 截面①②　（b）草绘旋转 2 截面①②　（c）曲面效果图

图 9.68　通过两次旋转命令创建曲面

（2）阵列凸起的曲面，如图 9.69（a）所示 。

（3）合并曲面（逐个进行），如图 9.69（b）所示。

（4）曲面的倒圆角，按住 Ctrl 键逐一选择，如图 9.70 所示。

（5）曲面的加厚（方向朝内，厚度为 2.5），如图 9.71 所示。

（6）添加孔特征（孔直径为 ϕ28，通孔），如图 9.72 所示。

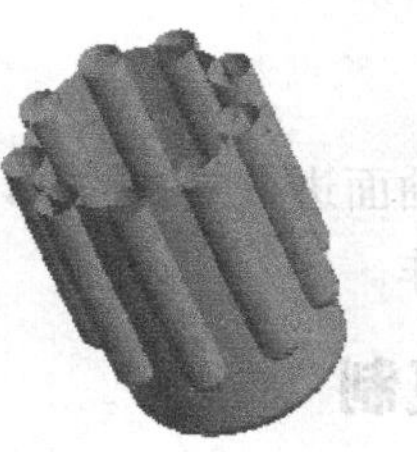

（a）曲面合并前　（b）曲面合并后

图 9.69　曲面合并

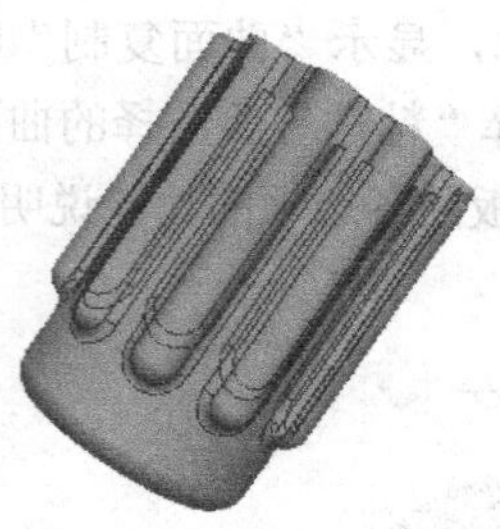

图 9.70　曲面倒圆角效果

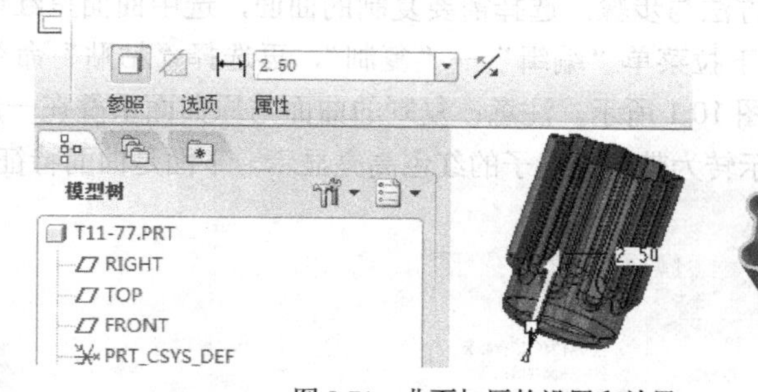

图 9.71　曲面加厚的设置和效果

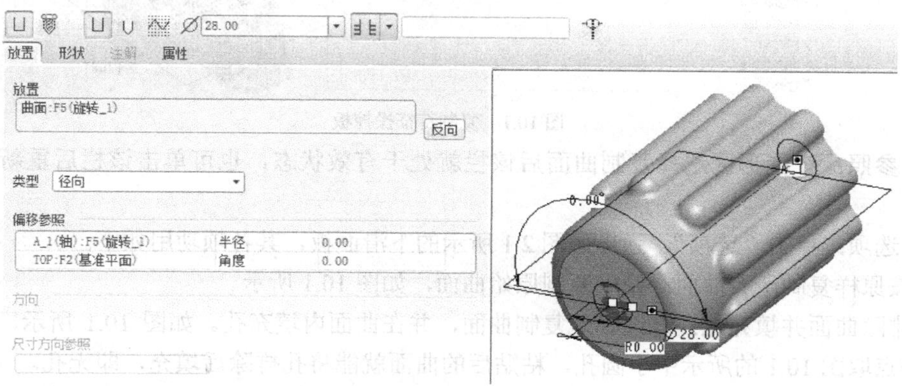

图 9.72　添加孔特征

第10章 曲面特征的编辑

曲面特征的编辑工作主要包括曲面的复制、曲面的镜像、曲面的合并、曲面的修剪、曲面的延伸和曲面的偏移等。

10.1 曲面的复制

对于创建完的曲面进行复制操作，复制后的曲面可以粘贴在原始参照上，也可以根据要求进行移动或旋转等操作。

10.1.1 普通复制

利用复制命令，可以直接在选定的曲面上创建一个面组，该面组与父项曲面的形状和大小相同。使用该命令可以复制已有的表面或实体表面。

具体操作方法与步骤：选择需要复制的曲面，选中曲面呈红色高亮显示，单击复制命令按钮，或者选择下拉菜单“编辑”→“复制”，再选择“粘贴”命令按钮，显示“曲面复制”特征操控板，如图 10.1 所示。注意：复制的曲面与原曲面重叠在一起，选择“粘贴”后选择的曲面从红色高亮显示转为带黑色格子的红色高亮显示。下面是曲面特征操控面板的各选项的功能说明。

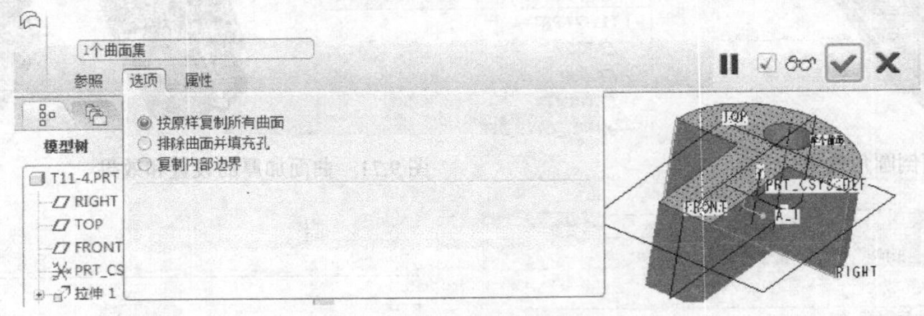

图 10.1 复制特征操控板

（1）参照：在图形区选择复制曲面后该栏就处于有效状态，也可单击该栏后重新定义复制参照。

（2）选项：单击“选项”，弹出如图 2.1 所示的下滑面板，其各项功用如下。

① 按原样复制所有曲面：精确复制原始曲面，如图 10.1 所示。

② 排除曲面并填充孔：有选择地复制曲面，并在曲面内填充孔。如图 10.1 所示，若选择了该项，并点取图 10.1 的所示中小圆孔，粘贴后的曲面就能将孔排除后填充，即无孔。

③ 复制内部边界：选择封闭的边界曲线，复制边界曲线内部的曲面。

10.1.2 选择性复制

单击位于窗口右上角的“选择过滤器”，在弹出的选项中，选择“几何”，选择需要复制的曲面或面组，选中的曲面或面组呈红色高亮显示，单击标准工具栏中的“复制”按钮，再单击标准工具栏中的“选择性粘贴”按钮，弹出“选择性粘贴”特征操控板，如图 10.2 所示，操控板各项功能如下。

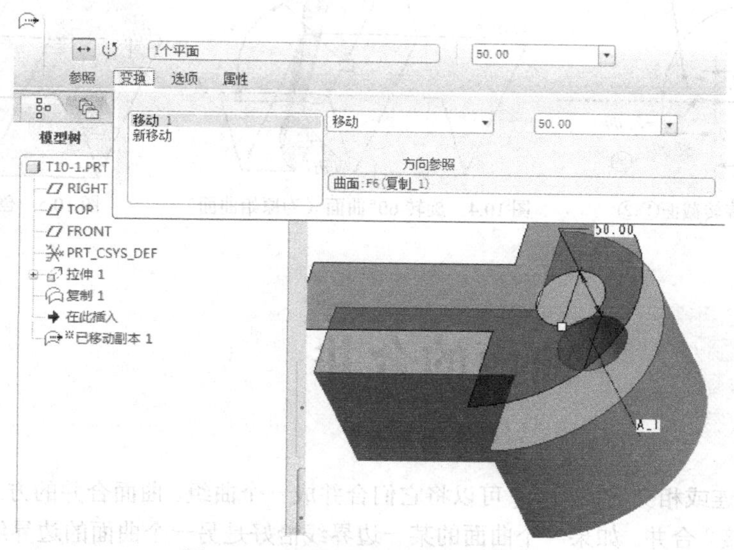

图 10.2 “选择性粘贴”特征操控面板

（1）：单击该按钮可沿选择参照平移复制曲面，如图 10.2 所示。

（2）：单击该按钮可绕选择参照旋转复制曲面。

（3）参照：在“参照”面板中，用户可以定义需要复制的曲面面组。

（4）变换：在“变换”面板中，用户可以定义复制曲面的形式、平移或旋转、平移距离或旋转角度，以及方向参照的设置，如图 10.2 所示。

（5）选项：在“选项”下拉面板中，可以设置“复制原始几何”或“隐藏原始几何”。

10.2 曲面的镜像

对于一个选定的曲面或曲面组，可以使用镜像的方式在镜像平面的另一侧产生一个对称的曲面或曲面组。

下面用一个简单实例来说明如何创建镜像曲面。

（1）按图 10.3 所示的尺寸，用旋转命令创建如图 10.4 所示的曲面（过程从简）。

（2）选择曲面。

（3）单击（镜像工具）按钮，或者从下拉菜单上选择“编辑”→“镜像”命令，打开镜像工具操控面板。

（4）选择“RIGHT”基准平面作为镜像平面。

（5）在镜像工具操控板中单击✓（完成）按钮，创建的镜像曲面如图 10.5 所示。

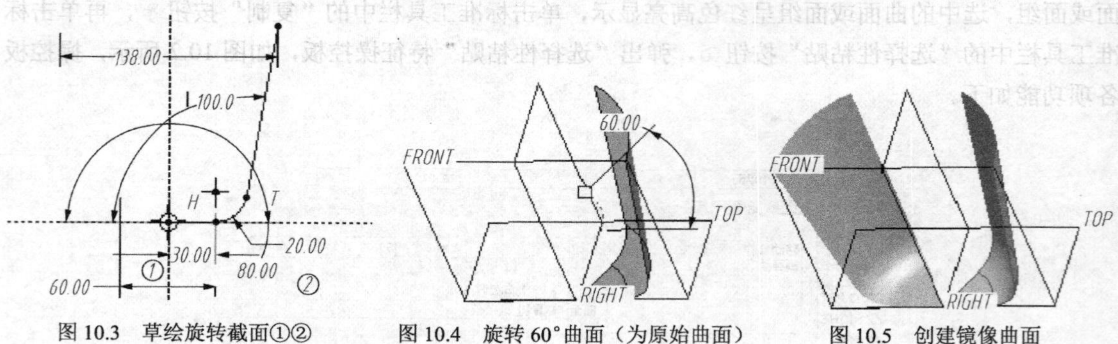

图 10.3　草绘旋转截面①②　　图 10.4　旋转 60° 曲面（为原始曲面）　　图 10.5　创建镜像曲面

10.3 曲面的合并

对于两个相连或相交的曲面组，可以将它们合并成一个曲组。曲面合并的方式有两种，即“求交”合并和“连接”合并。如果一个曲面的某一边界线恰好是另一个曲面的边界线时，多采用“连接”方式来合并这两个曲面，如图 10.7 所示。

实例 1　创建“连接”合并曲面。

（1）按图 10.3 所示的尺寸，用旋转命令创建如图 10.6 所示的曲面，过程从简。

（2）选择曲面，单击▯（镜像工具）按钮，打开镜像工具操控面板，选择“RIGHT”基准平面作为镜像平面，在镜像工具操控板中单击✓（完成）按钮，创建的镜像曲面如图 10.7 所示。

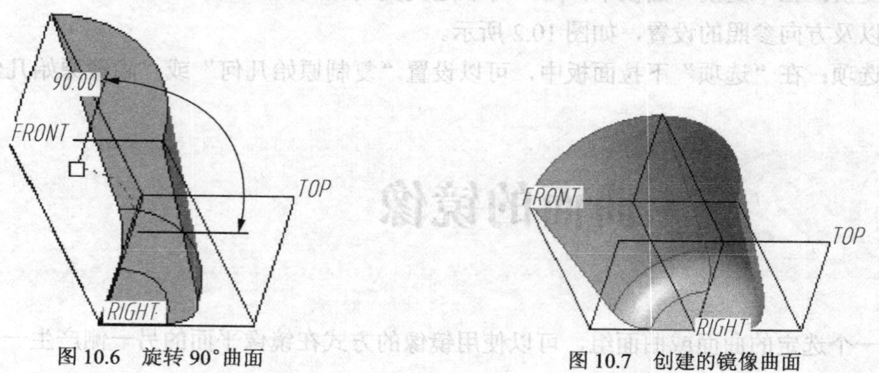

图 10.6　旋转 90° 曲面　　图 10.7　创建的镜像曲面

（3）在图形区选择两曲面（用 Ctrl 键），单击下拉菜单“编辑”→“合并”，如图 10.8 所示，在合并工具操控板中单击✓（完成）按钮，合并（连接）后的曲面面组如图 10.9 所示。

实例 2　创建“求交”合并曲面。

（1）按图 10.10 所示的尺寸（①为旋转轴，即构造线；②为旋转 1 截面，即直线、圆弧、直线共 3 段实线）创建“旋转 1”曲面，做图步骤从略。按图 10.11 所示的尺寸（①为旋转轴，即构造线；②为旋转 2 截面，即直线和 1/4 圆弧共两段实线）创建“旋转 2”曲面，做图步骤从略。

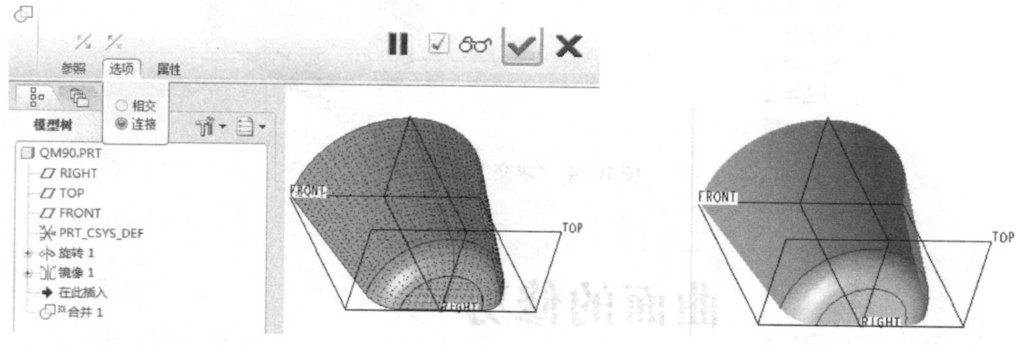

图 10.8 设置“连接”方式合并两曲面

图 10.9 “连接”合并效果图

（2）选择两曲面（用 Ctrl 键），单击下拉菜单“编辑”→“合并”，如图 10.12 所示，进入“选项”下滑面板，可以看到默认的选项为“求交”，接受该默认选项，在操控板中分别单击（改变要保留的第一面组的侧）和（改变要保留的第二面组的侧）按钮，此时两个保留侧的方向如图 10.13 所示，单击操控板中的（完成）按钮，合并（求交）后的曲面面组如图 10.14 所示。

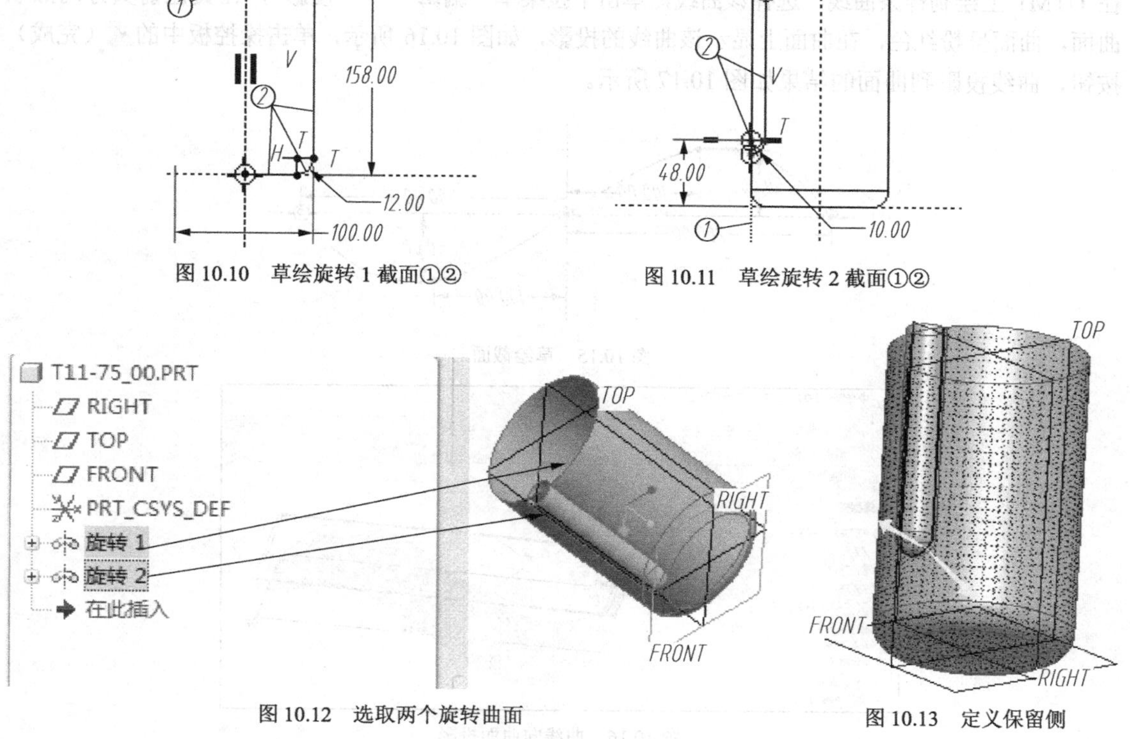

图 10.10 草绘旋转 1 截面①②

图 10.11 草绘旋转 2 截面①②

图 10.12 选取两个旋转曲面

图 10.13 定义保留侧

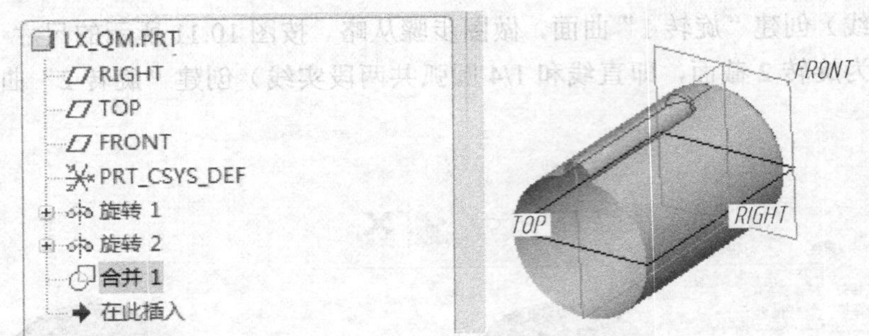

图 10.14 “求交”合并效果

10.4 曲面的修剪

利用曲面、基准平面或曲面上的曲线可以对曲面进行修剪。被修剪的曲面与修剪工具曲面或基准平面必须相交。

曲面修剪的方式主要有下例两种。

1．以曲面上的曲线作为分割线来进行修剪

主要方法步骤如下。

（1）按图 10.15 所示的尺寸用拉伸创建深为 200 的曲面，创建与 TOP 相距 50 的基准平面 DTM1，在 DTM1 上绘制样条曲线，选择该曲线，单击下拉菜单“编辑”→“投影”，在黄色箭头方向点取曲面，曲面呈粉红色，在曲面上显示该曲线的投影，如图 10.16 所示，单击操控板中的✓（完成）按钮，曲线投影到曲面的结果如图 10.17 所示。

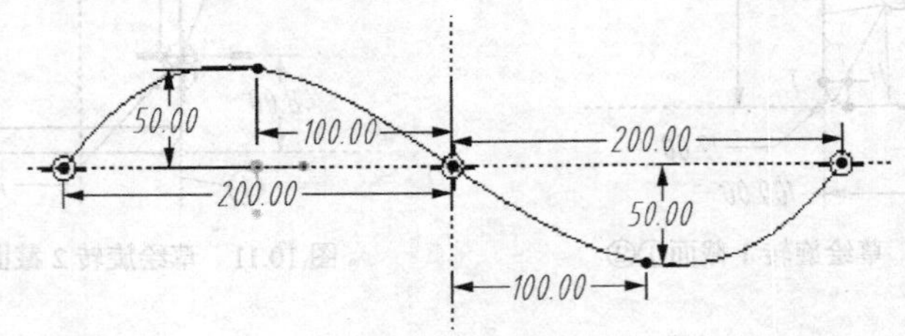

图 10.15　草绘截面

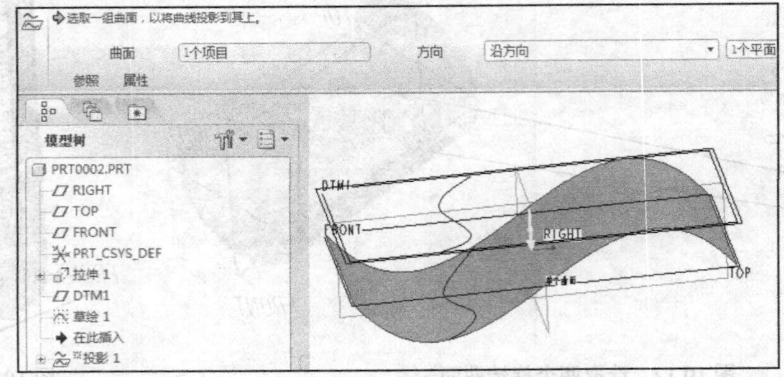

图 10.16　曲线向曲面投影

（2）以投影在曲面上的曲线为分割线来进行修剪。选取要修剪的曲面，即为“参照”下滑面板中的“修剪的面组”，修剪的面组呈粉红色显示，单击修剪命令按钮，展开“参照”下滑面板。在“修剪对象”（即修剪工具）下面单击一下后，在图形区点取分割曲线，如图 10.17 所示。若“修剪的面组”或“修剪对象”的收集器中的面组不正确，可单击鼠标右键，选择“移除”命令删除不需要的对象，在操控板中单击（黄色箭头的指向为要保留的面组的侧）按钮，单击操控板中的（完成）按钮，修剪结果如图 10.18 所示。

图 10.17 曲面的修剪设置

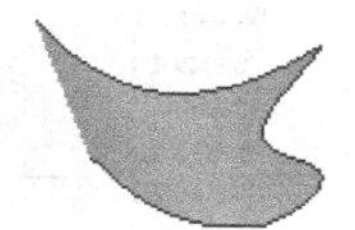

图 10.18 曲面修剪结果

2．以相交面作为分割面来进行修剪

主要方法步骤如下。

（1）打开文件 T10-12.prt，该文件中存在的两个曲面如图 10.19 所示。

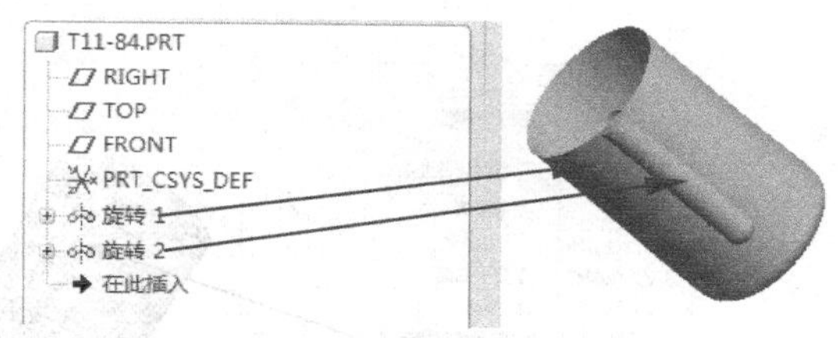

图 10.19 原始曲面

（2）选择“旋转 1”曲面作为要修剪的面组。

（3）单击修剪命令按钮，系统打开修剪工具操控板。

（4）选择“旋转 2”曲面作为修剪对象，即修剪工具。

（5）在工具面板中展开“选项”下滑面板，清除“保留修剪曲面”复选框。在操控板中单击（黄色箭头的指向为要保留的面组的侧）按钮，如图 10.20 所示。单击操控板中的（完成）按钮，修剪结果如图 10.21 所示。

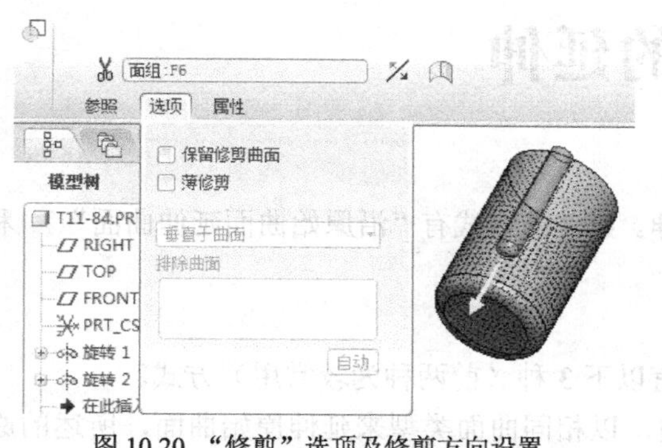

图 10.20 “修剪”选项及修剪方向设置

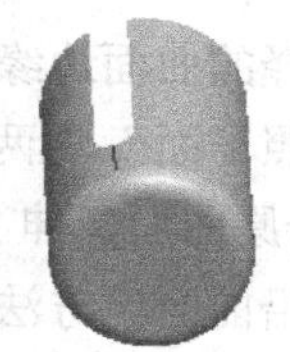

图 10.21 修剪后的效果

（6）在导航区选中并右击“修剪 1”，单击“编辑定义”，展开“选项”下滑面板。选中“薄修剪”复选框，接着输入薄修剪的厚度为 5，选择“垂直于曲面”选项，如图 10.22 所示。

（7）单击操控板中的（完成）按钮，修剪结果如图 10.23 所示。

（8）在导航区选中并右击“修剪 1”，单击“编辑定义”，展开“选项”下滑面板。点击“排除曲面”收集器，并在模型中选择如图 10.24 箭头所指的曲面片，即去掉不作修剪工具的曲面片，单击操控板中的✓（完成）按钮，薄修剪曲面效果如图 10.25 所示。

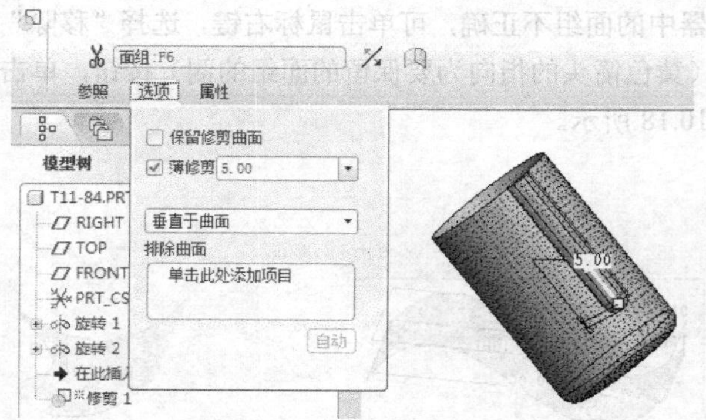

图 10.22 “薄修剪”的选项设置

图 10.23 “薄修剪”效果

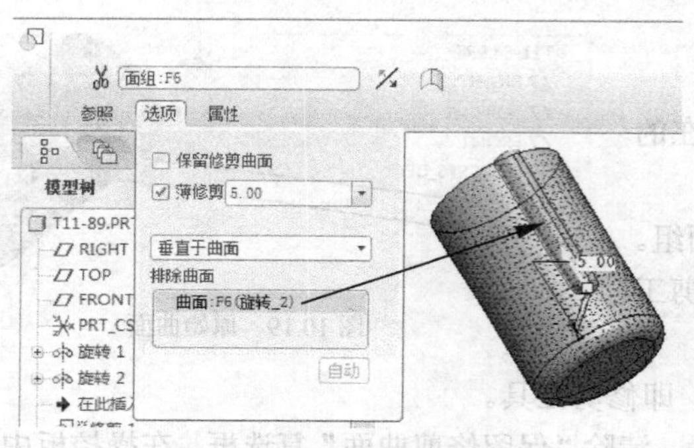

图 11.24 选择要排除的曲面

图 10.25 排除后的薄修剪效果

10.5 曲面的延伸

将选择的曲面边缘以指定的方式延伸。延伸的方式有“沿原始曲面延伸曲面”和“将曲面延伸至参照平面”两种。

1．沿原曲面延伸

以“沿曲面”方法延伸曲面时，可有以下 3 种（前两种为较常用）方式。

- “相同”：通过选定的曲面边界边，以相同曲面类型来延伸原始曲面，所述的原始曲面可以为平面、圆柱面、圆锥面或样条曲面，如图 10.26 所示。
- “切线”：创建与原始曲面相切的直纹曲面，如图 10.27 所示。
- “逼近”：以逼近选定边界的方式来创建相应的混合曲面，如图 10.28 所示。

下面举一个简单示例，辅助说明以“沿曲面”方法延伸曲面的步骤。

（1）按图 10.29 所示的尺寸创建一半径为 50、宽度为 60 的 1/4 圆柱曲面。

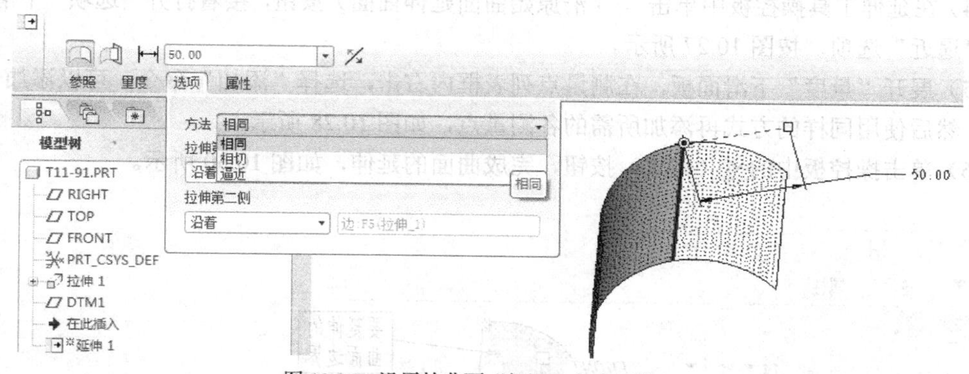

图 10.26 沿原始曲面“相同”方式延伸 50

图 10.27 沿原始曲面的“相切”方式延伸 50

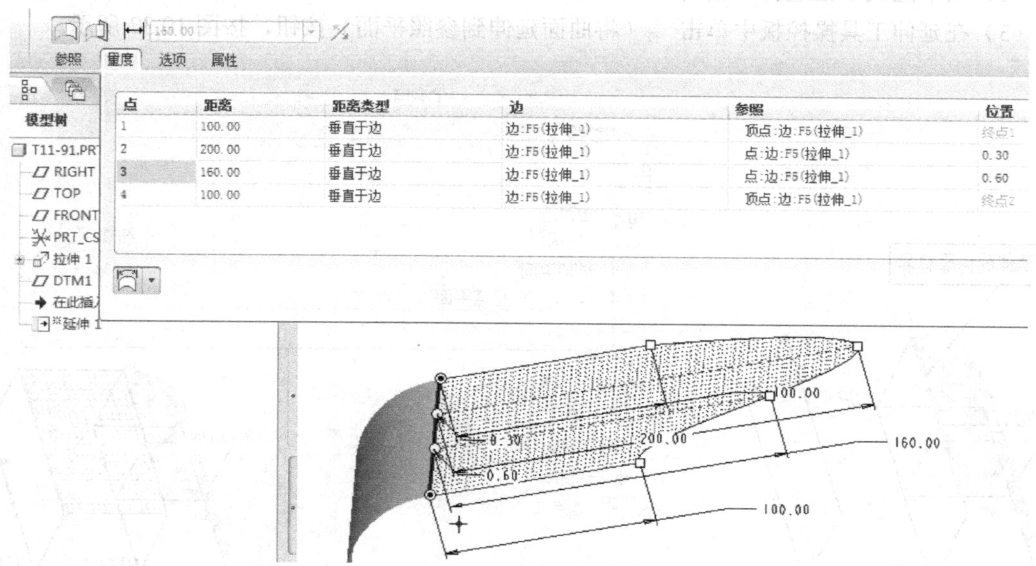

图 10.28 沿曲面“逼近”方式并具有多测量值的延伸曲面

（2）选择要延伸的曲面边界，如图 10.29 所示的红色线段。

（3）从下拉菜单上选择“编缉”→“延伸”命令，打开延伸工具操控板。

（4）在延伸工具操控板中单击 （沿原始曲面延伸曲面）按钮，接着打开“选项”下滑面板，选择“逼近”选项，按图 10.27 所示。

（5）展开“量度”下滑面板，在测量点列表框内右击，选择“添加”命令，可以添加一个测量点。然后使用同样的方式再添加所需的各测量点，如图 10.28 所示。

（6）单击操控板中的 （完成）按钮，完成曲面的延伸，如图 10.30 所示。

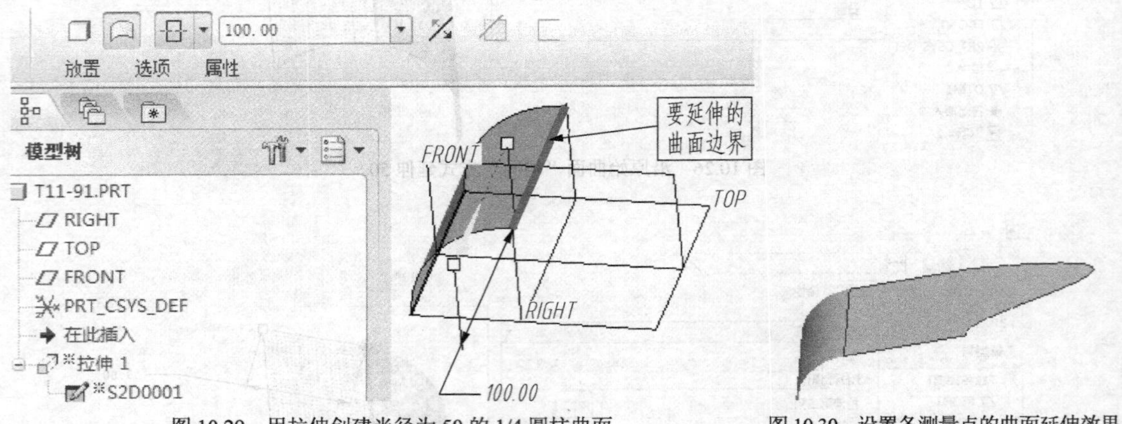

图 10.29　用拉伸创建半径为 50 的 1/4 圆柱曲面　　图 10.30　设置各测量点的曲面延伸效果

2．延伸“到平面”

以“到平面”方法延伸曲面的步骤如下。

（1）选择要延伸的曲面边界，如图 10.31 所示的红色线段。

（2）从下拉菜单上选择“编辑”→“延伸”命令，打开延伸工具操控板。

（3）在延伸工具操控板中单击 （将曲面延伸到参照平面）按钮，按图 10.32 所示。

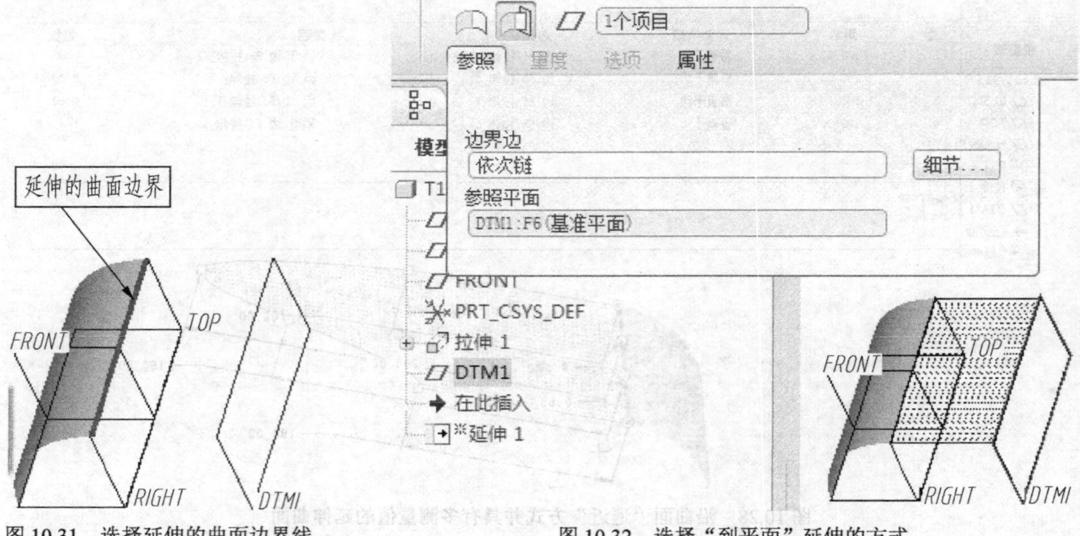

图 10.31　选择延伸的曲面边界线　　图 10.32　选择“到平面”延伸的方式

（4）选择所需的参照平面，如图 10.32 中的 DTM1。

（5）单击操控板中的 （完成）按钮，完成曲面的延伸。

10.6 曲面的偏移

使用“编辑”→“偏移”命令既可以对实体表面进行偏移，也可以对曲面进行偏移。设置曲面或实体表面偏移的类型有：标准曲面偏移（缺省类型）、带有拔模斜度的曲面偏移、展开曲面偏移、替换曲面偏移 4 种。有兴趣的读者可以尝试创建各种偏移类型的曲面，在创建过程中，注意“选项”下滑面板的相应选项。

下面用一简单例子来说明标准“曲面偏移”特征的创建过程。

（1）打开文件 10-21.prt。

（2）选择曲面。

（3）从下拉菜单中选择“编辑”→“偏移”命令，打开偏移工具操控板。

（4）选用的曲面偏移类型（标准曲面偏移），输入偏移的距离为 20，如图 10.33 所示。

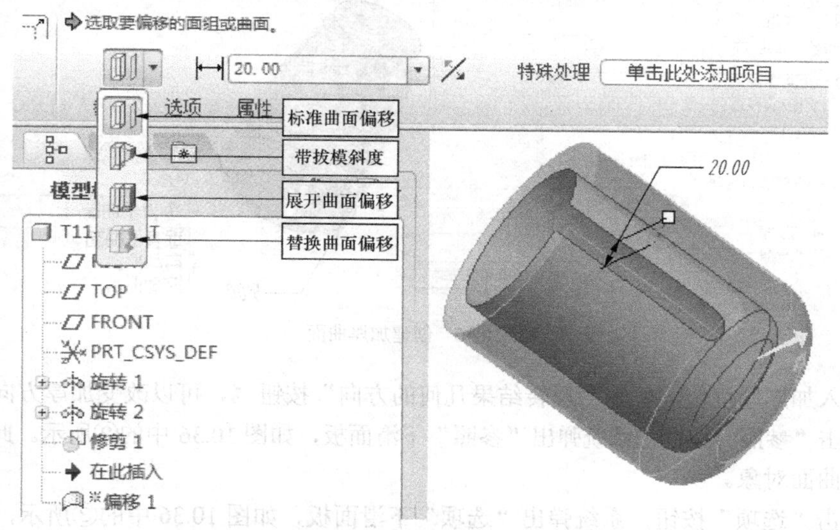

图 10.33 选择偏移类型（采用缺省）和距离（20）

（5）进入“选项”下滑面板，选择“垂直于曲面”选项。另外，可供选择的选项还有“自动拟合”和“控制拟合”选项。若在该面板的下方选中“创建侧曲面”复选框，则最终所创建的曲面偏移如图 10.35 所示。

（6）在偏移操控板上单击（完成）按钮，完成曲面的偏移，如图 10.34 所示。

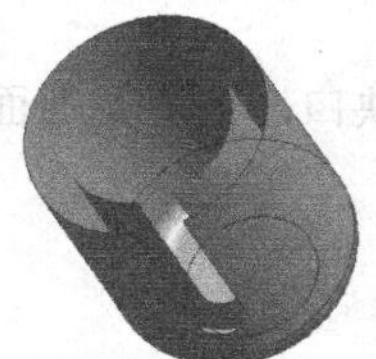

图 10.34 创建的标准偏移曲面

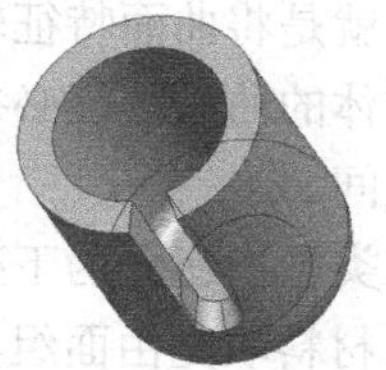

图 10.35 具有侧曲面的偏移曲面

10.7 曲面的加厚及实体化

10.7.1 曲面的加厚

曲面是 0 厚度的，可以用加厚命令将曲面加厚成一定的厚度。

创建加厚曲面的操作步骤如下。

（1）选择要加厚的曲面，该曲面呈粉红色显示。

（2）单击菜单“编辑”→“加厚”命令，系统弹出“加厚”操控面板，如图 10.36 中的①所示。

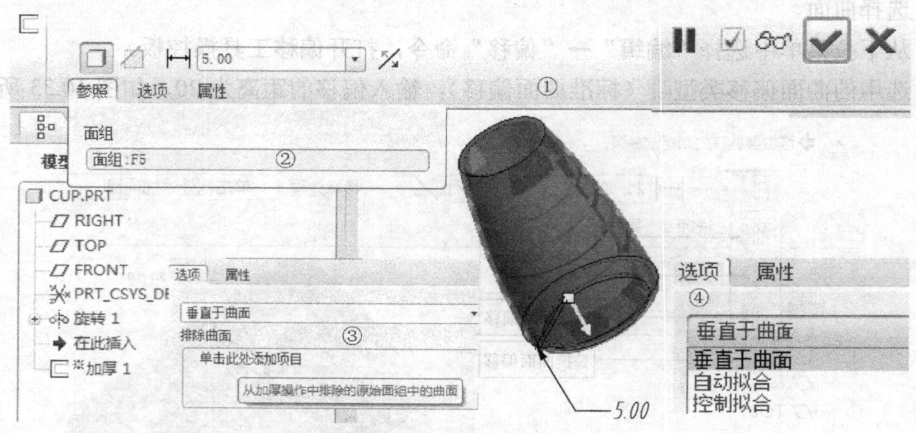

图 10.36　创建加厚曲面

（3）输入加厚厚度值，单击“反转结果几何的方向”按钮，可以改变加厚方向。

（4）单击“参照”按钮，系统弹出“参照”下滑面板，如图 10.36 中的②所示。此文本框显示选中的加厚曲面对象。

（5）单击“选项”按钮，系统弹出“选项”下滑面板，如图 10.36 中的③所示，并可以排除选中的曲面。若单击“垂直于曲面”右侧的“▼”可以定义加厚曲面的方法，包括“垂直于曲面”、“自动拟合”和“控制拟合”3 种，如图 10.36 中的④所示。

（6）在加厚操控板上单击（完成）按钮，完成加厚曲面的操作，如图 10.36 所示。

10.7.2 曲面的实体化

曲面的实体化就是将曲面特征转化为实体几何特征。

需要转化为实体的曲面特征必须是完全封闭的，不能有缺口，或者是曲面与实体表面相交而构成封闭的曲面空间。

实体化特征的类型按钮分为下列 3 种。

- ：用实体材料填充由面组界定的完全封闭的体积块。
- ：移除面组内侧或外侧的材料。

- ：使用面组替换指定的曲面部分。面组边界必须位于曲面上。

实例 1　用实体材料填充完全封闭的体积块，曲面转化为实体，创建步骤如下。

（1）打开 9-26.prt 曲面文件，并使其处于选择状态。

（2）单击菜单“编辑”→“实体化”命令，系统弹出“实体化”工具操控面板，如图 10.37 所示。

（3）在实体化操控板上单击（完成）按钮，曲面实体化效果如图 10.38 所示。

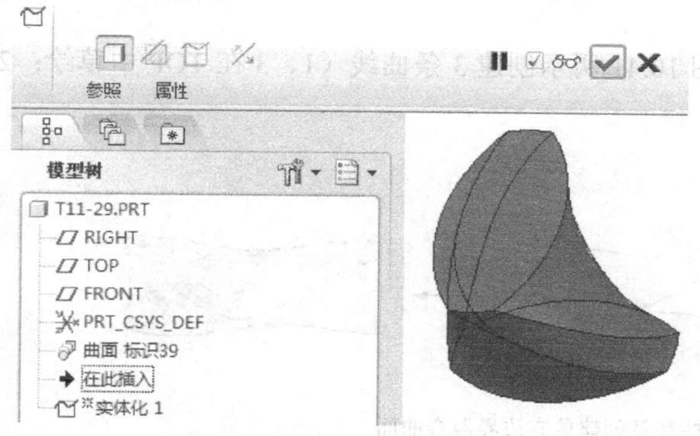

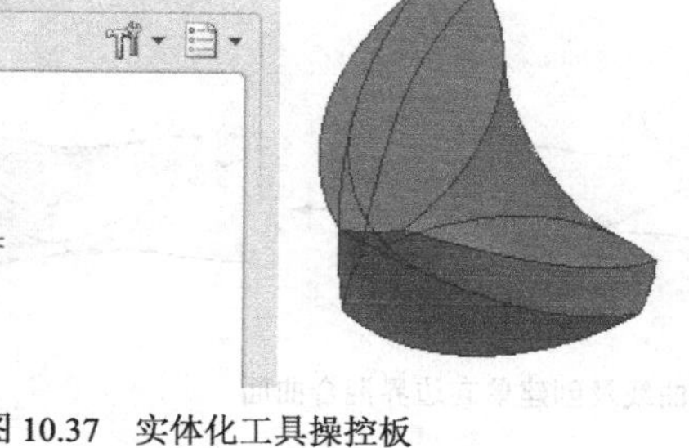

图 10.37　实体化工具操控板

图 10.38　实体化效果图

实例 2　移除面组黄色箭头方向的材料，曲面切剪实体，创建步骤如下。

（1）按图 10.39 所示的形状，创建拉伸实体和拉伸曲面，并使曲面处于选择状态。

（2）单击菜单“编辑”→“实体化”命令，系统弹出“实体化”工具操控面板，如图 10.39 所示。

（3）在实体化操控板上单击移除面组内侧或外侧的材料按钮。

（4）在实体化操控板上单击（完成）按钮，曲面切剪实体的效果如图 10.40 所示。

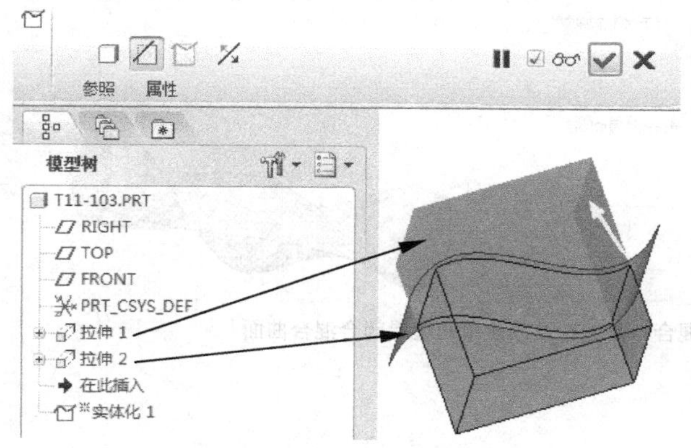

图 10.39　移除面组黄色箭头方向的材料

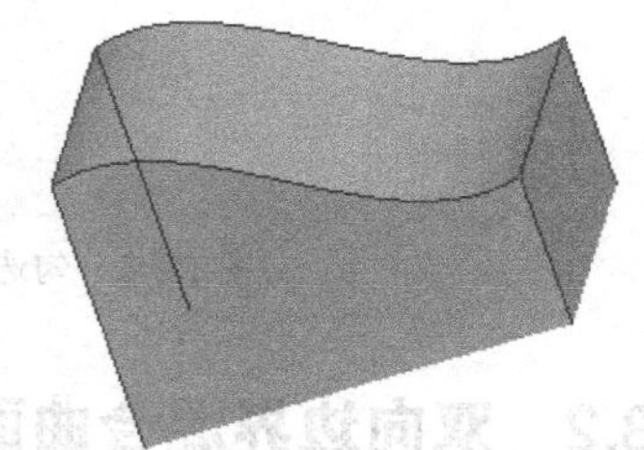

图 10.40　曲面切剪实体的效果

10.8 边界混合曲面

边界混合曲面实际上是指通过定义相关边界线来混合而成的一类曲面，参与混合的边界称为边界曲线。既可以由同一个方向上的边线来混合曲面，也可以由两个方向上的边线来混合曲面。

构成曲面的曲线必须是 2 条或 3 条以上，并且为了更精确地控制所要混合的曲面，可以添加影响曲线，可以设置边界约束条件或者设置控制点等。

10.8.1 单向边界混合曲面

由一个方向上的边线来混合曲面。下面通过一个简单的实例，介绍如何创建单向边界混合曲面。具体步骤如下。

（1）进入零件造型后，用两次草绘按图 10.41 所示创建 3 条曲线（1、3 在 TOP 中草绘；2 在 FRONT 中草绘，具体作图从简）。

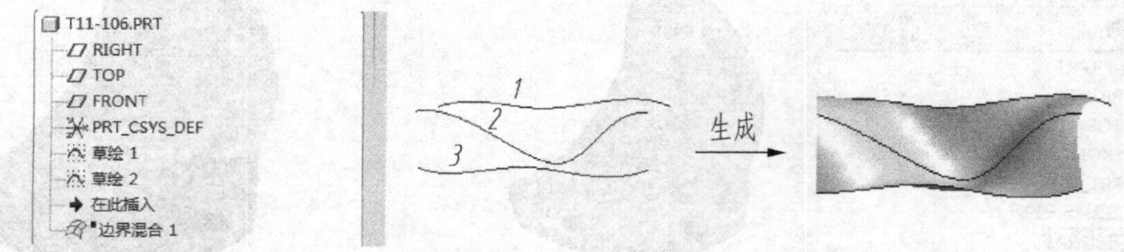

图 10.41 绘制曲线及创建单向边界混合曲面

（2）单击边界混合工具按钮，显示边界混合工具操控板，此时第一方向收集器处于激活状态，如图 10.42 所示。

（3）选择曲线 1，然后按住 Ctrl 键依次选择曲线 2 和曲线 3，如图 10.41 所示。

（4）若要创建单向边界闭合混合曲面，只需在操控板中展开“曲线”下滑面板，勾选“闭合混合”复选框，即可生成具有封闭环的单向边界混合曲面，如图 10.42 所示。

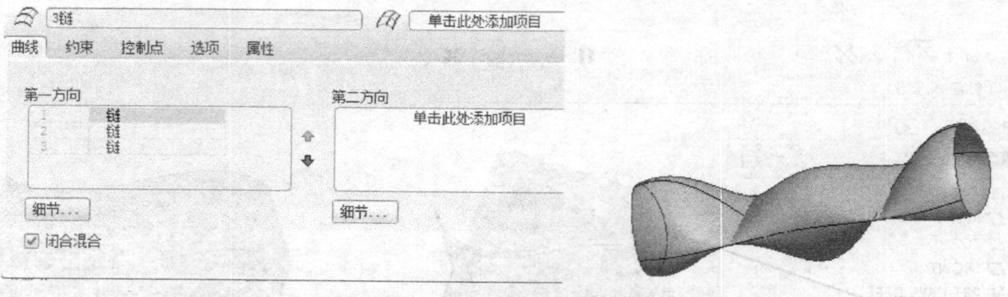

图 10.42 勾选“闭合混合”复选框及创建单向边界闭合混合曲面

10.8.2 双向边界混合曲面

由两个方向上的边线来混合曲面。下面通过一个简单的实例，介绍如何创建双向边界混合曲面。具体步骤如下。

（1）打开“新建”对话框，在“类型”栏中选择“零件”。输入文件名为 T10-56，不使用缺省模板，而采用 mmns_part_solid 模板。

（2）创建第一方向边界曲线，在工具栏上单击（草绘工具）按钮，弹出“草绘”对话框。选择“FRONT”基准平面作为草绘平面，单击“草绘”，进入草绘界面。绘制如图 10.43 所示的草绘曲线 1，单击（完成）按钮，单击（镜像工具）按钮，选择“TOP”基准平面作为镜像平面，在工具操控板中单击（完成）按钮，创建的镜像曲线即为第一方向的两条边界线，如图 10.44 所示。

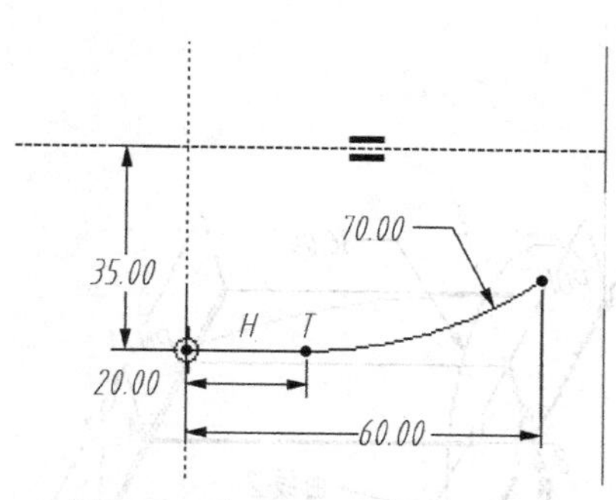

图 10.43 在 FRONT 面上草绘曲线 1

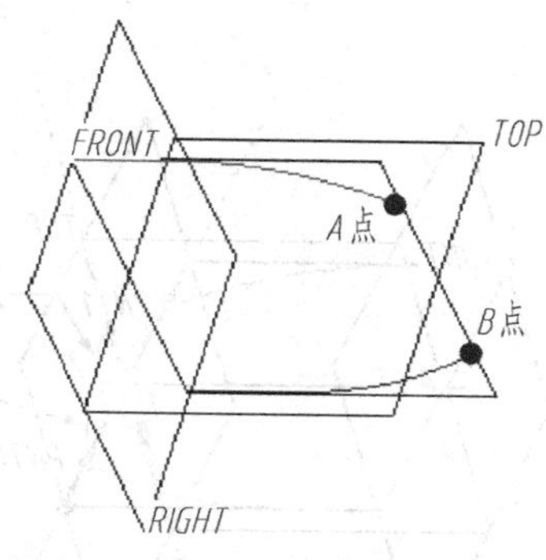

图 10.44 第一方向的两条边界曲线

（3）创建第二方向边界曲线。单击基准平面工具按钮，选择草绘曲线的端点 A 点或者 B 点，按住 Ctrl 键，再选择“RIGHT”基准平面，单击基准平面对话框中的“确定”按钮，结果创建了如图 10.46 所示基准平面 DTM1。单击“草绘”按钮，选择 DTM1 作为草绘平面，进入草绘模式。单击基准点工具按钮，分别选择曲线的端点 A 点、B 点，如图 10.44 所示。单击该对话框中的“确定”，生成 PNT0、PNT1，如图 10.46 所示。单击创建圆弧命令按钮，按图 10.47 的尺寸绘制小圆弧（注意圆弧的两端点分别与 PNT0、PNT1 点重合），单击（完成）按钮，生成第二方向边界曲线 1。单击“草绘”按钮，选择“RIGHT”作为草绘平面，进入草绘模式。单击创建圆弧命令按钮，按图 10.48 所示的尺寸绘制大圆弧（注意圆弧的两端点分别与第一方向的边界曲线的端点重合），单击（完成）按钮，创建了第二方向的边界曲线 2，如图 10.48 所示。

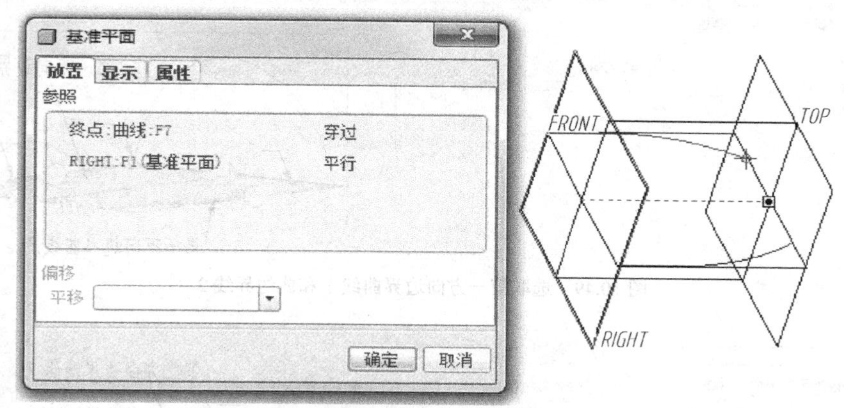

图 10.45 “基准平面”对话框和基准平面的位置

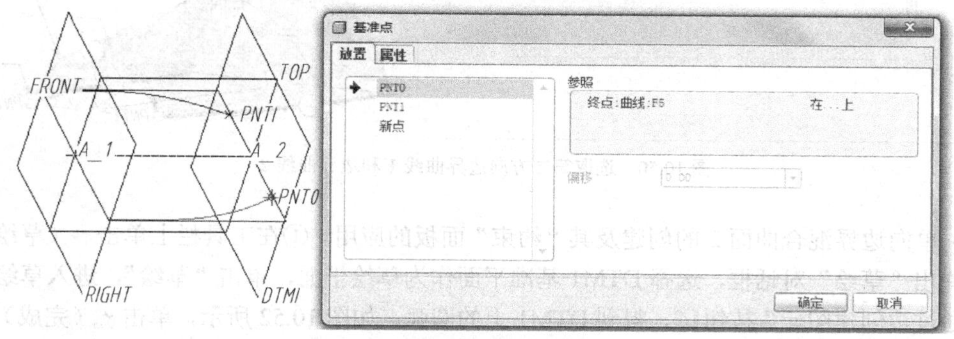

图 10.46 创建基准点 PNT0 和 PNT1

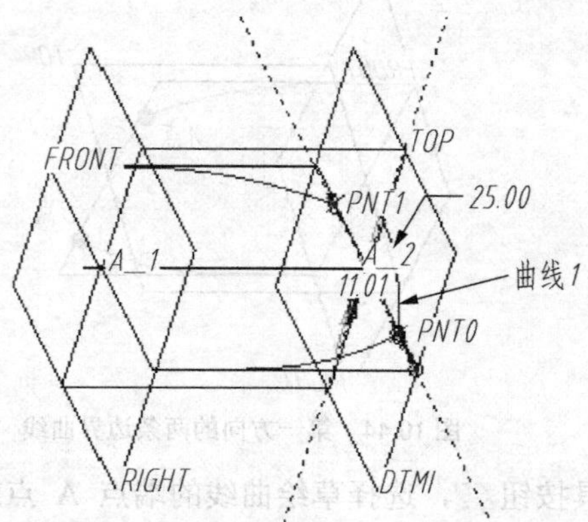

图 10.47 在 DTM1 上创建第二方向边界曲线 1

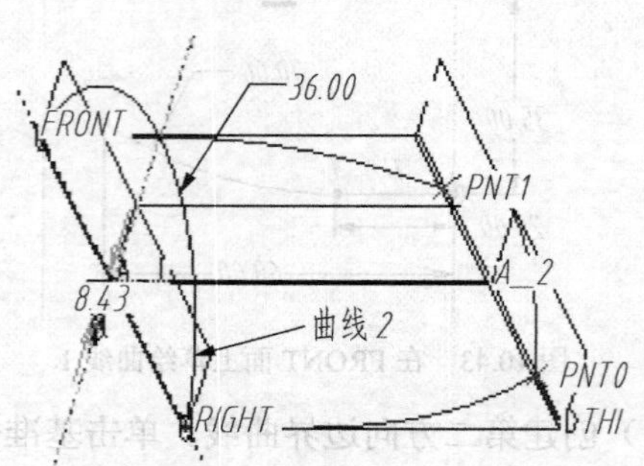

图 10.48 在 RIGHT 上创建第二方向边界曲线 2

（4）创建双向边界混合曲面 1。单击边界混合工具按钮，显示边界混合工具操控板，在图形窗口内按住 Ctrl 键依次选择第一方向曲线 1 和曲线 2，此时第一方向收集器处于激活状态，如图 10.49 所示。单击“第二方向曲线操作栏”，参看图 10.5，按住 Ctrl 键依次选择第二方向曲线 1 和曲线 2，此时第二方向收集器处于激活状态，如图 10.50 所示。在边界混合工具操控板中单击（完成）按钮，创建了双向边界混合曲面 1，如图 10.51 所示。

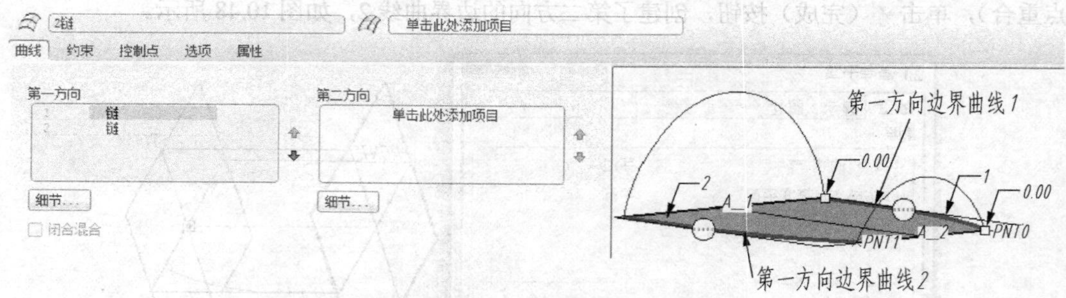

图 10.49 选取第一方向边界曲线 1 和曲边界线 2

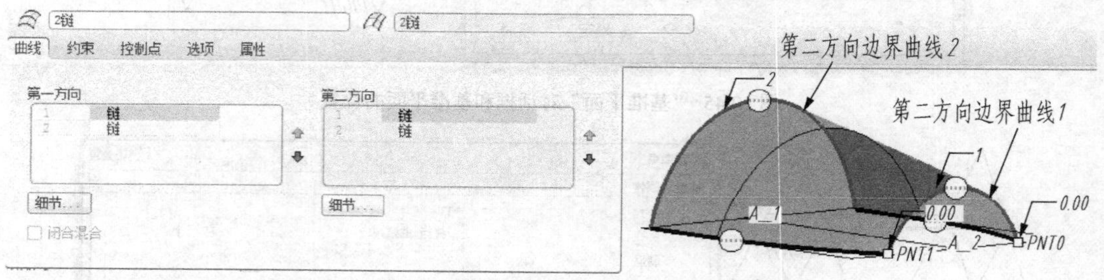

图 10.50 选取第二方向边界曲线 1 和边界曲线 2

（5）单向边界混合曲面 2 的创建及其“约束”面板的应用。①在工具栏上单击（草绘工具）按钮，弹出“草绘”对话框，选择 DTM1 基准平面作为草绘平面，单击“草绘”，进入草绘界面。单击“通过边创建图元”按钮，得到 DTM1 上的圆弧，如图 10.52 所示，单击（完成）按钮。②单击“草绘”按钮，选择“FRONT”作为草绘平面，进入草绘模式。单击创建圆弧命令按钮，按图 10.53 的形状绘制圆弧（注意圆弧的两端点与第一方向的两圆弧端点重合并相切），单击（完成）按钮，创建了曲线 3 和曲线 4，如图 10.54 所示。③单击边界混合工具按钮，显示边界混合工具操控板，在图形窗口内按住 Ctrl 键依次选择曲线 3 和曲线 4，参看图 10.54。单击操控板上的"约束"按钮，先在"约束"下滑面板中，将方向 1 右侧的"条件"设置为"相切"，再单击"图元　曲面"下方的操作栏，最后在图形窗口内点取相切曲面，参看图 10.55。在边界混合工具操控板中单击（完成）按钮，创建边界混合曲面 2 的效果如图 10.56 所示。

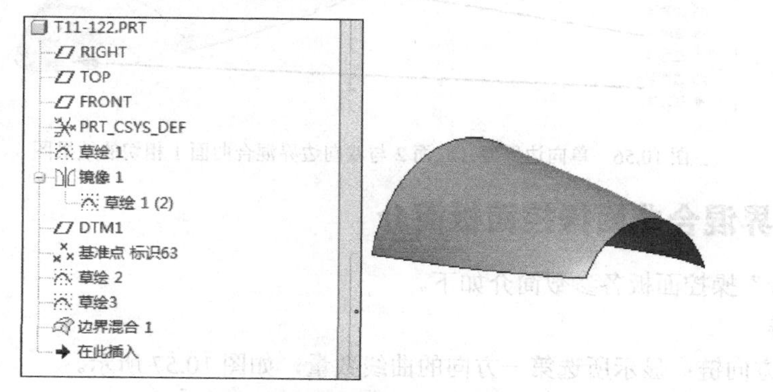

图 10.51　双向边界混合曲面 1 的效果图

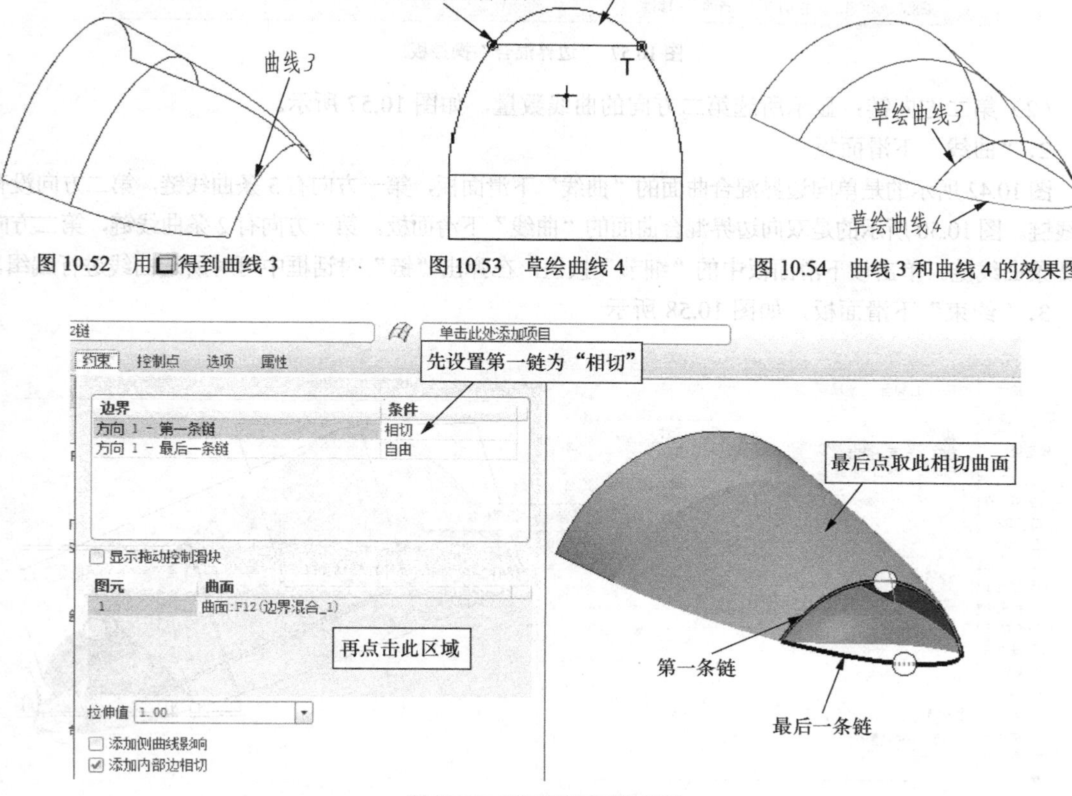

图 10.52　用得到曲线 3　图 10.53　草绘曲线 4　图 10.54　曲线 3 和曲线 4 的效果图

图 10.55 "约束"面板的设置

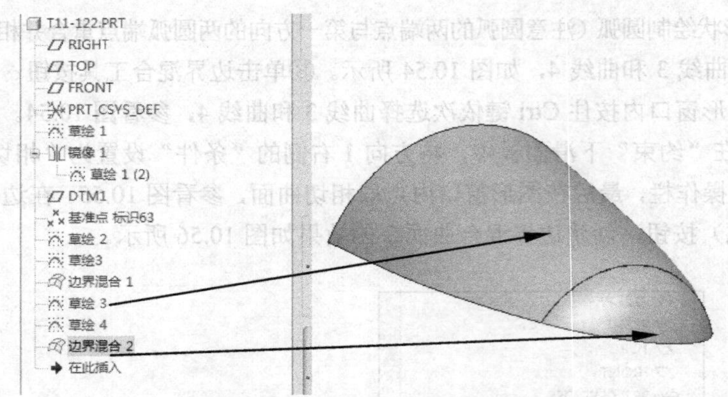

图 10.56 单向边界混合曲面 2 与双向边界混合曲面 1 相切的效果图

10.8.3 边界混合曲面操控面板简介

“边界混合”操控面板各参数简介如下。

1．方向链

（1）第一方向链：显示所选第一方向的曲线数量，如图 10.57 所示。

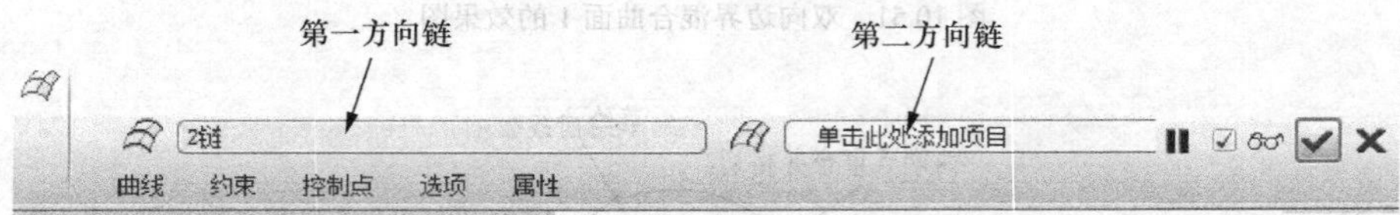

图 10.57 “边界混合”操控板

（2）第二方向链：显示所选第二方向的曲线数量，如图 10.57 所示。

2．“曲线”下滑面板

图 10.42 所示的是单向边界混合曲面的“曲线”下滑面板，第一方向有 3 条曲线链，第二方向没有曲线链。图 10.50 所示的是双向边界混合曲面的“曲线”下滑面板，第一方向有 2 条曲线链，第二方向有 2 条曲线链。单击该下滑面板中的“细节”按钮，在弹出“链”对话框中可对所选曲线进行编辑。

3．“约束”下滑面板，如图 10.58 所示

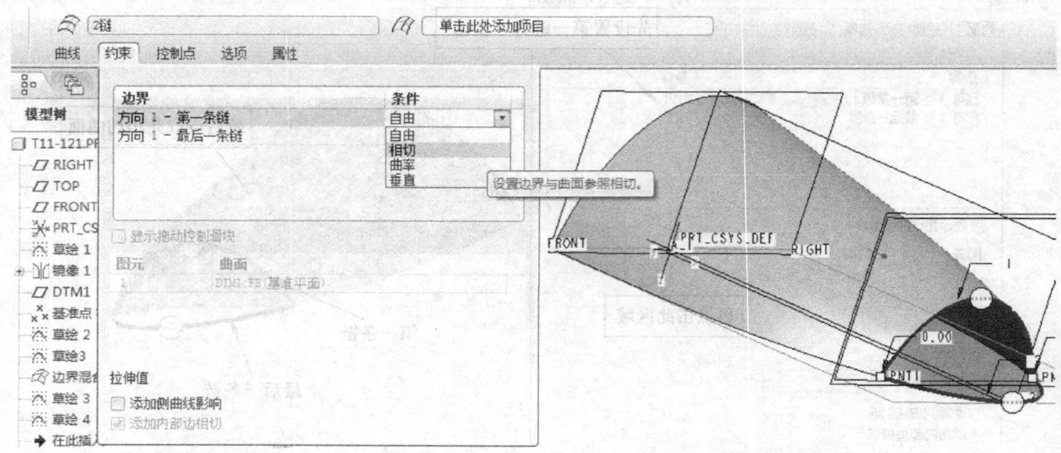

图 10.58 “约束”下滑面板

（1）自由：系统默认的约束条件，通常不需要任何参照。

（2）相切：创建的边界混合曲面与参照曲面呈相切约束，如图 10.55 中的边界混合 2 所示。

（3）曲率：创建的混合曲面沿边界呈曲率连续性，使曲面更光滑。

（4）垂直：与选择的参照平面垂直。

（5）添加侧曲线影响：当选择“相切”或“曲率”时，可选中此复选框，使创建的混合曲面两侧边界与参照曲面的边界相切。

4.“控制点”下滑面板

控制混合曲面点与点的连接。下面用一简单实例来说明“控制点”面板的应用。

（1）进入零件造型后，按图 10.59（a）所示分别在两个平行的基准平面上绘制三角曲线（3 个端点）和矩形曲线（4 个端点）。

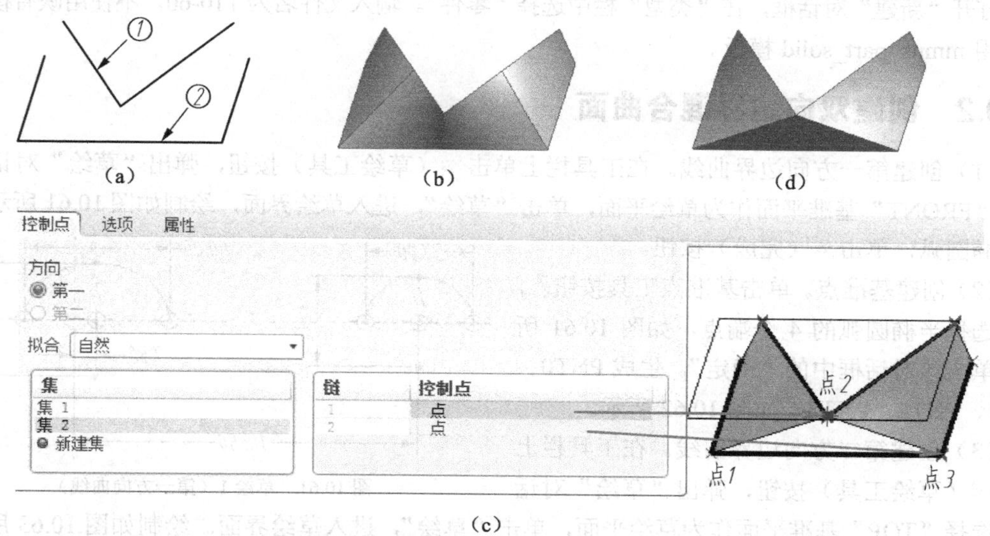

图 10.59 通过“控制点”创建混合曲面的过程

（2）单击边界混合工具按钮，显示边界混合工具操控面板。在图形窗口内按住 Ctrl 键依次选择三角曲线和①矩形曲线②，如图 10.59（a）所示。在边界混合工具操控板中单击✓（完成）按钮，创建单边界混合曲面 1 的效果如图 10.59（b）所示。在导航区模型树中右击“边界混合 1”，选择“编辑定义”选项，单击“控制点”下滑面板，先单击如图 10.59（c）所示的“集 1”右侧的操作栏，再在图形窗口内点取点 1 和点 2，单击“新建集”，单击如图 10.59（c）所示的“集 2”右侧的操作栏，再在图形窗口内点取点 2 和点 3，在边界混合工具操控板中单击✓（完成）按钮，创建了由“控制点”控制的边界混合曲面 1，如图 10.59（d）所示。

10.9 实战练习

如图 10.60 所示的电话听筒零件模型，可以采用先设计曲面，然后由曲面生成实体的方法来建模。涉及的曲面知识包括创建边界混合曲面、镜像曲面、合并曲面、加厚曲面等。

图 10.60 电话听筒零件模型

10.9.1 新建零件文件

打开“新建”对话框，在“类型”栏中选择“零件”。输入文件名为 T10-60，不使用缺省模板，而采用 mmns_part_solid 模板。

10.9.2 创建双向边界混合曲面

（1）创建第一方向边界曲线。在工具栏上单击（草绘工具）按钮，弹出“草绘”对话框。选择“FRONT”基准平面作为草绘平面，单击“草绘”，进入草绘界面，绘制如图 10.61 所示的两个半椭圆弧，单击（完成）按钮。

（2）创建基准点。单击基准点工具按钮，依次选择半椭圆弧的 4 个端点，如图 10.61 所示，单击该对话框中的“确定”，生成 PNT0、PNT1、PNT2、PNT3，如图 10.62 所示。

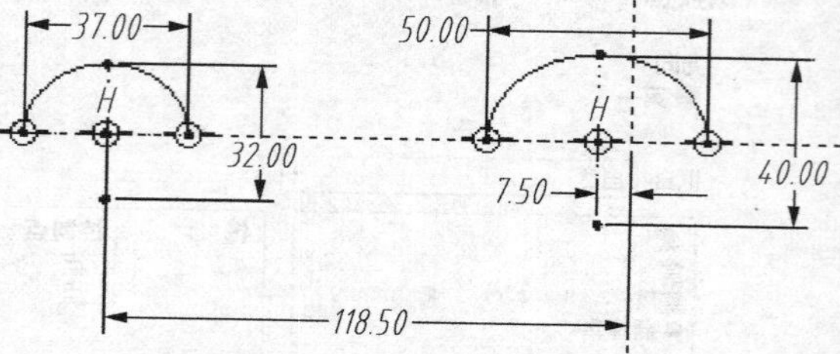

图 10.61 草绘 1（第一方向曲线）

（3）创建第二方向边界曲线。在工具栏上单击（草绘工具）按钮，弹出“草绘”对话框，选择“TOP”基准平面作为草绘平面，单击“草绘”，进入草绘界面。绘制如图 10.63 所示的两个半椭圆弧，两个半椭圆弧的端点分别约束在 PNT0、PNT1、PNT2、PNT3 上，单击（完成）按钮，完成第二方向边界曲线的创建，效果如图 10.64 所示。

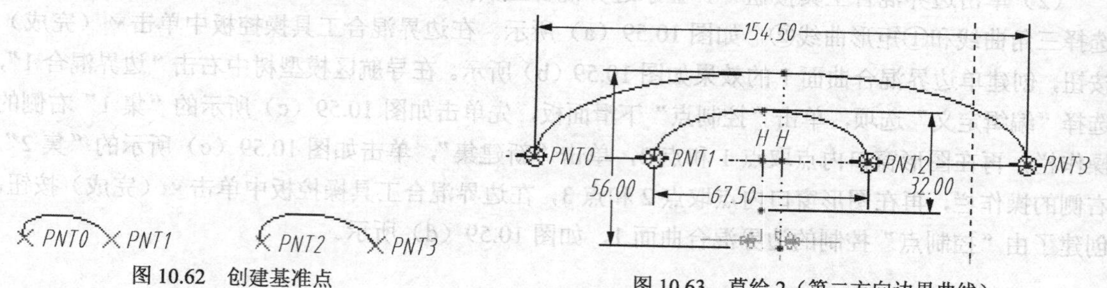

图 10.62 创建基准点

图 10.63 草绘 2（第二方向边界曲线）

（4）创建双向边界混合曲 1。单击边界混合工具按钮，显示边界混合工具操控板。在图形窗口内按图 10.64 所示的草绘 1（第一方向），按住 Ctrl 键依次选择草绘 1 的两个椭圆弧，先按图 10.65 所示单击“第二方向曲线操作栏”，再参照图 10.64 按住 Ctrl 键依次选择草绘 2（第二方向）的两个椭圆弧，单击“约束”下滑面板，将约束“条件”将图 10.66 中的所有链均设置为“垂直”，最后在边界混合工具操控板中单击（完成）按钮，创建了双向边界混合曲面 1，如图 10.64 所示。

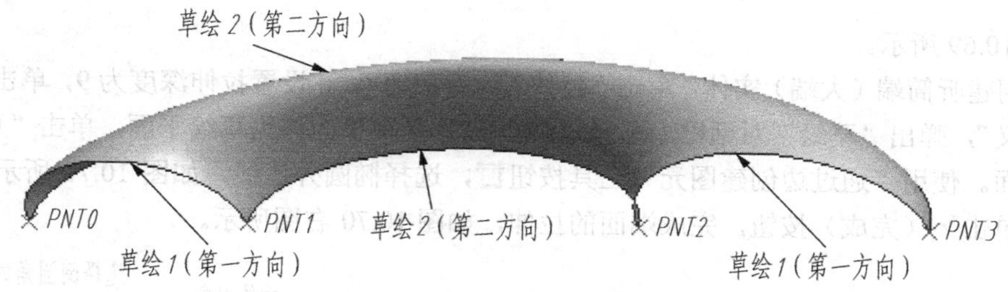

图 10.64 第二方向边界曲线 2

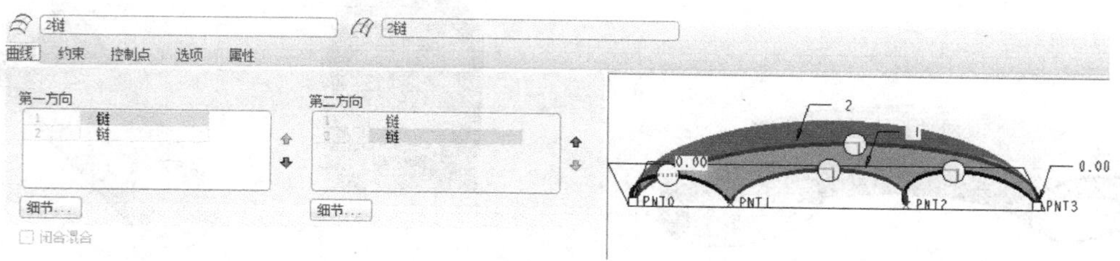

图 10.65 “曲线”下滑面板双向链的点取

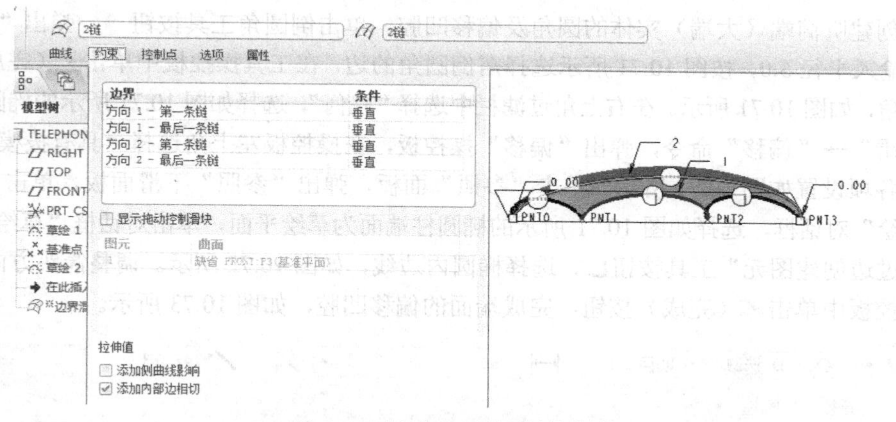

图 10.66 “约束”下滑面板的设置

（5）镜像曲面。选择边界混合曲面，单击⊓⊏（镜像工具）按钮，选择“TOP”基准平面作为镜像平面，在工具操控板中单击✓（完成）按钮，完成曲面镜像，如图 10.67 所示。

（6）曲面的合并。参照图 10.68 按住 Ctrl 键选择边界混合曲面和镜像曲面，单击“合并工具”按钮，在工具操控板中单击✓（完成）按钮，完成曲面合并。

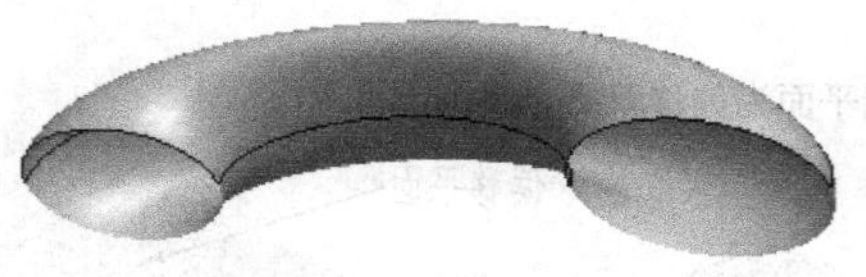

图 10.67 曲面镜像效果

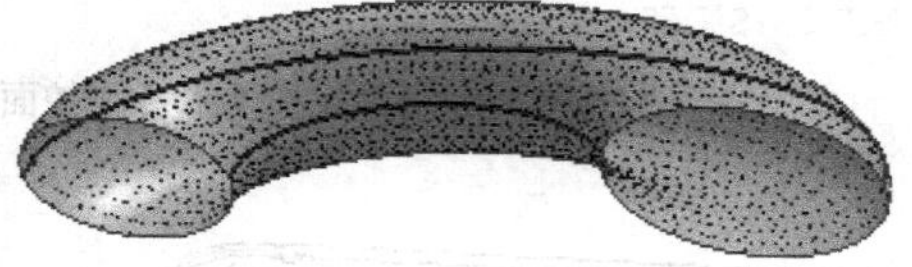

图 10.68 选择要合并的两曲面

10.9.3 由边界混合曲面创建听筒实体

（1）曲面的加厚，选择合并 1，再选择“编缉”→“加厚”命令，弹出“加厚”操控板，输入厚度值为 2.0，调整加厚方向为双侧加厚，在工具操控板中单击✓（完成）按钮，完成曲面的加厚，如图 10.69 所示。

（2）创建听筒端（大端）实体。单击“拉伸”命令按钮，设置拉伸深度为 9，单击“放置”，选择“定义”，弹出“草绘”对话框。选择“FRONT”基准平面作为草绘平面，单击“草绘”，进入草绘界面。使用“通过边创建图元”工具按钮，选择椭圆外边线，如图 10.70 所示。在工具操控板中单击（完成）按钮，完成端面的拉伸，如图 10.70 右图所示。

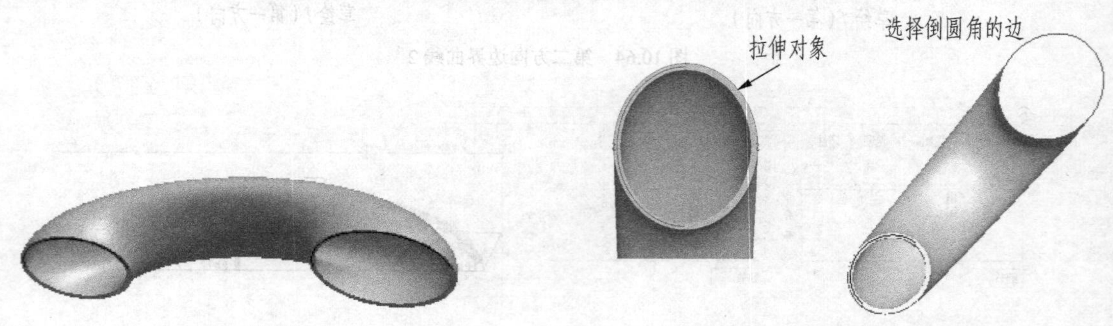

图 10.69　曲面加厚　　图 10.70　点取拉伸对象及完成拉伸

（3）创建听筒端（大端）实体的圆角及偏移凹腔。单击倒圆角工具按钮，弹出“倒圆角”操控板，输入半径 5.0，按图 10.71 所示选择需倒圆角的边，在工具操控板中单击（完成）按钮，完成倒圆角，如图 10.71 所示。在右上角过滤栏中选择“几何”，选择如图 10.71 所示的椭圆柱端面，选择“编辑”→“偏移”命令，弹出“偏移”操控板，在操控板左上角选择“具有拔模特征”选项，其他各项设置如图 10.71 所示。单击“参照”面板，弹出“参照”下滑面板，单击“定义”，弹出“草绘”对话框，选择如图 10.71 所示的椭圆柱端面为草绘平面，单击对话框“草绘”按钮，使用“通过边创建图元”工具按钮，选择椭圆内边线，如图 10.72 所示。调整箭头方向为凹下，在工具操控板中单击（完成）按钮，完成端面的偏移凹腔，如图 10.73 所示。

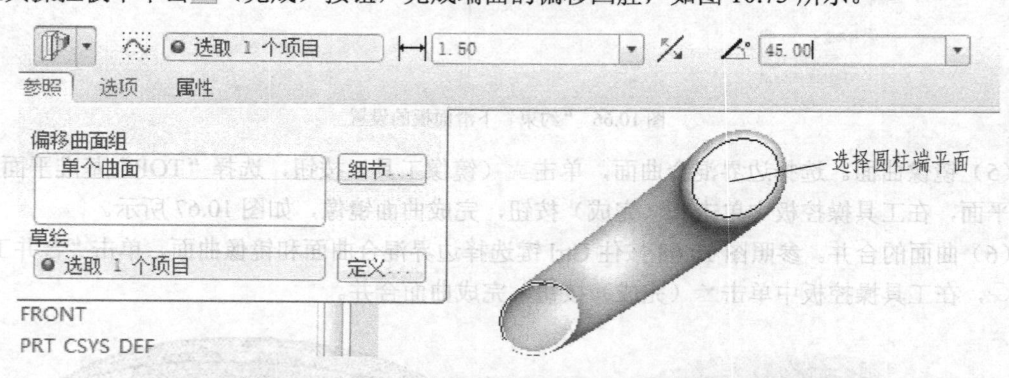

图 10.71　“偏移”操控面板及选择端平面为偏移草绘平面

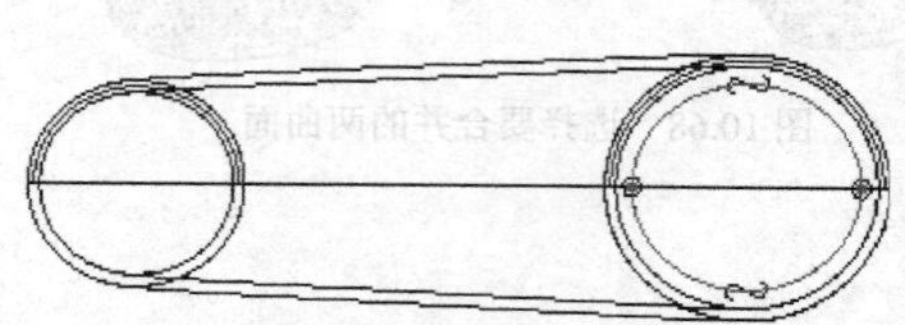

图 10.72　选择椭圆内边线为草绘偏移截面

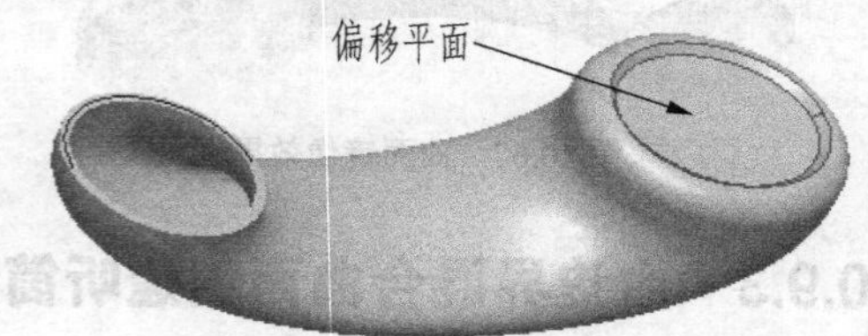

图 10.73　完成偏移

（4）创建听筒端（大端）7 个 $\phi 4$ 的小圆孔。单击“拉伸”命令按钮，单击“去除材料”

按钮⊿，设置拉伸深度为 10，单击“放置”，选择“定义”，弹出“草绘”对话框，选择如图 10.73 所示的偏移平面作为草绘平面，单击“草绘”，进入草绘界面。按图 10.74 所示绘制ϕ4 小圆孔，单击草绘“完成”按钮✓，在工具操控板中单击✓（完成）按钮，完成小孔的创建，如图 10.75 所示。选择刚创建的小圆孔，单击阵列工具按钮▦，弹出“阵列”操控板，单击“尺寸”操作框▼，选择“填充”类型，单击“参照”，弹出“草绘”对话框，单击“使用先前的”按钮，进入草绘模式。绘制ϕ18 的圆作为阵列填充区域，如图 10.76 所示。单击“完成”按钮，操控板的其他选项设置，如图 10.77 所示。在工具操控板中单击✓（完成）按钮，完成阵列，如图 10.77 所示。

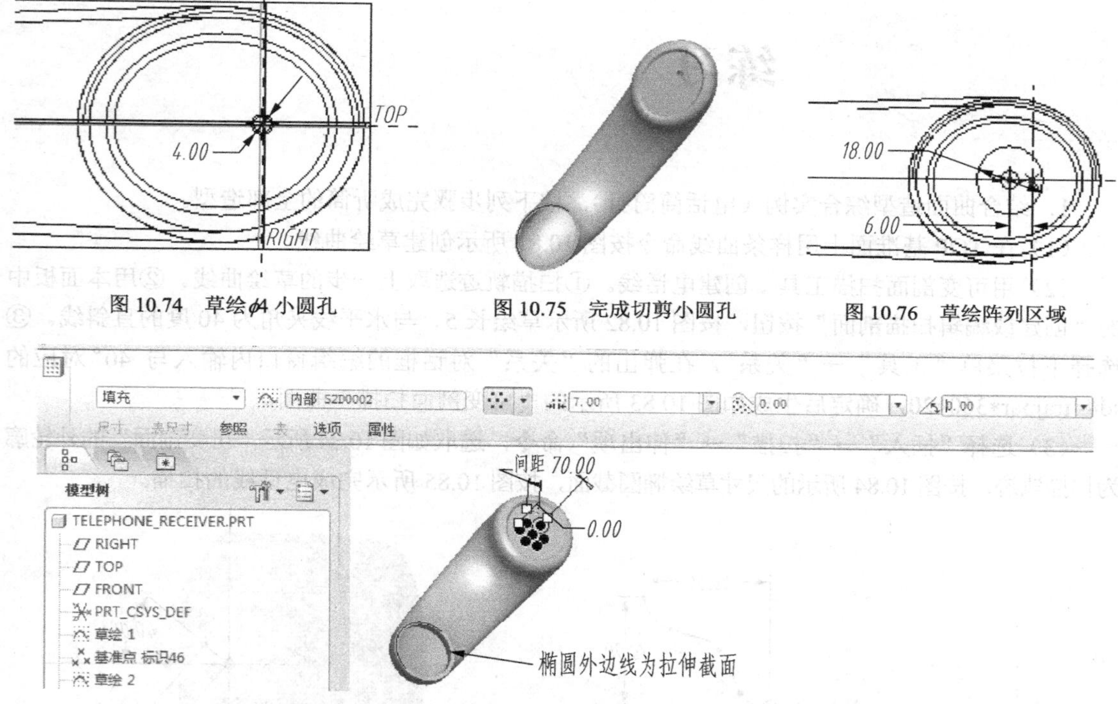

图 10.74 草绘ϕ4 小圆孔

图 10.75 完成切剪小圆孔

图 10.76 草绘阵列区域

图 10.77 “阵列”操控板的设置和完成阵列的效果图

（5）创建小端实体。单击“拉伸”命令按钮⌂，设置拉伸深度为 9。单击“放置”，选择“定义”，弹出“草绘”对话框。选择“FRONT”基准平面作为草绘平面，单击“草绘”，进入草绘界面。使用“通过边创建图元”工具按钮□，选择椭圆外边线，如图 10.77 所示。在工具操控板中单击✓（完成）按钮，完成小端面的拉伸，如图 10.78 所示。

（6）创建小端ϕ4 的小圆孔及小端倒圆角。单击“拉伸”命令按钮⌂，单击“去除材料”按钮⊿，设置拉伸深度为 8，单击“放置”，选择“定义”，弹出“草绘”对话框，选择如图 10.78 所示的草绘平面，单击“草绘”，进入草绘界面，按图 10.79 所示绘制ϕ4 小圆孔，单击草绘“完成”按钮✓，在工具操控板中单击✓（完成）按钮，完成小孔的创建，如图 10.80 所示，单击倒圆角工具按钮◝，弹出“倒圆角”操控板，输入半径 6.0，按图 10.80 左图所示选择需倒圆角的边线，在工具操控板中单击✓（完成）按钮，完成倒圆角，如图 10.80 右图所示。

草绘平面

图 10.78 小端拉伸效果

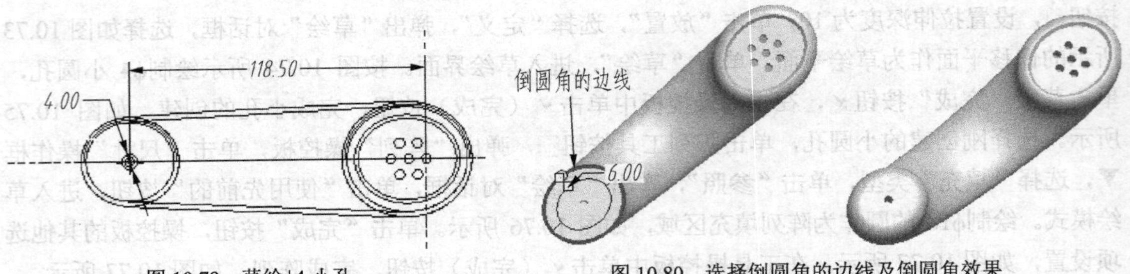

图 10.79 草绘ϕ4 小孔　　图 10.80 选择倒圆角的边线及倒圆角效果

10.10 练习

1．结合曲面造型综合实例（电话筒筒身），按下列步骤完成听筒的全部造型。

（1）在 TOP 基准面上用样条曲线命令按图 10.81 所示创建草绘曲线。

（2）用可变剖面扫描工具创建电话线。①扫描轨迹选取上一步的草绘曲线。②用本面板中的“创建或编辑扫描剖面”按钮，按图 10.82 所示草绘长 5、与水平线夹角为 40 度的直斜线。③选择下拉菜单“工具”→“关系”，在弹出的“关系”对话框的编辑窗口内输入与 40°对应的 sd#=trajpar*360*20，确定后生成如图 10.83 所示的“可变剖面扫描”曲面。

（3）选择“插入”→“扫描”→“伸出项”命令，选取如图 10.84 所示“可变剖面”的外轮廓为扫描轨迹，按图 10.84 所示的尺寸草绘椭圆截面，按图 10.85 所示完成电话线的扫描。

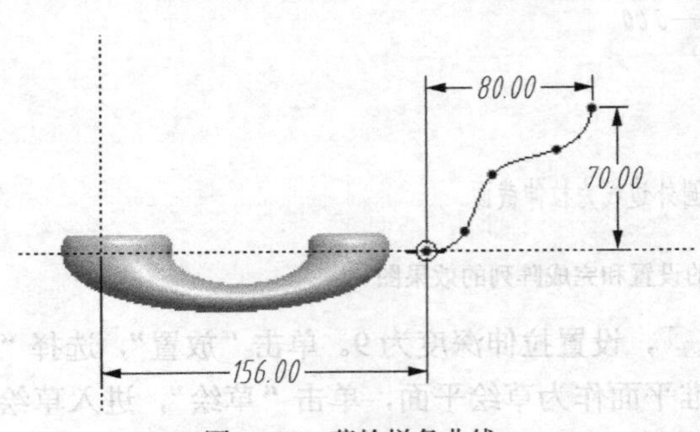

图 10.81 草绘样条曲线

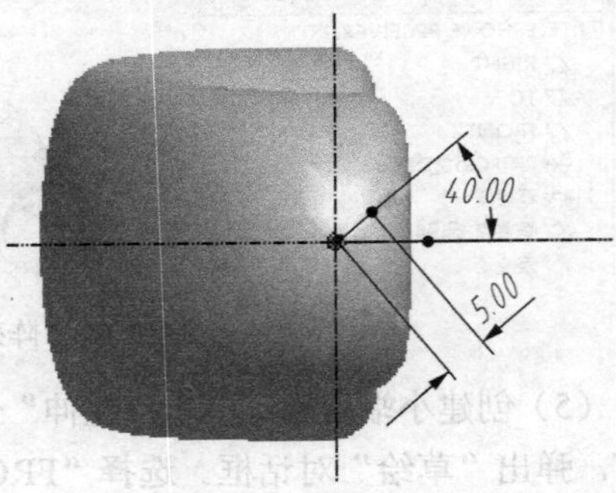

图 10.82 草绘截面

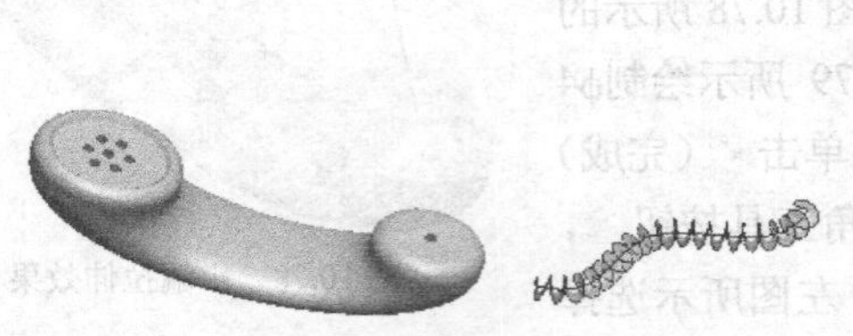

图 10.83 完成可变剖面扫描

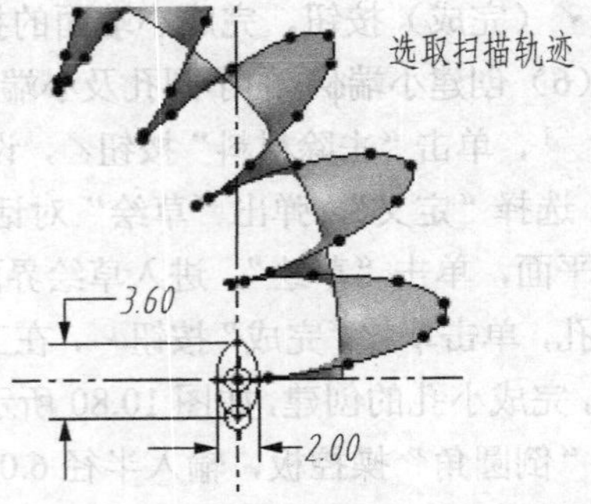

图 10.84 草绘椭圆截面

（4）在电线与听筒之间创建联接线。①在靠听筒一侧的电线椭圆中心创建基准点 PNT4。②创建含电线端椭圆平面的基准平面 DTM1。③创建含 DTM1（法向）、PNT0（穿过）、PNT4（穿过 P）的基准平面 DTM2。④在 DTM2 中草绘如图 10.86 所示的扫描轨迹线，由直线与样条曲线组成（注意：直线段长 0.6，垂直椭圆端面，约束在 PNT4），样条曲线的一个端点约束在直线端点，另一个端约束在 PNT0。⑤用“插入”→“扫描”→“伸出项”命令创建联接线，注意：采用“选取轨迹”选项，图放大后先取直线段，按住 Ctrl 再选择样条曲线，如图 10.87 所示。结果如图 10.88 所示。

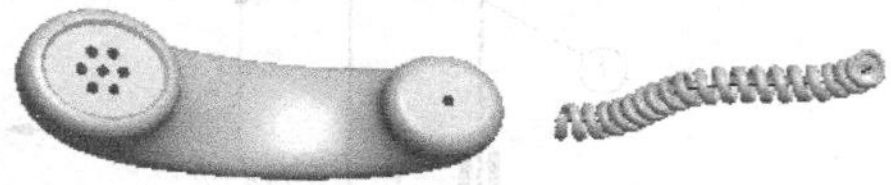

图 10.85　完成电话线扫描

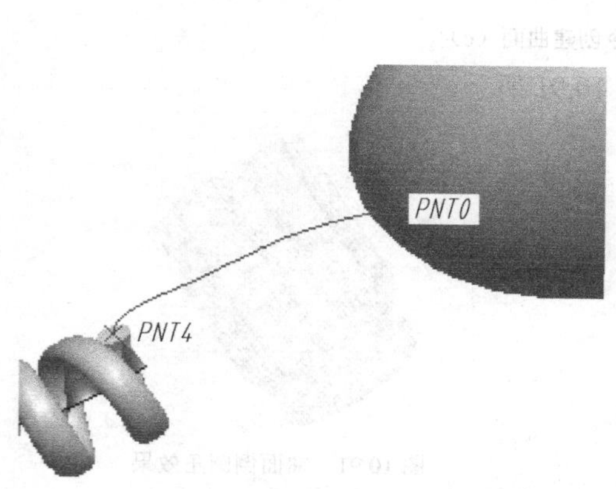

图 10.86　草绘直线与样条曲线

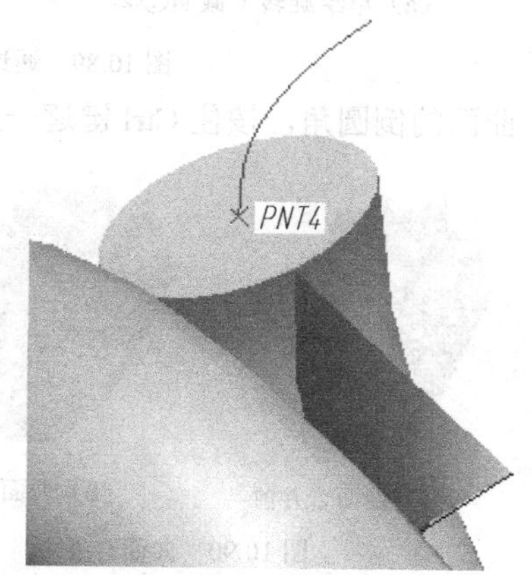

图 10.87　直线段垂直椭圆端面，起点约束在 PNT4，直线段长 0.6

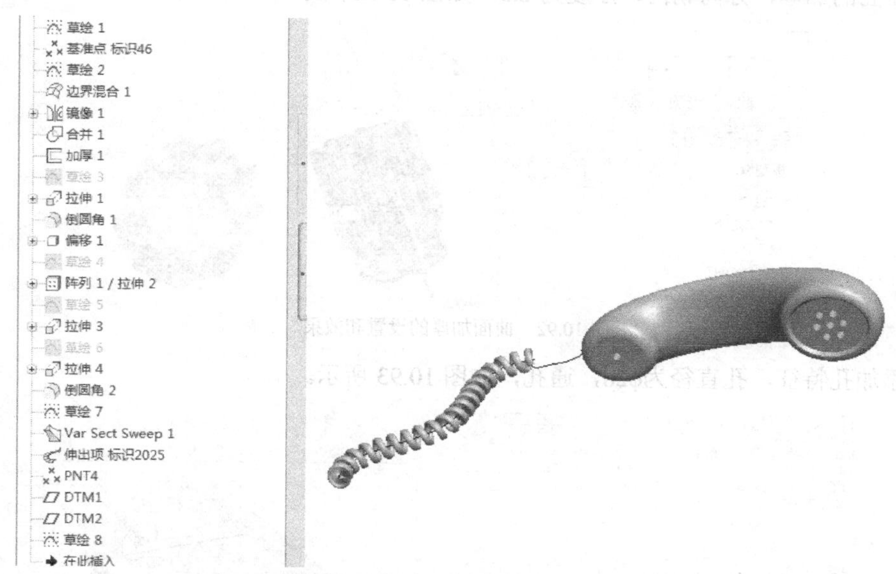

图 10.88　电话听筒的造型效果及造型过程的模型树

2．创建如图 10.93 所示的实体模型，具体步骤如下。

（1）按图 10.89（a）（b）所示的尺寸，分别用旋转命令生成（c）。

（2）阵列凸起的曲面，如图 10.90（a）所示。

（3）合并曲面，逐个进行，如图 10.90（b）所示。

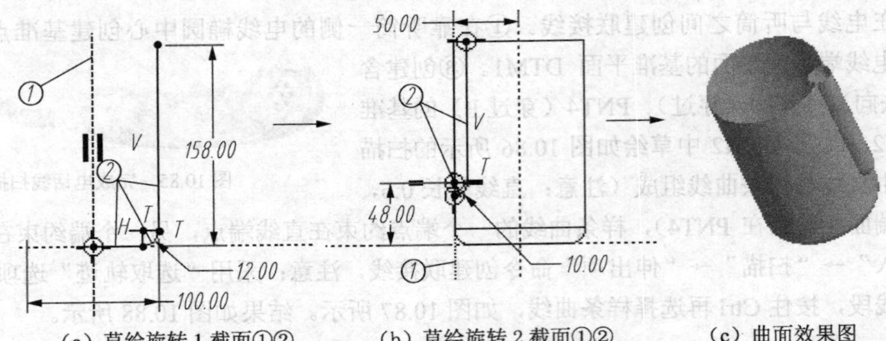

（a）草绘旋转 1 截面①②　　（b）草绘旋转 2 截面①②　　（c）曲面效果图

图 10.89　通过两次旋转命令创建曲面（c）

（4）曲面的倒圆角，按住 Ctrl 键逐一选择，如图 10.91 所示。

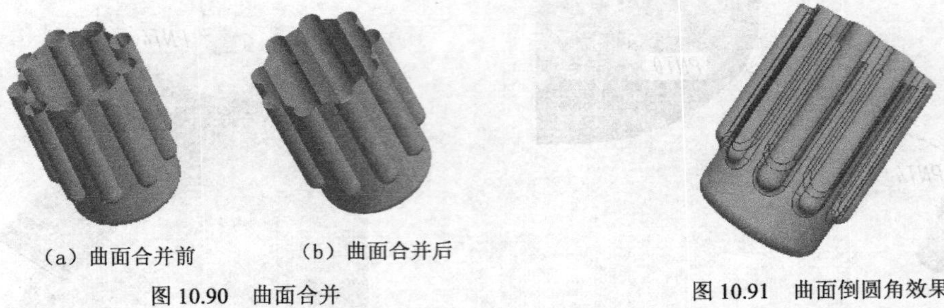

（a）曲面合并前　　（b）曲面合并后

图 10.90　曲面合并

图 10.91　曲面倒圆角效果

（5）曲面的加厚，方向朝内，厚度为 2.5，如图 10.92 所示。

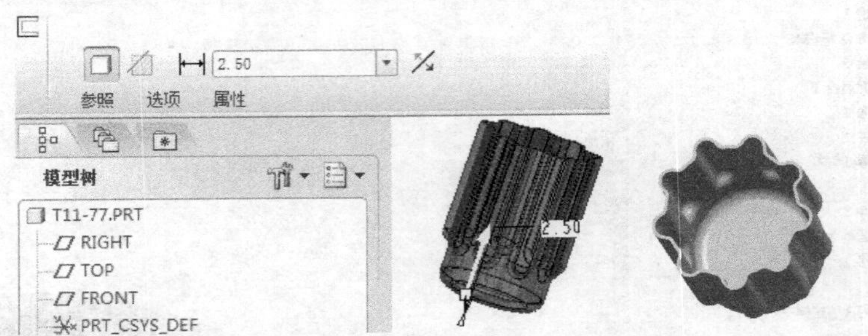

图 10.92　曲面加厚的设置和效果

（6）添加孔特征，孔直径为ϕ28，通孔，如图 10.93 所示。

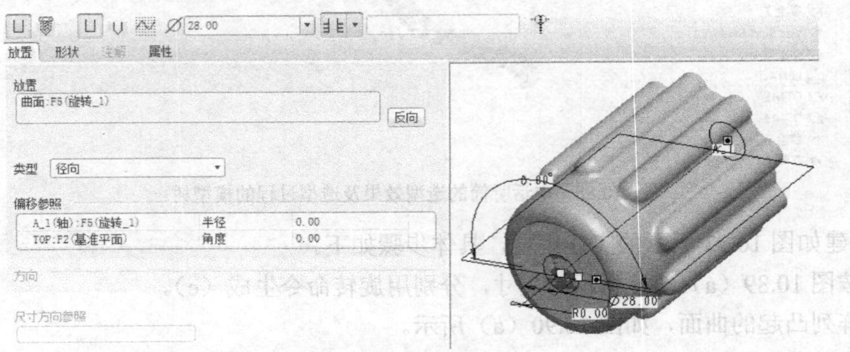

图 10.93　添加孔特征

第11章 Pro/ENGINEER 零件装配

装配过程就是在装配中建立各部件之间的链接关系。它是通过一定的配对关联条件在部件之间建立相应的约束关系，从而确定部件在整体装配中的位置。在装配中，部件的几何实体是被装配引用，而不是被复制，整个装配部件都保持关联性，不管如何编辑部件，如果其中的部件被修改，则引用它的装配部件会自动更新，以反映部件的变化。在装配中可以采用自顶向下或自底向上的装配方法，或混合使用上述两种方法。

11.1 零件装配简介

完成零件的造型之后，往往需要将设计出来的零件进行装配。Pro/E5.0 采用单一数据库的设计，因此在完成零件的设计之后，可以利用 Pro/E5.0 的装配模块对零件进行组装，然后对该组件进行修改、分析或者重新定向。零件之间的装配关系实际上就是零件之间的位置约束关系，可以将零件组装成组件，然后再将很多组件装配成一个产品。

装配模型设计与零件模型设计的过程类似，零件模型是通过向模型中增加特征完成零件设计，而装配是通过向模型中增加零件或部件完成产品的设计。

装配模式的启动方法如下：

单击菜单“文件”→“新建”命令，或单击工具栏中的“新建”按钮。打开“新建”对话框，在“新建”对话框的“类型”选项组中，选中“组件”单选按钮，在“子类型”选项组下选中“设计”单选按钮。在“名称”文本框中输入装配文件的名称，然后禁用“使用缺省模板”复选框，在弹出的“新文件选项”对话框中列出多个模板，选择 mmns_asm_design 模板，单击“确定”按钮，进入“组件”模块工作环境，如图 11.1 所示。

注意：使用模板文件可以将所有的元件均依赖于基准特征定位，特别是对于大型装配不仅方便模型的操作，而且可避免过多的父子关系。

在组件模式下，系统会自动创建 3 个基准平面 ASM-TOP、ASM-RIGHT、ASM-FRONT，与 1 个坐标系 ASM-CSYS-DEF，使用方法与零件模式相同。在组件模式下的主要操作是添加新元件，添加新元件有两种方式：装配元件和创建元件。

1．装配元件

在组件模块工作环境中，单击按钮或单击菜单“插入”→“元件”→“装配”命令，在弹出的“打开”对话框中选择要装配的零件后，单击“打开”按钮，系统显示如图 11.2 所示的元件放置操控板。

对被装配元件设置适当的约束方式后，单击操控面板右侧的按钮，完成元件的放置。关于元件装配约束的类型及设置方法将在 11.3 节中介绍。

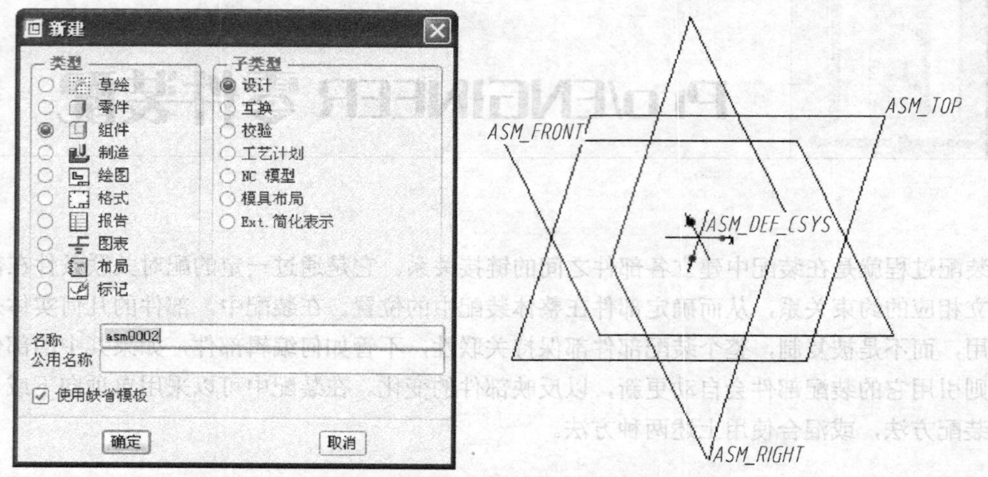

图 11.1 新建装配文件

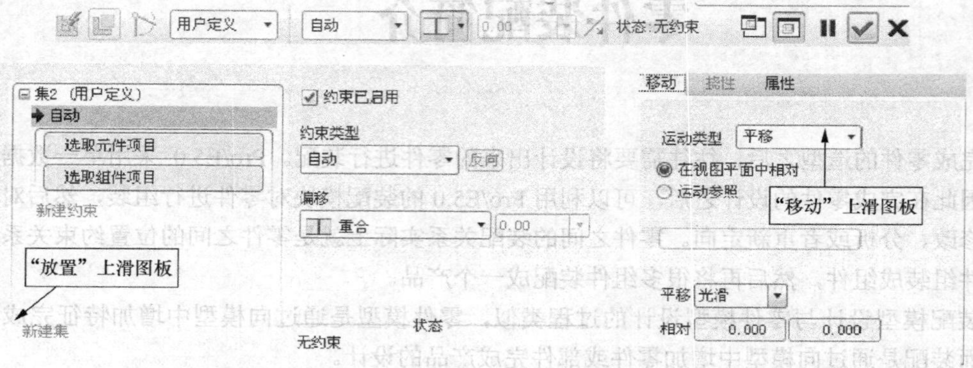

图 11.2 "元件"放置操控面板

2. 创建元件

除了插入完成的元件进行装配外，还可以在组件模式中创建元件，选择"插入"→"元件"→"创建"命令，或单击右侧工具栏中的"在组件模式下创建元件"按钮，弹出"元件创建"对话框，在"类型"选项组中选中"零件"单选按钮，在"子类型"选项组中选中"实体"单选按钮，在"名称"文本框中输入文件名，直接创建元件文件，如图 11.3 所示。

单击"确定"按钮，打开"创建选取项"对话框，如图 11.4 所示。选择"创建特征"单选按

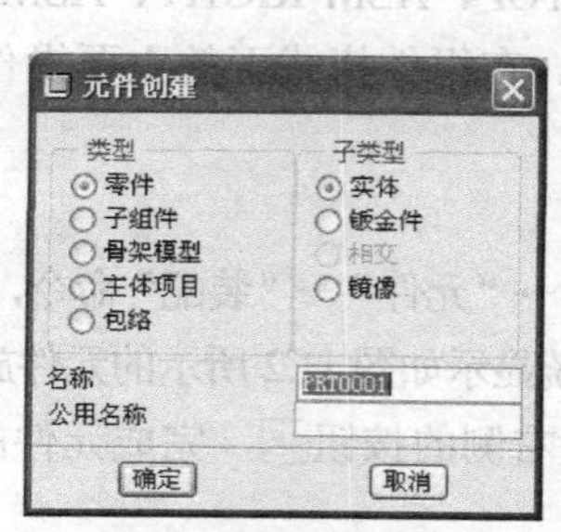

图 11.3 "元件创建"对话框

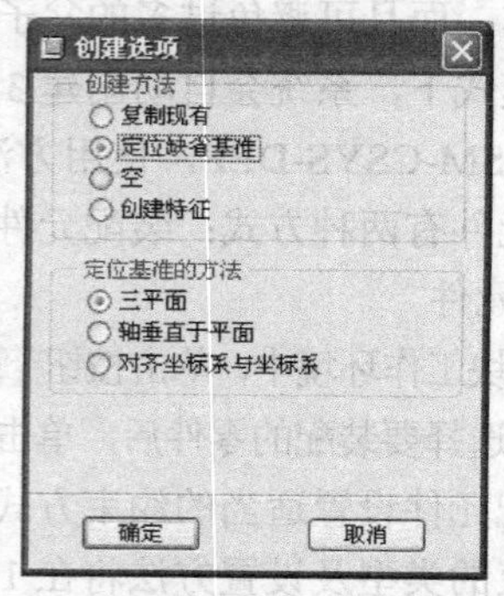

图 11.4 "创建选项"对话框

钮，接下来就可以像在零件模式下一样进行各种特征的创建了。完成特征以及零件的创建后，仍然可以回到组件模式下，定位元件位置以及相对关系，进行装配约束设置。

11.2 零件装配的基本操作步骤

零件装配的基本操作步骤如下。

（1）按照上述方法新建一个组件类型的文件，文件名称为“11-1.asm”。进入装配环境后，在菜单栏中选择“插入”→“元件”→“装配”命令，或单击“工程特征”工具栏中的“装配”按钮，系统打开对话框，选择光盘中的“\源文件\第 11 章 11-1.prt”，单击“打开”按钮，将元件添加到当前装配模型，如图 11.5 所示。

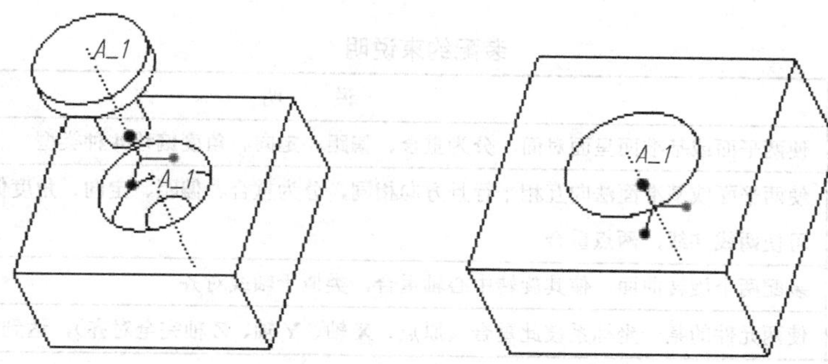

图 11.5 插入零件进行装配

（2）装配过程

装配方法：配对、对齐、插入等。

着色：爆炸视图（视图/分解/分解视图。

调整位置：启动视图管理器，分解/缺省分解/属性，选择编辑位置/选轴线/移动，返回，保存）。

11.3 常用的装配约束类型和偏移

装配约束用于指定新载入的元件相对于装配体指定元件的放置方式，从而确定新载入的元件在装配体中的相对位置。在元件装配过程中，控制元件之间的相对位置，通常需要设置多个约束条件。

11.3.1 约束类型

载入元件后，单击“元件放置”操控面板中的“放置”按钮，打开“放置”上滑面板，其中包含配对、对齐、插入等 11 种类型的放置约束，如图 11.6 所示。

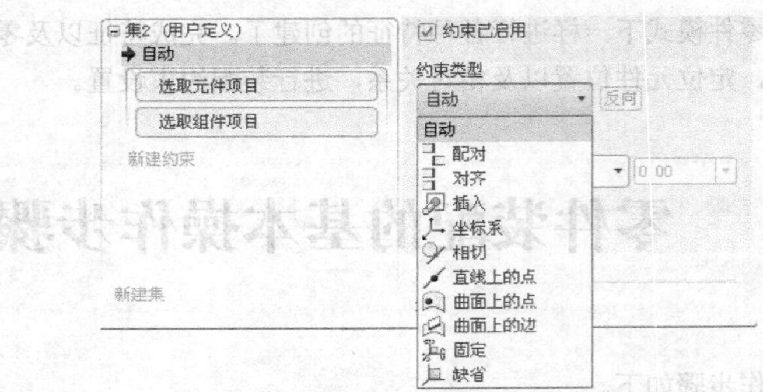

图 11.6 装配约束的类型

在这 11 种约束类型中，如果使用“坐标系”类型进行元件的装配，则仅需要选择 1 个约束参照。如果使用“固定”或‘缺省”约束类型，则只需要选取对应列表项，而不需要选择约束参照。使用其他约束类型时，需要给定 2 个约束参照。11 种约束类型的说明见表 11.1 所示。

表 11.1 装配约束说明

装 配 约 束	说 明
配对	使两平面或基准面呈面对面，分为重合、偏距、定向、角度偏移 4 种类型
对齐	使两平面或基准面法向互相平行且方向相同，分为重合、偏距、定向、角度偏移 4 种类型。也可使两线共线，两点重合
插入	装配两个旋转曲面，使其旋转中心轴重合，类似于轴线对齐
坐标系	使两元件的某一坐标系彼此重合（原点、X 轴、Y 轴、Z 轴完全对齐），达到完全约束的状态
相切	使两个曲面呈面面相对的相切接触状态
直线上的点	点在线上，使一基准点或顶点落于某一边线上，包括轴与曲线，该点可落于边线上或延伸边上
曲面上的点	点在曲面上，使某一基准点或顶点落于平面或基准面上，该点可落于面上或延伸面上
曲面上的边	边在曲面上，使某一直线边落于一曲面上，该边线可以落在该面或其延伸面上
固定	将元件固定在当前位置
缺省	约束元件坐标系与组件坐标系重合
自动	仅选元件与组件参照，由系统猜测设计意图而自动设置适当约束

在设置装配约束之前，首先应当注意下列约束设置的原则。

1．指定元件和组件参照

通常来说，建立一个装配约束时，应当选取元件参照和组件参照。元件参照和组件参照是元件和装配体中用于约束位置和方向的点、线、面。例如，通过对齐约束将一根轴放入装配体的一个孔中时，轴的中心线就是元件参照，而孔的中心线就是组件参照。

2．系统一次添加一个约束

如果需要使用多个约束方式来限制组件的自由度，则需要分别设置约束，即使是利用相同的约束方式指定不同的参照时，也是如此。例如，将一个零件上两个不同的孔与装配体中另一个零件上两个不同的孔对齐时，不能使用一个对齐约束，而必须定义两个不同的对齐约束。

3．多种约束方式定位元件

在装配过程中，要完整地指定元件的位置和方向，即完整约束，往往需要定义整个装配约束。

在 Pro/E 中装配元件时，可以将所需要的约束添加到元件上。从数学角度来说，即使元件的位置已被完全约束，为了确保装配件达到设计意图，仍然需要指定附加约束。系统最多允许指定 50 个附加约束，但建议将附加约束限制在 10 个以内。

注意：在装配过程中，元件的装配位置不确定时，移动或旋转的自由度并没有被完全限制，这叫部分约束。元件的装配位置完全确定时，移动和旋转自由度被完全限制，这叫完全定位。为了使装配位置完全达到设计要求，可以继续添加其他约束条件，这叫过度约束。

1．配对

在 Pro/E 5.0 装配环境中，配对约束是使用最频繁的约束方式。利用这种约束方式，可以定位两个选定参照（实体面或基准面），使两个面相互贴合或垂直方向为反向，也可以保持一定的偏移距离和角度，如图 11.7 所示。

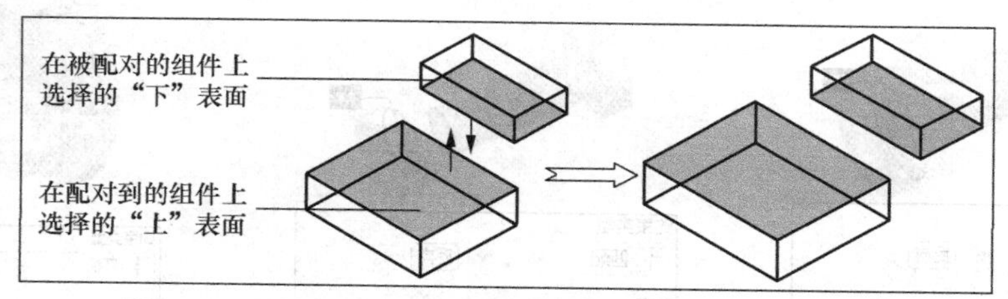

图 11.7 配对约束

配对约束类型种类包括重合、定向、偏距和角度偏移 4 种。

根据选择的参照，对应的列表项将有所不同，其中的“角度偏移”选项只有在指定两个倾斜角度面时才会出现。

（1）偏距。面与面相距一段距离，单击重合的下拉箭头，选取中偏移距离 0 后，将其改为 33，两个面之间将有 33 的一段距离，如图 11.8 所示。如果参考面方向相反，可单击该上滑面板中的“反向”按钮，或者在距离文本框中输入负值。

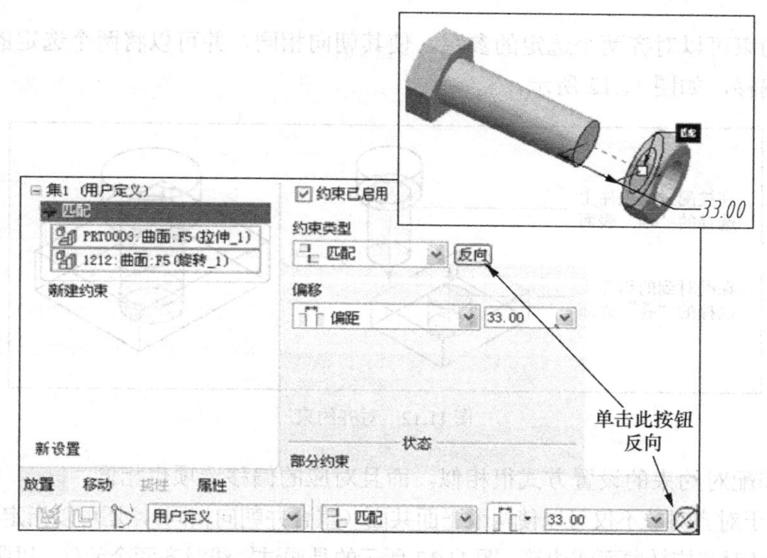

图 11.8 配对偏距约束

注意：如果一个约束不能定位元件的特定位置，可以选择元件放置上滑面板上的新建约束选项，设置下一个约束。确定元件位置后，单击操控面板右侧的按钮☑，即可获得元件约束的效果。

（2）重合。面与面完全接触贴合，分别单击选中两个面后，类型自动设置为配对，单击“偏移”文本框下拉箭头选中“重合”选项，单击“预览”按钮后，选中的两个面完全接触，如图 11.9 所示。

（3）定向。面与面相向平行，这时可以确定新添加元件的活动方向，但不能设置间隔距离，必须通过添加其他约束准确定位元件，如图 11.10 所示。

（4）角度偏移。角度偏移是配对约束的特殊形式，只有在选取的两个参照面具有一定角度时，才会出现这个列表项。在“角度偏移”列表框的右侧可输入任意角度值，新载入的元件将根据参照面角度值旋转到指定位置，如图 11.11 所示。

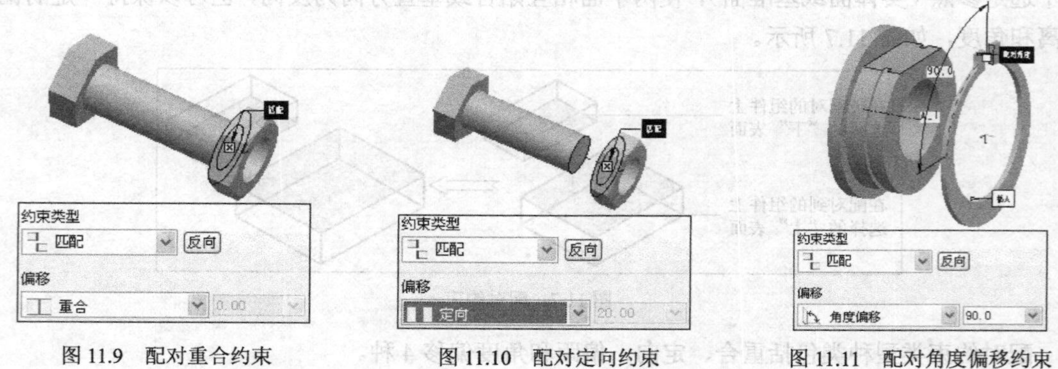

图 11.9 配对重合约束　　图 11.10 配对定向约束　　图 11.11 配对角度偏移约束

注意：

（1）在设置约束集的过程中，倘若元件的放置位置或角度不利于观察，可同时按住 Ctrl 和 Alt 键并单击鼠标中键来旋转元件，或同时按住 Ctrl 和 Alt 键并单击鼠标右键来移动元件。

（2）可以把“重合”看成是“偏距”为 0 的特例，“定向”看成是“偏距”未知的特例。

2．对齐

使用对齐约束可以对齐两个选定的参照，使其朝向相同，并可以将两个选定的参照设置为重合、定向或者偏移，如图 11.12 所示。

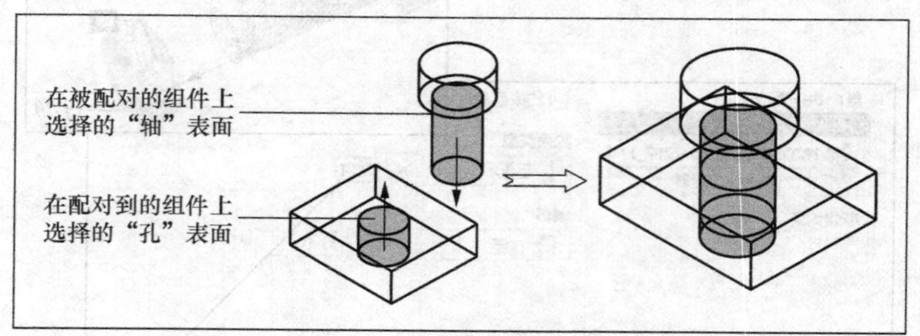

图 11.12 对齐约束

对齐约束和配对约束的设置方式很相似，而且对应的偏移选项也相同。

不同之处在于对齐对象不仅可以使两个平面共面（重合并朝向相同），还可以指定两条轴线同轴或两个点重合，以及对齐旋转曲面或边等。图 11.13 所示的是通过轴线对齐两个元件，以限制移动自由度。

无论使用配对约束还是对齐约束，两个参照必须为同一类型，例如平面对平面、旋转曲面对旋转曲面、点对点或轴线对轴线。其中，旋转曲面是指通过旋转截面或者拉伸圆弧、圆而形成的曲面。

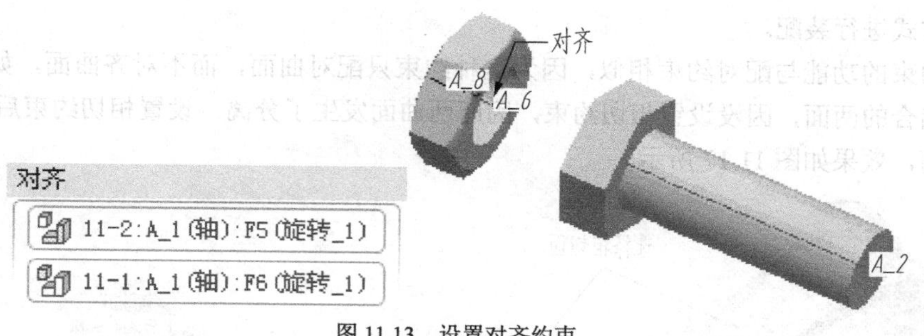

图 11.13 设置对齐约束

3．插入

使用插入约束可将一个旋转曲面插入另一个旋转曲面中，并且可以对齐两个曲面对应的轴线。在选取轴线无效或不方便时，可以使用这种约束方式。插入约束对齐的对象主要是弧形面元件，这种约束方式只能用来定义元件方向，而无法定位元件。

首先选取新载入元件上的曲面，然后选取装配体的对应曲面，便可以获得插入约束效果，如图 11.14 所示。

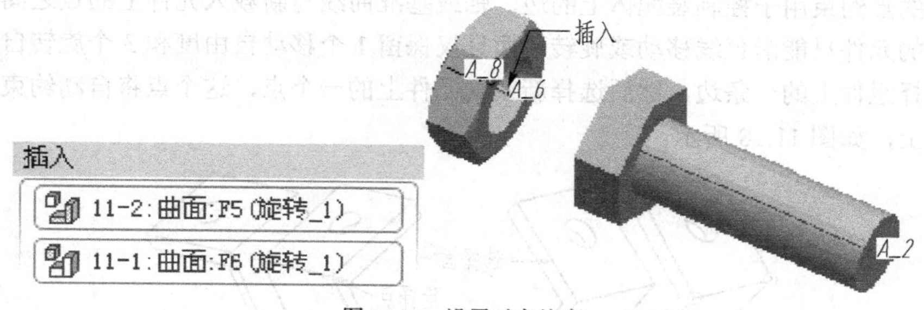

图 11.14 设置对齐约束

4．坐标系

使用坐标系约束，可以通过对齐元件坐标系与组件坐标系的方式，既可以使用组件坐标系又可以使用零件坐标系，将元件放置在组件中。这种约束可以一次完全定位指定元件，完全限制 6 个自由度。

为了便于装配，可以在创建模型时指定坐标系位置。如果没有指定，可以在保存当前装配文件后，打开要装配的元件并指定坐标系位置，然后加以保存并关闭。这样，在重新打开的装配体中载入新文件时，便可以指定两个元件坐标系，执行约束设置，如图 11.15 所示。

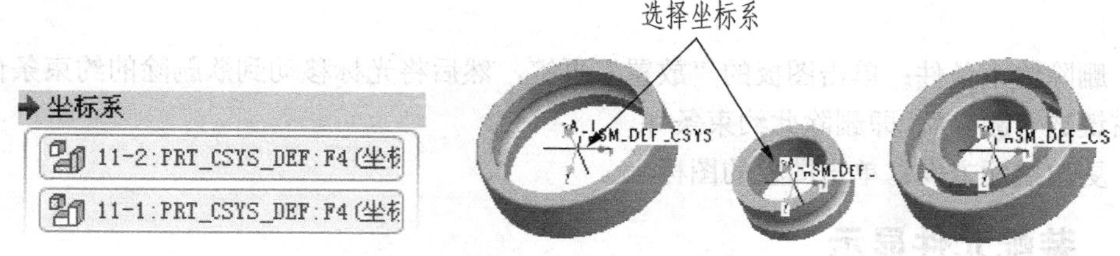

图 11.15 设置坐标系约束

5．相切

使用相切约束控制两个曲面在切点位置的接触，也就是说新载入的元件与指定元件以对应曲面相切的方式进行装配。

相切约束的功能与配对约束相似，因为这种约束只配对曲面，而不对齐曲面，如图 11.16 中本应互相啮合的两面，因没设置相切约束，因而两曲面发生了分离。设置相切约束后曲面相切，消除了分离，效果如图 11.17 所示。

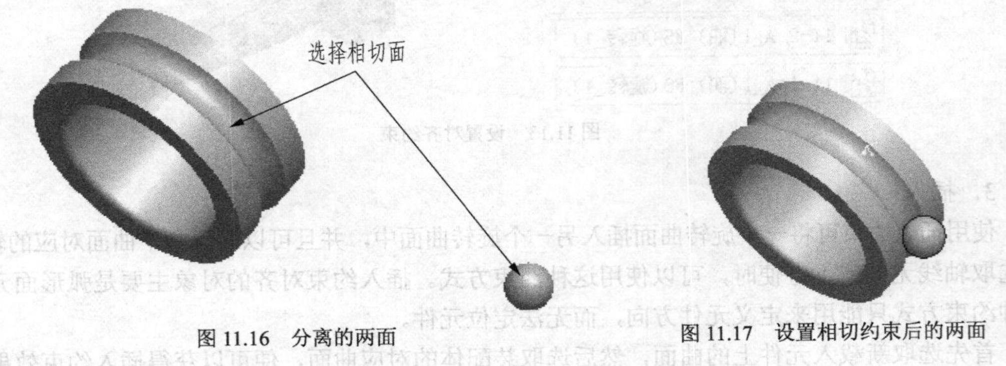

图 11.16　分离的两面　　图 11.17　设置相切约束后的两面

6. 直线上的点

直线上的点约束用于控制装配体上的边、轴或基准曲线与新载入元件上的点之间的接触，从而使新载入的元件只能沿直线移动或旋转，而且仅保留 1 个移动自由度和 3 个旋转自由度。

首先选择组件上的一条边，然后选择新载入元件上的一个点，这个点将自动约束到这条以红色显示的边上，如图 11.18 所示。

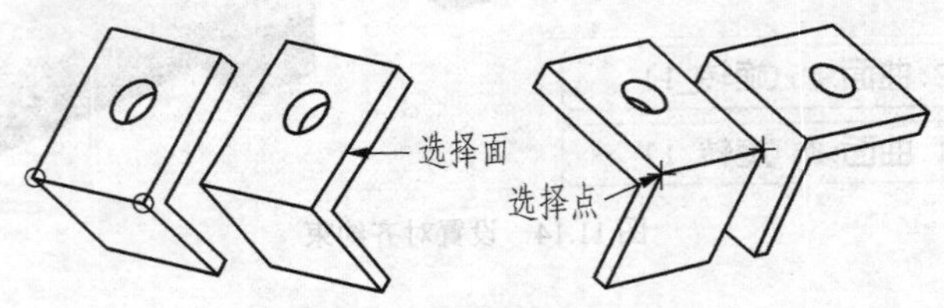

图 11.18　设置线上点约束

使用这种约束时，并非只有选取新载入元件上的点才能设置约束，同样可以指定组件上的点。此外，还可以根据设计需要，灵活调整点和边的选择顺序。

7. 装配约束条件的增删

在进行元件的装配时，若装配的位置不对，则可以增加、删除或修改约束条件。

（1）增加约束条件：单击图板的“放置”页签，然后单击对话框中的新建约束即可增加约束条件。

（2）删除约束条件：单击图板的“放置”页签，然后将光标移动到欲删除的约束条件上，按住鼠标右键选“删除”，即删除此约束条件。

（3）更改装配方向：单击图板的图标 %。

11.3.2　装配元件显示

在 Pro/E 5.0 的装配环境下，新载入的元件有多种显示方式，可根据设计需要将两类元件分离或放置在同一个窗口。元件的显示方式由元件放置操控面板右侧的两个按钮决定，如图 11.19 所示。

图 11.19 元件放置操控面板

1．组件窗口显示元件

载入装配元件后，系统将进入约束设置界面。默认情况下，“元件放置”操控面板中的“指定元件在组件中显示”按钮▣处于被选择状态。也就是说，新载入的元件和装配体显示在同一个窗口中，如图 11.20 所示。

2．独立窗口显示元件

独立窗口显示元件的方式不同于上一种方式，新载入的元件与装配体将在不同的窗口中显示。这种显示方式有利于约束设置，从而避免设置约束时反复调整组件窗口。此外，新载入元件所在窗口的大小和位置可随意调整，装配完毕后，小窗口会自动消失。

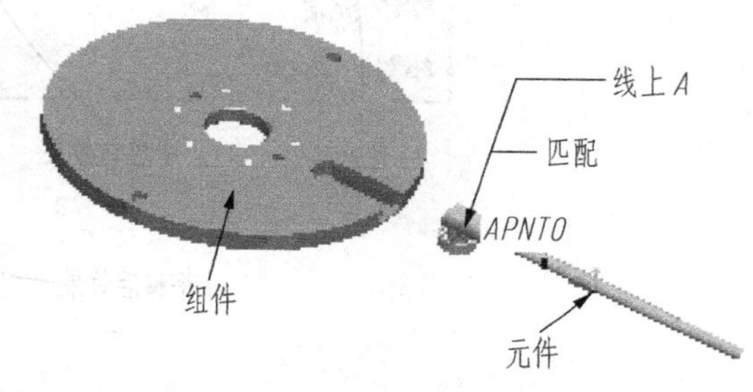

图 11.20 组件窗口显示元件

首先单击“元件放置”操控面板中的“独立窗口显示元件”按钮▣，然后取消在组件窗口显示元件的方式。这样在设置约束时将显示如图 11.21 所示的独立窗口。

3、两种窗口显示元件

如果以上两个按钮都处于激活状态，那么新载入的文件将同时显示在独立窗口和组件窗口中，如图 11.22 所示。执行这样的设置后，不仅能够查看新载入元件的结构特征，而且能够在设置约束后观察元件与装配体的定位效果。

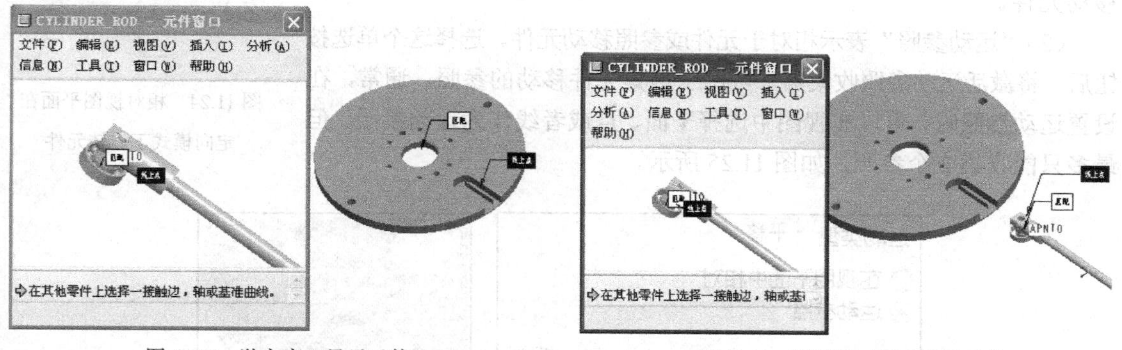

图 11.21 独立窗口显示元件

图 11.22 两种窗口同时显示元件

11.3.3 移动元件

使用移动约束可移动正在装配的元件，便于在装配环境中操作元件。当“移动”上滑面板处于活动状态时，将暂停所有其他元件的放置操作。要移动元件，必须封装元件或者用预定义约束集来配置元件。

使用“移动”上滑面板提供的选项，可以调节元件在组件中放置的位置，其中包含 4 种运动类型选项，如图 11.23 所示。

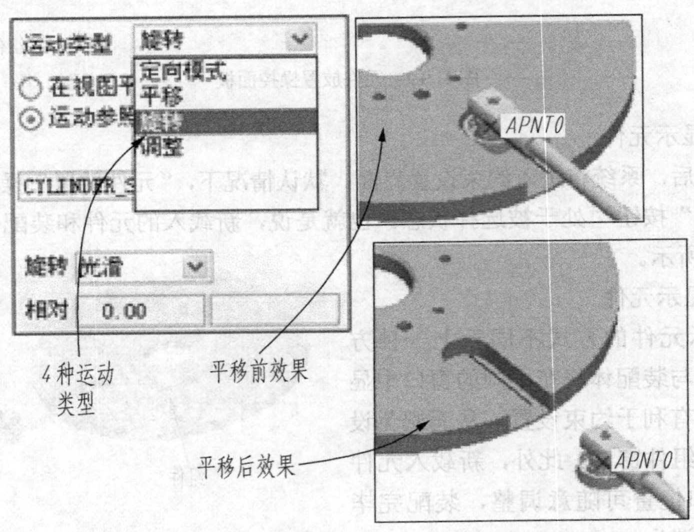

图 11.23 “移动”上滑面板

1. 定向模式

使用这种运动类型，在组件窗口中可以任意位置为旋转中心旋转或移动新载入的元件。

（1）“在视图平面中相对”表示相对于视图平面移动元件。在默认情况下，这个按钮处于选中状态。在组件窗口中选取待移动的元件后，选取位置处将显示一个三角形图标，拖动鼠标中键即可旋转元件，如图 11.24 所示。此外，按住 Shift 键后拖动鼠标中键也可以移动元件。

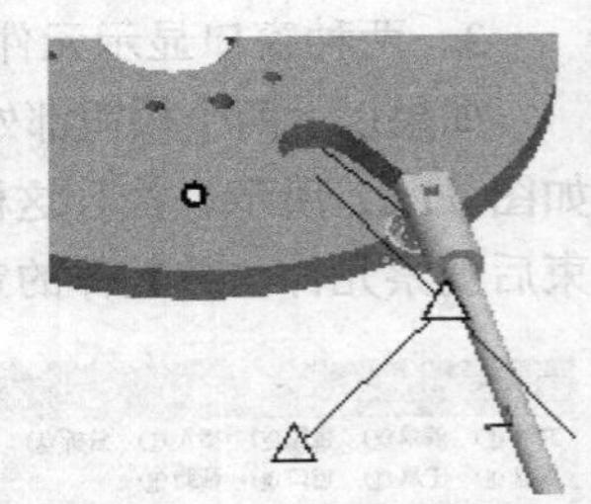

图 11.24 相对视图平面在定向模式下旋转元件

（2）“运动参照”表示相对于元件或参照移动元件。选择这个单选按钮后，将激活运动参照收集器，可用于搜集元件移动的参照。通常，在设置运动参照时，可以在视图中选择平面、点或者线作为运动参照，但最多只能收集 2 个参照，如图 11.25 所示。

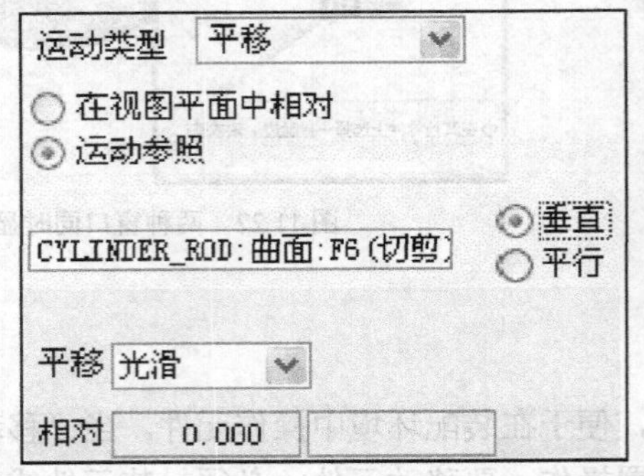

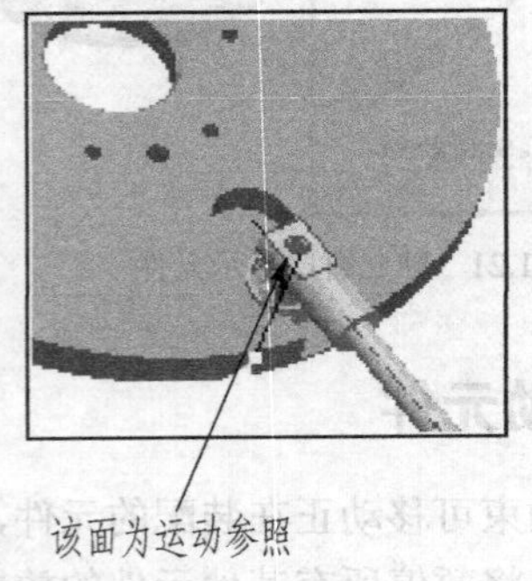

图 11.25 设置运动参照

选取一个参照后，收集器右侧的“垂直”和“平行”选项将被激活。选择“垂直”单选按钮，执行旋转操作时将垂直于选定参照移动元件；选择“平行”单选按钮，执行旋转操作时将平行于选定参照移动元件。

此外，选择该上滑面板下面的“平移”列表项，可设置平移的平滑程度，“相对”文本框显示元件相对于移动操作前位置的当前位置。

2．平移

使用平移方式移动元件是最简便的方法。相对于定向模式来说，这时只需要选取新载入的元件，然后拖动鼠标，即可将元件移动到组件窗口中的任意位置，如图 11.26 所示。

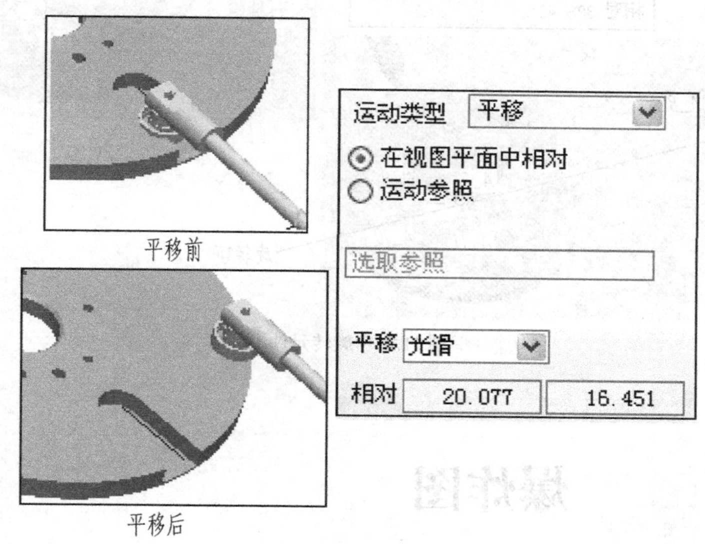

图 11.26 平移元件

平移的运动参照同样包括“在视图平面中相对”和“运动参照”两种类型，其设置方法与定向模式完全相同，这里不再赘述。

3．旋转

使用旋转工具可以选定参照旋转元件，操作方法与“平移”类似，即选择旋转参照后选取元件，然后拖动鼠标即可旋转元件，再次单击元件即可退出旋转模式。图 11.27 所示的是选择元件的一边轴作为旋转轴，元件将绕选定的轴进行旋转。

在选择旋转参照时，可以在元件或者组件上选择两点作为旋转轴，也可以选择曲面作为旋转面，应当依据不同情况进行灵活选择。

旋转的运动参照同样包括“在视图平面中相对”和“运动参照”两种类型，其设置方法与定向模式完全相同，这里同样不再赘述。

4．调整

使用调整运动方式可以添加新的约束，并通过选择参照对元件进行移动。这种运动类型对应的选项设置与以上三种类型大不相同，在上滑面板中可以选择“配对”或“对齐”两种约束。此外，还可以在下面的“偏移”参数设置框中设置偏移距离。

与放置约束不同，调整工具面板上的“配对”和“对齐”约束能够以自身面作为调整参照，进行对齐和配对调整。

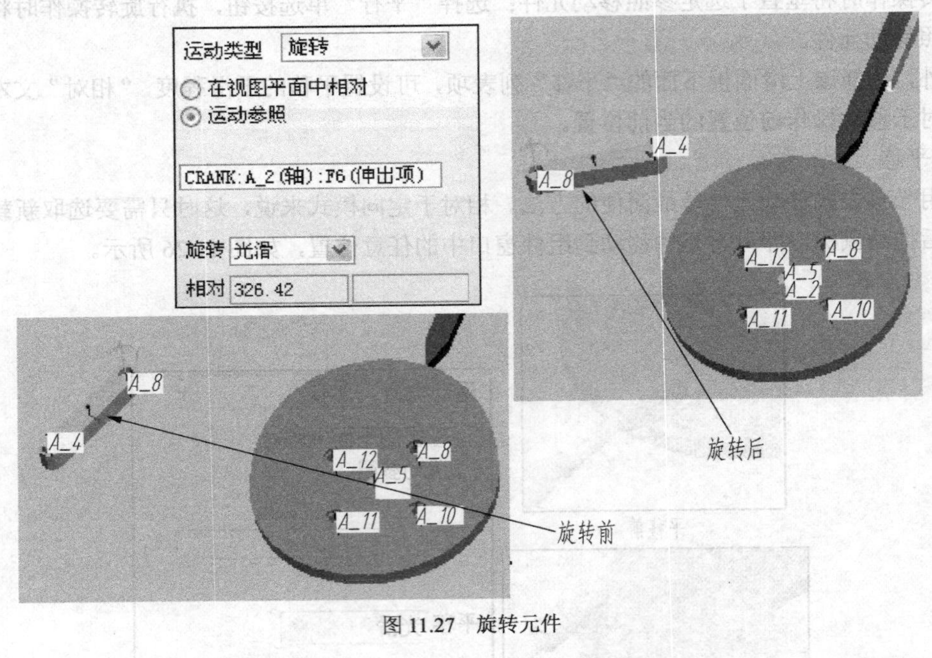

图 11.27 旋转元件

11.4 爆炸图

装配好零件模型后，有时候需要分解组件来查看组件中各个零件的位置状态，称为分解图，又叫爆炸图。对于每个组件，系统会根据使用的约束产生默认的分解视图，但是默认的分解图通常无法贴切地表现各元件的相对方位，必须通过编辑位置来修改分解位置，这样不仅可以为每个组件定义多个分解视图，以便随时使用任意一个已保存的视图，还可以为组件的每个绘图视图设置一个分解状态。

1．默认分解视图

生成指定分解视图时，系统将按照默认方式执行分解操作，但是分解效果并不能准确表现各元件的装配关系。

在创建或打开一个完整的装配体后，选择“视图”→“分解”→“分解视图”选项，系统将执行自动分解操作，如图 11.28 所示。

2．自定义分解视图

系统根据使用的约束产生默认的分解视图后，通过自定义分解视图，可以把分解视图的各元件调整到合适的位置，从而清晰地表现出各元件的相对方位。

选择“视图”→“分解”→“编辑位置”选项，打开“分解位置”对话框，同时打开“选取”对话框，如图 11.29 所示。

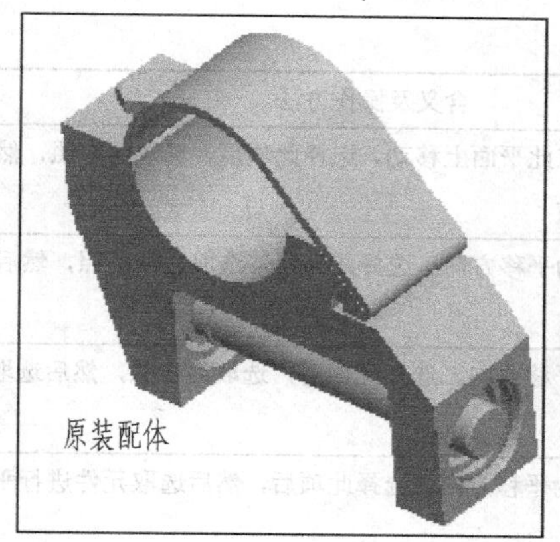

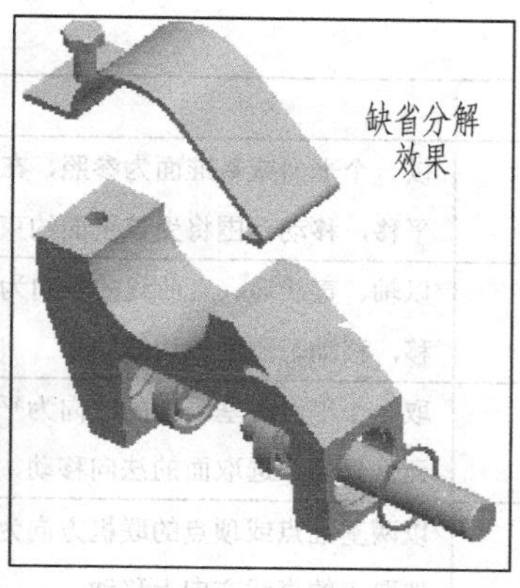

图 11.28 缺省分解视图

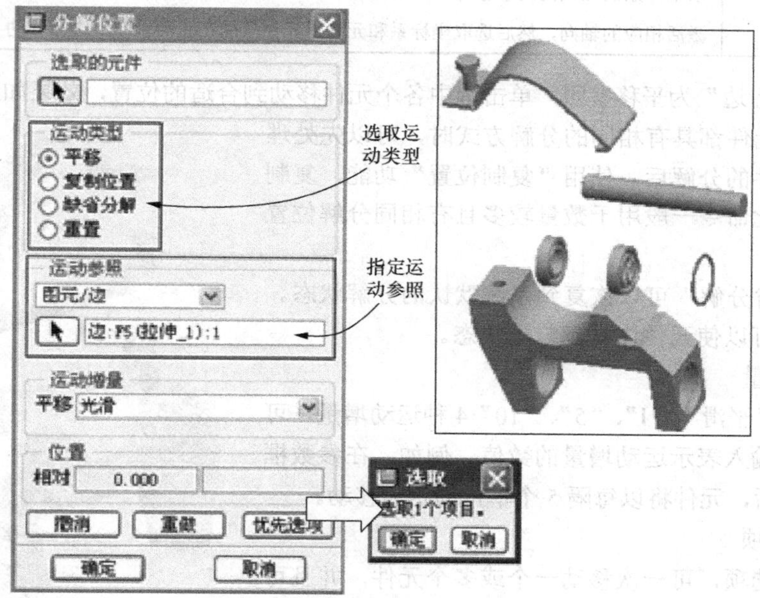

图 11.29 “分解位置”对话框

“分解位置”对话框中包含下列选项。

- 运动类型和参照

“运动类型”和“运动参照”是分解视图的两个主要选项区域，可分别设置元件的分解方式和分解参照。在分解视图时，可以配合使用这两个选项区域。其中，“运动类型”选项组中提供了“平移”、“复制位置”、“缺省分解”、“重置”4 种运动类型。

“平移”使用平移类型移动元件时，可以通过系统提供的 6 种运动参照设置移动的方向。选择“运动参照”选项区下的按钮，将显示 6 种运动参照，如表 11.2 所示的平移时运动参照的方向和含义所示。

表 11.2 平移时运动参照的方向和含义

参考方向	含义及操作方法
视图平面	在当前的视图平面上移动。选择此项后，选取元件，便可在视图平面将元件移动到指定位置

续表

参考方向	含义及操作方法
选取平面	以一个平面或基准面为参照，在此平面上移动。选择此项后，选取面参照，然后选取元件进行平移，移动范围将受该平面约束
图元/边	以轴、直线边、直曲线的轴向为平移方向。选择此项后，选取边线参照，然后选取元件进行平移，移动范围受该边线约束
平面法向	取一个平面或基准面的法向为平移方向。选择此项后，选取面参照，然后选取元件进行平移，元件只能在选取面的法向移动
2 点	以两基准点或顶点的联机方向为平移方向。选择此项后，然后选取元件进行平移，元件只能在选取点的直线方向上移动
坐标系	以坐标系的三轴向为平移方向。选择此项后，右侧将显示 3 个轴选项，即 X、Y、Z。单击即可激活相应的轴向，然后选取坐标系和元件，元件只能在激活轴向上进行移动

选取“图元/边”为平移参照，单击选中各个元件移动到合适的位置，效果如图 11.30 所示。

当每一个元件都具有相同的分解方式时，可以先处理好其中一个元件的分解后，使用“复制位置”功能，复制其分解位置。此命令一般用于数量较多且有相同分解位置的情况。

使用“缺省分解”可以恢复到系统默认的分解状态。使用“重置”可以使元件恢复到装配状态。

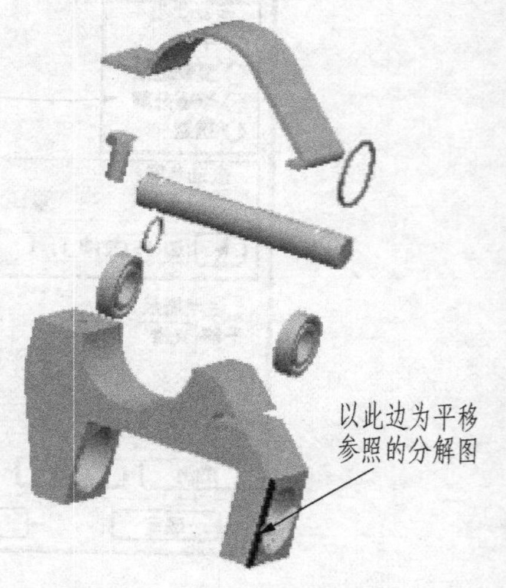

图 11.30　自定义分解图

- 运动增量

系统提供“平滑”、“1”、“5”、“10”4 种运动增量，可以在参数框中输入表示运动增量的数值。例如，在参数框中输入数值 5 后，元件将以每隔 5 个单位的距离移动。

- 优先选项

选择优先选项，可一次移动一个或多个元件，并且可以设置子组件是否随组件的移动而移动。优先选项提供 3 种选择方式。选择“移动一个”单选按钮时，每次只能选取一个对象；选择“移动多个”单选按钮时，可按住 Ctrl 键，然后在视圈中选择多个子对象；选择“随子项移动”单选按钮时，子组件将随组件主体的移动而移动，但移动子组件不影响主元件的存在状态。

3．偏距线

使用“偏距线”工具可创建一条或多条分解偏距线，用来表示分解图中各个元件的相对关系。根据设计需要，可以按照下列操作方法创建、修改、移动或删除偏距线。

（1）创建偏距线。

选择“视图”→“分解”→“偏距线”→“创建”选项，打开“图元选取”菜单，其中包括如图 11.31 所示的 3 个选项。

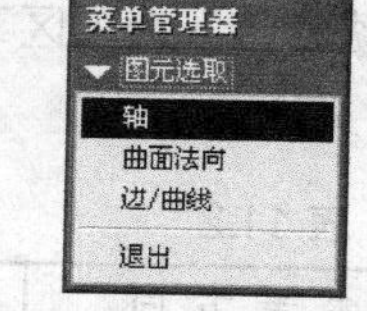

图 11.31　“创建偏距线”菜单管理器

- 轴

使用轴线作为偏距线。连接线时，可准确查看同一个轴线上元件的放置和装配方式。

选择“轴”选项，然后选取两个元件的回转结构，便可以创建元件轴线位置的偏距线，如图 11.32 所示。

- 曲面法向

使用曲面法向作为偏距线。连线时，能够更准确地查看元件与元件之间的面接触关系。

选择“曲面法向”选项，然后在绘图区中选取两元件分解上面与下面接触的对应表面，则两选取面中间将显示偏距线，如图 11.33 所示。

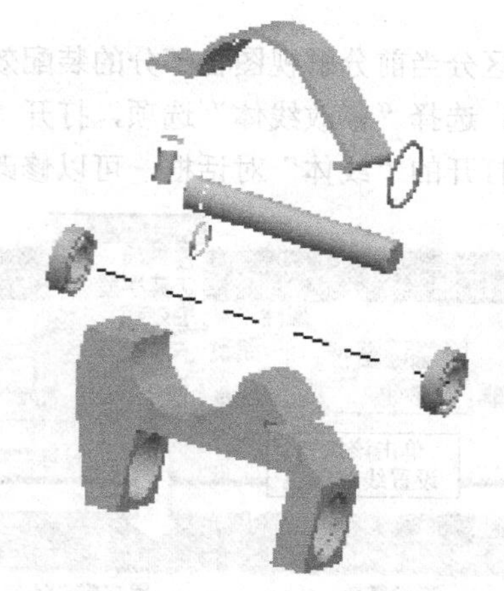

图 11.32 使用轴作为偏距线

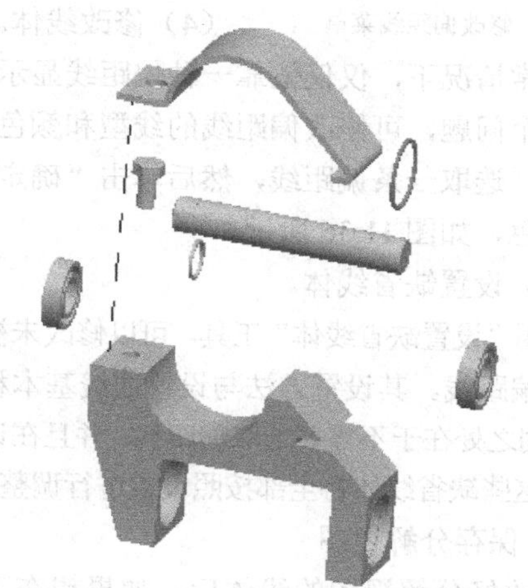

图 11.33 使用曲面法为参照向作为偏距线

- 边/曲线

使用边或曲线作为偏距线。连线时，能够准确查看元件与元件指定边线位置的装配关系，如图 11.34 所示。

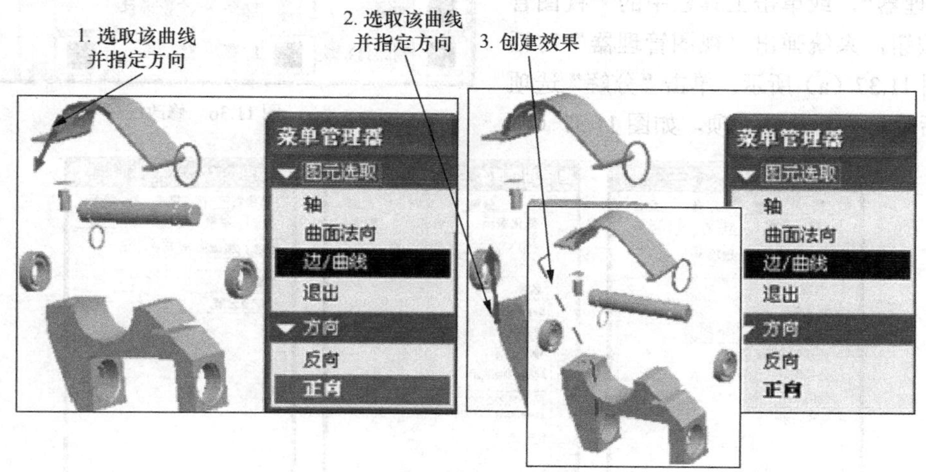

图 11.34 使用边/曲线为参照创建偏距线

（2）修改偏距线。

使用修改工具可以移动偏距线，并可根据设计需要增加或删除创建偏距线时所依据的啮合点。

选择“偏距线”菜单下的“修改”选项，打开“偏中线修改”菜单，如图 11.35 所示，其中包含 3 个选项。选择“移动”选项后，选中要移动的偏距线，然后移动鼠标，将偏距线移动到合适的位置；选择“增加啮合点”选项，可增加偏距线的啮合点，使装配标注更清楚；选择“删除啮合点”选项，可删除多余的啮合点。

菜单管理器
偏中线修改
移动
增加啮合点
删除啮合点
完成/返回

图 11.35 修改偏距线菜单

（3）删除偏距线。

创建偏距线后，如果偏距线不正确或影响分解视图的显示，可选择“删除”选项，然后选取偏距线，即可将其删除。

（4）修改线体。

通常情况下，仅仅依靠一种偏距线显示方式，很难区分当前分解视图各部分的装配效果。为解决这个问题，可修改偏距线的线型和颜色。其方法是：选择“修改线体”选项，打开“选取”对话框，选取一条偏距线，然后单击“确定”按钮，在打开的“线体”对话框，可以修改线体线型和颜色，如图 11.36 所示。

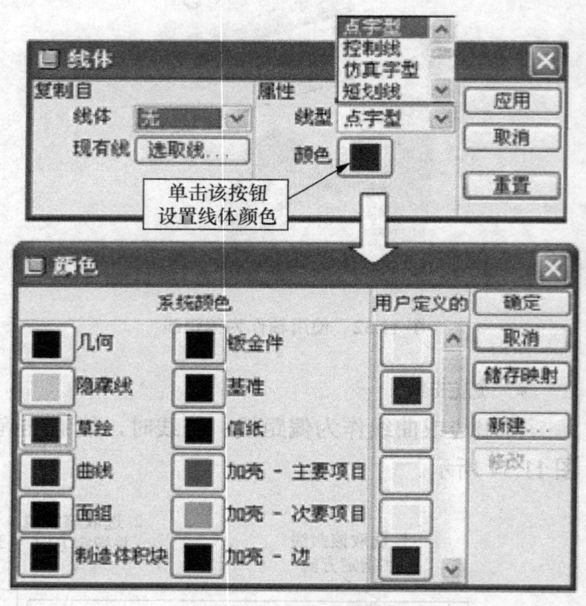

图 11.36 修改线体

（5）设置缺省线体。

使用“设置缺省线体”工具，可以修改未被修改的偏距线。其设置方法与设置曲线基本相同，不同之处在于不需要选取偏距线，并且在设置后，这些缺省线体将全部按照设置进行调整。

4．保存分解视图

修改好分解视图的线体后，如果想在下次打开文件时看到同样的分解视图，则需要使用视图管理器保存已分解的视图。

保存爆炸视图的方法是：打开组件文件，使组件处于爆炸状态，单击菜单“视图”→“视图管理器”，或单击工具栏中的“视图管理器”按钮，系统弹出“视图管理器”对话框，如图 11.37（a）所示，单击“分解”选项卡，然后单击“新建”选项，如图 11.37（b）

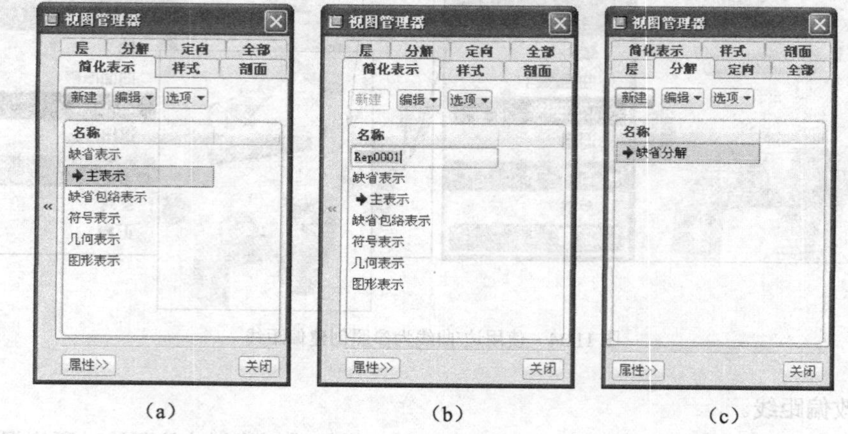

图 11.37 保存装配图视图

所示，系统自动输入一个“R xp0001”名称作为新建视图名称。双击“Rxp0001”名称，视图显示为没有分解的组建。双击“缺省分解”名称，图示显示为爆炸视图，如图 11.37（c）所示。

11.5 实战练习

本节以万向转盘机构的装配为例介绍装配的全过程，在装配元件时，主要使用配对、对齐、插入和相切约束等，如图 11.38 所示。

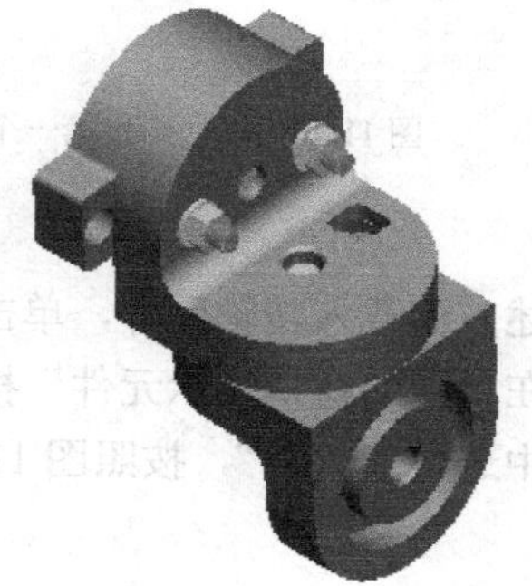

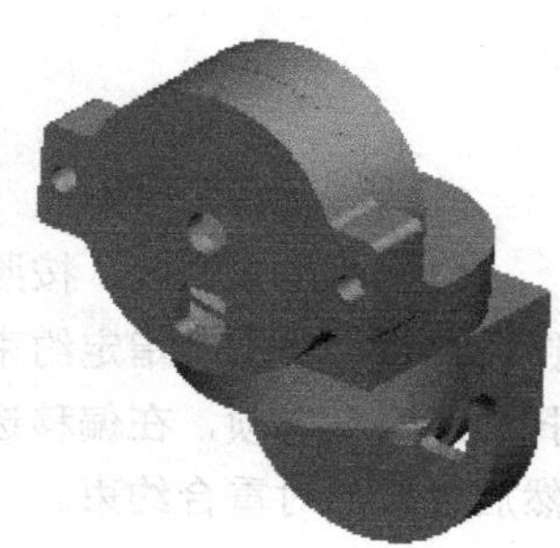

图 11.38 万向转盘装配图

1．新建装配文件

单击主工具栏中的“文件”→“新建”按钮，在弹出的“新建”对话框中，创建名称为“zky”的组件，然后禁用“使用缺省模板”复选框，在弹出的“新文件选项”对话框中选择“mmns_asm_design”模板，单击“确定”按钮，进入“组件”模块工作环境。

2．装配第一个元件

（1）单击窗口右侧的“将元件添加到组件”按钮，在弹出的“打开”对话框中选择文件 YWWF.prt，然后单击“打开”按钮。单击“元件放置”操控面板中的“放置”按钮，按照如图 11.39 所示的步骤设置“缺省”约束类型，然后单击按钮，定位元件 YWWF.prt。

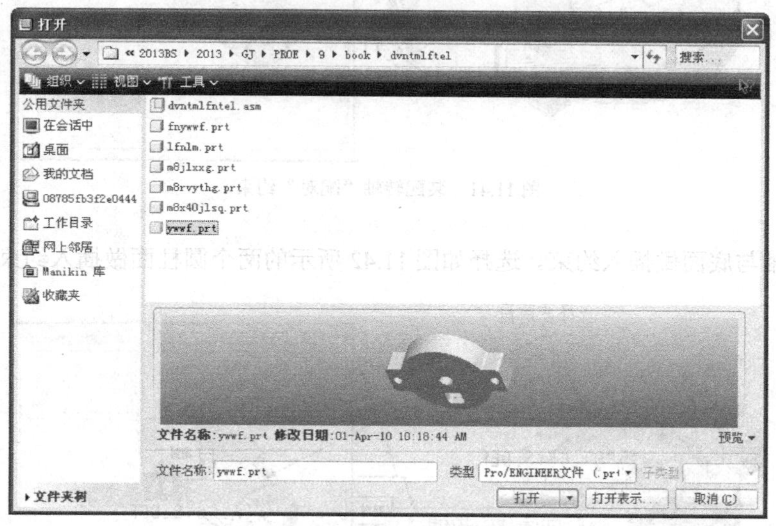

图 11.39 装配第一个元件

（2）打开元件后系统弹出“装配”对话框，单击“放置”选项，弹出“放置”对话框，在其中选择“约束类型”为“缺省”，如图 11.40 所示。单击“确定”按钮，系统将第一个元件固定在原点上。

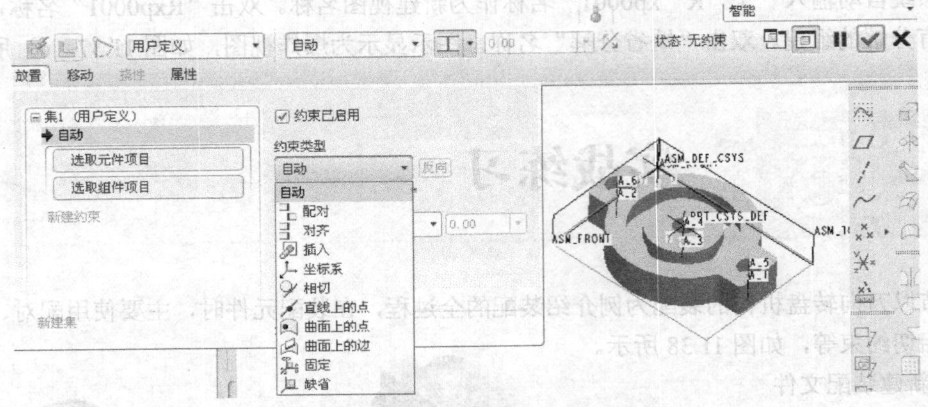

图 11.40 默认约束第一个元件

3．载入转轴元件

（1）单击按钮，按照上述方法载入转轴元件，单击“元件放置”操控面板中的“放置”按钮，在其中单击“指定约束时在单独的窗口显示元件”按钮，然后在“约束类型”列表框中选择“配对”选项，在偏移选项中选取“重合”，按照图 11.41 所示，选取元件和组件的对应平面，然后设置配对重合约束。

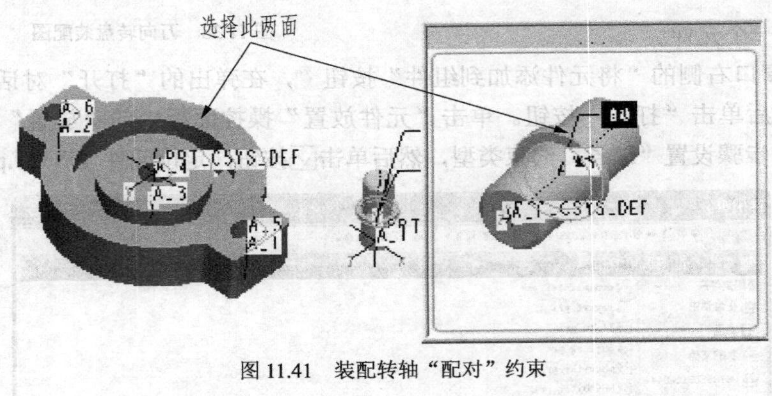

图 11.41 装配转轴“配对”约束

（2）将转轴与底面做插入约束。选择如图 11.42 所示的两个圆柱面做插入约束。

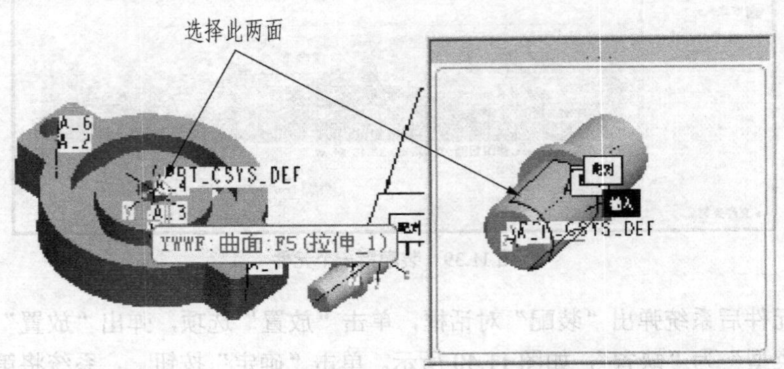

图 11.42 装配转轴“插入”约束

4．装配旋转座元件

（1）单击按钮，按照上述方法载入旋转座元件，单击“元件放置”操控面板中的“放置”按钮，在其中单击“指定约束时在单独的窗口显示元件”按钮，然后在“约束类型”列表框中选择“配对”选项，在偏移选项中选取“重合”，按照图 11.43 所示，选取元件和组件的对应平面，然后设置配对重合约束。

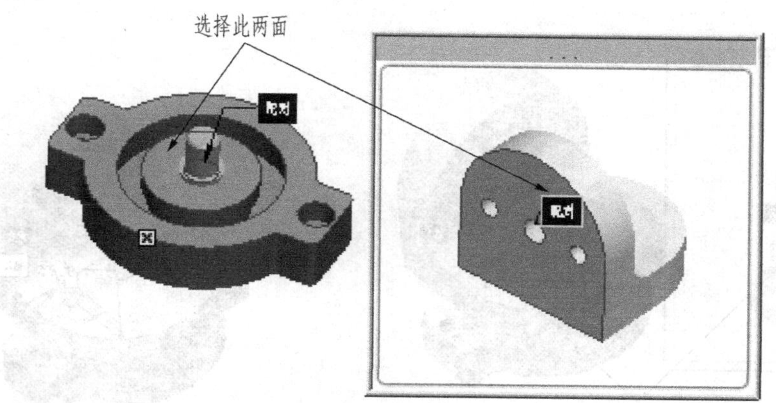

图 11.43 装配旋转座“配对”约束

（2）将旋转座与底面做插入约束。选择如图 11.44 所示的两个圆柱面做插入约束。

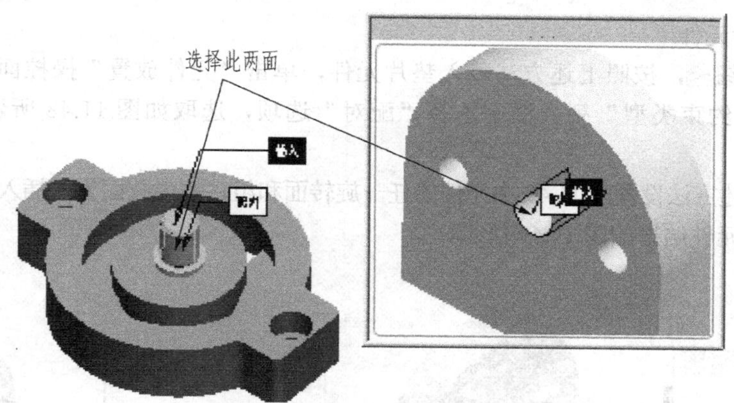

图 11.44 装配旋转座“插入”约束

（3）将旋转座与底面做角度配对约束。选择如图 11.45 所示的两个平面做角度配对约束，输入角度值 270，选择确定。

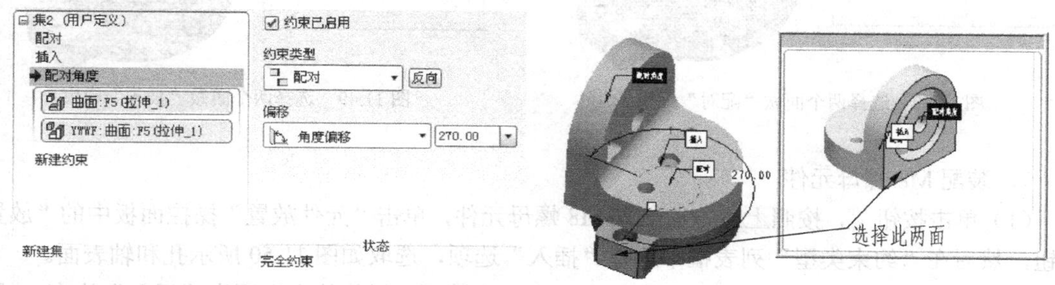

图 11.45 选择两个面做角度“配对”约束

5．装配 M8 螺栓元件

（1）单击按钮，按照上述方法载入 M8 螺栓元件，单击“元件放置”操控面板中的“放置”按钮，然后在“约束类型”列表框中选择“插入”选项，选取如图 11.46 所示孔和轴表面。

（2）将 M8 螺栓与旋转座做偏距对齐约束。选择如图 11.47 所示两面做偏距对齐约束，输入距离值为 15。

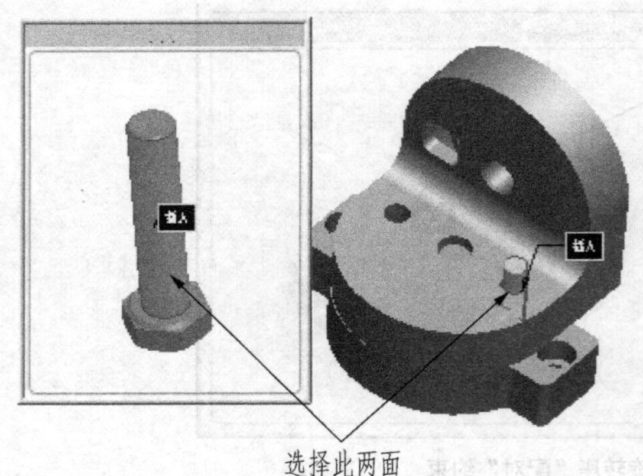

图 11.46　选择孔、轴面做“插入”约束

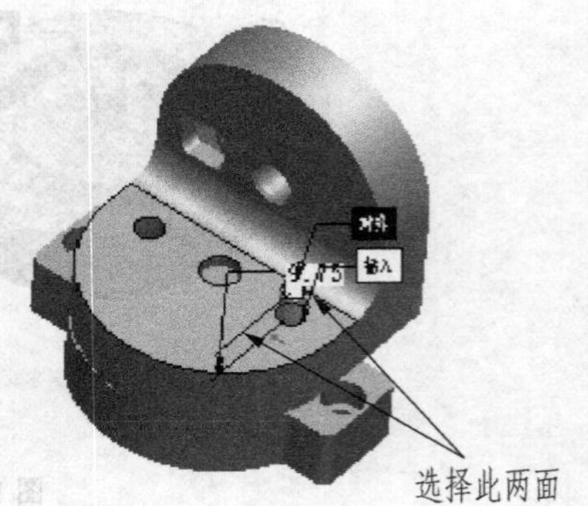

图 11.47　选择两个面做“对齐”约束

6．装配垫片元件

（1）单击按钮，按照上述方法载入垫片元件，单击“元件放置”操控面板中的“放置”按钮，然后在“约束类型”列表框中选择“配对”选项，选取如图 11.48 所示两面进行配对约束。

（2）按照上述方法设置图 11.49 中元件的任一旋转面和组件的中孔面为“插入”约束，单击按钮，定位垫片元件结果如图 11.49 所示。

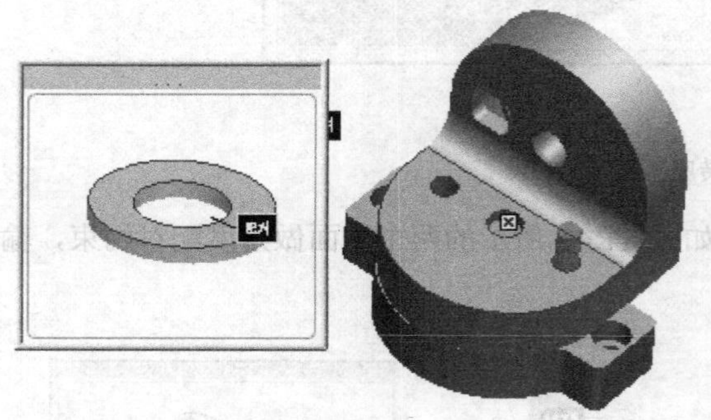

图 11.48　选择两个面做“配对”约束

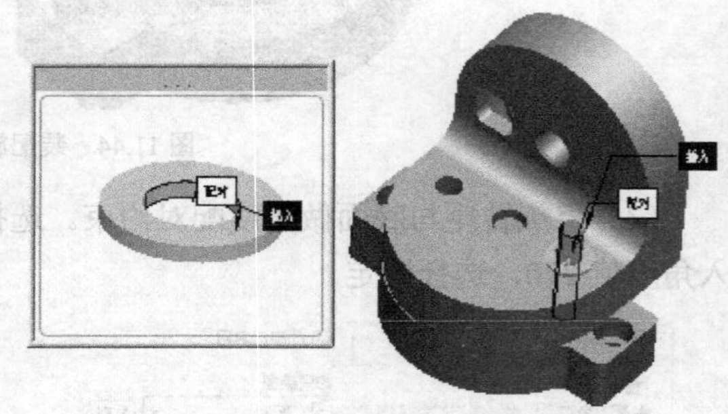

图 11.49　选择两个面做“插入”约束

7．装配 M8 螺母元件

（1）单击按钮，按照上述方法载入 M8 螺母元件，单击“元件放置”操控面板中的“放置”按钮，然后在“约束类型”列表框中选择“插入”选项，选取如图 11.50 所示孔和轴表面。

（2）按照上述方法设置图 11.51 中元件的任一旋转面和组件的中孔面为“插入”约束，然后单击☑按钮，定位螺母元件结果如图 11.51 所示。

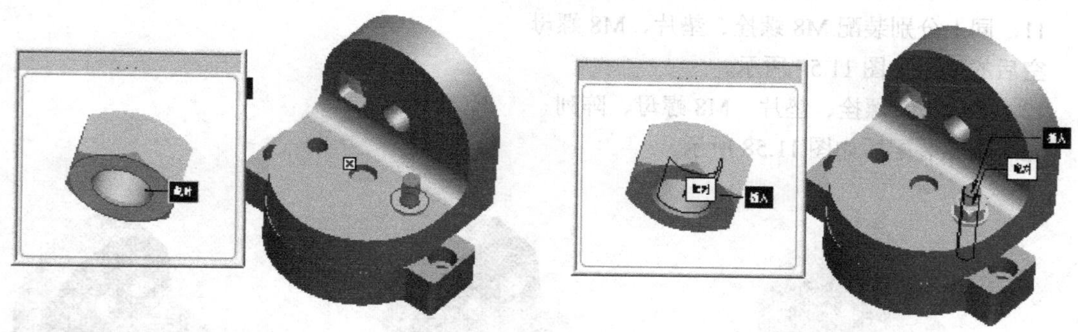

图 11.50 选择两个面做“配对”约束　　图 11.51 选择两个面做“插入”约束

8．组合元件，选择阵列

（1）在模型树中选择 M8 螺拴、垫片和 M8 螺母，单击鼠标右键，在弹出的快捷菜单中选择“组”，单击菜单“编辑”→“阵列”，如图 11.52 所示。

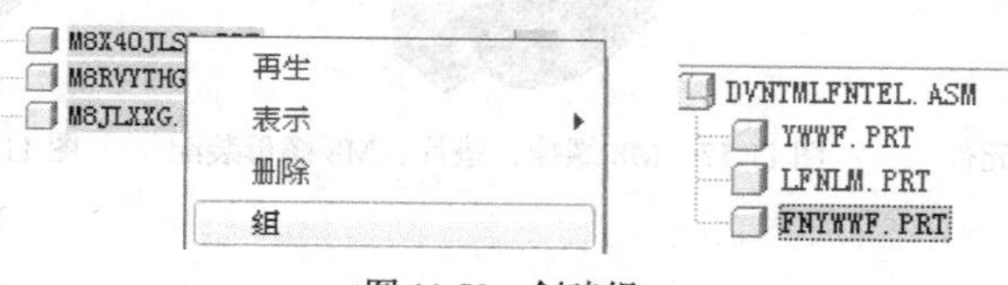

图 11.52 创建组

（2）选择“方向”，输入如图 11.53 所示的数据，选择确定，结果如图 11.54 所示。

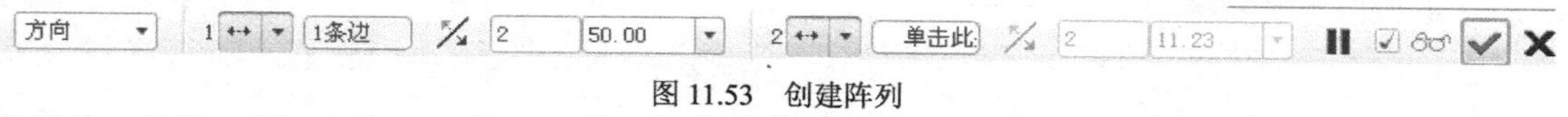

图 11.53 创建阵列

9．载入转轴元件

装配方法与上述转轴和底座的装配方法一样，效果如图 11.55 所示。

图 11.54 阵列后的结果

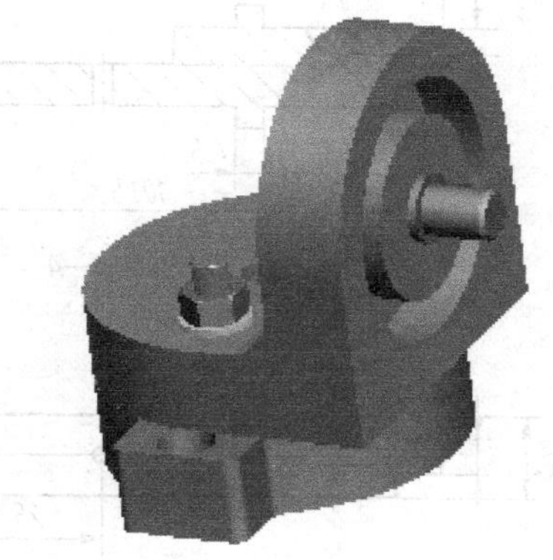

图 11.55 载入转轴后的结果

10．装配旋转座元件

旋转座的装配方法与上述旋转座与底座、转轴的装配方法一样，效果如图 11.56 所示。

11．同上分别装配 M8 螺栓、垫片、M8 螺母

空后的效果如图 11.57 所示。

12．组合 M8 螺栓、垫片、M8 螺母、阵列

完成全部装配后如图 11.58 所示。

图 11.56 装配旋转座元件

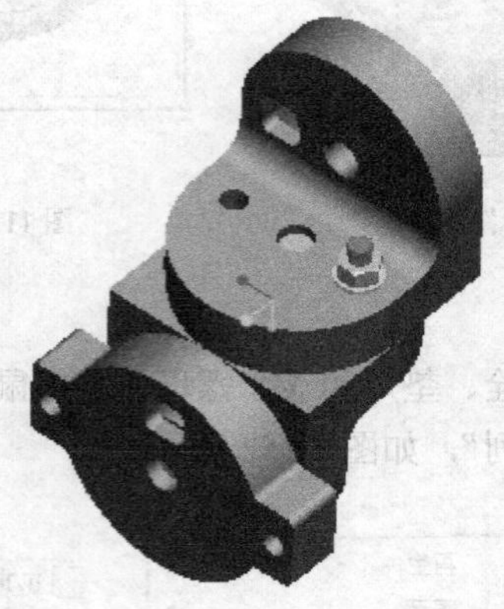

图 11.57 M8 螺栓、垫片、M8 螺母装配

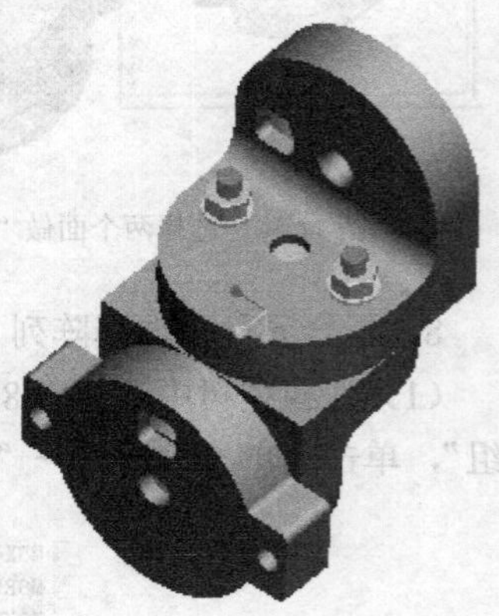

图 11.58 组合 M8 螺栓、垫片、M8 螺母、阵列后结果

11.6 练习

建立如图 11.59～图 11.63 所示的 5 个零件图，将其组装成如图 11.64 所示的装配体，并设置爆炸图显示。

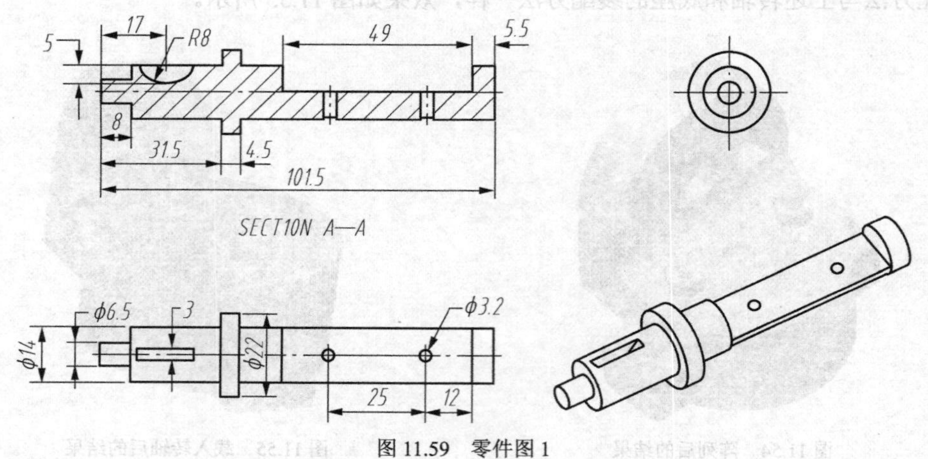

图 11.59 零件图 1

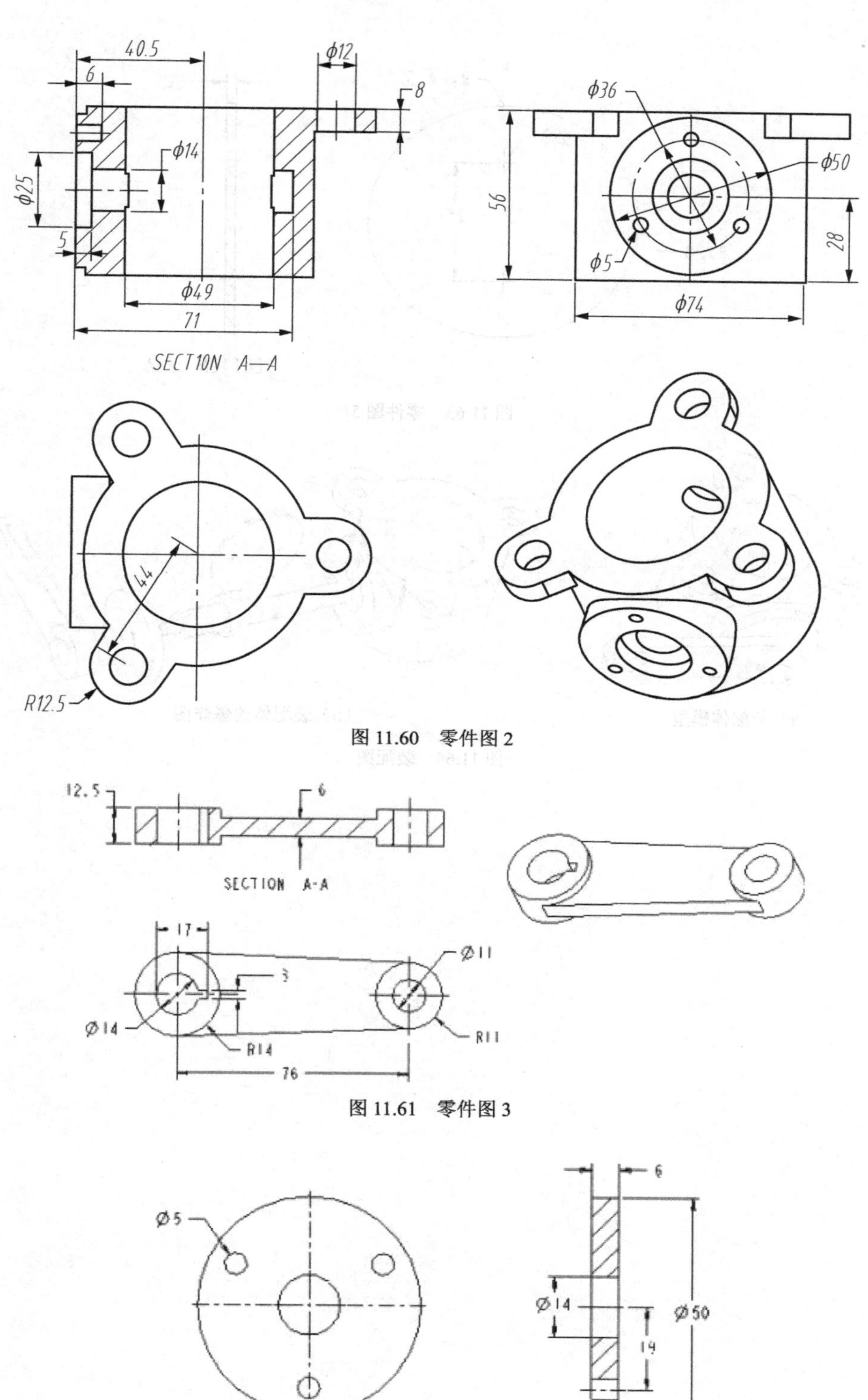

图 11.60 零件图 2

图 11.61 零件图 3

图 11.62 零件图 4

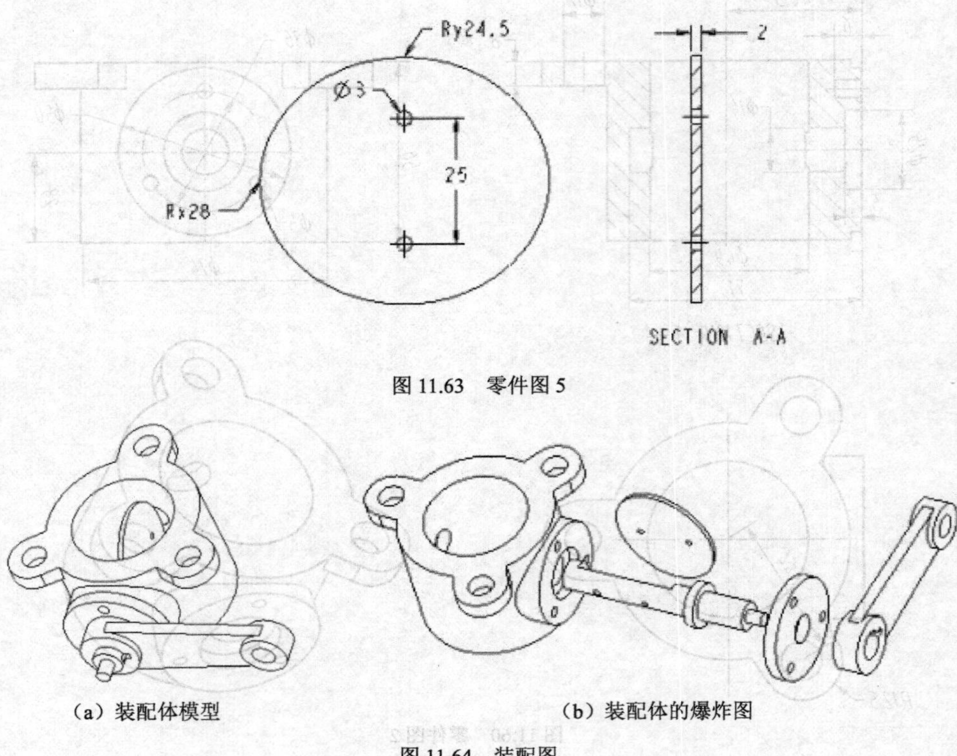

图 11.63 零件图 5

（a）装配体模型

（b）装配体的爆炸图

图 11.64 装配图

第12章 机构运动仿真

12.1 机构模块简介

机构运动仿真分析可以实现机械工程中非常复杂、精确的机构运动分析，在实际制造前利用零件的三维数字模型进行机构运动仿真可确定位移、速度、加速度、力等未知参数，并解决零件间干涉、作用力、反作用力等难点问题。Pro/E 中“机构”模块是专门用来进行运动仿真和动态分析的模块，能够将组件创建为运动机构并分析其运动过程。

Pro/E 的运动仿真与动态分析功能集成在“机构”模块中，包括机械设计和机械动态两个方面的分析功能，涉及创建和使用机构模型、测量、观察和分析机构在受力和不受力情况下的运动。

使用“机械设计”分析功能相当于进行机械运动仿真，使用“机械设计”分析功能来创建某种机构，定义特定运动副，创建能使其运动起来的伺服电动机，来实现机构的运动模拟，可以通过图形直观的测量和显示诸如位置、速度、加速度等运动特征，也可创建轨迹曲线和运动包络，用物理方法描述运动。“机械设计”模型可以输入到“设计动画”中来创建动画序列。

使用“机械动态”分析功能可以在机构上定义重力、力和力矩、弹簧、阻尼等特征，可以设置机构的材料、密度等特征，使其更加接近现实中的结构，达到真实地模拟现实的目的。如果单纯地研究机构的运动，而不涉及质量、重力等参数，只需要使用“机械设计”分析功能即可，即进行运动分析。如果要研究某个机构对施加的力所产生的运动，如受重力、外界输入的力和力矩、阻尼等的影响，可使用“机械动态”分析功能。

“设计动画”支持所有连接、齿轮副、连接限制、伺服电动机以及运动轴零点。不过，“机械动态”中的建模图元（弹簧、阻尼器、力/扭矩负荷和重力）不能传输到“设计动画”中。

12.2 总体界面及使用环境

12.2.1 连接的作用

Pro/E 提供了 11 种连接定义，主要有刚性连接、销钉连接、滑动杆连接、圆柱连接、平面连接、球连接、焊接、轴承、常规、6DOF（自由度）、槽连接。

连接与装配中的约束不同，连接都具有一定的自由度，可以进行一定的运动。连接的目的在于：定义“机械设计模块”将采用哪些放置约束，以便在模型中放置元件；限制主体之间的相对运动，减少系统可能的总自由度（DOF）；定义一个元件在机构中可能具有的运动类型。约束定义列表如图 12.1 所示，下面对常用约束做一个简要介绍。

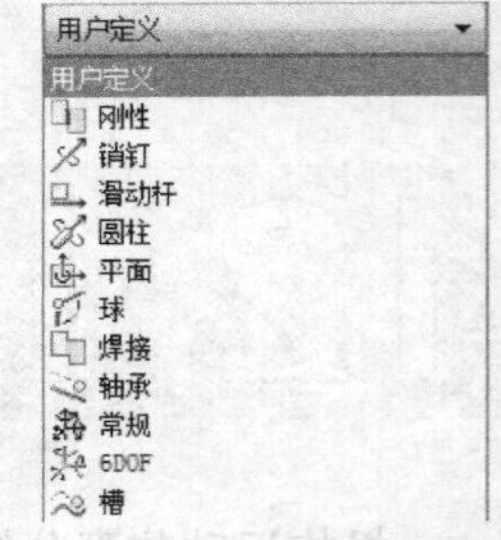

图 12.1 约束集定义列表

1．刚性连接

刚性，连接两个元件，使其无法相对移动，可使用任意有效的约束集约束它们。如此连接的元件将变为单个主体。

2．销钉连接

销钉，将元件连接至参照轴，以使元件以一个自由度沿此轴旋转或移动。选取轴、边、曲线或曲面作为轴参照。选取基准点、顶点或曲面作为平移参照。销钉连接集有两种约束：轴对齐和平面配对、对齐或点对齐，如图 12.2 所示。

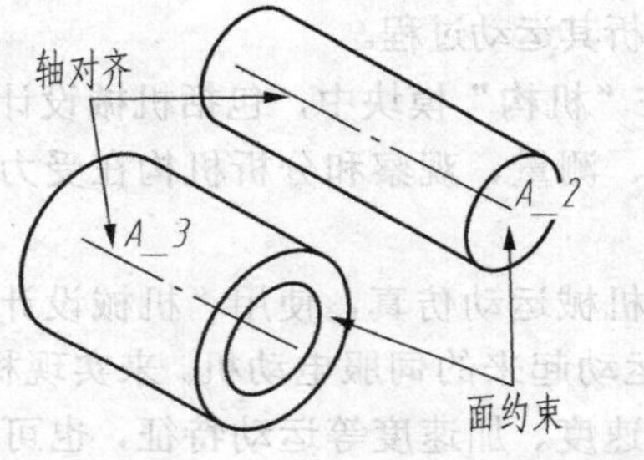

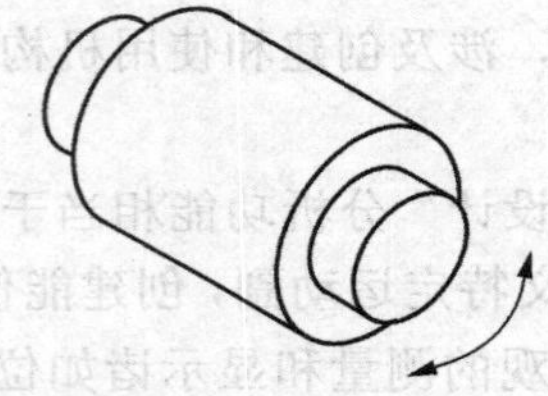

图 12.2 销钉连接示意图

3．滑动杆连接

滑动杆，将元件连接至参照轴，以使元件以一个自由度沿此轴移动。选取边或对齐轴作为对齐参照。选取曲面作为旋转参照。滑动杆连接集有两种约束：轴对齐和平面配对、对齐，以限制沿轴旋转，如图 12.3 所示。

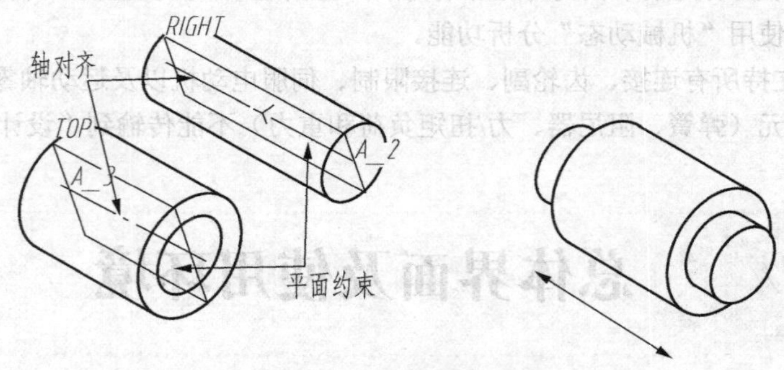

图 12.3 滑动杆连接示意图

4．圆柱连接

圆柱，连接元件，以使其以两个自由度沿着指定轴移动并绕其旋转。选取轴、边或曲线作为轴对齐参照。圆柱连接集有一个约束。如图 12.4 所示。

5. 平面连接

平面，连接元件，以使其在一个平面内彼此相对移动，在该平面内有两个自由度，围绕与其正交的轴有一个自由度。选取“配对”或“对齐”曲面参照。平面连接集具有单个平面配对或对齐约束。配对或对齐约束可被反转或偏移。如图 12.5 所示。

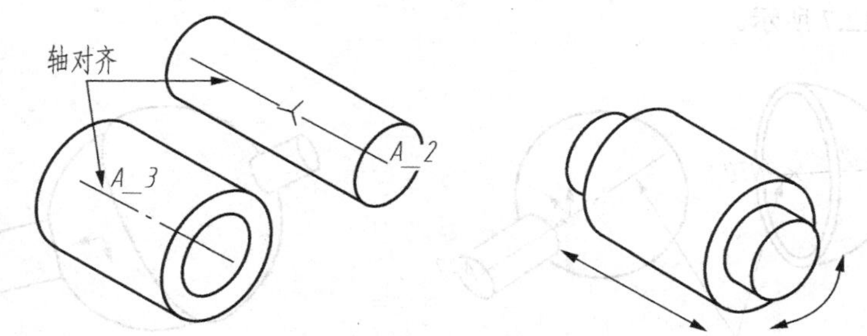

图 12.4 圆柱连接示意图

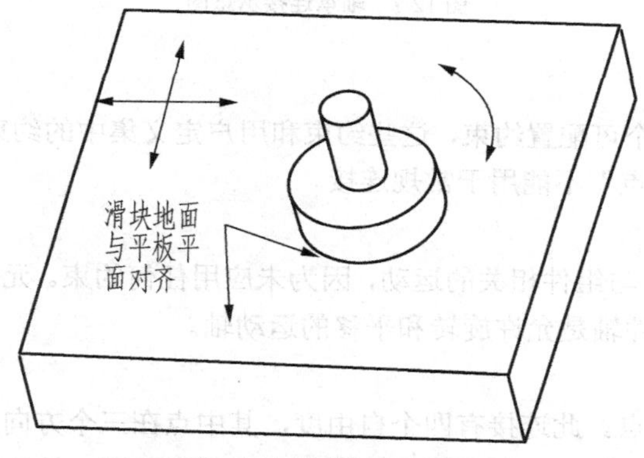

图 12.5 平面连接示意图

6. 球连接

球，连接元件，使其以三个自由度在任意方向上旋转（360°旋转）。选取点、顶点或曲线端点作为对齐参照。球连接集具有一个点对点对齐约束。如图 12-6 所示。

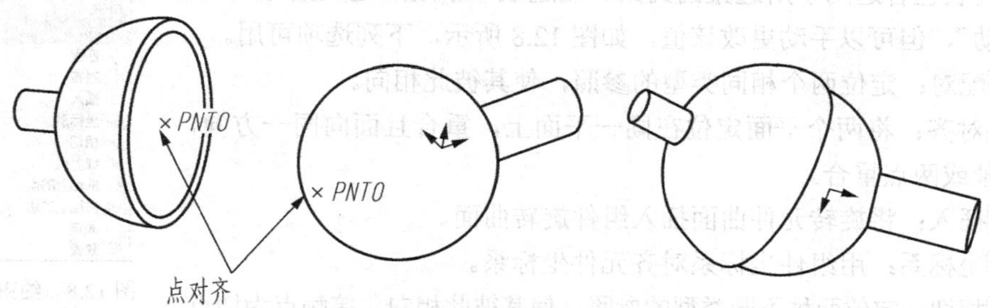

图 12.6 球连接示意图

7. 焊接

焊接：将一个元件连接到另一个元件，使它们无法相对移动。通过将元件的坐标系与组件中的坐标系对齐而将元件放置在组件中，可在组件中用开放的自由度调整元件。焊接连接有一个坐标系对齐约束。

8．轴承连接

轴承：“球”和“滑动杆”连接的组合，具有四个自由度，具有三个自由度（360°旋转）和沿参照轴移动。对于第一个参照，在元件或组件上选取一点。对于第二个参照，在组件或元件上选取边、轴或曲线。点参照可以自由地绕边旋转并沿其长度移动。轴承连接有一个“边上的点”对齐约束。如图 12.7 所示。

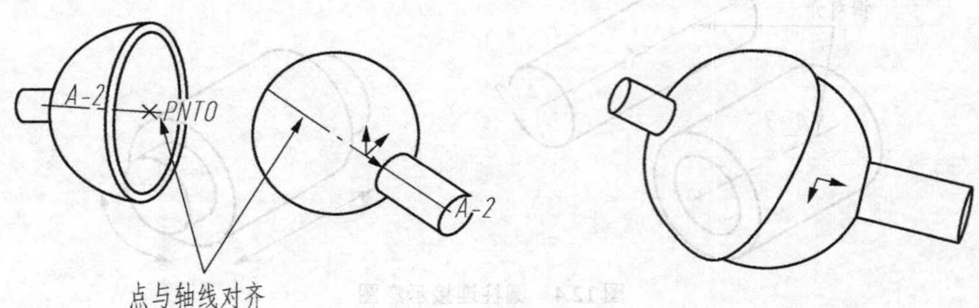

图 12.7　轴承连接示意图

9．常规

常规：有一个或两个可配置约束，这些约束和用户定义集中的约束相同。相切、“曲线上的点”和“非平面曲面上的点”不能用于常规连接。

10．6DOF

6DOF：不影响元件与组件相关的运动，因为未应用任何约束。元件的坐标系与组件中的坐标系对齐。X、Y 和 Z 组件轴是允许旋转和平移的运动轴。

11．槽

槽：非直轨迹上的点。此连接有四个自由度，其中点在三个方向上遵循轨迹。对于第一个参照，在元件或组件上选取一点。所参照的点遵循非直参照轨迹。轨迹具有在配置连接时所设置的端点。槽连接具有单个“点与多条边或曲线对齐”约束。

12.2.2 约束列表

约束列表包含适用于所选集的约束。当选取一个用户定义集时，缺省值为“自动”，但可以手动更改该值，如图 12.8 所示，下列选项可用。

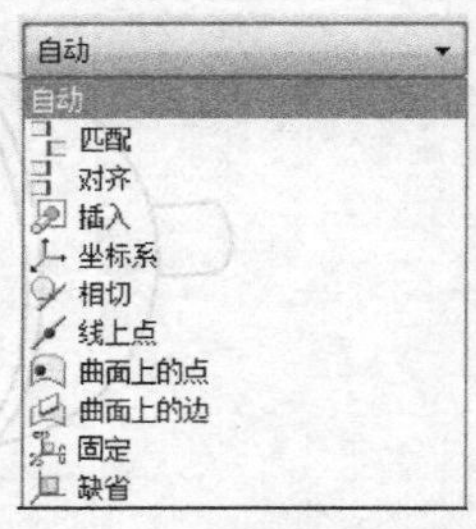

图 12.8　约束列表示意图

- 配对：定位两个相同类型的参照，使其彼此相向。
- 对齐：将两个平面定位在同一平面上，重合且面向同一方向，两条轴同轴或两点重合。
- 插入：将旋转元件曲面插入组件旋转曲面。
- 坐标系：用组件坐标系对齐元件坐标系。
- 相切：定位两种不同类型的参照，使其彼此相向。接触点为切点。
- 线上点：在直线上定位点。
- 曲面上的点：在曲面上定位点。
- 曲面上的边：在曲面上定位边。
- 固定：将被移动或封装的元件固定到当前位置。
- 缺省：用缺省的组件坐标系对齐元件坐标系。

偏移类型弹出输入框，指定“配对”或“对齐”约束的偏移类型。

- ：使元件参照和组件参照彼此重合。
- ：使元件参照位于同一平面上且平行于组件参照。
- ：根据在“偏移输入”框中输入的值，从组件参照偏移元件参照。
- ：根据在“偏移输入”框中输入的角度值，从组件参照偏移元件参照。

12.2.3 连接过程中的调整方式

在连接机构时，常常会出现位置放置不合理现象，使得连接设置无法快速定位，可通过手动的方式来直接移动或转动元件到一个比较恰当的位置。该过程主要是通过“元件放置”对话框中的“移动”选项卡来完成的，如图 12.9 所示。

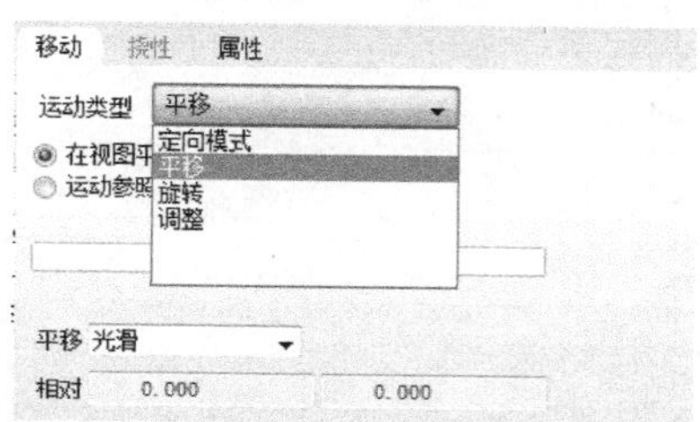

图 12.9 移动方式图

使用“移动”面板可移动正在装配的元件，使元件的取放更加方便。当“移动”面板处于活动状态时，将暂停所有其他元件的放置操作。要移动元件，必须要封装或用预定义约束集配置该元件。在“移动”面板中，可使用下列选项。

- 运动类型：指定运动类型。缺省值是“平移”。
- 定向模式：重定向视图。平移——移动元件。旋转——旋转元件。调整——调整元件的位置。
- 在视图平面中相对：相对于视图平面移动元件。
- 运动参照：相对于元件或参照移动元件。此选项激活“运动参照”收集器。
- 参照收集器：收集元件运动的参照。运动相对于所选的参照。最多可收集两个参照。选取一个参照以激活“垂直”和“平行”选项。
- 垂直：垂直于选定参照移动元件。
- 平行：平行于选定参照移动元件。
- 平移/旋转/调整参照框：用于每一种运动类型的元件运动选项。

12.2.4 机构模块

在装配环境下定义机构的连接方式后，单击菜单栏菜单“应用程序”→“机构”，系统进入机构模块环境。用户既可以通过“插入”菜单选取进行相关操作，也可以直接点击快捷工具栏图标进行操作。

图 12.10 所示的“机构”工具栏图标各选项功能解释如下。

- 机构显示：打开“机构图标显示”对话框，使用此对话框可定义需要在零件上显示的机构图标。

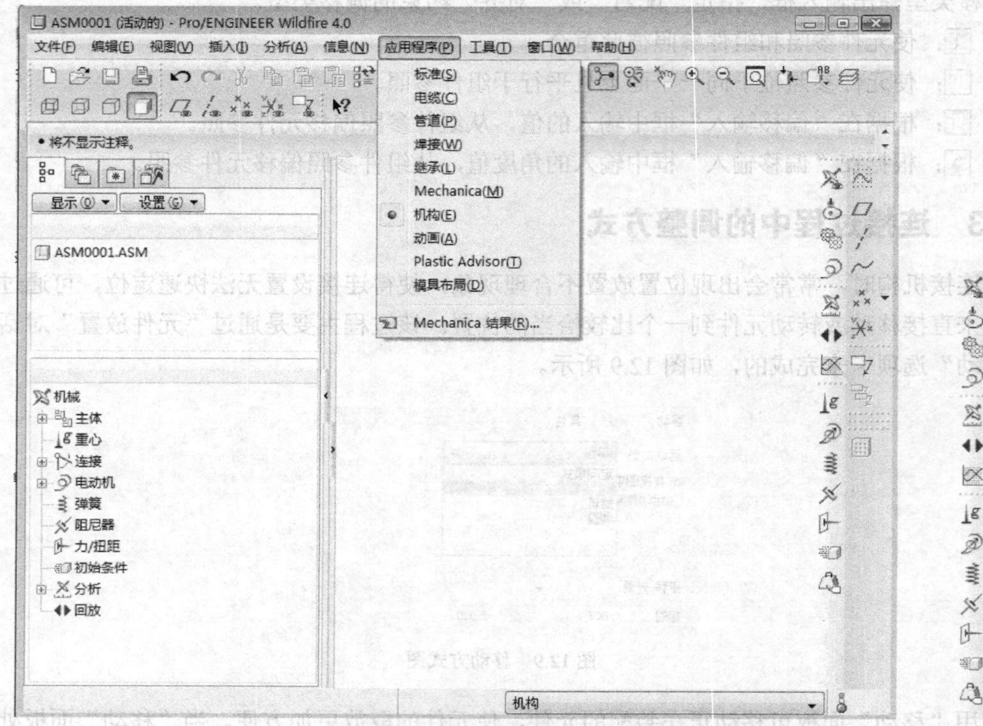

图 12.10 机构模块下的主界面及工具栏

- 凸轮：打开“凸轮从动机构连接”对话框，使用此对话框可创建新的凸轮从动机构,也可编辑或删除现有的凸轮从动机构。
- 齿轮：打开“齿轮副”对话框，使用此对话框可创建新的齿轮副，也可编辑、移除复制现有的齿轮副。
- 伺服电动机：打开“伺服电动机”对话框，使用此对话框可定义伺服电动机，也可编辑、移除或复制现有的伺服电动机。
- 机构分析：打开“机构分析”对话框，使用此对话框可添加、编辑、移除、复制或运行分析。
- 回放：打开“回放”对话框，使用此对话框可回放分析运行的结果，也可将结果保存到一个文件中、恢复先前保存的结果或输出结果。
- 测量：打开“测量结果”对话框，使用此对话框可创建测量，并可选取要显示的测量和结果集，也可以对结果出图或将其保存到一个表中。
- 重力：打开“重力”对话框，可在其中定义重力。
- 执行电动机：打开“执行电动机”对话框，使用此对话框可定义执行电动机，也可编辑、移除或复制现有的执行电动机。
- 弹簧：打开“弹簧”对话框，使用此对话框可定义弹簧，也可编辑、移除或复制现有的弹簧。
- 阻尼器：打开“阻尼器”对话框，使用此对话框可定义阻尼器，也可编辑、移除或复制现有的阻尼器。

- 力/扭矩：打开“力/扭矩”对话框，使用此对话框可定义力或扭矩，也可编辑、移除或复制现有的力/扭矩负荷。
- 初始条件：打开“初始条件”对话框，使用此对话框可指定初始位置快照，并可为点、连接轴、主体或槽定义速度初始条件。
- 质量属性：打开“质量属性”对话框，使用此对话框可指定零件的质量属性，也可指定组件的密度。

12.3 机构运动仿真实例

了解基本的图标功能之后，下面通过具体实例进行机构运动仿真。

12.3.1　风扇运动仿真

（1）启动 Pro/E。单击菜单“文件”→“设置工作目录”。打开“选取工作目录”对话框，将目录设置为“X：/12-1fengshanyundong”，单击“确定”按钮，选定系统工作目录。

（2）单击菜单“文件”→“新建”。打开“新建”对话框，在“类型”框架中选取“组件”选项，在名称文本框内输入“fengshanfangzhen”，取消系统默认的“使用缺省模板”复选框的选取，在打开的“新文件选项”对话框的列表中选取 mmns_asm_design 为模板，单击“确定”按钮。

（3）单击图标，打开“打开”对话框。选取“fengshan-zhizuo.prt”文件，单击“打开”按钮，系统弹出“元件放置”对话框。在“自动约束”下拉列表中选取 缺省 按钮，接受缺省约束放置，单击“确定”按钮。这样系统自动定义为基础主体。

注意：此处需将约束选项选取为“缺省”，表示把元件固定并放置于默认位置。若此处不选取约束，系统默认此元件处于自由状态，在运动仿真过程中将出现风扇叶片不动、底座转动的现象。

（4）再次单击图标，打开“打开”对话框。选取“fengshan.prt”文件，单击“打开”按钮，弹出“元件放置”对话框。在“用户定义”下拉列表中选取 销钉 选项。选取的约束参照如图 12.11 所示。

图 12.11　选取约束参照

（5）在“放置”面板中，分别单击两个元件的中心线，完成“轴对齐”连接，如图 12.12 所示。

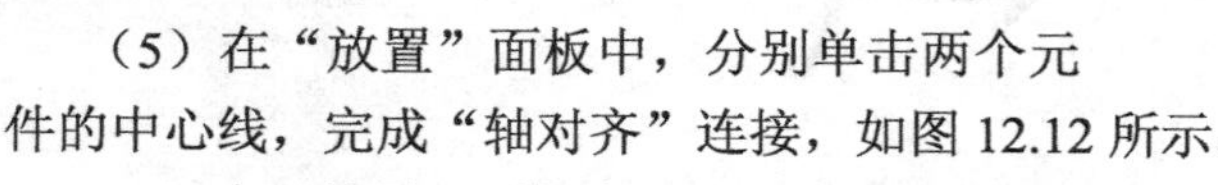

（6）在“放置”面板中，分别单击底座顶面和风扇孔底，在“偏移”选项中选取“重合”，完成“平移”连接定义，如图 12.13 所示。

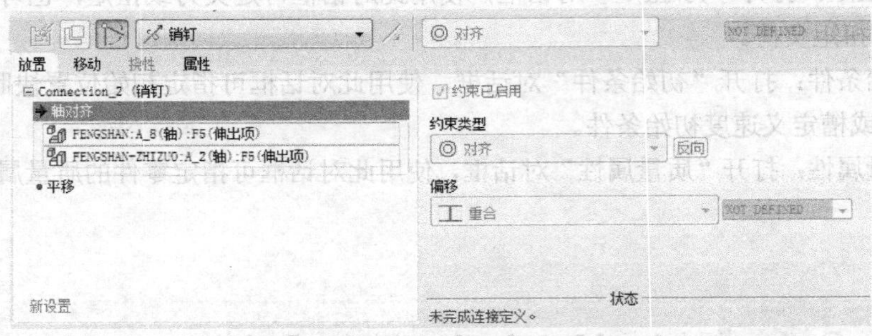

图 12.12　完成“轴对齐”连接

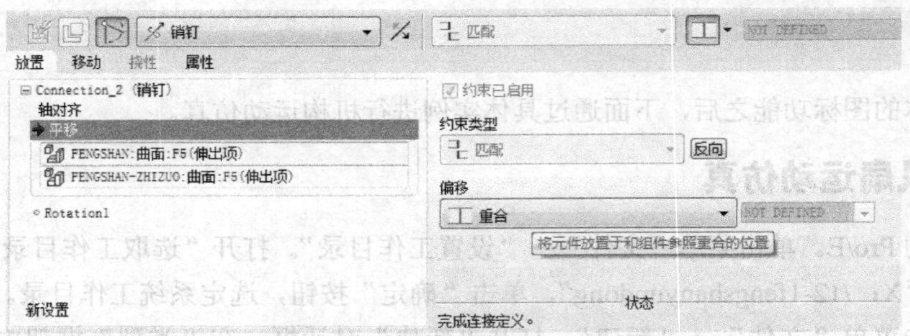

图 12.13　选取“平移”参照

（7）单击“确定”按钮，完成风扇零件装配。

（8）单击菜单命令“应用程序”→“机构”，进入如图 12.14 所示的运动仿真模块操作界面。

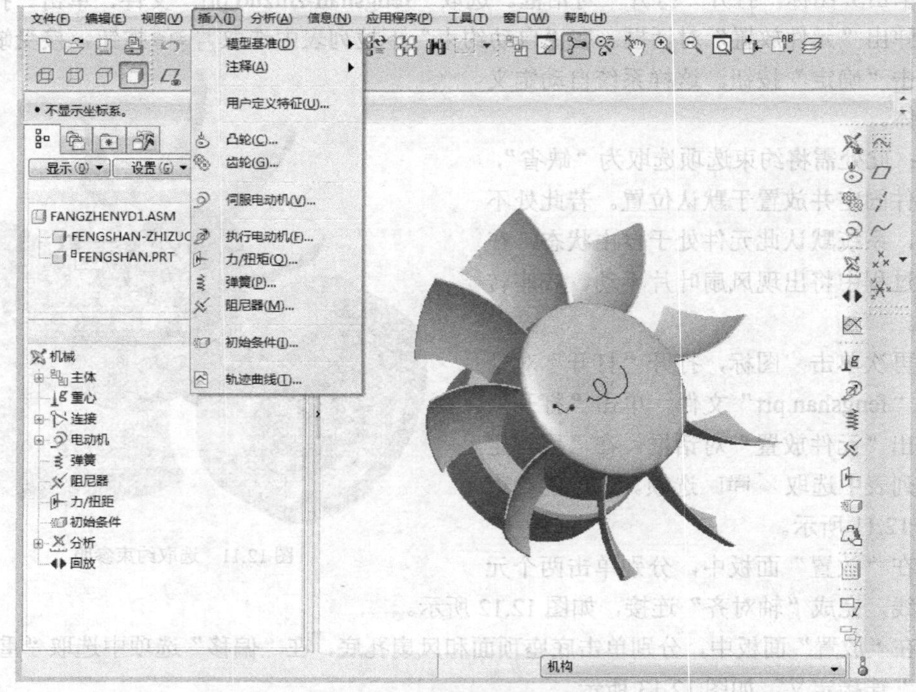

图 12.14　运动仿真模块操作界面

（9）单击菜单命令“插入”→“伺服电动机”，打开如图 12.15 所示的“伺服电动机定义”对话框。

（10）在“类型”选项卡下选定如图 12.16 所示的轴，将其作为伺服电动机的运动轴。

（11）切换至“轮廓”选项卡，在对话框中输入“速度”参数，如图 12.17 所示。

（12）单击“伺服电动机定义”对话框底部“确定”按钮，完成伺服电动机的连接，单击“伺服电动机”对话框底部“关闭”按钮，完成伺服电动机的设置。

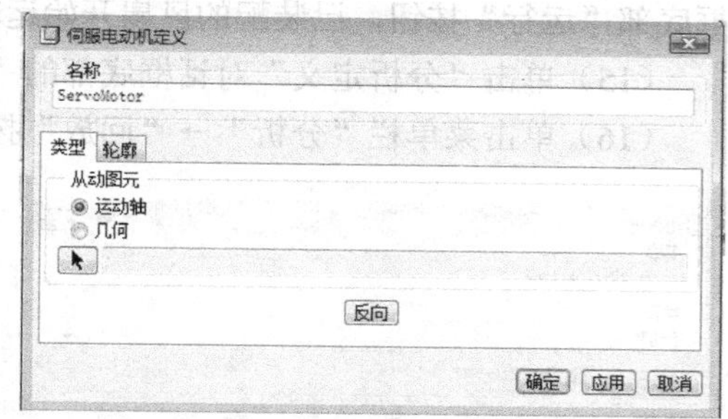

图 12.15 “伺服电动机定义-类型”对话框

（13）单击菜单栏“分析”→“机构分析”，打开“分析定义”对话框，保持“优先选项”选项卡下的默认设置，如图 12.18 所示。

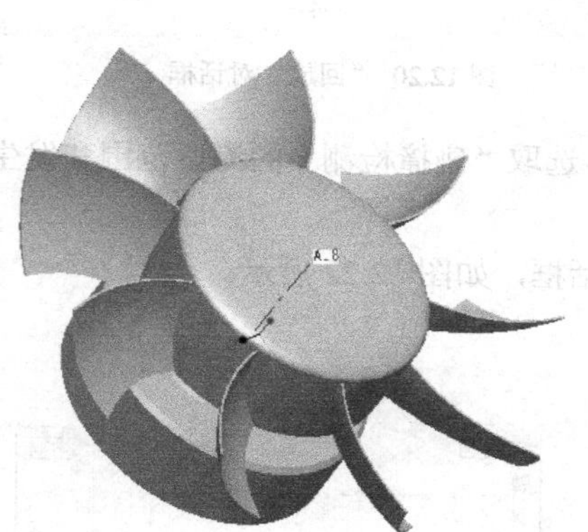

图 12.16 选取的连接轴

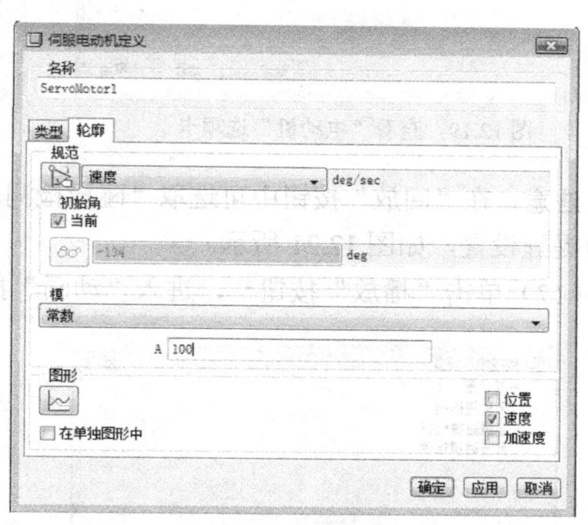

图 12.17 “伺服电动机定义-轮廓”对话框

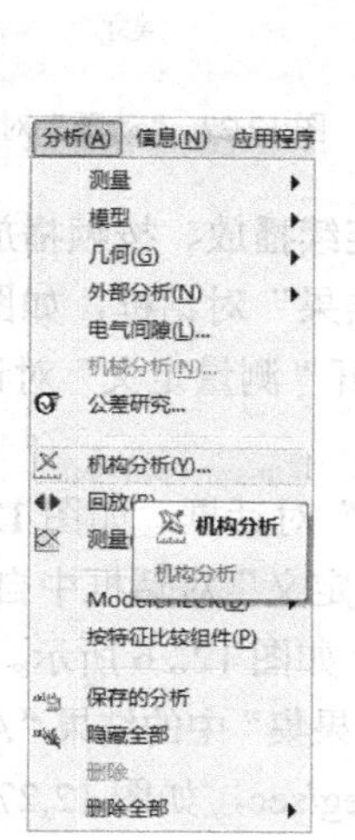

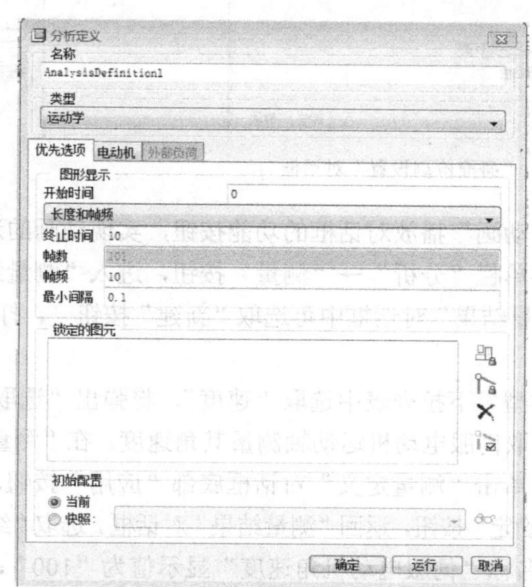

图 12.18 打开“分析定义”对话框

（14）单击“电动机”选项卡，查看是否已经设置好伺服电机“Servomotor”，然后单击对话框底部“运行”按钮，已装配的风扇开始运转，如图 12.19 所示。

（15）单击“分析定义”对话框底部的“确定”按钮，完成运动状态设置。

（16）单击菜单栏“分析”→“回放”按钮，打开“回放”对话框，如图 12.20 所示。

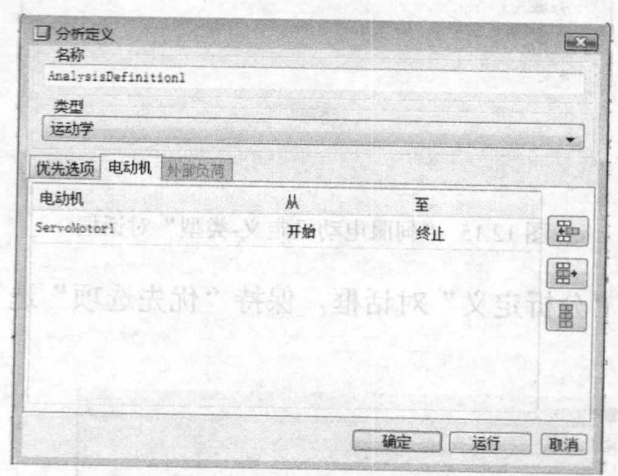

图 12.19 查看“电动机”选项卡

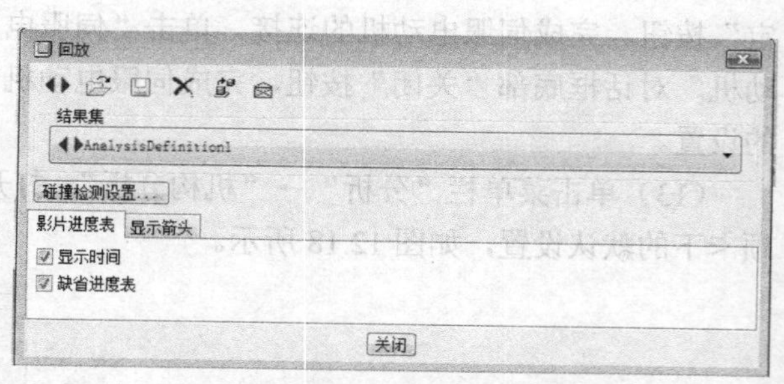

图 12.20 “回放”对话框

注意：在“回放”按钮中可选取“碰撞检测设置”，选取“碰撞检测”的测试范围和发生碰撞时的提醒设置，如图 12.21 所示。

（17）单击“播放”按钮，进入“动画”播放对话框，如图 12.22 所示。

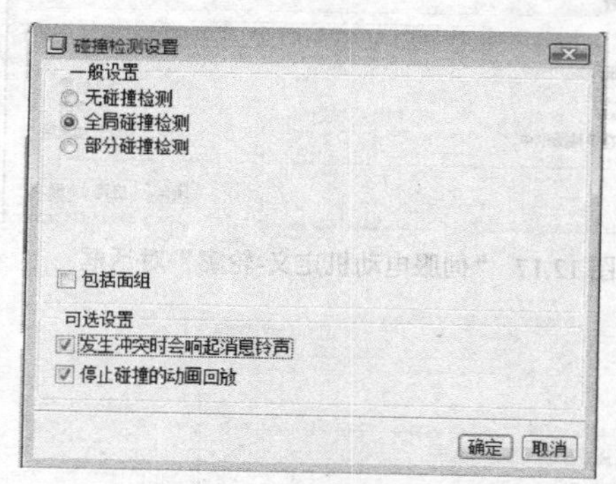

图 12.21 “碰撞检测设置”对话框

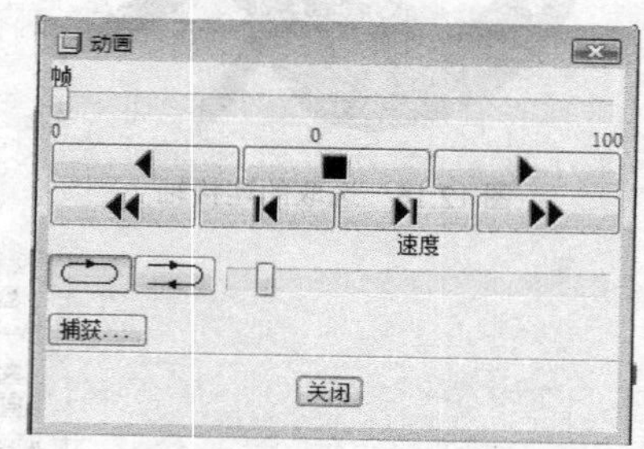

图 12.22 “动画”对话框

（18）单击“动画”播放对话框的功能按钮，实现动画的连续播放、按帧播放等功能。

（19）单击菜单栏“分析”→“测量”按钮，进入“测量结果”对话框，如图 12.23 所示。

（20）在“测量结果”对话框中可选取“新建”按钮，打开“测量定义”对话框，如图 12.24 所示。

（21）在“类型”下拉列表中选取“速度”，将弹出“选取”对话框，如图 12.25 所示。

（22）本例选取伺服电动机运动轴测量其角速度。在“测量定义”对话框中自定义名称“伺服电动机角速度”，单击“测量定义”对话框底部“应用”按钮，如图 12.26 所示。

（23）单击“确定”按钮，返回“测量结果”对话框。选取“结果集”中的结果“Analysis Definition 1”，新建的测量名称“伺服电动机角速度”显示值为“100”deg/sec，如图 12.27 所示。

（24）选取测量名称“伺服电动机角速度”，激活“图形”工具，绘制选定结果集所选测量的图形，如图 12.28 所示。

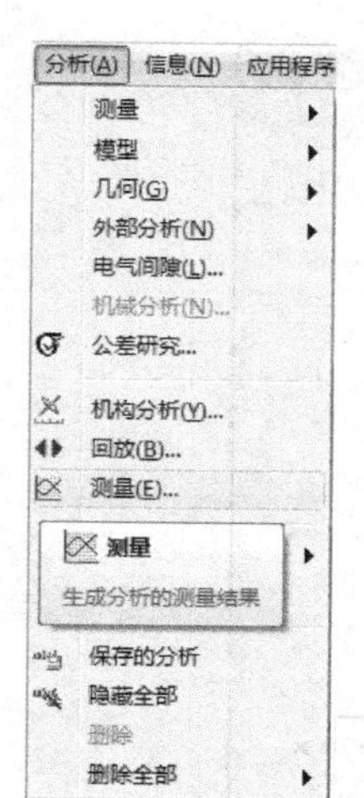

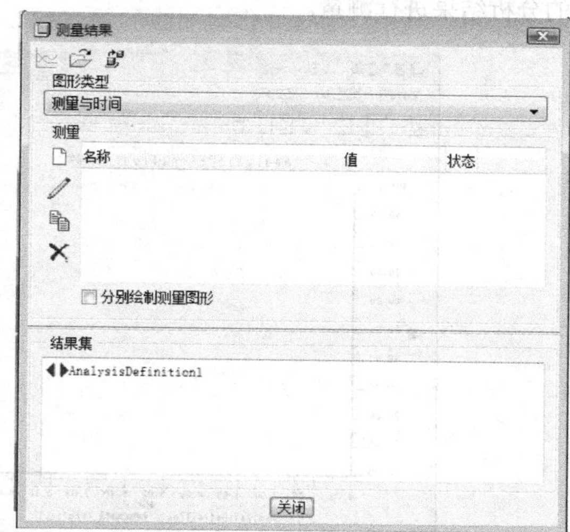

图 12.23 “测量结果”对话框

图 12.24 “测量定义”对话框

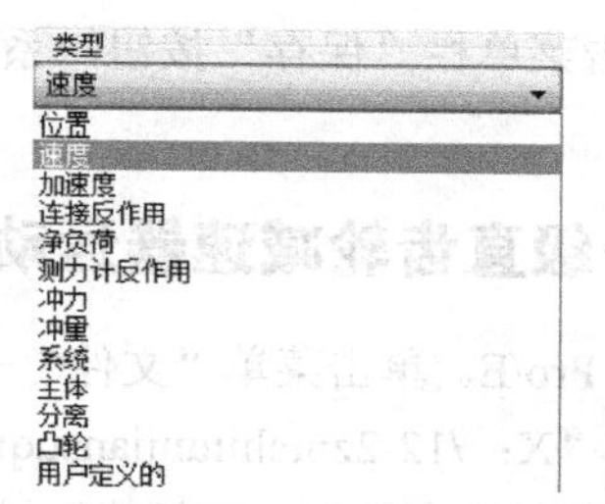

图 12.25 “测量类型”下拉列表及选取框

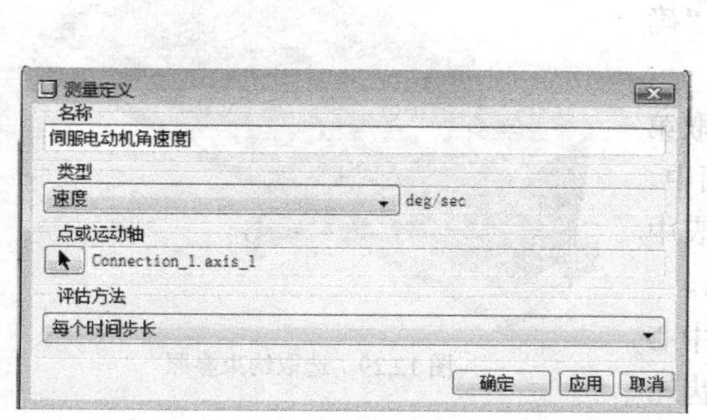

图 12.26 “测量定义”参数选取

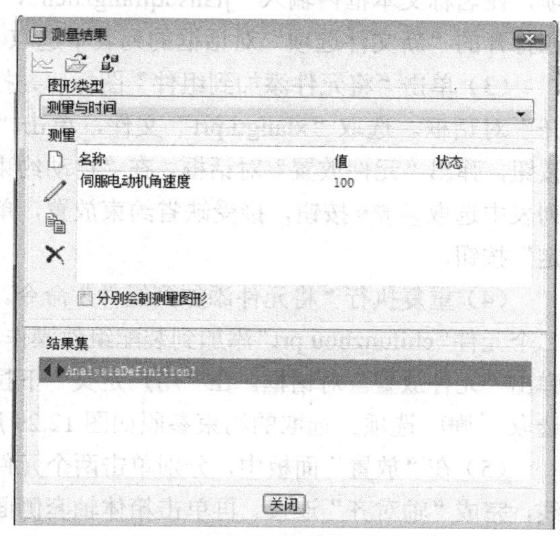

图 12.27 “测量结果”对话框

注意：（1）此处必须同时选取“结果集”中的分析结果和“测量名称”中的测量项目，才可以激活图形绘制工具。(2) 多次使用“分析”功能，将会在“结果集”中产生多个“Analysis Definition”结果，选取对应的分析结果进行测量。

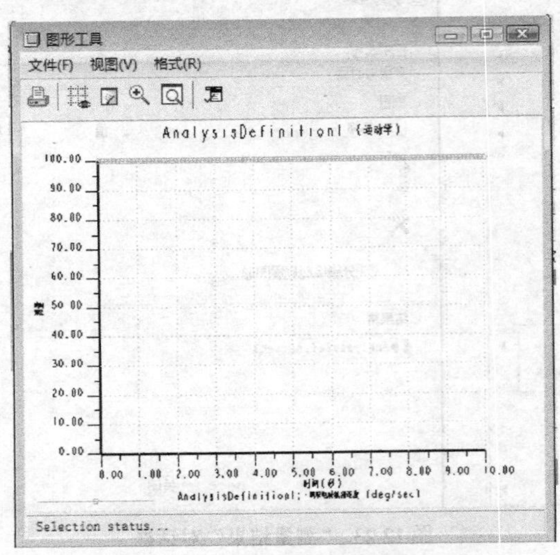

图 12.28 “图形工具”对话框

(25) 单击菜单栏“保存”按钮，系统将以“fengshanfangzhen.asm”为文件名保存当前活动对象。

12.3.2 一级直齿轮减速器运动仿真

(1) 启动 Pro/E。单击菜单“文件”→“设置工作目录”。打开“选取工作目录”对话框工作，将目录设置为“X：/12-2zhichilunjiansuqi”，单击“确定”按钮，选定系统工作目录。

(2) 单击菜单“文件”→“新建”。打开“新建”对话框，在“类型”框架中选取“组件”选项，在名称文本框内输入“jiansuqifangzhen”，取消系统默认的“使用缺省模板”复选框的选取，在打开的“新文件选项”对话框的列表中选取 mmns_asm_design 为模板，单击“确定”按钮。

(3) 单击“将元件添加到组件”图标，打开“打开”对话框。选取“xiangti.prt”文件，单击“打开”按钮，弹出“元件放置”对话框。在“自动约束”下拉列表中选取缺省按钮，接受缺省约束放置，单击“确定”按钮。

(4) 重复执行“将元件添加到组件”命令。选取第二个元件“chilunzhou.prt”添加到装配组件操作界面中。弹出“元件放置”对话框。在“用户定义”下拉列表中选取销钉 选项。选取的约束参照如图 12.29 所示。

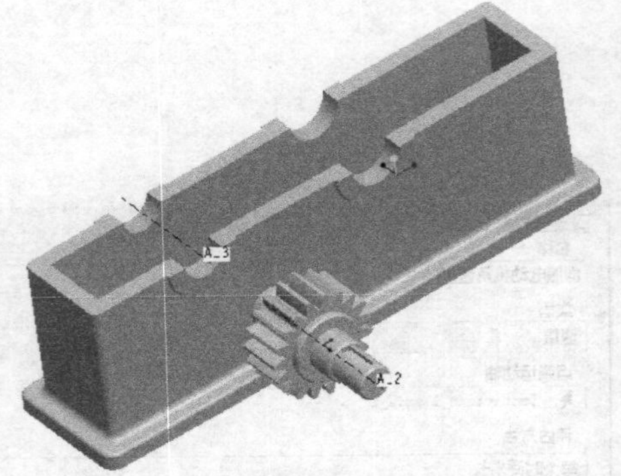

图 12.29 选取约束参照

(5) 在“放置”面板中，分别单击两个元件的中心线，完成“轴对齐”连接。再单击箱体轴套侧面和齿轮轴侧面，将其作为约束参照，在“偏移”选项中选取“重合”，完成“平移”连接定义，如图 12.30 所示。

(6) 单击“确定”按钮，完成第二个元件“chilunzhou.prt”的装配。

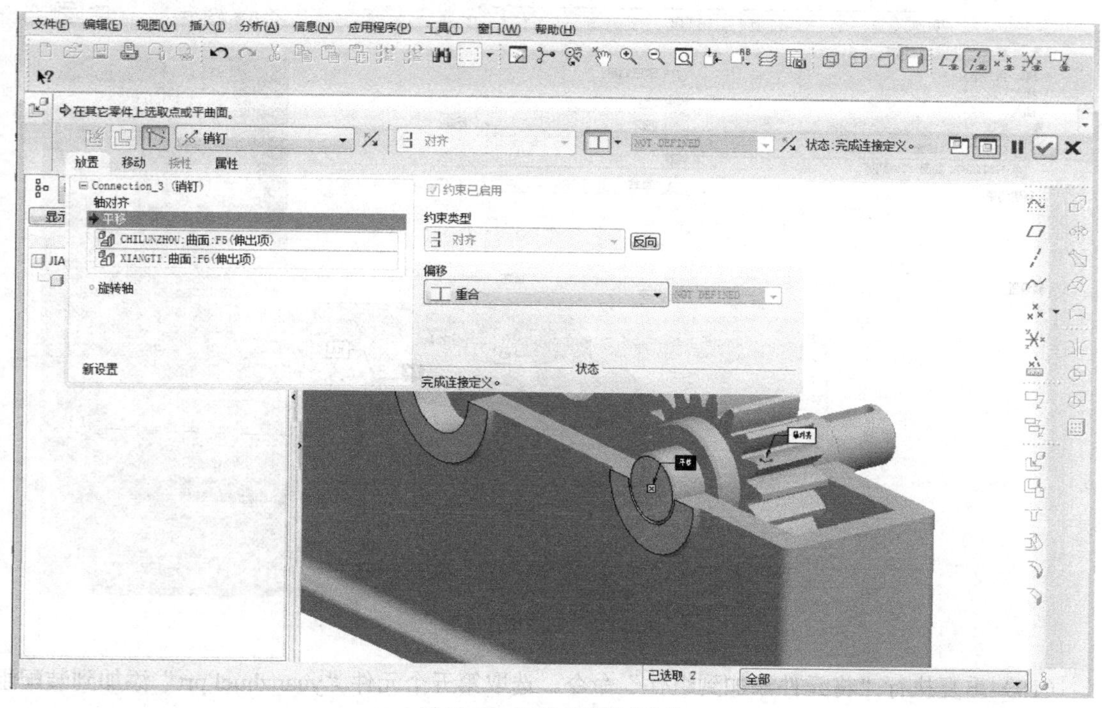

图 12.30 完成“销钉“连接

（7）再次单击“将元件添加到组件”图标，打开“打开”对话框。选取“jietizhou.prt”文件，按照 销钉 连接方式完成装配，如图 12.31 所示。

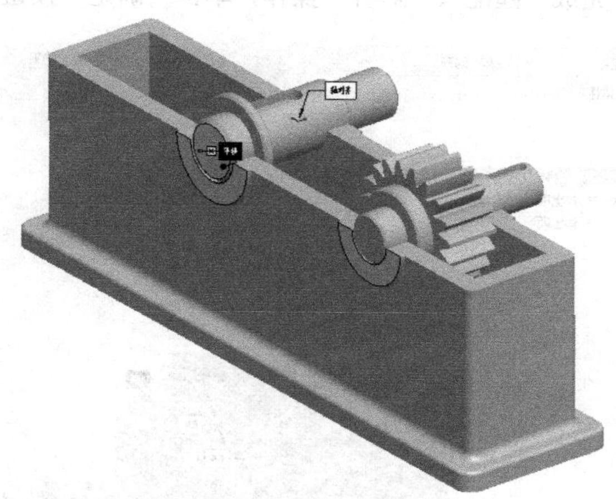

图 12.31 完成阶梯轴连接

（8）重复执行“将元件添加到组件”命令。选取第四个元件“chilunjian.prt”添加到装配组件操作界面中。

（9）因为阶梯轴与键之间没有相对运动，因此可以不使用连接接头而直接采用一般装配条件进行设置。分别单击键的两半圆面与键槽的半圆面，完成“插入”操作；再分别单击键的底面与键槽的底面，完成“匹配”操作，单击“确定”按钮完成第四个零件的装配。如图 12.32 所示。

图 12.33 完成圆柱齿轮的装配

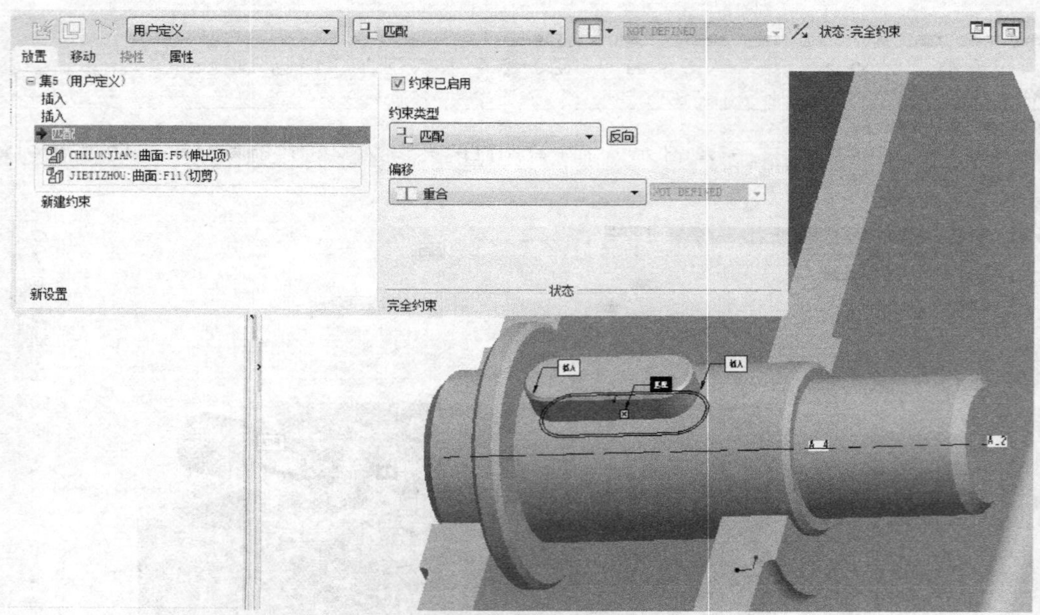

图 12.32 完成键的装配

（10）重复执行“将元件添加到组件”命令。选取第五个元件“yuanzhucl.prt”添加到装配组件操作界面中。

（11）由于圆柱齿轮与阶梯轴之间没有相对运动，因此采用一般装配条件进行装配。分别单击如图 12.33 所示的齿轮键槽侧面和键的侧面、齿轮轴轴线和阶梯轴轴线、齿轮凸台侧面和阶梯轴凸台侧面作为约束参照，完成“匹配”、“对齐”操作，单击“确定”按钮完成第五个零件的装配。

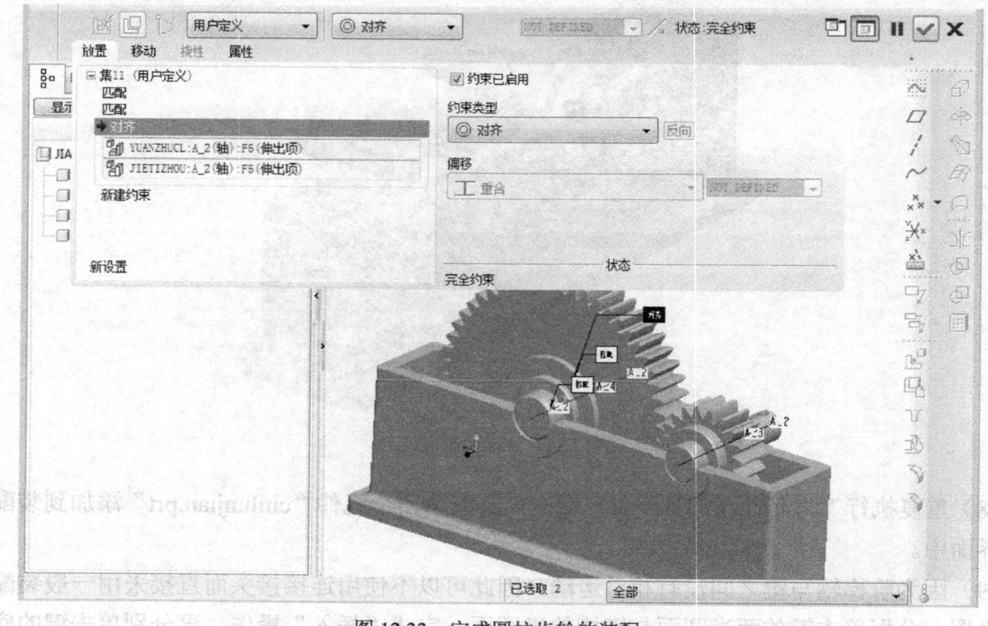

图 12.33 完成圆柱齿轮的装配

注意：连接第四个和第五个元件时，也可以采用“刚性”连接设置，其性质与一般的装配条件相同。

（12）单击菜单命令“应用程序”→“机构”，系统进入运动仿真模块，如图 12.34 所示。

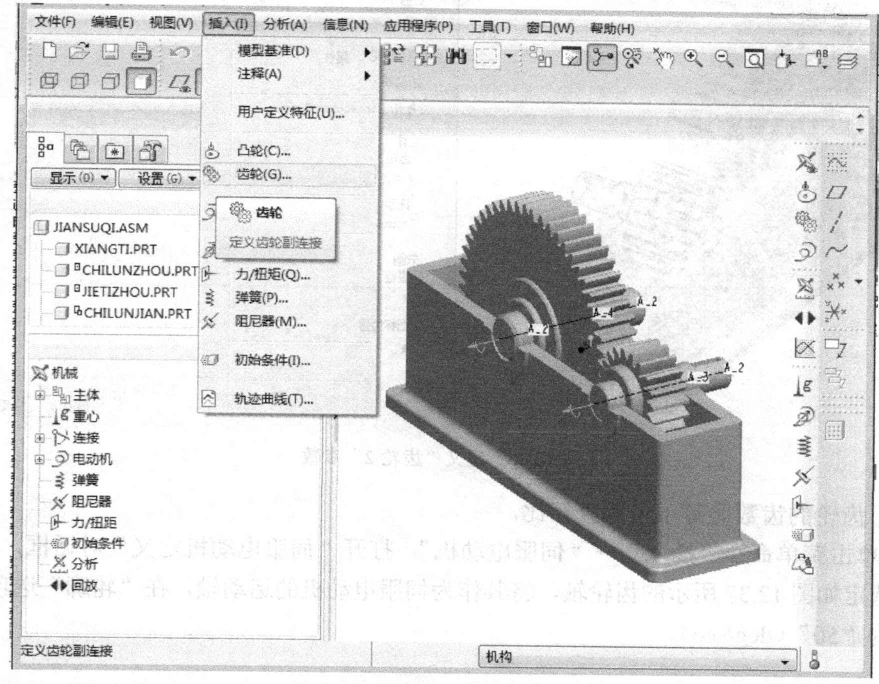

图 12.34 运动仿真模块

（13）单击菜单命令“插入”→“齿轮”，打开“齿轮副定义”对话框，单击如图 12.35 所示的齿轮连接轴作为“齿轮 1”的运动轴，并在对话框底部的“节圆”直径文本框中输入“55”。

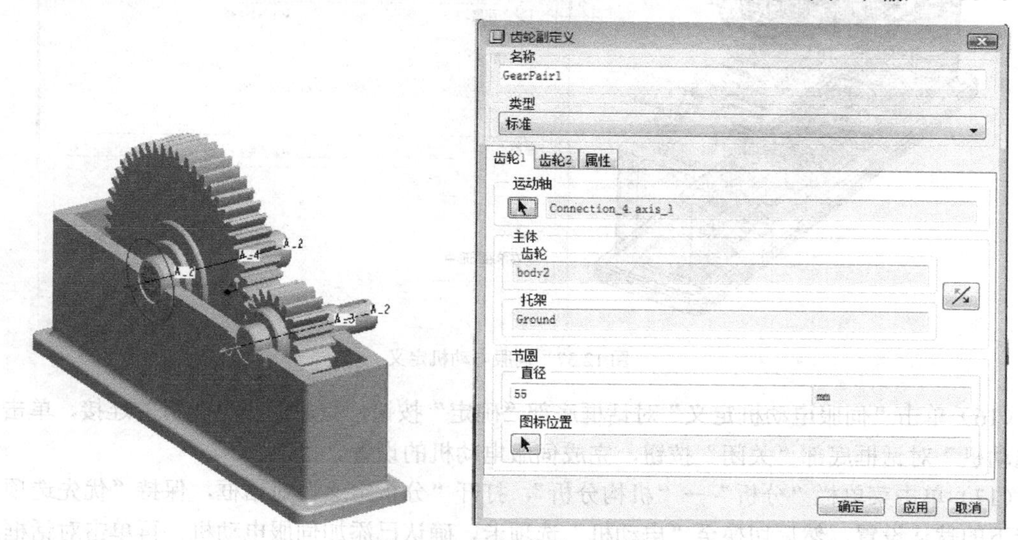

图 12.35 定义“齿轮 1”参数

（14）切换到“齿轮 2”选项卡，单击如图 12.36 所示的齿轮连接轴作为“齿轮 2”的运动轴，并在对话框底部的“节圆”直径文本框中输入“19”。然后单击“确定”按钮，显示“齿轮副”的符号。

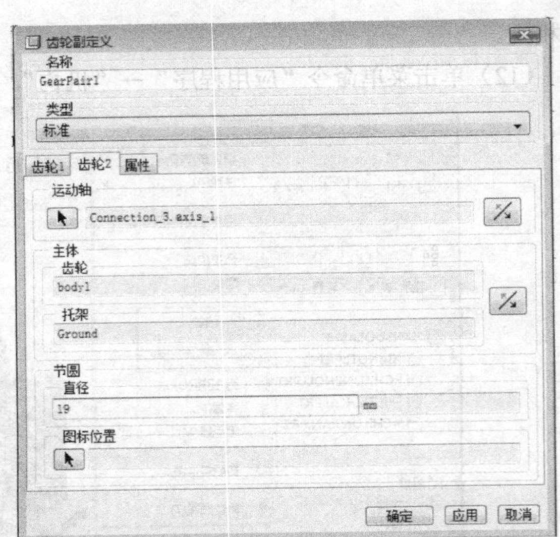

图 12.36　定义“齿轮 2”参数

注意：齿轮的齿数比等于节圆直径比。

（15）单击菜单命令“插入”→“伺服电动机”，打开“伺服电动机定义”对话框，在“类型”选项卡中选定如图 12.37 所示的齿轮轴，将其作为伺服电动机的运动轴，在“轮廓”选项卡中设定速度参数为“50”（deg/sec）。

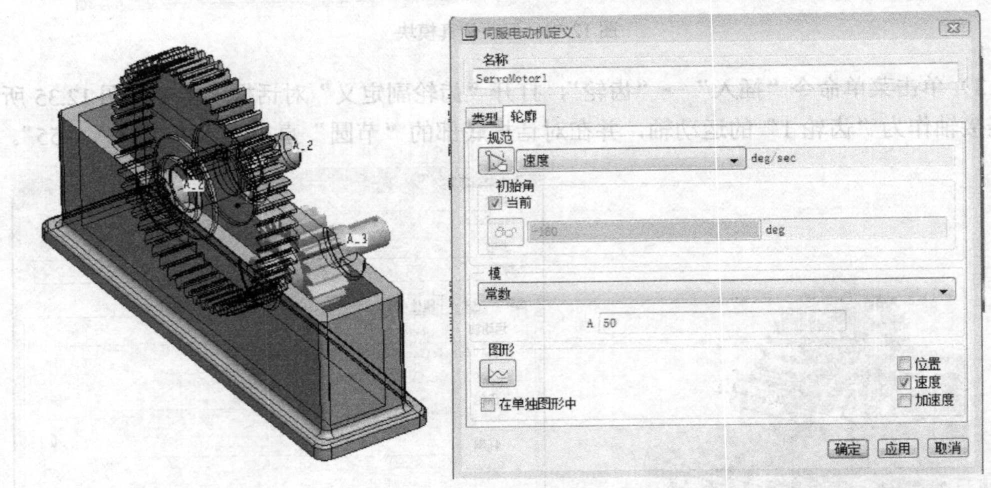

图 12.37　伺服电动机定义

（16）单击“伺服电动机定义”对话框底部“确定”按钮，完成伺服电动机的连接，单击“伺服电动机”对话框底部“关闭”按钮，完成伺服电动机的设置。

（17）单击菜单栏“分析”→“机构分析”，打开“分析定义”对话框，保持“优先选项”选项卡下的默认设置，然后切换至“电动机”选项卡，确认已添加伺服电动机，再单击对话框底部“运行”按钮，视图中的齿轮开始运转。

（18）单击菜单栏“分析”→“回放”按钮，打开“回放”对话框，播放运动过程。

（19）单击菜单栏“保存”按钮，系统将以“jiansuqifangzhen.asm”为文件名保存当前活动对象。

12.3.3 蜗轮蜗杆运动仿真

（1）启动 Pro/E。单击菜单“文件” →“设置工作目录”。打开“选取工作目录”对话框工作，将目录设置为“X：/12-3wolunwogan”，单击“确定”按钮，选定系统工作目录。

（2）单击菜单“文件”→“新建”。打开“新建”对话框，在“类型”框架中选取“组件”选项，在名称文本框内输入“wolunwogan”，取消系统默认的“使用缺省模板”复选框的选取，在打开的“新文件选项”对话框的列表中选取 mmns_asm_design 为模板，单击“确定”按钮。

（3）单击“将元件添加到组件”图标，打开“打开”对话框。选取“keti.prt”文件，单击“打开”按钮，弹出“元件放置”对话框。在“自动约束”下拉列表中选取缺省按钮，接受缺省约束放置，单击“确定”按钮，如图 12.38 所示。

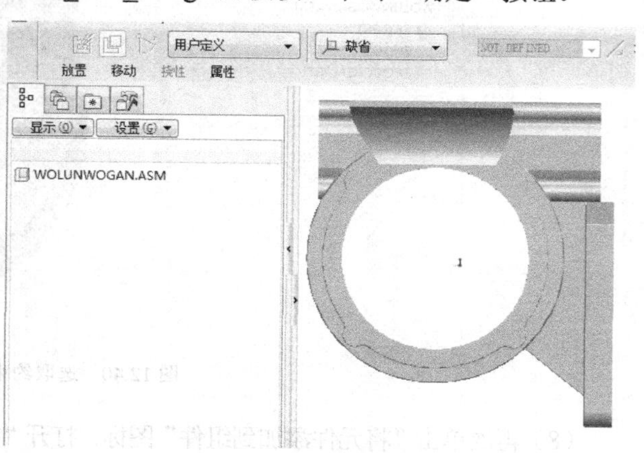

图 12.38 放置壳体零件

（4）重复执行“将元件添加到组件”命令。选取第二个元件“zhoucheng.prt”添加到装配组件操作界面中。按照系统默认装配方式，分别单击两条轴线、壳体侧面和轴承侧面，将其作为约束参照，然后单击对话框底部“确定”按钮，完成轴承装配，如图 12.39 所示。

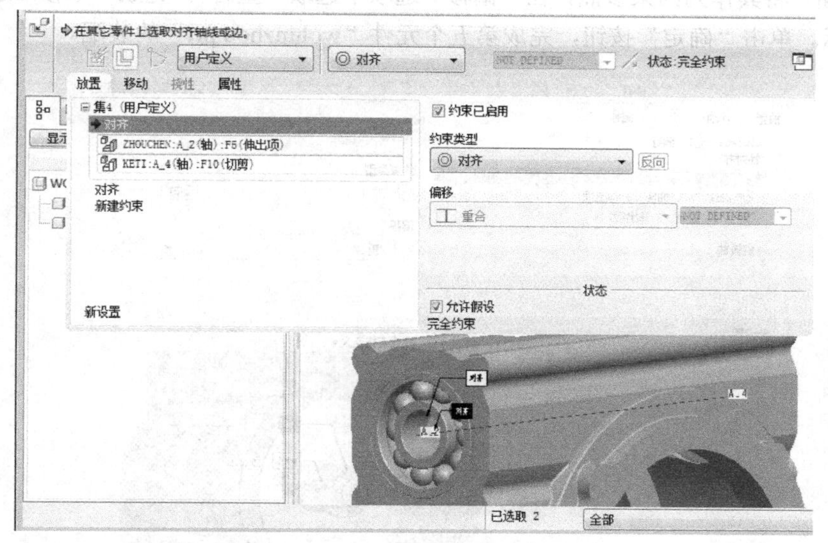

图 12.39 选取约束装配轴承

（5）重复上述操作，将第三个元件“zhoucheng.prt”装配到壳体另一侧。

（6）重复执行“将元件添加到组件”命令。选取第四个元件“wogan.prt”添加到装配组件操作界面中。弹出“元件放置”对话框，在“用户定义”下拉列表中选取销钉 选项。

（7）在“放置”面板中，分别单击两个元件的轴线，完成“轴对齐”连接。再单击壳体侧面和蜗杆轴侧面，将其作为约束参照，在“偏移”选项中选取“重合”，完成“平移”连接定义，如图 12.40 所示。单击“确定”按钮，完成第四个元件“wogan.prt”的装配。

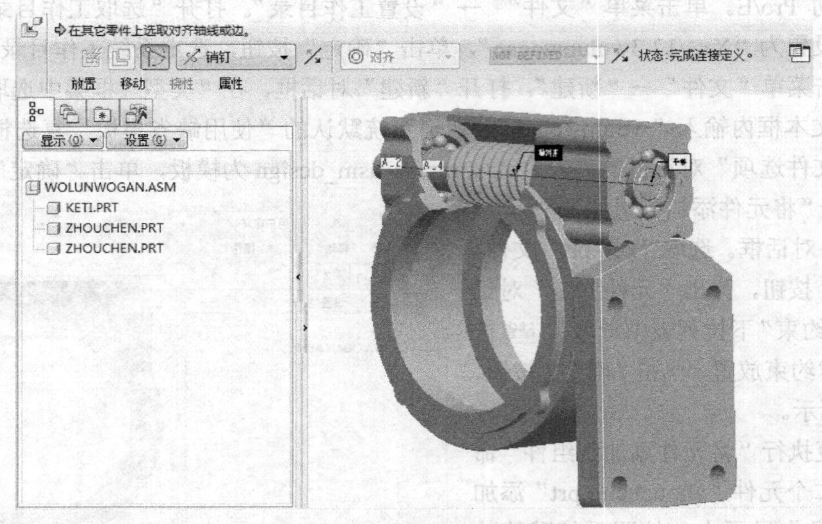

图 12.40 选取约束装配蜗杆

（8）再次单击“将元件添加到组件”图标，打开“打开”对话框。选取第五个元件“wolunzhou.prt”添加到装配组件操作界面中。弹出“元件放置”对话框，在“用户定义”下拉列表中选取“销钉”选项。

（9）在“放置”面板中，分别单击两个元件的轴线，完成“轴对齐”连接。再单击壳体侧面和蜗轮轴侧面，将其作为约束参照，在“偏移”选项中选取“重合”，完成“平移”连接定义，如图 12.41 所示。单击“确定”按钮，完成第五个元件“wolunzhou.prt”的装配。

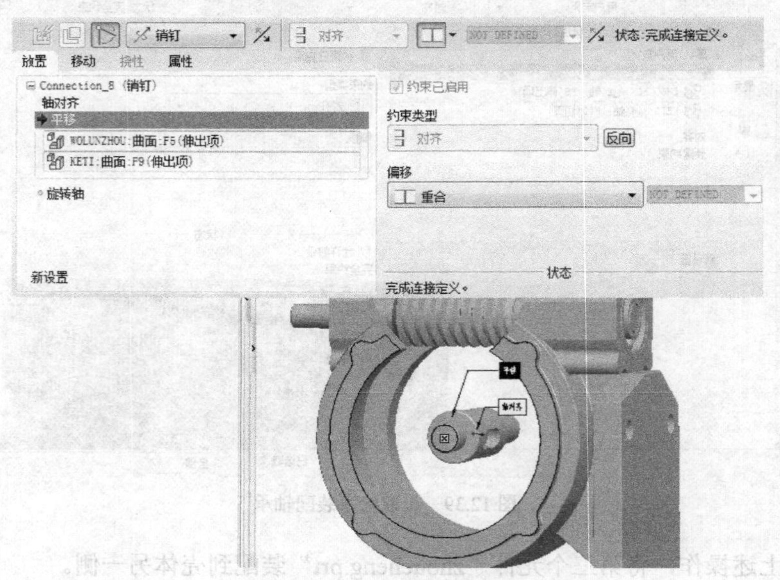

图 12.41 选取约束装配蜗轮轴

（10）按 Ctrl 键，在模型树列表中分别单击选取壳体、轴承（2 个）、蜗杆，然后单击鼠标右键，在弹出的快捷菜单中选择“隐藏”选项，结果如图 12.42 所示。

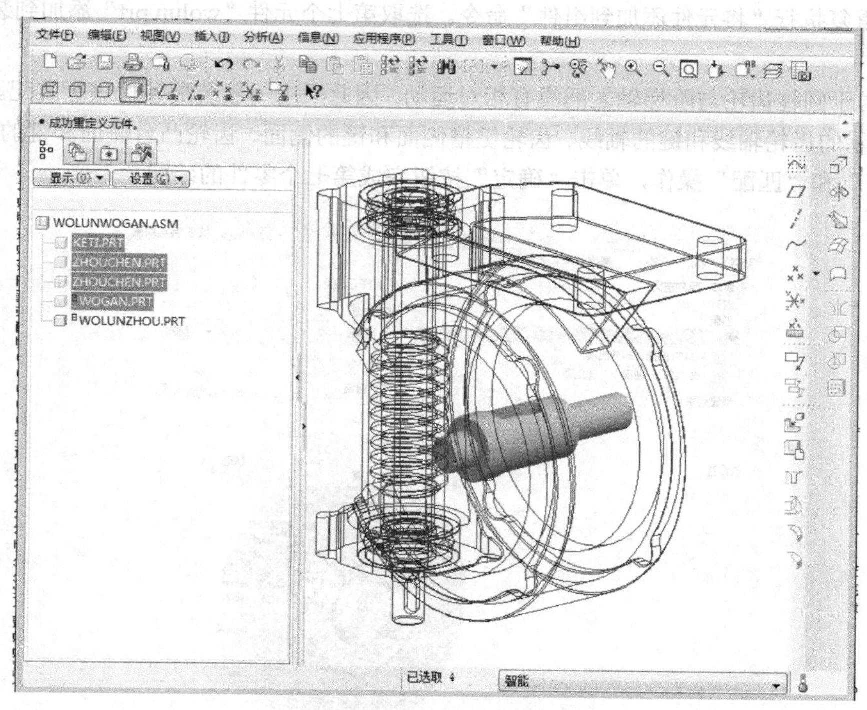

图 12.42 “隐藏”已装配元件

（11）重复执行“将元件添加到组件”命令。选取第六个元件“wolunjian.prt”添加到装配组件操作界面中。

（12）由于蜗轮轴与蜗轮键之间没有相对运动，因此采用一般装配条件进行装配。分别单击键的半圆面和蜗轮轴键槽的半圆面，完成“插入”操作。分别单击键的底面与键槽的底面、键的侧面与键槽的侧面，完成“匹配”操作。单击“确定”按钮完成第六个零件的装配，如图 12.43 所示。

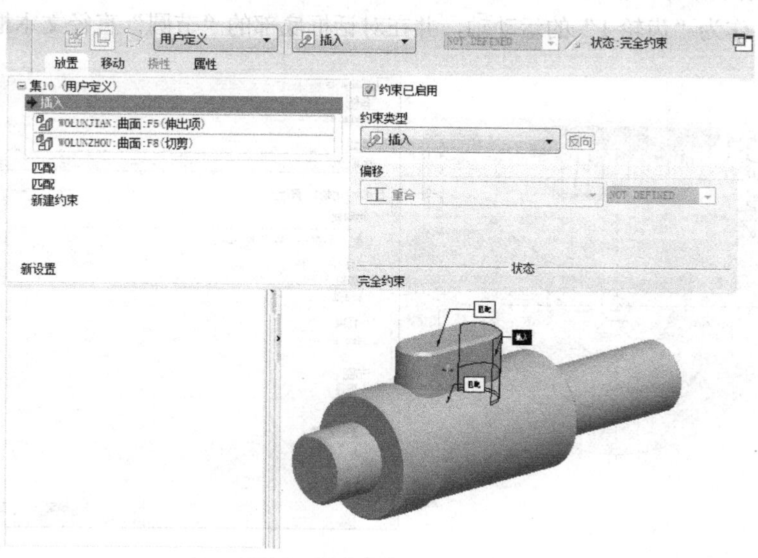

图 12.43 蜗轮键装配

（13）重复执行“将元件添加到组件”命令。选取第七个元件“wolun.prt”添加到装配组件操作界面中。

（14）由于圆柱齿轮与阶梯轴之间没有相对运动，因此采用一般装配条件进行装配。分别单击图 12.44 所示的齿轮轴线和键的轴线、齿轮键槽侧面和键的侧面、齿轮凸台侧面和键的凸台侧面，完成“对齐”和“匹配”操作，单击“确定”按钮完成第七个零件的装配。

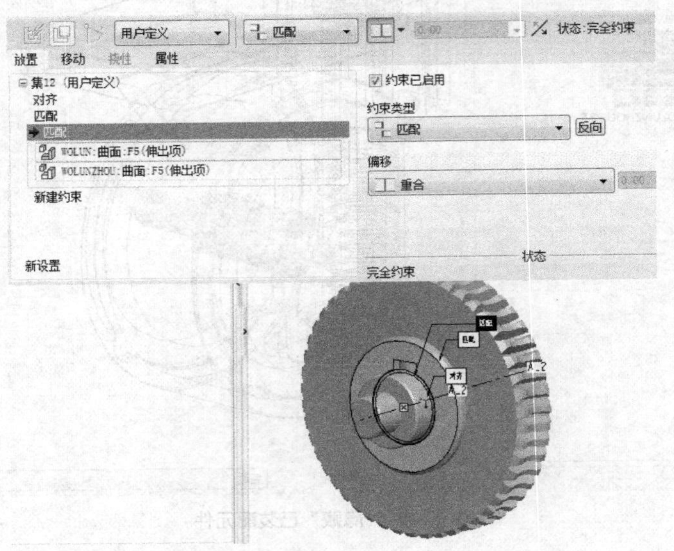

图 12.44 选取约束装配圆柱齿轮

（15）分别单击窗口中的壳体、轴承、蜗杆，然后单击鼠标右键，在弹出的快捷菜单中选择“取消隐藏”选项。

（16）单击菜单命令“应用程序”→“机构”，进入运动仿真模块。

（17）单击菜单命令“插入”→“齿轮”，打开“齿轮副定义”对话框，单击如图 12.45 所示的齿轮连接轴，作为“齿轮 1”的运动轴，并在对话框底部的“节圆”直径文本框中输入“50”。

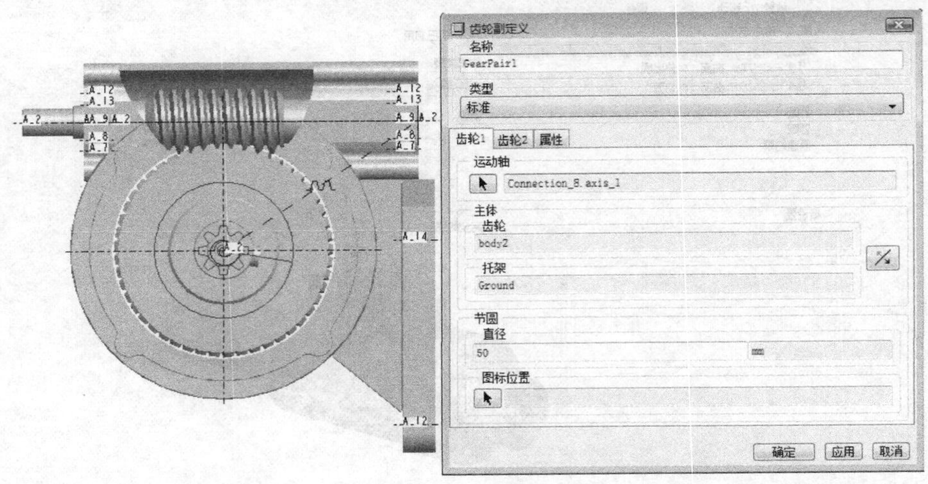

图 12.45 定义“齿轮 1”参数

（18）切换到“齿轮 2”选项卡，单击如图 12.46 所示的齿轮连接轴，作为“齿轮 2”的运动轴，并在对话框底部的“节圆”直径文本框中输入“10”。然后单击“确定”按钮，显示“齿轮副”的符号，然后单击“确定”按钮，完成“齿轮 2”的连接。

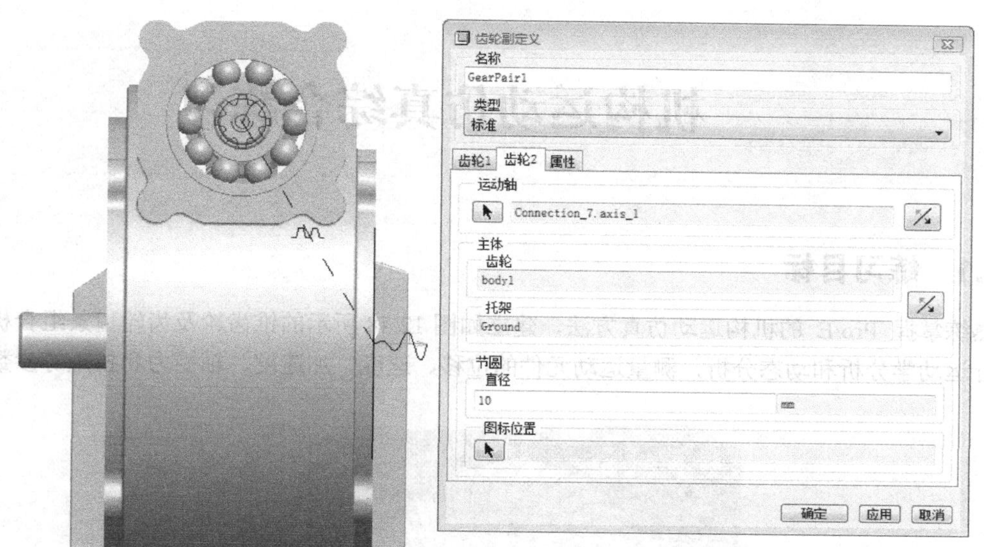

图 12.46 定义“齿轮 2”参数

（19）单击菜单命令“插入”→“伺服电动机”，打开“伺服电动机定义”对话框，在“类型”选项卡中选定如图 12.47 所示的齿轮轴，将其作为伺服电动机的运动轴，在“轮廓”选项卡中设定速度参数为“50”（deg/sec）。

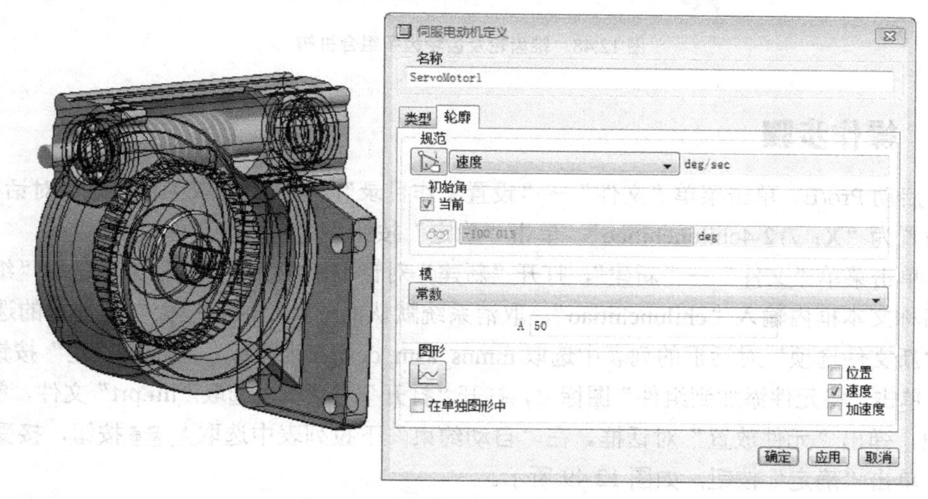

图 12.47 “伺服电动机定义”对话框

（20）单击“伺服电动机定义”对话框底部的“确定”按钮，完成伺服电动机的连接，单击“伺服电动机”对话框中的“关闭”按钮，完成伺服电动机的设置。

（21）单击菜单栏“分析”→“机构分析”，打开“分析定义”对话框，保持“优先选项”选项卡下的默认设置，然后切换至“电动机”选项卡，确认已添加伺服电动机，再单击对话框底部

"运行"按钮，视图中的齿轮开始运转。

（22）单击菜单栏"分析"→"回放"按钮，打开"回放"对话框，播放运动过程。

（23）单击菜单栏"保存"按钮，将以"wolunwogan.asm"为文件名保存当前活动对象。

12.4 机构运动仿真综合练习

12.4.1 练习目标

熟练掌握 Pro/E 的机构运动仿真方法，建立如图 12.48 所示的锥齿轮及齿轮齿条组合机构，并进行运动学分析和动态分析，测量运动元件的位移、速度、加速度、轴受力和扭矩等参数。

图 12.48 锥齿轮及齿轮齿条组合机构

12.4.2 操作步骤

（1）启动 Pro/E。单击菜单"文件"→"设置工作目录"，打开"选取工作目录"对话框工作，将目录设置为"X：/12-4chilunchitiao"，单击"确定"按钮，选定系统工作目录。

（2）单击菜单"文件"→"新建"，打开"新建"对话框。在"类型"框架中选取"组件"选项，在名称文本框内输入"chilunchitiao"，取消系统默认的"使用缺省模板"复选框的选取，在打开的"新文件选项"对话框的列表中选取 mmns_asm_design 为模板，单击"确定"按钮。

（3）单击"将元件添加到组件"图标，打开"打开"对话框。选取"jiti.prt"文件，单击"打开"按钮，弹出"元件放置"对话框。在"自动约束"下拉列表中选取缺省按钮，接受缺省约束放置，单击"确定"按钮，如图 12.49 所示。

（4）重复执行"将元件添加到组件"命令。选取第二个元件"chilunzhou.prt"添加到装配组件操作界面中。弹出"元件放置"对话框，在"用户定义"下拉列表中选取销钉 选项。

（5）在"放置"面板中，分别单击齿轮轴和轴孔的中心线，完成"轴对齐"连接。再单击机体侧面和齿轮轴凸台侧面，将其作为约束参照，在"偏移"选项中选取"重合"，完成"平移"连接定义，如图 12.50 所示。单击"确定"按钮，完成第二个元件"chilunzhou.prt"的装配。

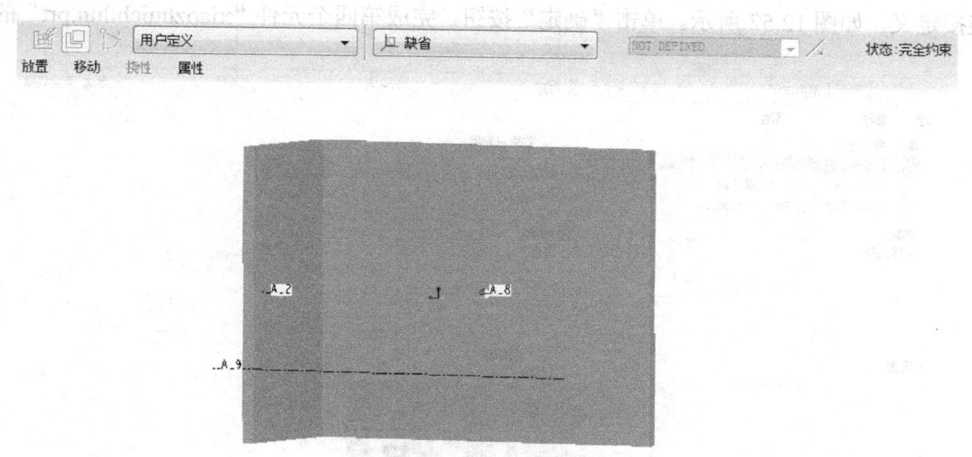

图 12.49 缺省放置的机体零件

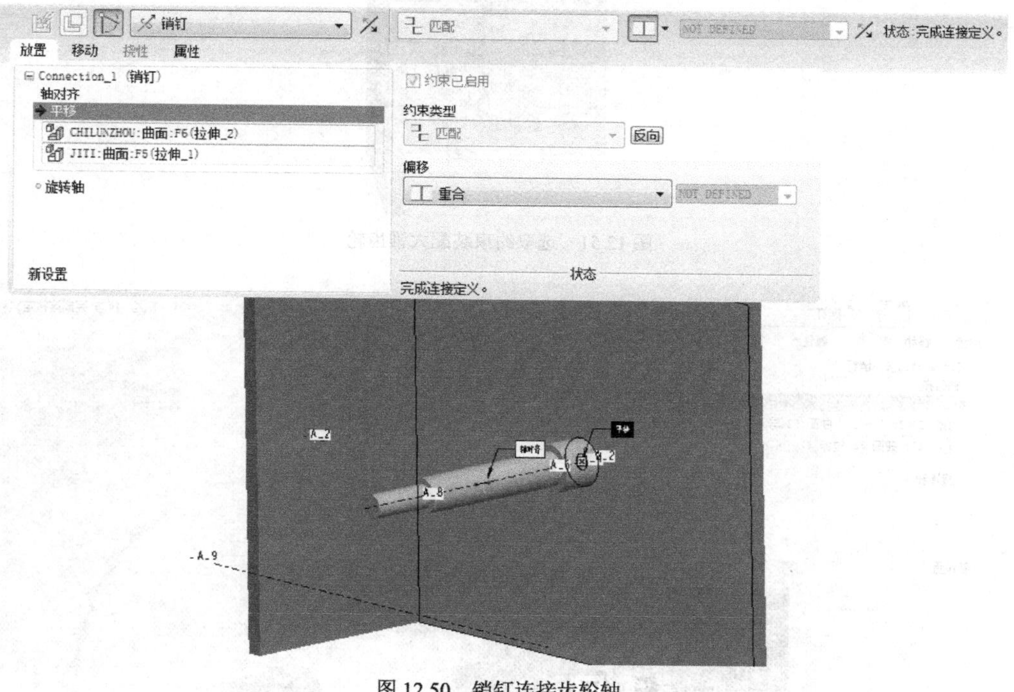

图 12.50 销钉连接齿轮轴

(6) 执行“将元件添加到组件”命令。选取第三个元件“dazhuichilun.prt”添加到装配组件操作界面中。按照系统默认装配方式，分别单击两个元件的轴线，以及大锥齿轮侧面和轴承凸台侧面，将其作为约束参照，然后单击对话框中的“确定”按钮，完成大锥齿轮的装配，如图 12.51 所示。

(7) 重复执行“将元件添加到组件”命令。选取第四个元件“xiaozhuichilun.prt”添加到装配组件操作界面中。弹出“元件放置”对话框，在“用户定义”下拉列表中选取 销钉 选项。

(8) 在“放置”面板中，分别单击小锥齿轮轴和轴孔的中心线，完成“轴对齐”连接。再单击机体侧面和小锥齿轮轴凸台侧面，将其作为约束参照，在“偏移”选项中选取“重合”，完成“平移”连接定义，如图 12.52 所示。单击“确定”按钮，完成第四个元件“xiaozhuichilun.prt”的装配。

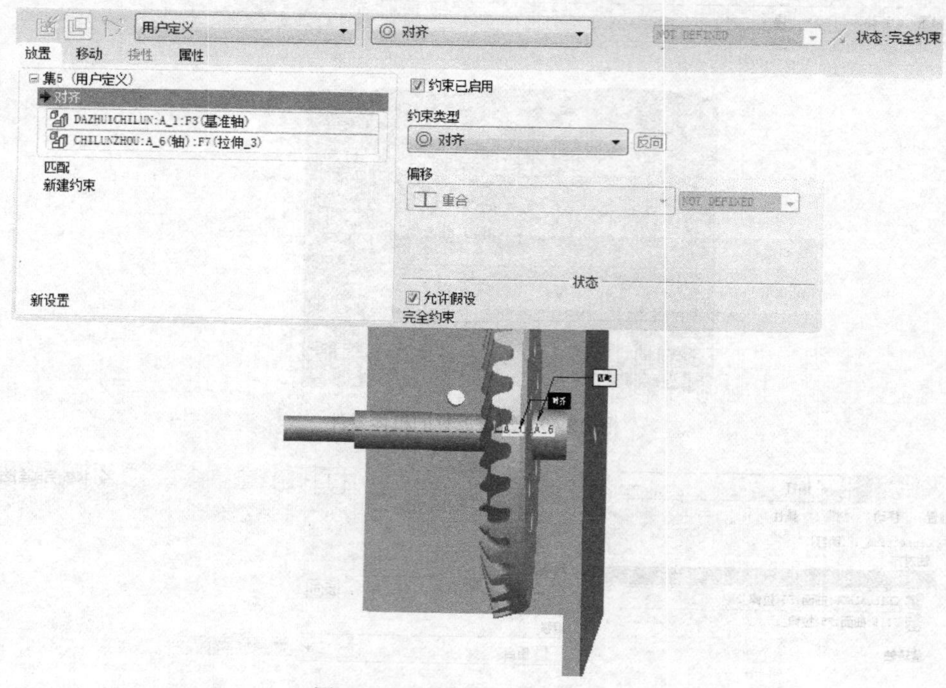

图 12.51 选取约束装配大锥齿轮

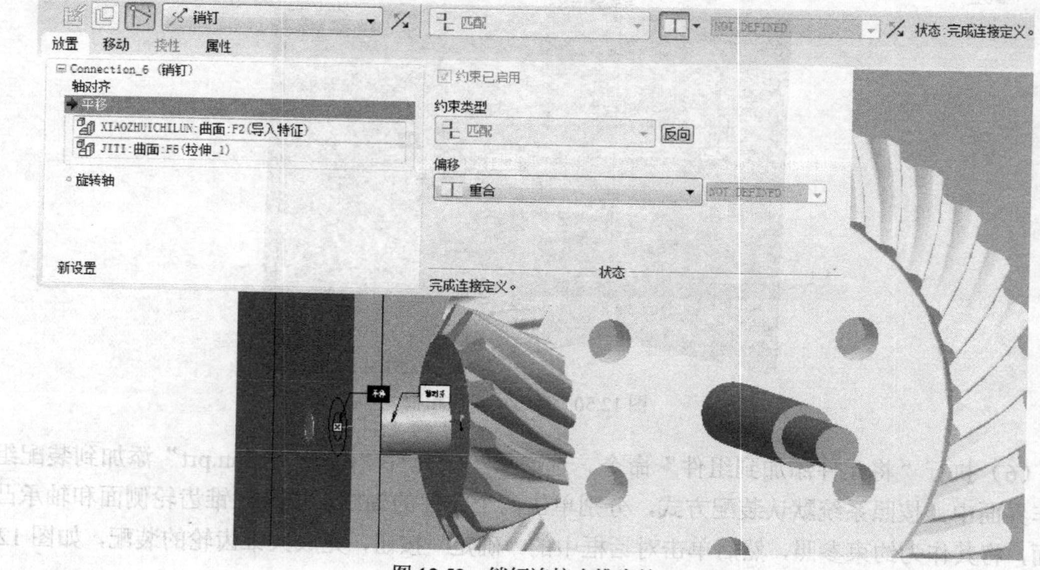

图 12.52 销钉连接小锥齿轮

（9）执行“将元件添加到组件”命令。选取第五个元件“chilun.prt”添加到装配组件操作界面中。默认“元件放置”对话框的设置，分别单击齿轮和齿轮轴两个元件的中心线，完成“轴对齐”连接。再单击齿轮侧面和齿轮轴凸台侧面，完成“匹配”连接，实现完全约束，如图 12.53 所示。单击“确定”按钮，完成第五个元件“chilun.prt”的装配。

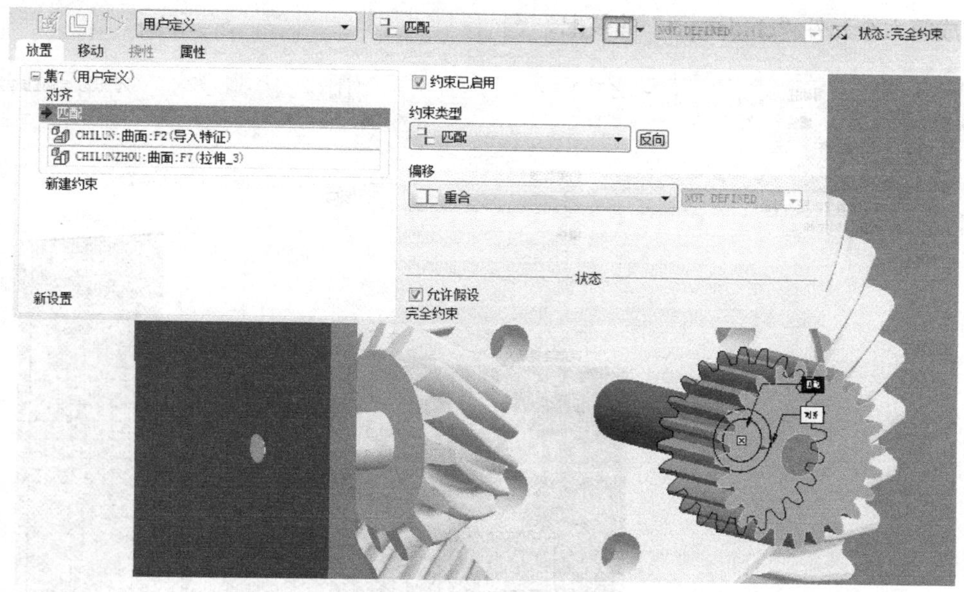

图 12.53 选取约束装配齿轮

（10）再次单击“将元件添加到组件”图标，弹出“打开”对话框。选取第六个元件“chitiao.prt”添加到装配组件操作界面中。弹出“元件放置”对话框，在“用户定义”下拉列表中选取 滑动杆选项。

（11）在“放置”面板中，单击如图 12.54 所示齿条边线和基准轴线，完成“轴对齐”连接。

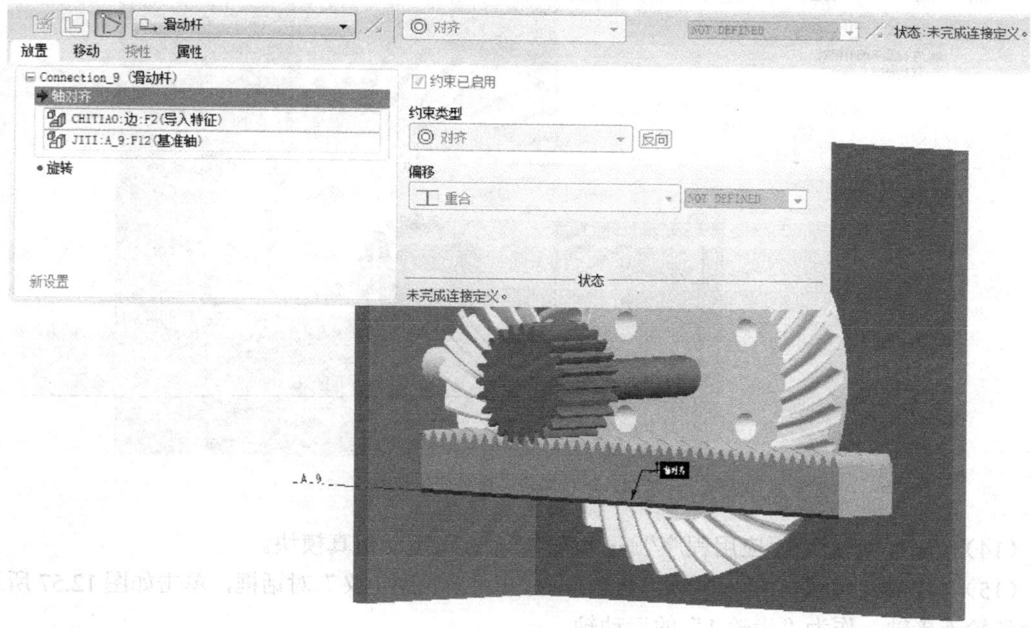

图 12.54 完成“轴对齐“连接

（12）单击如图 12.55 所示齿条侧面和机体侧面，将其作为约束参照，完成“旋转”连接。

（13）单击“放置”面板中“移动”选项卡，移动齿条至如图 12.56 所示位置，单击“确定”

按钮完成第六个元件“chitiao.prt”的装配。

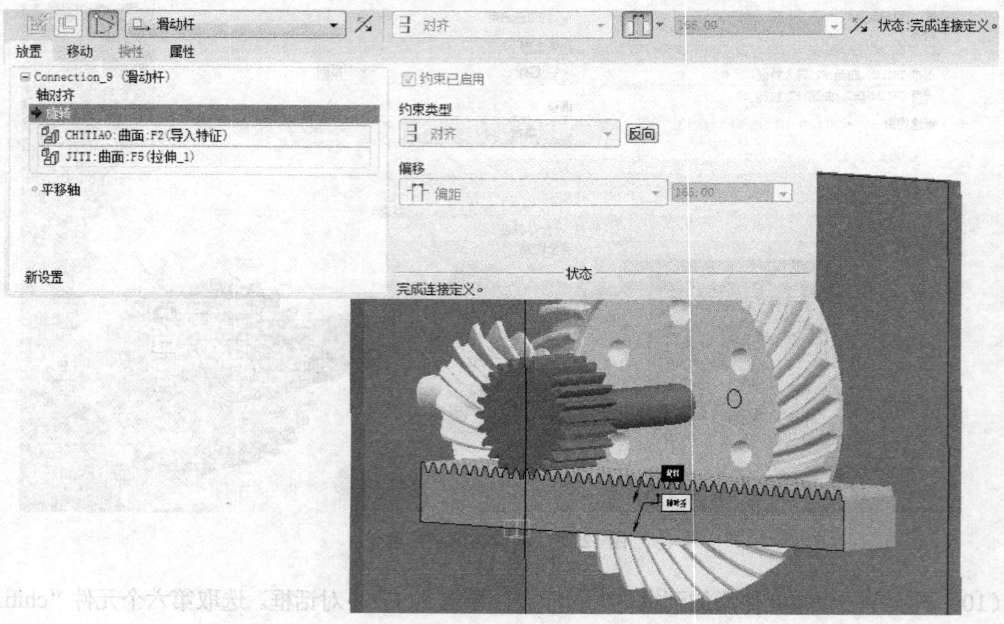

图 12.55　完成“旋转”连接

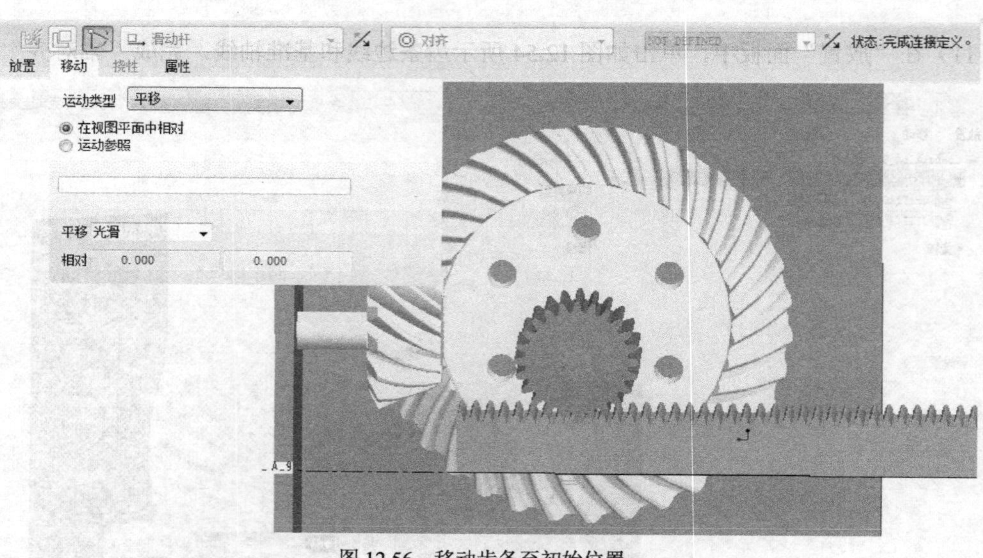

图 12.56　移动齿条至初始位置

（14）单击菜单命令“应用程序”→“机构”，进入运动仿真模块。

（15）单击菜单命令“插入”→“齿轮”，打开“齿轮副定义”对话框，单击如图 12.57 所示的小锥齿轮连接轴，作为“齿轮 1”的运动轴。

（16）切换到“齿轮 2”选项卡，单击如图 12.58 所示的齿轮运动轴，作为“齿轮 2”的运动轴。

（17）切换到“属性”选项卡，在“齿轮比”下拉列表中选取“用户定义的”，在“齿轮 1”

和“齿轮 2”参数设定中，分别填入“1”和“3”，单击“应用”，显示“齿轮副”的符号，然后单击“确定”按钮完成齿轮副定义，如图 12.59 所示。

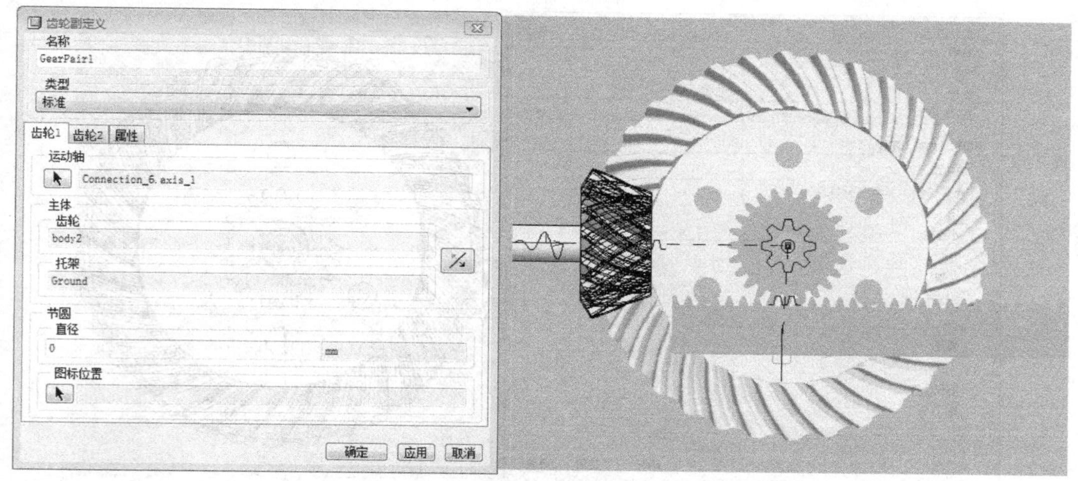

图 12.57 定义“齿轮 1”运动轴

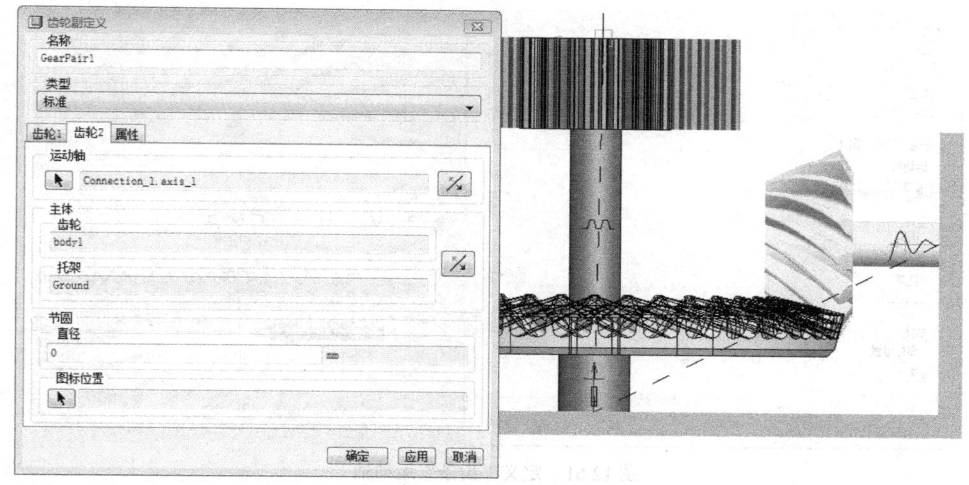

图 12.58 定义“齿轮 2”运动轴

注意：也可在前一步骤“齿轮 1”和“齿轮 2”选项卡“节圆”直径文本框中输入参数，省去在“属性”选型卡中定义“齿轮比”参数。

（18）再次单击菜单命令“插入”→“齿轮”，打开“齿轮副定义”对话框。在“类型”下拉列表中选取“齿条与齿轮”，单击如图 12.60 所示齿轮连接轴作为“小齿轮”的运动轴。

（19）切换到“齿条”选项卡，单击如图 12.61 所示基准轴线作为“齿条”的运动轴。

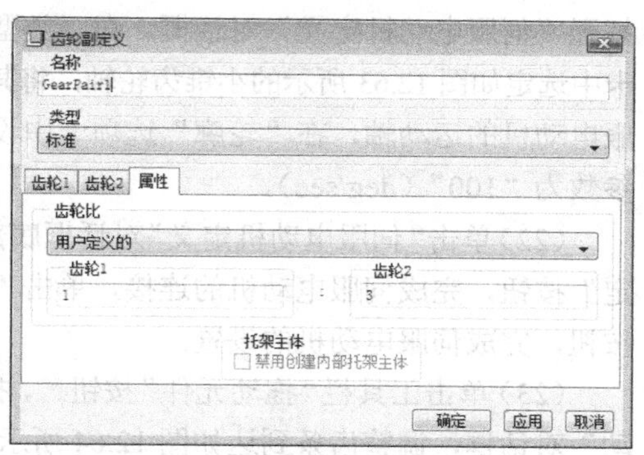

图 12.59 定义齿轮副“属性”参数

（20）切换到“属性”选项卡，在“齿条比”下拉列表中选取“用户定义的”输入参数“150（mm/rev）”，单击“确定”按钮，系统完成齿轮齿条定义，如图 12.62 所示。

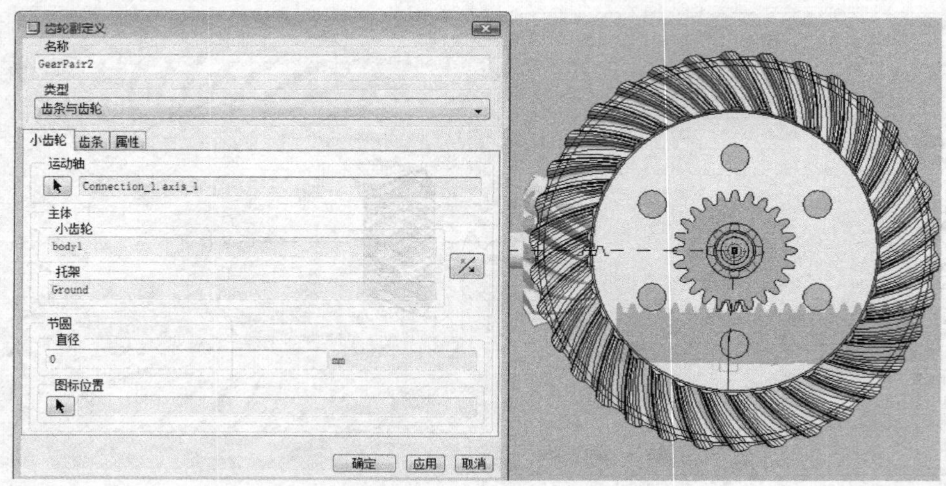

图 12.60　定义“小齿轮”运动轴

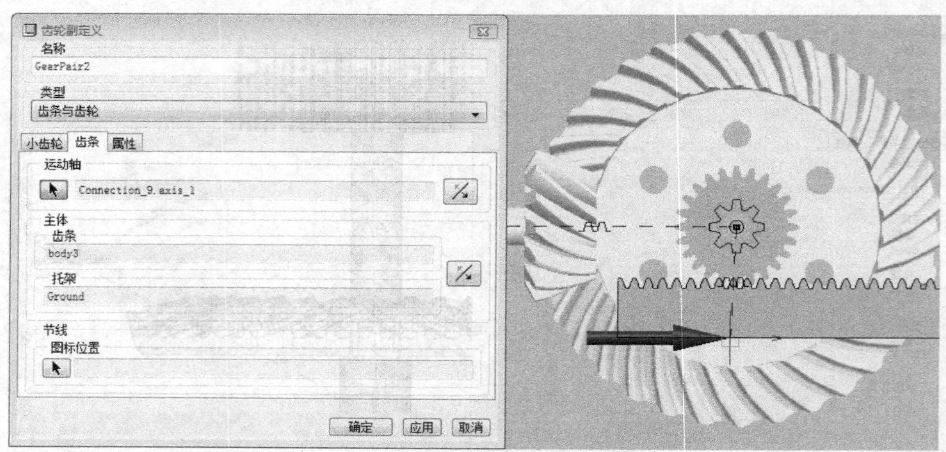

图 12.61　定义“齿条”运动轴

（21）单击菜单命令“插入”→“伺服电动机”，打开“伺服电动机定义”对话框。在“类型”选项卡中选定如图 12.63 所示的小锥齿轮轴，将其作为伺服电动机的运动轴，在“轮廓”选项卡中设定速度参数为“100”（deg/sec）。

（22）单击“伺服电动机定义”对话框底部的“确定”按钮，完成伺服电动机的连接，单击“关闭”按钮，完成伺服电动机的设置。

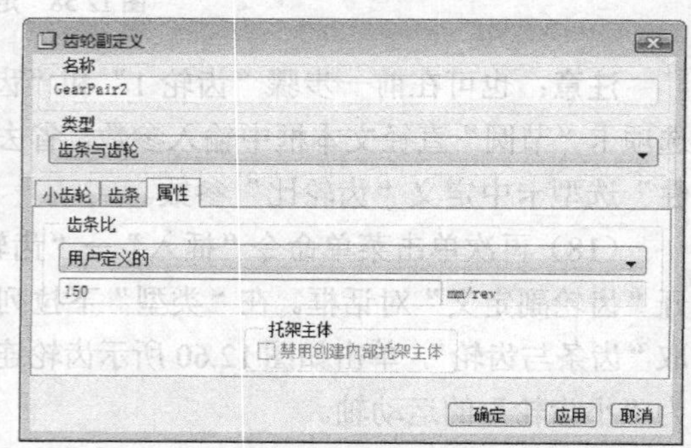

图 12.62　定义齿轮副“属性”参数

（23）单击工具栏“拖动元件”按钮，打开“拖动”对话框，调整齿条到达如图 12.64 所示的初始位置。

（24）单击“拖动”对话框内“快照”按钮，打开隐藏菜单，再单击“当前快照”按钮，拍下当前位置的快照“snapshot1”，如图 12.65 所示。单击“关闭”按钮关闭“拖动”对话框。

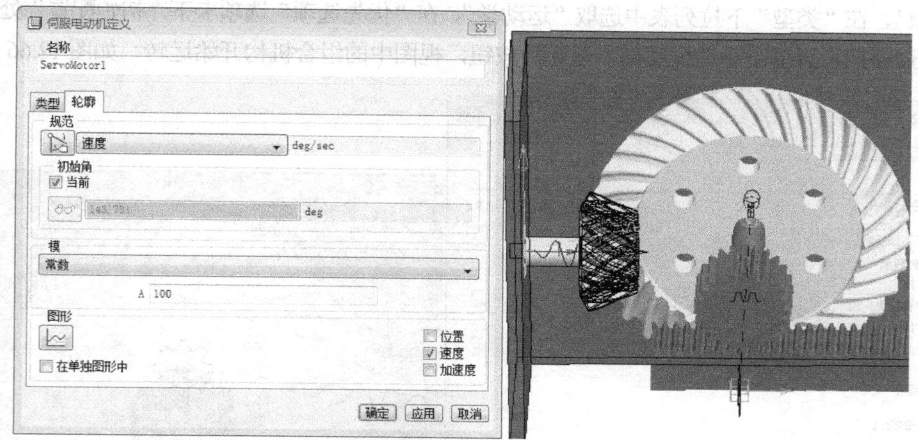

图 12.63　伺服电动机定义

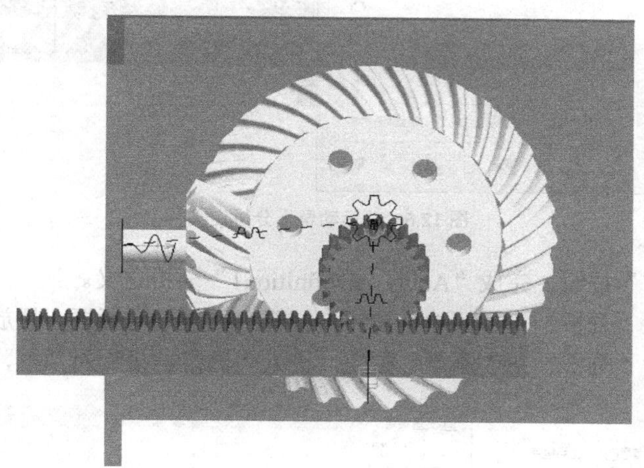

图 12.64　“拖动”调整齿条

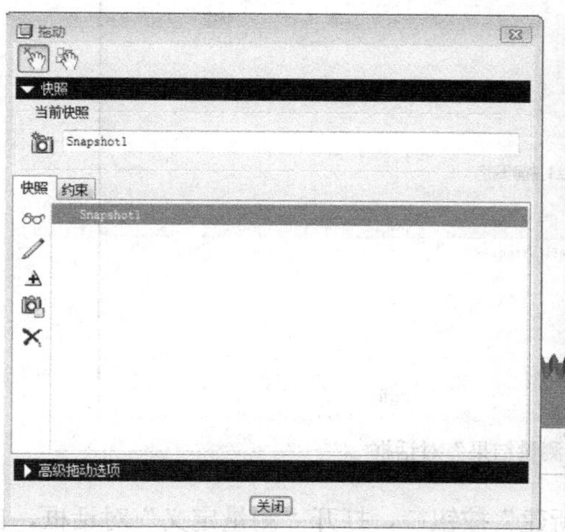

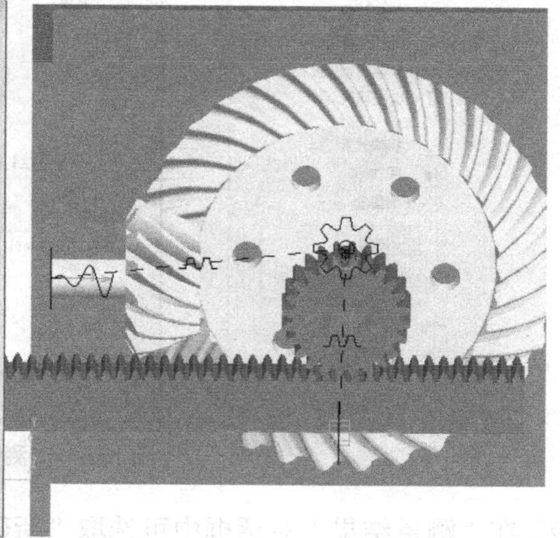

图 12.65　拍下“当前快照”

（25）单击菜单栏“分析”→“机构分析”，打开“分析定义”对话框，默认名称为“Analysis Definition1”，在“类型”下拉列表中选取“运动学”，在“优先选项”选项卡下“初始配置”处选取“快照”“snapshot1”，再单击对话框底部“运行”按钮，视图中的组合机构开始运转，如图 12.66 所示。

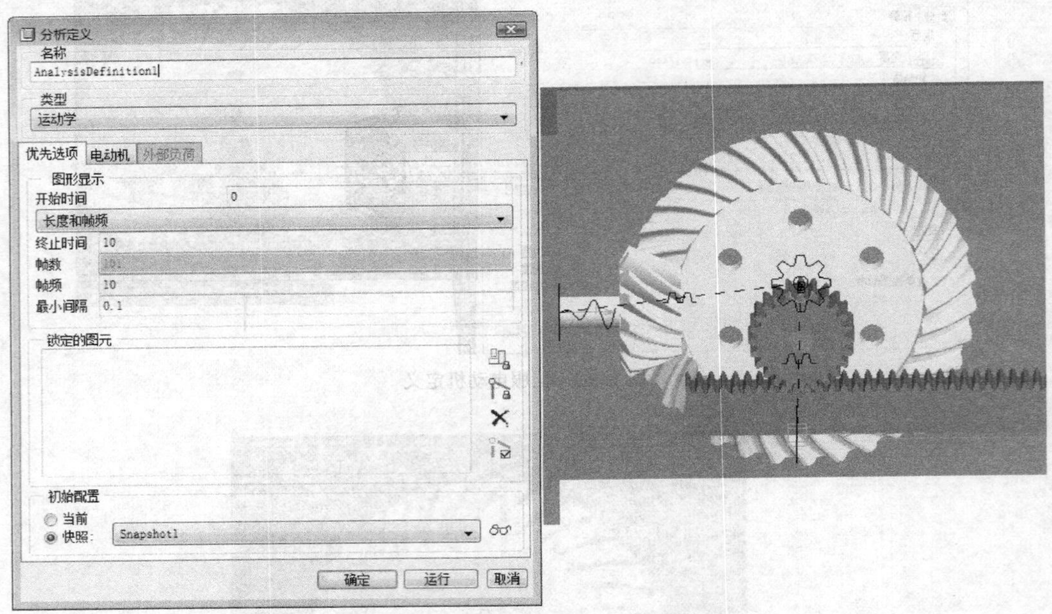

图 12.66 “运动学”分析定义

（26）单击“确定”按钮，完成“AnalysisDefinition1”分析定义。

（27）单击菜单栏“分析”→“回放”按钮，打开“回放”对话框，播放运动过程。

（28）单击菜单栏“分析”→“测量”按钮，进入“测量结果”对话框，如图 12.64 所示。

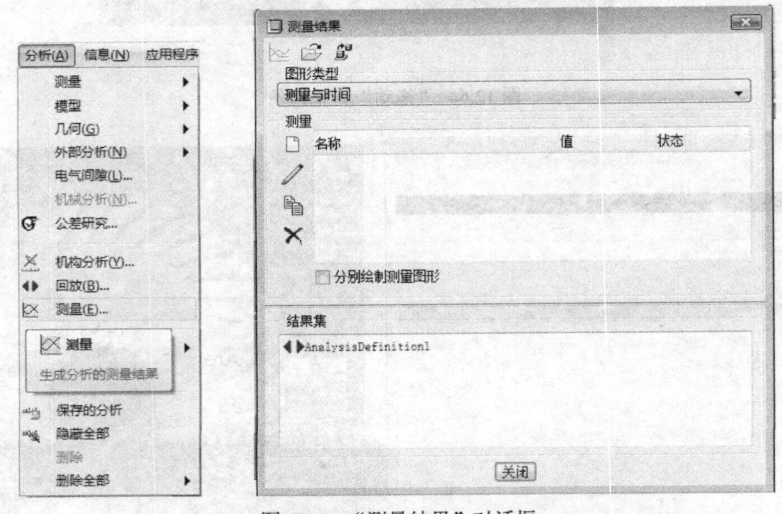

图 12.67 “测量结果”对话框

（29）在“测量结果”对话框中可选取“新建”按钮 ，打开“测量定义”对话框，自定义名称为“测量 1 位移”，在“类型”下拉列表中选取“位置”，并选取齿轮边缘一点作为分析对象，如图 12.68 所示。

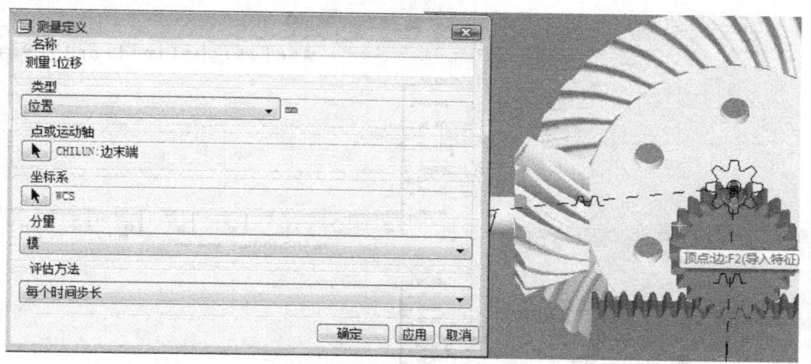

图 12.68 “测量定义”位移

（30）依次单击“测量定义”对话框底部“应用”和“确定”按钮，在返回的“测量结果”对话框中，按照步骤（29）的方法再次新建测量参数，定义名称为“测量 2 速度”，在“类型”下拉列表中选取“速度”，同样选取齿轮边缘一点作为分析对象，如图 12.69 所示。

图 12.69 “测量定义”速度

（31）依次单击“应用”和“确定”按钮，返回测量结果对话框。再次定义参数“测量 3 加速度”，在“类型”下拉列表中选取“加速度”，选取齿轮边缘一点作为分析对象，如图 12.70 所示。

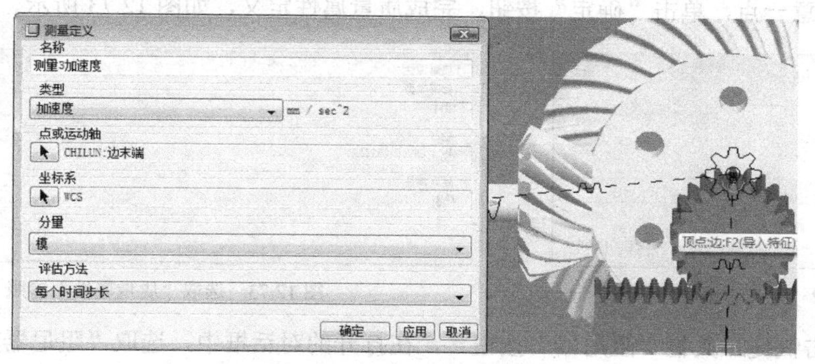

图 12.70 “测量定义”加速度

（32）依次单击“应用”和“确定”按钮，返回测量结果对话框，同时选取“Analysisdefinition1”和“测量 1 位移”、“测量 2 速度”和“测量 3 加速度”，勾选“☑分别绘制测量图形”选项，激活“图形”工具，绘制选定结果集所选测量的图形，如图 12.71 所示。

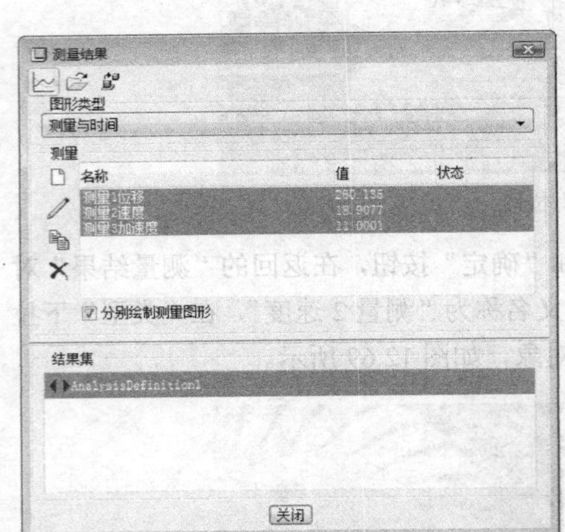

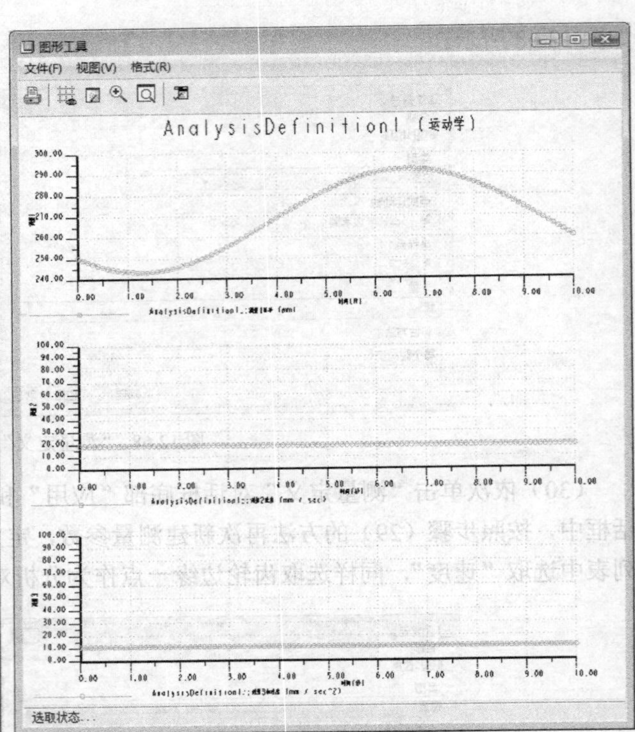

图 12.71 “运动学”测量结果及图形显示

（33）单击关闭“图形工具”和“测量结果”对话框。

（34）单击工具栏中的“拖动元件”按钮，打开“拖动”对话框，单击“拖动”对话框内“快照”按钮，打开隐藏菜单，双击当前位置的快照“snapshot1”回到设定的位置。单击对话框底部的“关闭”按钮，关闭“拖动”对话框。

（35）单击快捷工具栏中的“重力”按钮，在打开的对话框中填入“模”参数为“98（mm/sec^2）”，如图 12.72 所示。单击“确定”按钮，完成重力定义。

（36）单击快捷工具栏中的“质量属性”按钮，在打开的对话框中，参照类型选取“组件”，单击装配上任意一点，单击“确定”按钮，完成质量属性定义，如图 12.73 所示。

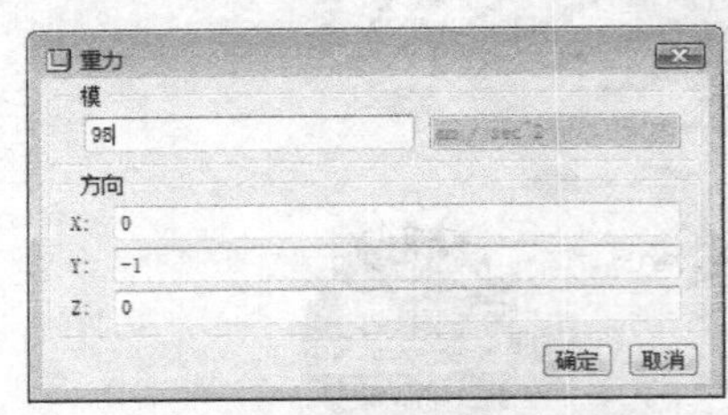

图 12.72 定义“重力”参数

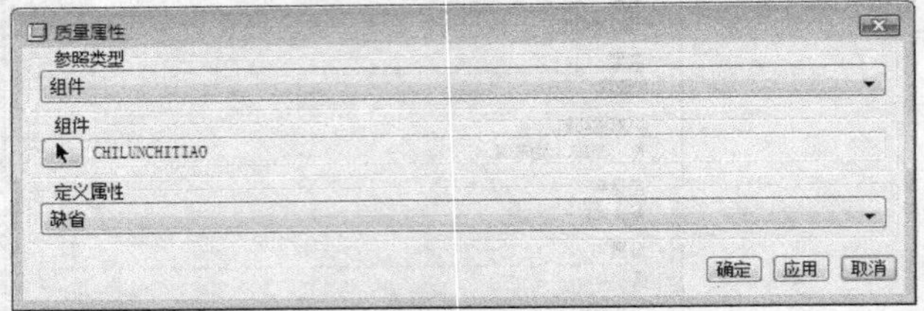

图 12.73 选取“质量属性”参照

（37）单击快捷工具栏“阻尼器”按钮，在打开的对话框中，选取“阻尼器旋转运动”，单击选取“齿轮轴”后，在“参数 C”处填入阻尼系数“20（N sec / mm）”，单击“确定”按钮，完成阻尼器设定，如图 12.74 所示。

（38）单击菜单栏“分析”→“机构分析”，打开“分析定义”对话框，默认名称为“Analysis Definition2”，在“类型”下拉列表中选取“动态”，单击“运行”按钮，视图中的组合机构开始运转，如图 12.75 所示。单击“确定”按钮关闭“机构分析”对话框。

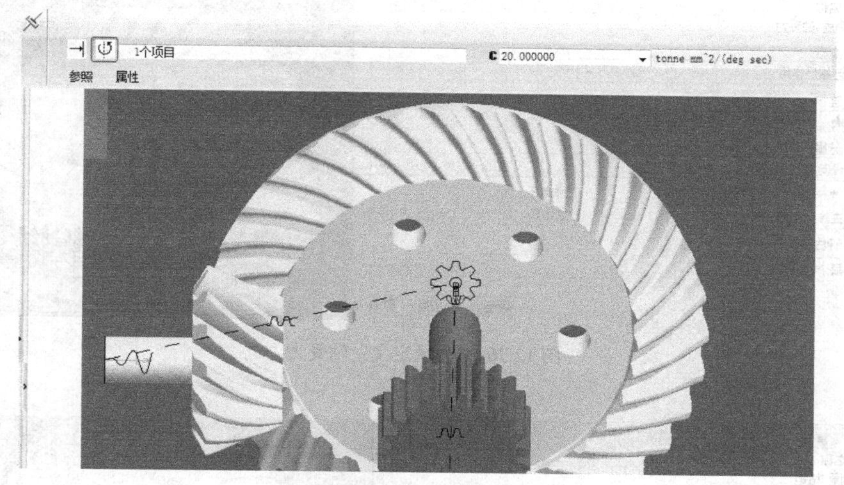

图 12.74 定义“阻尼器”参数

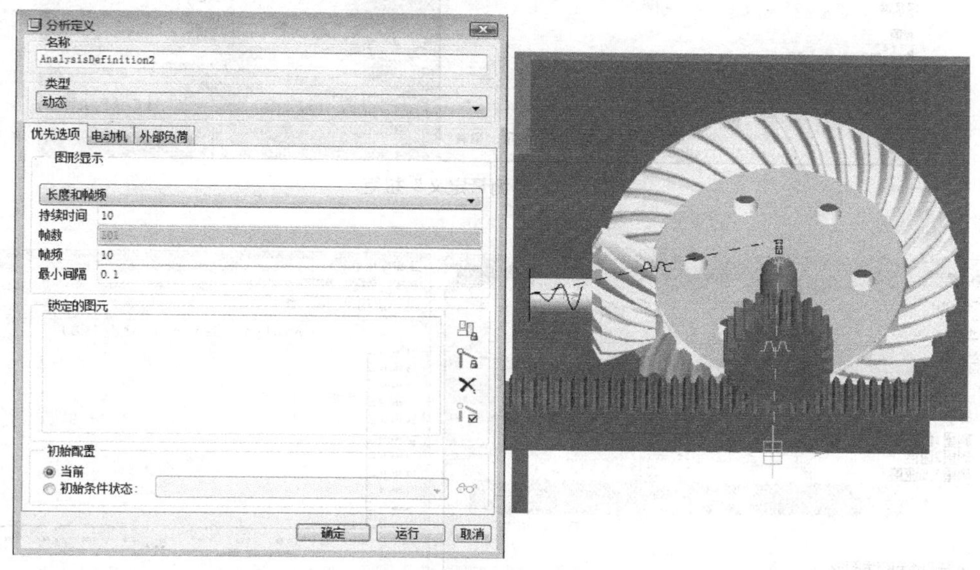

图 12.75 “动态”分析定义

（39）单击菜单栏“分析”→“回放”按钮，打开“回放”对话框，播放运动过程。

（40）单击菜单栏“分析”→“测量”按钮，进入“测量结果”对话框。

（41）在“测量结果”对话框中可选取“新建”按钮，打开“测量定义”对话框，自定义名称为“测量 4 轴受力”，在“类型”下拉列表中选取“连接反作用”，并选取齿轮轴线作为分析对象，如图 12.76 所示。

（42）依次单击“应用”和“确定”按钮，返回测量结果对话框。再次定义参数“测量 5 扭矩”，在“类型”下拉列表中选取“净负荷”，并选取齿轮轴线作为分析对象，如图 12.77 所示。

（43）依次单击“应用”和“确定”按钮，返回测量结果对话框。同时选取“Analysisdefinition2”和“测量 4 轴受力”、“测量 5 扭矩”，选取“☑分别绘制测量图形”选项，激活“图形”工具，绘制选定结果集所选测量的图形，如图 12.78 所示。

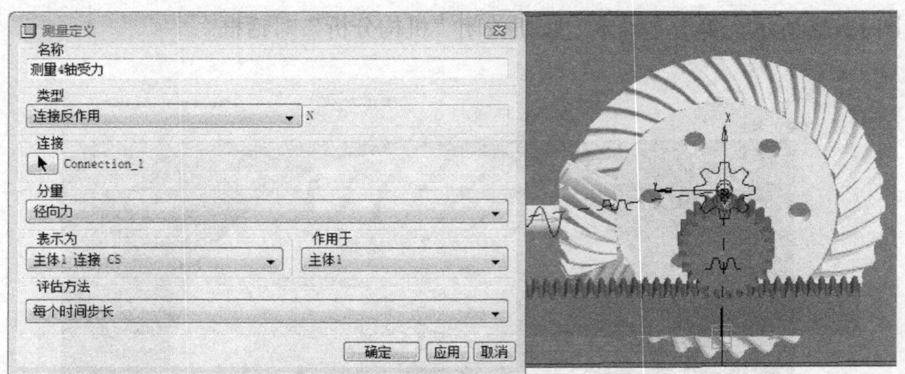

图 12.76 “测量定义”轴受力

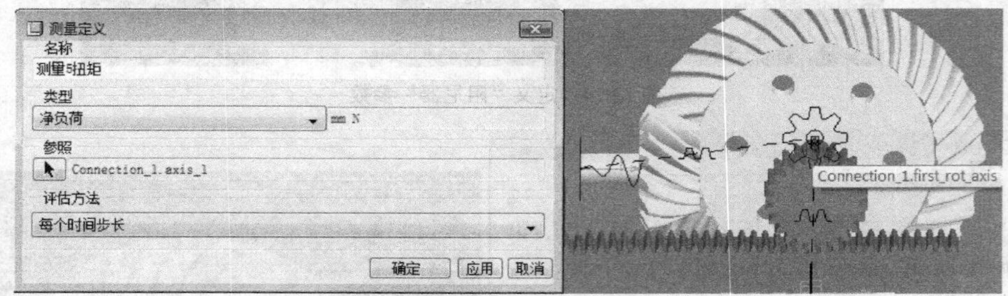

图 12.77 “测量定义”扭矩

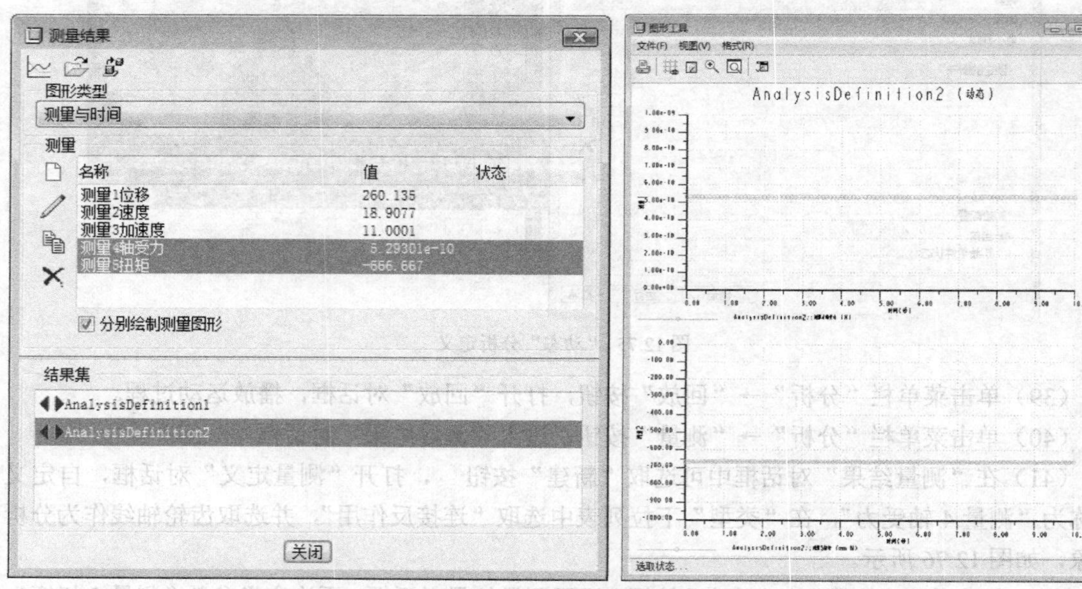

图 12.78 “动态”测量结果及图形显示

（44）单击关闭图形工具和“测量结果”对话框。

（45）单击菜单栏“保存”按钮，将以“chilunchitiao.asm”为文件名保存当前活动对象。

第13章 Pro/ENGINEER工程图

工程图为产品研发、设计、制造等各个环节提供了相互交流的工具，因此，工程图是产品设计过程中的重要环节。工程图可能要比一般人想象得更重要，最主要的因素之一是因为它牵涉到制造。所以，所有的 CAXC 三维工程师都应该熟悉这个范畴。

在产品设计的实务流程中，为了方便设计的细节讨论和后续的制造施工，就需要以更清楚的方式来表达产品模型各个视角的形状或其内部构造。这时，就需要生成平面的工程图。

Pro/E 有专门的工程图模块。我们可以使用它来生成产品模型及符合惯用制图标准的各种视图，包括投影视图、辅助视图、一般平面视图、详图及剖面图等，还可以标注尺寸、公差、粗糙度等。

13.1 工程图简介

所谓“工程图”，就是提供给制造现场人员施工用的图面，它是以“投影视图法”和“等轴测视图法”为原则所绘制的平面图面。

换句话说，“工程图”就是平面施工图。其中，给模具施工用的，就叫“模具图”；为造型确认用的，就叫“造型图”；以三维造型为基础，为确认产品结构用的，就叫“结构图”；专为加工用的，就叫“加工图”。不同名称的各种工程图都是用“三视图投影法”绘制的，只是强调的重点不同，如“加工图”一定是专门用来指导加工方法的图面，“结构图”一定是用来强调产品结构的图面等。

各种工程图的另一个共同点是：它们都来自原始的立体模型。在手工绘图时代，立体图不好画，所以要在施工图上画出等轴测的立体图，但这并不容易做到，于是人们就用做手制样品的方式来互补。而在今日 3D 计算机画图日新月异的时代，立体的造型模型都是先画出来的，这就是共同的原始立体模型。然后，各种工程图面的绘图者就可以以此模型为基础，各取所需，来绘制各种工程图面，并在图面上画出各种角度的立体等轴测图。这样，施工者就可以更清楚地知道他应该制造出什么样的产品了。

Pro/E 的基本工程图模式可用来处理以下的绘图工作：

（1）创建所有 Pro/E 模型的工程图，或从其他系统插入工程图文件。

（2）用来注释工程图，处理尺寸，以及使用层来管理不同项目的显示。

工程图中的所有视图都是相关的，只要改变其中一个视图中的尺寸值，那么相应地其他工程视图也会更新。同时，Pro/E 还会让工程图与其父模型相关，换句话说，模型将实时自动反映对工程图所做的任何尺寸变更。另外，相应的工程图也会反映操作者对零件、组件或制造模式中的模型所做的任何改变，如增加或删除特征和尺寸等。

13.2 准备图纸及设置单位

13.2.1 创建工程图文件的一般步骤

在 Pro/E 中创建新的工程图文件，需要指定将要绘制工程图的三维模型。

创建工程图文件的一般方法和步骤如下。

（1）在菜单栏中选择“文件”→“新建”命令，或者在工具栏中单击□按钮，弹出“新建”对话框，如图 13.1（a）所示。

（2）在“新建”对话框的“类型”选项组中选择“绘图”单选按钮，接着在“名称”文本框中接受默认名称或输入新名称，取消勾选“使用缺省模板”复选框，如图 13.1（b）所示，然后单击“确定”按钮。

（3）弹出如图 13.1（c）所示的“新制图”对话框，有的版本翻译成“新建绘图”。在“缺省模型”选项组中，单击“浏览”按钮，可选择将要绘制工程图的三维模型并单击“打开”。如果在新建工程图文件之前打开一个模型文件，如零件、组件，则系统自动将该模型设置为“缺省模型”，如图 13.1（c）所示。

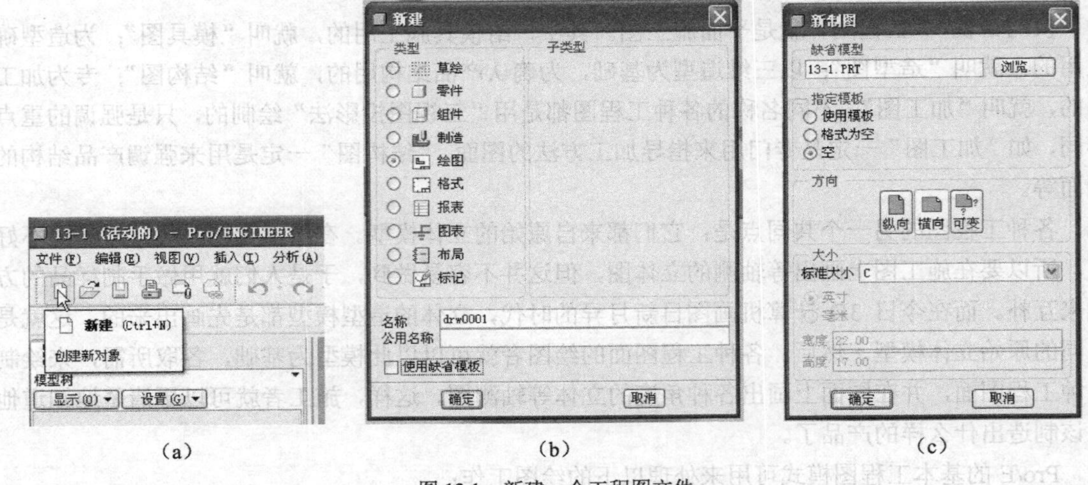

（a） （b） （c）

图 13.1 新建一个工程图文件

（4）在“指定模板”选项组中，选择“使用模板”、“格式为空”或者“空”单选按钮。

这部分内容即为准备工程图图纸模板的部分，在“13.2.2 准备图纸”小节中会详细介绍。这部分设置完以后，我们可进行下一步。

（5）在“新制图”对话框中单击“确定”按钮，创建一个新的工程图文件。

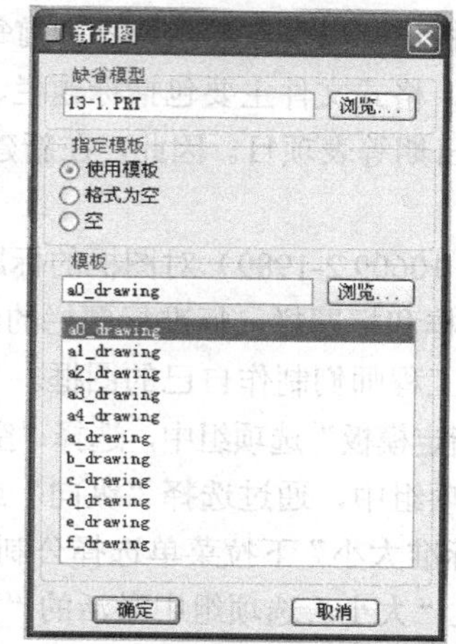

图 13.2 Pro/E 提供的 11 种图纸模板

13.2.2 准备图纸

GB/T 14689-1993 对工程图图纸作了标准要求。为了方便图形的绘制、使用和管理，该标准对图纸幅面和格式作了规定。

（1）如图 13.1（c）所示，在“新制图”对话框的“指定模板”选项组中，选择“使用模板”单选按钮，打开如图 13.2 所示的新对话框（若在图 13.1（b）中选中“使用缺省模板”复选框，单击“确定”按钮后会直接打开如图 13.2 所示的新对话框），这里 Pro/E 提供了 11 种供选择的图纸模板。

其中，a0_drawing～a4_drawing 对应公制 A0～A4 图纸，a_drawing～f_drawing 对应英制 A～F 图纸。

（2）在“新制图”对话框的“指定模板”选项组中，选择“格式为空”单选按钮时，即会打开如图 13.3（a）所示的新对话框。单击“格式”选项组中的“浏览”按钮，即会进入选择格式对话框，如图 13.3（b）所示。

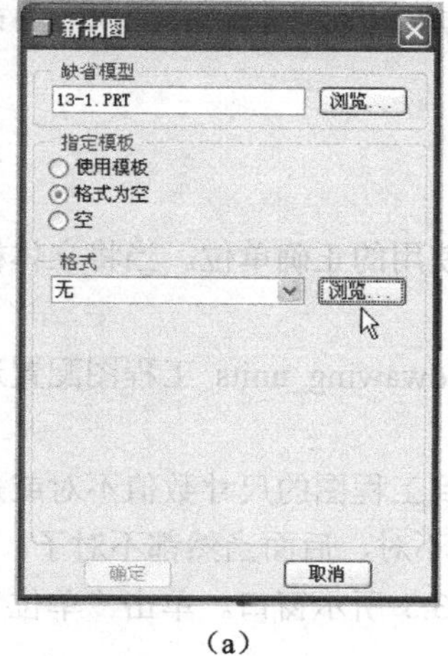

（a）

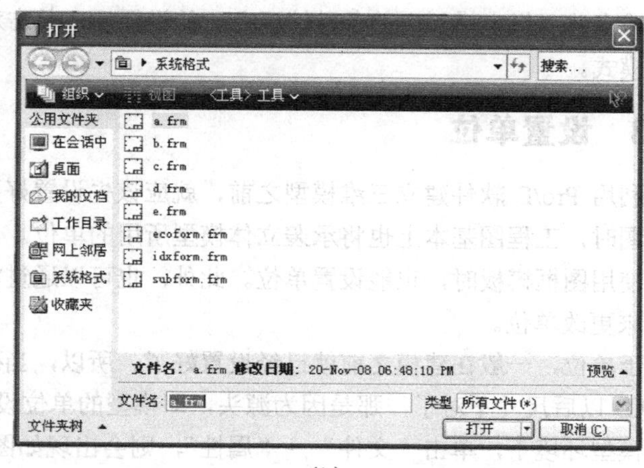

（b）

图 13.3 选择“格式为空”时的设置

这里的格式是指边界线、参照标记，以及在显示或添加前每个页面中出现的任何图素。格式是工程图文件的一个自定义的图层，格式文件主要包括标题栏、边框和表等，甚至可以包括诸如公司名称、设计员姓名、版本号和日期等表项目。因此，在新建工程图（新“绘图”）时，也可以选择格式文件来作为自定义模板。

GB 制图标准（GB/T 10609.1～10609.2-1989）对图框的标题栏格式也有规定。但是，一般企业普遍采用具有企业自身特色的图框和标题栏，标准标题栏的约束力不是很强。所以，Pro/E 就提供了自定义“格式”的功能来让工程师们制作自己的图框。

（3）在“新制图”对话框的“指定模板”选项组中，选择“空”单选按钮时，即会打开如图 13.1（c）所示的对话框。在“方向”选项组中，通过选择“纵向”或“横向”来设置图纸的方向，此时，可通过“大小”选项组中的“标准大小”下拉菜单选择公制或英制的图纸类型，如图 13.4（a）所示。若选择“可变”，则可以通过“大小”选项组中激活的“宽度”、“长度”以及对应的单位制来自定义图纸的大小，如图 13.4（b）所示。

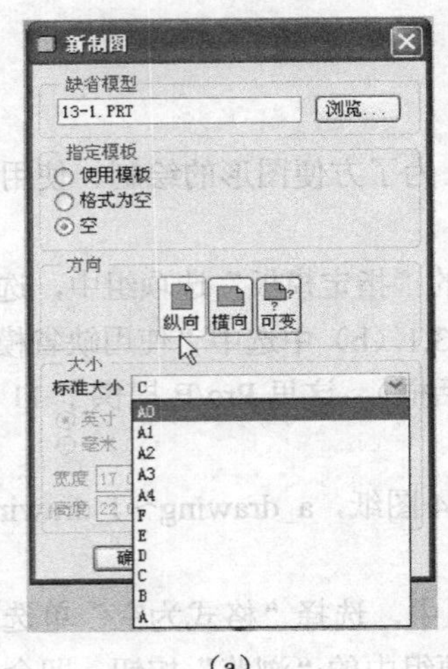

（a）

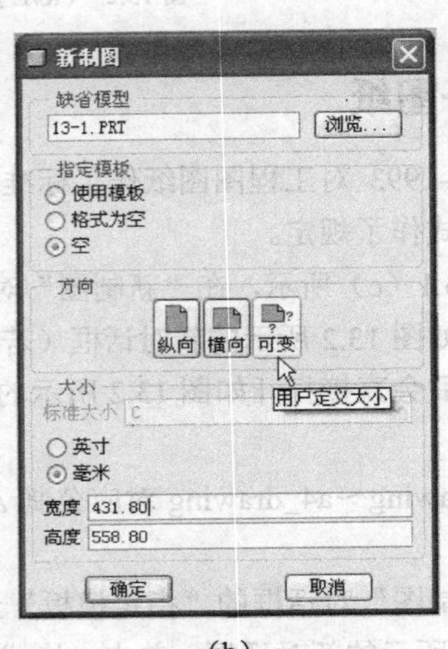

（b）

图 13.4 选择“空”时的设置

完成上述“指定模板”的各种情况之一的设置后，单击对话框中的“确定”按钮，即可进入工程图模式。

13.2.3 设置单位

在利用 Pro/E 软件建立三维模型之前，就应该先设置好要使用的正确单位。当将立体模型转为工程图时，工程图基本上也将承袭立体模型所用的单位。

在使用图框模板时，也能设置单位。此外，也可以通过将 dwawing_units 工程图配置选项设为 mm 来更改单位。

对于单位，一般在建模之前就已经设置好了。所以，当碰到工程图的尺寸数值不对或是转到 AutoCAD 以后尺寸不对了，那是因为源头，即模型的单位设置不对，后面当然都不对了。

在模型环境下，单击“文件”→“属性”，则会出现如图 13.5 所示窗口。单击“单位”对应的“更改”，就会出现如图 13.6 所示的单位设置窗口。

由图 13.5 和图 13.6 可以看出，目前的单位为“iso”，其前面有红色箭头记号，可以选择其他给定的单位系统，也可以通过“新建”自定义一个单位系统，或者通过“编辑”改变某个已设置了的单位系统，或者通过“复制”复制并修改某个已设置了的单位系统。通过“删除”可以删除自定义的单位系统。

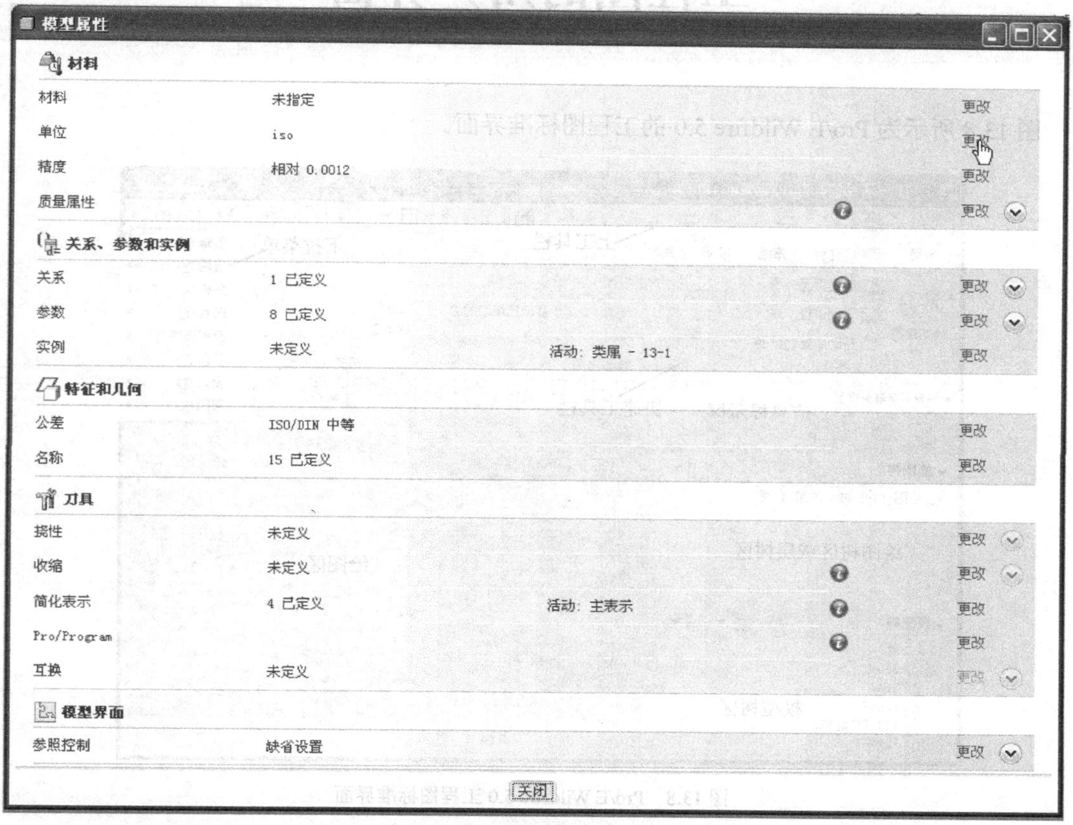

模型属性
材料
材料 未指定 更改
单位 iso 更改
精度 相对 0.0012 更改
质量属性 更改
关系、参数和实例
关系 1 已定义 更改
参数 8 已定义 更改
实例 未定义 活动：类属 - 13-1 更改
特征和几何
公差 ISO/DIN 中等 更改
名称 15 已定义 更改
刀具
挠性 未定义 更改
收缩 未定义 更改
简化表示 4 已定义 活动：主表示 更改
Pro/Program 更改
互换 未定义 更改
模型界面
参照控制 缺省设置 更改
关闭

图 13.5 “模型属性”窗口

当需要选择其他单位时，只需单击目标单位系统，如图 13.6 所示。然后单击“设置”按钮，出现如图 13.7 所示对话框。根据实际情况，选择其中一个后单击“确定”按钮，模型尺寸及单位系统就更新了。然后陆续关闭窗口，注意窗口中单位系统信息的变化。

单位管理器
单位制 单位
iso
厘米克秒 (CGS)
毫米千克秒 (mmKs)
毫米牛顿秒 (mmNs)
米千克秒 (MKS)
英寸磅秒 (IPS)
英寸磅秒 (Pro/E缺省)
英尺磅秒 (FPS)
设置...
新建...
复制...
信息...
单击某个单位制可执行右侧的一个操作。双击某个定制单位制可对其进行编辑。
说明
毫米牛顿秒 (mmNs)
长度：mm，力：N，时间：sec，温度：C
关闭

图 13.6 “单位管理器”窗口

改变模型单位
模型 参数
改变模型单位
转换尺寸 (例如 1" 变为 25.4mm)
解释尺寸 (例如 1" 变为 1mm)
确定
取消

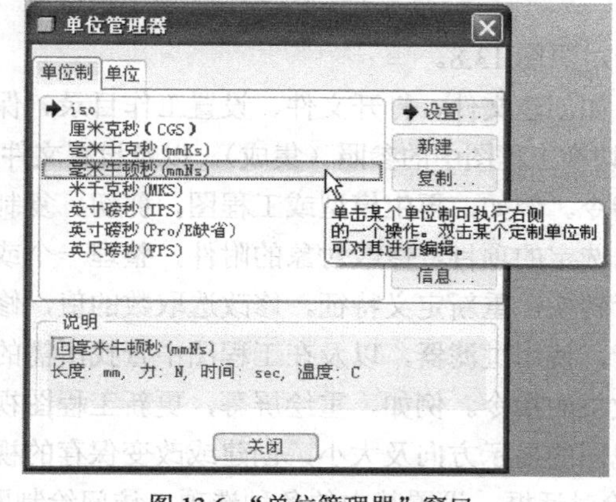

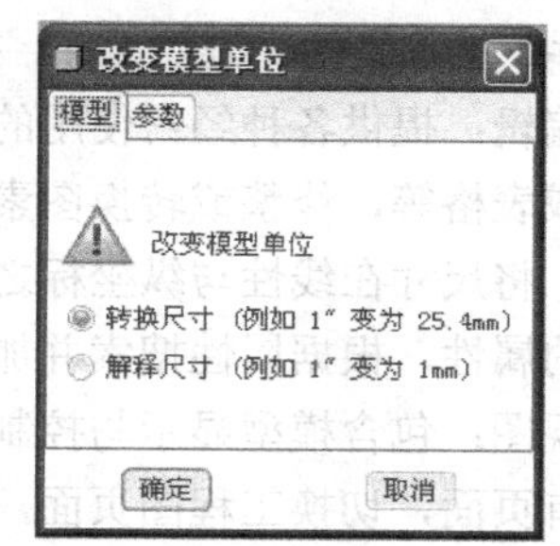

图 13.7 “改变模型单位”窗口

13.3 工程图的用户界面

图 13.8 所示为 Pro/E Wildfire 5.0 的工程图标准界面。

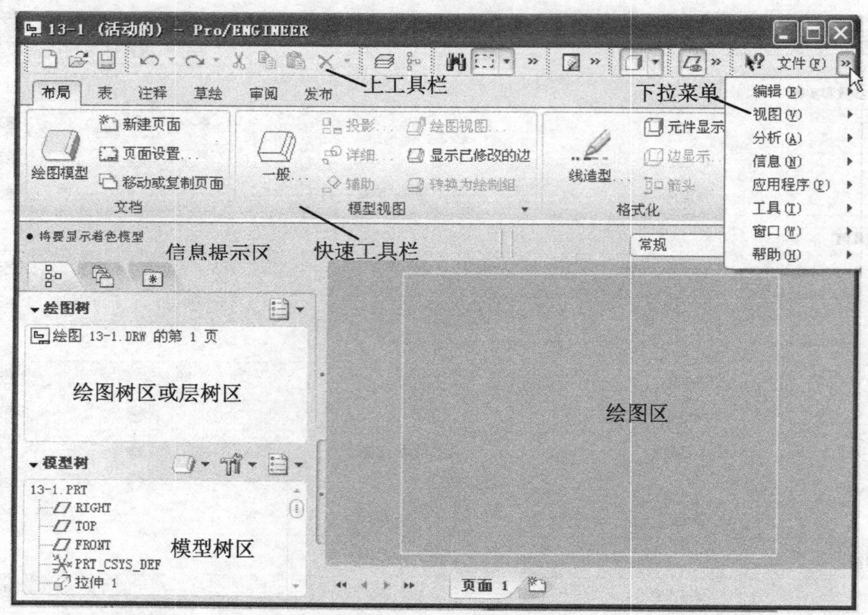

图 13.8 Pro/E Wildfire 5.0 工程图标准界面

13.3.1 下拉菜单与快速工具栏

传统式的下拉菜单一般包含所有的功能，但是从 Pro/E Wildfire 5.0 版开始，工程图模块中的所有工具将分别由下拉菜单和快速工具栏两部分来处理。

1．下拉菜单

下拉菜单中所提供的功能概述如下，请对照图 13.8。

（1）文件：提供各种处理文件的指令，如创建文件、打开文件、设置工作目录、保存文件、重命名文件、拭除文件、删除文件、打印、切换工程图中的参照（集成），以及设置文件属性等。

（2）编辑：提供各种经常使用的编辑指令。例如，再生模型或工程图，剪切、复制或粘贴图素、注释或表格等，修整或转换图素，删除选定的项目，修改对象的附件，整理一个或多个视图上的尺寸，将尺寸在线性与纵坐标之间进行转换，重新定义特征，修改选取数的值，修改一个或多个对象的属性，根据属性搜索并加亮图素，使用过滤器，以及在工程图中查找所需的项目等。

（3）视图：包含模型显示与控制显示效果的指令。例如，重绘屏幕，更新工程图视图、当前页面或所有页面，切换工程图页面，设置视图的显示方向及大小，创建或改变保存的视图，隐藏或恢复所选取的特征和组件，打开显示/拭除对话框，设置其中的各种选项，访问绘制网格功能，设置模型、基准和系统颜色的显示等。

（4）分析：用于测量绘制图素的长度、距离、面积和直径等，还可用于分析模型的属性、曲线的属性，以及进行 Excel 分析等。

（5）信息：用于显示各种信息，包括特征、模型、特征父子关系、绘制图素、工程图视图和绘制网格等，还可用于切换视图中的尺寸值和其名称，保存注释，显示进程中的对象列表，以及显示在信息窗口显示过的所有信息等。

（6）应用程序：进入其他 Pro/E 模式。

（7）工具：用于改变系统各项设置值。例如，设置关系式，设置变数，创建和修改孔洞表格，设置草绘器捕捉环境，创建映射键，设置各种环境选项，定制屏幕上可用的菜单、工具栏和映射键，以及编辑或载入配置文件等。

（8）窗口：提供管理不同窗口的命令，如激活某个窗口、新建窗口、关闭窗口、打开系统命令窗口、变更窗口大小和切换至进程中的另一个窗口等。

（9）帮助：用于激活在线帮助系统和上下文在线帮助，以及显示版本说明、程序信息、技术支持信息、Pro/E 版本号和版权等。

2．快速工具栏

快速工具栏里的各选项卡的内容概述如下。

（1）布局：用来容纳处理工程图图面布置方面的工具，如图 13.9 所示。

图 13.9 “布局”选项卡的内容

（2）表：用于插入表格，设置表格，修改表格，以及保存表格等，如图 13.10 所示。

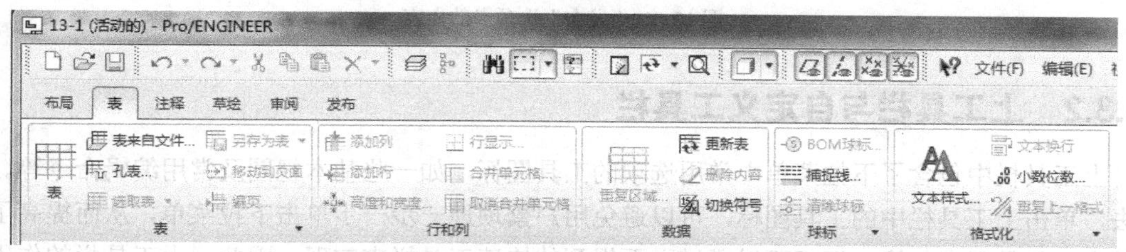

图 13.10 “表”选项卡的内容

（3）注释：专门用来容纳处理尺寸标注方面的工具，如图 13.11 所示。

（4）草绘：用于绘制 2D 工程图素，并设置图素的绘制方式，如图 13.12 所示。

（5）审阅：用来容纳有关辅助绘图方面的工具，如图 13.13 所示。

（6）发布：专门用来容纳处理有关打印设置方面的工具，如图 13.14 所示。

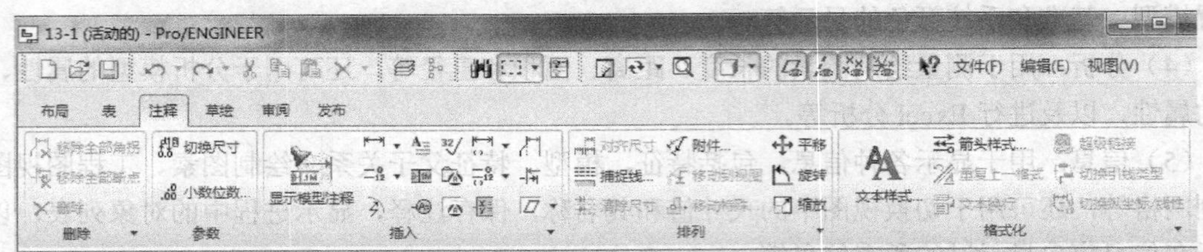

图 13.11 “注释”选项卡的内容

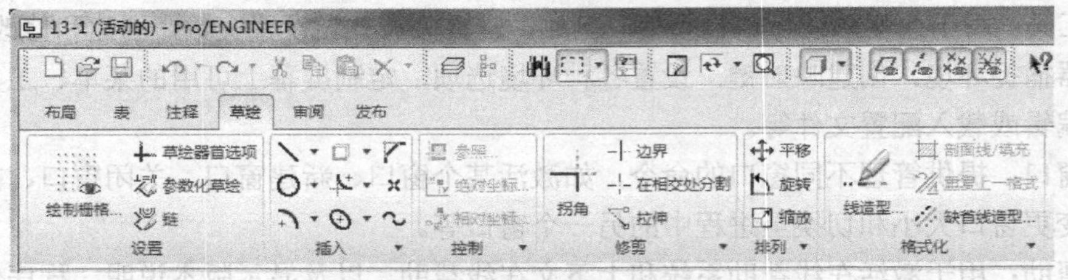

图 13.12 “草绘”选项卡的内容

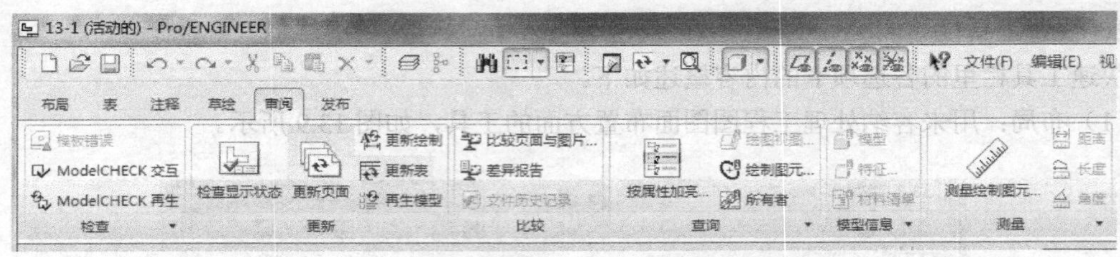

图 13.13 “审阅”选项卡的内容

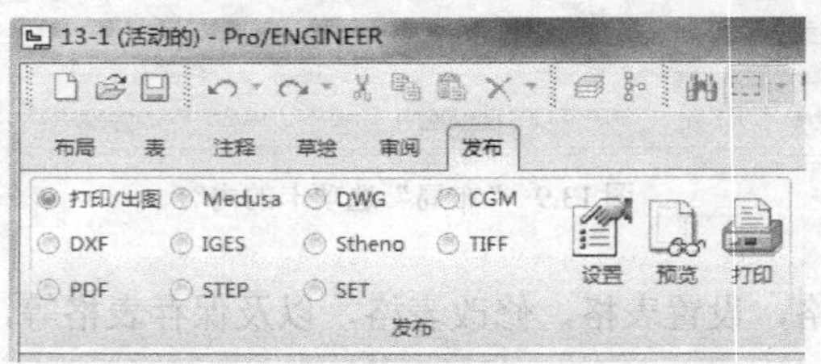

图 13.14 “发布”选项卡的内容

13.3.2 上工具栏与自定义工具栏

上工具栏中包含了下拉菜单中常用选项的工具图标，如一些基本视图及常用编辑命令等。在过去，单击上工具栏中的工具图标，可以避免用户繁琐地一步一步单击下拉菜单，从而提高了工作效率。但是现在，这一切都可以通过上面提到的快速工具栏来实现，因此，上工具栏的作用已淡化。

但是，可以通过自定义工具栏来补充常用的工具图标。自定义工具栏的操作如图 13.15 所示。先右击上工具栏中激活的图标，出现如图 13.15（a）所示菜单，单击选择菜单里的“工具栏”，会弹出工具栏定制窗口，并选择“命令”选项卡，选择下面“目录”中的“细节化”如图 13.15（b）所示。然后选择右边的命令，并按住鼠标左键把该命令拖放到上工具栏中，释放左键，该命令就放到了上工具栏中。此时，也可以把上工具栏中不经常用的命令拖出上工具栏。

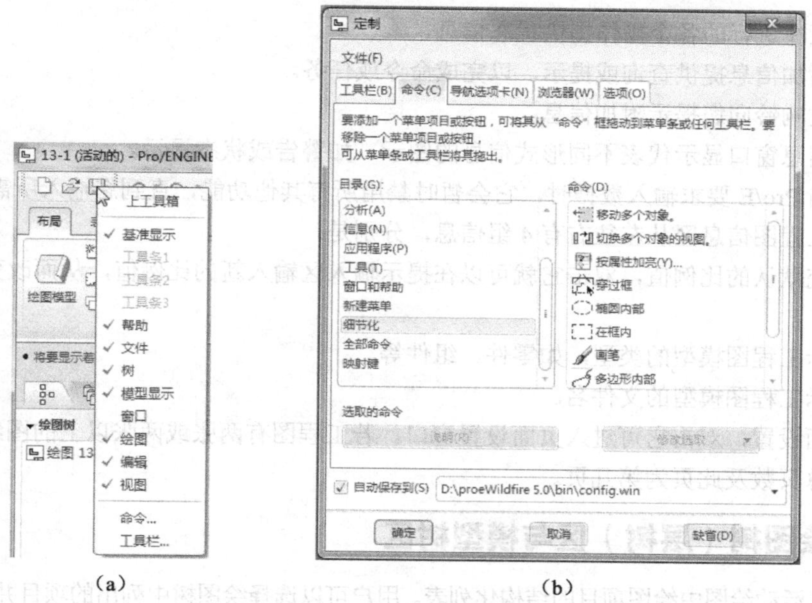

(a) (b)

图 13.15 自定义上工具栏图标

13.3.3 信息提示区

信息提示区包括“提示输入区”、“工程图信息区”以及位于“快速工具栏”下方左侧的“信息显示区”等，如图 13.16 所示。

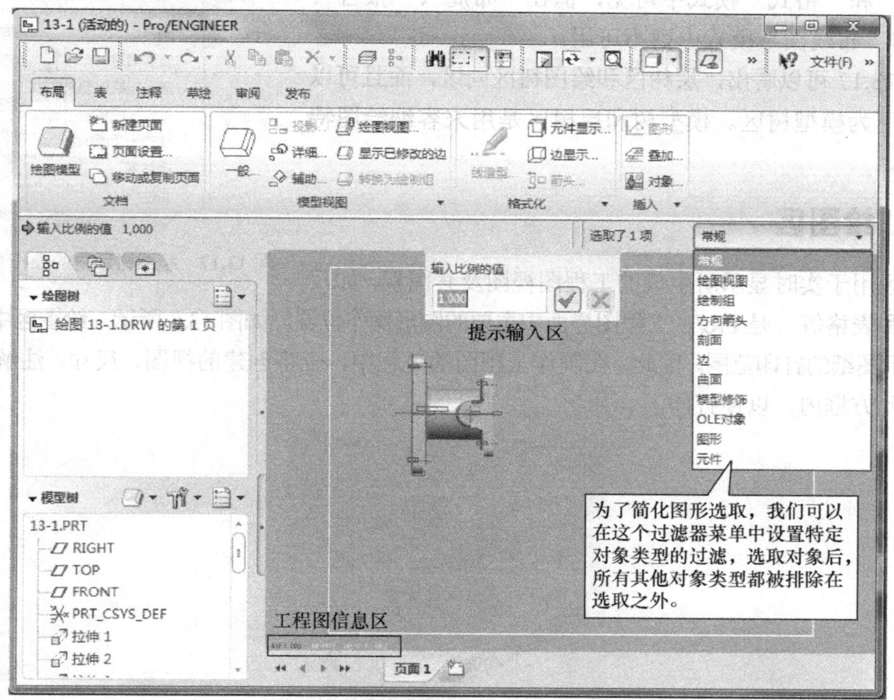

图 13.16 信息提示区的内容

信息提示区可提供以下多种功能：

（1）为正在进行的各个操作提供状态信息。

（2）为附加信息提供查询或提示，以完成命令或任务。

（3）通过响铃向您提示附加信息。

（4）在信息窗口显示代表不同形式信息的图示，如警告或状态提示。

而且，当 Pro/E 要求输入数据时，它会暂时禁用所有其他功能，直到您输入所需信息为止。

其中，工程图信息区从左往右有 4 组信息，分别是：

（1）系统默认的比例值，双击它就可以在提示输入区输入新的比例值，从而改变工程视图的显示比例。

（2）显示工程图模型的类型，如零件、组件等。

（3）显示工程图模型的文件名。

（4）页面设置，双击它可进入页面设置窗口。若工程图有两张或两张以上的图纸，则显示该文件图纸的总页数及此页为第几页。

13.3.4 绘图树（层树）区与模型树区

绘图树是活动绘图中绘图项目的结构化列表。用户可以选择绘图树中列出的项目并右击，在弹出的快捷菜单中选择合适的命令来进行操作。如图 13.17 所示，绘图树用来表示工程图项目（各种视图）的显示状态，以及绘图项目与绘图活动模型之间的关系。

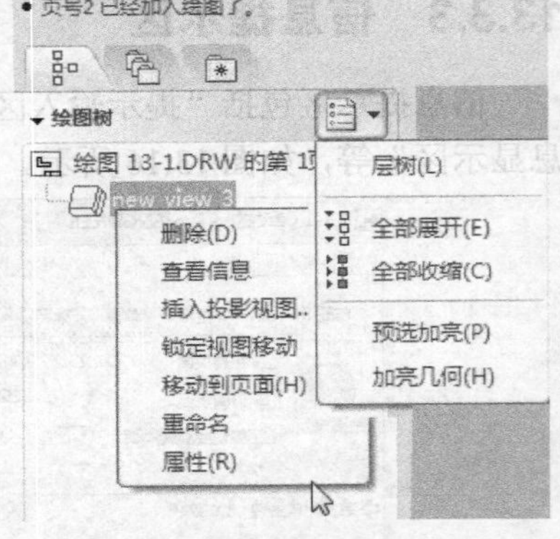

图 13.17 绘图树区内的操作和显示内容

在绘图树中选择项目时，它会成为选项集的一部分，并且该项目会在绘图页面中相应地加亮显示。请注意，绘图树在“细节”和“格式”模式中可见，但在“布局”、“报告”、“标记”和“布线图”模式中则不可用。

由图 13.17 可以看出，层树区和绘图树区同区，而且可以切换。其下为模型树区。模型树和层树区是用来容纳绘图特征的地方。

13.3.5 绘图区

绘图区用于实时显示所生成的工程图视图及其图素，如尺寸、注释和表格等，是 Pro/E 工程图界面中主要的图形操作位置。如图 13.8 所示，绘图区中的矩形方框用于表示图纸的打印范围。因此，在制作工程图的过程中，应将创建的视图、尺寸、注解和公差等都放置在此方框内，以便打印。

图 13.18 工程图模型

13.4 产生三视图

13.4.1 创建主视图

这里以图 13.18 所示的零件的主视图为例说明主视图创建的操作方法。

（1）设置工作目录至零件所在目录。

（2）在工具栏中单击□按钮新建一个工程图文件，选择文件类型为“绘图”，输入文件名称“13_1”（可自定义），取消“使用缺省模板”，单击“确定”按钮后进入“新制图”对话框，有的 Pro/E 版本显示为“新建绘图”，在指定模板选项中选取“格式为空”，单击“确定”按钮后选择文件“a.frm”，单击“打开”后进入绘图模块。

（3）在绘图区域单击鼠标右键，在弹出的快捷菜单中选择“插入普通视图”命令，或者单击快速工具栏上的“一般”按钮，如图 13.19 所示。

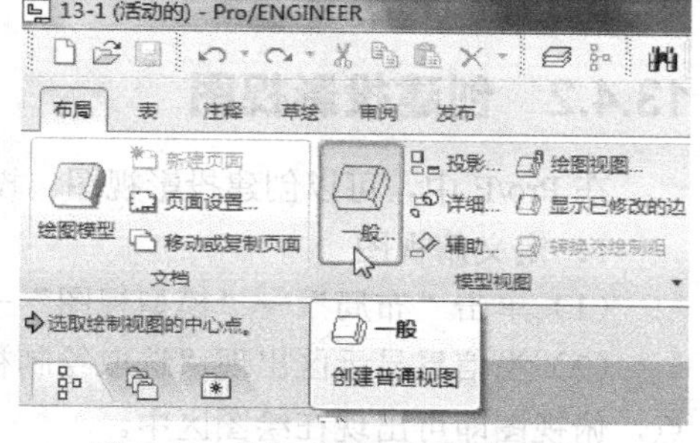

图 13.19 选择“创建普通视图”命令

（4）在系统的信息显示区出现提示“选取绘制视图的中心点”时，在绘图区域选择任意一点单击鼠标左键，此时绘图区出现轴测图。

（5）在出现轴测图的同时弹出“绘图视图”对话框，如图 13.20 所示。在“视图类型”类别前提下，选择“视图方向”的“选取定向方法”选项中的“几何参照”，如图 13.21 所示。

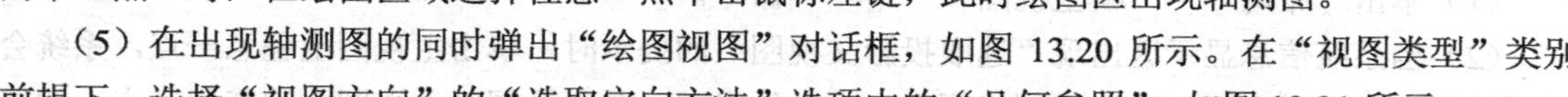

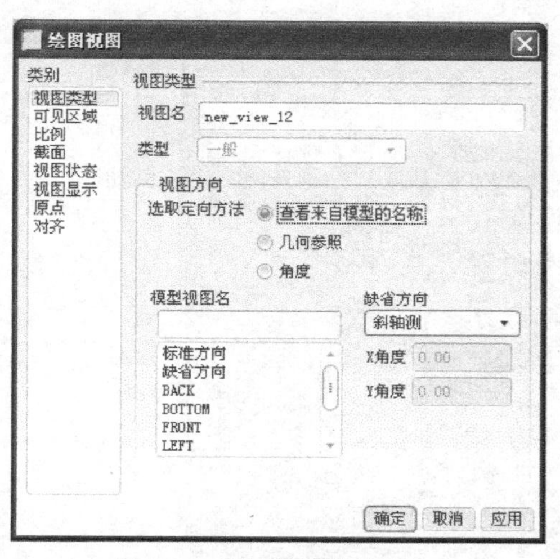

图 13.20 “绘图视图”对话框

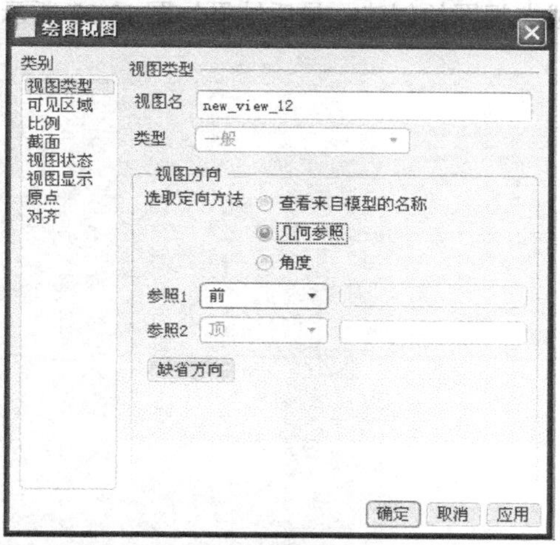

图 13.21 选择“几何参照”时窗口

（6）对视图进行定向设置。

① 单击参照 1 后的空白框或下拉三角形按钮，在弹出的方位表中选择“前”，在模型上选择如图 13.22（a）所示的面。此时表示将要选择的模型的表面与屏幕平行，且朝前面向读者。

(a)

(b)

(c)

图 13.22 选择模型上的面

② 单击参照 2 后的空白框或下拉三角形按钮，在弹出的方位表中选择“顶”，在模型上选择如图 13.22（b）所示的面。此时表示将要选择的模型的表面与屏幕垂直。单击“确定”按钮后结果如图 13.22（c）所示。

13.4.2 创建投影视图

在 Pro/E 中，可以创建投影视图。投影视图包括左视图、右视图、俯视图和仰视图。

1．定义俯视图

（1）单击“布局”→“模型视图”→投影...命令。

（2）当信息显示区出现“选取绘制视图中心点”的提示时，单击绘图区主视图正下方任意一点，俯视图即可出现在绘图区中。

2．定义左视图

（1）单击“布局”→“模型视图”→投影...命令。

（2）当系统信息显示区出现“选取投影父视图”的提示时，单击主视图上任意一点，系统会在系统信息显示区出现“选取绘制视图中心点”的提示，单击绘图区主视图右边任意一点，即可完成左视图的创建，最后结果如图 13.23 所示。

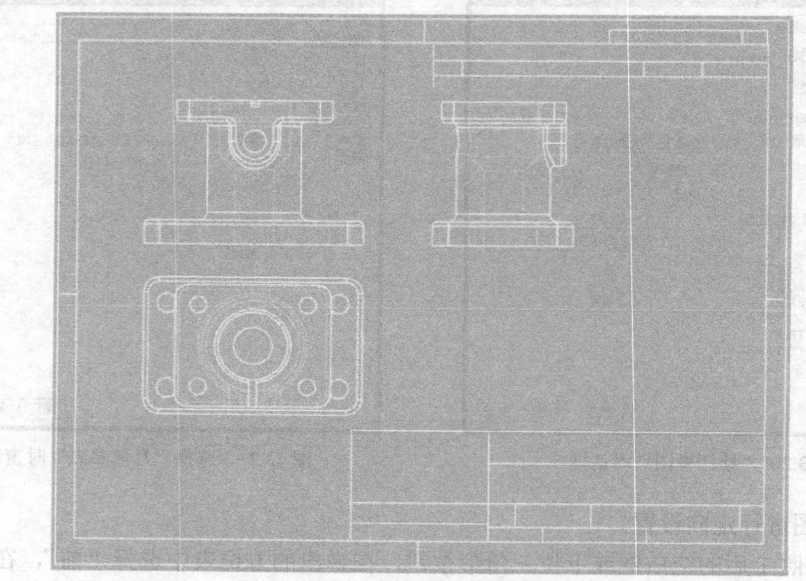

图 13.23 模型的三视图

创建其他投影图方法与以上步骤类似。

3. 必要的说明

在生成投影视图时，可能会出现一个问题，那就是按照既定步骤想生成俯视图时，发现 Pro/E 生成的是仰视图，同样的问题也会出现在其他投影视图中。这主要是由于选择利用第一角投影法还是第三角投影法引起的问题。第一角投影法和第三角投影法的不同如图 13.24 所示。

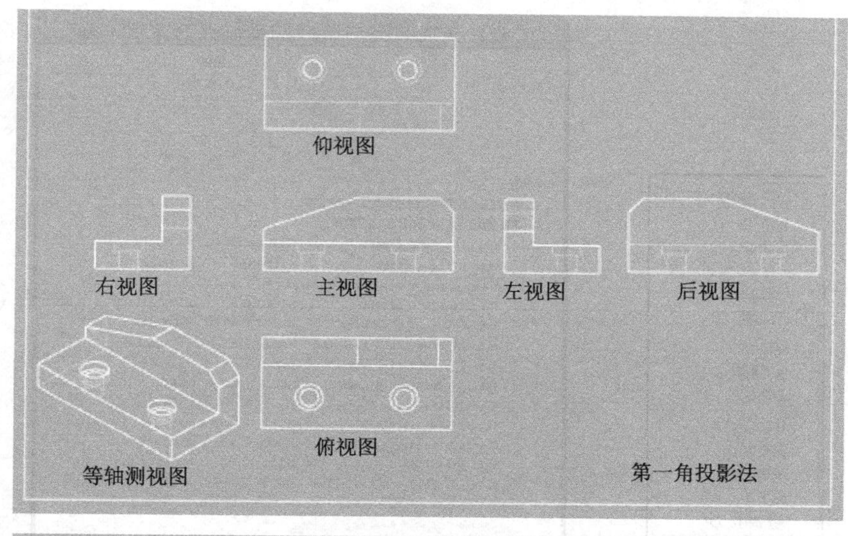

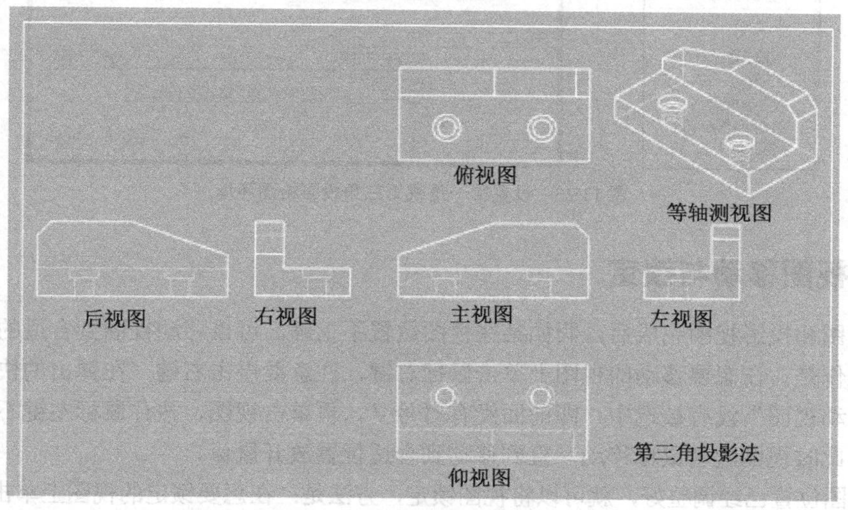

图 13.24 第一角投影法和第三角投影法的比较

在第一角投影法中，观测者、物体与投影面的关系是“人-物-面”；而在第三角投影法中，三者的关系是“人-面-物”。

从图 13.24 中可以看出，由于投影面的翻转，第一角和第三角投影法生成的视图位置正好相反。简单地说，用第一角投影法时，生成的左视图是在主视图的右侧，生成的俯视图是在主视图的下方，采用第三角投影法时，生成的左视图是在主视图的右侧，而生成的俯视图是在主视图的上方。

我国的 GB 标准采用的是第一角投影法，所以在国内，都采用此投影法。而国际采用的是 ISO 国际标准的第三角投影法。在 Pro/E 里我们可以通过改变设置应用不同的投影法。

在 Pro/E 工程图模块中，可以依次单击选择“文件”→“绘图选项”，在弹出的窗口中选择“projection_type”，然后设定其“值”为“first_angle”，单击“添加/更改”→“确定”按钮，即可使视图投影系统变为第一角投影，如图 13.25 所示。此设置只是把当前工程图的投影方法改变了，而系统默认的第三角投影没有改变，即当再新建工程图文件时，投影仍然采用第三角投影法。当然，也可以修改系统默认的投影法，这里不详述。

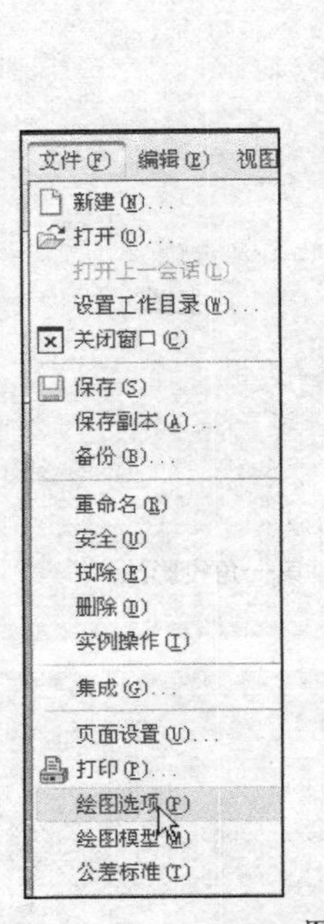

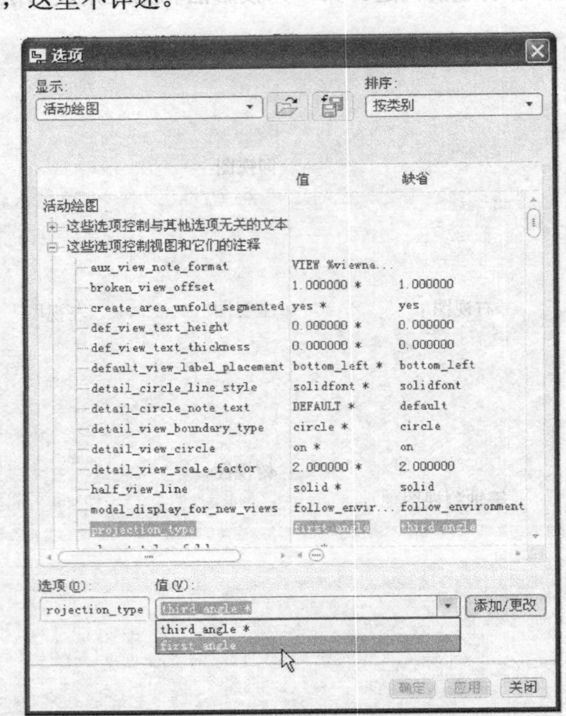

图 13.25 设置第一角或第三角投影绘图环境

13.4.3 视图移动与锁定

在主视图和投影视图完成后，假如某些视图位置不正确，可以移动视图到合适的位置。

具体操作是：在想要移动的视图上单击鼠标右键，注意要慢击右键，在弹出的快捷菜单中确保“锁定移动视图”没有被选中，即前面没有对号√，再单击视图，按住鼠标左键不放开，同时移动鼠标，此时视图随着鼠标移动，直到移动到合适位置放开鼠标。

如果视图位置已经调整好，就可以将视图锁定，方法是：在想要锁定的视图上单击鼠标右键，在弹出的快捷菜单中确保“锁定移动视图”被选中，也就是前面有对号√。

13.4.4 删除视图

如果要删除某个视图，可以在视图上慢击鼠标右键，在弹出的快捷菜单上面选择“删除”命令，即可完成删除。或者选中视图后，按键盘上的 Delete 键进行删除。

13.4.5 图形显示模式

工程图可以设置 4 种显示模式，在上工具栏中的图标依次为线框、隐藏线、消隐、着色，如

图 13.26 所示，其含义分别为：

① 线框：表示在视图中的不可见边以实线显示。

② 隐藏线：表示在视图中不可见边以虚线显示。

③ 消隐：表示在视图中不可见边不显示。

④ 着色：表示模型着色显示。

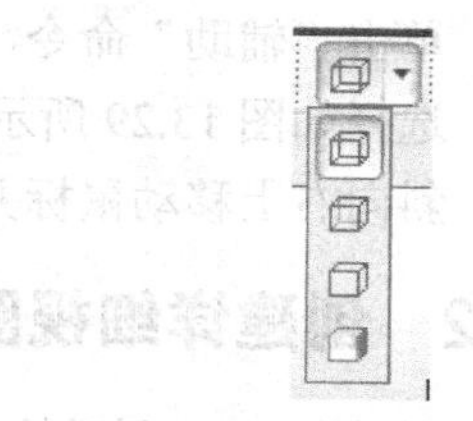

图 13.26 图形显示模式

13.5 产生其他视图

13.5.1 创建辅助视图

辅助视图与投影视图相似，都由投影生成，但辅助视图可以是父视图沿着选取的斜面、基准面的法线方向或某一轴线方向的投影。

如图 13.27 所示的零件，创建父视图如图 13.28 所示的辅助视图，方法如图 13.29 所示。

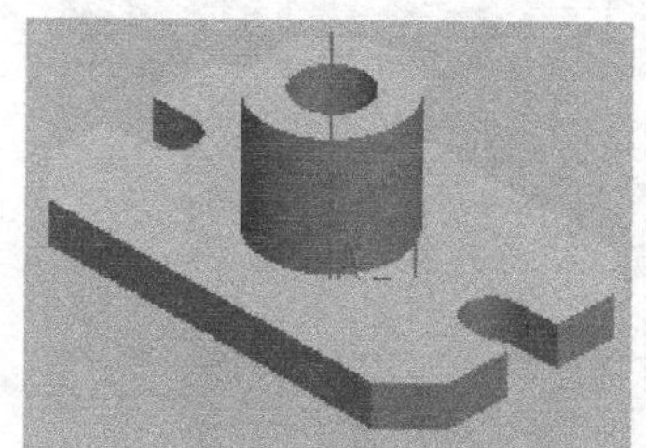

图 13.27 零件模型图

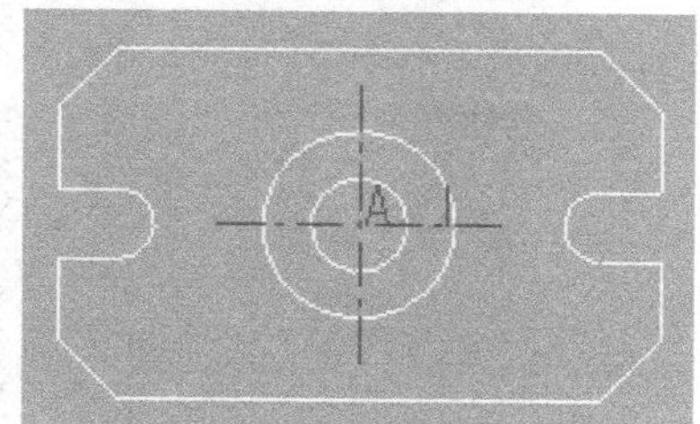

图 13.28 父视图

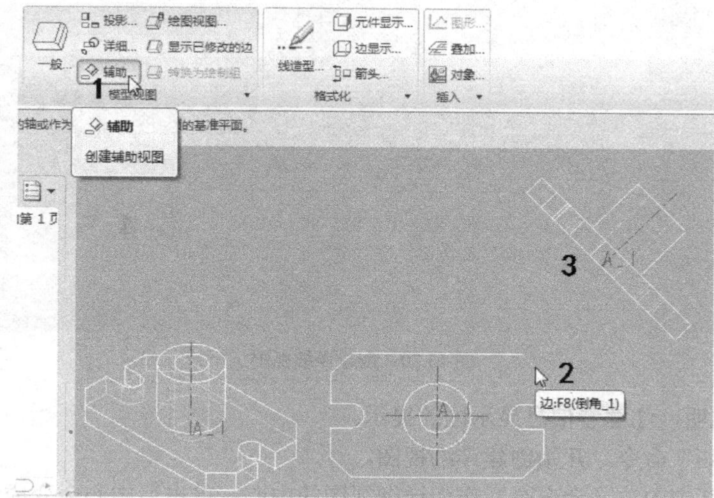

图 13.29 创建辅助视图

以下是步骤说明，注意看信息显示区的提示。

① 单击“辅助”命令，开始创建辅助视图。

② 选择如图 13.29 所示的边。

③ 斜向右上移动鼠标并单击左键，完成创建。

13.5.2 创建详细视图

打开如图 13.23 所示的三视图，开始创建详细视图，步骤如图 13.30 所示。

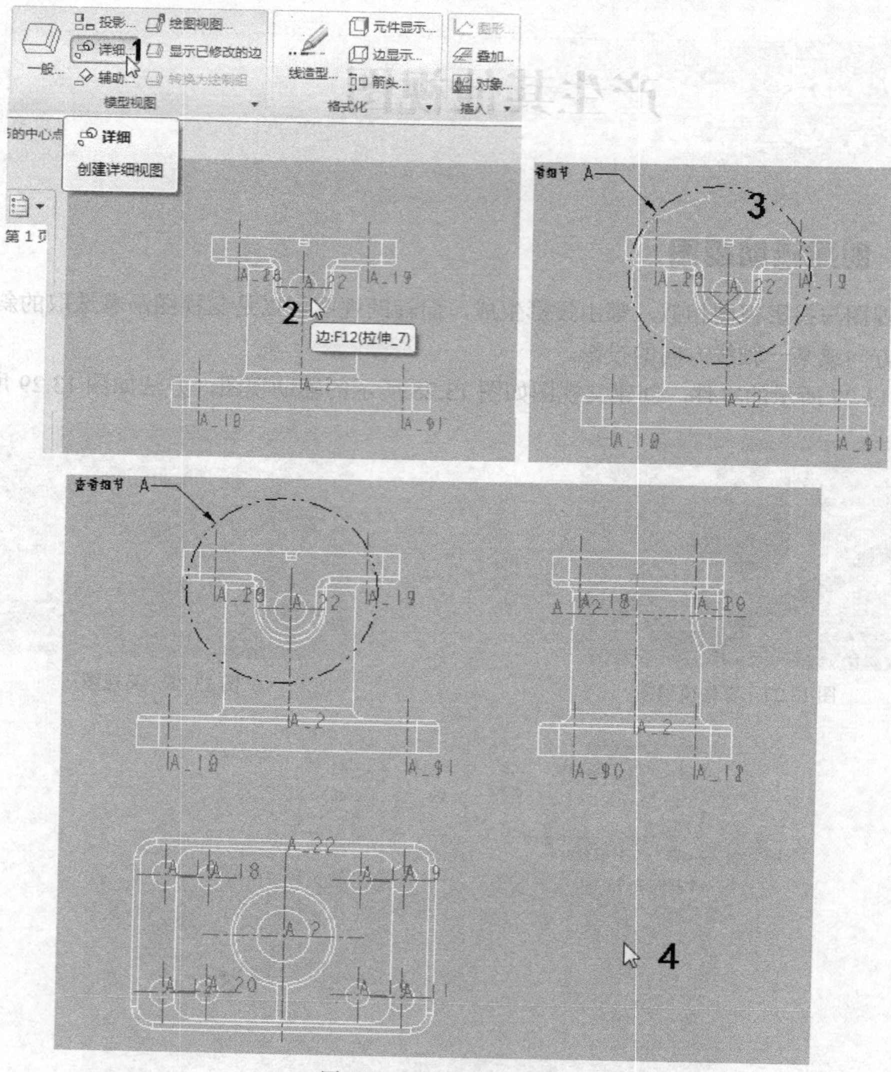

图 13.30 创建详细视图

下面是步骤说明，注意看信息显示区的提示。

① 单击“详细”命令，开始创建详细视图。

② 单击选择其中的边（会变亮）作为详细视图的中心，单击后中心会变成红色×。

③ 围绕所选中心绘制一条样条曲线，此样条曲线不可以与其他样条曲线相交，作为生成详细视图的轮廓线，单击鼠标中键闭合此样条曲线。

④ 在绘图区空白位置单击，选择详细视图的放置位置，完成创建。

⑤ 双击详细视图，进入“绘图视图”窗口，然后依图中所示的数字次序操作，就可以对详细视图编辑操作，如图 13.31 和图 13.32 所示。

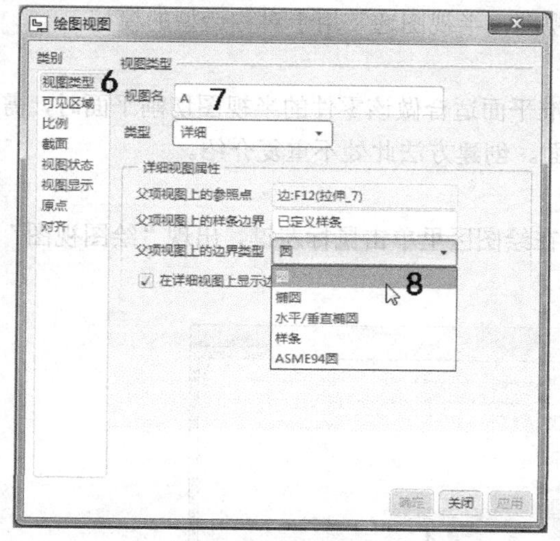

图 13.31 详细视图设置一

图 13.32 详细视图设置二

⑥ 单击“视图类型”按钮。

⑦ 输入视图名“A”。

⑧ 选择“父视图上的边界类型”为“圆”。

⑨ 选择“比例”类别。

⑩ 在“定制比例”输入框中输入“1”。

⑪ 单击“关闭”按钮，完成设置。

最后创建的详细视图如图 13.33 所示。

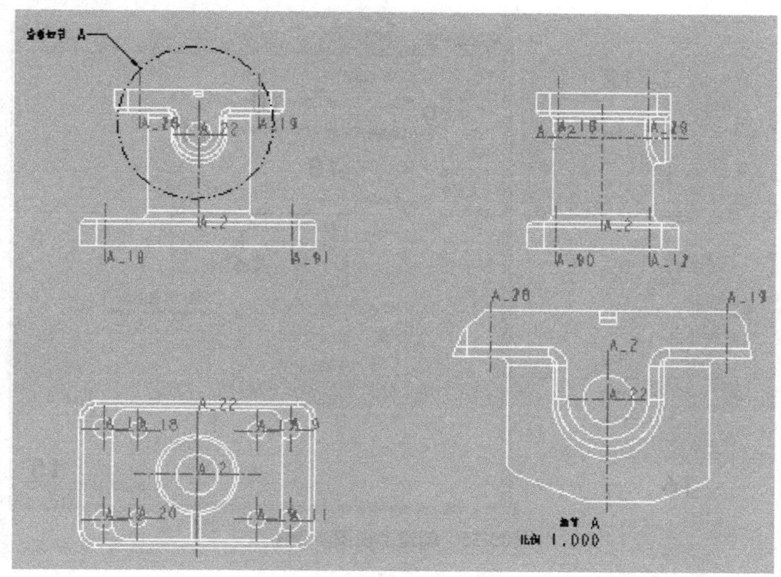

图 13.33 详细视图

13.5.3 创建半视图

创建半视图的关键是选取一个合适的平面或基准面作为切割平面，而且此平面在半视图中必须垂直于屏幕，半视图中只显示此面指定一侧的视图，半视图通常用于对称造型的模型。

创建半视图的步骤如下：

① 打开如图 13.18 所示零件模型，在创建基准平面适合做该零件的半视图切割平面时，需要使用零件模式下的“视图管理器”先创建切割平面。创建方法此处不重复介绍。

② 新建绘图（工程图）文件。

③ 单击快速工具栏的“一般”命令按钮，并在绘图区里单击鼠标左键，出现“绘图视图”窗口，具体步骤如图 13.34 和图 13.35 所示。

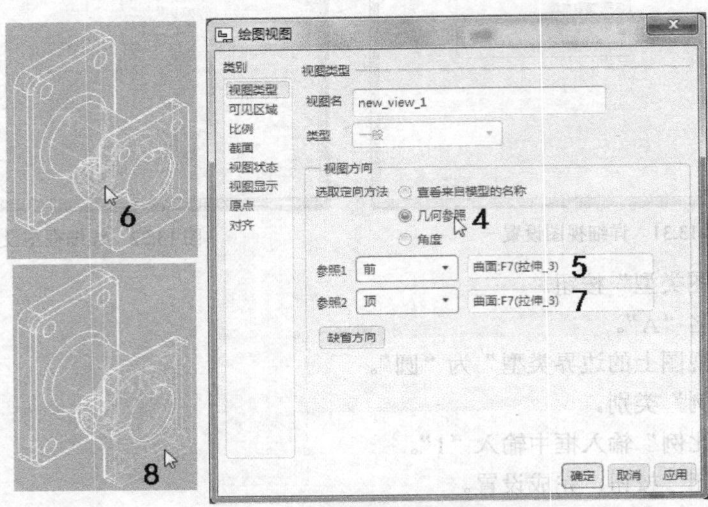

图 13.34 创建半视图步骤图一

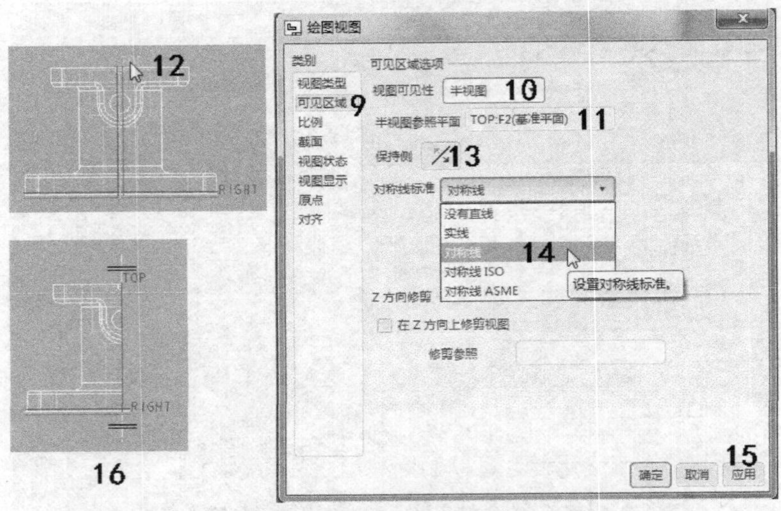

图 13.35 创建半视图步骤图二

④ 选择“几何参照”。

⑤ 参照 1 选择“前”，并选择如图中数字 6 所示的面。

⑥ 选择该面为“前”面。

⑦ 参照 2 选择“顶”，并选择如图中数字 8 所示的面。

⑧ 选择该面为“顶”面。

⑨ 选择“可见区域”。

⑩ 在“视图可见性”中选择“半视图”。

⑪ 半视图参照平面选择如图中数字 12 所示的 TOP 基准面。

⑫ 选取“TOP”基准平面作为半视图的切割平面。

⑬ 这个按钮表示选择哪一半为半视图，此时有红色箭头指示，箭头指的一半留下。

⑭ 对称线标准选择“对称线”。

⑮ 单击“应用”按钮，创建完成，如图中 16 处所示。

13.5.4 创建破断视图

创建破断视图，需要在当前视图上先生成破断线。生成破断线后，系统将删除破断线间的视图部分，留下其余的部分作为破断视图。

创建破断视图的步骤如下：

①～⑨步骤和创建半视图相同。下面的步骤如图 13.36 所示。

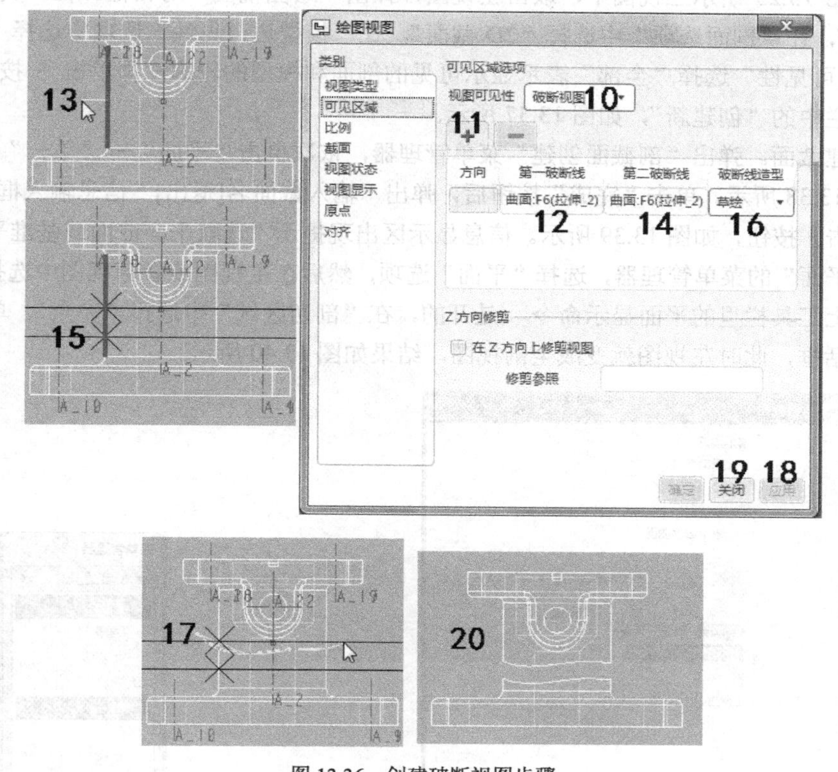

图 13.36 创建破断视图步骤

⑩ 在“视图可见性”处选择“破断视图”。

⑪ 单击“+”按钮。

⑫ 第一破断面选择序号 13 处的竖线上的一点。

⑬ 在竖线上的某点单击左键后，竖线被选中，然后向左或向右移动鼠标一段距离并单击左键。

⑭ 第二破断面选择同上一步骤所选竖线上的点有一定距离的点。

⑮ 出现如序号 15 所示的直线。

⑯ 破短线造型选择“草绘”。

⑰ 绘制断面样条曲线，依次单击鼠标左键绘制断面线，按中键完成。系统会自动画出另一条平行的断面线。

⑱ 单击应用，创建完成。单击“关闭”按钮，破断视图如图中序号 20 处所示。

13.6 产生剖视图

13.6.1 创建全剖视图

（1）在图 13.23 所示三视图中，双击左视图，弹出“绘图视图”对话框。在“类别”选项中选择“截面”，在“剖面选项”中选择“2D 截面”，在“模型边可见性”选项中选择“全部”，注意：“模型边可见性”选择“全部”表示显示可见的剖面和模型的轮廓。再单击 + 按钮，然后单击“名称”栏中的“创建新”，如图 13.37 所示。

（2）创建截面。弹出“剖截面创建”菜单管理器，依次单击“平面”→“单一”→“完成”命令，如图 13.38 所示。单击“完成”按钮后，弹出“输入截面名[退出]”信息输入框，输入界面名称 A，单击按钮，如图 13.39 所示。信息显示区出现提示“选取平面曲面或基准平面”，同时出现“设置平面”的菜单管理器，选择“平面”选项，然后在主视图或者俯视图中选择 TOP 基准面，注意在上工具栏里的平面显示命令是开的，在“剖切区域”中选择“完全”，单击“确定”按钮关闭对话框，此时左视图就变成全剖视图，结果如图 13.40 所示。

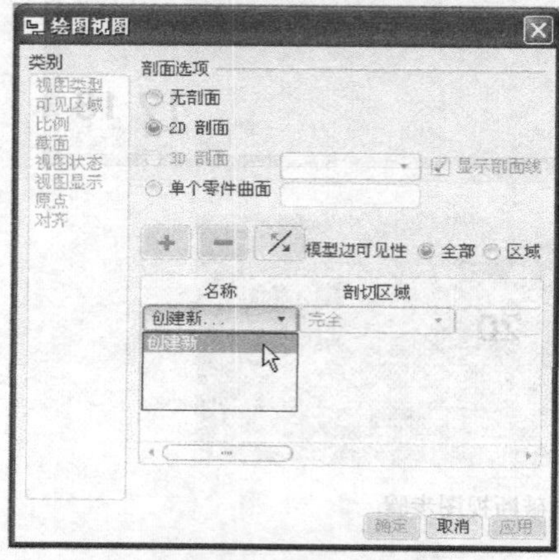

图 13.37　剖截面设置图一

图 13.38　剖截面设置图二

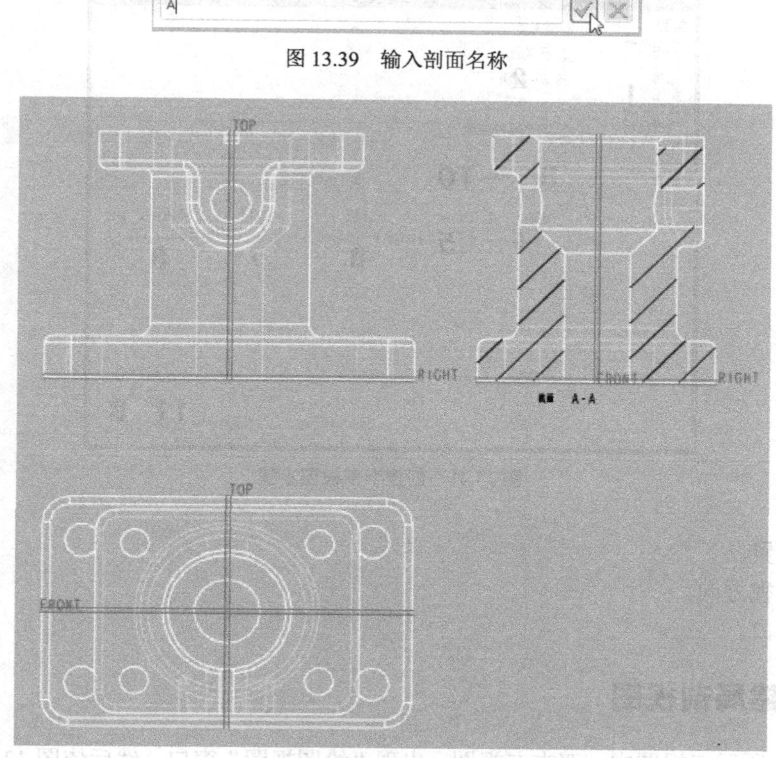

图 13.39 输入剖面名称

图 13.40 左视图变为全剖视图

（3）添加箭头。单击选中刚才建立的剖面视图，然后在该视图上单击鼠标右键，注意要慢击，在弹出的快捷菜单中选择“添加箭头”命令，信息显示区出现“给箭头选出一个截面在其处垂直的视图。中键取消。”提示，此时单击主视图即可。

13.6.2 创建半剖视图

在图 13.23 所示三视图中，双击左视图，出现“绘图视图”窗口，然后依图 13.41 中所示的数字次序操作，就可以完成创建半剖视图，注意在系统信息显示区的提示。

步骤说明如下。

① 单击“截面”。

② 选择“2D 剖面”。

③ 单击 + 按钮。

④ 选择“A”面，“模型边可见性”选择“全部”。

⑤ 剖切区域选择“一半”。

⑥ 参照，这里表示为半截面创建选取参照平面，选择俯视图上的“FRONT（基准平面）”，注意要先激活上工具栏里的“平面显示”命令。

⑦ 边界，这里表示选取左视图上哪一侧为剖视，单击左视图上的左边一侧。

⑧ 箭头显示，这里表示给箭头选出一个截面在其处垂直的视图，按中键取消。选择主视图。

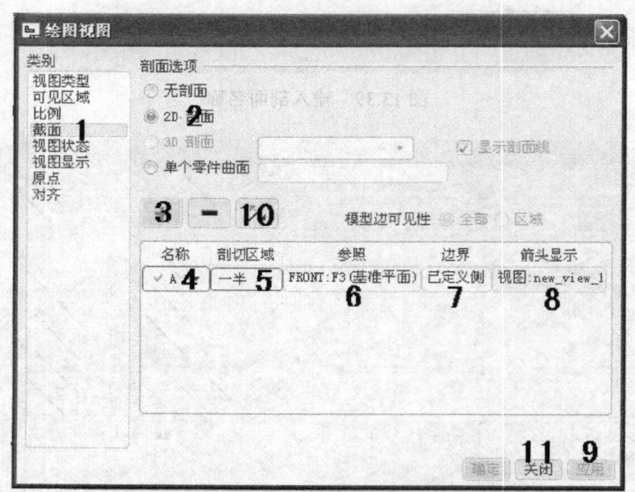

图 13.41 创建半剖视图步骤

⑨ 应用设置。

⑩ 改变剖视方向。

⑪ 关闭窗口。

13.6.3 创建局剖视图

在图 13.23 所示三视图中，双击左视图，出现“绘图视图”窗口，然后依图 13.43 中所示的数字次序操作，就可以完成创建半剖视图，注意在系统信息显示区的提示。

步骤说明如下。

① 单击“截面”。

② 选择“2D 剖面”。

③ 单击 + 按钮。

④ 选择“A”面，“模型边可见性”选择“全部”。

⑤ 剖切区域选择“局部”。

⑥ 参照，这里表示选取截面间断的中心点，这里选择左视图上上半部分的一条边作为参考。

⑦ 边界，这里表示草绘一条围绕刚才设定的截面中心点的样条曲线，不相交其他样条，定义一轮廓线。具体方法是：在左视图上设置的截面中心点周围依次单击鼠标左键画一个封闭的轮廓，单击鼠标中键完成绘制。如图 13.42 所示。

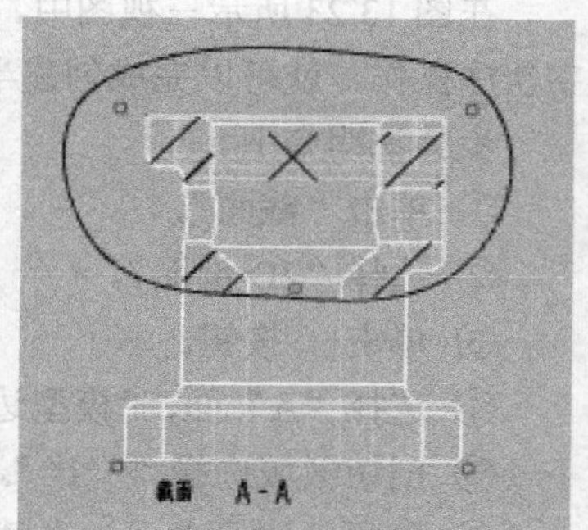

图 13.42 样条绘制

⑧ 箭头显示，这里表示给箭头选出一个截面在其处垂直的视图，单击中键取消。单击中键。

⑨ 应用设置。

⑩ 关闭窗口。

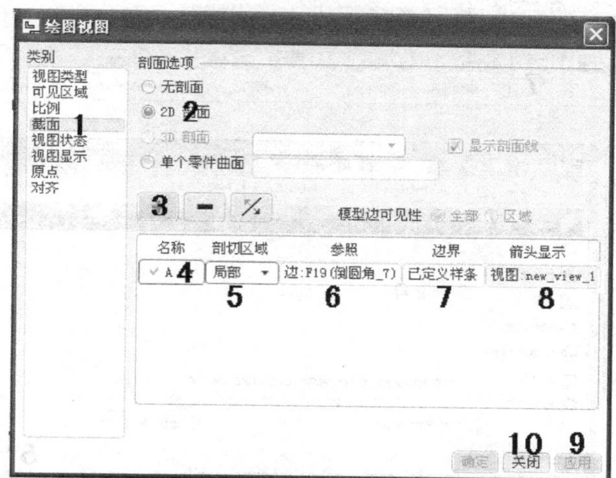

图 13.43 创建局部视图步骤

13.7 增加出图零件

在一个零件的工程图中再添加另一个零件的工程图称为多模型视图，即在一个零件的工程图中增加出图零件。

这里以两个零件在同一个工程图文件里显示为例，具体操作方法如下。

（1）先创建一个如图 13.44 所示零件 1 的一般视图，以“FRONT”为前基准面，以“TOP”为底部基准面，如图 13.45 所示，以下步骤如图 13.46 和图 13.47 所示。

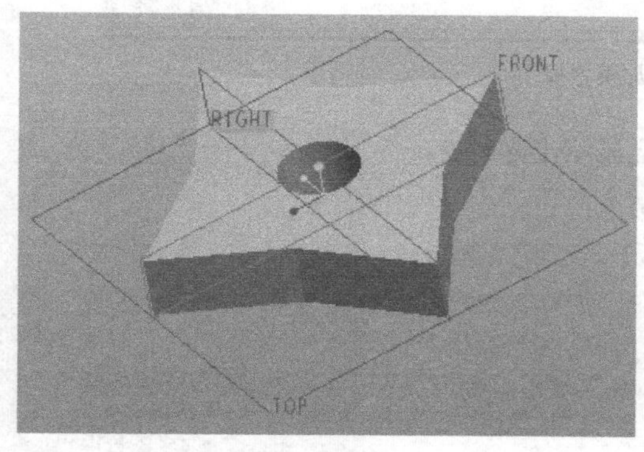

图 13.44 零件 1

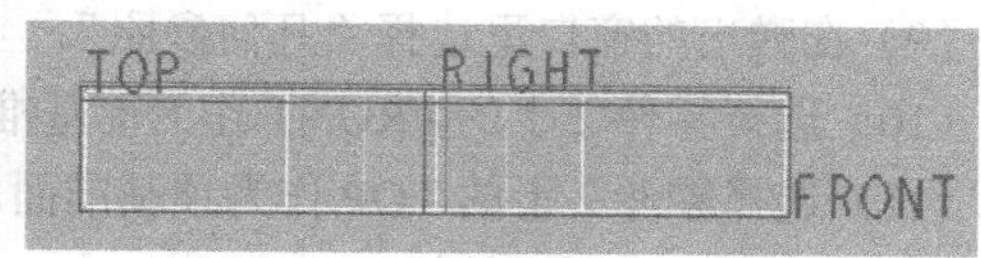

图 13.45 零件 1 的一个工程视图

（2）单击“绘图模型”按钮。

（3）单击“添加模型”按钮。

（4）在弹出的窗口里找到要添加的第 2 个零件。

（5）单击“打开”按钮。

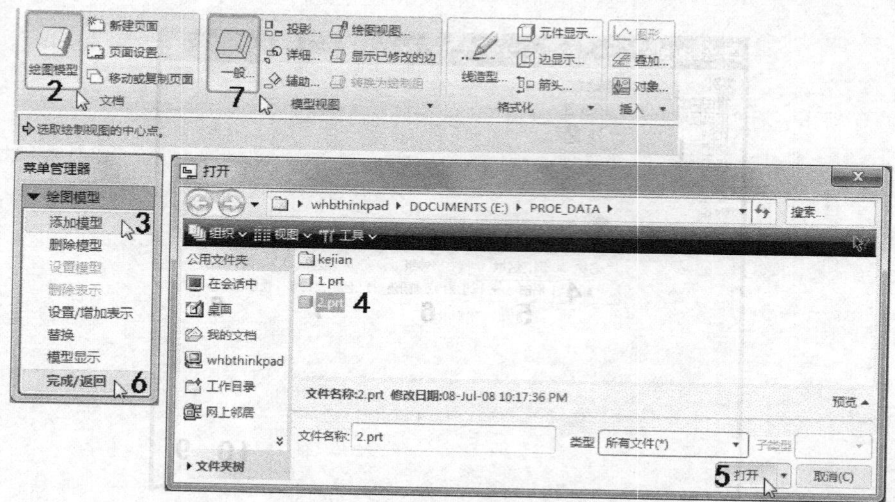

图 13.46　添加模型

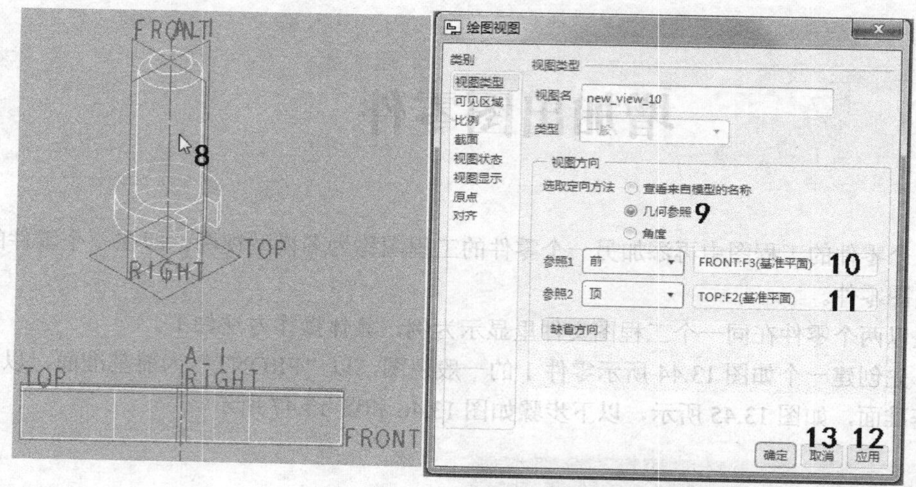

图 13.47　添加模型视图

（6）单击“完成/返回”。此时“模型树”下已显示出零件 2。

（7）单击“一般”命令，创建零件 2 的视图。

（8）在第 1 个零件视图的上方单击鼠标左键。

（9）在弹出的窗口里选择“几何参照”。

（10）选择零件 2 上的 FRONT 作为前基准面。

（11）选择零件 2 上的 TOP 作为顶基准面。

（12）单击“应用”按钮。

（13）关闭窗口。

最终出现如图 13.48 所示。由图可以看出，两个视图没有对齐，我们可以设置对齐，方法如图 13.49 所示。

（1）左键双击要移动的视图，出现“绘图视图”窗口。这里双击零件 2 的视图。

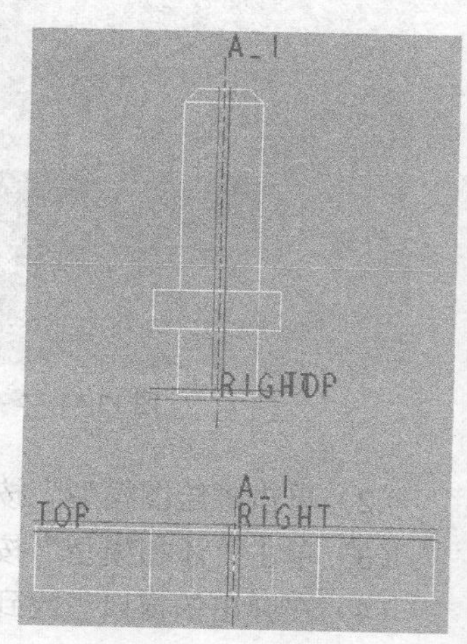

图 13.48　多模型视图

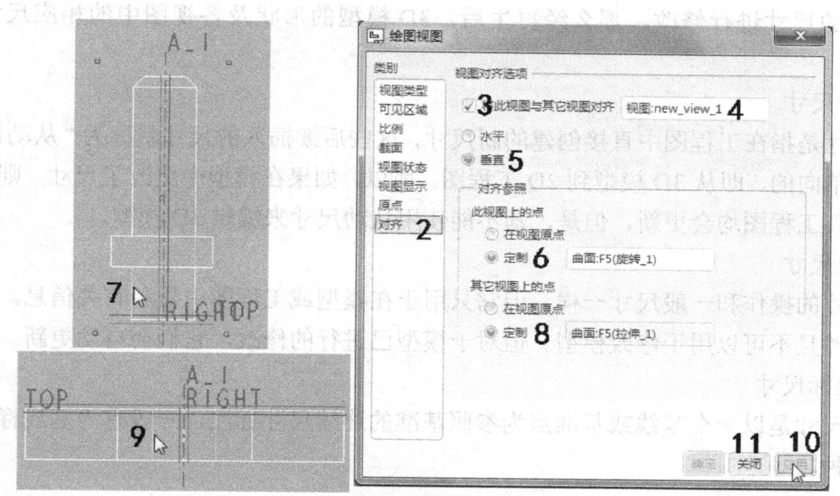

图 13.49 对齐视图步骤

（2）选择“对齐”。

（3）选择“将此视图与其他视图对齐”复选框。

（4）选择零件 1 的视图为参考视图。

（5）选择“垂直”。

（6）“在此视图上的点”选择“定制”。

（7）选择如图边线。

（8）“在其他视图上的点”选择“定制”。

（9）选择如图边线。

（10）单击“应用”按钮，完成视图对齐。

（11）关闭窗口。

最终对齐视图如图 13.50 所示。

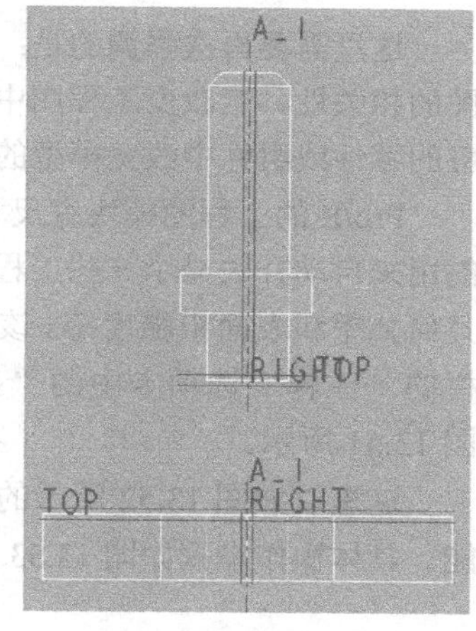

图 13.50 对齐视图

13.8 标注尺寸

13.8.1 Pro/E 工程图模块中的四种尺寸

1．驱动尺寸

驱动尺寸是指保存在模型自身中的尺寸信息。在默认情况下，将模型或组件输入 2D 工程图中时，所有尺寸和保存的模型信息是不可见的，或已拭除。这些尺寸与 3D 模型的链接是活动的，所以可通过工程图中的尺寸来直接编辑 3D 模型。在工程图中显示时，这些尺寸就称为“驱动尺寸”，因为用户可以在工程图中使用这些尺寸来驱动模型的形状。即，如果用户对自动显示生成的尺寸进行修改，那么经再生后，3D 模型的形状及各视图中的相应尺寸均会自动更新。

2．从动尺寸

从动尺寸是指在工程图中直接创建的新尺寸，这些后续插入的尺寸就称为“从动尺寸”。因为其关联仅为单向的，即从 3D 模型到 2D 工程图，所以，如果在模型中更改了尺寸，则所有已编辑的尺寸值和其工程图均会更新，但是，却不能使用从动尺寸来编辑 3D 模型。

3．参照尺寸

参照尺寸的操作和一般尺寸一样，但它只用于在模型或工程图中显示有关信息。所以，它们是只读的，并且不可以用于修改模型。但对于模型已进行的修改，它们会自动更新。

4．纵坐标尺寸

纵坐标尺寸是以一个基线或基准点为参照基准的连续尺寸标注，一般有“基线标注”或“连续标注”两种。

13.8.2 自动标注尺寸

这里需要再次强调的是：由于 Pro/E 模型与其工程图的相关性，若改变工程图中的尺寸值，系统也将在相应的零件或组件中改变模型的相应尺寸。

Pro/E 的工程图模块有尺寸自动开关显示功能，该功能用来自动开关显示一些工程图符号，如尺寸、注释、几何公差和表面粗糙度等。该功能图标是位于快速工具栏的“注释”选项卡中的“显示模型注释”图标，如图 13.51 所示。

这里以如图 13.52 所示的零件工程图为例说明此功能。具体操作步骤如图 13.53 所示。

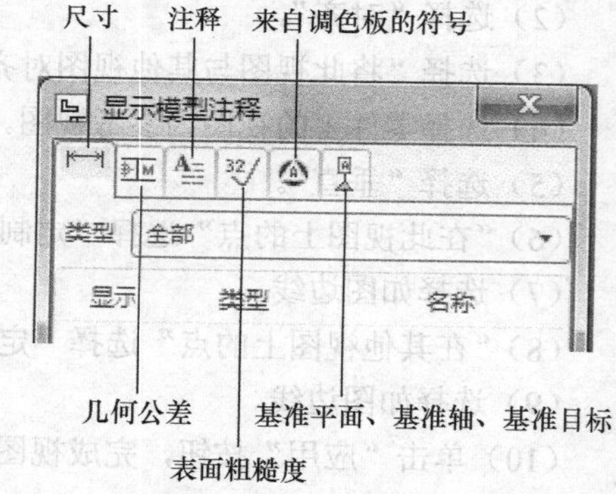

图 13.51 “显示模型注释”工具栏图标内容

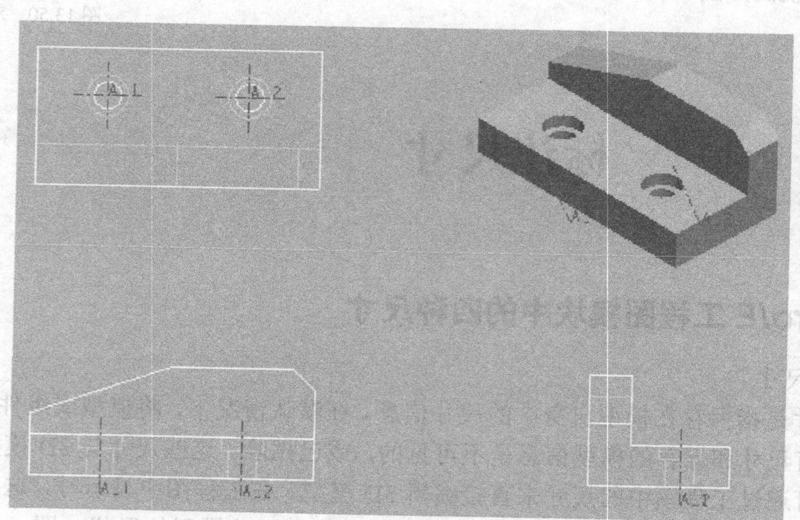

图 13.52 零件

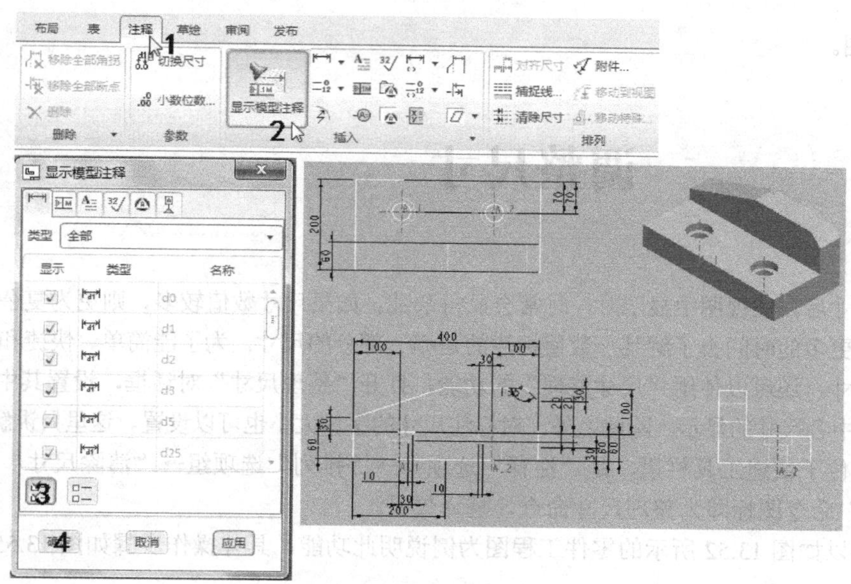

图 13.53 自动显示尺寸操作

13.8.3 手动创建尺寸

前面学习了如何自动显示模型中的尺寸。但是，有时仍需要在工程图中增加一些特定的尺寸标注，这时就需要手动创建一些尺寸。这些尺寸虽然是新增的，但也是实际的测量值。该功能图标位于快速工具栏的“注释”选项卡中的“插入”选项组，可以选择不同的命令图标，完成不同的尺寸创建。

这里还以如图 13.52 所示的零件工程图为例说明此功能。具体操作步骤如图 13.54 所示。

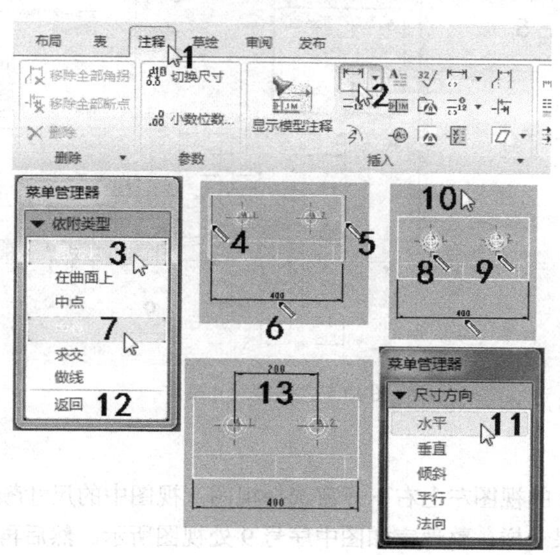

图 13.54 手动创建尺寸

个别步骤说明如下。

在第 6 步中单击鼠标中键，选择放置尺寸的位置。第 10 步相同。最后尺寸标注样式如图中序号 13 处视图。

13.9 调整尺寸

标注尺寸后，在视图中显示时，时常会显得杂乱。如果尺寸数值较多，则更为复杂。这往往会让用户花费更多的时间去了解某一数值标注的是哪一部分的尺寸。为了能简单、快捷和整齐地显示视图中的尺寸，还可以使用“尺寸整理”的功能，打开“整理尺寸”对话框，设置其中的各选项，以改善视图中各尺寸的显示。除此之外，对标注尺寸的字体大小也可以设置。这里只讲解尺寸整理。

该功能位于快速工具栏里，是“注释”选项卡→“排列”选项组→“清除尺寸”图标。这里“清除尺寸”命令图标即为整理尺寸命令，翻译欠妥。

这里还以如图 13.52 所示的零件工程图为例说明此功能。具体操作步骤如图 13.55 所示。

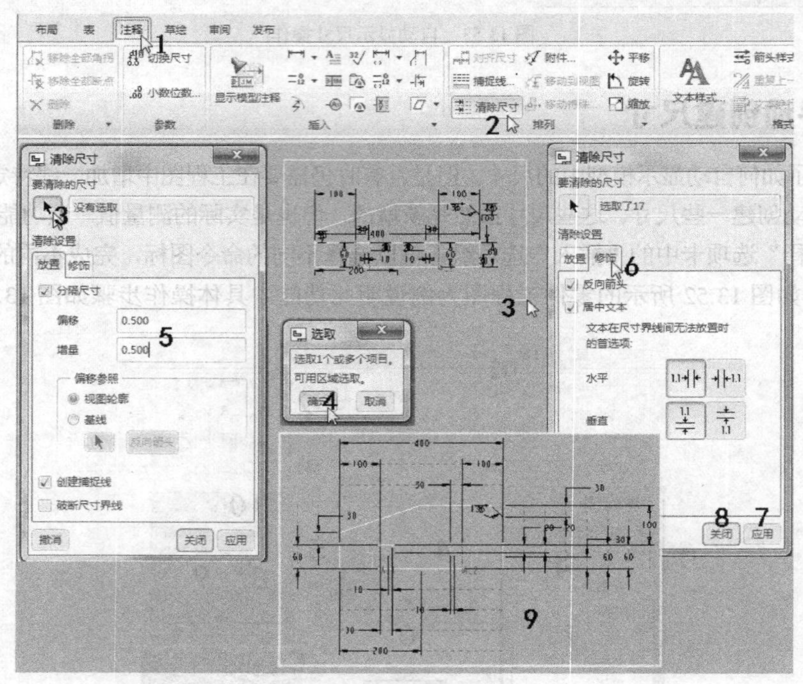

图 13.55 整理尺寸操作

个别步骤说明如下。

第 3 步在要修改尺寸的视图左上右下开窗选择视图，视图中的尺寸颜色变红，然后做第 4 步，或者单击鼠标中键，结果一样。整理完如图中序号 9 处视图所示。然后再手动调整个别尺寸位置，删除多余尺寸等。

第 4 步在要修改尺寸的视图左上右下开窗选择视图，视图中的尺寸颜色变红，然后做第 5 步，或者单击鼠标中键，结果一样。整理完如 10 处视图所示。然后再手动调整个别尺寸位置、删除多余尺寸等。

13.10 标注尺寸公差

下面以实例来介绍设置和修改尺寸公差。

（1）打开要标注尺寸公差的工程图文件。

（2）单击右上的“文件”，打开下拉菜单，选择“绘图选项”，在“这些选项控制尺寸公差”下找到“tol_display”选项，设置其值为“yes”，单击“添加/更改”，再单击“确定”按钮。如图 13.56 所示。

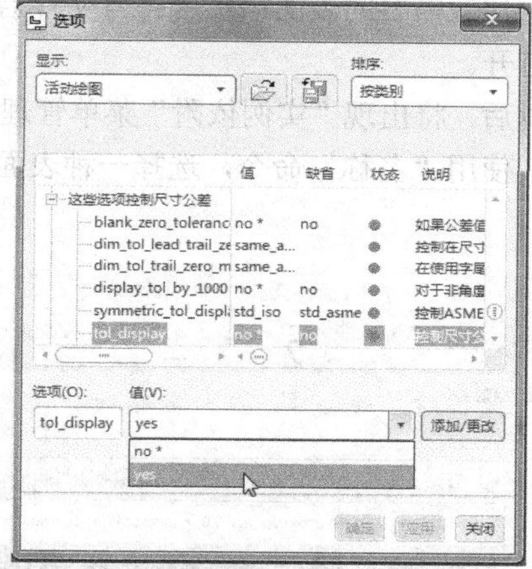

图 13.56 设置“tol_display”选项值为“yes”

（3）具体步骤如图 13.57 所示，按图所示设置数值、选项。

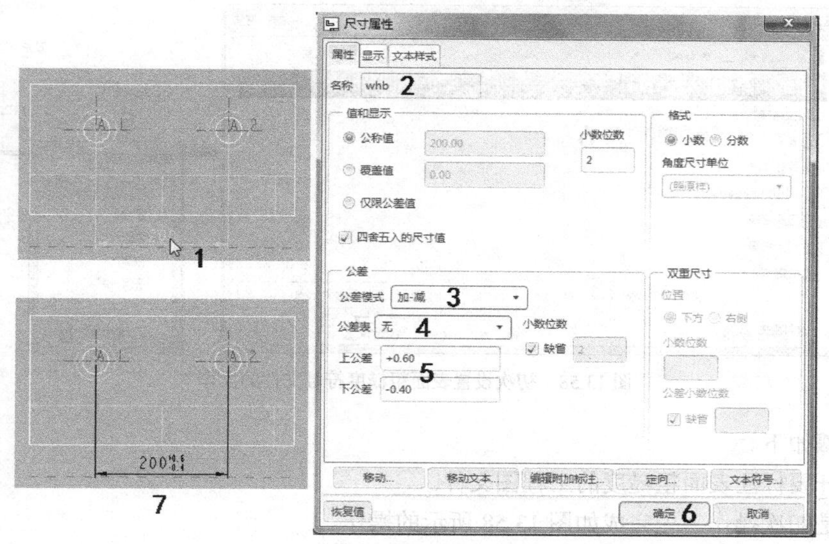

图 13.57 修改公差操作

13.11 标注表面精度符号

在机械制造里，任何材料表面经加工后，看似光滑，但实际上都会有程度不同的不平起伏。这是由加工工具本身，诸如刀具或砂轮等，以及机器本身的震动等而导致的。由于材料的粗糙度经常和成品或半成品的质量有很大关系，所以在精密机械制造过程中，对机件表面加工有详细的要求，以控制质量。而这种要求履行到图面上的时候，就是在图形上标识“表面粗糙度符号”。

在工程图模块下进行如图 13.58 所示操作，就可以手动插入标准的表面粗糙度符号。第一次使用时，需使用“检索”命令先加载需要的表面粗糙度符号文件后，才可以使用。步骤 4 中，这里将 3 个文件夹下的文件全部打开。

加载表面粗糙度符号文件以后，将出现“实例依附”菜单管理器，如图 13.58 步骤 8 处所示。当开始插入表面粗糙度符号时，使用“名称”命令，选择一种表面粗糙度符号后，从中选择某一命令来运行。

图 13.58 初次设置表面粗糙度符号文件的操作

操作步骤如下。

（1）打开要标注表面粗糙度的工程图文件。

（2）若是初次操作，先完成如图 13.58 所示的操作。

（3）下面的步骤如图 13.59 所示。

（4）最终如图 13.59 中步骤 10 处所示。

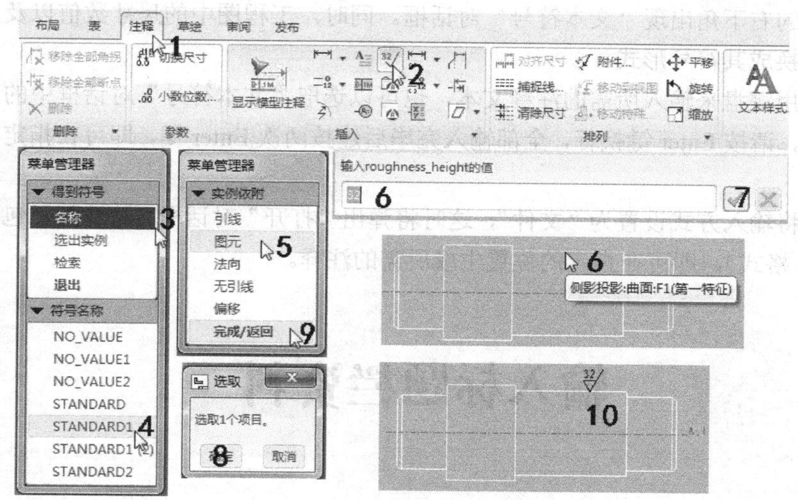

图 13.59　标注表面粗糙度符号步骤

13.12 创建注释

任何工程图都有加上注释的需要，下面直接说明创建注释的步骤。

（1）单击“注释”选项卡上的图标，将出现“注解类型”菜单管理器。

（2）在完成“注解类型”菜单管理器下所示的各项设置后，注意设置时参照系统信息显示区的提示进行，再选择菜单最下方的“进行注解”命令。这时会有以下几种不同的情况出现。

① 若将注释导引形式设置为“无引线”，这时光标将变成。请选取工程图上的任意位置来放置注释文本，再输入文本或符号，输完一行后单击鼠标中键结束，双击中键即可完成。

② 若将注释导引形式设置为“在项目上”，这时光标变成，请选取工程图中几何图素上的一个点，注释文本将放置于此点的位置上。

③ 若将注释导引形式设置为“偏移”，那就可选取工程图中的详图项目，这时光标会变成，请选取一个位置用于放置注释文本。

④ 若将注释导引形式设置为“带引线”或“ISO 引线”，而将注释导引箭头的指向设置为“标准”，这时，菜单管理器中将弹出“依附类型”菜单。

在此菜单中设置注释导引箭头的指向方式和箭头形式后，再选择“完成”命令。接着，选取工程图中的图素，单击鼠标中键确认，单击中键的位置即为注释文本放置的位置。

⑤ 若将注释导引形式设置为“带引线”或“ISO 引线”，而将注释导引箭头的指向设置为“法向引线”或“切向引线”，这时，菜单管理器中将弹出“引线类型”菜单。

选择完菜单中的命令后，再选取工程图中图素，这时光标变成，选取工程图上一个位置用于放置注释文本。

（3）若将输入方式设置为“输入”，那么在选择好放置注释的位置后，将在输入框内出现文本框，而在屏幕的右下角出现“文本符号”对话框。同时，工程图中的尺寸数值以及系统定义的参数均将自动转换成其符号形式。

这时可以用键盘来输入所需的注释文本，也可以选取“文本符号”对话框中的各符号。完成一行的输入后，请按 Enter 键换行，全部输入完毕后连按两次 Enter 键，即可在指定的位置生成所需的注释。

（4）如果将输入方式设置为“文件”，这时将弹出“打开”对话框，请选择已包含注释文字的文本文件（txt 格式），即可在指定的位置生成所需的注释。

13.13 输入标题栏资料

这里以实例的形式介绍这部分内容，操作步骤如下。

（1）打开要制作标题栏的工程图文件。

（2）如图 13.60 所示，选择创建表格的命令。选择菜单管理器中的各命令，并选取图框右下角的顶点来作为表格的起始点。然后，分别选取水平数字栏中的数字 9、9、9、9、9，单击鼠标中键确认；再分别选取竖直数字栏中的数字 2、2、2，单击鼠标中键确认。

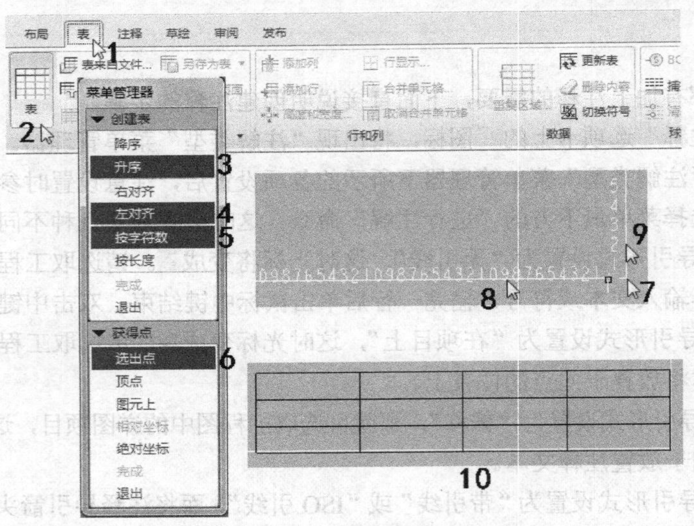

图 13.60 创建表格

（3）如图 13.61 所示，序号 3 右边的一列即为新添加的列，单击“添加列”图标，在此表格中插入一列。Pro/E 插入一列的尺寸大小与竖直线右侧一列的尺寸大小完全相同。用同样的方法，单击“添加行”图标，在表格里插入一行。

（4）单击“表”选项卡下的“合并单元格”图标，并选取图 13.62 中所示的 3 和 4 两个单元格进行合并，合并后如 5。使用同样的方法合并右下单元格，合并单元格后的表格如图 13.62 中 6 所示。

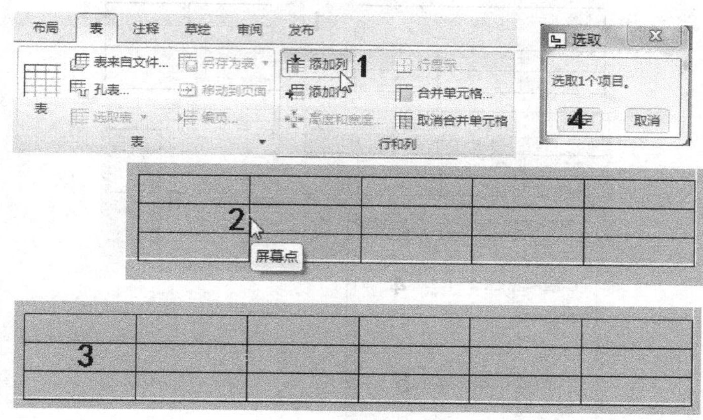

图 13.61 插入列操作

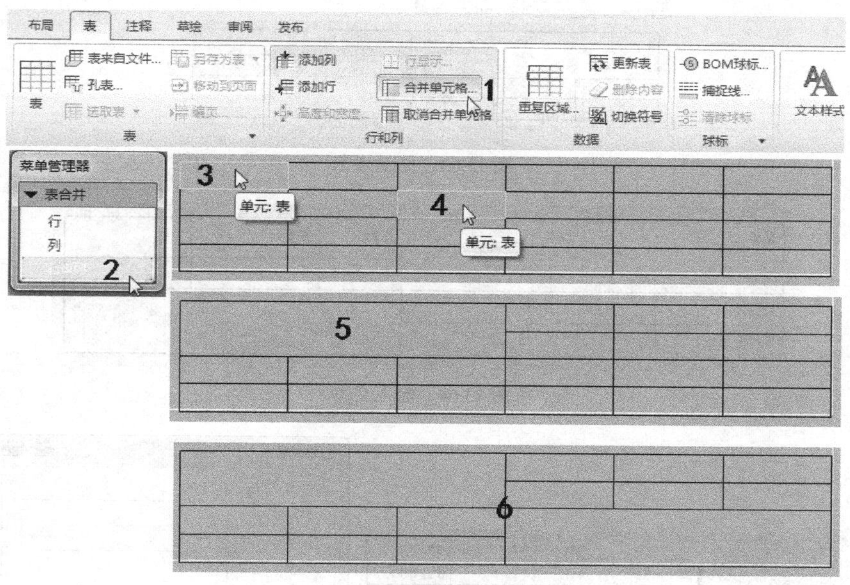

图 13.62 合并单元格

（5）调整列宽。如图 13.63 所示，选择 1 处的单元格，步骤 2 为单击鼠标右键，在弹出的快捷菜单中选择“高度和宽度”命令，并在弹出的“高度和宽度”对话框中更改“以绘图单位计的宽度”的值。最后如图中 7 所示。其他的单元格稍候可再根据文本的长度来调整。

（6）输入文本。左键双击要输入文字的单元格，打开“注解属性”对话框，输入相应的文字，单击“确定”按钮确认文本输入完毕。然后用同样的方法，在表格中输入其他文字，如图 13.64 所示。

（7）修改文本格式。选取表格中左上角的大单元格，双击左键打开“注解属性”窗口，在“文本样式”选项卡中将“字符”选项组中的“字体”下拉列表框及“高度”文本框分别修改为合适的数值，并且修改“注释/尺寸”选项组中的“水平”和“垂直”下拉列表框的对齐模式。单击对话框下方的“预览”按钮可以预览修改结果。当确认符合要求后，单击“确定”按钮，即可完成文本格式的修改，如图 13.65 所示。

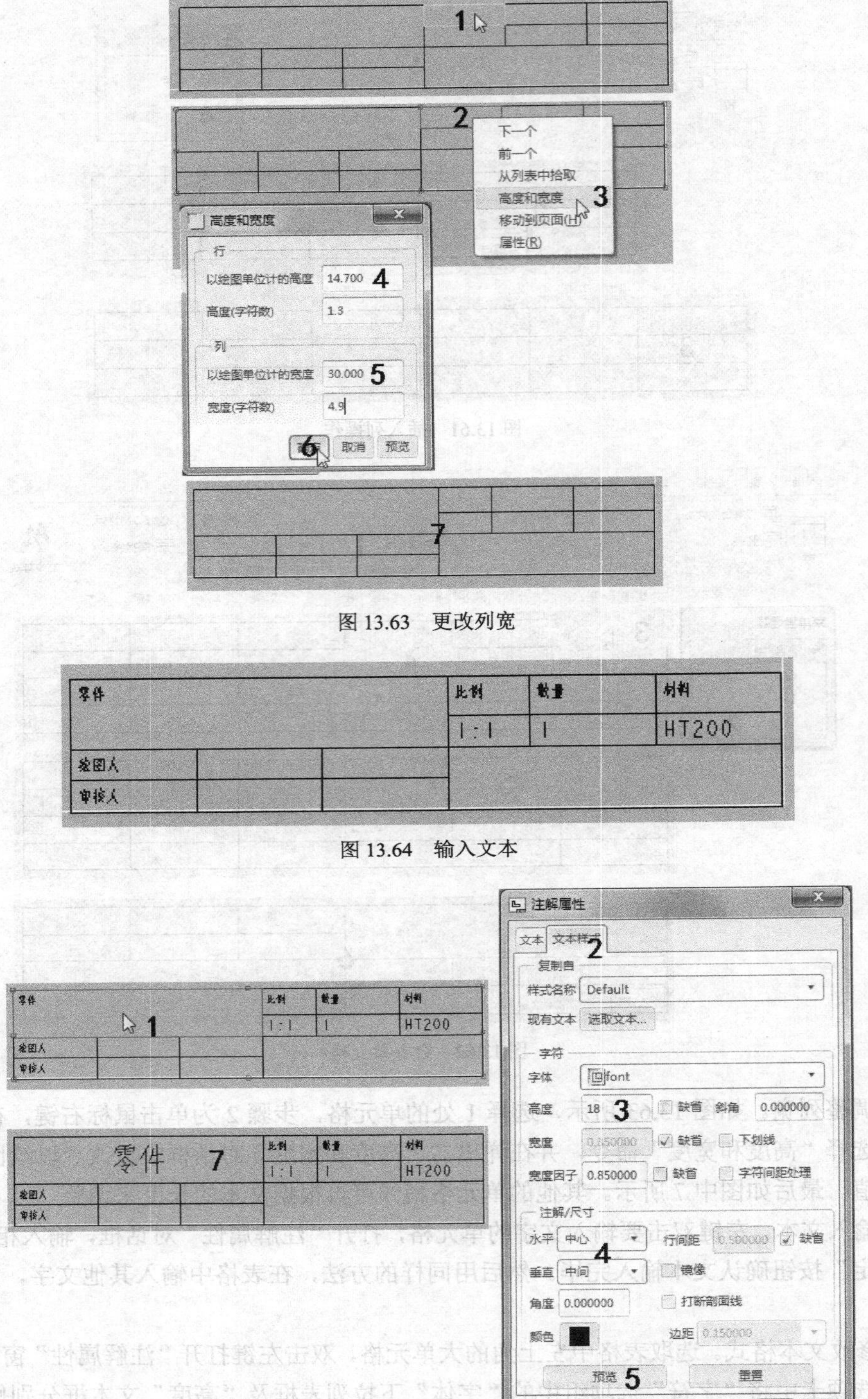

图 13.63 更改列宽

图 13.64 输入文本

图 13.65 修改文本格式

（8）继续调整其他单元格中的文本位置。请按住键盘上的 Ctrl 键，选取需要调整的几个单元格，然后单击鼠标右键，选择"文本样式"命令，在"文本样式"对话框中的"注释/尺寸"选项组中，将"水平"和"垂直"对齐模式修改为"中心"和"中间"，修改后的表格如图 13.66 所示。同样的方法设置了其他单元格内的文本，修改后如图 13.66 中 10 所示。

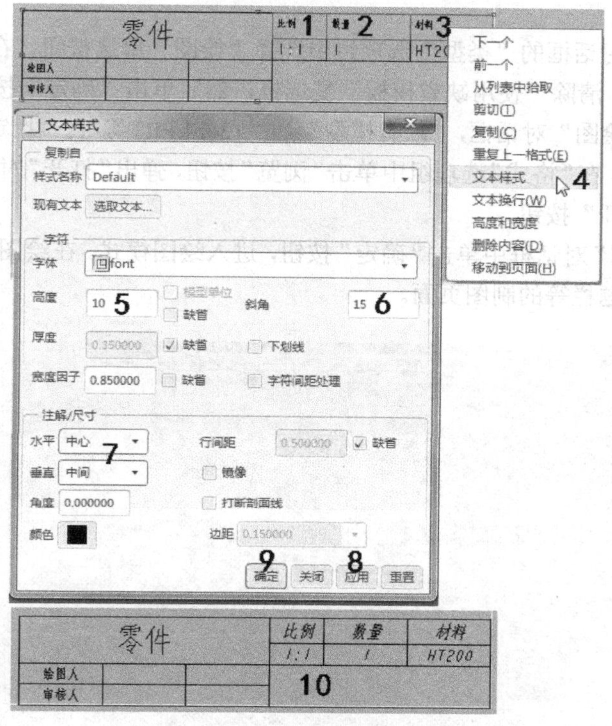

图 13.66 其他表格文本的调整

（9）保存文件。

13.14 实战练习

打开要建立工程图的零件模型（名称为 13-14.PRT），如图 13.67 所示，开始进行工程图设计。

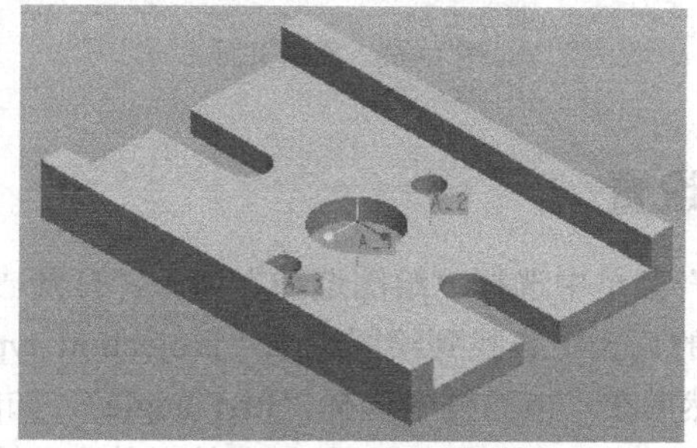

图 13.67 零件模型

13.14.1 新建一个绘图文件

（1）在菜单栏中选择“文件”→“新建”命令，或者在工具栏中单击□按钮，打开“新建”对话框。

（2）在“新建”对话框的“类型”选项组中选择“绘图”单选按钮，在“名称”文本框中输入新名称为“13-14”，清除“使用缺省模板”复选框，然后单击“确定”按钮。

（3）弹出“新建绘图”对话框，“缺省模型”为“13-14.PRT”，在“指定模板”选项组中选择“格式为空”单选按钮，在“格式”选项组中单击“浏览”按钮，弹出“打开”对话框，选择 tsm_a3.frm 格式文件，单击“打开”按钮。

（4）在“新建绘图”对话框中单击“确定”按钮，进入绘图模式。在绘图窗口中出现如图 13.68 所示的具有图框、标题栏等的制图页面。

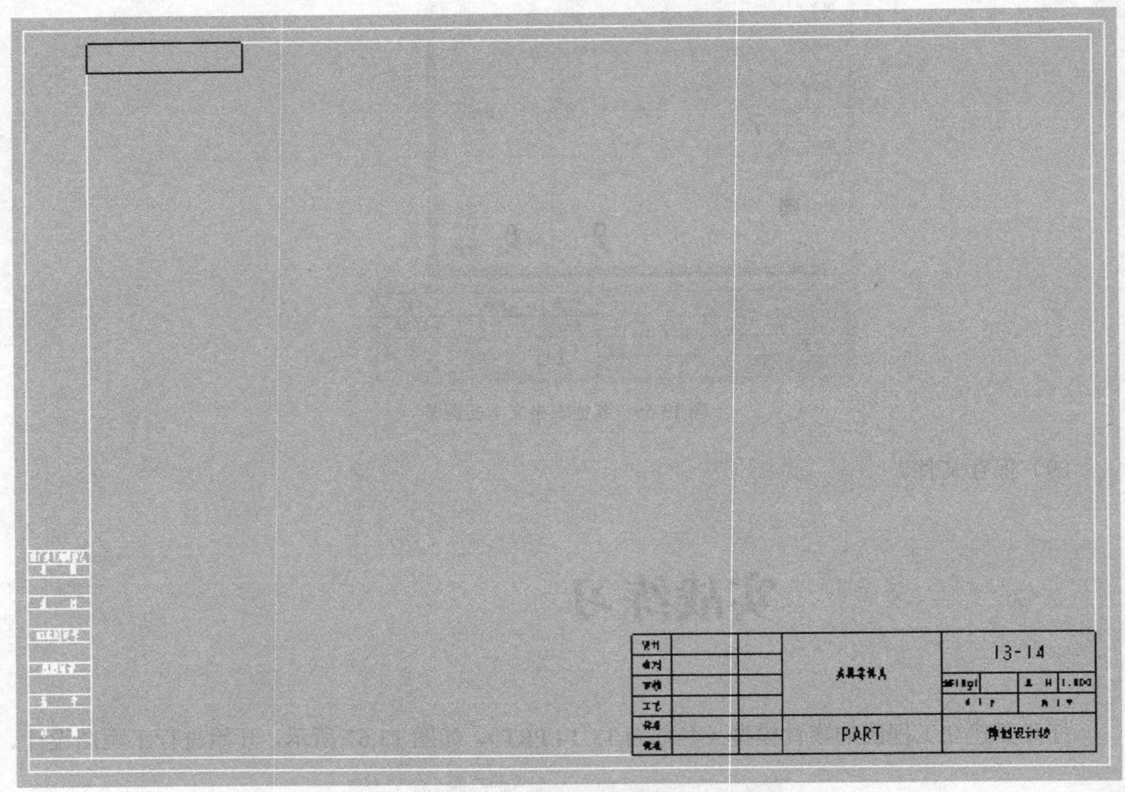

图 13.68 图框页面

13.14.2 工程图环境设置

（1）在菜单栏的“文件”菜单中选择“绘图选项”命令，打开“选项”对话框。

（2）在“选项”对话框的列表中查找到绘图选项“projection_type”，或者在“选项”文本框中输入“projection_type”，然后在“值”框中选择“ftrst_angle”，如图 13.69 所示。

（3）在“选项”对话框中单击“添加/更改”按钮，然后单击“确定”按钮。接下去制作的工程图都符合第一角投影法。另外，可以设置其他一些绘图选项以更好地控制绘图视图和注释等，例如，将“view_scale_denominator”的值设置为 2 或 0，将“view_scale_format”的选项值设置为“ratio_colon”。

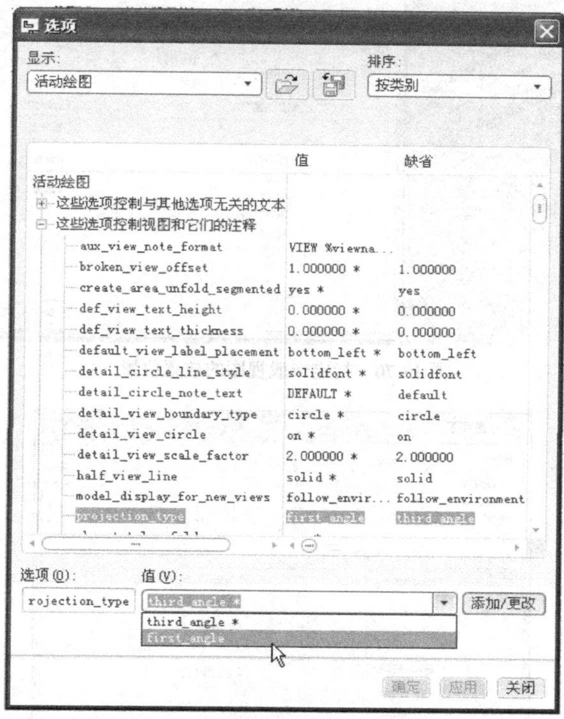

图 13.69　设置绘图选项

13.14.3　插入一般视图

（1）在功能区中打开“布局”选项卡，接着在“布局”选项卡的“模型视图”面板中单击“一般”按钮。

（2）在图框内的合适位置处单击以指定视图的放置位置，并弹出“绘图视图”对话框，如图 13.70 所示。

（3）在“绘图视图”对话框的“视图类型”类别选项中，从“模型视图名”列表中选择“FRONT”，其他选项为默认值，单击“应用”按钮。

（4）切换到“视图显示”类别选项，从“显示样式”列表框中选择“消隐”选项，从“相切边显示样式”列表框中选择“无”选项，如图 13.71 所示，然后单击“应用”按钮。

（5）切换到“截面”类别选项，选择“2D 截面”单选按钮，接着单击“+”（将横截面添加到视图）按钮，默认要新建一个剖截面，此时弹出“剖截面创建”菜单。从该菜单中选择“平面”→“单一”→“完成”命令，输入截面名为“A”，在模型树中选择“FRONT”基准平面来定义平面剖截面。在“绘图视图”对话框中单击“应用”按钮。

（6）在“绘图视图”对话框中单击“关闭”按钮。

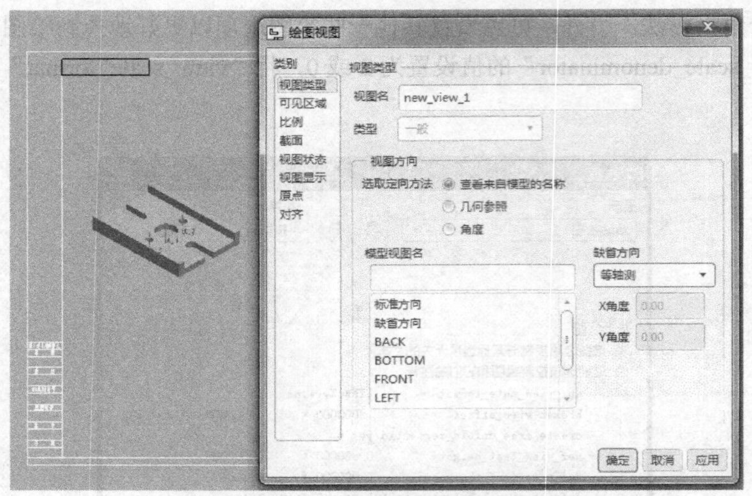

图 13.70 指定一般视图的放置位置

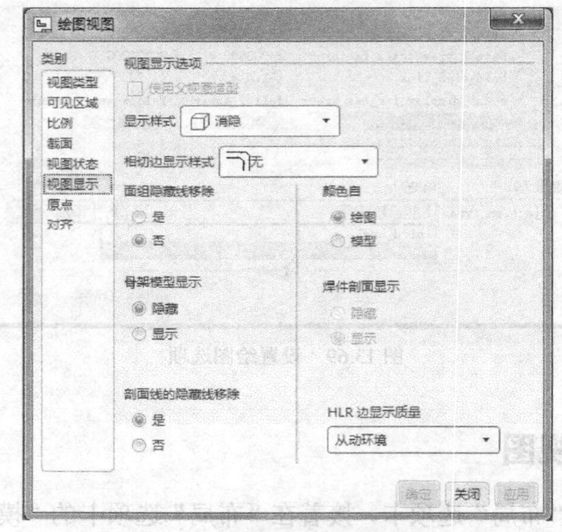

图 13.71 设置“视图显示选项”

13.14.4 设置绘图比例

（1）在绘图窗口左下角处双击比例标签，如图 13.72 所示。

（2）在如图 13.73 所示的文本框中输入“1/2”，单击 √ 按钮。

图 13.72 双击比例标签　　图 13.73 输入比例值

13.14.5 插入投影视图 1

（1）选中一般视图，在功能区的“布局”选项卡的“模型视图”面板中单击“投影”按钮。

（2）移动鼠标光标在父视图下方投影通道的适当位置处单击，以放置该投影视图。

（3）双击该投影视图，打开“绘图视图”对话框。

（4）切换到“绘图视图”对话框的“视图显示”类别选项，从“显示样式”列表框中选择“消隐”选项，从“相切边显示样式”列表框中选择“无”选项，然后单击“应用”按钮。

（5）在“绘图视图”对话框中单击“关闭”按钮。

13.14.6 插入投影视图 2

（1）选中第一个视图（一般视图），接着在功能区“布局”选项卡的“模型视图”面板中单击“投影”按钮。

（2）移动鼠标光标在父视图右方投影通道的适当位置处单击，以放置该投影视图。

（3）双击该投影视图，打开“绘图视图”对话框。

（4）切换到“绘图视图”对话框的“视图显示”类别选项，从“显示样式”列表框中选择“消隐”选项，从“相切边显示样式”列表框中选择“无”选项，然后单击“应用”按钮。

（5）在“绘图视图”对话框中单击“关闭”按钮。

13.14.7 微调各视图位置

（1）在绘图区域中单击鼠标右键，接着从出现的快捷菜单中选择“锁定视图移动”命令，以取消该命令的选中状态。

（2）使用鼠标拖动的方式对各视图在图框内的放置位置进行微调，从而使整个图幅页面显得较为协调与美观，如图 13.74 所示。

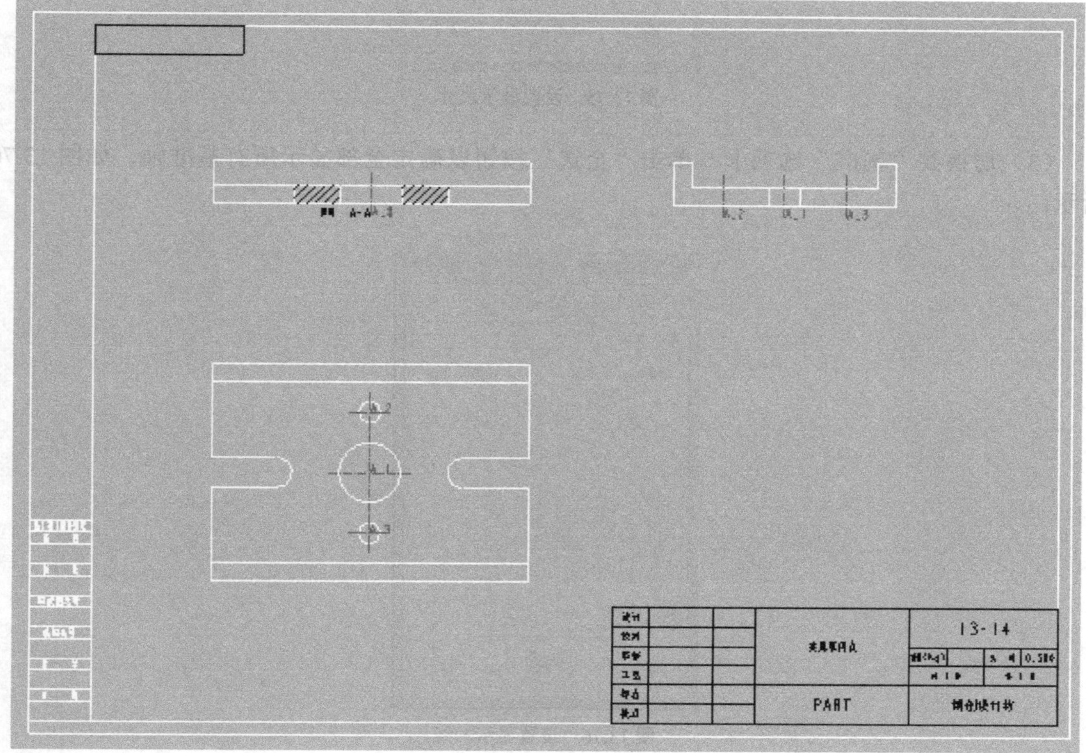

图 13.74 视图位置微调

（3）调整好位置后，单击鼠标右键，接着从快捷菜单中选择“锁定视图移动”命令以选中该命令，从而将视图位置锁定。

13.14.8 显示尺寸和轴线，并将一些尺寸移动到表达效果更好的视图

（1）切换至功能区的“注释”选项卡，接着在“插入”面板中单击“显示模型注释”按钮，打开“显示模型注释”对话框。

（2）在“显示模型注释”对话框中，切换到“尺寸”选项卡，设置类型选项为“全部”，接着在模型树中单击零件名称，然后在对话框中单击“全选”按钮以设置全部显示所有尺寸，如图 13.75 所示。

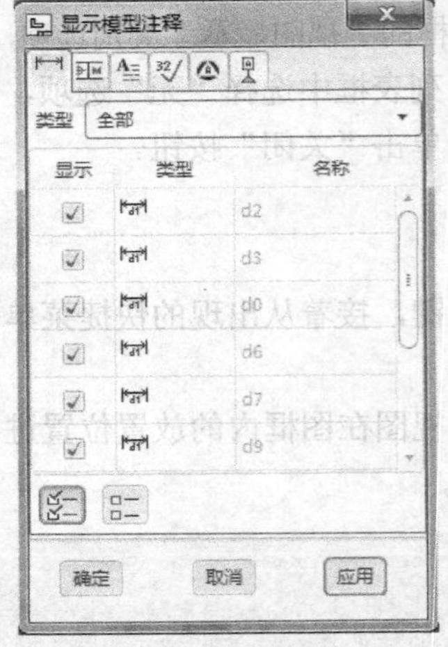

图 13.75 设置显示尺寸

（3）切换到“基准”选项卡，单击“全选”按钮以确定全部显示所有基准轴，如图 13.76 所示。

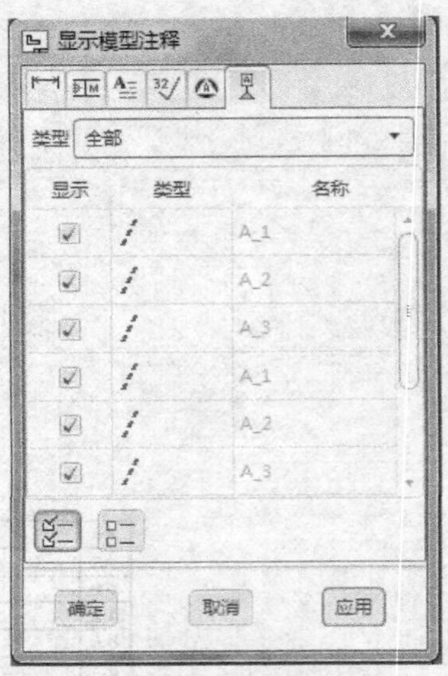

图 13.76 设置显示轴线

（4）在“显示模型注释”对话框中单击“应用”按钮，然后关闭该对话框。

（5）将一些尺寸移动到更适合的视图，其方法是先选择要移动的尺寸，接着单击鼠标右键，打开一个快捷菜单。从该快捷菜单中选择“将项目移动到视图”命令，然后根据提示来选择合适的模型视图即可。

效果如图 13.77 所示。

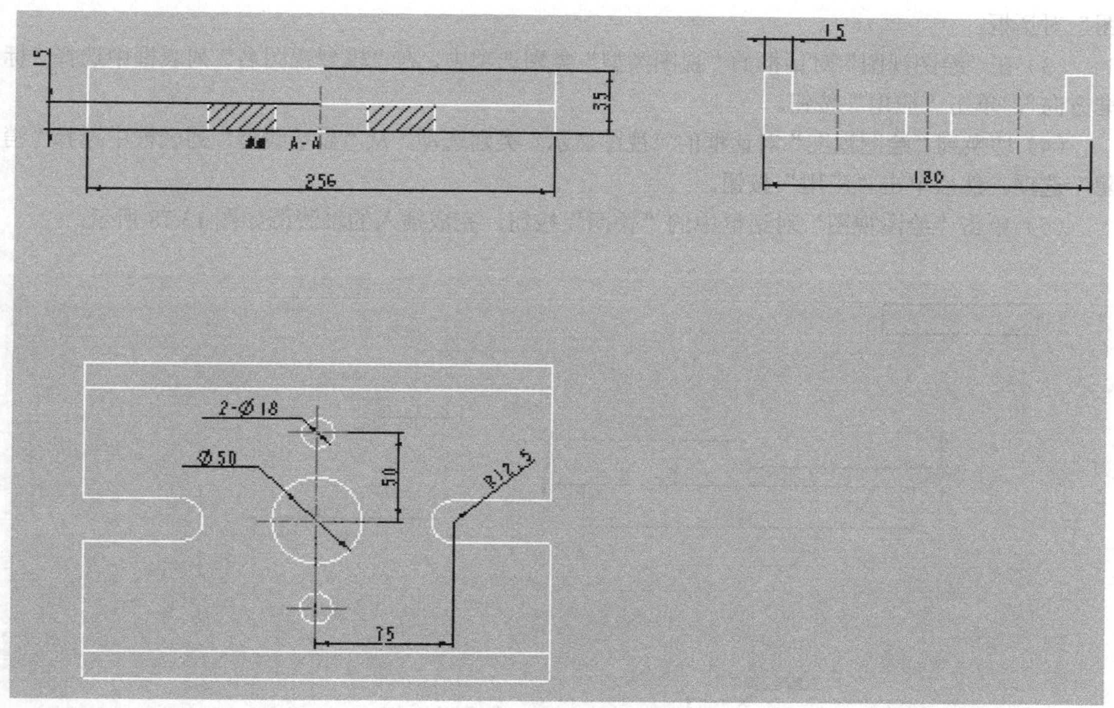

图 13.77　设置显示项目的结果

13.14.9　拭除不需要显示的注释信息

（1）在第一个视图（一般视图）下方选择“截面 A-A”的注释文本。

（2）右击，从出现的快捷菜单中选择“拭除”命令。

13.14.10　调整各尺寸的放置位置，并对指定箭头进行反向处理

使用鼠标拖动的方式调整相关尺寸的放置位置，然后需要对视图中的尺寸进行“反向箭头”操作。选中要编辑的一个尺寸，单击鼠标右键，接着从快捷菜单中选择“反向箭头”命令。

13.14.11　为指定尺寸添加前缀

（1）选择直径值为 18 的尺寸，单击鼠标右键，接着从该右键快捷菜单中选择“属性”命令。

（2）弹出“尺寸属性”对话框，切换到“显示”选项卡，在“前缀”文本框中输入“2-”。

（3）在“尺寸属性”对话框中单击“确定”按钮。

13.14.12 插入轴测图

（1）在功能区中打开“布局”选项卡，接着在“布局”选项卡的“模型视图”面板中单击“一般”按钮。

（2）在图框内的标题栏上方的合适区域单击，以确定视图的放置位置，此时弹出“绘图视图”对话框。

（3）在“绘图视图”对话框的“视图类型”类别选项中，在“模型视图名”列表框中选择“标准方向”，单击“应用”按钮。

（4）切换到“绘图视图”对话框的“视图显示”类别选项，从“显示线型”列表框中选择“消隐”选项，然后单击“应用”按钮。

（5）单击“绘图视图”对话框中的“关闭”按钮。完成插入的轴测图如图 13.78 所示。

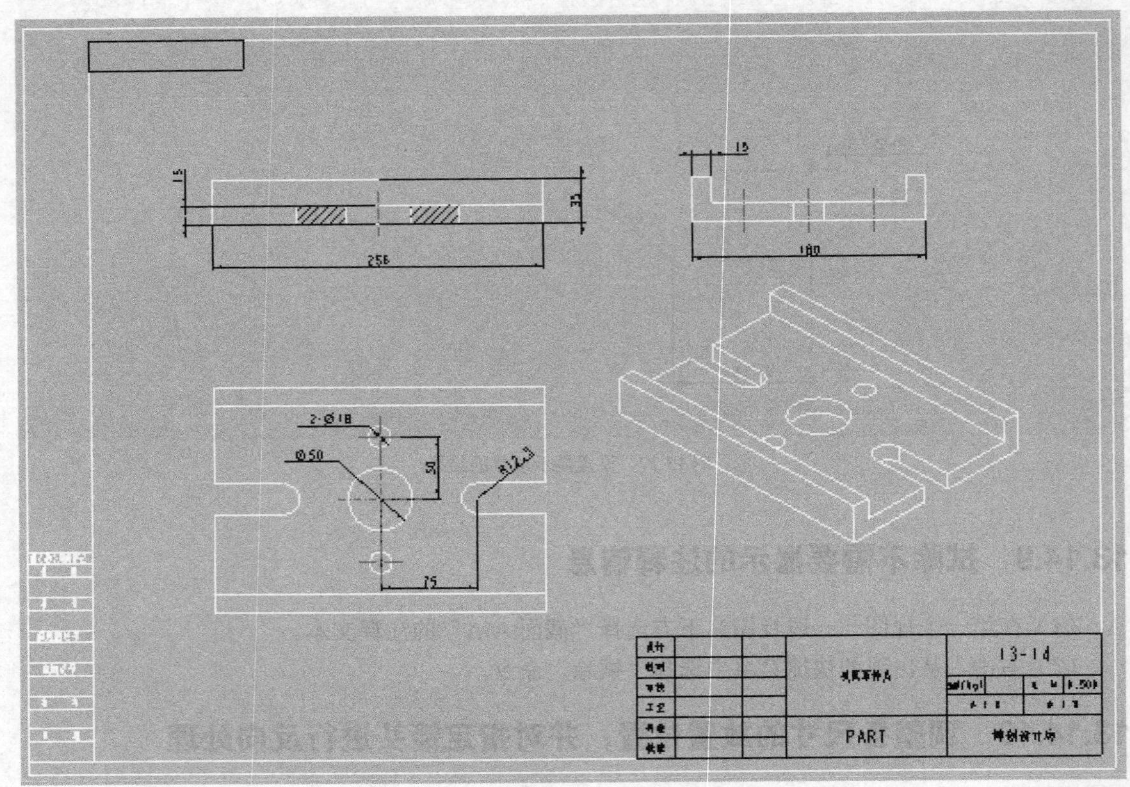

图 13.78 插入轴测图

12.14.13 标注技术要求

（1）切换到功能区的“注释”选项卡，接着在“插入”面板中单击“注解”按钮，打开“注解类型”菜单。

（2）在“注解类型”菜单中选择“无引线”→“输入”→“水平”→“标准”→“缺省”命

令，接着选择“进行注解”命令，在“菜单管理器”中出现“获得点”菜单。

（3）接受“获得点”菜单的默认选项为“选出点”，在图框内的适当位置处，如标题栏的左侧空白区域单击。

（4）输入注释文本为“技术要求”，单击√按钮。再次提示输入注释，直接单击√按钮，返回到“注解类型”菜单。

（5）在“注解类型”菜单中选择“进行注解”命令，并接受“获得点”，菜单的默认选项，在图框内的适当位置处单击。

（6）输入第一行文本为“1．在外表面上不能出现毛刺等不良现象。”单击√按钮。

（7）输入第二行文本为“2．表面镀锌处理。”，单击√按钮。

（8）系统再次提示输入注释，直接单击√按钮，返回到“注解类型”菜单。在“注解类型”菜单中选择“完成/返回”命令。

插入的技术要求文本如图 13.79 所示。

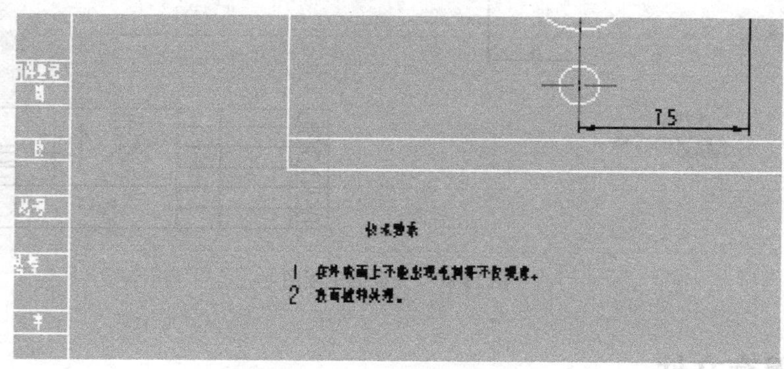

图 13.79 插入技术要求

13.14.14 修改技术文本字高等

（1）双击“技术要求”文本注释，弹出“注解属性”对话框。

（2）切换到“文本样式”选项卡，清除字符高度的“缺省”复选框，并在“高度”文本框中输入 5。单击“预览”按钮，预览注释的设置效果，然后单击“确定”按钮。

（3）使用同样的方法，将两行技术要求文本内容的字高设置为 3.5。

13.14.15 补充填写标题栏

通过双击单元格的方式，填写标题栏。例如，在一个单元格内填写该零件的名称为“零件”，并可将其字高设置大一些。

最后完成的工程图如图 13.80 所示。

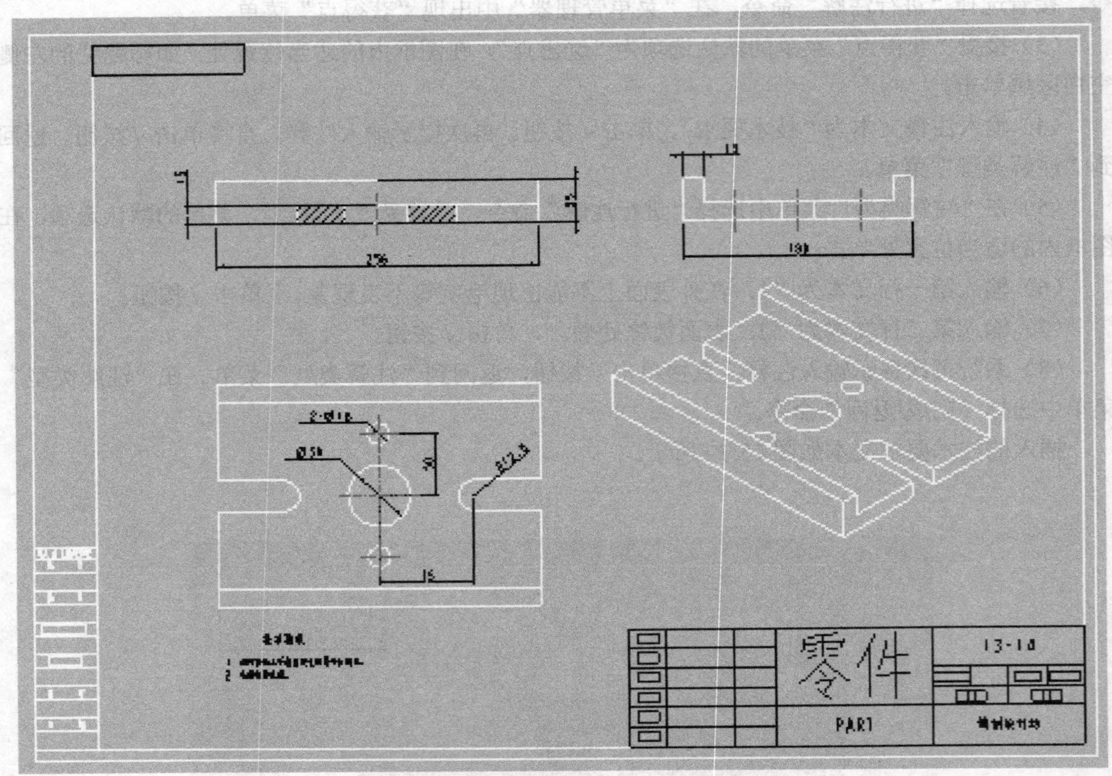

图 13.80 完成的工程图

13.14.16 保存文件

（1）单击“保存活动对象”按钮，或者选择“文件”菜单中的“保存”命令，打开“保存对象”对话框。

（2）指定存储地址，单击“保存对象”对话框中的“确定”按钮。

13.15 练习

上机实习实战练习的例题，先建立零件模型，然后再制作工程图。

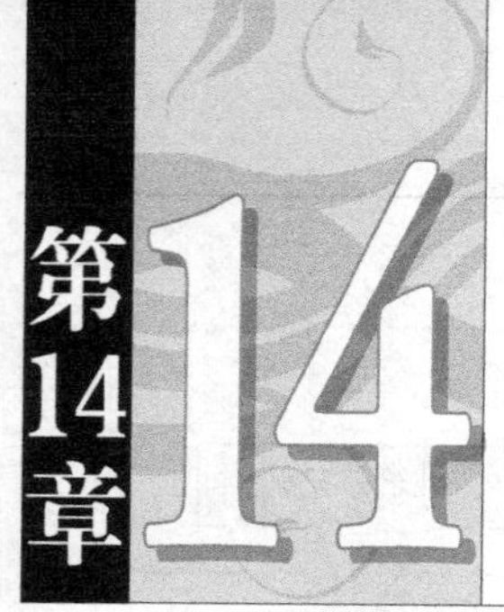

第14章 方程式曲线

方程式曲线是 Pro/E 中一种特殊形式的曲线。它的创建方式是通过曲线的数学方程式来直接创建，在一些特殊的应用场合有着不可取代的作用。其利用参数及其关系式来建立特征与特征之间、零件和零件之间的函数关系，从而建立它们之间的相关性，进而驱动模型和特征符合设计意图。使用参数还可以创建诸如齿轮等零件的标准化模板。另外，利用族表可建立零件标准库。总之，使用这些工具将会使设计效率大大提高。

14.1 方程式的含义和创建

在 Pro/E 中，方程式的编写规则和关系式的偏写规则是一样的，并且可以使用关系式的所有函数。实际上，方程式本身就是关系式。

参数关系实际上是建立特征与特征之间、零件与零件之间的函数方程式，使它们的尺寸相互关联。在进行产品设计之时，需要根据设计随时添加关系式。最忌在整个设计结束后添加关系式，因为那样将使尺寸参数增加，产生不必要的麻烦。

14.1.1 关系的意义

关系，也被称为参数关系，是使用者自定义的符号尺寸和参数之间的等式。关系捕获特征之间、参数之间或组件与组件之间的设计关系，因此，允许使用者来控制对模型修改的影响作用。

关系实际上也是一种捕捉设计意图的方式。用户可以通过使用关系驱动模型，如图 14.1 所示的立体模型中，以小圆孔的尺寸作为参数驱动整个零件的尺寸，小圆孔中心线径向尺寸为小圆孔直径的 8 倍，板厚度和圆孔直径相等，圆板的外径为孔中心线直径和小孔直径 2 倍的和，也就是建立了如下关系：

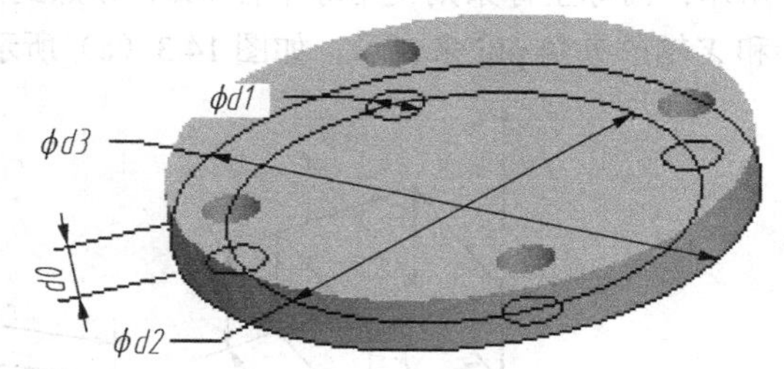

图 14.1 零件模型

d2=8*d1

d3=d2+2*d1

d0=d1

修改小孔的直径尺寸时，整个模型的尺寸都发生改变，但是各尺寸的关系都不发生改变，如图 14.2 所示。

显然参数关系式影响整个模型的再生和模型中特征以及装配中各零件的尺寸关系，所以首先要理解参数关系式的基本概念。

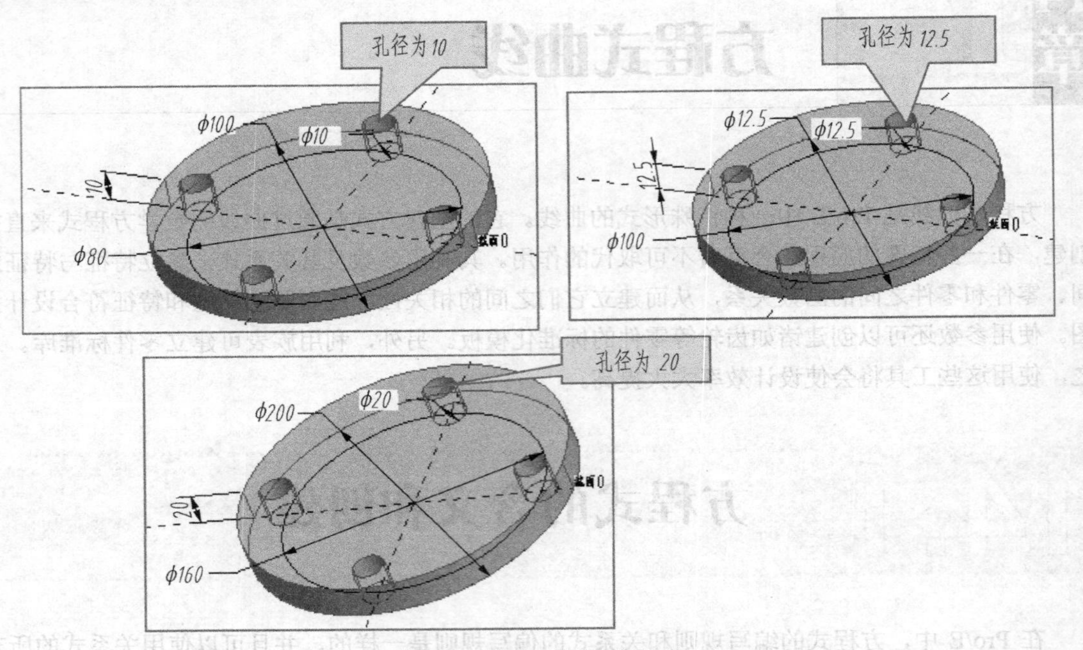

图 14.2　修改小孔的直径尺寸

14.1.2　坐标系

对于同一方程式曲线，在 Pro/E 中你都可以从三个坐标系表示方式中选择一个作为方程式的编写坐标系。三个坐标系的不同之处是确定一个点的表示方式不一样而已。

笛卡尔坐标系使用点的三个轴的坐标值（x,y,z）来确定一个点，如图 14.3（a）所示；圆柱坐标系使用半径 r（原点到点所在水平投影点连线）和 *X* 轴的夹角 theta 和高度 z 来表示，如图 14.3（b）所示；而球坐标系则使用球半径 rho、原点到点的向量和 *Z* 轴的夹角 theta 以及向量在 xy 平面上和 *X* 轴的夹角 phi 来表示，如图 14.3（c）所示。

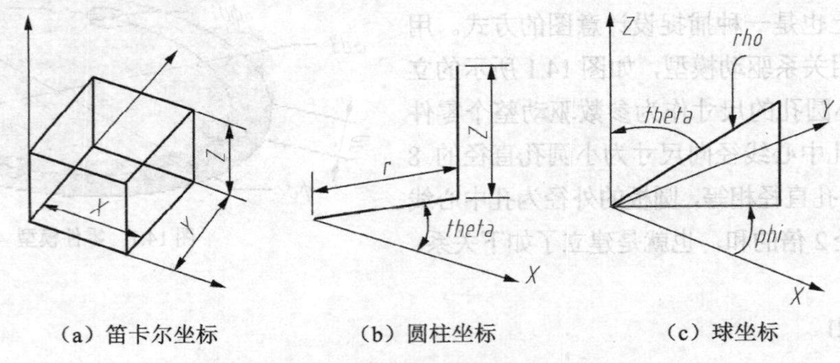

（a）笛卡尔坐标　　（b）圆柱坐标　　（c）球坐标

图 14.3　三种坐标系的表达方式

14.1.3　参数对话框

参数关系式均在“关系”对话框实施操控，选择菜单“工具”→“关系”命令即可打开如

图 14.4 所示的“关系”对话框。

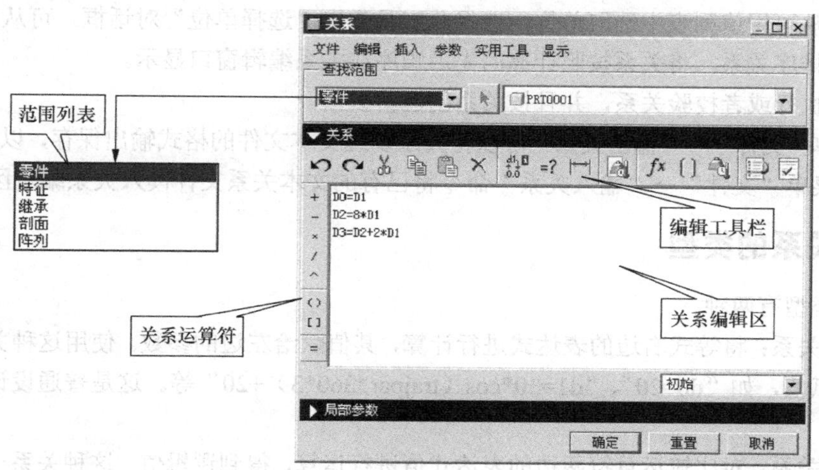

图 14.4 “关系”对话框

在“关系”对话框的关系式编辑区可以完成整个关系式的编辑。在“查找范围”列表中可以选取关系中参数的范围。

- 零件：在零件中使用关系。
- 特征：使用特征特有的关系。
- 继承：使用继承关系，子特征继承父特征的关系。
- 剖面：在剖截面中使用关系。
- 阵列：使用阵列特有的关系。

编辑工具栏的具体功能如下：

- ：撤销上一步的操作。
- ：重做误撤销的操作。
- ：将选定的文本剪切到剪贴板。
- ：将选定的文本复制到剪贴板。
- ：将剪贴板中的文本复制当前位置。
- ：删除选定的项目。
- ：将图形区标注在尺寸和名称之间切换。
- ：计算参数、尺寸或表达式的值，单击工具弹出“计算表达式”对话框，如图 14.5（a）所示。在“表达式”编辑框输入表达式，单击“计算”按钮，在“结果”区显示计算结果。
- ：指定在图形区要显示的尺寸，弹出“显示尺寸”对话框，如图 14.5（b）所示，在编辑框输入变量名，单击“确定”按钮，在图形区显示该变量的尺寸。
- ：将关系设置为对参数和尺寸的单位敏感。
- ：在列表中插入函数，选择该工具打开“插入函数”对话框，从列表中选择函数双击鼠标左键即可将该函数插入关系编辑区。

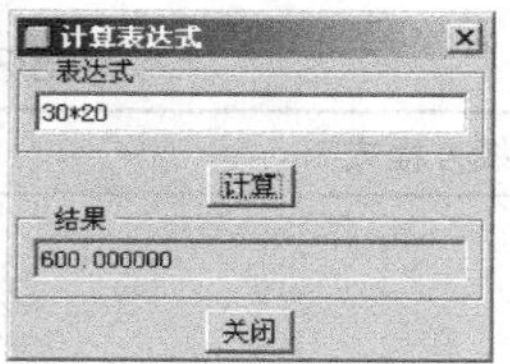

（a）“计算表达式”对话框

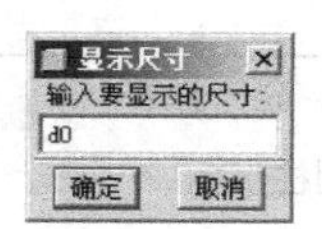

（b）“显示尺寸”对话框

图 14.5 两个对话框

- ：从列表中插入参数名称，选择此工具弹出“插入参数”对话框。
- ：从可用值列表中选取单位，选择此工具弹出“选择单位”对话框，可从中选择单位。
- ：排序关系，将关系按照计算的先后顺序在关系编辑窗口显示。
- ：执行或者校验关系，并且按关系创建新参数。

选择菜单“文件”→“输出关系”可以将关系以纯文本文件的格式输出保存，以备以后使用，也可以通过菜单“文件”→“输入关系”命令将已有的文本关系文件读入关系编辑区。

14.1.4　关系的类型

关系的类型有两种。

- 相等关系：将等式右边的表达式进行计算，其值赋给左边的参数。使用这种关系可以给尺寸或者参数赋值，如“d0=20”、“d1=30*cos（trajpar*360*3）+20”等。这是普通设计时使用很多的关系类型。
- 比较关系：对比较运算符两边的表达式值进行运算，得到逻辑值。这种关系一般用来作为一个约束或者用在程序的条件语句中，如“d1>30+d3*2”。

14.1.5　方程式中常用函数

关系中大量使用数学函数，可以单击“编辑工具”栏中的插入函数工具，打开“插入函数”对话框，从列表中选择函数双击鼠标左键即可将该函数插入关系编辑区，以下为几种常用的函数。

- sin( )：正弦函数，括弧内输入的参数是角度值或者角度尺寸符号，单位为度。
- cos( )：余弦函数，括弧内输入的参数是角度值或者角度尺寸符号，单位为度。
- sqrt( )：开平方函数，计算其括号内参数或尺寸的算术平方根，括号内的数值或尺寸不能为负值。
- trajpar：轨迹函数，其值为 0 到 1 之间的数值。一般情况下，该函数用于可变截面扫描特征的创建。它是从 0 到 1 的一个变量（呈线性变化），代表扫描轨迹上的点距离轨迹起点长度占整个轨迹长度的百分比。在扫描开始时，trajpar 的值是 0，结束时为 1。例如，在草绘的关系中加入关系式 sd#=trajpar+n，此时尺寸 sd#受到 trajpar+n 控制，在扫描开始时值为 n，结束时值为 n+1。截面的相应尺寸呈线性变化。若截面的高度尺寸受 sd#=sin(trajpar*360)+n 控制，则截面的相应尺寸呈现正弦曲线变化。

14.1.6　Pro/E 常见曲线方程式

表 14.1 所示为 Pro/E 常见曲线方程式。

表 14.1　　Pro/E 常见曲线方程式

曲线方程式	图　形
1．碟形弹簧 圆柱坐标 方程：r = 5 theta = t*3600 z =(sin(3.5*theta-90))+24*t	

续表

曲线方程式	图　形
2．螺旋线 圆柱坐标 方程：r=t theta=10+t*(20*360) z=t*3	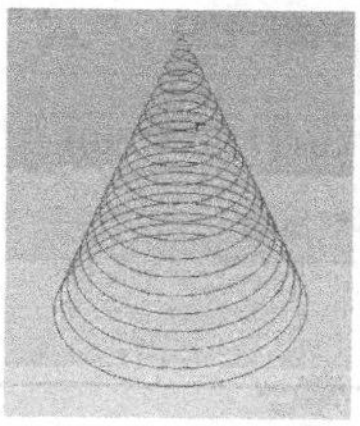
3．渐开线 笛卡尔坐标系 方程：r=1 ang=90*t s=0.5*pi*r*t x1=r*cos(ang) y1=r*sin(ang) x=x1+s*sin(ang) y=y1-s*cos(ang) z=0	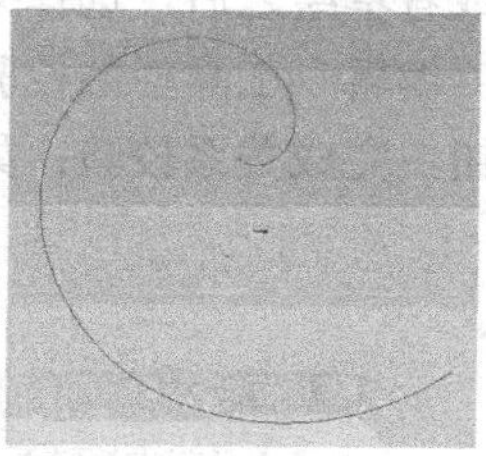
4．螺旋线 笛卡尔坐标 方程：x = 4 * cos (t *(5*360)) y = 4 * sin (t *(5*360)) z = 10*t	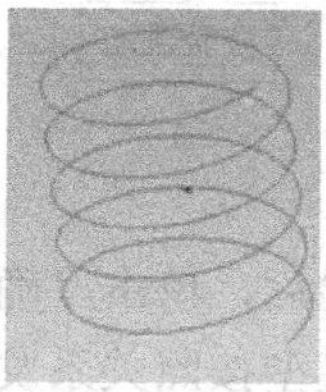
5．阿基米德螺线 柱坐标 方程：a=100 theta = t*400 r = a*theta	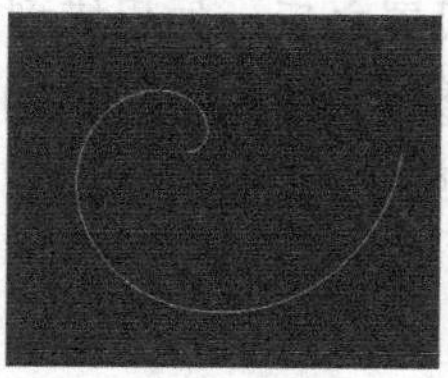
6．螺旋曲线 方程：r=t*(10*180)+1 theta=10+t*(20*180) z=t	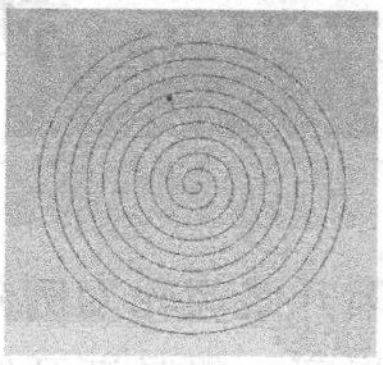
7．圆 方程是：x = cos (t *(5*180)) y = sin (t *(5*180)) z = 0	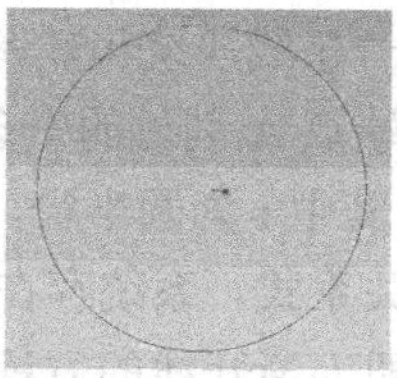

续表

曲线方程式	图　形
8．柱坐标螺旋曲线 方程是：x = 100*t * cos (t *(5*180)) y = 100*t * sin (t *(5*180)) z = 0	

14.1.7　创建关系

创建模型或者草绘之后，选择菜单“工具”→“关系”命令，在弹出的“关系”对话框输入关系式，选择“编辑”工具栏的校验关系工具☑。如果关系中无错误，会出现完成校验提示，单击“确定”按钮，完成关系校验；如果关系中有错误，会出现错误提示，需要重新编辑关系，如图 14.6 所示。

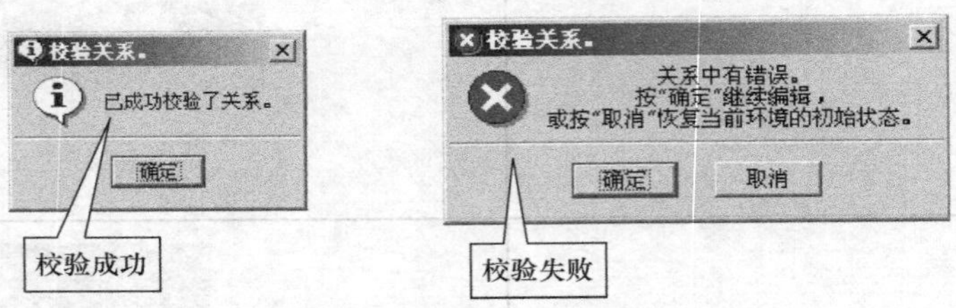

图 14.6 “检验关系”对话框

完成关系校验后，单击“确定”按钮，完成关系编辑。选择“标准”工具栏再生工具，再生模型，可以看到模型按照关系发生了变化。

完成关系设置之后，如果模型中的尺寸由关系驱动，则不能直接修改，需要通过修改驱动尺寸或者关系式修改。如在关系式 d1=2*d0+8 中，d1 为被驱动尺寸，不能修改，而 d0 为驱动尺寸，可以修改 d0 以驱动 d1 的尺寸。

14.2　利用关系创建齿轮

以标准斜齿渐开线齿轮为例介绍其创建过程。

标准齿轮的齿廓一般是渐开线，称为渐开线齿轮。这种齿轮广泛应用于传递运动和动力。

渐开线是由一条线段绕齿轮基圆旋转形成的曲线。渐开线的几何分析如图 14.7 所示。线段 s 绕圆弧旋转，其端点 A 划过的一条轨迹即为渐开线。图中点（x1,y1）的坐标为：（x1=r*cos(ang), y1=r*sin(ang)）。其中 r 为圆半径，ang 为图示角度。

对于 Pro/E 关系式，系统存在一个变量 t，t 的变化范围是 0～1。从而可以通过（x1,y1）建立（x,y）的坐标，即为渐开线的方程，见表 14.1。

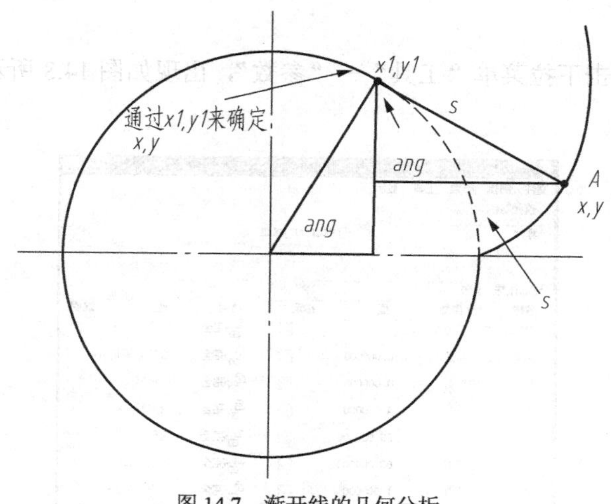

图 14.7 渐开线的几何分析

14.2.1 设置参数

在设计齿轮时，最重要的问题是获得渐开线齿廓。因此，在设计过程中应该首先使用方程创建出渐开线曲线作为齿廓线，再利用该渐开线创建出单个轮齿，最后使用阵列功能创建所有轮齿，最后创建其他结构，生成齿轮。这种设计可以使用齿轮的模数、齿数和宽度作为参数，生成符合国标的齿轮模型，在以后的设计之中也可调用，故在设计齿轮之前首先应该给定用户给定的参数，然后通过关系定义其他各参数。

标准齿轮的主要参数是模数 m、齿数 Z 及齿宽 B。通过这几个参数可以计算出齿轮各部分的尺寸。具体尺寸和各尺寸之间的关系见表 14.2。

表 14.2 齿轮参数表

参数含义	参数名	参数类型	参数值
模数	m	实数	用户给定（4）
齿数	z	整数	用户给定（25）
压力角	alpha	实数	20
螺旋角	beta	实数	用户给定（15°）
齿顶高系数	ha	实数	1
顶隙系数	c	实数	0.25
分度圆直径	d	实数	d=mz
基圆直径	db	实数	db=mzcos(alpha)
齿顶圆直径	da	实数	da=m(z+2ha)
齿根圆直径	df	实数	df =m(z-2(ha+c))
齿宽	b	实数	用户给定（60）

具体步骤如下：

（1）创建新的零件文件。打开 Pro/E，单击工具栏新建文件的按钮，选择零件模块，输入零件名称 helical_gear，单击 OK 按钮。将坐标系 PRT_CSYS_DEF 及基准平面 RIGHT、TOP、FRONT

显示在画面上。

（2）设置参数。单击下拉菜单“工具”→“参数”，出现如图 14.8 所示的对话框，根据齿轮的参数进行设置。

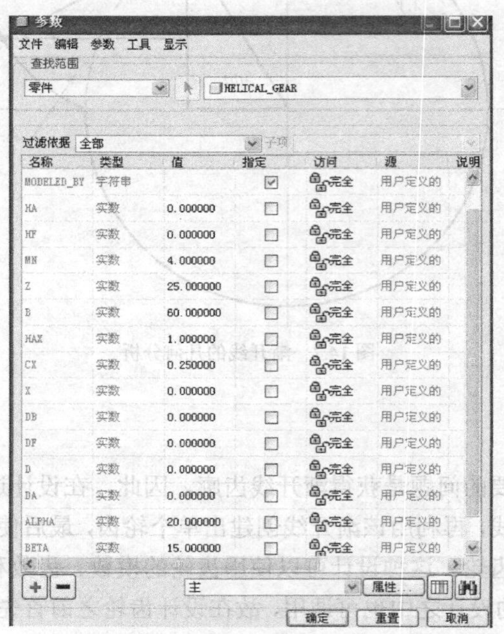

图 14.8　参数设置

14.2.2　创建基准曲线

1．创建齿轮的基本圆

这一步用草绘曲线的方法，采用基准曲线方式创建齿轮的四个参考圆：齿顶圆、基圆、分度圆和齿根圆。

单击特征工具栏“草绘”按钮，选取 FRONT 面作为基准面，画四个圆，单击下拉菜单“工具”→“关系”，输入如图 14.9 所示关系式，系统自动将关系式添入驱动，生成齿轮的基圆、齿根圆、分度圆和齿顶圆，如图 14.10 所示。

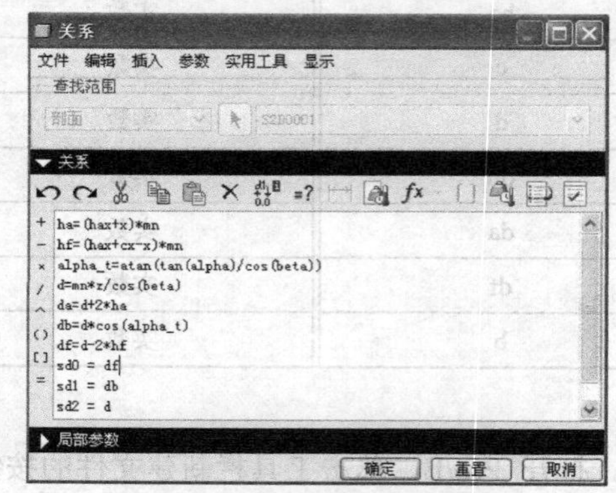

图 14.9　齿轮各圆曲线关系式

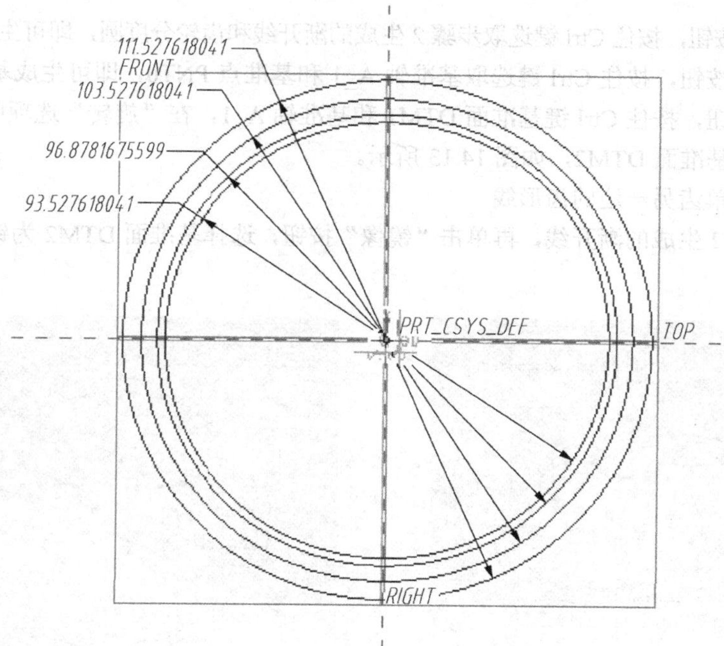

图 14.10　关系驱动生成的齿轮基圆、齿根圆、分度圆和齿顶圆

2．创建渐开线齿廓

用从方程来生成渐开线的方法，输入创建渐开线的函数关系式，如图 14.9 所示。

单击特征工具栏“基准曲线”按钮，选取“从方程”→“完成”→“选取坐标系”（选取系统坐标系 PRT_CSYS_DEF）→“笛卡尔”，弹出如图 14.11 所示的文本编辑框，输入如图 14.11 所示的关系式，单击文本编辑框的“文件”→“保存”，然后关闭，生成如图 14.12 所示的渐开线。

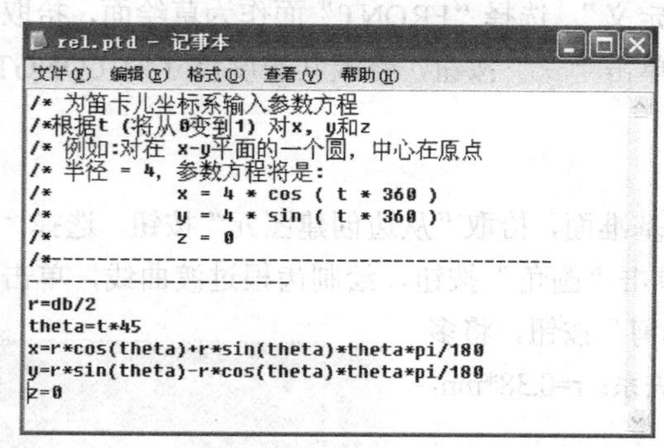

```
rel.ptd - 记事本
文件(F) 编辑(E) 格式(O) 查看(V) 帮助(H)
/* 为笛卡儿坐标系输入参数方程
/*根据t (将从0变到1) 对x, y和z
/* 例如:对在 x-y平面的一个圆, 中心在原点
/* 半径 = 4, 参数方程将是:
/*          x = 4 * cos ( t * 360 )
/*          y = 4 * sin ( t * 360 )
/*          z = 0
/*----------------------------------------------
r=db/2
theta=t*45
x=r*cos(theta)+r*sin(theta)*theta*pi/180
y=r*sin(theta)-r*cos(theta)*theta*pi/180
z=0
```

图 14.11　渐开线方程式

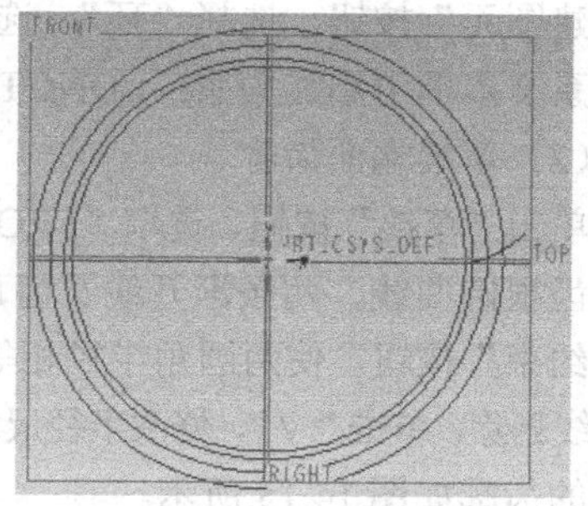

图 14.12　渐开线

注意：采用较为简便的渐开线公式，需要先行计算出基圆半径，其等于 db/2，此数值用于定义渐开线的始点。

3．镜像渐开线

首先创建一个用于镜像的平面，然后通过该平面，镜像第 2 步创建的渐开线，并且用关系式来控制镜像平面的角度。

① 做齿廓的镜像基准面

单击“基准轴”按钮，按住 Ctrl 键选取 TOP 和 RIGHT 基准面，即可生成齿轮基准轴 A_1。

单击“基准点”按钮，按住 Ctrl 键选取步骤 2 生成的渐开线和齿轮分度圆，即可生成基准点 PNT0。单击“基准面”按钮，按住 Ctrl 键选取基准轴 A_1 和基准点 PNT0，即可生成基准面 DTM1。单击“基准面”按钮，按住 Ctrl 键基准面 DTM1 和基准轴 A_1，在“旋转”选项中输入关系“360/（4*z）”，即生成基准面 DTM2，如图 14.13 所示。

②镜像生成单齿另一边的齿形线

先选取步骤 2 生成的渐开线，再单击“镜像”按钮，选择基准面 DTM2 为镜像参考即可，如图 14.14 所示。

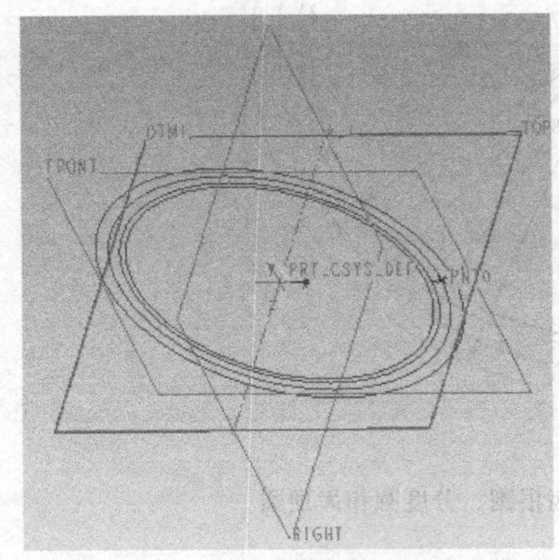

图 14.13　创建齿廓的镜像基准面

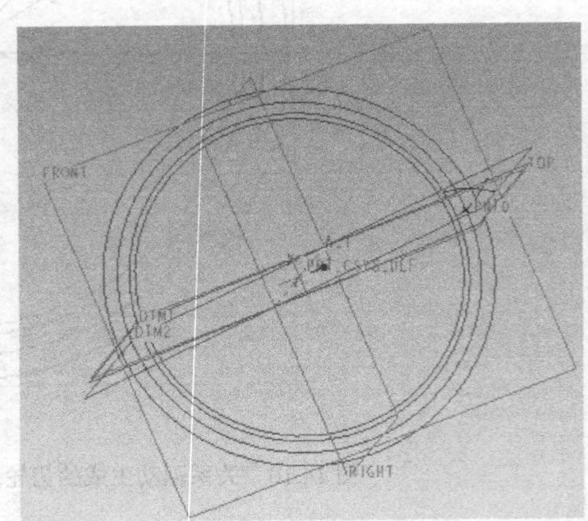

图 14.14　镜像齿廓线

14.2.3　创建单个轮齿

（1）拉伸生成齿根圆柱坯体。

单击“拉伸”按钮，依次点取“放置”→“定义”，选择“FRONT”面作为草绘面，拾取“从边创建图元”按钮，选择“环”，选取齿根圆，单击“√”按钮，修改其长度尺寸为 LONGTH，在关系文本框中添加关系：LONGTH=B。

（2）草绘端面齿廓。

单击“草绘”按钮，选取“FRONT”面作为基准面，拾取“从边创建图元”按钮，选择“环”，选取齿根圆曲线、两条渐开线及齿顶圆曲线，单击“圆角”按钮，绘制齿根过渡曲线，单击“草绘器约束”按钮，使两圆角半径相等，单击“修剪”按钮，将多余的线删除，单击“√”，修改半径尺寸为 r，添加关系：r=0.38*mn，生成的齿廓如图 14.15 所示。

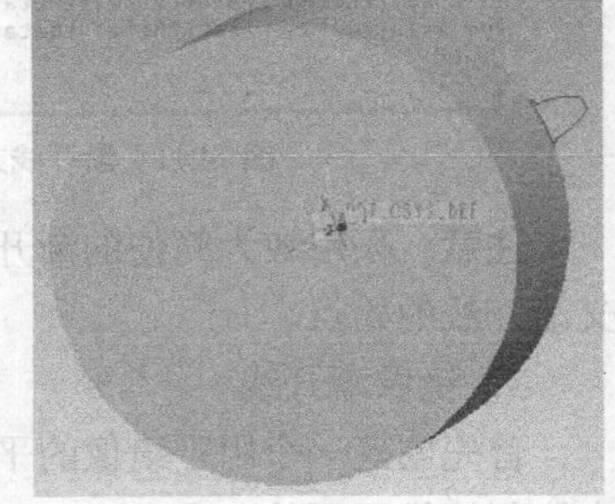

图 14.15　齿轮端面齿廓

（3）进行特征操作生成另一端齿廓。

选择下拉菜单“编辑”→“特征操作”→“复制”→“移动”→“独立”，选择上一步骤生成的齿廓，选择“平移”→“平面”，选择“FRONT”基准面→“正向”，输入平移距离 B，即齿宽。再选择“旋转”→“坐标系”，选择系统坐标系→“z 轴-反向”（该齿轮为左旋，若为右旋，则选“正向”，根据右手定则判定）→“正向”（确定），旋转角度先不管，单击“√”，修改旋转角度为 theta，添加关系：theta=2*b*tan（beta）*180/（pi*d），结果如图 14.16 所示，旋转角度的原理图如图 14.17 所示。

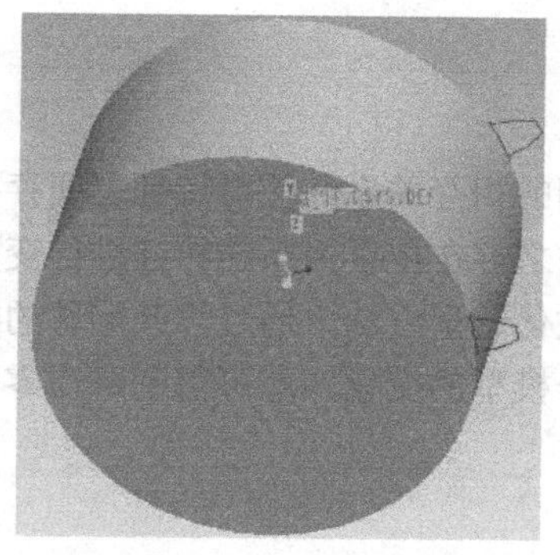

图 14.16 齿廓的特征操作结果

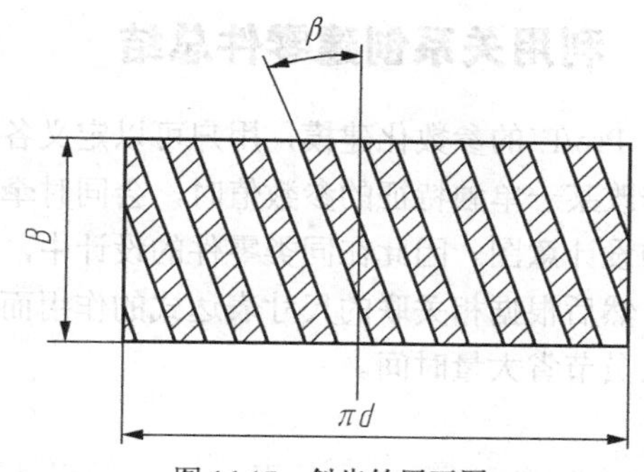

图 14.17 斜齿轮展开图

（4）做扫描轨迹。

若将斜齿轮的分度圆柱面水平展开，则其螺旋线成为斜直线，斜直线与轴线之间的夹角即为分度圆柱上螺旋角 β。先“拉伸”操作生成分度圆柱面，修改拉伸尺寸，添加关系：length1=b+10。再单击“草绘”按钮，选取 RIGHT 面为草绘平面，作一斜直线，注意齿轮旋向，单击“√”，修改角度尺寸，添加关系：angle=beta。最后单击菜单栏“编辑”→“投影”，将所做直线投影到分度圆柱面上。

（5）混合扫描生成单个轮齿。

先选中上一步骤生成的投影线，单击下拉菜单“插入”→“混合扫描”，点选实体按钮，单击“剖面”，在剖面选项中选取“所选截面”，先选取扫描路径上箭头所在的一端齿廓，单击“插入”，选取另一端齿廓，单击“√”，生成如图 14.18 所示的轮齿。

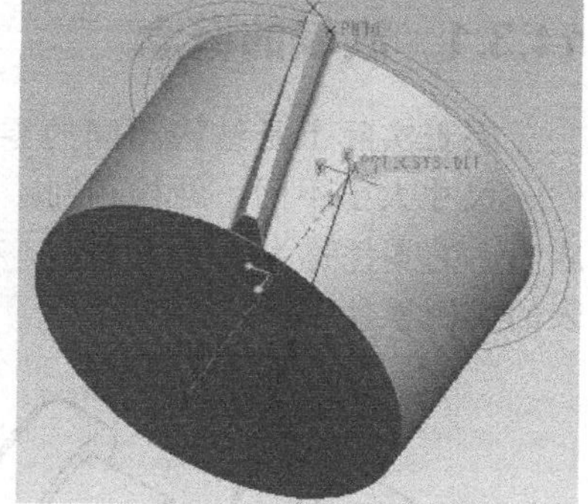

图 14.18 混合扫描生成一个轮齿

14.2.4 创建所有轮齿

阵列生成所有轮齿。先选中前面生成的轮齿，单击“阵列”按钮，阵列方式选“轴”，输入阵列个数和角度，单击“√”。

14.2.5 创建实体特征

首先生成轴孔。单击“拉伸”按钮，选取“FRONGT”为草绘面，绘制如图 14.19 所示草图，单击“√”，最后生成完整的斜齿轮模型如图 14.20 所示。

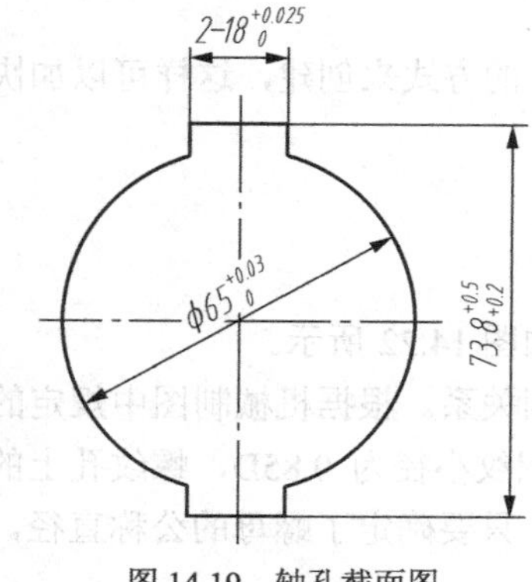

图 14.19 轴孔截面图

图 14.20 完整的齿轮实体模型

14.2.6 利用关系创建零件总结

基于 Pro/E 的参数化建模，用户可以定义各参数之间的相互关系，使得特征之间存在依存关系。当修改某一单独特征的参数值时，会同时牵动其他与之存在依存关系的特征进行变更，以保持整体的设计意图。因此在同类零件的设计中，使用参数化造型方法，通过修改零件的特定参数和属性，然后根据相关联的尺寸表达式的作用而引起整个模型的变化，即可得到所需零件，从而为工程人员节省大量时间。

14.3 利用族表螺母零件库

14.3.1 族表的概念

族表实际上是结构相同的零件集合，但有些参数大小有不同。图 14.21 所示的各小轴零件，尺寸大小不同，结构相同，并且具有相同的功能。这些形状相似的零件集合称为族表，族表中的零件称为表驱动零件。在图 14.21 中，（a）是普通模型，（b）、（c）、（d）、（e）是族表的实例零件。

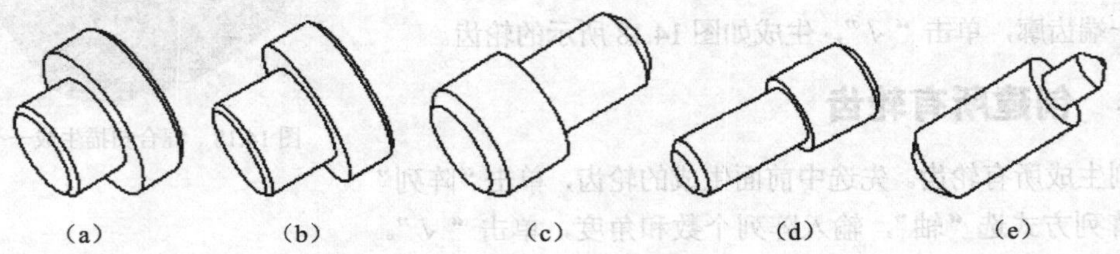

图 14.21 族表零件

使用族表功能可以将设计中经常用到的结构相似的零件生成图库，使用时按照族表的特征参数调用，不必重新设定参数值，直接在表中选取即可。在装配模型中，族表使得装配中的零件和子装配更加容易互换。

在零件模式下，将具有相同外形的模型用“零件族表”的方式来创建，这样可以加快模型的处理速度，而且节省空间。

14.3.2 创建螺母族表

按照比例画法创建六角头螺母的族表，其各部分比例如图 14.22 所示。

分析：按照六角头螺母的比例画法创建螺母，需要用到关系。根据机械制图中规定的螺母的比例画法，可以知道螺母的螺纹公称直径为 D，则螺母的螺纹小径为 0.85D，螺纹孔上的倒角为 C0.15D，螺母六角头外接圆直径为 2D，螺母高度为 0.8D。只要确定了螺母的公称直径，即可根据国家标准的规定创建螺母的族表。

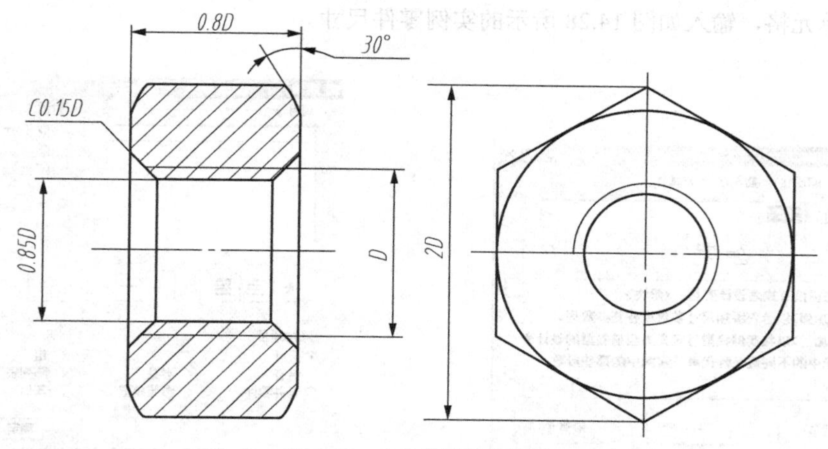

图 14.22 六角头螺母零件图

创建如图 14.23 所示模型，操作过程略，并显示参数，如图 14.24 所示。

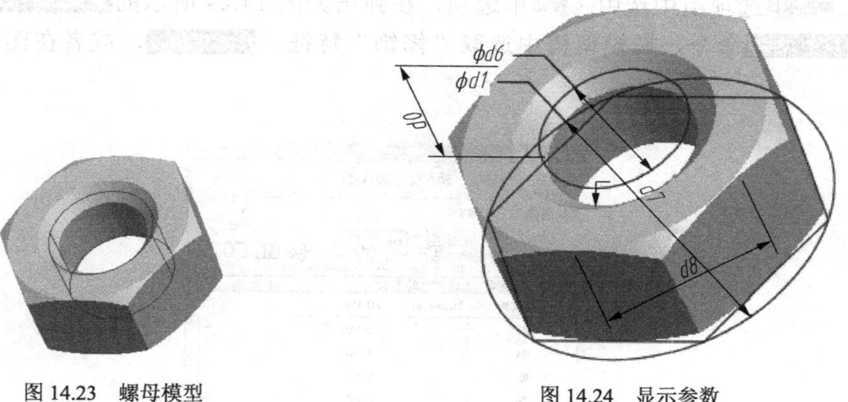

图 14.23 螺母模型

图 14.24 显示参数

在创建族表结构之前应确定类属零件在实例中变化的尺寸、参数或特征。

具体操作步骤如下：

（1）选择下拉菜单工具(T) ⟶ 族表(F)命令，弹出如图 14.25 所示的“族表 LUOMU”（族表定义）对话框。如果模型中不包括任何已经定义的族表，则在族表定义对话框中将会出现如图 14.25 所示的提示信息。（系统提示定义族表的行和列，每一行用来定义一个实例，每一列用来描述模型中的尺寸、参数或特征。）

（2）单击对话框中的“在所选行处插入新的实例”按钮添加实例，单击各实例名可对其重命名。单击对话框中的“添加/删除表列”按钮，添加模型各尺寸变量、参数或特征，弹出“族项目，普通模型：LUOMU”对话框，如图 14.26 所示。

（3）在添加项目区域中选中尺寸单选项，在模型上单击模型特征以显示所需尺寸，如图 14.27 所示，单击选取如图 14.27 所示的尺寸，此时对话框如图 14.26 所示。

注意：进行此步操作时应保证按钮处于按下状态。

（4）单击确定按钮回到“族表 LUOMU”对话框，各实例零件的尺寸项已存在于族表当中，依次单击各单元格，输入如图 14.28 所示的实例零件尺寸。

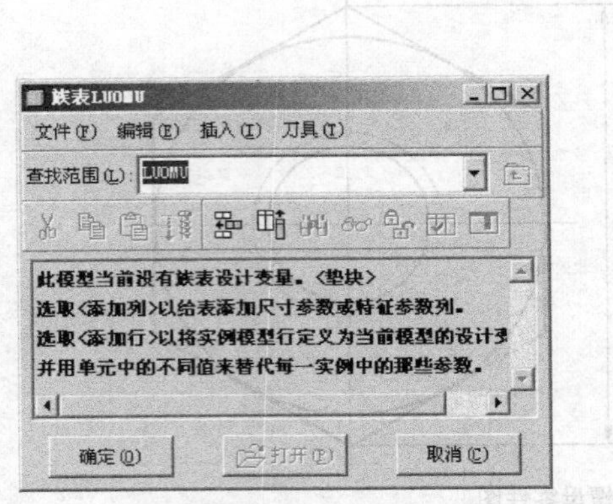

图 14.25 “族表 LUOMU”（族表定义）对话框

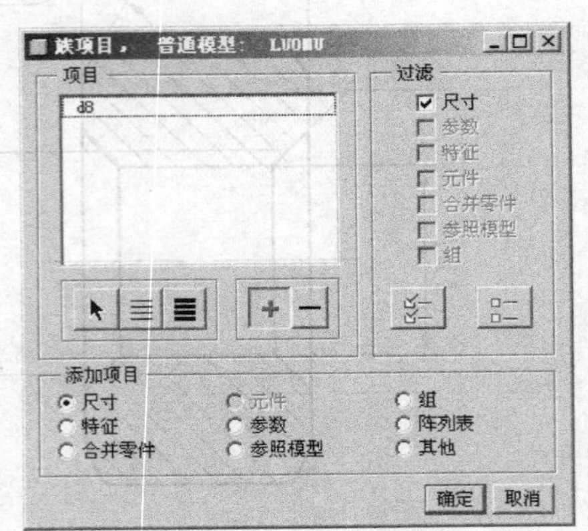

图 14.26 “族项目”对话框

（5）单击定义族表对话框中的“添加/删除表列”按钮，弹出“族项目，普通模型：LUOMU”对话框。在添加项目选项组中选中特征单选项，在弹出如图 14.29 所示的 SELECT FEAT（选取特征）菜单中选择 Select（选取）命令，在模型树中选取“修饰”特征修饰 标识129，或者在图形区中直接选取。

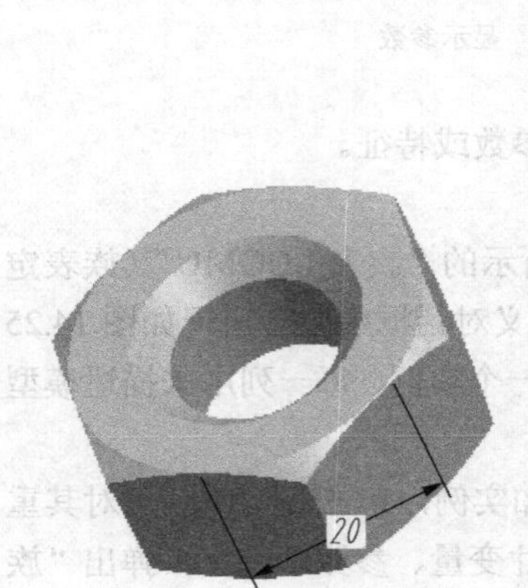

图 14.27 选取尺寸

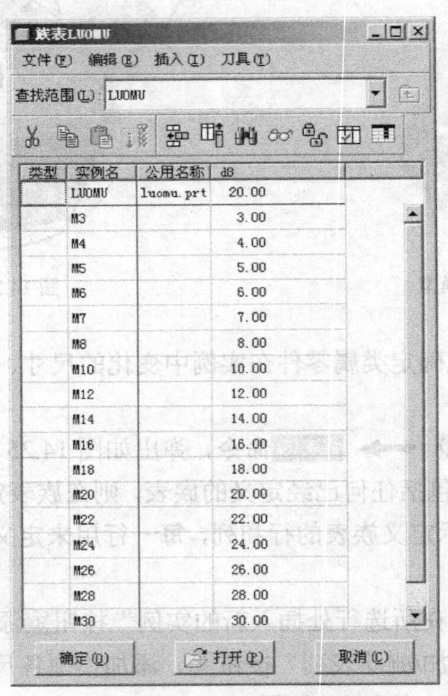

类型	实例名	公用名称	d8
	LUOMU	luomu.prt	20.00
	M3		3.00
	M4		4.00
	M5		5.00
	M6		6.00
	M7		7.00
	M8		8.00
	M10		10.00
	M12		12.00
	M14		14.00
	M16		16.00
	M18		18.00
	M20		20.00
	M22		22.00
	M24		24.00
	M26		26.00
	M28		28.00
	M30		30.00

图 14.28 定义族表

图 14.29 “选取特征”菜单

（6）在 SELECT FEAT（选取特征）菜单中选择 Done（完成）命令，在“族项目，普通模型：LUOMU”对话框中单击确定按钮，“修饰”特征已存在于族表的实例当中，输入实例零件的修饰状态（用 Y 或 N 来表示特征的有或无），结果如图 14.28 所示。

14.3.3 创建族表总结

创建族表的方法可建立零件标准库，从而使设计效率大大提高。

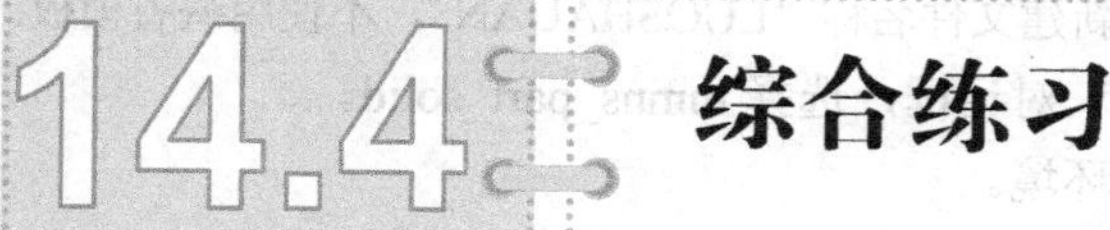

14.4 综合练习

创建螺栓零件库。

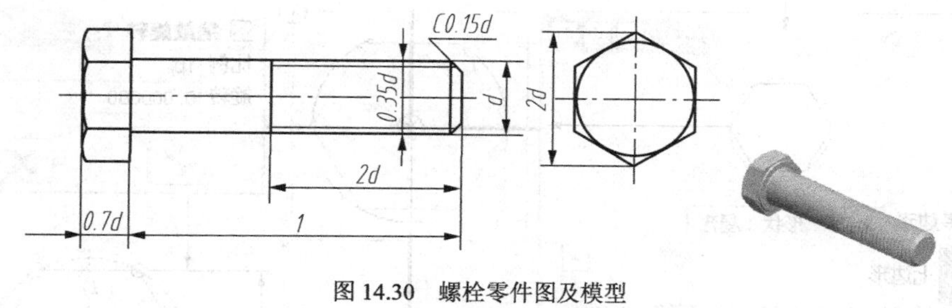

图 14.30 螺栓零件图及模型

14.4.1 螺栓实体建模分析

通过对本模型进行分析可知，该模型为叠加式组合体，建模过程如图 14.31 所示。

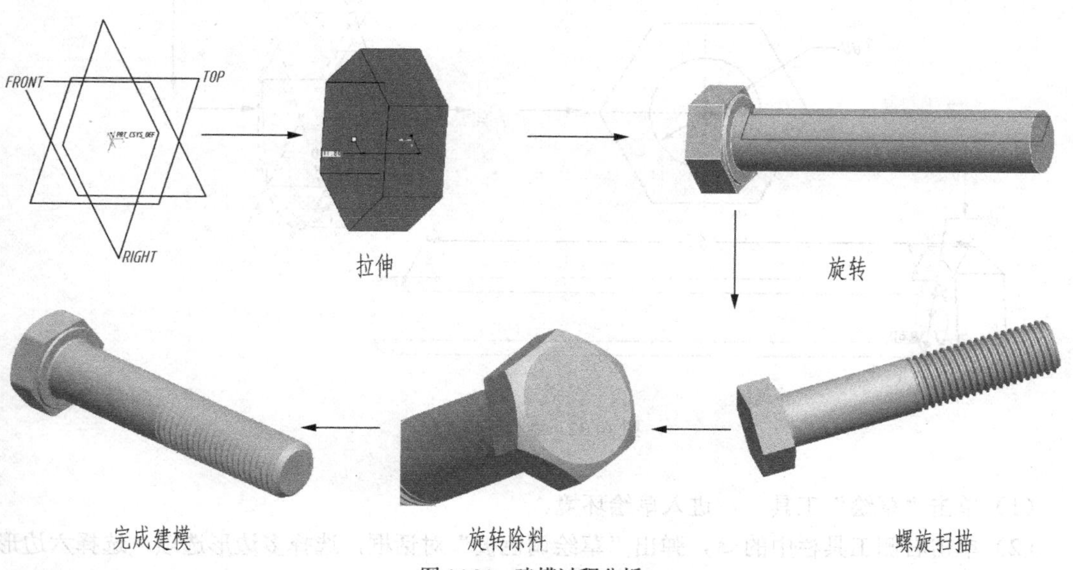

图 14.31 建模过程分析

14.4.2 建模操作步骤

1．建立新文件。

（1）单击下拉菜单"文件"→"新建"命令，打开"新建"对话框。

（2）选择"零件"类型，在"名称"栏中键入新建文件名称"LUOSHAUAN"，不使用缺省模板。

（3）单击"确定"按钮，进入"新文件选项"对话框，选择 mmns_part_solid。

（4）单击"确定"按钮，进入零件设计工作环境。

2．螺栓基体建模，如图 14.32 所示。

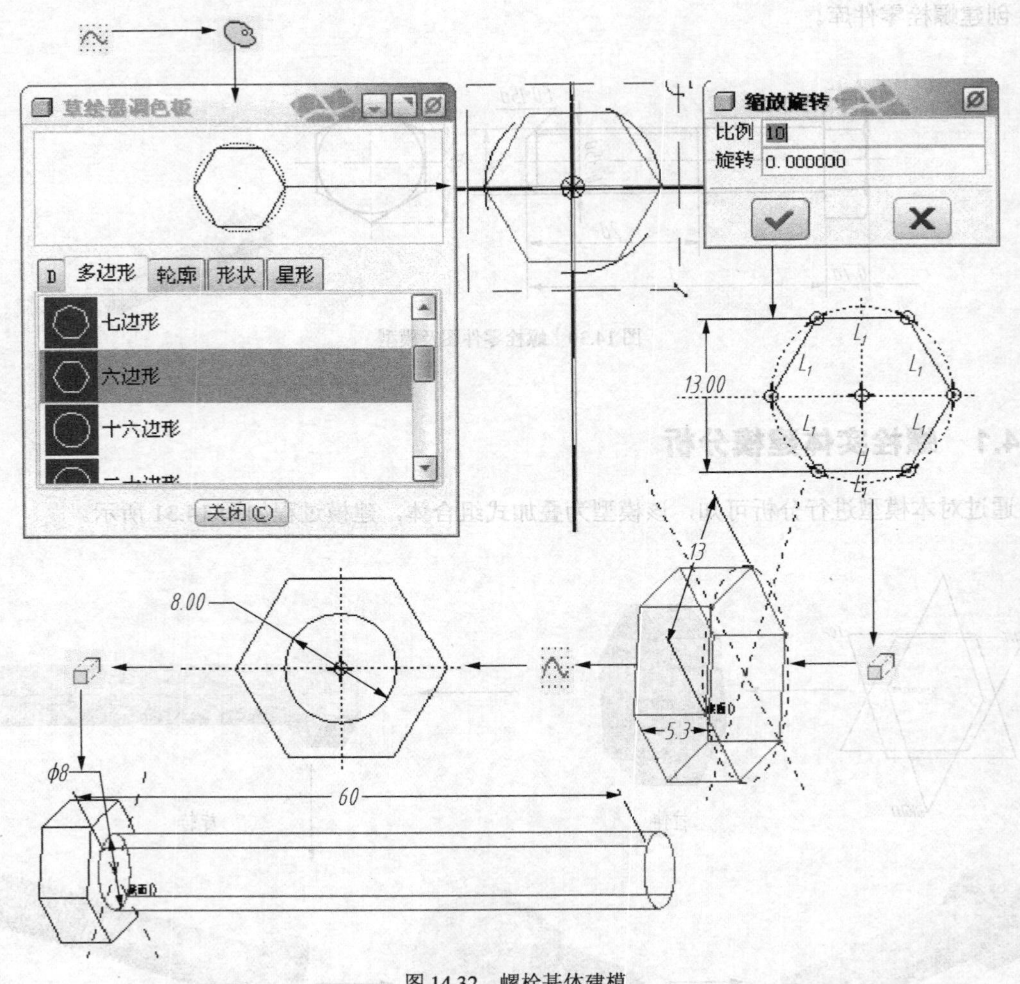

图 14.32 螺栓基体建模

（1）单击"草绘"工具，进入草绘环境。

（2）单击右侧工具栏中的，弹出"草绘调色板"对话框，选择多边形选项，选择六边形，插入草绘绘图区。注意将六边形的中心点移动到坐标原点，便于以后作图。在"缩放旋转"对话框的比例框内填入一个 10，单击"确定"。在草绘绘图区插入了一个正六边形。

（3）重新标注两对边为 13。
（4）拉伸深度为 5.3，形成六柱体。
（5）在六柱体的上表面草绘直径为 8 的圆。
（6）拉伸直径为 8 的圆，长度为 60。

3．螺栓倒角与倒圆角

如图 14.33 所示。

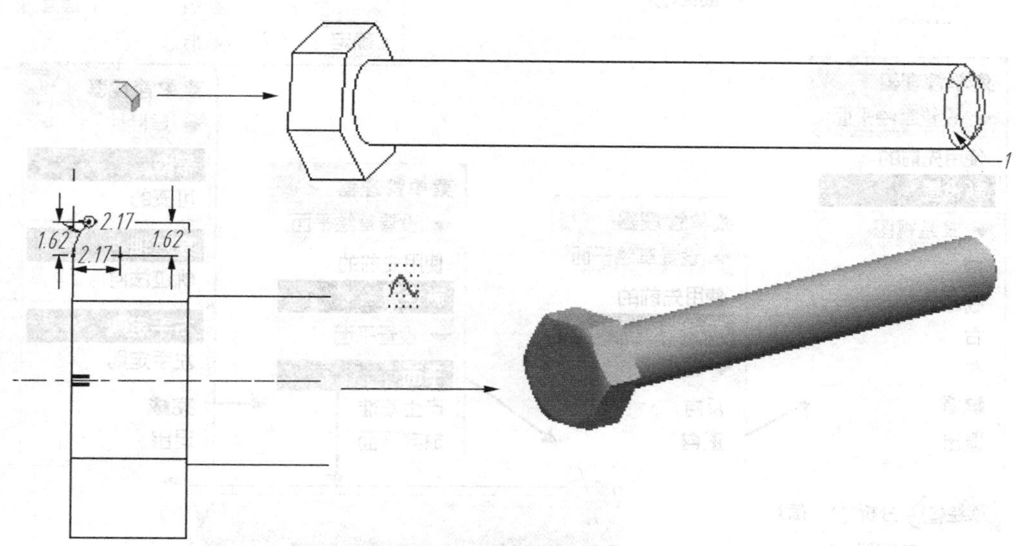

图 14.33 螺栓倒角与倒圆角

（1）倒角 1x1 的角。
（2）草绘圆弧角，由旋转除料倒角。

4．螺纹创建

如图 14.34 所示。

（1）选择“插入”→“螺旋扫描”→“切口”，绘制螺纹。
（2）单击切口，弹出“切剪：螺旋扫描”和“菜单管理器”窗口。
（3）单击“完成”按钮，系统要求选择平面，选择螺纹轴线方向的平面，方向为“正向”，草绘平面为“缺省”。
（4）绘制扫描轨迹，扫描轨迹是由中心线和倒动线组成。
（5）绘制完扫描轨迹，单击✓按钮，系统要求输入节距值，输入 1.5。
（6）绘制截面。
（7）单击✓完成按钮，方向选择“正向”。
（8）螺栓螺纹创建完成。
（9）保存螺栓。

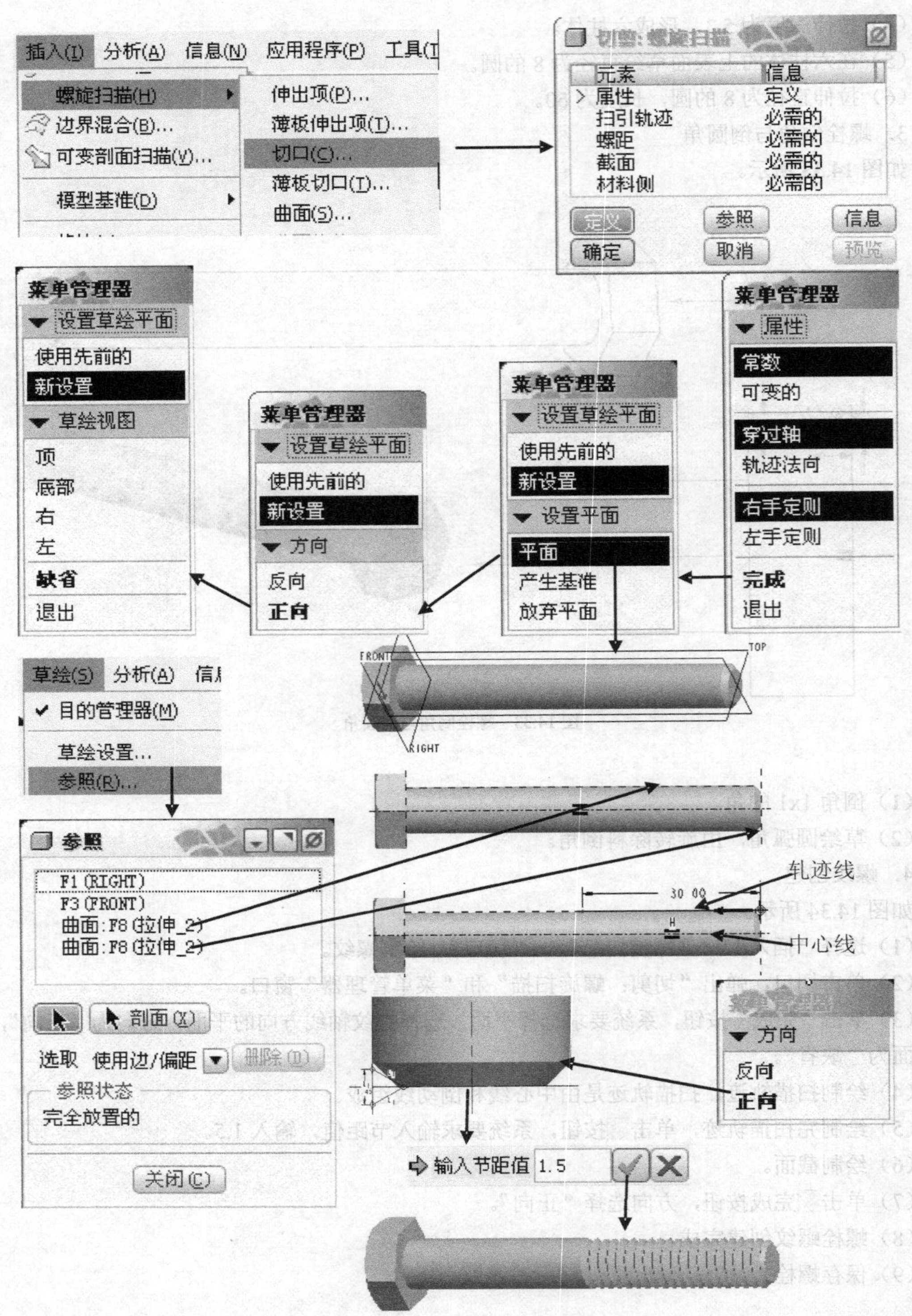

图 14.34 螺栓螺纹创建

14.4.3 创建族表操作步骤

在此以一种企业标准的螺栓为例，这种螺栓采用了非标准的三角形螺栓头，如图 14.35 所示。这样可以防止用户自行对产品拆卸，在生产装配和维修时可使用专用的工具实现对这种螺栓的拆卸。此螺栓的螺杆部分为类似 GB5783 的全螺纹，有 3 种直径规格：M8、M10 和 M12，每种直径的螺栓都有 4 种长度可供选择，分别是 20、30、40、60。制作方法如下。

1．设定零件参数

（1）设置工作目录。

（2）打开螺栓的原型文件。这个模型是由 5 个特征完成的，螺纹部分使用了螺纹修饰来代替，如图 14.35 所示。

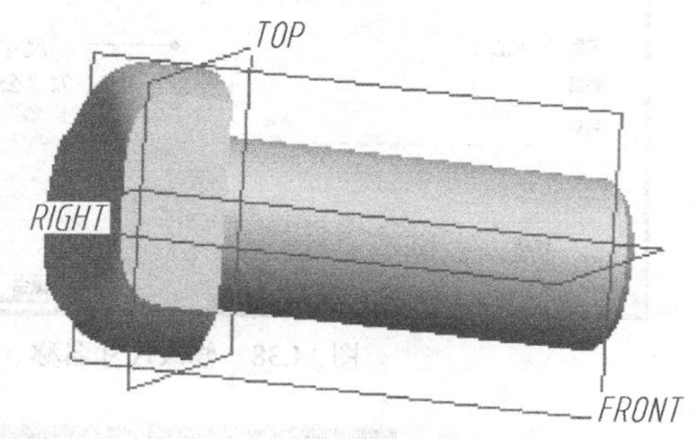

图 14.35　螺栓模型

（3）特征"拉伸 1"创建了螺栓的螺杆部分。在模型树的"拉伸 1"上右击，选择"编辑"，此时会在模型上显示该特征所有的尺寸，如图 14.36 所示。可见螺栓原型的直径为 8，长度为 20。

（4）选择信息(N) ⇨ 切换尺寸(W)命令，此时将会以参数名称的形式显示此特征的所有尺寸，如图 14.37 所示。可见尺寸ϕd1 是螺栓公称直径的参数，d0 是螺栓公称长度的参数。

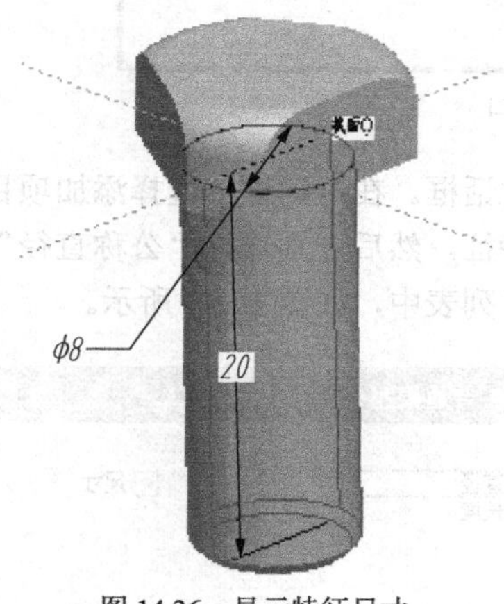

图 14.36　显示特征尺寸

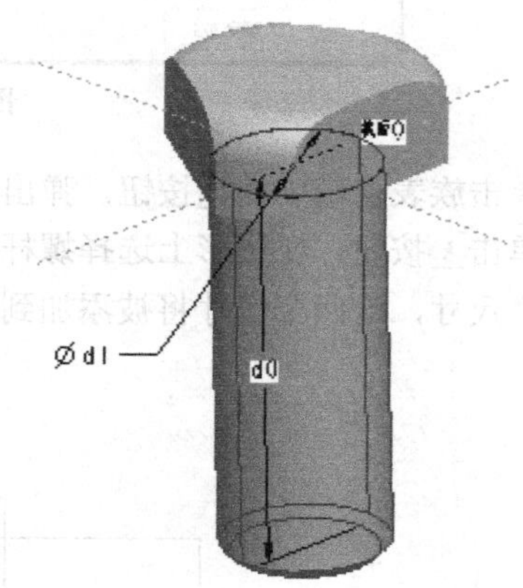

图 14.37　显示尺寸的参数名

（5）选中直径尺寸ϕd1，然后选择菜单栏编辑(E) ⇨ 属性(R)，弹出"尺寸属性"对话框。选择"尺寸文本"选项卡，将尺寸名称 d1 修改为"公称直径"，如图 14-38 所示，单击"确定"按钮。

（6）使用同样的方法将长度尺寸 d0 的名称修改为"公称长度"。

（7）在模型树上的"修饰 标识 215"上右击，在弹出的快捷菜单中选择"编辑"，此时会在图形上显示此特征的所有尺寸。双击螺纹小径尺寸 7.2，输入值为"0.85*公称直径"，如图 14.39 所示，按 Enter 键，此时会弹出对话框要求确认关系的建立，确定即可。再生当前模型使新尺寸应用到模型。

2．创建族表

（1）选择工具(T) ⇨ 族表(F)，弹出族表窗口，如图 14.40 所示。由于还没有创建当前模型的族表，因此会在窗口中显示"此模型当前没有族表设计变量"等字样。

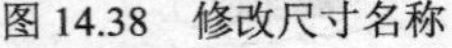

图 14.38 修改尺寸名称

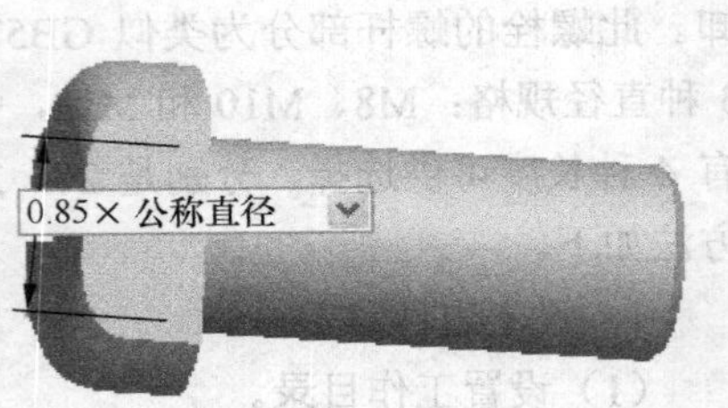

图 14.39 定义尺寸值

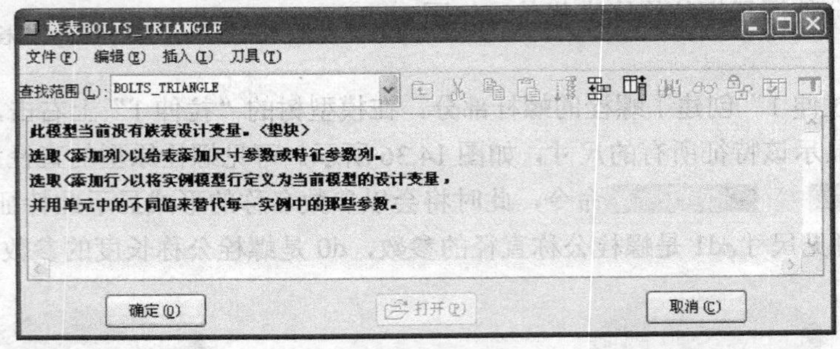

图 14.40 族表窗口

（2）单击族表窗口中的按钮，弹出“族项目”对话框。在对话框中选择添加项目的类型为“尺寸”，单击按钮，在图形上选择螺杆部分的拉伸特征，然后分别选择“公称直径”和“公称长度”两个尺寸，这两个尺寸将被添加到对话框的项目列表中，如图 14.41 所示。

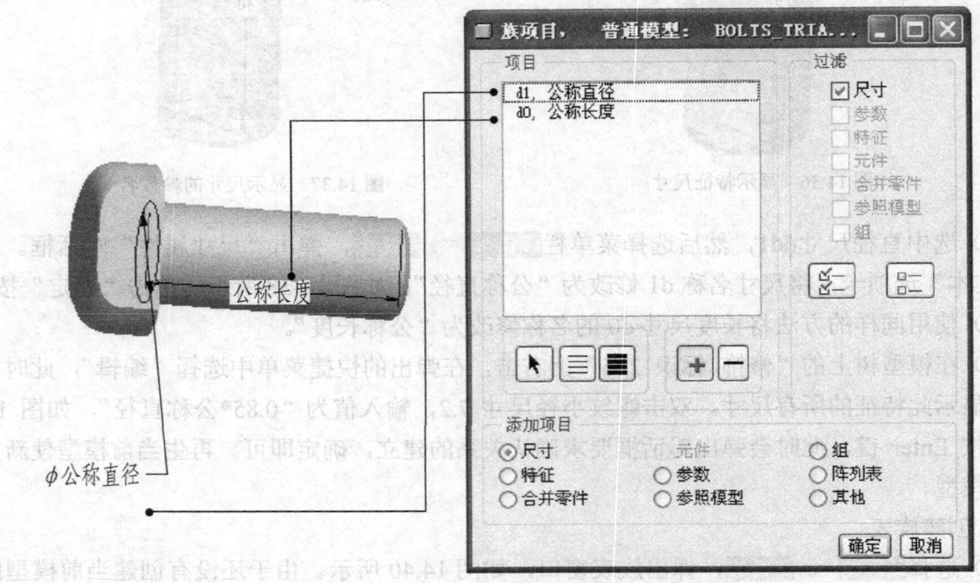

图 14.41 设定族项目

（3）单击“确定”按钮完成族项目的设定，此时在族表窗口中显示了螺栓原型零件的名称和用户选取的各项参数，如图 14.42 所示。

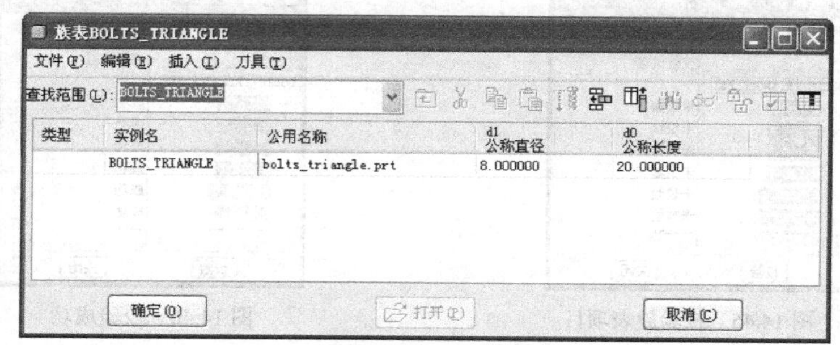

图 14.42 完成的族项目

（4）在族表窗口中单击按钮，为族表加入新的一行，如图 14.43 所示。输入新项目的名称 M8×20_T，公用名称为 M8×20_T.prt，公称直径输入 8，公称长度输入 20。再次单击按钮，加入新的项目，直到将需要的 12 种螺栓规格全部添加至族表，如图 14.44 所示。

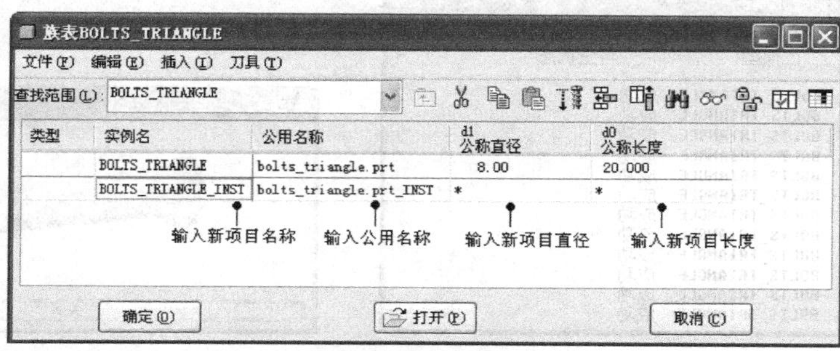

图 14.43 在族表中加入新的一行

族表BOLTS_TRIANGLE

类型	实例名	公用名称	d1 公称直径	d0 公称长度
	BOLTS_TRIANGLE	bolts_triangle.prt	8.00	20.000
	M8X20_T	M8X20_T.prt	8	20
	M8X30_T	M8X30_T.prt	8	30
	M8X40_T	M8X40_T.prt	8	40
	M8X60_T	M8X60_T.prt	8	60

图 14.44 建立 12 种规格

3．验证族表项目

（1）单击族表窗口中的按钮，弹出“族树”对话框，如图 14.45 所示。

（2）单击校验按钮，系统会按照族表规定的尺寸逐个校验族表项目。若项目的尺寸能够被再生，则会在校验状态中显示“成功”；若不能按族表的尺寸再生，则显示“失败”。本例族表的 12 个项目均能成功再生，如图 14.46 所示。

（3）校验后系统会在工作目录下生成一个名为 bolts_triangle.tst 的记录文件，可用记事本程序打开，内容如图 14.47 所示。

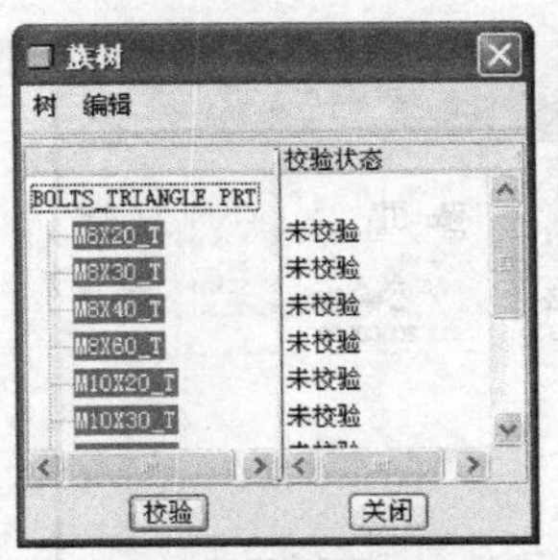

图 14.45　校验族表项目

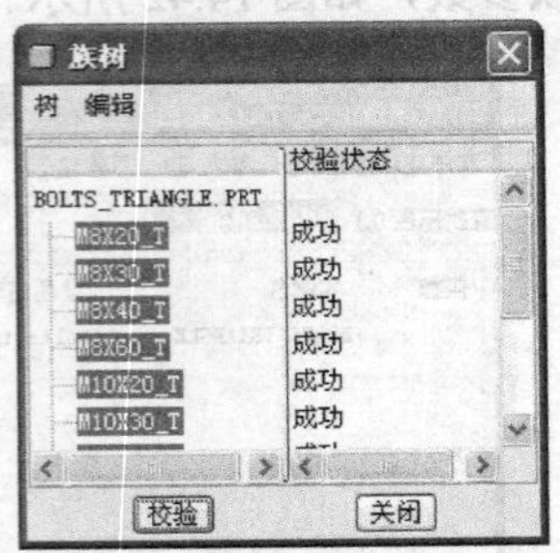

图 14.46　校验成功

4．预览项目

用户可以预览族表中任意项目的模样，若发现不满意之处，可以再次对族表进行修改。选中项目 M12×60_T，单击按钮即可预览项目形状，如图 14.48 所示。

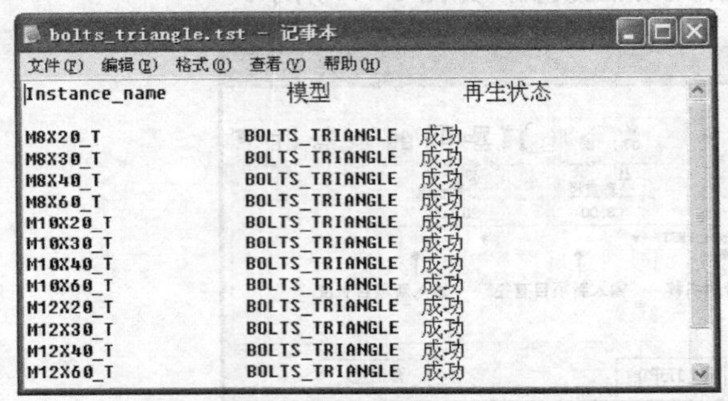
bolts_triangle.tst - 记事本

文件(F) 编辑(E) 格式(O) 查看(V) 帮助(H)

Instance_name	模型	再生状态
M8X20_T	BOLTS_TRIANGLE	成功
M8X30_T	BOLTS_TRIANGLE	成功
M8X40_T	BOLTS_TRIANGLE	成功
M8X60_T	BOLTS_TRIANGLE	成功
M10X20_T	BOLTS_TRIANGLE	成功
M10X30_T	BOLTS_TRIANGLE	成功
M10X40_T	BOLTS_TRIANGLE	成功
M10X60_T	BOLTS_TRIANGLE	成功
M12X20_T	BOLTS_TRIANGLE	成功
M12X30_T	BOLTS_TRIANGLE	成功
M12X40_T	BOLTS_TRIANGLE	成功
M12X60_T	BOLTS_TRIANGLE	成功

图 14.47　校验报告文件

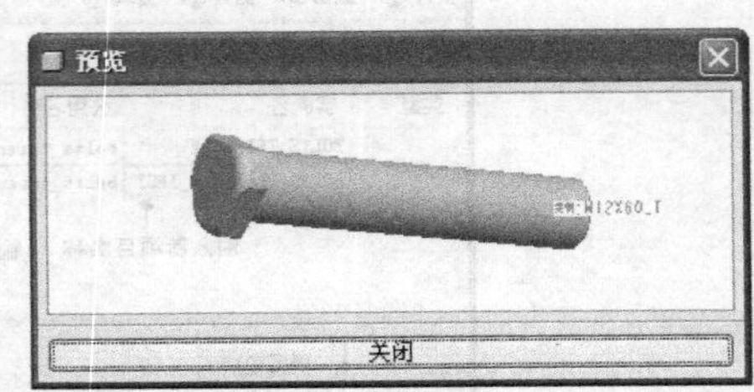

图 14.48　预览项目

5．删除项目

（1）若发现族表中的某些项目是多余的，可将这些项目删除。要删除一个项目，选中这个项目的名称。

（2）选择族表窗口中的编辑(E) ⇨ 删除行(W)，此时弹出确认信息。

（3）确认后即可将选定的项目删除。

6．锁定项目

为了防止在使用过程中对零件库中的零件进行误操作，可以在族表中将已完成的项目锁定。锁定的项目零件在使用时，用户不能对其进行修改，任何修改操作都会提示失败，只有在族表中将对应的项目解锁，才能再次对项目零件进行修改操作。

例如，要锁定项目 M8×20_T，首先要选定该项目的名称，然后单击族表窗口中的按钮，此项目就被锁定了，项目前端将显示被锁定的符号，如图 14.49 所示。要将锁定的项目解锁，只要选定锁定的项目，单击按钮，即可解除锁定。

7．调用项目

单击族表窗口中的“确定”按钮，然后将零件保存。调用项目与国标零件的调用一样，会在调入时显示零件的族表，可以从中选择需要的规格，如图 14.50 所示。

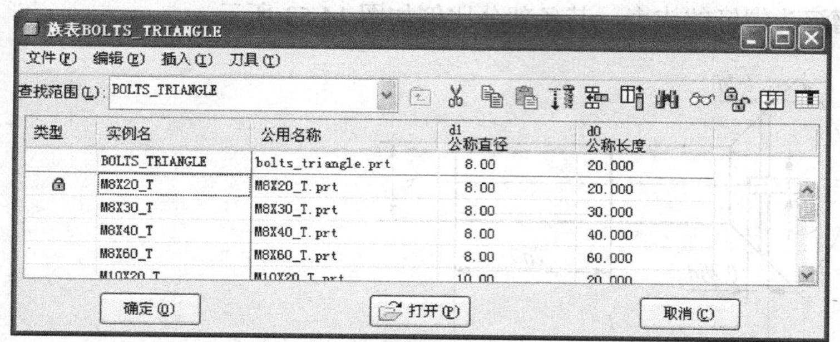

图 14.49 锁定项目

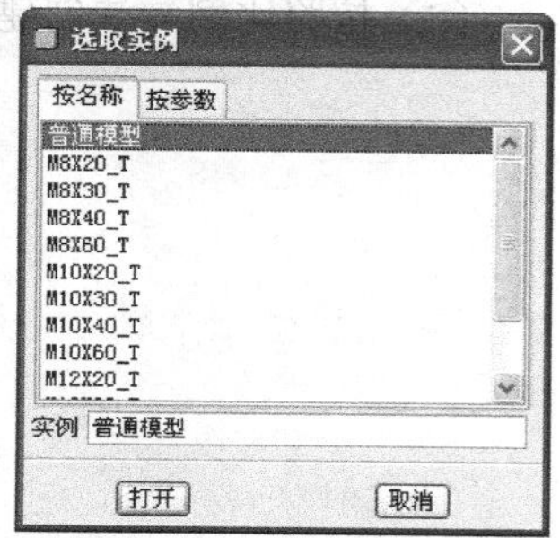

图 14.50 调用所需规格

说明：族表不仅可以控制零件的参数，也可以控制组件的参数。在企业中为某些部件制定了企业或行业的标准，也可以用族表的方法为其创建库文件，国标库中的轴承就是族表控制的装配体。

14.5 习题

（1）已知图 14.51 所示直动尖顶推杆盘形凸轮机构中凸轮的基圆半径 mm，凸轮以等角速度沿逆时针方向回转时，推杆的运动规律如表 14.3 所示。根据上述已知条件绘制凸轮模型，效果如图 14.52 所示。

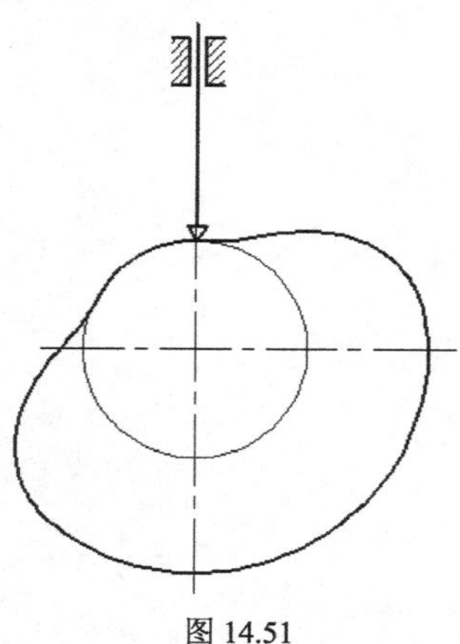

图 14.51

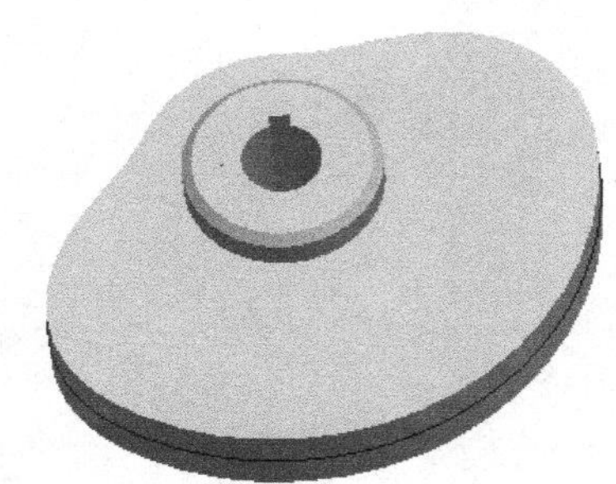

图 14.52

表 14.3 推杆的运动规律

序　　号	凸轮运动角	推杆的运动规律
1	0～90°	正弦加速度上升 h=16mm
2	90°～210°	推杆远休
3	210°～300°	正弦加速度下降 h=16mm
4	300°～360°	推杆近休

（2）按照比例画法创建开槽沉头螺钉的族表，其各部分比例如图 14.53 所示。

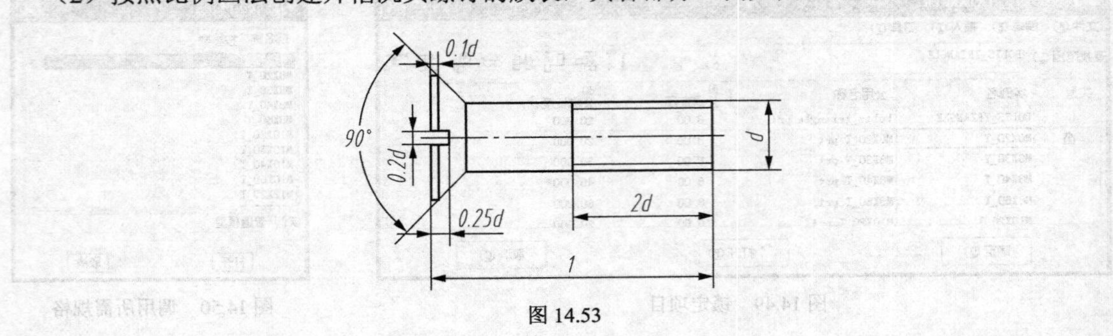

图 14.53